NOUVELLE ENCYCLOPÉDIE DES SCIENCES USUELLES

COURS DE GÉOMÉTRIE

THÉORIQUE ET PRATIQUE

PARIS. — IMPRIMERIE TOLMER ET CIE

3, rue Madame, 3

NOUVELLE ENCYCLOPÉDIE
DES
SCIENCES USUELLES

PUBLIÉE SOUS LE PATRONAGE

DE LA SOCIÉTÉ LIBRE D'INSTRUCTION ET D'ÉDUCATION POPULAIRES

RÉDACTEUR EN CHEF :

Désiré LACROIX
Officier d'Académie

COURS DE GÉOMÉTRIE

THÉORIQUE ET PRATIQUE

CONTENANT DES DÉVELOPPEMENTS TRÈS ÉTENDUS SUR CHAQUE THÉORÈME,
AUGMENTÉ DE NOTIONS COMPLÈTES SUR LES TRIANGLES,
LES POLYGONES SPHÉRIQUES ET LA PYRAMIDE SPHÉRIQUE, LES POLYÈDRES RÉGULIERS,
LES POLYGONES RÉGULIERS ÉTOILÉS, LA THÉORIE DES TRANSVERSALES,
LES POLES ET POLAIRES RÉCIPROQUES, LES COURBES USUELLES (ELLIPSE, HYPERBOLE, PARABOLE,
DÉVELOPPÉES ET DÉVELOPPANTES, CYCLOÏDES, ÉPICYCLOÏDES, SPIRALE D'ARCHIMÈDE,
SPIRALE HYPERBOLIQUE, HÉLICE)

Le texte contenant 410 Théorèmes et 123 Problèmes démontrés

AVEC LE CONCOURS DE

M. LEMPÉRIÈRE
Ancien élève de l'École de Cluny, Directeur
de l'École supérieure de Roanne

M. GRESSIER
Ingénieur des Arts et Manufactures

PARIS

E. LAINÉ ET Cⁱᵉ, ÉDITEURS
25, RUE DE GRENELLE, 25

COURS
DE GÉOMÉTRIE

THÉORIQUE ET PRATIQUE

PREMIÈRE PARTIE
FIGURES PLANES

CHAPITRE IER

DÉFINITIONS

---

1. Nos besoins sociaux, qui se traduisent, en général, par l'agriculture, le commerce et l'industrie, exigent l'appréciation exacte des objets qui frappent nos sens; c'est-à-dire des *volumes*, des *surfaces* et des *longueurs*, ou *lignes*.

2. Les calculs servant à apprécier, c'est-à-dire à mesurer les volumes, les surfaces et les lignes constituent ce que nous appellerons la *géométrie pratique* et la démonstration rigoureuse, mathématique, de ces calculs est du ressort de la *géométrie théorique*. Or, la pratique et la théorie devant marcher ensemble, pour que le lecteur puisse se rendre compte des opérations qu'il aura à effectuer, les démonstrations théoriques seront, dans ce cours, toujours suivies d'exemples pratiques toutes les fois que cela sera possible.

3. La géométrie est donc une science qui a pour but la mesure de l'étendue des volumes, des surfaces et des lignes, ainsi que l'étude de leurs diverses propriétés.

4. Explication de certains termes et de certains signes.

I. *Axiome.* — Proposition évidente par elle-même et qui n'a pas besoin de démonstration. Exemples:

Le tout est plus grand que sa partie.

La partie est plus petite que le tout.

Le tout est égal à la somme de ses parties.

Deux quantités égales à une troisième sont égales entre elles.

II. *Théorème.* — Vérité qui ne devient

évidente qu'à la suite d'un raisonnement appelé *démonstration*.

III. *Problème*. — Question à résoudre.

IV. *Lemme*. — Vérité employée subsidiairement pour la démonstration d'un théorème ou pour la solution d'un problème.

V. *Corollaire*. — Conséquence résultant d'une démonstration.

VI. *Scolie*. — Remarque.

VII. *Hypothèse*. — Supposition faite pour aboutir à une démonstration.

VIII. Les deux traits $=$ constituent le signe de l'égalité. Ainsi, l'expression $A = B$ signifie que la quantité représentée par A est egale à la quantité représentée par B.

IX. Le signe $<$ s'énonce *plus petit que*. Ainsi, si je veux indiquer que la quantité représentée par A est plus petite que la quantité représentée par B, j'écrirai $A < B$.

X. Le signe $>$ s'énonce *plus grand que*. Ainsi, si je veux indiquer que la quantité représentée par A est plus grande que la quantité représentée par B, j'écrirai $A > B$.

XI. Le signe $+$, qui s'énonce *plus*, indique une addition, et le signe $-$, qui s'énonce *moins*, indique une soustraction.

Exemples: $A + B$ et $A - B$.

XII. Le signe $\times$, qui s'énonce *multiplié par*, est le signe de la multiplication. Exemple $A \times B$.

XIII. Pour indiquer qu'on doit diviser une quantité A par une quantité B, on écrira indifféremment $A : B$ ou $\frac{A}{B}$.

L'expression $A \times (B - C + D)$ indique qu'il faut retrancher C de B, ajouter D à la différence, puis multiplier la somme par A.

XIV. Le carré, le cube, la 4ᵉ puissance, etc., d'une ligne A B, par exemple, s'indiqueront ainsi : $\overline{AB}^2$, $\overline{AB}^3$, $\overline{AB}^4$, etc.

XV. Le signe $\sqrt{\ }$, nommé *radical*, indique une racine à extraire, et le degré de la racine est indiqué par un petit chiffre, nommé *exposant*, placé dans les branches du $\sqrt{\ }$.

Ainsi, en désignant une ligne par AB, l'expression $\sqrt[3]{AB}$ indiquera qu'il faudra extraire la racine cubique de la longueur de cette ligne.

Corps, volumes, surfaces, lignes, points.

5. On donne le nom de corps à tout ce qui occupe une place dans l'espace infini.

6. La *surface* d'un corps est la limite ou l'enveloppe du volume de ce corps.

7. La *ligne* est la limite ou le contour d'une surface ou d'une portion de surface.

Lorsque deux surfaces se rencontrent, leur intersection est une ligne.

8. Le *point* est le lieu où deux lignes se coupent.

9. On peut considérer une ligne comme le lieu des positions successives d'un point mobile, et une surface comme le lieu des positions successives d'une ligne qui serait mise en mouvement suivant une loi déterminée.

Ligne droite, ligne brisée, ligne courbe, plan.

10. La *ligne droite* est le plus court chemin d'un point à un autre. C'est la plus simple de toutes les lignes. Un fil fortement tendu en offre l'image. Exemple: A B (*fig.* I).

Figure 1.   Figure 2.

On conçoit aisément qu'entre les deux points A et B (*fig.* 1) on ne peut mener qu'une seule ligne droite et que cette ligne droite peut être prolongée indéfiniment du côté du point A, comme du côté du point B.

Théorème n° 1.

11. *Lorsque deux lignes droites ont deux points de commun, elles se confondent dans toute leur étendue, si loin qu'on les prolonge.*

Ce théorème pourrait, à la rigueur, être considéré comme un axiome; néanmoins, je vais le démontrer par un raisonnement bien simple.

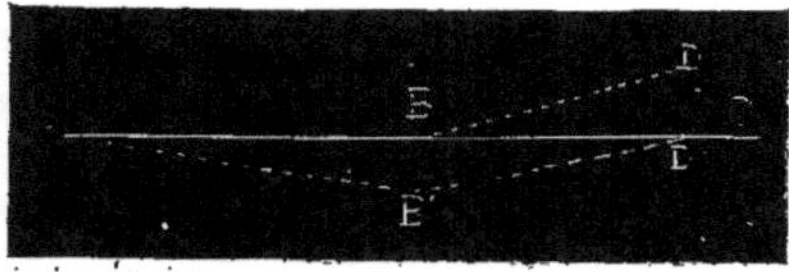

Figure 3.

Soient deux droites superposées ayant les deux points communs A et B (*fig.* 3). Je dis que ces deux lignes se confondront si loin qu'on les prolonge. Je suppose qu'à partir du point B, elles se séparent, que l'une prenne la direction BD et l'autre la direction BC. Si cette supposition pouvait se faire, les deux droites ABD et ABC seraient droites. Or, la supposition est absurde.

En effet, si, autour du point A comme charnière, je fais tourner la ligne droite ABD de manière à amener le point D au point D', la ligne droite ABD prendra la direction ABD'. Alors, les points A et D seraient unis par les deux lignes droites ABD et ABD', ce qui est absurde, puisque entre deux points donnés on ne peut tracer qu'une seule ligne droite. Donc, etc.

12. La *ligne brisée* est celle qui est formée par plusieurs lignes droites ne suivant pas la même direction. Exemple: CDEF (*fig.* 2).

13. La *ligne courbe* est celle qui n'est ni droite ni composée nulle part de lignes droites. Exemple ABC (*fig.* 4.)

Lorsqu'une ligne courbe est telle que tous ses points sont à égale distance d'un point intérieur appelé *centre*, cette ligne courbe

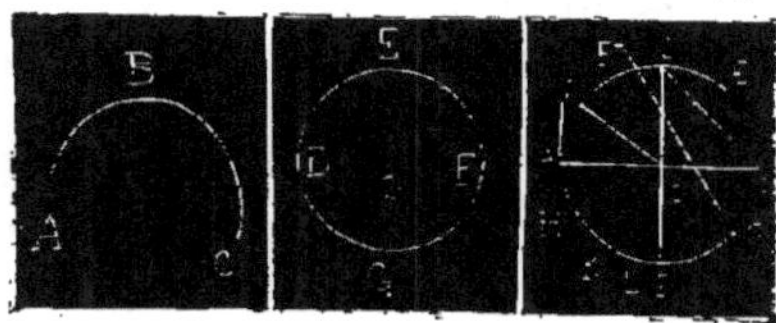

Figure 4.   Figure 5.   Figure 6.

prend le nom de *circonférence*. Tel est le cas de la courbe DEFG (*fig* 5). Le point O est le centre de la circonférence. La surface enveloppée par la circonférence se nomme *cercle*.

14. Une circonférence se trace au moyen d'un compas, petit instrument que chacun connaît et dont nous aurons à parler plus loin.

La portion ACB (*fig.* 6) de la circonférence est une *demi-circonférence*. Une portion quelconque de la circonférence, comme CE, EB ou CB est un arc de circonférence, qu'on nomme généralement *arc de cercle*.

Les droites AB et CD sont des *diamètres* et on peut en tracer autant qu'on veut. La droite CB est une *corde*; FG est une *sécante* et HI est une *tangente*, n'ayant que le point A de commun avec la circonférence; OI est un *rayon*.

Plus loin, il sera parlé du rôle que jouent ces divers éléments, à propos de la théorie de la circonférence et du cercle.

15. *Corollaire.* Deux points suffisent pour déterminer une ligne droite.

16. Un *plan* est une surface dans laquelle deux points pris arbitrairement et joints par une droite, cette droite est située tout entière dans la surface.

17. Pour vérifier si une surface donnée est un plan, il faut prendre une règle bien droite et l'appliquer dans toutes les directions sur la surface. S'il y a partout coïncidence, c'est que la dite surface est un plan.

18. On appelle *figure plane*, toute figure tracée sur un plan.

19. Une *surface brisée* est celle qui est formée de surfaces planes ne suivant pas la même direction.

20. Une *surface courbe* est celle qui n'est ni plane, ni composée de surfaces planes.

21. On dit que deux figures sont *égales*, lorsqu'en les appliquant l'une sur l'autre, on peut les faire coïncider dans toute leur étendue.

22. On dit que deux surfaces sont *équivalentes*, lorsqu'elles ont la même étendue sans avoir la même forme.

CHAPITRE II

ANGLES, PERPENDICULAIRES, OBLIQUES

23. Lorsque deux lignes droites se coupent, la figure qu'elles déterminent se nomme *angle*.

Ainsi, la figure 7 formée par les droites AB et AC se coupant au point A est un angle.

Le point A où les deux lignes se coupent est le *sommet* de l'angle.

Les droites AB et AC sont les côtés de l'angle.

24. La grandeur d'un angle dépend uniquement de l'écartement de ses côtés.

Ainsi, les angles (*fig.* 8, 9 et 10), quoique ayant leurs côtés égaux, sont tels que le premier (*fig.* 8) est plus petit que le second (*fig.* 9), et que ce dernier est plus petit que le troisième (*fig.* 10), parce que les écartements des côtés vont en augmentant.

25. Pour désigner un angle, on emploie ou une seule lettre ou trois lettres. Si l'on fait usage d'une seule lettre, on la place au sommet et on dira : *l'angle* A (*fig.* 7); si l'on fait usage de trois lettres, celle du sommet devra toujours être placée au milieu, et on dira, dans ce cas, l'angle DEF ou CAB (*fig.* 8).

26. On dit que deux angles sont égaux, lorsqu'en plaçant le sommet de l'un sur le sommet de l'autre et en faisant coïncider un côté de l'un avec un côté de l'autre, les deux autres côtés coïncident également.

Figure 7.   Figure 8.   Figure 9.   Figure 10.

Ainsi, les deux angles ABC et DEF (*fig.* 11) sont égaux parce que si je place le

Figure 11.

sommet E sur le sommet B et que je fasse coïncider le côté ED avec le côté BA, le côté EF coïncidera parfaitement avec le côté BC.

27. Angles adjacents. — Lorsque deux angles ont leurs sommets aux mêmes points et qu'ils possèdent un côté commun, on dit qu'ils sont adjacents.

Ainsi, les angles CAB et CAD (1) (*fig.* 12) sont adjacents. Les angles HFE et HFG (*fig* 13) sont aussi adjacents, et il en est de même des angles LKI et LKM (*fig.* 14).

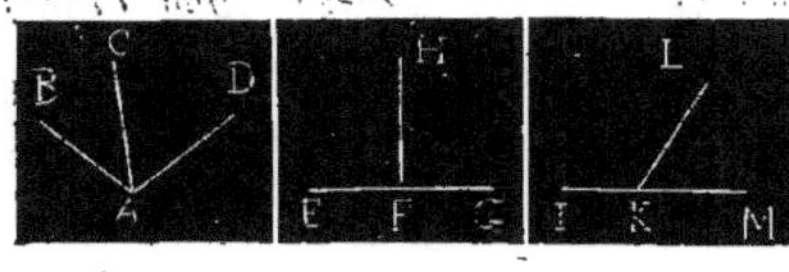

Figure 12.   Figure 13.   Figure 14.

28. Une *perpendiculaire* est une ligne droite qui, en tombant sur une autre ligne droite, forme deux angles adjacents égaux. Ainsi (*fig.* 13), si les deux angles HFE et HFG sont égaux et que la ligne EG soit droite, on dit que la ligne HF est perpendiculaire à la ligne EG. Le point F est le pied de la perpendiculaire.

29. Une *oblique* est une ligne droite qui, en tombant sur une autre ligne droite, forme deux angles adjacents inégaux.

Ainsi (*fig.* 14), si les deux angles LKI et LKM sont inégaux et si la ligne IM est droite, on dit que la ligne LK est oblique à la ligne IM. Le point K est le pied de l'oblique.

30. Postulatum d'Euclide. — *Une perpendiculaire et une oblique aboutissant à une même droite, en deux points différents, se rencontrent toujours si on les prolonge.*

Ainsi (*fig.* 15), la perpendiculaire EF et l'oblique CD, aboutissant à la droite AB, se rencontreront forcément si on prolonge l'une et l'autre d'une quantité suffisante.

(1) Lorsqu'on doit désigner deux angles adjacents, il faut toujours, autant que possible, commencer par le côté commun.

Théorème n° 2.

31. *Par un point pris sur une droite, on peut toujours élever une perpendiculaire sur cette droite, mais on n'en peut élever qu'une seule.*

Soit le point B pris sur la droite AC (*fig.* 16). De ce point, je trace une droite BD, de telle façon qu'elle forme deux angles égaux DBA et DBC, ce que je puis toujours faire. Alors (n° 28) la droite DB est perpendiculaire sur AC, ce qui démontre la première partie du théorème.

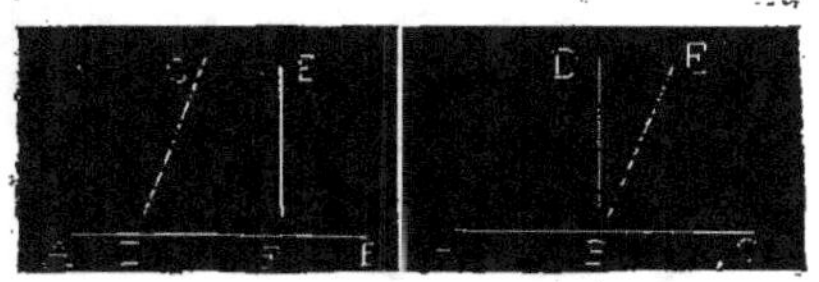

Figure 15.   Figure 16.

Je vais maintenant supposer qu'on puisse élever une autre perpendiculaire BE sur AC. Si cela était possible, les deux angles EBC et EBA seraient égaux entre eux et égaux aux deux angles DBA et DBC. Conséquemment, l'angle EBC serait égal à l'angle DBC. Mais le premier n'est qu'une partie du second et, s'il y avait égalité, la partie serait égale au tout, ce qui est absurde. Donc, la ligne EB ne peut pas être perpendiculaire à AC, et, comme le même raisonnement pourrait se faire à propos de toute autre droite partant du point B, la seconde partie du théorème est démontrée. Donc, etc.

32. On désigne sous le nom *d'angle droit*, tout angle dont l'un des côtés est perpendiculaire à l'autre.

Ainsi, les deux angles HFE et HFG (*fig.* 13) sont des *angles droits* parce que, dans le premier, EF est perpendiculaire à HF et que, dans le second, GF est perpendiculaire à HF.

33. On nomme *angle aigu*, tout angle plus petit que l'angle droit.

Exemples : l'angle LKM (*fig.* 14) et l'angle EBC (*fig.* 16).

34. On nomme *angle obtus*, tout angle plus grand que l'angle droit.

Exemples: l'angle LKI (*fig.* 14) et l'angle EBA (*fig.* 16).

Théorème n° 3.

35. *Tous les angles droits sont égaux.*

Soient la droite DB (*fig.* 17) perpendiculaire à la droite AC et la droite HF perpendiculaire à la droite EG. Je dis que les deux angles droit DBA et HFE sont égaux.

Figure 17.

Pour le prouver, je porte l'angle HFE sur l'angle DBA, de manière que le point F soit placé sur le point B et que la ligne FE se confonde avec la ligne BA, de manière à n'en faire qu'une. Il est évident que la perpendiculaire HF coïncidera parfaitement avec la perpendiculaire DB; car, si cela n'était pas, il y aurait au point B deux perpendiculaires élevées sur AC, ce qui est contraire au théorème n° 2 (31). Donc, etc.

36. *Corollaire.* — Lorsque, par un point pris sur une droite, on élève une perpendiculaire à cette droite, on forme deux angles droits *égaux*, ayant la perpendiculaire pour côté commun.

Théorème n° 4.

37. *Lorsqu'une droite quelconque DB (fig. 18) rencontre une autre droite AC, la première fait avec la seconde deux angles adjacents DBA et DBC, valant ensemble deux angles droits.*

Pour démontrer ce théorème, par le point B j'élève à la droite AC la perpendiculaire BE. Alors, le premier angle DBA est égal à l'angle droit EBA plus l'angle aigu EBD. Si, à l'angle EBD j'ajoute le second angle donné DBC, j'aurai le second angle droit EBC. Donc, la somme des deux angles donnés DBA et DBC est égale à la somme des deux angles droits EBA et EBC. Donc, etc.

Théorème n° 5.

38. Réciproquement. — *Lorsque deux angles adjacents valent deux angles droits, leurs côtés extérieurs sont en ligne droite.*

Soient les deux angles adjacents DBA et DBC (*fig.* 19), valant ensemble deux an-

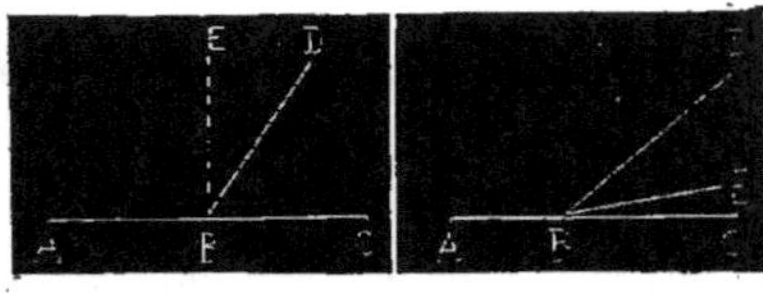

Figure 18.   Figure 19.

gles droits, je dis que leurs côtés extérieurs, BA et BC sont en ligne droite.

En effet, si les côtés BA et BC ne sont pas en ligne droite, c'est que la droite BC n'est pas le prolongement de la droite BA.

Je vais alors supposer que c'est la droite BE, par exemple, qui est le prolongement de la droite BA. Si cela se pouvait, les angles adjacents DBA et DBE vaudraient deux angles droits, puisque la ligne ABE serait droite. Mais, par hypothèse, les deux angles adjacents DBA et DBC valent deux angles droits. En retranchant l'angle commun DBA, il resterait les deux angles DBC et DBE qui seraient égaux, ce qui est absurde, puisque l'angle DBE n'est qu'une partie de l'angle DBC. Je prouverais de la même manière que, sauf la droite BC, aucune autre partant du point B ne peut être le prolongement de BA. Donc, la ligne ABC est bien une ligne droite.

39. On dit que deux angles sont *complémentaires*, lorsque la somme de ces deux angles est égale à un angle droit.

Ainsi, les deux angles DBE et DBC (*fig.* 18) sont deux angles complémentaires. L'angle DBE est complément de l'angle DBC, de même que l'angle DBC est complément de l'angle DBE.

40. On dit que deux angles sont *supplémentaires*, lorsque la somme de ces deux angles est égale à deux angles droits.

Ainsi, les deux angles DBA et DBC (*fig.* 18) sont deux angles *supplémentaires*. L'angle DBC est supplément de l'angle DBA, de même que l'angle DBA est supplément de l'angle DBC.

Corollaires du théorème n° 4.

41. I. — *Lorsque deux droites AC et BD (fig.* 20) *se coupent et que l'un des quatre angles formés est droit, les trois autres sont aussi droits.*

Je suppose que l'angle BOA soit droit. Alors, l'angle BOC est aussi droit, puisque les deux angles BOA et BOC valent deux angles droits comme supplémentaires. Par la même raison, les angles DOA et DOC sont aussi droits, le premier étant supplémentaire de l'angle AOB et le second étant supplémentaire de l'angle COB. Donc, etc.

42. II. — *La somme de deux, trois, quatre, etc. angles adjacents formés du même côté d'une droite, vaut deux angles droits.*

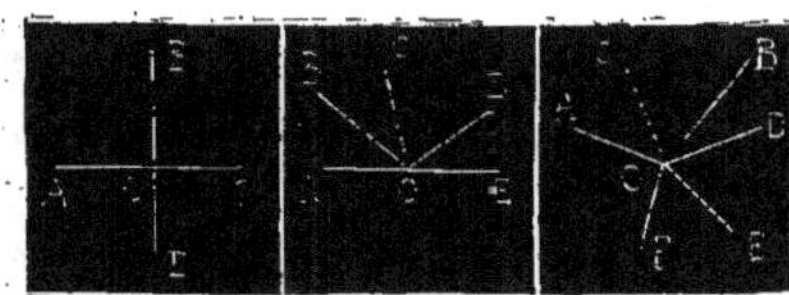

Figure 20.   Figure 21.   Figure 22.

Ainsi, les quatre angles AOB, BOC, COD et DOE (*fig.* 21) valent ensemble quatre angles droits.

43. III. — *La somme de deux, trois, quatre, etc. angles adjacents ayant tous un sommet commun, vaut quatre angles droits.*

Ainsi, les six angles AOC, COB, BOD, DOE, EOF et FOA (*fig.* 22), ayant tous le point O pour sommet commun, valent quatre angles droits.

44. On dit que deux angles sont *opposés par le sommet*, lorsque les deux côtés de l'un sont le prolongement des deux côtés de l'autre.

Ainsi, les angles AOD et COB (*fig.* 23) sont opposés par le sommet, et il en est de même des angles AOC et DOB.

Théorème n° 6.

45. *Tous les angles opposés par le sommet sont égaux.*

Je dis, par exemple, que l'angle AOD est égal à l'angle COB (*fig.* 23).

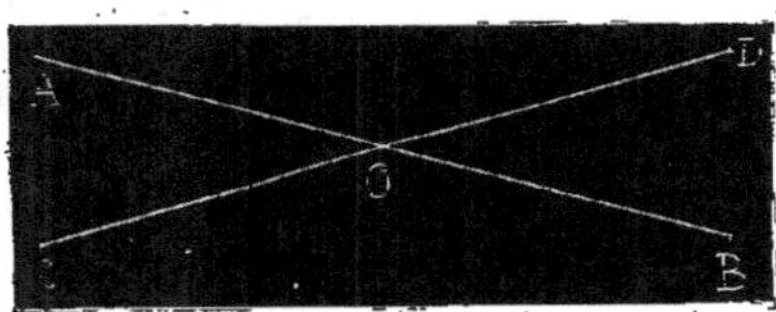

Figure 23.

En effet, si je considère la droite AB, l'angle DOB est le supplément de l'angle DOA.

De même, si je considère la droite DC, l'angle DOB est le supplément de l'angle COB.

Donc, les deux angles AOD et COB sont égaux comme ayant le même supplément, qui est l'angle DOB.

Je prouverais par un raisonnement semblable que l'angle AOC est égal à l'angle DOB. Donc, etc.

QUESTIONS PRATIQUES

45 *bis*. Avant d'expliquer comment on opère pour tracer des droites sur le papier et sur le terrain, je vais donner la description des instruments les plus simples, les plus commodes et les plus employés.

I. — RÈGLE PLATE DE BUREAU.

46. La règle plate est construite soit en bois (cormier ou prunier bien sec), soit en métal (fer poli ou cuivre), soit au moyen d'une matière quelconque, bien résistante, sur laquelle la température ait le moins d'influence possible. Sa longueur est indéterminée et sa largeur varie entre 4 et 6 centimètres, son épaisseur doit être de 3 millimètres au moins. Toutes les arêtes doivent être parfaitement dressées.

Figure 24.

Pour s'assurer si la face le long de laquelle doit glisser le crayon est bien droite, on place la règle sur une feuille de papier reposant sur une surface bien plane, puis on tire un trait au crayon le long de la face qu'on veut vérifier. Cela fait, on retourne la règle bout à bout et on fait coïncider le même côté avec le trait au crayon, puis on trace une nouvelle ligne. Si les deux traits se confondent partout, c'est que la règle est bien droite (*fig.* 24).

II. — ÉQUERRE DE BUREAU.

47. Pour élever des perpendiculaires sur le papier, on se sert d'équerres (*fig.* 25) établies au moyen de matières semblables à celles employées pour les règles plates de bureau.

Pour vérifier l'exactitude d'une équerre de bureau, c'est-à-dire pour s'assurer si les deux côtés de l'angle droit sont rigou-

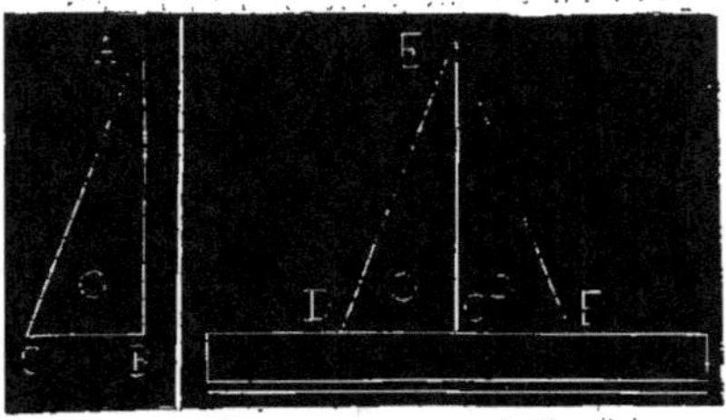

Figure 25.   Figure 26.

reusement perpendiculaires l'un à l'autre, on place le petit côté DC (*fig.* 26) sur une règle plate, puis on trace, au moyen d'un crayon fin, un trait le long du côté EC. Cela fait, on retourne l'équerre, pour lui faire occuper la position ECF, puis on trace un nouveau trait sur le premier. Si les deux traits se confondent parfaitement, c'est que l'équerre est juste.

III. — ÉQUERRE D'ARPENTEUR.

48. Pour élever une perpendiculaire sur le terrain, on fait usage de l'équerre d'arpenteur. Cet instrument a généralement la forme donnée par la figure 27. Il a de 8 à 10 centimètres de hauteur et contient huit faces ayant chacune de 5 à 6 centimètres de largeur. Chacune des faces porte, longitudinalement et en son milieu, une petite fente suivie d'une ouverture plus large appelée *fenêtre*, laquelle fenêtre est traversée par un crin très fin, formant ligne de visée. L'équerre d'arpenteur est construite de telle façon que lorsqu'une face contient une fente et une fenêtre, la fente correspond à la fenêtre de la face opposée.

La figure 28 donne le plan de l'équerre d'arpenteur ; les droites AE, BF, CG et DH (*fig.* 28) correspondent aux fentes et aux crins partageant les fenêtres en deux parties égales.

La droite BF est perpendiculaire à la droite DH; de même, CG est perpendiculaire à AE. Ces quatre lignes forment huit

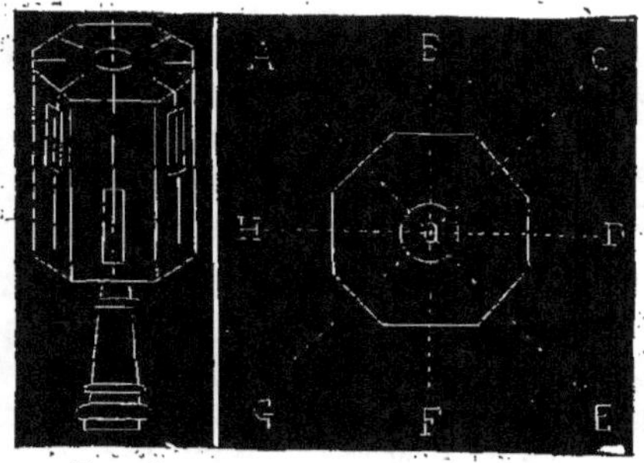

Figure 27.   Figure 28.

angles droits. La droite AE partage les angles BOH et DOF en deux parties égales.

L'équerre d'arpenteur se place généralement sur un bâton bien droit, ferré en pointe.

Pour vérifier l'exactitude de cet instrument, on le place à un point quelconque d'une droite préalablement jalonnée sur le terrain, puis on fait coïncider la ligne HD, par exemple, avec la ligne du terrain.

Au moyen d'un rayon visuel dirigé par les fentes et fenêtres correspondant à la ligne BF, on fait placer un jalon à une distance de 30 mètres environ, sur le prolongement de BF. Cela fait, on retourne l'équerre, de manière à mettre le point H à la place du point D et le point B à la place du point F, puis on vise de nouveau par les fentes et fenêtres de la ligne BF et si le jalon planté se trouve dans le prolongement de cette ligne, c'est que les droites BF et HD sont parfaitement perpendiculaires l'une à l'autre.

Si, par une opération semblable, on reconnaît que les droites AE et CG se trouvent dans les mêmes conditions, on en conclura que l'équerre d'arpenteur est juste.

IV. — CHAÎNE D'ARPENTEUR.

49. La chaîne d'arpenteur a une longueur de 10 mètres (un décamètre). Elle est construite au moyen de petites tiges de fer rond ayant chacune 20 centimètres de longueur, nommées chaînons. Ces tiges sont arrondies à leurs extrémités pour qu'elles puissent se relier les unes aux autres au moyen d'anneaux. Il faut donc 5 chaînons par mètre et 50 pour la chaine entière.

La figure 29 représente une chaîne avec quelques chaînons. M et R sont deux poi-

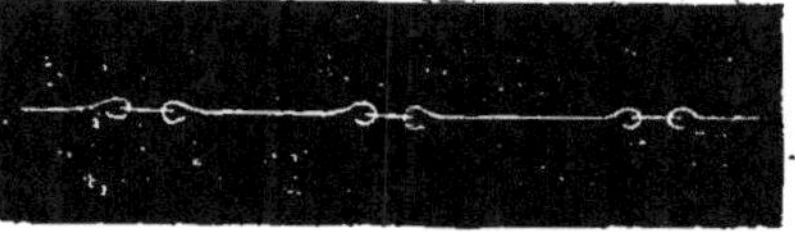

Figure 29.

gnées servant à la manœuvre de la chaîne. NO représente un chaînon. Généralement, les anneaux qui terminent les mètres sont en cuivre, ce qui permet de les distinguer plus facilement des anneaux voisins.

Le milieu de la chaîne, que je suppose être au point P, est indiqué par une tige mobile fixée à l'anneau correspondant.

Le seul moyen pratique pour vérifier l'exactitude d'une chaîne d'arpenteur consiste à tracer un décamètre sur une surface horizontale et bien plane au moyen d'un mètre bien juste, puis à superposer la chaîne à ce décamètre, et on voit si l'instrument n'est ni trop long ni trop court.

50. Les fiches sont des accessoires indispensables d'une chaîne d'arpenteur.

Une fiche AB (fig. 29) est faite au moyen d'un fil de fer rond de 5 millimètres de diamètre et d'une longueur variant entre 30 et 40 centimètres. L'extrémité B est recourbée pour former poignée, et l'extrémité A est pointue pour que les fiches puissent entrer plus facilement en terre.

Une chaîne est généralement accompagnée de onze fiches : dix pour déterminer l'hectomètre et une restant en place pendant que les chaîneurs font l'échange des dix fiches.

Problème n° 1.

51. *Jalonner une ligne droite, sur le terrain, en supposant que d'un point quelconque de la ligne, on puisse apercevoir les extrémités.*

Pour jalonner une ligne droite (*fig.* 30) je plante un jalon à chacune des extrémités

Figure 30.

C et F. L'œil placé en A de manière que le jalon planté en C cache le jalon F, je guide un second opérateur, porteur d'un troisième jalon D, que je lui fais fixer en terre lorsque le jalon C cache en même temps les jalons D et F. On opère de la même manière pour déterminer la place que doit occuper le jalon E. On procéderait ainsi pour tous les jalons jugés nécessaires en raison de la longueur de la ligne.

Problème n° 2.

52. *Jalonner une ligne droite, sur le terrain, en supposant que de l'une des des extrémités, on n'aperçoive pas l'autre extrémité.*

Pour résoudre ce problème, on peut employer l'équerre d'arpenteur. L'opérateur part du point A (*fig.* 31), par exemple, et chemine dans la direction approximative du point E, pour s'arrêter en un point duquel il puisse apercevoir et le point A et le point E.

Par tâtonnement, il cherche un point appartenant à la ligne droite à jalonner.

Pour cela, l'opérateur plante le pied de l'équerre en un point qui lui paraît être dans la ligne à tracer. Il dirige un rayon visuel, par une fente et par une fenêtre, sur le point A. Si, en visant par la même fente et par la même fenêtre, il aperçoit le point

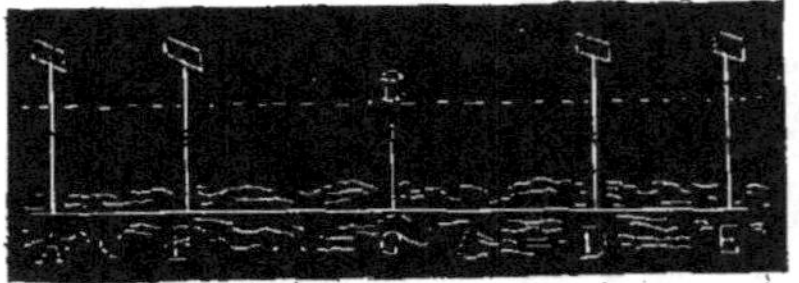

Figure 31.

E, le pied de l'équerre est dans la ligne droite à jalonner. Dans le cas contraire, il déplace l'équerre jusqu'à ce que le même rayon visuel aboutisse au point A et au point E. Je suppose que le point C se trouve sur la ligne droite à déterminer. Cela fait, on place des jalons supplémentaires aux points B et D, par exemple, en opérant comme au problème précédent.

53. Si les deux points extrêmes d'une ligne à jalonner sont séparés par une montagne, on opérera comme au problème n° 2.

On se place au point D (*fig.* 32), de manière que, de ce point, on puisse voir les

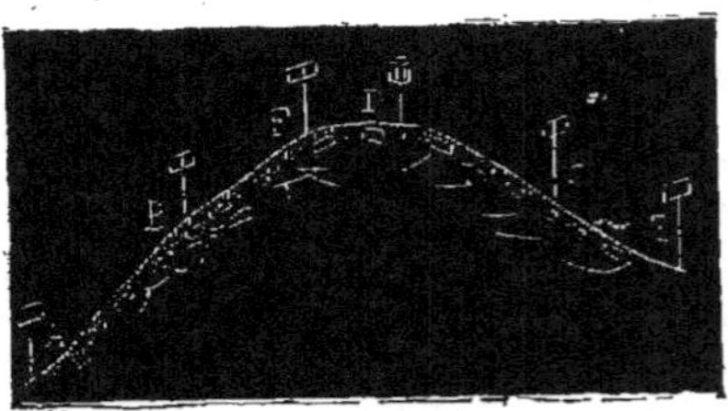

Figure 32.

deux jalons extrêmes A et E, et on déplace l'équerre jusqu'à ce que, par tâtonnement, on aperçoive ces points par la même fente et par la même fenêtre. Cela fait, on place des jalons intermédiaires aux points B et C, par exemple, en opérant comme au problème n° 1.

54. On peut remplacer l'équerre par deux jalons. Pour cela, on place deux jalons D et F au sommet de la montagne, de manière qu'en visant par le jalon D, le jalon F cache le jalon A. Si, en visant par le jalon F, le jalon D cache le jalon E, c'est que la droite FD se trouve dans la ligne à déterminer ; alors, il n'y a plus que les jalons intermédiaires à placer. Si la droite donnée par les jalons F et D ne se trouve pas dans la ligne à jalonner, on déplace, par tâtonnement, les jalons F et D, jusqu'à ce qu'ils se trouvent dans ladite ligne à tracer.

Problème n° 3.

55. *Mesurer, au moyen de la chaîne d'arpenteur, une ligne préalablement jalonnée sur le terrain.*

Pour résoudre ce problème, il faut absolument deux chaîneurs. L'un d'eux place la poignée de la chaîne près d'un des jalons extrêmes, et l'autre part en tenant les onze fiches de la main gauche, ayant la seconde poignée de la chaîne dans la main droite. Lorsque la chaîne est bien tendue, le premier chaîneur, qui marche en avant, plante une fiche, aussi verticalement que possible, dans la direction des jalons qu'il a devant lui. L'autre chaîneur constate lui-même si la fiche et les jalons sont bien en ligne droite.

Lorsque dix fiches ont été employées, une longueur d'un hectomètre a été mesurée. Le chaîneur qui marche en avant reprend les dix fiches passées dans les mains de son collègue, et l'opération se continue ainsi jusqu'à l'autre jalon extrême.

Problème n° 4.

56. *Élever sur le papier, au moyen de l'équerre de bureau, une perpendiculaire à une ligne donnée (fig. 33).*

Si l'on veut élever une perpendiculaire au point B, par exemple, de la droite AC, on place l'équerre de manière que le sommet de l'angle droit soit au point B et que le côté BF de l'équerre coïncide parfaitement avec la droite AC. Alors, on trace

une droite BD suivant l'autre côté BE de l'équerre, et la droite BD est la perpendiculaire demandée.

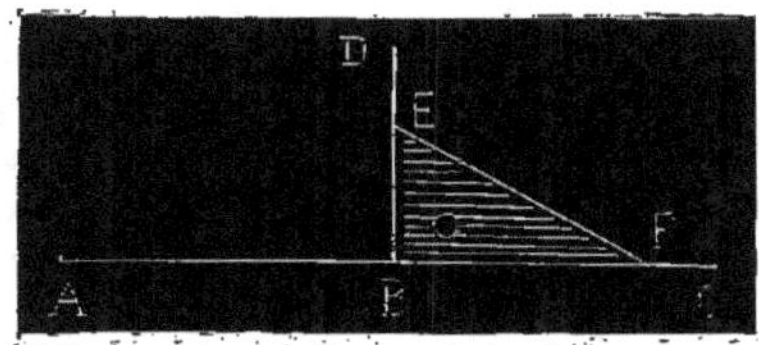

Figure 33.

Problème n° 5.

57. *Élever, au moyen d'un compas, une perpendiculaire sur le milieu d'une droite (fig. 34).*

Soit à élever une perpendiculaire sur le milieu de la droite AC. Pour cela, du point A comme centre, je décris, au-dessus et au-dessous de AC, deux arcs de cercle avec un rayon quelconque, mais plus grand que la moitié de AC. Du point C comme centre, avec le même rayon, je décris deux autres arcs de cercle coupant les deux premiers aux points E et D. Je joins les points E et D par une droite qui est la perpendiculaire demandée.

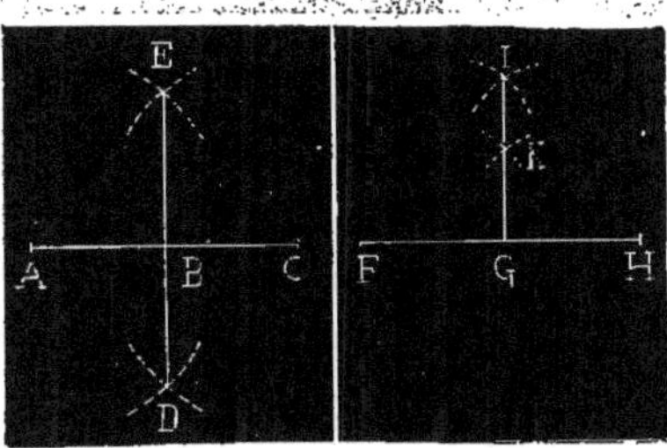

Figure 34.   Figure 35.

58. Certaines circonstances peuvent exiger que la perpendiculaire s'arrête à la droite. Voici, dans ce cas, comment on opérerait :

Du point F (*fig.* 35) comme centre, avec un rayon quelconque, mais plus grand que la moitié de FH, on décrit un arc de cercle au-dessus de la droite. Du point H, comme centre, avec le même rayon, on décrit un arc de cercle coupant le premier au point I.

Des points F et H, avec un rayon plus petit que le précédent, je décris deux autres arcs de cercles se coupant au point K.

Je joins le point I au point K et je prolonge la ligne IK jusqu'à la droite FH, au point G. La droite IG est la perpendiculaire demandée.

Problème n° 6.

59. *Élever, au moyen d'un compas, une perpendiculaire en un point donné d'une droite.*

Il s'agit d'élever une perpendiculaire au point B (*fig.* 36) de la droite AC.

Figure 36.   Figure 37.

Pour cela, je prends, à droite et à gauche du point B, deux quantités égales BD et BE. Des points D et E, comme centres, avec un rayon plus grand que BD, je décris deux arcs de cercles se coupant au point F. Je joins le point F au point B et la droite FB est la perpendiculaire demandée.

Problème n° 7.

60. *Abaisser d'un point donné, pris hors d'une droite, une perpendiculaire sur cette droite.*

Il s'agit d'abaisser du point F (*fig.* 37) une perpendiculaire sur la droite AB.

Pour cela, du point F, comme centre, avec un rayon quelconque, mais plus grand que la distance qui sépare le point F de la droite AB, je décris un arc de cercle coupant la droite AB aux points C et D.

Des points C et D, comme centres, avec un rayon quelconque, mais plus grand que la moitié de CD, je décris deux arcs de cercle se coupant au point G. Je joins les points F et G, et la droite FG est la perpendiculaire demandée.

Problème n° 8.

61. *Élever sur le terrain, au moyen de l'équerre d'arpenteur, une perpendiculaire à une droite jalonnée et en un point donné.*

Il s'agit d'élever sur le terrain une perpendiculaire à la droite jalonnée AB et au point D (*fig.* 38).

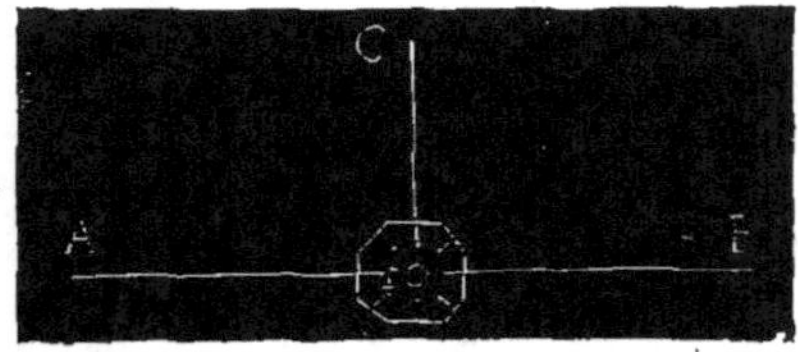

Figure 38.

Pour cela, je plante le pied de l'équerre au point D et je tourne l'instrument jusqu'à ce qu'en visant par une fente et par la fenêtre correspondante, j'aperçoive les deux jalons plantés aux points A et B. Cela fait, en dirigeant un rayon visuel par la fente et par la fenêtre formant un angle droit avec la première direction, je déterminerai la perpendiculaire DC, car il me sera facile de faire planter un jalon au point C.

Problème n° 9.

62. *Construire un angle égal à un angle donné.*

Soit à construire un angle égal à l'angle ABC (*fig.* 39).

Pour cela, du point B comme centre, avec un rayon quelconque, je décris un arc de cercle GH. Je trace une droite EF

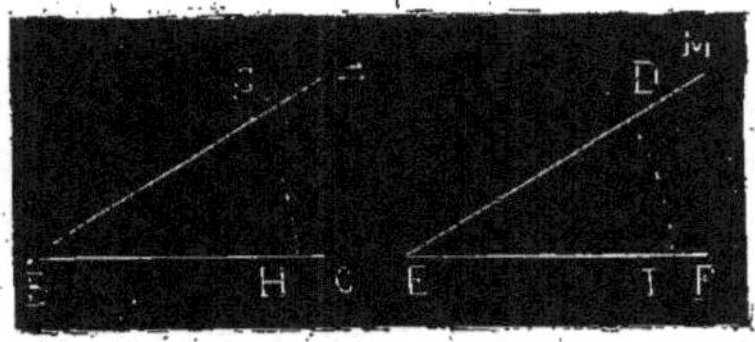

Figure 39.

et du point E, comme centre, avec un rayon égal à BH, je décris un arc de cercle DI Enfin, du point I, comme centre, avec un rayon égal à HG, je décris un nouvel arc de cercle coupant l'arc DI au point D. Je joins le point E au point D par une droite que je prolonge, et l'angle MEF est égal à l'angle ABC.

Problème n° 10.

63. *Partager un angle en deux parties égales.*

Il s'agit de partager l'angle ABC (*fig.* 40) en deux parties égales. Pour cela, de B, comme centre, avec un rayon arbitraire, je décris un arc EF, coupant les deux côtés

de l'angle aux points G et H. Des points G et H, comme centres, avec un rayon quelconque, mais plus grand que la moitié de GH, je décris alors deux arcs de cercle se coupant au point I. Je joins le point B au point I, et la droite BI partage l'angle donné en deux parties égales.

64. La ligne BD (*fig.* 40) est la *bissectrice* de l'angle ABC et, en général, la *bissec-*

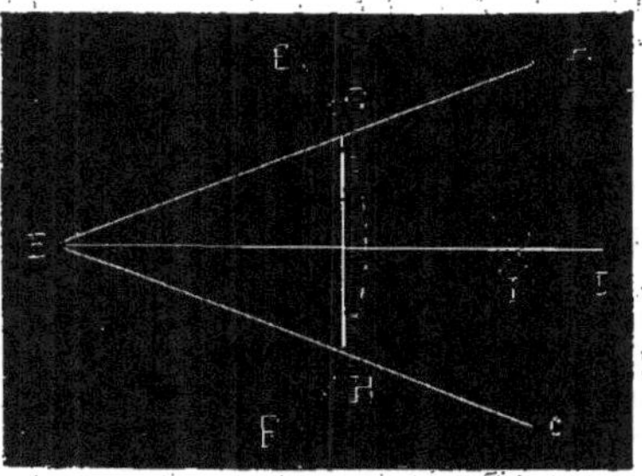

Figure 40.

trice d'un angle est une ligne qui partage cet angle en deux parties égales.

NOTA. — La démonstration des problèmes précédents sera donnée, plus loin, dans la théorie des perpendiculaires, des obliques et des angles.

CHAPITRE III

DES FIGURES, DES TRIANGLES EN GÉNÉRAL
DES PERPENDICULAIRES ET DES OBLIQUES
DES TRIANGLES RECTANGLES

§ Ier. — DES FIGURES

65. On donne le nom de figure à une portion de plan limitée, soit par des lignes droites, soit par des lignes courbes, soit enfin par des droites et par des courbes.

66. Lorsqu'une figure est limitée par des lignes droites, quel qu'en soit le nombre, elle prend le nom de *polygone*.

Le polygone le plus simple est celui qui est formé par trois lignes droites et il se nomme *triangle*. Il est évident, en effet, que pour clore complètement une portion de plan avec des lignes droites, il en faut au moins trois.

67. Voici la nomenclature des principaux polygones dont il est question en géométrie.

1°	Le *triangle*	qui a	3 côtés;
2°	Le *quadrilatère*	—	4 côtés;
3°	Le *pentagone*	—	5 côtés;
4°	L'*hexagone*	—	6 côtés;
5°	L'*heptagone*	—	7 côtés;
6°	L'*octogone*	—	8 côtés;
7°	L'*ennéagone*	—	9 côtés;
8°	Le *décagone*	—	10 côtés;
9°	Le *dodécagone*	—	12 côtés;
10°	Le *pentadécagone*	—	15 côtés.

Les autres polygones n'ont pas reçu de noms spéciaux et on se borne simplement à les désigner par le nombre de leurs côtés.

§ II. — DES TRIANGLES

68. Le triangle est un polygone de trois côtés et de trois angles.

69. Par rapport aux angles, il y a quatre espèces de triangles, savoir:

1° Le triangle *rectangle*;
2° Le triangle *équiangle*;
3° Le triangle *acutangle*;
4° Le triangle *obtusangle*.

70. Le triangle *rectangle* est celui qui a un angle droit.

Exemple: BAC (*fig.* 41). L'angle droit a son sommet en A.

71. Le triangle *équiangle* est celui dont les trois angles sont égaux.

Exemple: DEF (*fig.* 42).

72. Le triangle *acutangle* est celui dont les trois angles sont aigus.

Exemple: DEF (*fig.* 42). Le triangle équiangle est en même temps acutangle.

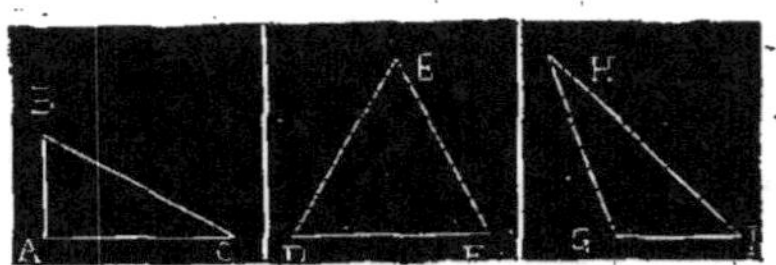

Figure 41.   Figure 42.   Figure 43.

73. Le triangle *obtusangle* est celui qui a un angle obtus.

Exemple: IGH (*fig.* 43). L'angle obtus a son sommet en G.

74. Par rapport aux côtés, il y a trois espèces de triangles, savoir:

1° Le triangle *équilatéral*;
2° Le triangle *isocèle*;
3° Le triangle *scalène*.

75. Le triangle *équilatéral* est celui dont les trois côtés sont égaux.

Exemple: ABC (*fig.* 44). Le triangle équilatéral est en même temps équiangle.

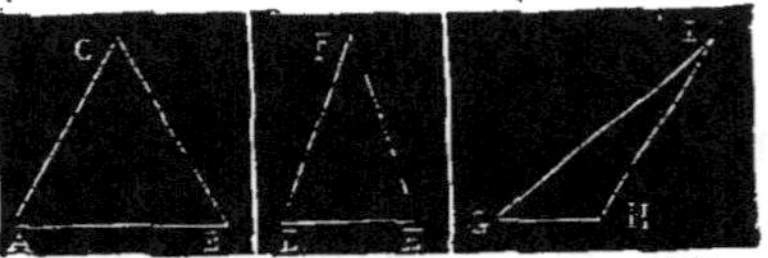

Figure 44.   Figure 45.   Figure 46.

76. Le triangle *isocèle* est celui dont deux côtés seulement sont égaux.

Exemple: DEF (*fig.* 45).

77. Le triangle *scalène* est celui dont les trois côtés sont inégaux.

Exemple: GHI (*fig.* 46). Le triangle scalène peut être, ou acutangle ou obtusangle.

Théorème n° 7.

78. *Un côté quelconque d'un triangle est plus petit que la somme des deux autres, mais plus grand que leur différence.*

1° Le côté AC (*fig.* 47), par exemple, est plus petit que AB + BC, somme des deux autres côtés, puisque la ligne droite AC est le plus court chemin du point A au point C.

Donc, lorsqu'une ligne droite et une ligne brisée ont leurs extrémités aux mêmes points, la ligne droite est la plus courte.

2° Je vais prouver maintenant que le côté BA, par exemple, est plus grand que la différence des côtés AC et BC.

En effet, on vient de voir que AC est plus petit que AB + BC. Si je diminue chaque

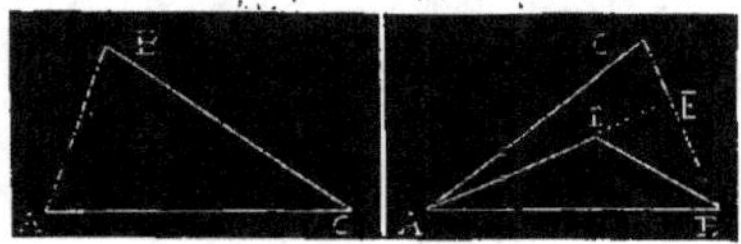

Figure 47.   Figure 48.

membre de cette inégalité de BC, j'aurai AC — BC, plus petit que AB, ou, en renversant les termes de cette dernière inégalité, j'aurai de nouveau AB plus grand que AC — BC. Donc, etc.

Théorème n° 8.

79. *Si dans l'intérieur d'un triangle ACB (fig. 48), on prend un point quelconque D et qu'on joigne ce point aux sommets des angles A et B, la ligne enveloppante ACB sera plus grande que la ligne enveloppée ADB.*

Pour démontrer ce théorème, je prolonge AD jusqu'à la rencontre de CB au point E. Alors, la ligne droite DB est plus courte que la ligne brisée DEB (78). Si, à chacune de ces deux lignes, j'ajoute la même quantité DA, j'aurai la ligne brisée ADB, plus petite que la ligne brisée AEB. Maintenant, la ligne droite AE est plus courte que la ligne brisée ACE. Si, à chacune de ces deux dernières lignes, j'ajoute la même quantité EB, j'aurai la ligne brisée AEB, plus petite que la ligne brisée ACB. Mais je viens de voir que la ligne

ADB est plus petite que l'autre ligne brisée AEB.

Donc, à plus forte raison, la ligne brisée ADB est plus courte que la ligne brisée ACB. Or, la première est *l'enveloppante* et la seconde, *l'enveloppée*. Donc, etc.

Premier cas.

Théorème n° 9.

80. *Deux triangles sont égaux lorsqu'ils ont un côté égal adjacent à deux angles égaux chacun à chacun.*

Soient les deux triangles ACB et DFE (fig. 49) ayant le côté AB égal au côté DE, l'angle A égal à l'angle D et l'angle B égal à l'angle E, je dis que ces deux triangles sont égaux.

Pour en faire la démonstration, je porte le triangle DFE sur le triangle ACB, de manière que le point D soit placé au point A et que les droites DE et AB se confondent. Ces deux droites étant égales, le point E tombera au point B.

Maintenant, l'angle D étant égal à l'angle A, le côté DF prendra la direction AC et le point F tombera ou sur AC, ou sur le prolongement de cette ligne.

De même, l'angle E étant égal à l'angle B, le côté EF prendra la direction BC et le point F tombera ou sur BC, ou sur le prolongement de cette ligne.

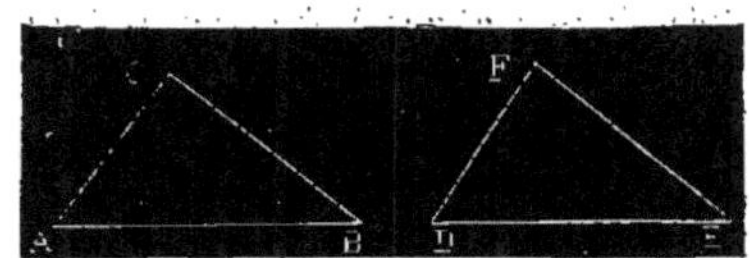

Figure 49.

Conséquemment, le sommet F du triangle DFE doit tomber et sur AC et sur BC. Donc, il ne peut aboutir qu'au point C, où ces deux lignes se coupent. Donc, les deux triangles donnés sont égaux, puisque, appliqués l'un sur l'autre, tous leurs côtés coïncident parfaitement.

Deuxième cas.

Théorème n° 10.

81. *Deux triangles sont égaux lorsqu'ils ont un angle égal compris entre deux côtés égaux chacun à chacun.*

Soient les deux triangles ACB et DFE (*fig.* 49) ayant l'angle A égal à l'angle D, le côté AC égal au côté DF et le côté AB égal au côté DE, je dis que ces deux triangles sont égaux.

Pour le prouver, je porte le côté DE sur le côté AB, de manière que le point D soit placé sur le point E. Comme les deux lignes DE et AB sont égales, le point E tombera au point B.

L'angle D étant égal à l'angle A, le côté DF prendra la direction du côté AC, et comme les deux lignes DF et AC sont égales, le point F tombera au point C.

Conséquemment, les deux côtés FE et CB, ayant leurs extrémités aux mêmes points, se confondent dans toute leur étendue.

Donc, les deux triangles donnés sont égaux, puisque, appliqués l'un sur l'autre, tous leurs côtés coïncident parfaitement.

Théorème n° 11.

82. *Lorsque deux triangles ont deux côtés égaux chacun à chacun et que l'angle formé par les deux côtés du premier est plus grand que l'angle formé par les deux côtés du second, le troisième côté du premier triangle est plus grand que le troisième côté du second.*

Soient les deux triangles ABC et DFE (*fig.* 50) ayant le côté BA égal au côté FD, le côté BC égal au côté FE, et l'angle B plus grand que l'angle F, je dis que le côté AC est plus grand que le côté DE.

Pour le prouver, je fais au point B, avec le côté BC, un angle HBC égal à l'angle DFE je et prends BH =DF. Je joins le point

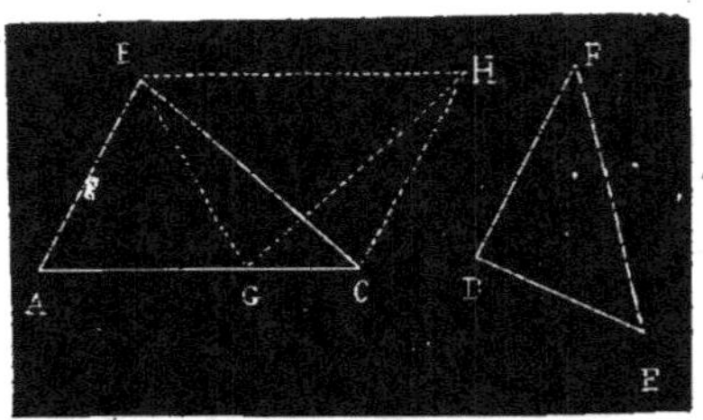

Figure 50.

H au point C et les deux triangles HBC et DFE sont égaux comme ayant un angle égal compris entre deux côtés égaux.

Je partage l'angle ABH en deux parties égales par la bissectrice BG et je joins le point G au point H. Les deux triangles GBA et GBH sont égaux comme ayant un angle égal compris entre deux côtés égaux, puisque : 1° les angles en B sont égaux par construction; 2° le côté BG est commun ; 3° le côté BH est égal au côté BA, aussi par construction. Donc, le côté GA est égal au côté GH. En ajoutant à GA et à GH la même quantité GC, j'aurai AC, ligne droite, égale à HGC, ligne brisée. Mais, CH ligne droite est plus courte que la ligne brisée HGC, qui a ses extrémités aux mêmes points. Donc aussi, la droite CH est plus courte que AC. Or, CH = DE. Donc, etc.

Théorème n° 12.

83. Réciproquement. — *Lorsque deux triangles ont deux côtés égaux chacun à chacun, si le troisième côté du premier est plus grand que le troisième côté du second, l'angle opposé au troisième côté du premier triangle est plus grand que l'angle opposé au troisième côté du second.*

Soient les mêmes triangles ABC et DEF (*fig.* 50).

Si l'angle B était égal à l'angle F, les deux triangles donnés seraient égaux comme ayant un angle égal compris entre deux côtés égaux chacun à chacun.

Si cela était, le côté AC serait égal au côté DE, ce qui est contraire à l'hypothèse.

Si l'angle B était plus petit que l'angle F, le côté AC serait plus petit que le côté DE, ce qui serait encore contraire à l'hypothèse. L'angle B ne pouvant être ni égal à l'angle F, ni plus petit que cet angle, donc il est plus grand.

Troisième cas.

Théorème n° 13.

84. *Deux triangles sont égaux lorsqu'ils ont les trois côtés égaux chacun à chacun.*

Soient les deux triangles ACB et DFE (*fig.* 49) dans lesquels FD = CA, DE = AB et FE = CB, je dis que ces deux triangles sont égaux.

Si je prouve que l'angle F, par exemple, est égal à l'angle C, le théorème sera démontré, parce que les deux triangles auront un angle égal compris entre deux côtés égaux chacun à chacun.

Si l'angle F n'était pas égal à l'angle C, il serait ou plus grand ou plus petit. S'il était plus grand, le côté DE serait plus grand que le côté AB (82), ce qui est contraire à l'hypothèse. S'il était plus petit, le côté DE serait plus petit que le côté AB, ce qui serait encore contraire à l'hypothèse.

Donc, l'angle F ne pouvant être ni plus grand, ni plus petit que l'angle C, lui est égal. Donc, etc.

85. CObollaire. — Si les trois côtés d'un triangle sont égaux chacun à chacun, les trois angles sont aussi égaux, c'est-à-dire que *aux angles égaux sont opposés des côtés égaux*, et réciproquement.

86. On nomme *hauteur* d'un triangle, la perpendiculaire abaissée du sommet d'un des angles sur le côté opposé ou sur son prolongement. Le côté sur lequel tombe la perpendiculaire se nomme *base* du triangle.

Tout triangle a donc trois bases et trois hauteurs différentes.

Ainsi, le triangle ABC (*fig.* 51) a les trois hauteurs AH, BI et CG, correspondant aux bases BC, AC et AB.

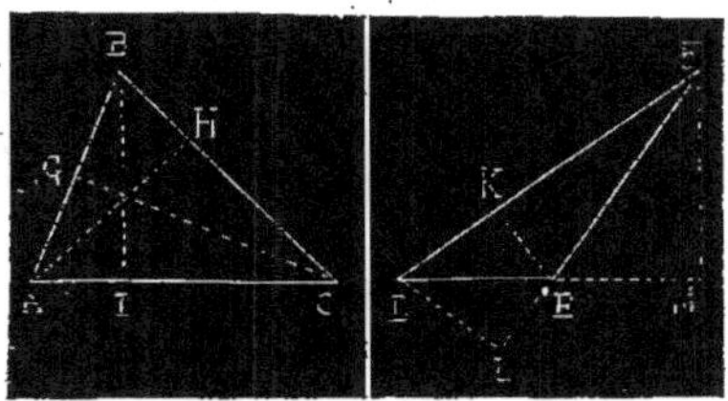

Fig. 51.   Fig. 52.

De même, le triangle DEF (*fig.* 52) a les trois hauteurs FM, EK et DL, correspondant aux bases DE, DF et FE. On voit que les deux hauteurs FM et DL tombent sur le prolongement des deux côtés DE et FE.

Propriétés du triangle isocèle.

Théorème n° 14.

87. *Dans tout triangle isocèle, aux côtés égaux sont opposés des angles égaux.*

Soit le triangle isocèle ABC (*fig.* 53), dans lequel le côté BA est égal au côté BC, je dis que l'angle C, opposé au côté BA, est égal à l'angle A, opposé au côté BC.

Pour le prouver, je joins par une droite le sommet B au point D, milieu de AC. Alors les deux triangles BDA et BDC sont égaux, comme ayant les trois côtés égaux chacun à chacun, puisque 1° le côté BD est commun ; 2° AD = DC par construction ; 3° AB = BC par hypothèse. Donc l'angle A, opposé au côté BD du triangle, ABD, est égal à l'angle C, opposé au côté BD du triangle CBD. Donc, etc.

88. *Corollaire* I. — Par suite de l'égalité des deux triangles BDA et BDC (*fig.* 53) les deux angles DBA et DBC sont égaux et on peut conclure de ce fait que, *dans un triangle isocèle, la ligne droite qui joint le sommet de ce triangle au point milieu du côté opposé divise l'angle du sommet en deux parties égales et que, de plus, cette ligne est perpendiculaire au côté opposé.*

89. *Corollaire* II. — Le théorème n° 14 prouve encore ce qui a été avancé au n° 75, c'est-à-dire qu'un triangle équilatéral est en même temps équiangle, puisque aux côtés égaux sont opposés des angles égaux.

Théorème n° 15.

90. RÉCIPROQUEMENT. — *Dans un triangle, si les deux angles sont égaux, les côtés opposés à ces deux angles sont aussi égaux et le triangle est isocèle.*

Soit le triangle DEF (*fig.* 54) dans lequel l'angle F est égal à l'angle D, je vais prou-

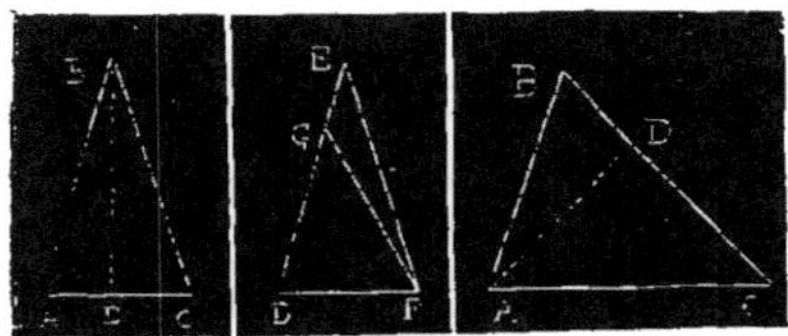

Fig. 53.   Fig. 54.   Fig. 55.

ver que le côté ED, opposé a l'angle F, est égal au côté EF, opposé à l'angle D.

En effet, si le côté ED n'est pas égal au côté EF, il est ou plus grand ou plus petit. Je vais supposer qu'il est plus petit et que GD = EF. Je joins par une droite les points G et F. Alors, par hypothèse, l'angle GFD serait égal à l'angle GDF et les deux côtés GF et GD seraient égaux. Donc, les deux triangles DFE et DFG seraient égaux comme ayant un angle égal compris entre deux côtés égaux, c'est-à-dire que la partie serait égale au tout, ce qui ne saurait être.

On démontrerait de la même manière que le côté ED ne peut pas être plus petit que le côté EF. Conséquemment, ces deux côtés sont égaux et le triangle est isocèle.

91. COROLLAIRE. — Un triangle équiangle est aussi équilatéral.

Théorème n° 16.

92. *Dans tout triangle, aux plus grands angles sont opposés les plus grands côtés.*

Soit le triangle ABC (*fig.* 55), dans lequel l'angle A est plus grand que l'angle C, je vais prouver que le côté BA, opposé à l'angle C, est plus petit que le côté BC, opposé à l'angle A.

Pour le prouver, je fais au point A, avec la ligne AC, un angle DAC égal à l'angle DCA. Alors, le triangle ADC est isocèle (76) et DA = DC. Si, à chacune des droites DA et DC, j'ajoute la même quantité DB, la ligne droite BC sera égale à la ligne brisée BDA. Mais BA, ligne droite, est plus courte que BDA, ligne brisée qui a ses extrémités aux mêmes points. Donc aussi, la droite BA est plus petite que la droite BC, puisque cette dernière est égale à la ligne brisée BDA. Donc, etc.

Théorème n° 17.

93. RÉCIPROQUEMENT. — *Dans tout triangle, aux plus grands côtés sont opposés les plus grands angles.*

Soit le triangle ABC (*fig.* 55), dans lequel le côté BC est plus grand que le côté BA, je dis que l'angle A, opposé au côté BC, est plus grand que l'angle C, opposé au côté BA.

En effet, si l'angle A n'est pas plus grand que l'angle C, il est ou égal à l'angle C ou plus petit que cet angle. Si l'angle A pouvait être égal à l'angle C, le côté BC serait égal au côté BA (87), ce qui est contraire à l'hypothèse.

Si l'angle A pouvait être plus petit que l'angle C, le côté BC serait plus petit que le côté BA. ce qui serait encore contraire à l'hypothèse.

Donc, l'angle A est plus grand que l'angle C, puisqu'il ne peut être ni égal à l'angle C, ni plus petit que cet angle.

Corollaire. — Il résulte des deux théorèmes précédents que deux côtés d'un triangle ne sont égaux ou inégaux qu'autant que les angles opposés sont eux mêmes égaux ou inégaux.

§ III. — PROPRIÉTÉS DES PERPENDICULAIRES ET DES OBLIQUES

Théorème n° 18.

94. *D'un point donné hors d'une droite, on ne peut abaisser qu'une perpendiculaire sur cette droite.*

Soit le point C (*fig.* 56) pris hors de la droite AB, duquel la perpendiculaire CD a été abaissée sur ladite droite AB. Je vais démontrer que toute autre ligne, CE, par exemple, partant du point C, ne sera pas perpendiculaire à AB.

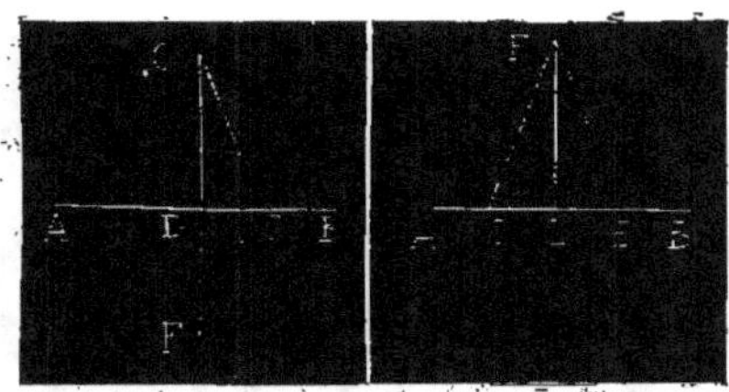

Fig. 56.   Fig. 57.

Pour cela, je prolonge la ligne CD d'une quantité DF égale à CD, et joins par une droite les points E et F. Alors, les deux triangles EDC et EDF sont égaux comme ayant un angle égal compris entre deux côtés égaux, puisque : 1° le côté DE est commun aux deux triangles ; 2° CD=DF par construction ; 3° les angles en D sont égaux comme droits. Donc, les deux angles DEC et DEF sont égaux. Si la droite CE était perpendiculaire à AB, l'angle DEC serait droit et son égal DEF serait aussi droit ; mais (38), lorsque deux angles adjacents valent deux angles droits, leurs côtés extérieurs sont en ligne droite. Donc, si CE était perpendiculaire à AB, la ligne CEF serait droite. Mais, la ligne CF est droite. Il serait donc possible, dans cette hypothèse, de mener deux lignes droites entre les points C et F, ce qui est absurde. Donc, etc,

Théorème n° 19.

95. *Si, d'un point pris hors d'une droite, on mène à cette droite une perpendiculaire et différentes obliques :*

1° *La perpendiculaire sera plus courte qu'une oblique quelconque ;*

2° *Lorsque deux obliques s'écarteront également du pied de la perpendiculaire, elles seront égales.*

3° *Les obliques qui s'écarteront le plus du pied de la perpendiculaire seront les plus longues.*

1°. Je vais prouver que la perpendiculaire CD à AB (*fig.* 56) est plus courte que l'oblique CE partant du même point C pour aboutir à la même droite AB.

Pour cela, je prolonge la perpendiculaire CD d'une quantité DF égale à CD, et je joins le point E au point F. Alors, les deux triangles DEC et DEF sont égaux, comme ayant un angle égal compris entre deux côtés égaux chacun à chacun, puisque : 1° les angles en D sont égaux comme droits ; 2° le côté DE, est commun ; 3° le côté DC=DF par construction. Conséquemment, la ligne CE est égale à la ligne EF. Mais CF, ligne droite, est plus courte que CEF, ligne brisée qui a ses extrémités aux mêmes points. Donc aussi, CE, moitié de CEF, est plus grande que CD moitié de CF. Donc, etc.

2° Soient les deux obliques FE et FC qui sont telles que DE = DC (*fig.* 57), je vais prouver qu'elles sont égales.

En effet, les deux triangles FDC et FDE sont égaux comme ayant un angle égal compris entre deux côtés égaux, puisque : 1° les angles en D sont égaux comme droits ; 2° le côté FD est commun aux deux triangles ; 3° DE==DC par hypothèse. Il résulte de cette égalité que les deux côtés FC et FE sont égaux comme étant opposés à des angles égaux. Donc, etc.

3° Soient les deux obliques FB et FE (*fig.* 58) qui sont telles que la ligne BD est plus grande que la ligne DE, je vais prouver que l'oblique FB est plus grande que l'oblique FE.

Pour cela, je prends sur DB une quantité DC égale à DE et je joins le point C au point F par une droite. Alors, d'après ce qui vient d'être démontré, les deux obliques FC et FE sont égales, puisqu'elles s'écartent également du pied de la perpendiculaire.

La question est donc ramenée à prouver que l'oblique FB est plus grande que l'oblique FC. Pour cela, je prolonge la ligne FD d'une quantité DG égale à elle-même et je joins, par deux droites, le point G aux points C et B. Alors, les deux triangles CDF et CDG sont égaux comme ayant un angle égal compris entre deux côtés égaux chacun a chacun. Les deux triangles BDF et BDG sont aussi égaux par la même raison. Il résulte de ces égalités que : 1° CF==CG ; 2°, BF = BG. Mais, la ligne brisée enveloppante FBG est plus grande que la ligne brisée enveloppée FCG (79). Donc aussi, FB, moitié de FBG est plus grande que FC, moitié de FCG, Donc, etc.

96. *Corollaire* I. — La plus courte distance d'un point à une droite est la longueur de la perpendiculaire abaissée du point sur la droite.

97. *Corollaire* II. — D'un point pris hors d'une droite, on ne peut pas mener trois lignes égales aboutissant à cette droite.

Théorème n° 20.

98. RÉCIPROQUEMENT :

1° *La droite qui mesure la plus courte distance d'un point à une autre droite est perpendiculaire à cette dernière.*

2° *Lorsque deux obliques égales partent d'un même point d'une perpendiculaire, elles s'écartent également du pied de cette perpendiculaire.*

3° *Une oblique plus longue qu'une autre s'écarte davantage du pied de la perpendiculaire.*

1° En effet, si la ligne qui mesure la plus courte distance d'un point à une droite, n'était pas perpendiculaire à cette droite, elle serait oblique, ce qui est impossible d'après la démonstration du théorème (95-1).

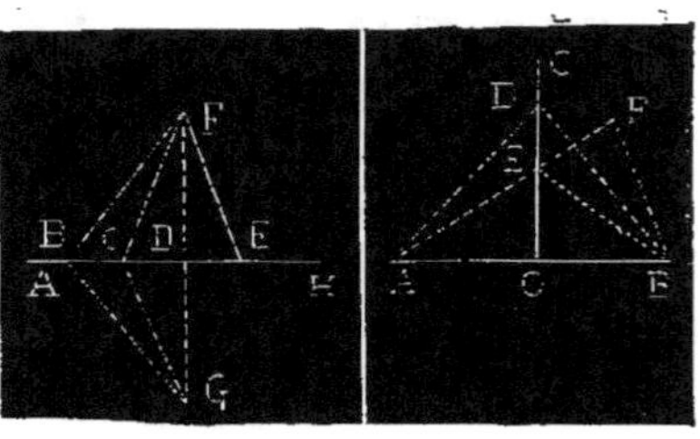

Fig. 58.   Fig. 59.

2° Si deux obliques égales ne s'écartaient pas également du pied de la perpendiculaire, celle qui s'en écarterait le plus serait la plus longue, ce qui est contraire à la démonstration du théorème (95-11).

3° Je dis que l'oblique FB (*fig.* 58) s'écarte davantage du pied perpendiculaire que l'oblique FE, parce que la première est plus longue que la seconde.

En effet, si DB n'est pas plus grande que DE, cette droite est ou égale à DE ou plus petite.

Si DB était égale à DE, les deux obliques FB et FE seraient aussi égales (95-11), ce qui est contraire à l'hypothèse.

Si DB était plus petite que DE, l'oblique FB serait plus petite que l'oblique FE,

(95-111), ce qui est encore contraire à l'hypothèse.

Donc, la droite DB est plus grande que la droite DE, puisque l'oblique FB ne peut être ni égale à l'oblique FE, ni plus petite que cette oblique.

Théorème n° 21.

99. *La perpendiculaire élevée au milieu d'une droite est le lieu géométrique(1) des points équidistants des extrémités de cette droite, c'est-à-dire que tous les points de la perpendiculaire sont à égale distance des extrémités de ladite droite.*

Soit la perpendiculaire CO (*fig.* 59), élevée au milieu de la droite AB. Je vais prouver : 1° que tous les points de la perpendiculaire sont équidistants des extrémités A et B de la droite; 2° que tout point pris hors de la perpendiculaire n'est pas équidisant des extrémités A et B de ladite droite.

1° Le point quelconque D, pris sur la perpendiculaire CO, est à égale distance des extrémités A et B de la droite AB, parce que si je joins le point D aux points A et B par des droites, les deux obliques DB et DA sont égales comme s'écartant égale-ment du pied de la perpendiculaire. Comme on peut en dire autant de tout autre point pris sur la perpendiculaire OC, la première partie du théorème est démontrée.

2° Je dis que tout autre point pris en dehors de la perpendiculaire, le point F, par exemple, n'est pas à égale distance des points A et B.

Pour le prouver, je joins le point F aux points A et B par une droite qui rencontre la perpendiculaire CO au point E, que je joins également au point B. Alors, les deux obliques EB et EA sont égales comme s'écartant également du pied de la perpendiculaire. Si j'ajoute la ligne EF à chacune de ces deux obliques, j'aurai la ligne droite AEF qui sera égale à la ligne brisée FEB. Mais FB, ligne droite, est plus courte que FEB, ligne brisée qui a ses extrémités aux mêmes points. Donc aussi, la droite FB est plus courte que la droite FA, qui est égale à la ligne brisée FEB.

Donc, le point F n'est pas équidistant des points A et B. Comme le même raisonne-ment pourrait être fait à propos de tout autre point pris en dehors de la perpendi-culaire CO, la seconde partie du théorème est démontrée.

§ IV. — DES TRIANGLES RECTANGLES

CAS D'ÉGALITÉ DES TRIANGLES RECTANGLES.

Premier cas.

Théorème n° 22.

100. *Deux triangles rectangles sont égaux, lorsqu'ils ont l'hypoténuse égale et un côté égal.*

Soient les deux triangles rectangles BAC et EDF (*fig.* 60) ayant l'hypoténuse BC égale à l'hypoténuse EF, ainsi que le côté BA égal au côté ED. Je dis que ces deux trian-gles rectangles sont égaux.

Il est clair que si je prouve que le côté AC est égal au côté DF, les deux triangles seront égaux comme ayant les trois côtés égaux chacun à chacun.

Si le côté AC n'est pas égal au côté DF, il est ou plus grand ou plus petit. Je vais supposer que le côté AC est plus grand que le côté DF et qu'en portant le triangle

(1) On donne le nom de *lieu géométrique*, à une ligne ou à une surface dont tous les points jouissent d'une propriété commune et en jouis-sent seuls.

EDF sur le triangle BAC, le point F aboutisse au point G, que je joins au point B. Si cela était, le triangle BAG serait égal au triangle EDF, parce que les angles A et D sont égaux comme droits et parce qué les côtés BA et AG seraient respectivement égaux aux côtés ED et DF. Alors, l'hypoténuse BG serait égale à l'hypoténuse EF ; mais, par hypothèse, EF = BC. Donc aussi, j'aurais BC = BG, ce qui est impossible, puisque l'oblique BC est plus grande que l'oblique BG, la première s'écartant plus du pied de la perpendiculaire BA que la seconde.

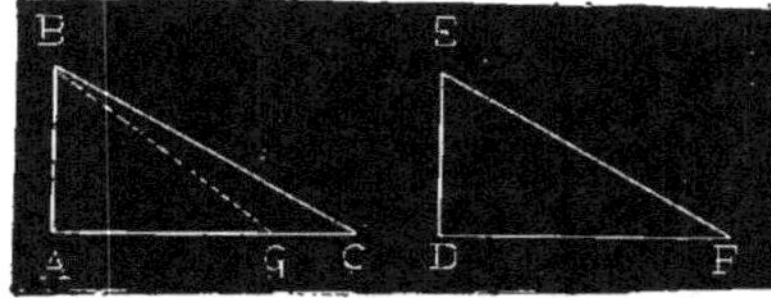

Figure 60.

D'où il résulte que le côté AC ne peut pas être plus grand que le côté DF. Je prouverais de la même manière que AC ne peut pas être plus petit que DF. Donc, ces deux droites sont égales. Donc, etc.

Théorème n° 23.

101. *Deux triangles rectangles sont encore égaux lorsqu'ils ont l'hypoténuse égale et un angle aigu égal.*

Soient les deux triangles rectangles BAC et EDF (*fig.* 61) ayant l'hypoténuse BC égale à l'hypoténuse EF et l'angle B égal à l'angle E. Je dis qu'ils sont égaux.

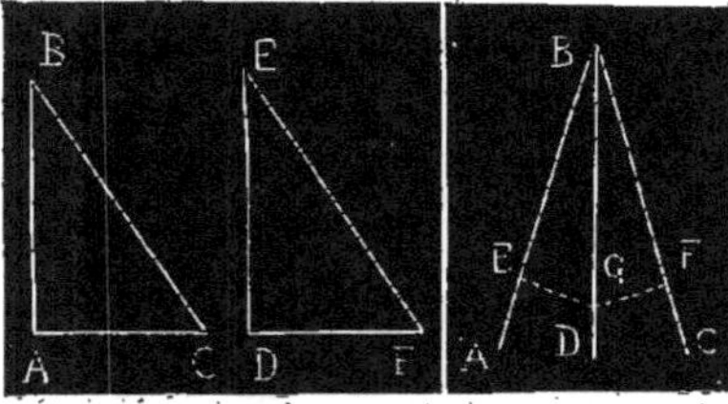

Figure 61.   Figure 62.

Pour le prouver, je porte le triangle EDF sur le triangle BAC, de manière que EF s'applique sur BC. Alors, l'angle E étant égal à l'angle B, le côté ED prendra la direction BA. La ligne FD prendra la direction CA ; car, si cela n'était pas, on pourrait du point C abaisser deux perpendiculaires sur BA, ce qui est impossible (93). Le point D tombera donc au point A et les deux triangles donnés seront égaux, parce qui'ls coïncideront parfaitement

Théorème n° 24.

102. *Tout point pris sur la bissectrice d'un angle est équidistant des deux côtés de cet angle.*

Soit la ligne BD, bissectrice de l'angle ABC, je dis qu'un point quelconque G de cette bissectrice est à égale distance des côtés BA et BC. Pour le prouver, je mène les deux perpendiculaires GF à BC et GE à BA. Alors, les deux triangles rectangles GBE et GBF sont égaux comme ayant l'hypoténuse commune BG et les angles en B égaux par hypothèse. Donc, le côté GF est égal au côté GE.

Comme on pourrait faire le même raisonnement pour tout autre point de la bissectrice BD, le théorème est démontré.

Théorème n° 25.

103. RÉCIPROQUEMENT. — *Tout point situé dans l'intérieur d'un angle, à égale distance des deux côtés, appartient à la bissectrice de cet angle.*

Soit le point G (*fig.* 62) situé dans l'intérieur de l'angle ABC, de telle façon que les deux perpendiculaires GF et GE abaissées sur les deux côtés soient égales, je dis que ce point appartient à la bissectrice de l'angle.

En effet, en joignant le point B au point G, j'obtiens les deux triangles rectangles GBE et GBF, qui sont égaux comme ayant l'hypoténuse égale et un côté de l'angle droit égal, puisque : 1° l'hypoténuse BG est commune aux deux triangles rectangles, 2° le côté GF est égal au côté GE par hypothèse. Conséquemment, les angles en B sont égaux et la ligne BD est bien la bissectrice de l'angle. Donc, etc.

104. *Corollaire.* La bissectrice est le lieu géométrique de tous les points situés dans l'intérieur d'un angle, qui sont équidistants des côtés de cet angle.

§ V. — QUESTIONS PRATIQUES

Problème n° 11.

105. *Soit proposé de construire un triangle équilatéral dont les côtés seront égaux à une ligne* OP *(fig. 63).*

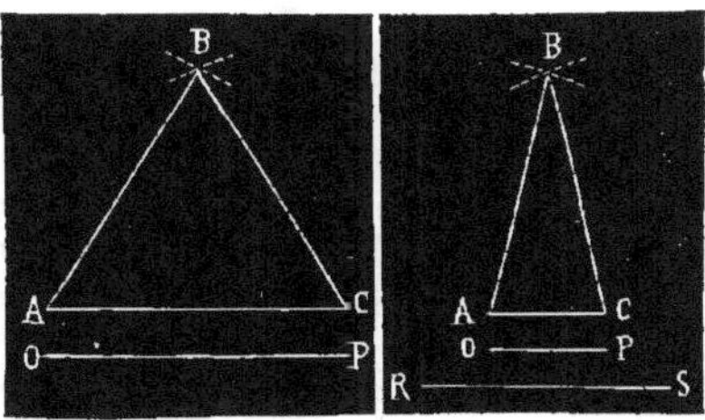

Figure 63.

Pour résoudre ce problème, je trace une droite AC égale à OP. Du point A, comme centre, avec un rayon égal à OP, je décris un arc de cercle, et du point C, comme centre, avec le même rayon, je décris un nouvel arc de cercle, coupant le premier au point B. Je joins le point B aux points A, C et j'ai le triangle ABC, qui est équilatéral comme ayant les trois côtés égaux à la même droite OP.

Problème n° 12.

106. *Soit proposé de construire un triangle isocèle ayant une base égale à* OP *(fig. 64) et ses deux autres côtés égaux à une droite* RS.

Pour résoudre ce problème, je trace une droite AC égale à OP. Du point A, comme centre, avec un rayon égal à RS, je décris un arc de cercle, et du point C, comme centre, avec le même rayon, je décris un second arc de cercle coupant le premier au

point B. Je joins le point B aux points A et C et j'ai le triangle ABC qui répond à la question ; il est isocèle, parce qu'il a deux côtés égaux.

Problème n° 13.

107. *Soit proposé de construire un triangle rectangle, la longueur des deux côtés de l'angle droit étant connue.*

L'un des côtés de l'angle droit sera égal à la droite OP et l'autre côté sera égal à la droite RS.

Je trace une ligne AC = OP *(fig. 65).* Au point A, j'élève à la droite AC une perpendiculaire AB égale à RS.

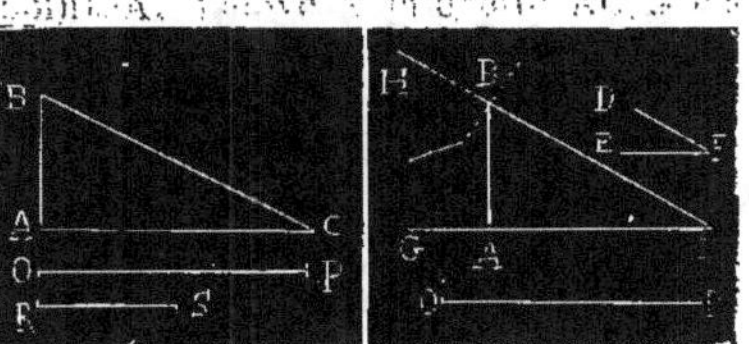

Figure 65.   Figure 66.

Je joins le point B au point C, et la figure BAC est le triangle rectangle demandé.

Problème n° 14.

108. *Construire un triangle rectangle, connaissant la longueur de l'hypoténuse et l'un des angles aigus.*

L'hypoténuse est égale à OP *(fig. 66) et* l'angle aigu au point C est égal à l'angle DFE.

Pour résoudre ce problème, je trace

une ligne arbitraire CG et, au point C, je fais avec CG un angle HCG égal à l'angle DFE Du point C comme centre, avec un rayon égal à OP je décris un arc de cercle coupant la ligne CH au point B et, de ce point, j'abaisse une perpendiculaire à CG et la figure ABC est le triangle rectangle demandé.

Problème n° 15.

109. *Construire un triangle rectangle, connaissant la longueur de l'hypoténuse et la longueur de l'un des côtés de l'angle droit.*

L'hypoténuse doit être égale à la droite OP (*fig.* 67) et le côté de l'angle droit doit être égal à la droite RS.

Je trace une droite arbitraire AD, sur laquelle j'élève, au point A, une perpendiculaire AB égale à RS

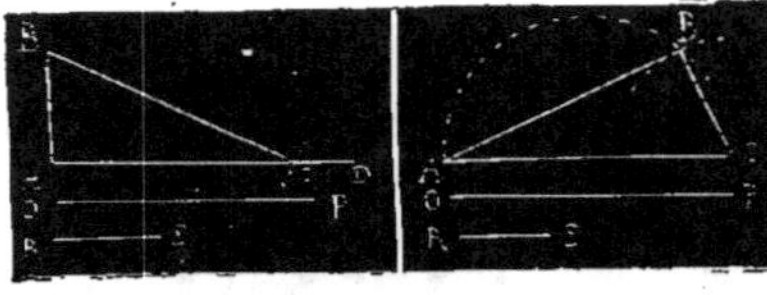

Figure 67.   Figure 68.

Du point B, comme centre, avec un rayon égal à OP, je décris un arc de cercle coupant la droite AD au point C. Je joins le point B au point C et la figure ABC est le triangle rectangle demandé.

Problème n° 16.

110. *Soit proposé de construire un triangle rectangle dont l'hypoténuse sera égale à la droite* OP *et dont l'un des côtés de l'angle droit sera égal à la droite* RS.

Je trace une droite AC (*fig.* 68) égale à OP et, sur AC comme diamètre, je décris une demi-circonférence. Au point C comme centre, avec un rayon égal à RS, je décris un arc de cercle coupant la demi-circonférence au point B. Je joins le point B au

point C et la figure ABC est le triangle rectangle demandé.

Nota. Ce problème, très simple en pratique, ne pourra être compris du lecteur qu'après les démonstrations concernant la mesure des angles dont les sommets sont appuyés sur la circonférence.

111. Les divers cas d'égalité des triangles vont nous apprendre à mesurer, pratiquement, la longueur d'une ligne inaccessible.

112. Une ligne est *inaccessible* lorsque des obstacles quelconques s'opposent à ce qu'elle soit parcourue d'un bout à l'autre.

Problème n° 17.

113. *Mesurer sur le terrain une droite* AB *dont les points extrêmes* A *et* B (*fig.* 69) *sont séparés par une pièce d'eau.*

Pour résoudre ce problème, je choisis un point E, duquel je puisse aboutir aux points A et B. Je jalonne les droites EB et EA. Je prolonge EB d'une quantité EC égale à EB. Je prolonge également EA d'une quantité ED égale à EA. J'unis par une droite les points C et D.

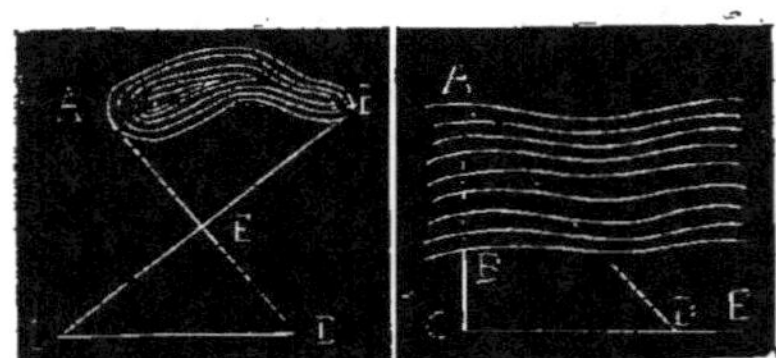

Figure 69.   Figure 70.

La droite CD, que je puis parcourir et mesurer, est égale à AB, puisque les deux triangles EBA et ECD sont égaux comme ayant un angle égal compris entre deux côtés égaux.

Problème n° 18.

114. *Soit proposé de mesurer la largeur* AB (*fig.* 70) *d'une rivière.*

Je prolonge la droite AB jusqu'en un point quelconque C. Au point C, à l'aide de l'équerre d'arpenteur, j'élève une perpendiculaire CE à AC.

Je chemine sur la droite CE et je m'arrête en un point qui me paraît déterminer une longueur CD égale à AC. Par une fente et la fenêtre correspondante, je vise le point C et je tâtonne jusqu'à ce que, par la fente et la fenêtre formant un demi-angle droit avec la direction précédente, j'aperçoive le point A. Si le pied de l'équerre est placé en D, les deux lignes CD et CA sont égales. Je mesure la ligne CD que je puis parcourir ; je retranche CB du résultat trouvé, et la différence me donne la longueur de AB, c'est-à-dire la largeur de la rivière.

Autre solution du problème n° 18.

Il s'agit toujours de mesurer la largeur AB (*fig.* 71) d'une rivière.

Je prolonge la ligne AB jusqu'en un point quelconque C. Au point C, j'élève une perpendiculaire CG à AB.

En un point E, pris à volonté sur cette perpendiculaire, j'élève à GC une perpendiculaire EH. Je prends le point D, milieu de GC et je jalonne, dans le prolongement de AD une droite qui rencontre la perpendiculaire EH au point F et la ligne EF est égale à la ligne AC. En retranchant BC de la longueur de EF, il restera la largeur AB de la rivière,

Problème n° 19.

115. *Soit proposé de mesurer une droite située d'un côté d'une rivière, l'opérateur étant placé de l'autre côté.*

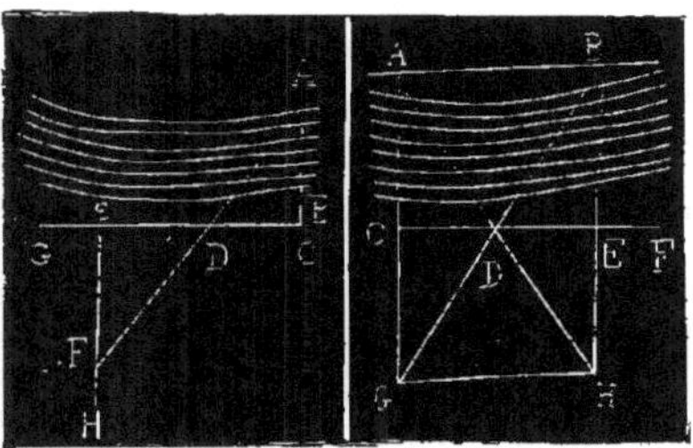

Figure 71.   Figure 72.

Il s'agit de mesurer la droite AB, inaccessible (*fig.* 72).

Je jalonne une droite CA perpendiculaire à la direction de la rivière et je prolonge cette ligne. En un point quelconque C, j'élève une perpendiculaire CF à AC. J'élève également à CF une perpendiculaire EB aboutissant à l'autre extrémité B de la droite à mesurer et je prolonge EB. Je prends le point D, milieu de CE. Je jalonne la ligne BD, que je prolonge jusqu'à la rencontre de A C, prolongée, au point G. Je jalonne également la droite AD, que je prolonge jusqu'à la rencontre de BE, prolongée, au point H. J'unis les points G et H par une droite et la ligne GH, qu'il est facile de mesurer, a une longueur égale à AB.

CHAPITRE IV

THÉORIE DES PARALLÈLES. — SOMME DES ANGLES D'UN POLYGONE. — PARALLÉLOGRAMMES

§ I. — THÉORIE DES PARALLÈLES

116. On dit que deux droites sont *parallèles*, lorsque, situées dans un même plan, elles ne peuvent jamais se rencontrer, si loin qu'on les prolonge.

La même définition s'applique aussi à 3, 4, 5, etc., droites qui, situées dans un même plan, ne se rencontreraient jamais, à quelque distance qu'on les prolongeât.

Ainsi, les deux droites AB et CD (*fig.* 73) sont parallèles.

Théorème n° 26.

117. *Deux droites situées dans un même plan et perpendiculaires à une autre droite sont parallèles.*

Soient les deux droites E B et FC (*fig.* 74) perpendiculaires à la droite AD, je dis qu'elles sont parallèles.

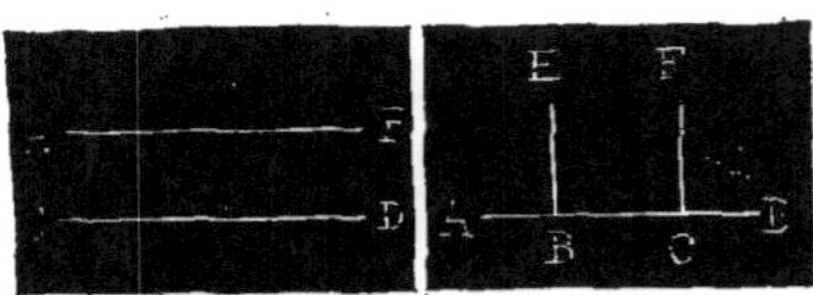

Figure 73.   Figure 74.

En effet, si ces deux droites n'étaient pas parallèles, elles se rencontreraient si on les prolongeait. Alors, du point de rencontre, on pourrait abaisser deux perpendiculaires sur une même droite, ce qui ne peut être (95). Donc, etc.

Théorème n° 27.

118. *Par un point A situé hors de la droite AB (fig. 75), on peut toujours mener une parallèle à cette droite, mais on n'en peut mener qu'une.*

1° Pour démontrer la première partie de ce théorème, du point A j'abaisse sur CE la perpendiculaire AD, et, au même point A, je mène la perpendiculaire AB à AD. Alors, les deux droites AB et CE sont parallèles puisqu'elles sont perpendiculaires à une même droite AD. Donc, etc.

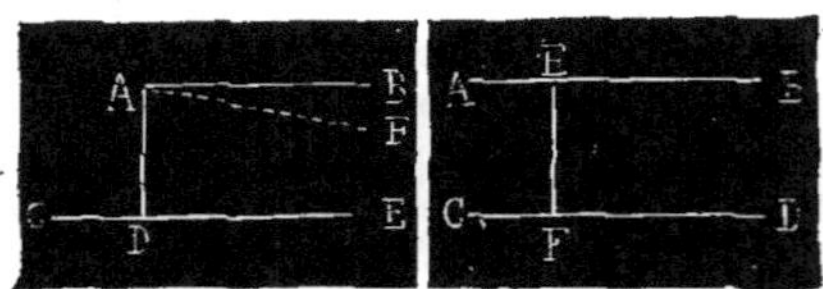

Figure 75.   Figure 76.

2° Pour la seconde partie du théorème, je vais démontrer que toute autre droite partant du point A, la droite AF, par exemple, ne saurait être parallèle à CE. En effet, si la droite AF était parallèle à CE, elle serait perpendiculaire à AD au point A. Or, la droite AB est déjà perpendiculaire à AD au même point A. Les deux droites AB et AF seraient donc l'une et l'autre perpendiculaires à AD à ce point, ce qui ne peut pas être (31) puisqu'en un *point donné d'une droite, on ne peut élever qu'une seule perpendiculaire à cette droite.*

Je prouverais de même que toute autre droite partant du point A, sauf AB, ne saurait être parallèle à CE. Donc, etc.

Théorème n° 28.

119. *Quand deux droites* AB *et* CD *(fig. 76), sont parallèles et qu'une droite quelconque* FE *, par exemple, est perpendiculaire à l'une, elle est aussi perpendiculaire à l'autre.*

D'abord, la droite FE rencontre AB. En effet, si FE ne rencontrait pas AB, la droite FE serait parallèle à AB. Mais CD est aussi, par hypothèse, parallèle à AB. Donc, si la droite FE était parallèle à AB, du point F on pourrait mener deux parallèles à AB, ce qui ne saurait être (118).

Maintenant, si la droite FE n'était pas perpendiculaire à AB, la droite AB serait oblique sur FE. Si cela pouvait être, la droite EB rencontrerait CD, puisque l'oblique et la perpendiculaire à une même droite se rencontrent (30). Or, cette rencontre n'est pas possible puisque, par hypothèse, les droites AB et CD sont parallèles. Donc, FE est perpendiculaire à AB.

Théorème n° 29.

120. *Lorsque deux droites sont parallèles à une troisième, elles sont parallèles entre elles.*

Soient les deux droites CD et EF parallèles à AB (*fig.* 77), je dis que ces deux droites sont parallèles entre elles.

En effet, si les droites CD et EF ne sont pas parallèles, elles se rencontreront, et soit G le point de rencontre. Si cela pouvait être, du point G, il serait possible de mener deux parallèles à AB, ce qui est absurde (118). Donc, les deux droites CD et EF sont parallèles, puisqu'elles ne peuvent se rencontrer, si loin qu'on les prolonge.

121. Lorsque deux droites quelconques sont coupées par une sécante, ces deux droites et la sécante, forment huit angles dont quatre résultent de la rencontre de la droite MN (*fig.* 78) et de la sécante RS, et les quatre autres, de la rencontre de la droite OP et de la sécante.

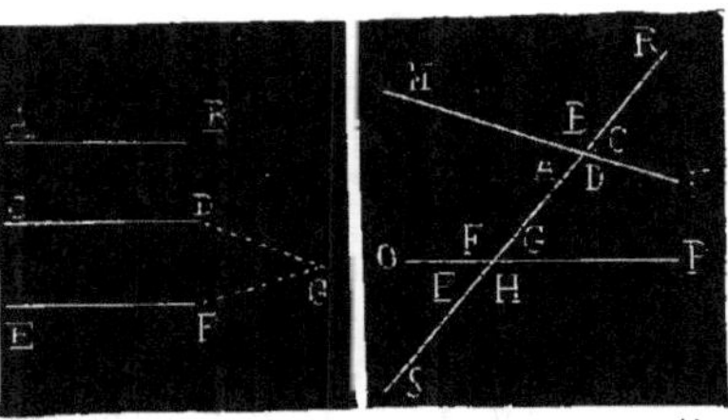

Figure 77.   Figure 78.

Ces angles, désignés chacun par une lettre spéciale dans la figure, prennent, deux à deux, les noms suivants :

1° Les angles *alternes-internes*, qui sont situés entre les deux droites, de chaque côté de la sécante, comme les angles A et G; D et F.

2° Les angles *alternes-externes*, qui sont situés en dehors des droites, de chaque côté de la sécante, comme les angles B et H; C et E.

3° Les angles *correspondants*, qui sont situés du même côté de la sécante, ne sont pas adjacents et ont leur ouverture dirigée dans le même sens. Tels sont les angles B et F; A et E; C et G; D et H.

4° Les angles *intérieurs*, qui sont situés du même côté de la sécante et entre les droites. Tels sont les angles A et F, D et G.

5° Les angles *extérieurs*, qui sont situés du même côté de la sécante et en dehors des droites. Tels sont les angles B et E; C et H.

122. En résumé, les deux droites et la sécante forment quatre angles alternes-internes, quatre angles alternes-externes, huit angles correspondants, quatre angles intérieurs et quatre angles extérieurs.

123. Lorsque les deux droites coupées par une sécante, au lieu d'être quelconques, sont parallèles, les angles qui en ré-

 GÉOMÉTRIE.

sultent jouissent des propriétés spéciales dont il va être question.

Théorème n° 30.

124. *Lorsque deux droites parallèles sont rencontrées par une sécante, les angles alternes-internes formés par cette rencontre sont égaux deux à deux.*

Je vais démontrer que les deux angles alternes-internes AHG et HGD sont égaux. Pour cela, du point O, milieu de HG (*fig.* 79), je mène la perpendiculaire OK à CD et je prolonge cette perpendiculaire jusqu'à la rencontre de la droite AB au point I. J'obtiens alors les deux triangles rectangles OIH et OKG, qui sont égaux comme ayant l'hypoténuse égale et un aigu égal puisque : 1° OH = OG, par construction ; 2° les angles en O sont égaux comme opposés par le sommet.

Donc les angles IHO et OGK sont égaux.

125. *Corollaire.* Les deux autres angles alternes-internes, BHG et CGH sont aussi égaux, puisqu'ils sont supplémentaires des angles alternes-internes AHG et HGD dont je viens de démontrer l'égalité.

Théorème n° 31.

126. RÉCIPROQUEMENT. — *Lorsque deux droites AB et CD (fig. 80) sont rencontrées par une sécante EF, si les angles alternes-internes AHG et HGD sont égaux, les droites AB et CD sont parallèles.*

En effet, si AB n'est pas parallèle à CD, soit la droite IK cette parallèle.

Si cela pouvait être, les angles alternes-internes IHG et HGD seraient égaux. Mais, par hypothèse, les angles AHG et HGD sont égaux. Il en résulterait que les deux angles IHG et AHG seraient égaux, puisque deux quantités égales à une troisième sont égales entre elles.

Cette hypothèse est absurde, puisque l'angle AHG n'est qu'une partie de l'angle

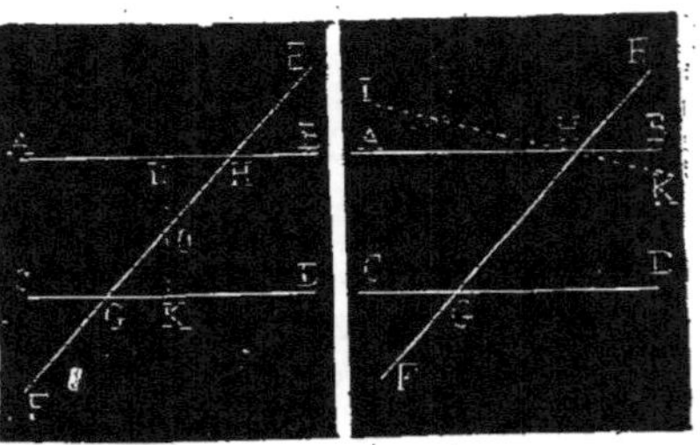

Figure 79.   Figure 80.

IHG. La même démonstration pouvant se faire pour toute autre ligne, donc la droite AB est parallèle à la droite CD.

Théorème n° 32.

127. *Quand deux droites parallèles sont rencontrées par une sécante, les angles alternes-externes sont égaux deux à deux.*

Soient les deux angles alternes-externes AHE et DGF (*fig.* 79), je dis qu'ils sont égaux.

En effet, les angles AHE et BHG sont égaux comme opposés par le sommet. Les angles DGF et HGC sont aussi égaux pour la même raison. Mais (124) les angles BHG et HGC sont égaux comme alternes-internes. Donc, les angles AHE et DGF sont aussi égaux.

128. *Corollaire.* — Les deux autres angles alternes-externes EHB et CGF sont égaux, à leur tour, comme supplémentaires des angles AHE et DGF.

Théorème n° 33.

129. *Si les angles alternes-externes AHE et DGF sont égaux, les droites AB et CD qui les forment sont parallèles.*

La démonstration est exactement la même que celle du théorème n° 31, auquel on peut se reporter.

Théorème n° 34.

130. *Quand deux droites parallèles sont rencontrées par une sécante, les* *angles correspondants sont égaux deux à deux.*

Je vais prouver que les angles correspondants AHE et CGH (*fig.* 79) sont égaux.

En effet, les deux angles AHE et GHB sont égaux comme opposés par le sommet. Mais les deux angles CGH et GHB sont égaux comme alternes-internes. Conséquemment, les deux angles correspondants AHE et CGH sont égaux, puisque deux quantités égales à une troisième sont égales entre elles.

Par un raisonnement semblable on démontrerait que deux autres angles correspondants quelconques sont égaux.

Théorème n° 35.

131. RÉCIPROQUEMENT. — *Lorsque deux droites sont rencontrées par une sécante, si deux angles correspondants sont égaux, les droites sont parallèles.*

Sachant que les angles correspondants DAC et EBC (*fig.* 81) sont égaux, démontrer que les deux droites AD et BE sont parallèles.

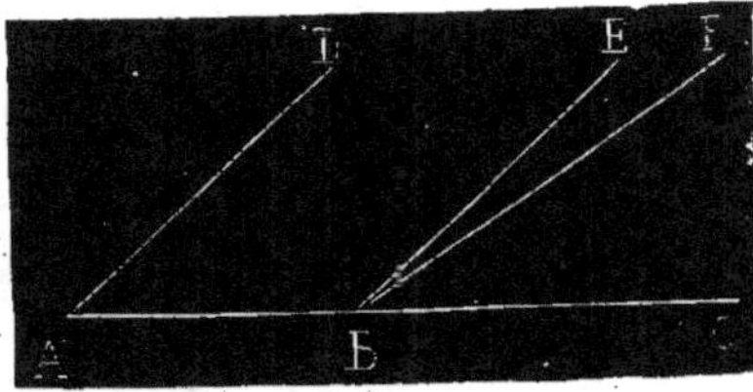

Figure 81.

Si la droite BE n'est pas parallèle à AD, je puis, par le point B, mener à AD une parallèle que je suppose être la droite BF. Si cela se pouvait, les droites AD et BF étant parallèles, les angles DAC et FBC seraient égaux comme correspondants (130). Mais, par hypothèse, les angles DAB et EBC sont égaux. Alors, les angles EBC et FBC seraient égaux, puisque deux quantités égales à une troisième sont égales entre elles. Or, l'angle FBC n'est qu'une partie de l'angle EBC, et la

partie ne saurait être égale au tout. La droite BF ne peut donc pas être parallèle à AD, et comme la même démonstration pourrait se faire à propos de toute autre droite, il en résulte que BE est parallèle à AD. Donc, etc.

Théorème n° 36.

132. *Quand deux parallèles sont rencontrées par une sécante, deux angles intérieurs valent deux angles droits.*

Je vais prouver que les deux angles intérieurs AHG et CGH (*fig.* 79) valent deux angles droits.

En effet, les deux angles AHG et BHG valent deux angles droits, puisqu'ils sont adjacents (37); mais les deux angles BHG et HGC sont égaux comme alternes-internes. Donc les angles intérieurs donnés valent deux angles droits, puisqu'ils sont égaux aux deux angles adjacents AHG et BHG, lesquels valent deux angles droits.

Par un raisonnement semblable, on prouverait que les deux angles intérieurs BHG et HGD (*fig.* 79) valent aussi deux angles droits.

Théorème n° 37.

133. *Quand deux parallèles sont rencontrées par une sécante, deux angles extérieurs valent deux angles droits.*

Je vais prouver que les deux angles extérieurs EHB et DGF (*fig.* 79) valent ensemble deux angles droits.

En effet, les deux angles EHB et BHG valent deux angles droits, puisqu'ils sont adjacents (37). Mais les deux angles BHG et DGF sont égaux comme correspondants. Donc, les deux angles extérieurs donnés valent deux angles droits, puisqu'ils sont égaux aux angles adjacents EHB et BHG, lesquels valent deux angles droits.

134. Par un raisonnement semblable,

on démontrerait que les deux angles extérieurs EHA et CGF valent aussi deux
angles droits.

Théorème n° 38.

135. *Lorsque les côtés de deux angles sont parallèles, ces angles sont égaux si les côtés parallèles sont dirigés dans le même sens ou en sens contraire. Ils sont supplémentaires, si deux côtés parallèles ont la même direction et si les deux autres ont des directions contraires.*

1° Soient les deux angles AFH et DEC (*fig.* 82), ayant les deux côtés parallèles AF et DE dirigés dans le même sens, ainsi que les deux côtés parallèles FH et EC, aussi dirigés dans le même sens, je dis qu'ils sont égaux.

En effet, les deux angles ABC et DEC sont égaux comme correspondants, par rapport aux parallèles AF, DG et à la sécante BC. Les angles ABC et AFH sont égaux par la même raison, à cause des parallèles BC, FH et de la sécante AF. Donc les deux angles AFH et DEC sont égaux, puisqu'ils sont égaux chacun au même angle ABC.

2° Soient les deux angles AFH et KEI dont les côtés sont parallèles et dirigés deux à deux en sens contraire, je dis qu'ils sont égaux.

En effet, les deux angles KEI et DEC sont égaux comme opposés sur le sommet (45). Les deux angles DEC et ABC sont égaux comme correspondants par rapport aux parallèles AF, DG et à la sécante BC, et les deux angles ABC, AFH sont aussi égaux par la même raison, à cause des parallèles BC, FH et de la sécante AF. On voit que l'angle KEI est égal à l'angle DEC, lequel est égal à l'angle ABC, et ce dernier est égal à l'angle AFH. Donc, etc.

3° Les angles AFH et DEK ayant les deux côtés parallèles AF et DE dirigés dans le même sens, ainsi que les deux côtés

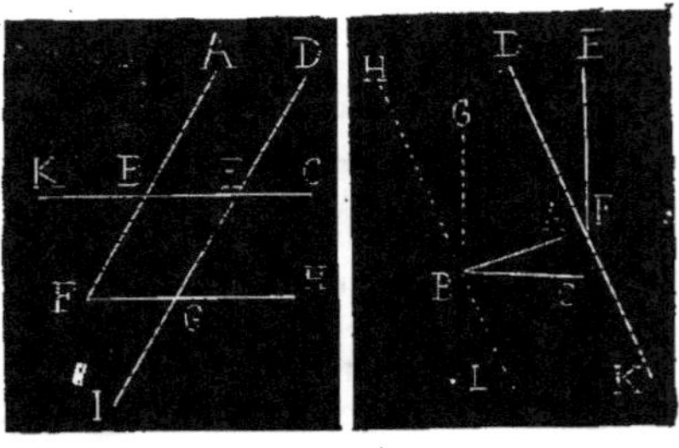

Figure 82.   Figure 83.

parallèles FH et EK dirigés en sens contraires, sont supplémentaires.

En effet, les angles AFH et ABC sont égaux comme correspondants, en raison des deux parallèles FH et BC et de la sécante AF. Mais les deux angles inté-rieurs ABC et DEK valent deux angles droits (132). L'angle AFH étant égal à l'angle ABC comme correspondants, les deux angles AFH et DEK valent aussi deux angles droits et sont conséquem-ment supplémentaires. Donc, etc.

Théorème n° 39.

136. *Quand deux angles ont leurs côtés perpendiculaires chacun à chacun, ces angles sont égaux s'ils sont tous les deux aigus ou s'ils sont tous les deux obtus. Ils sont supplémentaires si l'un des angles est obtus et l'autre aigu.*

1° Soient les deux angles aigus ABC et DFE (*fig.* 83), ayant leurs côtés respecti-vement perpendiculaires, je dis qu'ils sont égaux.

Pour le prouver, au point B je mène une perpendiculaire BG à BC et une paral-lèle BH à FD. Les deux angles ABC et GBH sont égaux. En effet, l'angle droit ABH vaut les deux angles aigus GBA et GBH; de même, l'angle droit GBC vaut les deux angles aigus ABG et ABC; mais ces deux angles droits ont l'angle commun GBA. Conséquemment, les deux autres, ABC et GBH, sont égaux. Or les deux angles DFE et GBH sont égaux comme ayant leurs côtés parallèles dirigés dans le même sens (135). Donc les deux angles donnés ABC et DFE sont aussi égaux.

La démonstration serait absolument la même si les deux angles étaient obtus.

2° Soient l'angle aigu ABC et l'angle obtus EFK, je dis que ces deux angles sont supplémentaires.

Pour le prouver, par le point B je mène une perpendiculaire BG à BC et une parallèle BH à FD. Je viens de démontrer que les angles ABC et GBH sont égaux et que les deux angles GBH et DFE sont aussi égaux. Mais les deux angles adjacents DFE et EFK sont supplémentaires puisqu'ils valent deux angles droits. Donc les angles ABC et EFK, égaux aux deux précédents sont aussi supplémentaires.

§ II. — SOMME DES ANGLES D'UN POLYGONE

137. Un polygone est ou *convexe* ou *concave*.

138. Un polygone est *convexe*, lorsque tous ses angles sont *sortants*, c'est-à-dire en saillie par rapport à la surface. Exemple : ABCEFD (*fig.* 84).

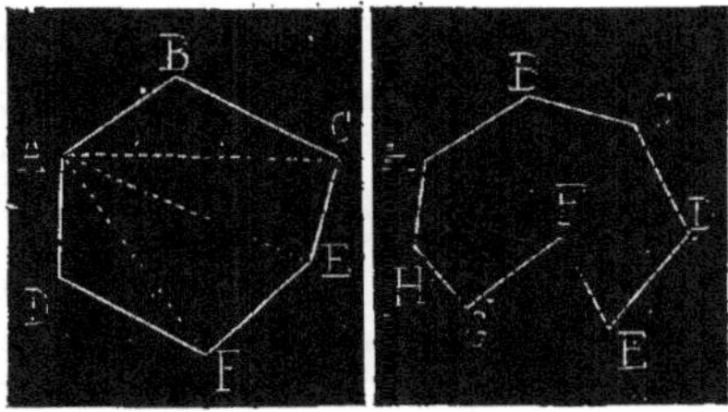

Figure 84.   Figure 85.

139. Un polygone est *concave* lorsqu'il possède en même temps un ou plusieurs angles *sortants* et un ou plusieurs angles *rentrants*, par rapport à la surface. Tel est le cas du polygone ABCDEFGH, ayant les angles sortants A,B,C,D,E,G et H, et l'angle rentrant F.

140. La *diagonale* d'un polygone quelconque est la ligne droite qui unit deux sommets non consécutifs de ce polygone. Ainsi (*fig.* 84), les droites AC, AE et AF sont des diagonales.

141. On sait que le plus simple des polygones est le triangle.

Théorème n° 40.

142. *La somme des trois angles d'un triangle quelconque est égale à deux angles droits.*

Soit le triangle ABC (*fig.* 86). Par le point C, je mène la droite CD parallèle à AB. Alors, les deux angles BAC et DCE sont égaux comme correspondants par rapport aux parallèles BA, DC et à la sécante AE. Les deux angles ABC et BCD sont égaux comme alternes-internes par rapport aux parallèles BA, DC et à la sécante BC. Donc, la somme des angles du triangle donné est égale à la somme des trois angles BCA, BCD et DCE réunis au point C. Or, la somme de ces trois angles est égale à deux angles droits (42). Donc, la somme des trois angles du triangle ABC est aussi égale à deux angles droits.

143. *Corollaire* I. — Un triangle ne peut avoir qu'un seul angle droit et, à plus forte raison, qu'un seul angle obtus.

144. *Corollaire* II.—Lorsqu'on connaît la somme de deux angles d'un triangle, pour obtenir le troisième, il faut retrancher cette somme de deux angles droits.

145. *Corollaire* III.— Dans un triangle équilatéral, chaque angle vaut le tiers de deux angles droits.

146. *Corollaire* IV. —Lorsque deux angles d'un triangle sont respectivement égaux à deux angles d'un autre triangle, le troisième angle du premier est égal au troisième angle du second. Ce corollaire découle aussi de l'axiome: *deux quantités égales à une troisième sont égales entre elles.*

Théorème n° 41.

147. *L'angle extérieur d'un triangle quelconque est égal à la somme des deux angles qui ne lui sont pas adjacents.*

Je dis que l'angle BCE, extérieur au triangle ABC (*fig*. 86), vaut la somme des deux angles CBA et CAB qui ne lui sont pas adjacents.

En effet, la somme des trois angles du triangle ABC est égale à deux angles droits. Les deux angles BCE et BCA valent aussi deux angles droits comme adjacents. En retranchant de part et d'autre l'angle commun BCA, il restera l'angle BCE qui sera égal à la somme des angles CBA et CAB. Donc.

Théorème n° 42.

148. *La somme des angles intérieurs d'un polygone convexe est égale à autant de fois deux angles droits qu'il y a de côtés, moins deux, dans le polygone.*

Soit le polygone ABCDEFG (*fig*. 87), ayant sept côtés (heptagone), je dis que ses sept angles valent 7—2, c'est-à-dire 5 fois 2, ou 10 angles droits.

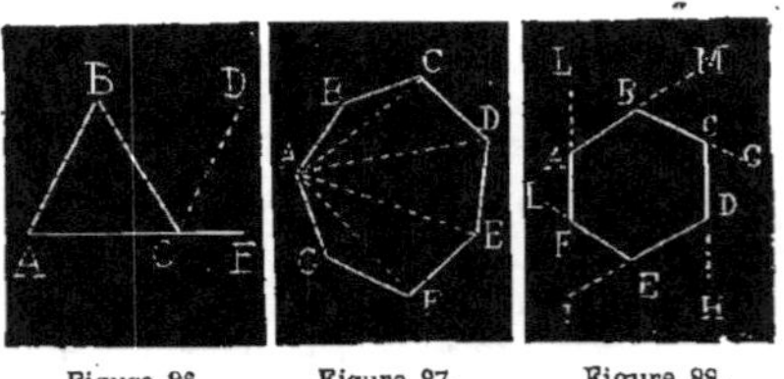

Figure 86.   Figure 87.   Figure 88.

Pour le prouver, par le sommet A, je mène les diagonales AC, AD, AE et AF, qui décomposent le polygone donné en cinq triangles pouvant être considérés comme ayant le point A pour sommet

commun, et, pour bases, les différents côtés du polygone, à l'exception des deux triangles extrêmes ABC et AGF, lesquels possèdent chacun deux côtés du polygone. Or, la somme des angles d'un triangle quelconque est égale à deux angles droits (142). Donc, la somme des angles intérieurs du polygone donné est égale à 5 fois 2, ou dix angles droits, c'est-à-dire à autant de fois 2 angles droits qu'il y a de côtés, moins deux, dans le polygone. Donc, etc

149. *Corollaire.* Si le polygone est un quadrilatère, la somme des angles de ce quadrilatère est égale à quatre angles droits. Conséquemment, si tous les angles sont égaux, chacun d'eux est droit.

Théorème n° 43.

150. *Si l'on prolonge extérieurement les côtés d'un polygone convexe, la somme des angles extérieurs ainsi formés vaut quatre angles droits.*

Je dis que les angles extérieurs GCD, HDE, etc. formés par le prolongement des côtés du polygone ABCDEF (*fig*. 88) valent quatre angles droits.

En effet, les deux angles adjacents DCB et DCG valent deux angles droits. Les deux angles adjacents EDC et EDH valent aussi deux angles droits, etc. Donc, les angles intérieurs et les angles extérieurs du polygone valent autant de fois deux angles droits que le polygone possède de côtés. Or, le polygone donné a 6 côtés, d'où il résulte que la somme des angles intérieurs et des angles extérieurs vaut 6 fois 2 ou 12 angles droits. Mais la somme des angles intérieurs vaut 8 angles droits (148). Conséquemment, la somme des angles extérieurs vaut 12—8, ou 4 angles droits. Donc, etc.

§ III. — PARALLÉLOGRAMME.

151. Un *quadrilatère* est un polygone de quatre côtés. Exemple : ABCD (*fig.* 89).

152. Lorsque deux côtés EH et FG (*fig.* 90) sont parallèles, le quadrilatère prend le nom de *trapèze*.

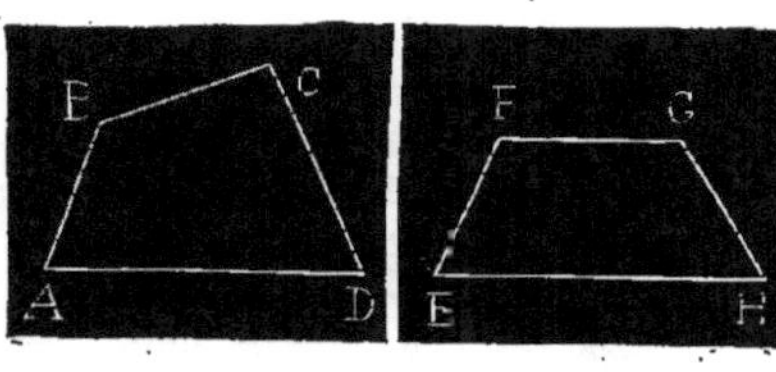

Figure 89.　　　　Figure 90.

153. On nomme *parallélogramme*, un quadrilatère dont les quatre côtés sont parallèles deux à deux. Ainsi, le quadrilatère ABCD (*fig.* 91) est un parallélogramme, parce que les deux côtés BC et AD sont parallèles, de même que les deux côtés BA et CD.

154. La base d'un parallélogramme est l'un des grands côtés, et sa *hauteur* est la perpendiculaire abaissée d'un des angles sur le grand côté opposé. Ainsi, AD (*fig.* 91) est la base du parallélogramme et BE est sa hauteur.

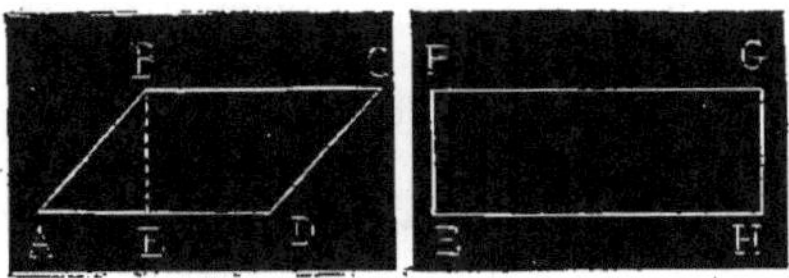

Figure 91.　　　　Figure 92.

155. On nomme *rectangle* un parallélogramme dont les quatre angles sont droits. Exemple : EFGH (*fig.* 92).

156. *La base* d'un rectangle est l'un des grands côtés et sa *hauteur* est un des petits côtés. Ainsi, on peut prendre pour base du rectangle (*fig.* 92) EH ou FG, et pour hauteur FE ou GH.

157. On nomme *carré* un parallélogramme dont les côtés sont égaux et dont les angles sont droits. Exemple : ABCD (*fig.* 93).

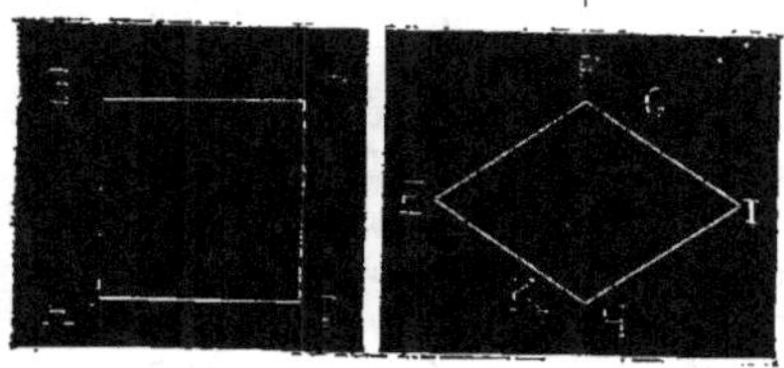

Figure 93.　　　　Figure 94.

158. Un *losange* est un parallélogramme dont les quatre côtés sont égaux, mais dont les angles ne sont pas droits. Exemple : EFIH (*fig.* 94).

159. La *base* d'un losange est l'un quelconque de ses côtés, et sa *hauteur* est la perpendiculaire abaissée d'un point quelconque d'un de ses côtés sur le côté opposé, qui est la base. Ainsi, si EH est la base, CK (*fig.* 94), perpendiculaire à EH, sera la hauteur.

Théorème n° 44.

160. *Dans un parallélogramme, les côtés opposés sont égaux et les angles opposés sont aussi égaux.*

Soit le parallélogramme ABCD (*fig.* 95), je dis que BC=AD, que BA=CD, que l'angle A est égal à l'angle C, et que l'angle CBA est égal à l'angle CDA.

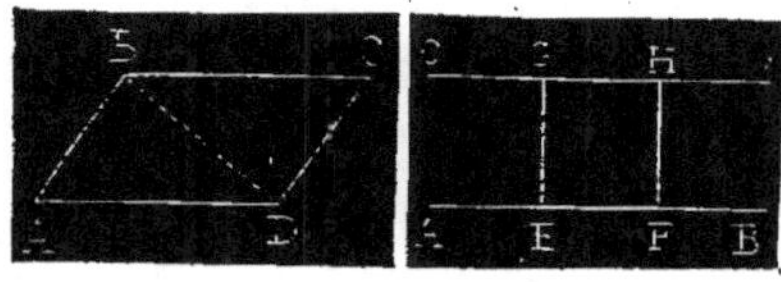

Figure 95.　　　　Figure 96.

Pour le prouver, je mène la diagonale BD. Alors, les deux triangles BDA et BDC sont égaux comme ayant un côté égal adjacent à deux angles égaux, puisque : 1° le côté BD est commun ; 2° les angles

ABD et CDB sont égaux comme alternes-internes par rapport aux parallèles BA, CD et à la sécante BD ; 3° les angles CBD et ADB sont aussi égaux comme alternes-internes par rapport aux parallèles AD, BC et à la sécante BD.

De l'égalité de ces deux triangles, il résulte : 1° que BC=AD ; 2° que BA=CD ; 3° que l'angle BCD, opposé au côté BD, est égal à l'angle BAD, opposé au même côté ; 4° que les angles ABC et ADC sont égaux comme composés de deux angles égaux chacun à chacun.

161. *Corollaire* I. — Les parallèles BC et AD (*fig.* 95) comprises entre les deux droites parallèles BA et CD sont égales. Ce principe s'énonce ainsi : *Les parallèles comprises entre parallèles sont égales.*

162. *Corollaire* II. — Deux parallèles sont partout également distantes. En effet, les droites CD et AB (*fig.* 96) étant parallèles, si des points G et H j'abaisse les perpendiculaires GE et HF sur AB, ces perpendiculaires seront parallèles ; elles seront égales, en outre, comme parallèles comprises entre parallèles.

Théorème n° 45.

163. RÉCIPROQUEMENT. — *Un quadrilatère qui a ses côtés opposés égaux, ou bien ses angles opposés égaux, est un parallélogramme.*

1° Soit le quadrilatère ABCD (*fig.* 95), ayant BC=AD et BA=CD, je dis que les côtés opposés sont parallèles.

Pour le prouver, je mène la diagonale BD, qui partage le quadrilatère en deux triangles BDC et BDA qui sont égaux comme ayant les trois côtés égaux chacun à chacun. Alors, l'angle DBC, opposé au côté CD, est égal à l'angle BDA, opposé au côté AB. Ces deux angles étant alternes-internes par rapport aux droites BC, AD et à la sécante BD, les droites BC et AD sont parallèles (126).

L'angle ABD, opposé au côté AD, est égal à l'angle BDC, opposé au côté BC. Ces deux angles étant alternes-internes par rapport aux droites BA, CD et à la sécante BD, les droites BA et CD sont parallèles. Donc, etc.

2° Le même quadrilatère, dont les angles opposés sont égaux, est aussi un parallélogramme.

En effet, la somme des quatre angles du quadrilatère est égale à quatre angles droits. Or, par hypothèse, la somme des deux angles consécutifs ABC et BCD vaut la moitié de la somme des angles du quadrilatère, c'est-à-dire deux angles droits. Mais ces deux angles sont intérieurs, par rapport aux deux droites BA, CD et à la sécante BC. Donc, le côté BA est parallèle au côté CD. Pour la même raison, le côté BC est parallèle au côté AD. Donc, etc.

Théorème n° 46.

164. *Lorsque deux côtés opposés d'un quadrilatère sont égaux et parallèles, les deux autres côtés sont aussi égaux et parallèles, et la figure est un parallélogramme.*

Soit le quadrilatère ABDC (*fig.* 97), dans lequel les deux côtés AB et CD sont égaux et parallèles, je dis que ce quadrilatère est un parallélogramme.

Pour le prouver, je trace la diagonale AD. Alors, les deux triangles ADB et ADC sont égaux comme ayant un angle égal compris entre deux côtés égaux, puisque :

1° le côté AD est commun ; 2° les côtés AB et CD sont égaux par hypothèse ; 3° les angles DAB et ADC sont égaux comme alternes-internes, par rapport aux parallèles AB, CD et à la sécante AD. Ces triangles étant égaux, les côtés AC et BD sont aussi égaux. Conséquemment, l'angle CAD est égal à l'angle ADB et les deux côtés AC et BD sont parallèles (126). Donc, le quadrilatère donné est un parallélogramme.

Théorème n° 47.

165. *Les diagonales d'un parallélo-gramme se coupent mutuellement en deux parties égales.*

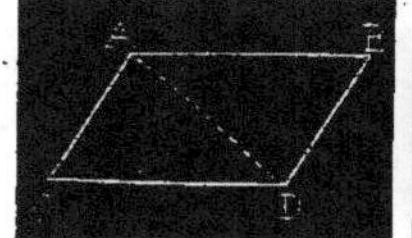

Figure. 97.

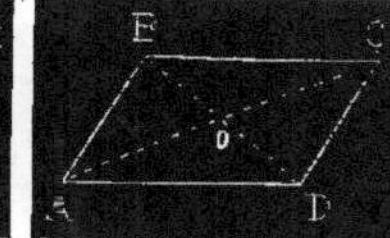

Figure. 98.

Soit le parallélogramme ABCD (*fig.* 98), dans lequel les deux diagonales BD et CA se coupent au point O, je dis que OA = OC et que OB = OD.

En effet, les deux triangles BOC et AOD sont égaux comme ayant un angle égal adjacent à deux angles égaux, puisque : 1° BC = AD, par hypothèse ; 2° les angles DBC et BDA sont égaux comme alternes-internes, par rapport aux deux parallèles BC et AD, coupées par la sécante BD ; 3° les angles BCA et CAD sont égaux comme alternes-internes par rapport aux deux parallèles BC et AD, coupées par la sécante AC :

Les deux triangles BOC et AOD étant égaux, le côté OC, opposé à l'angle OBC, est égal au côté OA, opposé à l'angle ODA égal à l'angle OBC. De même, le côté OB, opposé à l'angle OCB, est égal au côté OD, opposé à l'angle OAD, égal à l'angle OCB. Donc, etc.

Théorème n° 48.

166. *Les diagonales d'un rectangle sont égales.*

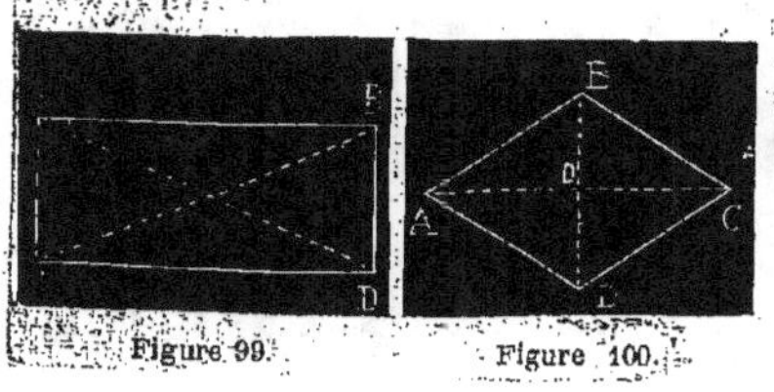

Figure 99.

Figure 100.

Soit le rectangle ABCD (*fig.* 99) et ses

deux diagonales AD et BC. Les deux triangles rectangles ACD et BDC sont égaux comme ayant un angle égal compris entre deux côtés égaux, puisque 1° le côté CD est commun ; 2° les côtés AC et BD sont égaux par hypothèse ; 3° les angles ACB et BDC sont égaux comme droits. Conséquemment, le côté AD, opposé à l'angle droit ACD, est égal au côté CB, opposé à l'angle droit BDC. Donc, etc.

Théorème n° 49.

167. *Les diagonales d'un losange sont perpendiculaires l'une à l'autre.*

Soit le losange ABCD (*fig.* 100). Je dis que la diagonale BD est perpendiculaire à la diagonale AC.

En effet, les deux triangles BOA et BOC sont égaux, puisque : 1° le côté BO est commun ; 2° BA = BC, par construction ; 3° OA = OC (165). Donc l'angle BOC, opposé au côté BC, est égal à l'angle BOA, opposé au côté BA. Mais, les angles adjacents BOA et BOC valent deux angles droits, et comme ils sont égaux, chacun d'eux vaut un angle droit. Donc BO, et par suite BD, est perpendiculaire à AC. Donc, etc.

Théorème n° 50.

168. *Lorsque deux parallélogrammes ont un angle égal compris entre deux côtés égaux chacun à chacun, ils sont égaux.*

Soit les deux parallélogrammes ABDC et EFHG (*fig.* 101), ayant l'angle C égal à

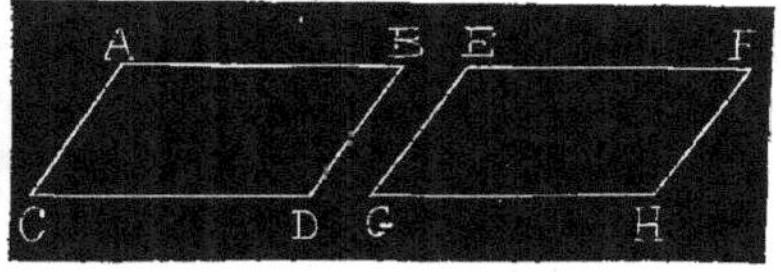

Figure 101.

l'angle G et les côtés CA, CD respectivement égaux aux côtés GH, GF, je dis que ces parallélogrammes sont égaux.

Pour le prouver, je porte le parallélogramme EGHF sur le parallélogramme ACDB, de manière que le sommet G soit placé sur le sommet C et que le côté GH coïncide avec avec le côté CD. Comme les côtés GH et CD sont égaux, le point H tombera au point D. Les angles G et H étant respectivement égaux aux angles C et D, les côtés GE et HF prendront les directions des côtés CA et DB et comme ces droites sont égales, les points E et F tomberont sur les points A et B. Les deux côtés EF et AB ayant leurs extrémités aux mêmes points, se confondront dans toute leur étendue. Les deux parallélogrammes donnés sont donc égaux puisque, appliqués l'un sur l'autre, leurs côtés coïncident parfaitement.

§ IV. — QUESTIONS PRATIQUES.

Problème n° 20.

169. *Par un point* P *(fig.* 102*), tracer, au moyen de l'équerre de bureau, une parallèle à la droite* MN.

Pour résoudre ce problème, je fais coïncider le côté DE de l'équerre avec la ligne MN, puis j'applique une règle plate contre le petit côté CE. Je fais ensuite glisser l'équerre le long de la règle, tenue immobile par la simple pression du doigt, jusqu'à ce que l'hypoténuse DE arrive sur le point P; alors, l'équerre CDE a la position FGH. Je trace une droite suivant GH et cette droite prolongée est parallèle à MN.

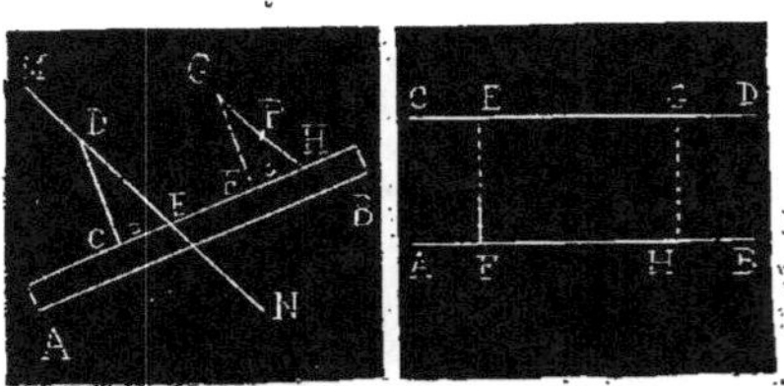

Figure 102.   Figure 103.

Il est clair que l'hypoténuse DE de l'équerre doit être placée sur la droite MN de telle façon qu'en promenant l'équerre le long de la règle, l'hypoténuse DE rencontre le point P.

La même parallèle peut également être tracée au moyen du côté DC, qu'on ferait alors coïncinder avec la droite donnée.

Problème n° 21.

170. *Par un point* E *(fig.* 103*) tracer sur le terrain, au moyen de l'équerre d'arpenteur, une parallèle à la droite* AB

Je jalonne la droite AB; puis, par tâtonnement, je détermine le point F auquel aboutit la perpendiculaire abaissée du point E sur AB, et je mesure la droite EF, à laquelle je suppose une longueur de 12 mètres, par exemple.

Le plus près possible de l'extrémité B, j'élève sur AB une perpendiculaire GH, que je prends égale à 12 mètres. Je jalonne CD, et cette ligne est la parallèle demandée.

On peut encore résoudre ce problème en prolongeant la droite EF et en élevant sur EF, au point E, une perpendiculaire CD, qui est la parallèle demandée.

Problème n° 22.

Construire un carré dont chaque côté sera égal à la droite OP *(fig.* 104*).*

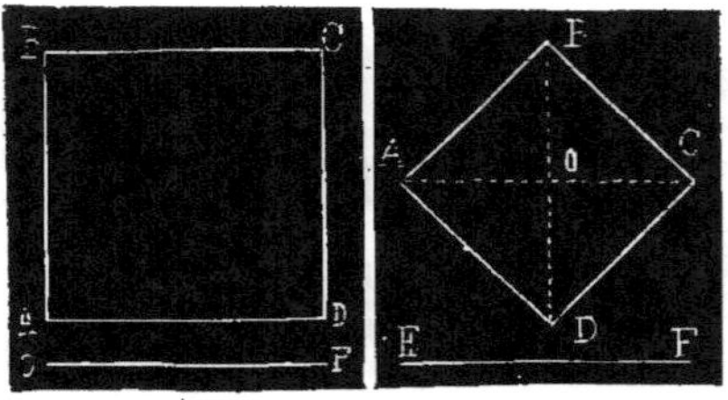

Figure 104   Figure 105.

Pour cela, je trace une droite AD égale à OP. Aux points A et D, j'élève, sur AD, les perpendiculaires AB et DC, égales à OP.

J'unis les points B et C par une droite et le quadrilatère ABCD est le carré demandé.

Problème n° 23.

171. *Construire un carré dont la diagonale sera égale à la droite* EF *(fig. 105).*

Je trace une droite AC égale à EF. Au point O, milieu de AC, j'élève une perpendiculaire que je prolonge au-dessous de AC. Je prends OB = OA et OD = OA. Je joins les points B et D aux points A et C, et le quadrilatère ABCD est le carré demandé.

Problème n° 24.

172. *Soit proposé de construire un rectangle ayant une base égale à la droite* OP *(fig. 106) et une hauteur égale à la droite* RS.

Je trace une droite AD égale à OP. A chacun des points A et D, j'élève à AD une perpendiculaire égale à RS. J'unis par une droite les extrémités B et C des deux perpendiculaires, et le quadrilatère ABCD est le rectangle demandé.

Problème n° 25.

173. *Construire un parallélogramme dans les conditions suivantes : 1° Les grands côtés seront égaux chacun à la droite* TV *(fig. 107) ; 2° l'une des diagonales sera égale à la droite* RS *; 3° les petits côtés seront égaux chacun à la droite* OP.

Je trace une droite AD = TV. Du point D, comme centre, avec un rayon égal à RS, je décris un arc de cercle EF. Du point A comme centre, avec un rayon égal

à OP, je décris un second arc de cerc'e GK coupant le premier au point B, par lequel je mène une parallèle BH à AD. Par le

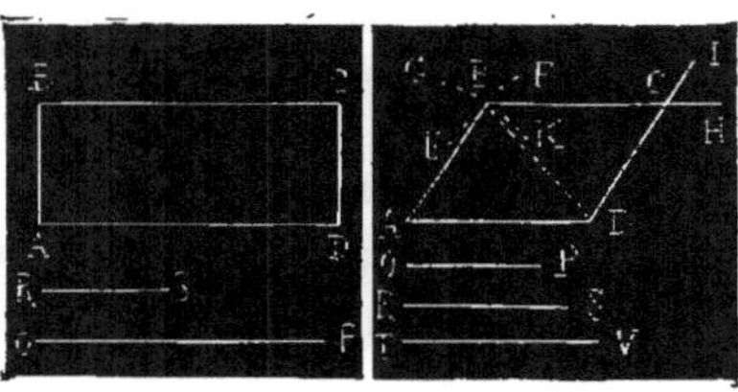

Figure 106.   Figure 107.

point D, je trace une autre parallèle DI à AB, rencontrant la parallèle BH au point C. Le quadrilatère ABCD est le parallélogramme demandé.

Problème n° 26.

174. *Construire un losange dans les conditions suivantes : 1° une diagonale sera égale à la droite* OP *; 2° l'autre diagonale sera égale à la droite* RS.

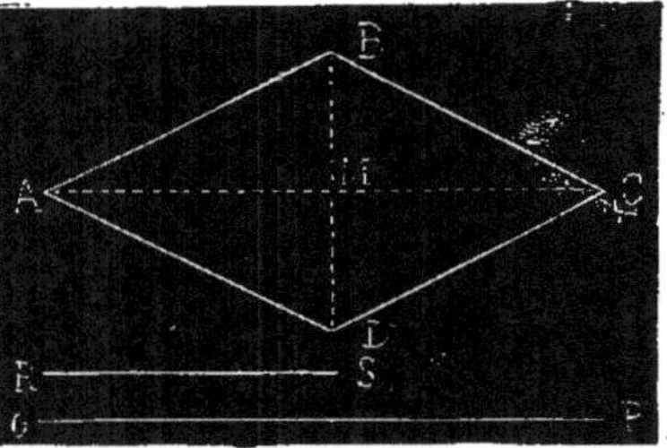

Figure 108.

Je trace une droite AC = OP. Au point M, milieu de AC, j'élève une perpendiculaire que je prolonge au-dessous de AC, et cette perpendiculaire est telle que MB = MD et que BD = RS. J'unis par des droites les points B et D aux points A et C et le quadrilatère ABCD est le losange demandé.

CHAPITRE V

DE LA CIRCONFÉRENCE DU CERCLE
DÉPENDANCE MUTUELLE DES ARCS ET DES CORDES
CONTACT ET INTERSECTION DE DEUX CERCLES

§ I. — DE LA CIRCONFÉRENCE DU CERCLE.

175. La *circonférence du cercle* est une ligne courbe dont tous les points sont à égale distance d'un point intérieur qu'on nomme centre.

176. Le *cercle* est la surface intérieure limitée par la circonférence.

La courbe ABCDEFGI (*fig.* 109) est une circonférence, et la surface limitée par cette courbe est le cercle.

177. Le *rayon* est une droite qui va du centre à la circonférence, comme les lignes OF, OG, OI, etc.

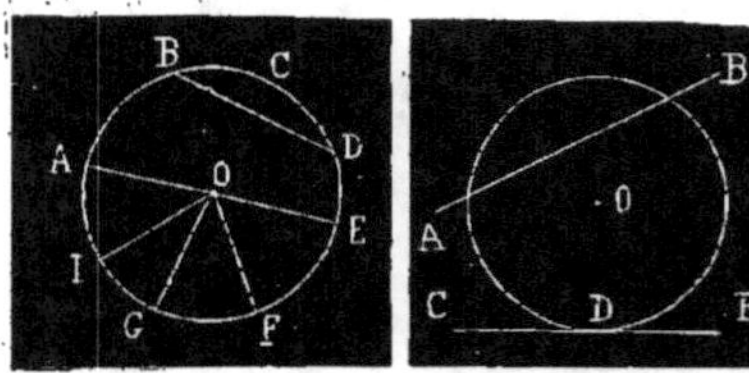

Figure 109.   Figure 110.

178. On nomme *arc* une portion de la circonférence, comme BCD (*fig.* 109).

179. La droite BD qui joint les deux extrémités de l'arc se nomme *corde*, ou *sous-tendante* de l'arc.

180. La surface comprise entre l'arc et la corde se nomme segment.

181. La partie de la surface du cercle comprise entre un arc et deux rayons aboutissant aux extrémités de cet arc se nomme *secteur*. Ainsi, la figure GOF (*fig*, 109), limitée par les deux rayons OG, OF et par l'arc GF, est un secteur.

182. Une *sécante* est une droite qui rencontre la circonférence en deux points. Exemple : AB (*fig.* 110).

183. Une *tangente* est une droite qui n'a qu'un point de commun avec la circonférence, et ce point commun est nommé *point de contact*. Exemple : CE (*fig.* 110). Le point de contact est D.

184. On dit qu'une *droite est inscrite dans le cercle*, lorsque, comme la ligne AB (*fig* 111), ses deux extrémités sont appuyées sur la circonférence.

185. Un *angle inscrit* dans un cercle est un angle dont le sommet est appuyé sur la circonférence et dont les côtés sont deux cordes. Exemple ABC (*fig* 111).

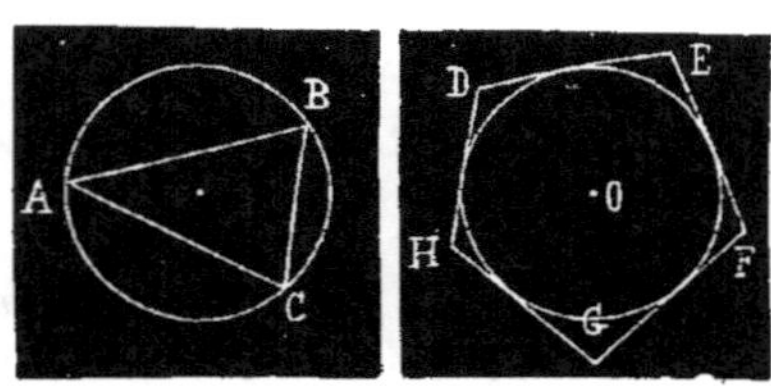

Figure 111.   Figure 112.

186. Un *triangle inscrit* dans un cercle, comme ABC (*fig.* 111) est un triangle dont tous les sommets des angles sont appuyés sur la circonférence. Dans ce cas, le cercle est circonscrit au triangle ABC.

En général, une *figure inscrite* dans un cercle est celle dont tous les sommets des angles sont appuyés sur la circonférence.

187. On dit qu'un polygone est *circonscrit à un cercle* lorsque tous les côtés de ce polygone sont tangents à la circonférence du cercle. Tel est le cas du polygone DEFGH (*fig.* 112). Dans cette hypothèse, le cercle est inscrit dans le polygone.

Théorème n° 51.

188. *Une circonférence ne peut être rencontrée qu'en deux points par une droite.*

En effet, si une droite pouvait rencontrer une circonférence en trois points, ces trois points seraient tous à égale distance du centre, ce qui ne saurait être, puisque d'un point pris hors d'une droite, on ne peut mener que deux lignes égales à cette droite.

Théorème n° 52.

189. *Tout diamètre partage le cercle et sa circonférence en deux parties égales.*

Je dis que le diamètre AB (*fig.* 113) partage la circonférence ACBD en deux parties égales.

En effet, si sur AB comme charnière, je fais tourner l'arc ACB, de manière à le ramener sur l'arc ADB, il est évident que ces deux arcs se confondront; car, s'il en était autrement, c'est qu'il y aurait des points de l'un ou de l'autre de ces arcs qui ne seraient pas à une égale distance du centre O, ce qui est contraire à l'hypothèse.

Les deux arcs de cercle ACB et ADB, portés l'un sur l'autre, coïncidant parfaitement, sont égaux. Donc, etc.

Théorème n° 53.

190. *Le diamètre est la plus grande corde qu'il soit possible de tracer dans un cercle.*

Je dis que le diamètre AB (*fig.* 114) est plus grand qu'une corde quelconque, que la corde DC, par exemple.

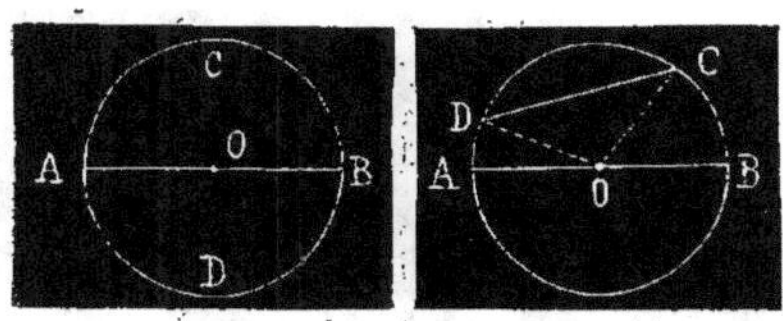

Figure 113.　　　　Figure 114.

Pour le prouver, je joins par une droite le centre O aux points D et C. Alors, le diamètre AB et la ligne brisée DOC sont égaux comme valant chacun deux rayons. Mais DC, ligne droite, est plus courte que DOC, ligne brisée, qui a ses extrémités aux mêmes points. Donc aussi, DC est plus courte que le diamètre AB. Donc, etc.

Théorème n° 54.

191. *Dans un même cercle ou dans des cercles égaux, les arcs égaux sont sous-tendus par des cordes égales.*

1° Je vais démontrer que dans le même cercle (*fig.* 115), les cordes EC et FD sont égales, parce qu'elles sous-tendent les arcs égaux EGC et FHD.

Pour cela, je mène le diamètre AB par le point A, milieu de l'arc EF et je fais tourner sur AB la demi-circonférence ADB, de manière à la ramener sur la demi-circonférence ACB. Comme l'arc AF est égal à l'arc AE, le point F tombera au point E. De même, comme l'arc FHD est égal à l'arc EGC, le point D tombera au point C. Conséquemment, les cordes FD et EC sont égales, puisqu'elles ont leurs extrémités aux mêmes points.

2° Je vais prouver que dans les deux cercles égaux ayant les points M et N (*fig.* 116) comme centres, les cordes AE et CF sont égales, parce qu'elles sous-tendent les arcs égaux AIE et CKF.

Pour le prouver, je porte le cercle M sur le cercle N, de manière que les deux diamètres coïncident parfaitement par leurs extrémités et par le centre. Comme les deux arcs AIE et CKF sont égaux, le point

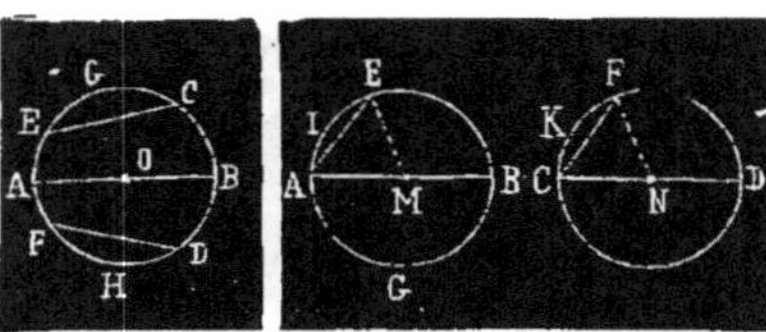

Figure 115.   Figure 116.

E tombera sur le point F et les deux cordes AE et CF seront égales, puisqu'elles auront leurs extrémités aux mêmes points. Donc, etc.

Théorème n° 55.

192. RÉCIPROQUEMENT. — *Dans un même cercle ou dans des cercles égaux, les cordes égales sous-tendent des arcs égaux.*

Il faut démontrer que les cordes AE et CF (*fig.* 116) étant égales, les arcs AIE et CKF qu'elles sous-tendent sont aussi égaux, en admettant toujours que les cercles soient égaux.

Pour cela, je joins le point E au centre M et le point F au centre N. Alors, les deux triangles AME et CNF sont égaux comme ayant les trois côtés égaux chacun à chacun, les droites AM, EM, CN et FN étant égales comme rayons du même cercle ou de cercles égaux, et les côtés AE, CF étant égaux par hypothèse. Donc l'angle AME est égal à l'angle CNF. Si je superpose ces deux triangles de manière que les centres soient placés l'un sur l'autre et que les diamètres coïncident parfaitement, la ligne NF prendra la direction ME et le point F tombera au point E. Les deux arcs CKF et AIE, superposés, ont leurs extrémités aux mêmes points et sont égaux. Donc, etc.

Théorème n° 56.

193. *Dans un même cercle ou dans*

des cercles égaux, le plus grand arc est sous-tendu par la plus grande corde, si ces arcs sont moindres qu'une demi-circonférence.

Dans le même cercle, qui a son centre en O (*fig.* 117), je vais démontrer que l'arc AEB étant plus grand que l'arc CKD, la corde AB est plus grande que la corde CD.

A partir du point A, je fais un arc ALE égal à l'arc CKD, et la question est ramenée à prouver que la corde AB est plus grande que la corde AE.

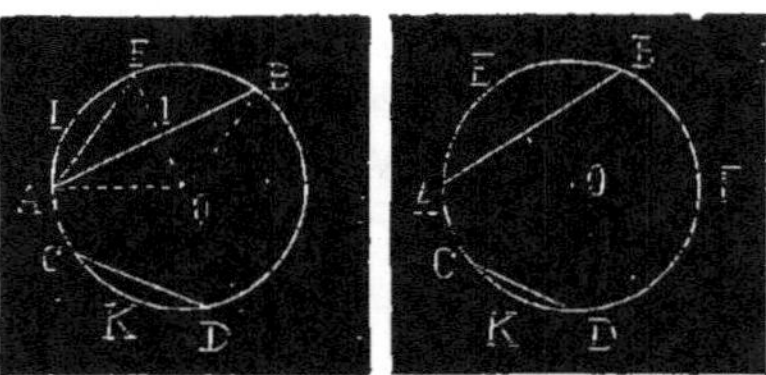

Figure 117.   Figure 118.

Pour cela, je joins le centre O aux points A, E et B. Alors, OIB, ligne brisée, est plus grande que OB, ligne droite qui a ses extrémités aux mêmes points. Comme EO = OB, la droite EO est aussi plus courte que la ligne brisée OIB. Si de EO et de OIB, je retranche la partie commune IO, il restera la droite IB, plus grande que la droite EI. En ajoutant à IB et à EI la même quantité IA, j'aurai encore la droite AB plus grande que la ligne brisée EIA. Mais EA, ligne droite, est plus courte que EIA, ligne brisée dont les extrémités sont aux mêmes points. Comme EIA est plus courte que AB, à plus forte raison la droite EA est-elle plus courte que AB. Donc, etc.

Théorème n° 57.

194. RÉCIPROQUEMENT. — *Dans un même cercle ou dans des cercles égaux, les plus grandes cordes sous-tendent les plus grands arcs.*

La corde AB étant plus grande que la

corde CD (*fig.* 118), je dis que l'arc AEB est plus grand que l'arc CKD.

En effet, si l'arc AEB n'est pas plus grand que l'arc CKD, le premier est ou égal au second ou plus petit.

Si ces deux arcs sont égaux, les cordes qui les sous-tendent seront aussi égales, ce qui est contraire à l'hypothèse.

Si l'arc AEB est plus petit que l'arc CKD, la corde AB est plus petite que la corde CD, ce qui est encore contraire à l'hypothèse.

Donc l'arc AEB est plus grand que l'arc CKD, puisque le premier ne peut être ni égal au second ni plus petit. Donc, etc.

195. REMARQUE. — Lorsqu'un arc plus grand qu'une demi-circonférence va en augmentant la corde qui le sous-tend va en diminuant. Aussi les théorèmes n°s 55 et 56 ne sont-ils vrais que lorsqu'il s'agit d'arcs plus petits que la demi-circonférence.

Théorème n° 58.

196. *Le rayon perpendiculaire à une corde, partage la corde et l'arc qu'elle sous-tend en deux parties égales.*

1° Le rayon OC partage la corde AB en deux parties égales (*fig.* 119).

Pour le prouver, je joins le point O aux points A et B. Alors, les deux rayons OB et OA sont deux obliques égales. Or, les obliques égales s'écartent également du pied de la perpendiculaire (98). Donc, DA = DB.

2° Le rayon OC partage en deux parties égales l'arc sous-tendu par la corde AB.

En effet, puisque DA = DB et que la droite OD prolongée est perpendiculaire à AB, tous les points de cette perpendiculaire sont équidistants des points A et B. Donc, la corde CA est égale à la corde CB. Or, les cordes égales sous-tendent des arcs égaux. Donc l'arc CEA est égal a l'arc CFB. Donc, etc.

Théorème n° 59.

197. RÉCIPROQUEMENT. — *La perpendiculaire élevée sur le milieu d'une corde passe par le centre du cercle et par le milieu de l'arc sous-tendu par la corde.*

Soit la perpendiculaire élevée sur le milieu D de la corde AB (*fig.* 119). Si cette perpendiculaire ne passe pas par le centre O du cercle, de ce point, je puis abaisser une perpendiculaire sur la corde AB, laquelle tomberait précisément au point D, d'après le théorème précédent. Si cela se pouvait, il serait possible d'élever au point D deux perpendiculaires sur AB, ce qui est absurde. Donc, etc.

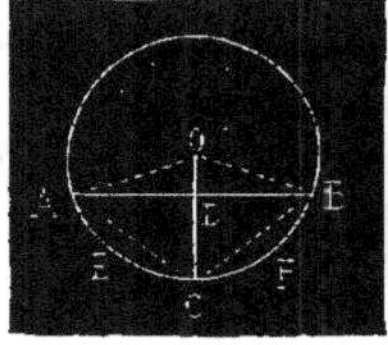
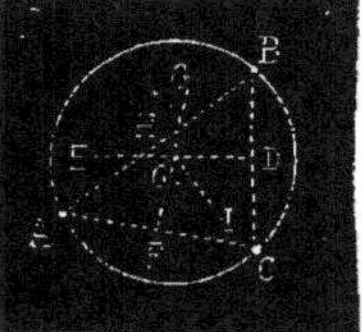

Figure 119.   Figure 120.

Je prouverais de la même manière que cette perpendiculaire passe par le milieu de l'arc ACB.

198. *Corollaire* I. — Si, du milieu d'un arc, on abaisse une perpendiculaire sur la corde de cet arc, la perpendiculaire passe par le milieu de la corde et par le centre du cercle.

199. *Corollaire* II. — Le rayon dirigé sur le milieu d'une corde est perpendiculaire à cette corde et divise l'arc qu'elle sous-tend en deux parties égales.

199 *bis. Corollaire* III. — Lorsqu'un rayon aboutit au milieu d'un arc, il divise la corde de cet arc en deux parties égales. De plus, ce rayon est perpendiculaire à la corde.

Théorème n° 60.

200. *Par trois points donnés non en*

ligne droite, on peut toujours faire passer une circonférence ; mais on n'en peut faire passer qu'une seule.

Soit les trois points A, B et C (*fig.* 120) non en ligne droite.

1° Je dis qu'on peut toujours faire passer une circonférence par ces trois points.

J'unis les trois points A, B et C par les droites AC, CB, BA, et je forme le triangle ACB. Aux points D et F, milieux des deux côtés BC et CA, j'élève sur ces côtés les perpendiculaires ED et GF, et je vais démontrer que ces deux perpendiculaires se rencontrent.

En effet, si les droites ED et GF ne se rencontraient pas, elles seraient parallèles. Si cela se pouvait, les côtés CA et CB seraient le prolongement l'un de l'autre et formeraient une seule ligne droite, ce qui est contraire à l'hypothèse, puisque les trois points donnés ne sont pas en ligne droite. Donc déjà, les droites ED et GF se rencontrent en un point que je désigne par O.

Maintenant, le point O, commun aux deux droites ED et GF, appartenant à la droite GF, est à égale distance des points A et C. De même, le point O, appartenant à la droite ED, est à égale distance des points B et C. Conséquemment, les trois longueurs OB, OC et OA sont égales. Donc la circonférence décrite du point O, comme centre, avec un rayon égal à OA passera par les trois points donnés.

2° Je dis qu'on ne peut faire passer qu'une seule circonférence par les trois points A, B et C.

En effet, s'il était possible de faire passer par les mêmes points deux circonférences distinctes, ayant deux centres différents, les deux cordes BA et CA appartiendraient à chaque circonférence. Mais nous savons que toute perpendiculaire sur le milieu d'une corde passe par le centre du cercle (197). Conséquemment, les perpendiculaires ED et GF devraient passer par les deux centres, lesquels se trouveraient en même temps sur ED et sur GF. Or, deux droites ne pouvant se rencontrer qu'en un seul point, il en résulterait que les deux circonférences auraient le même centre, et que, appliquées l'une sur l'autre, elles se confondraient, attendu qu'elles auraient le même rayon. Donc, par les points donnés, il est impossible de faire passer plus d'une circonférence.

201. *Corollaire* I. — Pour trouver le centre d'un cercle, il faut tracer deux cordes dans ce cercle, élever une perpendiculaire au milieu de chaque corde, et la rencontre des perpendiculaires détermine le centre du cercle.

202. *Corollaire* II. — Deux circonférences qui ont trois points communs coïncident.

203. *Corollaire* III. — Deux circonférences ne peuvent avoir plus de deux points communs sans se confondre.

§ II. — DÉPENDANCE MUTUELLE DES ARCS ET DES CORDES.

Théorème n° 61.

204. *Dans un même cercle ou dans des cercles égaux, deux cordes égales sont également éloignées du centre.*

Soient les deux cordes égales AB et CD (*fig.* 121), je dis qu'elles sont également éloignées du centre O. Pour le prouver, du centre O, j'abaisse les perpendiculaires OE et OF sur les cordes AB et CD, qui se trouvent ainsi partagés en deux parties égales aux points E et F, de sorte que EB = EA et FD = FC. Alors, les deux triangles rectangles OEB et OFD sont égaux comme ayant l'hypoténuse égale et un côté de l'angle droit égal, puisque 1° les deux hypoténuses OB et OD sont égales comme rayons; 2° le côté EB est égal au côté FD, d'après ce qui vient d'être démontré. Par suite de l'égalité de ces triangles, OE = OF. Donc, etc.

Théorème n° 62.

205. RÉCIPROQUEMENT. — *Dans un même cercle ou dans des cercles égaux, deux cordes également éloignées du centre sont égales.*

Il faut démontrer que dans la figure 121, les cordes AB et CD sont égales parce que OE = OF.

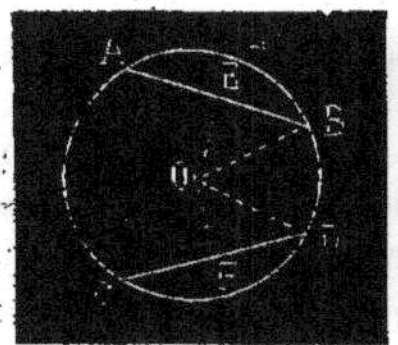

Figure 121.

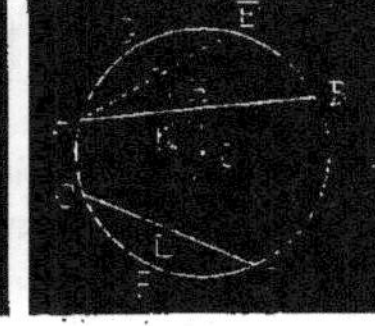

Figure 122.

D'abord les deux perpendiculaires OE et OF partagent en deux parties égales les cordes AB et CD sur lesquelles elles tombent. Alors, les deux triangles rectangles OEB et OFD sont égaux comme ayant l'hypoténuse égale et un côté de l'angle droit égal, puisque : 1° les hypoténuses OB et OD sont égales comme rayons; 2° OE = OF, par hypothèse. Donc EB = FD. Or, EB étant la moitié de AB et FD, la moitié de CD, il en résulte que la corde AB est égale à la corde CD.

Théorème n° 63.

206. *Dans un même cercle ou dans des cercles égaux, lorsque deux cordes sont inégales, la plus petite est la plus éloignée du centre.*

Soit la corde AB, plus grande que la corde CD (*fig.* 122), je dis que la corde CD est la plus éloignée du centre.

Pour le prouver, l'arc AEB étant plus grand que l'arc CFD, je fais dans l'arc AEB, à partir du point A, un arc AGE égal au premier, et je trace la corde AE. Du centre O, j'abaisse la perpendiculaire OH sur AB et la perpendiculaire OI sur AE, laquelle rencontre AB au point K. Il est évident que la droite OI est plus

grande que sa partie OK. Mais l'oblique OK est plus grande que la perpendiculaire OH. Donc, à plus forte raison, la droite OI est plus grande que la droite OH. Mais, OI = OL. Donc aussi, la droite OL est plus grande que la droite OH. Donc, etc.

Théorème n° 64.

207. RÉCIPROQUEMENT. — *Dans un même cercle ou dans des cercles égaux, lorsque deux cordes sont inégalement éloignées du centre, la plus éloignée est la plus petite.*

Soient les deux cordes AB et CD (*fig.* 122), qui sont telles que la corde CD est plus éloignée du centre que la corde AB, je dis que la corde CD est la plus petite.

En effet, si la corde CD n'est pas plus petite que la corde AB, la corde CD est ou égale à la corde AB, ou plus grande.

Si la corde CD était égale à la corde AB, ces deux cordes seraient également éloignées du centre (204), ce qui est contraire à l'hypothèse.

Si la corde CD était plus grande que la corde AB, la corde AB serait plus éloignée du centre que la corde CD, ce qui est encore contraire à l'hypothèse.

La corde CD est donc la plus petite, puisqu'elle ne peut être ni égale à la corde AB, ni plus grande. Donc, etc.

Nota. — Dans les théorèmes 59, 60, 61 et 62, il est question de cordes plus petites que le diamètre.

Théorème n° 65.

208. *La perpendiculaire menée à l'extrémité d'un rayon est tangente à la circonférence.*

A l'extrémité C du rayon OC, (*fig.* 123) j'élève une perpendiculaire AB, et je dis que AB est tangente à la circonférence.

En effet, OC étant perpendiculaire à AB, toute oblique, telle que OD, par exemple, sera plus grande que le rayon OC. Conséquemment, le point D est hors du cercle. Il en résulte que la perpendiculaire AB ne peut avoir qu'un point de commun avec la circonférence à laquelle elle est tangente. Donc, etc.

Théorème n° 66.

209. RÉCIPROQUEMENT. — *Tout rayon mené au point de contact d'une tangente est perpendiculaire à cette tangente.*

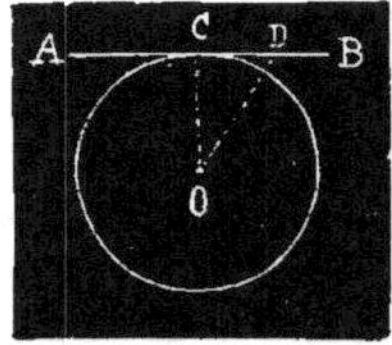

Figure 123.

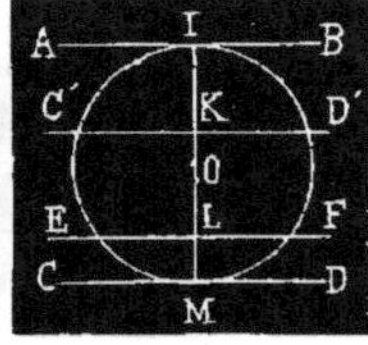

Figure 124.

Je dis que le rayon OC (*fig.* 123), mené, du centre O au point de contact C, est perpendiculaire à cette tangente.

En effet, toutes les droites autres que OC devront sortir du cercle pour rencontrer la tangente. Conséquemment, le rayon OC sera la plus courte droite qu'il sera possible de mener du point O à la droite AB. Donc, OC sera perpendiculaire sur AB (98).

Théorème n° 67.

210. *Deux parallèles interceptent sur la circonférence des arcs égaux.*

Trois cas peuvent se présenter, savoir :

1° Ou ces parallèles sont deux sécantes, comme C D' et EF (*fig.* 124).

2° Ou l'une des deux parallèles est sécante, tandis que l'autre est tangente, comme C'D' et CD.

3° Ou les deux parallèles sont tangentes, comme AB et CD.

1er CAS. — Il faut démontrer que les arcs C'E et D'F, compris entre les sécantes parallèles C'D' et EF, sont égaux.

Pour cela, du centre O j'abaisse une perpendiculaire sur EF et je prolonge cette perpendiculaire jusqu'à la rencon-

tre de la circonférence aux points I et M. Alors, la droite OM, étant perpendiculaire sur la corde EF, partage l'arc EMF en deux parties égales (196).

Donc, arc ME = arc MF. Si, des demi circonférences IC'EM et ID'FM, je retranche les arcs égaux ME et MF, il restera les arcs IC'E et ID'F, qui seront égaux.

Maintenant, la droite IM étant perpendiculaire sur EF, le sera aussi sur C'D', parallèle à EF, et elle partagera l'arc C'ID' en deux parties égales, au point I. Donc, j'aurai : arc IC' = arc ID'. Si des deux arcs égaux IC'E et ID'F, je retranche les arcs égaux IC' et ID', il me restera les deux arcs C'E et D'F, qui seront aussi égaux. Donc, etc.

2e CAS. — Je dis que les arcs C'EM et D'FM, compris entre la sécante C'D et sa parallèle CD (tangente) sont égaux.

En effet, le diamètre IM mené au point de contact M est perpendiculaire à la tangente CD et, par suite, à la sécante C'D' parallèle, par hypothèse, à CD. Donc, le diamètre IM partage l'arc C'ID' en deux parties égales au point I. Conséquemment, l'arc IC' est égal à l'arc ID'. Si des deux demi-circonférences IC'EM et ID'FM, je retranche les arcs égaux IC' et ID', il me restera précisément les deux arcs C'EM et D'FM, qui seront égaux. Donc, etc.

3e CAS. — Les arcs IC'EM et ID'FM', compris entre les deux tangentes parallèles AB et CD', sont égaux.

En effet, on vient de voir que l'arc ME = l'arc MF, que l'arc C'E = l'arc D'F, que l'arc IC' = l'arc ID'. Donc, l'arc IC'EM, qui vaut : arc ME + arc C'E + arc IC', est égal à l'arc ID'FM, qui vaut : arc FM + arc FD' + arc ID'. Donc, etc.

Du reste, on peut résumer cette démonstration en disant que la droite IM étant un diamètre, les arcs IC'EM et ID'FM ne sont que des demi-circonférences qui sont égales (189).

§ III. — CONTACT ET INTERSECTION DE DEUX CERCLES.

211. Deux cercles sont extérieurs l'un à l'autre lorsque tous les points de l'un sont situés à l'extérieur de l'autre. Tel est le cas des deux cercles ayant les points A et B pour centres (*fig.* 125).

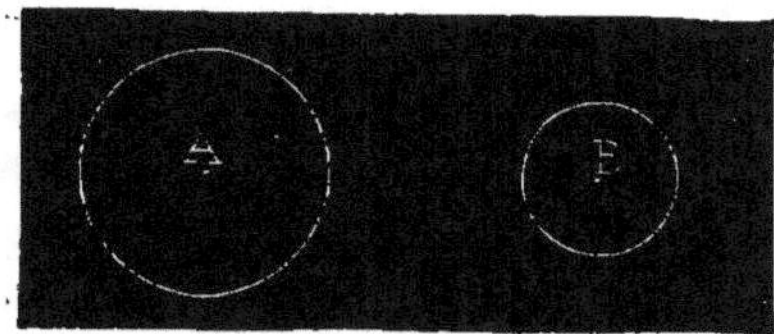

Figure 125.

212. On dit qu'un cercle est *intérieur* à un autre, lorsque tous les points du premier sont situés dans le second. Tel est le cas des deux cercles ayant les points A et B pour centres (*fig.* 126).

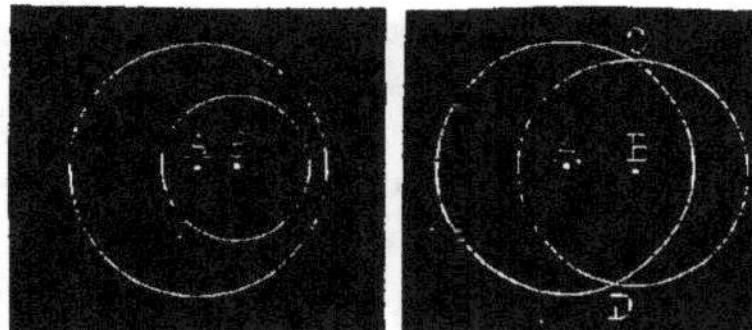

Figure 126.   Figure 127.

213. Deux circonférences sont *sécantes*, lorsqu'elles se coupent en deux points. Tel est le cas des deux circonférences ayant les points A et B pour centres et se coupant aux points C et D (*fig.* 127).

214. On dit que deux circonférences sont tangentes lorsqu'elles n'ont qu'un point de commun, et ce point se nomme *point de contact*.

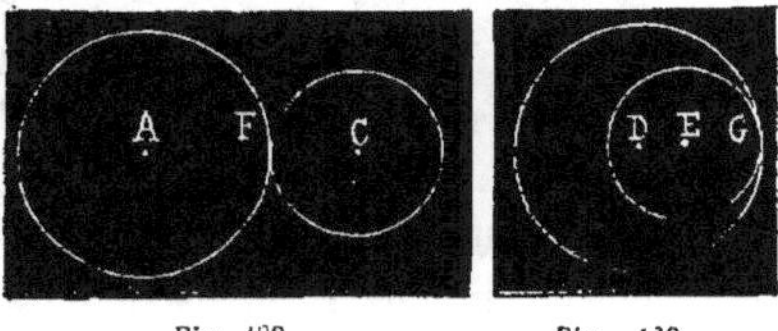

Fig. 128.   Fig. 129.

Deux circonférences sont tangentes *extérieurement* lorsqu'elles sont extérieures l'une à l'autre, comme les deux circonférences ayant A et C pour centres (*fig.* 128). Le point de contact est en F.

Deux circonférences sont tangentes *intérieurement* lorsqu'elles sont intérieures l'une à l'autre, comme les deux circonférences ayant les points D et E pour centres. Le point de contact est en G.

Théorème n° 68.

215. *Quand deux circonférences se coupent, la droite qui joint les centres est perpendiculaire à la corde commune et partage cette corde en deux parties égales.*

Soient les deux circonférences ayant leurs centres, l'une en A et l'autre en B, se coupant aux points C et D, je dis que la droite AB, qui joint les centres, est perpendiculaire sur la corde commune CD et qu'elle partage cette corde en deux parties égales (*fig.* 130).

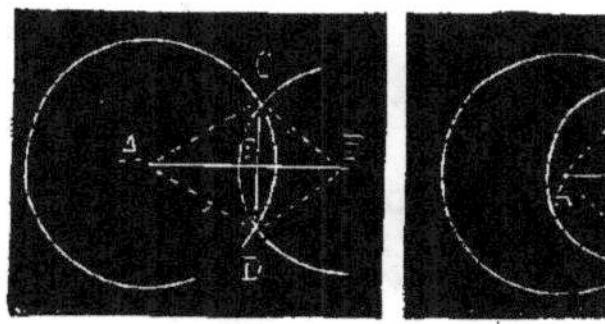

Figure 130.   Figure 131.

Pour le prouver, je joins les points C et D aux points A et B. Le point A est équidistant des points C et D, puisque les droites AC et AD sont des rayons d'un même cercle. Le point B est équidistant des points C et D pour la même raison. Mais, la perpendiculaire élevée au milieu de la corde commune passe par les centres A et B (197). Donc cette perpendiculaire se confond avec la droite AB qui joint les centres, puisque ces deux droites ont deux points de commun. Donc AB est perpendiculaire sur CD.

La corde commune CD est partagée en deux parties égales au point E, par la droite AB, puisque les deux triangles rectangles AEC et AED sont égaux comme ayant l'hypoténuse égale et un côté de l'angle droit égal. En effet, AC = AD et le côté AE est commun.

Nota. Un raisonnement semblable peut se faire à propos des deux circonférences qui se coupent (*fig.* 131). La construction et les lettres sont les mêmes.

216. *Corollaire.* Si la longueur de la corde commune CD (*fig.* 130) diminue peu à peu, les centres A et B s'éloigneront aussi peu à peu l'un de l'autre, et lorsqu'il arrivera aux points C et D de se confondre avec le point E, intersection des droites CD et AB, les deux cercles n'auront plus qu'un seul point E de commun et seront tangents extérieurement.

Il résulte de cette remarque que :

1° Lorsque deux cercles sont tangents extérieurement, le point de contact est sur la droite qui joint les centres.

2° La même droite perpendiculaire élevée au point de contact sur la ligne qui joint les centres est tangente à la circonférence.

Théorème n° 69.

217. *Lorsque deux circonférences sont extérieures l'une à l'autre, la distance des centres est plus grande que la somme des rayons.*

Il est clair que la droite AB (*fig.* 132) qui unit les centres des deux circonférences A et B est plus grande que la somme des rayons, AC et DB, puisqu'elle vaut ces deux rayons, plus la portion de droite CD qui représente la distance des deux cercles.

218. RÉCIPROQUEMENT. — Lorsque deux circonférences sont telles que la distance des centres est plus grande que la somme

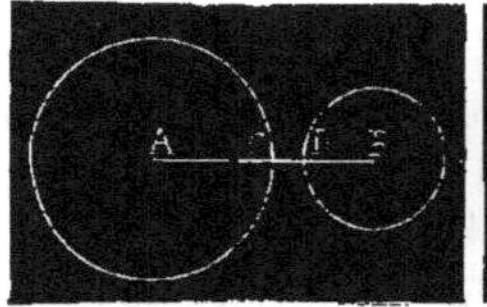
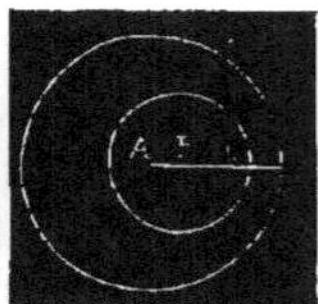

Figure 132.　　　　Figure 133.

des rayons, ces circonférences sont extérieures l'une à l'autre.

Théorème n° 70.

219. *Lorsque deux circonférences sont intérieures l'une à l'autre, la distance des centres est plus petite que la différence des rayons.*

Ainsi, la droite AB (*fig.* 133) qui joint les centres des deux circonférences est plus petite que la différence des deux rayons AD et CB, puisque cette différence est AB + CD. AB n'est conséquemment qu'une partie de cette différence. Donc, etc.

220. RÉCIPROQUEMENT. — Lorsque deux circonférences sont telles que la distance des centres est plus petite que la différence des rayons, elles sont intérieures l'une à l'autre.

Théorème n° 71.

221. *Lorsque deux circonférences sont tangentes extérieurement, la distance des centres est égale à la somme des rayons.*

Soient les deux circonférences ayant, l'une son centre en A, et l'autre son centre en B (*fig.* 134).

Si la distance des centres n'est pas égale

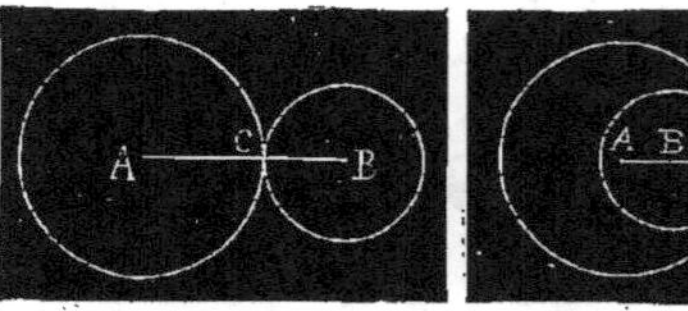

Figure 134.　　　　Figure 135.

à la somme des rayons, cette distance est ou plus grande ou plus petite.

Si elle était plus grande, les circonférences seraient extérieures l'une à l'autre (217), ce qui est contraire à l'hypothèse.

Si elle était plus petite, les circonférences seraient intérieures l'une à l'autre, ce qui est encore contraire à l'hypothèse.

Donc la distance des centres est égale à la somme des rayons, puisque cette distance ne peut être ni plus grande, ni plus petite. Donc, etc.

Théorème n° 72.

222. *Lorsque deux circonférences sont tangentes intérieurement, la distance des centres est égale à la différence des rayons.*

En effet, le point de contact C (*fig.* 135) est sur la droite qui joint les centres. Or, en retranchant le rayon BC du rayon AC, il restera précisément AB, c'est-à-dire la distance des centres. Donc, etc.

Théorème n° 73.

223. *Lorsque deux circonférences se coupent, la distance des centres est plus petite que la somme des rayons, mais plus grande que leur différence.*

Soient les deux circonférences ayant leurs centres, l'une en A et l'autre en B (*fig.* 136).

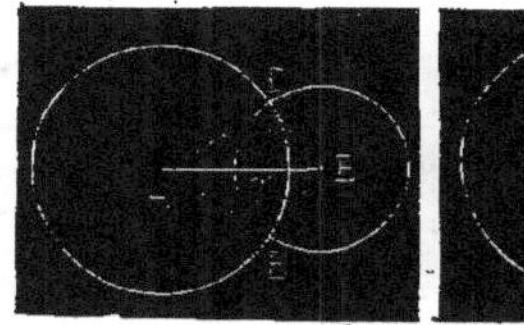 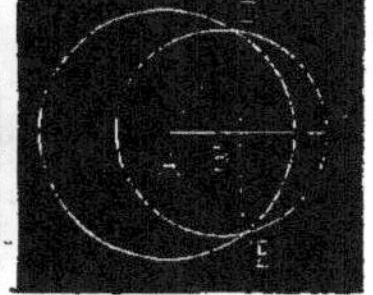

Figure 138.   Figure 139.

Je joins le point A au point B, le point D aux points A et B et le point D au point E par une droite qui rencontre AB au point C. Alors, je forme un triangle DAB dont les côtés sont AB, distance des centres, DA, rayon de la première circonférence, DB, rayon de la seconde.

Or, on a vu (78) que, dans tout triangle, un côté quelconque est plus petit que la somme des deux autres et plus grand que leur différence. Donc AB est plus petit que AD + DB, somme des rayons, mais plus grand que AD — DB, différence des mêmes rayons. Donc, etc.

Nota. Un raisonnement semblable peut se faire à propos des deux circonférences qui se coupent (*fig.* 137). La construction et les lettres sont les mêmes.

§ IV. — QUESTIONS PRATIQUES.

Problème n° 27.

224. *Soit proposé de partager la ligne droite AB (*fig.* 138) en deux parties égales.*

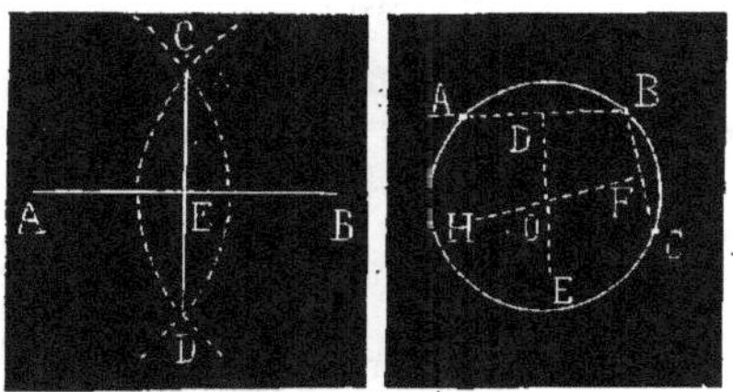

Figure 136.   Figure 137.

Du point A, comme centre, avec un rayon plus grand que la moitié de AB, je décris un arc de cercle. Du point B, comme centre, avec le même rayon, je décris un second arc de cercle coupant le premier aux points C et D, que je joins par une droite CD. Le point E, où la droite CD rencontre AB, est le milieu de la droite donnée AB.

Problème n° 28.

225. *Faire passer une circonférence par les trois points A, B et C (*fig.* 139) non en ligne droite.*

Je joins le point B aux points A et C.

Au point D, milieu de AB, j'élève sur cette droite la perpendiculaire DE. Au point F, milieu de BC, j'élève également sur cette droite, une perpendiculaire FH, rencontrant au point O la perpendiculaire DE. Le point O étant équidistant des points A, B et C, du point O, comme centre, avec un rayon égal à OB, je décris une circonférence qui passe par les trois points donnés.

Problème n° 29.

226. *Une circonférence étant donnée, trouver son centre.*

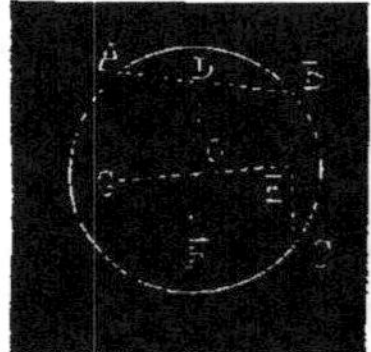
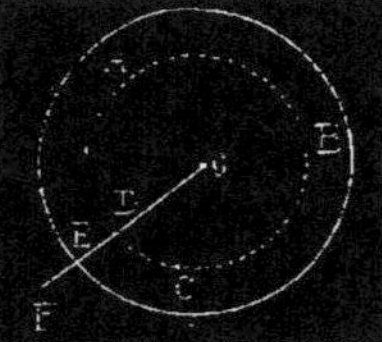

Figure 140.   Figure 141.

Soit la circonférence (*fig.* 140). Je prends sur cette circonférence les trois points A, B et C. Je joins le point B aux points A et C. Au point D, milieu de AB, j'élève, sur cette droite, la perpendiculaire DF ; au point E, milieu de BC, j'élève, sur cette droite, la perpendiculaire EG. Le point O, intersection des deux perpendiculaires DF et EG, est le centre du cercle donné.

Problème n° 30.

227. *Faire passer une circonférence à égale distance de quatre points donnés non en ligne droite.*

Soient les quatre points, non en ligne droite, A, B, C et F.

Par les trois points A, B et C, je fais passer une circonférence dont le centre est O, en opérant comme au problème précédent. Cela fait, je joins, par une droite, le centre O au quatrième point F. La droite OF rencontre la première circonférence au

point D. Je partage DF en deux parties égales au point E. Du point O, comme centre, je décris une seconde circonférence avec le rayon OE, et cette seconde circonférence passe à égale distance des quatre points donnés.

Problème n° 31.

228. *Soit proposé d'inscrire un cercle dans un triangle donné* AEC(*fig.* 142

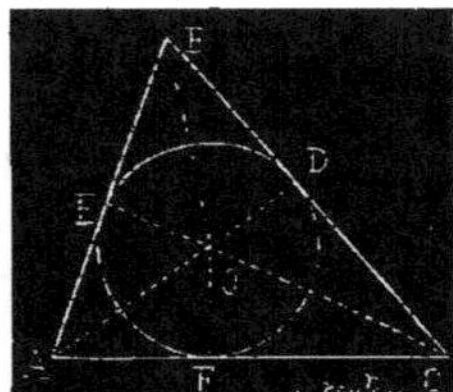
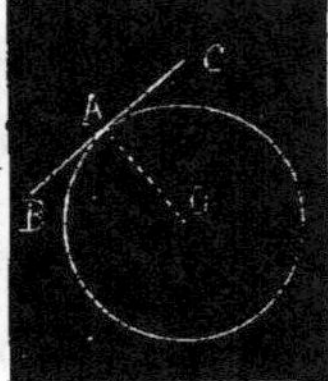

Figure 142.   Figure 143.

Pour cela, je partage les angles B et A en deux parties égales par les bissectrice BO et AO, se rencontrant au point O, qui sera équidistant des trois côtés AB, BC et AC du triangle. Conséquemment, si du point O, j'abaisse les perpendiculaires OD, OF et OE sur les trois côtés du triangle, ces perpendiculaires seront égales et la circonférence décrite du point O, comme centre, avec un rayon égal à OD, sera tangente aux trois côtés du triangle.

REMARQUE. — Le centre O, étant équidistant des côtés CB et CA, appartient nécessairement à la bissectrice de l'angle C. Donc les trois bissectrices des angles d'un triangle se rencontrent en un même point.

Problème n° 32.

229. *Soit proposé de mener une tangente à un cercle par un point donné.*

Ou le point est sur la circonférence, ou il est en dehors.

1° Le point est sur la circonférence.

Par le point A (*fig.* 443), pris sur la circonférence, il s'agit de mener une tangente au cercle.

Pour cela, je joins le point A au centre O, et au point A j'élève, sur le rayon AO, une perpendiculaire BC, qui est la tangente demandée.

2° Le point est en dehors de la circonférence.

Par le point C, pris hors du cercle qui a son centre en A (*fig.* 144), il s'agit de mener une tangente à ce cercle.

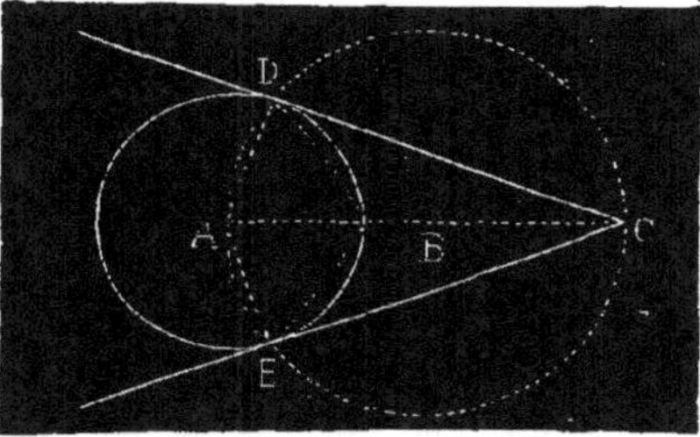

Figure 144.

Pour cela, je joins le point A au point C; puis, sur le diamètre AC, je décris une circonférence qui coupe la première aux points D et E. Je joins le point C aux points D et E et les deux droites CD et CE sont tangentes au cercle qui a son centre en A, car en joignant le point A aux points D et E, les deux angles ADC et AEC sont droits, ainsi que nous le verrons plus loin, car ils sont inscrits chacun dans un demi-cercle.

Problème n° 33.

230. *Soit proposé de mener une tangente extérieure à deux circonférences extérieures l'une à l'autre.*

Soient les deux circonférences DKF et GLH (*fig.* 145).

Je trace les deux rayons quelconques AK et BL. Sur AK, je prends KI = BL, de sorte que AI représente la différence des deux rayons AK et BL. Du point A, comme centre, avec un rayon égal à AI, je décris la circonférence CIE, concentrique à la circonférence DKF. Par le point B, je mène la tangente BC à la circonférence CIE en opérant comme au problème pré-

cédent ; puis, au centre B, j'élève sur BC, la perpendiculaire BG, qui rencontre la circonférence GLH au point G. Je joins

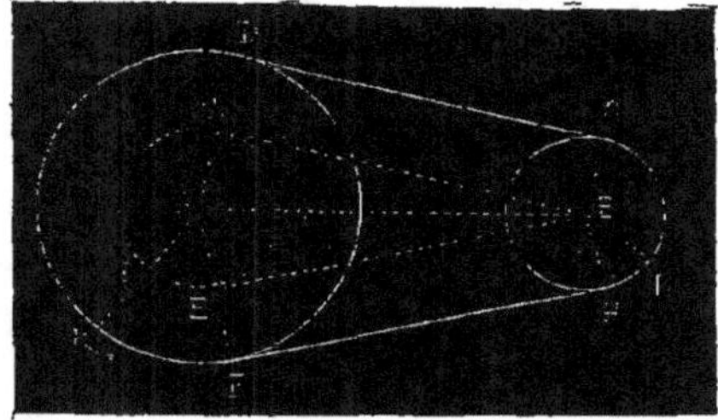

Figure 145.

le centre A au point de contact C, et je prolonge cette ligne jusqu'à la rencontre de la grande circonférence au point D. Je trace une droite entre les points D et C, et cette droite est la tangente demandée.

En faisant la même construction au-dessous de la droite AB, j'aurai une autre tangente HF aux deux circonférences.

Les deux droites GD et HF sont bien tangentes aux deux cercles, puisqu'elles sont perpendiculaires à l'extrémité des quatre rayons BG, AD, BH et AF (208).

Les deux tangentes DG et FH (*fig.* 145) sont touchées chacune du même côté par les deux circonférences, et c'est pour cette raison qu'elles sont nommées *tangentes extérieures* à deux circonférences. Mais, il est facile de comprendre qu'on peut mener à ces deux mêmes cercles deux tangentes touchées d'un côté par la première circonférence et de l'autre côté par la seconde. Ces droites sont nommées *tangentes intérieures* à deux cercles.

Problème n° 34.

231. *Soit proposé de mener une tangente intérieure à deux circonférences extérieures l'une à l'autre.*

Il s'agit de mener une tangente intérieure aux deux circonférences CPHL et OENI (*fig.* 146).

Pour cela, je mène les deux rayons tracés à volonté AC et BE. Je porte sur le prolongement de AC une quantité CD

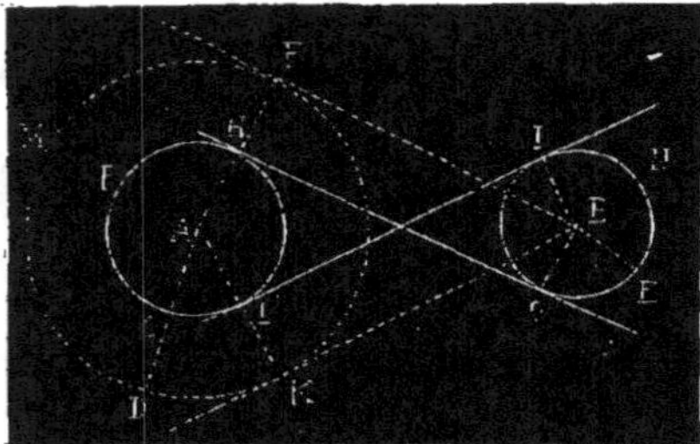

Figure 146.

égale au rayon BE; puis, du point A, comme centre, avec un rayon égal à AD, je décris une circonférence DMFK, concentrique à la circonférence CPHL. On constate que le rayon AD est égal à la somme des rayons des circonférences données. Du centre B de la petite circonférence, je trace la tangente BF à la circonférence DMFK et je joins le centre A au point de contact F, par une droite qui rencontre au point H la circonférence CPHL. La droite AF est perpendiculaire sur la tangente FB. Par le point H, je mène à la droite FB une parallèle HO qui est la tangente demandée, laquelle a les points de contact H et O avec les deux circonférences données.

La droite HO est une tangente intérieure, puisqu'elle est touchée d'un côté, par la circonférence CPHL; de l'autre, par la circonférence OINE.

Par une construction semblable, je déterminerai une seconde droite IL, tangente aux deux circonférences.

232. En résumé, lorsque deux circonférences sont extérieures l'une à l'autre, on peut mener à ces circonférences :

1° Deux tangentes extérieures;

2° Deux tangentes intérieures.

233. Lorque deux circonférences O et M (*fig.* 147) se touchent extérieurement, on peut mener à ces circonférences deux tangentes extérieures AB, CD, et une seule tangente intérieure EF.

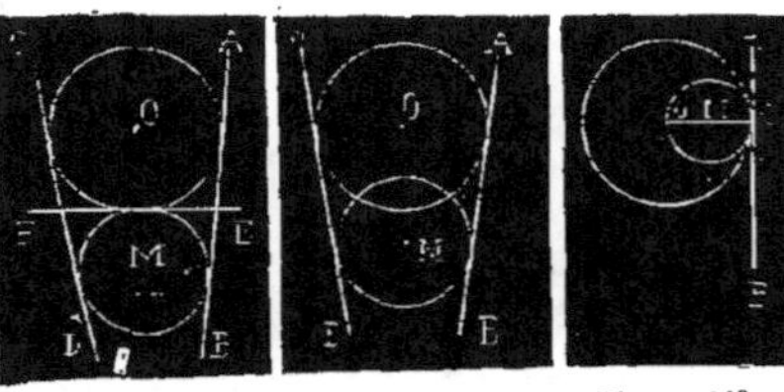

Figure 147.   Figure 148.   Figure 149.

234. Lorsque deux circonférences O et M (*fig.* 148) se coupent, on ne peut mener à ces circonférences que deux tangentes extérieures AB et CD.

235. Lorsque deux circonférences O et M (*fig.* 149) se touchent intérieurement, on ne peut mener à ces circonférences qu'une tangente extérieure AB, laquelle est perpendiculaire sur la droite qui joint les centres O, M et le point de contact C.

236. Lorsque deux cercles sont extérieurs l'un à l'autre, ils n'ont aucune tangente commune.

Problème n° 35.

237. *Décrire une circonférence qui soit tangente au point F (fig. 150) à la*

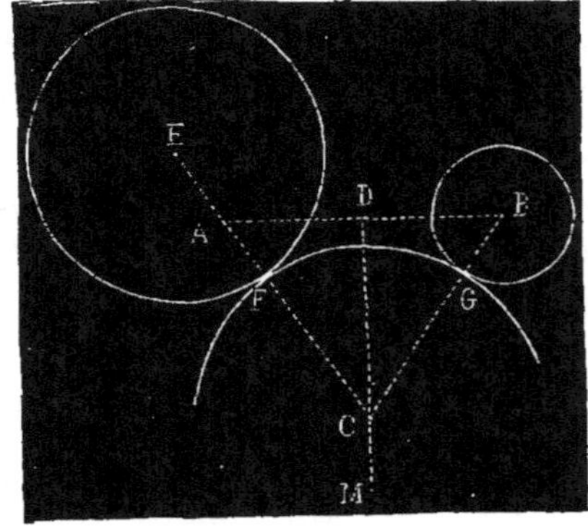

Figure 150.

circonférence qui a son centre en E, et, de plus, tangente à la circonférence qui a son centre en B.

Je joins le centre E au point F ; puis, je prends AF = BG, rayon de la circonférence qui a son centre en B. Je joins le point A au centre B et, au point D, milieu de AB, j'élève une perpendiculaire DM sur AB. Je prolonge la droite AF jusqu'à la rencontre de la perpendiculaire DM au point C. Je joins le point C au point B par une droite qui rencontre le cercle B au point G. Du point C, comme centre, avec un rayon égal à CG, je décris une circonférence qui est tangente au point F, à la circonférence E et qui, de plus, est tangente à la circonférence B.

Autre solution.

238. Est donné le point de tangence G (*fig.* 151) à la circonférence qui a son centre en B.

Je joins le centre B au point G ; puis, je prolonge la droite BG d'une quantité GC = FA, rayon de la petite circonférence. Je joins le centre A au point C ; puis, du point D, milieu de AC, j'élève la perpendiculaire DM sur AC. Je prolonge CB jusqu'à la rencontre de DM au point E et

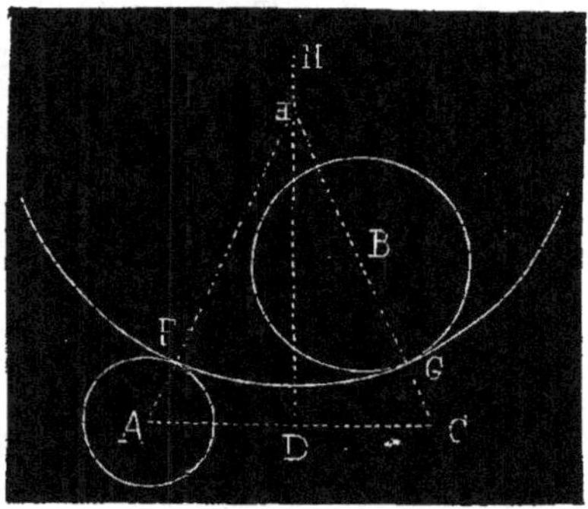

Figure 151.

je joins le point E au point A. Du point E comme centre, avec un rayon égal à EG, je décris une circonférence qui est tangente au point G, à la circonférence B et qui, de plus, est tangente à la circonférence A.

CHAPITRE VI

MESURE DES ANGLES.

§ I. — GÉNÉRALITÉS.

239. *Mesurer* une grandeur quelconque, c'est déterminer combien cette grandeur contient d'unités de son espèce et de parties de cette unité.

Je suppose qu'on veuille mesurer une droite et qu'on prenne le mètre linéaire pour unité. On dira, par exemple, que cette droite vaut 6 mètres 4 décimètres, si elle contient plus de 6 mètres et moins de 7 et si l'excédent de 6 mètres vaut 4 décimètres, c'est-à-dire 4 dixièmes du mètre.

240. Supposons qu'une droite A vaille exactement 15 mètres linéaires et qu'une droite B vaille exactement 7 mètres linéaires. Dans ce cas, la longueur du mètre linéaire est une *commune mesure* des droites A et B.

241. On appelle donc *commune me-*

sure de deux grandeurs de même espèce, une troisième grandeur, toujours de la même espèce, contenue un nombre exact de fois dans les deux premières.

242. La plus grande quantité qui est *commune mesure* de deux autres quantités de même espèce a reçu la dénomination de *plus grande commune mesure* des deux dernières quantités.

243. Lorsque deux grandeurs ont une commune mesure, elle sont dites *commensurables*.

244. Lorsque deux grandeurs n'ont pas de commune mesure, elles sont dites *incommensurables*.

245. On appelle *rapport numérique* de deux grandeurs quelconques, le nombre de fois que la plus grande contient la plus petite.

Ainsi, les droites A et B (240) ont pour rapport numérique $\dfrac{15}{7}$ et donnent la proportion géométrique.

$$A : B :: 15 : 7.$$

Problème n° 36.

246. *Trouver la plus grande commune mesure des droites* MN *et* PQ *(fig. 152).*

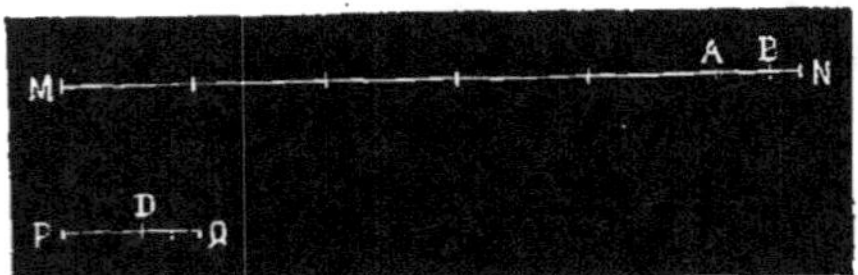

Figure 152.

Je porte la droite PQ sur la droite MN et je trouve que la droite PQ est contenue 5 fois dans la droite MN, plus AN. D'où l'égalité.

(1) $MN = 5\,PQ + AN.$

Je porte AN sur PQ et je trouve que PQ contient AN, plus DQ, ce qui me donne $PQ = AN + DQ$. En remplaçant PQ par sa valeur dans l'égalité (1), j'aurai :

(2) $MN = 5\,DQ + 6\,AN.$

En portant DQ sur AN, je trouve que AN contient DQ + BN. Donc $AN = DQ + BN$. En remplaçant, dans l'égalité (2), AN par sa valeur, j'aurai :

(3) $MN = 11\,DQ + 6\,BN.$

Je porte BN sur DQ et je trouve que BN est contenue deux fois dans DQ. Donc $DQ = 2\,BN$. En remplaçant, dans l'égalité (3), DQ par sa valeur, j'aurai :

(4) $MN = 22\,BN + 6\,BN$, ou $28\,BN$.

Il résulte de ce qui précède que la plus grande commune mesure des deux droites MN et PQ est BN. Cette plus grande commune mesure est contenue 28 fois dans MN et 5 fois dans PQ. D'où la proportion :

$$MN : PQ :: 28 : 5.$$

247. Deux grandeurs sont proportionnelles à deux autres grandeurs de même espèce, lorsque le rapport numérique des deux premières est égal au rapport numérique des deux secondes.

248. Deux grandeurs incommensurables sont proportionnelles à deux autres grandeurs de même espèce, également incommensurables, lorsqu'en les soumettant deux à deux, à la recherche de la plus grande commune mesure, les deux séries de quotients obtenus sont exactement les mêmes.

§ II. — ANGLES AU CENTRE.

249. On nomme *angle au centre*, un angle dont le sommet coïncide avec le centre même d'un cercle.

Théorème n° 74.

250. *Dans un même cercle ou dans des cercles égaux, les angles au centre,* *quand ils sont égaux, interceptent sur la circonférence des arcs égaux.*

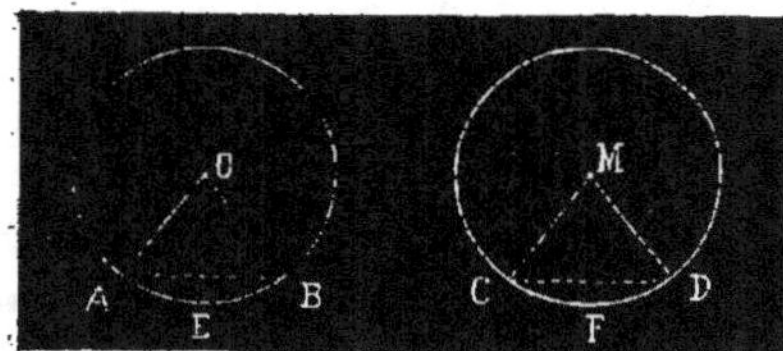

Figure 153.

Soient les deux cercles égaux OA et MC (*fig.* 153) dans lesquels j'ai tracé les deux angles égaux et au centre, AOB et CMD, je dis que les arcs AEB et CFD qu'ils interceptent sont égaux.

Pour le prouver, je joins le point A au point B et le point C au point D. Alors, les angles au centre O et M sont égaux par hypothèse, les côtés OA et OB sont respectivement égaux aux côtés MC et MD, comme rayons de cercles égaux. Donc, les deux triangles AOB et CMD sont égaux comme ayant un angle égal compris entre deux côtés égaux. Conséquemment, la corde AB est égale à la corde CD. Mais les cordes égales sous-tendent des arcs égaux (192). Donc, l'arc AEB est égal à l'arc CFD.

Théorème n° 75.

251. RÉCIPROQUEMENT. — *Dans un même cercle ou dans des cercles égaux, si les deux arcs AEB et CFD (fig. 153) sont égaux, les angles au centre, AOB et CMD, qui les interceptent sont aussi égaux.*

En effet, si l'angle M n'est pas égal à l'angle O, il est ou plus grand ou plus petit.

Si l'angle M était plus grand que l'angle O, l'arc CFD serait plus grand que l'arc AEB, ce qui est contraire à l'hypothèse.

Si l'angle M était plus petit que l'angle O, l'arc CFD serait plus petit que l'arc AEB, ce qui est encore contraire à l'hypothèse. Donc, l'angle M est égal à l'angle O, parce qu'il ne peut être ni plus grand ni plus petit.

252. *Corollaire.* Si du sommet d'un angle droit, comme centre, on décrit une circonférence, l'arc intercepté par les deux côtés de cet angle vaut le quart de la circonférence, puisque les quatre angles formés par deux droites qui se coupent sont égaux.

Théorème n° 76.

253. *Dans un même cercle ou dans des cercles égaux, le rapport de deux angles au centre est le même que celui des arcs qu'ils interceptent.*

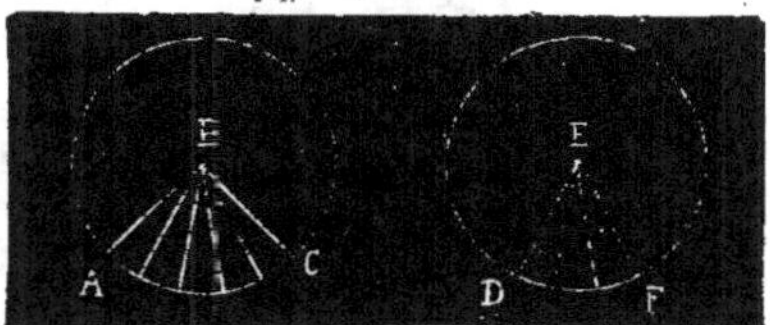

Figure 154.

Soient les deux angles au centre ABC et DEF (*fig.* 154), interceptant entre leurs côtés les arcs AC et DE.

Deux cas se présentent : ou les arcs sont *commensurables* ou ils sont *incommensurables.*

1° Je suppose que la plus grande commune mesure des deux arcs AC et DF soit contenue 5 fois dans l'arc AC et 3 fois dans l'arc DF, c'est-à-dire que j'aie la proportion :

(1)   arc AC : arc DF :: 5 : 3.

Je partage l'arc AC en 5 parties égales et l'arc DF en 3 parties égales. Je joins chaque point de division au centre du cercle correspondant. Alors, l'angle ABC sera partagé en 5 angles égaux comme interceptant des arcs égaux. De même, l'angle DEF sera partagé en 3 angles égaux pour la même raison.

Donc, les angles ABC et DEF sont dans le rapport de 5 : 3, ce qui me donne la proportion :

(2) angle ABC : angle DEF :: 5 : 3.

Les proportions 1 et 2 ayant le rapport commun 5 : 3, les autres me donnent la proportion :

angle ABC : angle DEF :: arc AC : arc DF.

Ce qui démontre la proposition en supposant les arcs commensurables.

2° Je suppose que les arcs interceptés par les angles au centre soient *incommensurables*.

Soient les angles ABC et DEF (*fig.* 155) interceptant les arcs incommensurables AC et DF.

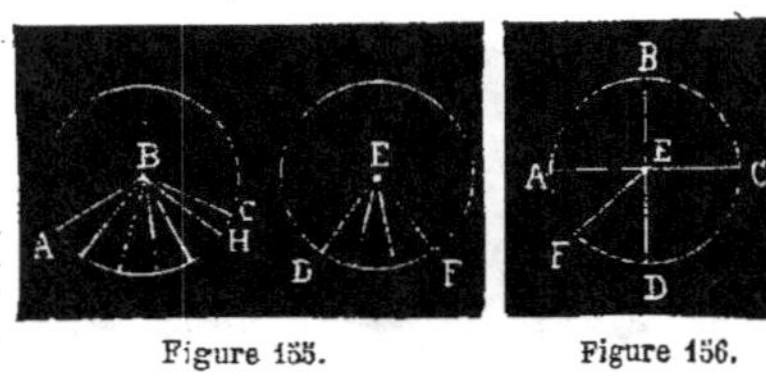

Figure 155.   Figure 156.

Je partage l'arc DF en parties égales et je suppose que l'arc AC contienne 5 de ces parties, plus HC. J'en conclus que le rapport de l'arc AC et de l'arc DF est plus grand que le rapport 5 : 3, mais plus petit que le rapport 6 : 3.

Je joins chaque point de division au centre correspondant et je partage l'angle DEF en trois angles égaux comme interceptant des arcs égaux. L'angle ABC se trouve partagé en 5 angles égaux aux premiers, plus un angle plus petit, HBC.

Donc, le rapport des angles donnés est plus grand que le rapport 5 : 3, mais plus petit que le rapport 6 : 3.

On voit déjà que ce qui se produit sous le rapport des arcs se produit aussi sous le rapport des angles, puisque ces deux rapports sont compris entre 5 : 3 et 6 : 3.

Si je divisais l'arc DF en 3000 parties égales, l'arc AC contiendrait 5000 de ces parties, plus un reste. Alors, le rapport des arcs serait plus grand que 5000 : 3000, mais plus petit que 6000 : 3000. En joignant chaque point de division au centre correspondant, le rapport des angles se-

rait plus grand que 5000 : 3000 , mais plus petit que 6000 : 3000.

Ces rapports sont donc égaux car, ainsi qu'on vient de le voir, ils sont compris entre des nombres qu'on fera aussi petits qu'on voudra. Donc, dans le second cas comme dans le premier, on aura la proportion :

angle ABC : angle DEF :: arc AC : arc DF, ou, simplement :

ABC : DEF :: AC : DF.

Donc, etc.

254. PRINCIPE DE LA MESURE DES ANGLES. — Le théorème précédent fait voir que la mesure, ou l'appréciation d'un angle, est ramenée à la mesure ou à l'appréciation de l'arc intercepté par les côtés de cet angle.

255. *Mesurer* un angle, c'est déterminer son rapport avec l'angle droit, qui est l'unité généralement prise pour terme de comparaison.

256. Un angle droit BEC (*fig.* 156) ayant son sommet au centre d'un cercle, intercepte entre ces côtés un arc BC qui vaut le quart de la circonférence et qu'on nomme *quadrant*, de sorte que tous les angles réunis autour du centre d'un cercle valent quatre angles droits, ou quatre quadrants.

257. Si l'on veut avoir la mesure de l'angle FED, par exemple, on le comparera à l'angle droit AED (*fig.* 156) et, d'après le théorème 76, on aura :

$$DEF : DEA :: DF : DA, \text{ ou } \frac{DEF}{DEA} = \frac{DF}{DA}$$

Donc, pour trouver le rapport numérique de deux angles, il faudra placer leurs sommets au centre d'un même cercle ou de cercles égaux, puis déterminer le rapport des arcs interceptés.

258. Il résulte des démonstrations précédentes que *tout angle au centre d'un cercle a pour mesure l'arc compris entre ses côtés*

259. Pour faciliter l'évaluation, c'est-à-dire la mesure des angles, on a divisé la circonférence, quel qu'en soit le rayon, en 360 parties égales. Chacune de ces parties a été nommée *degré*.

Le degré a été partagé en 60 parties, ce qui a donné la *minute*.

La minute a été partagée en 60 parties, ce qui a donné la *seconde*. L'angle droit vaut 45 degrés.

Donc, une circonférence quelconque vaut :

1° 360 × 60, ou 21600 minutes

2° 21600 × 60, ou 1296000 secondes.

On désigne le degré par le signe (°)

— la minute — (′)

— la seconde — (″)

Ainsi, on écrira 15 degrés 27 minutes 49 secondes :

$$15° \ 27′ \ 49″$$

260. Pour évaluer les angles sur le papier ou sur le terrain, on se sert du rapporteur ou du graphomètre, instruments dont la description sera donnée plus loin.

§ III. — ANGLES INSCRITS.

261. On appelle *angle inscrit* dans un cercle un angle formé par deux cordes. Exemple : ABC (*fig.* 157).

262. Tout angle inscrit a son sommet situé sur la circonférence.

Théorème n° 77.

263. *L'angle inscrit a pour mesure la moitié de l'arc compris entre ses côtés.*

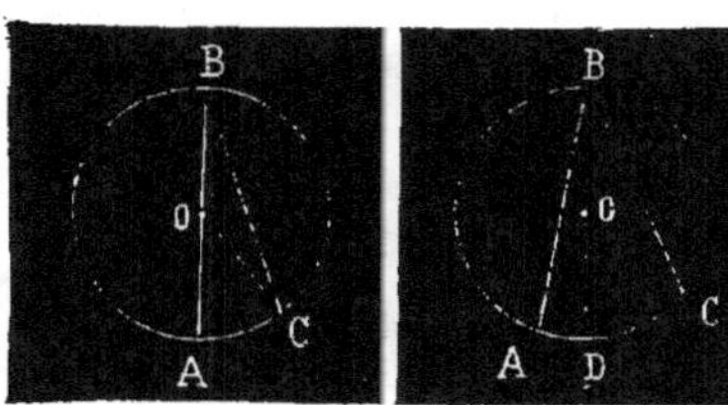

Figure 157.   Figure 158.

Trois cas se présentent, savoir :

1° Le centre du cercle est sur l'un des côtés de l'angle inscrit.

2° Le centre du cercle est entre les côtés.

3° Le centre du cercle est en dehors des côtés.

PREMIER CAS. — Le centre du cercle est sur l'un des côtés.

Soit l'angle inscrit ABC (*fig.* 157). Je dis que cet angle a pour mesure la moitié de l'arc AC, compris entre ses côtés.

Pour le prouver, je joins par une droite le centre O au point C. Alors, dans le trian-gle OBC, les deux côtés OB et OC sont égaux comme rayons. Conséquemment, les deux angles OBC et OCB sont égaux comme opposés à des côtés égaux d'un même triangle. Mais l'angle AOC, extérieur au triangle OBC, vaut la somme des deux angles OBC et OCB, et comme ces angles sont égaux, chacun d'eux vaut la moitié de l'angle AOC. Or, l'angle au centre AOC a pour mesure l'arc AC compris entre ses côtés (258). Donc, l'angle inscrit ABC, moitié de l'angle au centre AOC, a pour mesure la moitié de l'arc AC. Donc, etc.

DEUXIÈME CAS. — Le centre du cercle est entre les côtés.

Je dis que l'angle inscrit ABC (*fig.* 158), qui se trouve dans ce cas, a pour mesure la moitié de l'arc AC compris entre ses côtés.

Pour le prouver, je trace le diamètre BD, aboutissant au sommet de l'angle donné. Or, l'angle inscrit ABC vaut la somme des deux angles inscrits ABD et DBC ayant le côté commun BD passant par le centre O du cercle. Mais le premier a pour mesure la moitié de l'arc AD, et le second a pour mesure la moitié de l'arc DC. En conséquence, l'angle total ABC a pour mesure $\dfrac{AD}{2} + \dfrac{DC}{2}$, c'est-à-dire $\dfrac{AC}{2}$, ou la moitié de l'arc AC. Donc, etc.

TROISIÈME CAS. — Le centre du cercle est en dehors des côtés.

Je dis que l'angle ABC (*fig.* 159), qui se trace dans ce cas, a pour mesure la moitié de l'arc AC compris entre ses côtés.

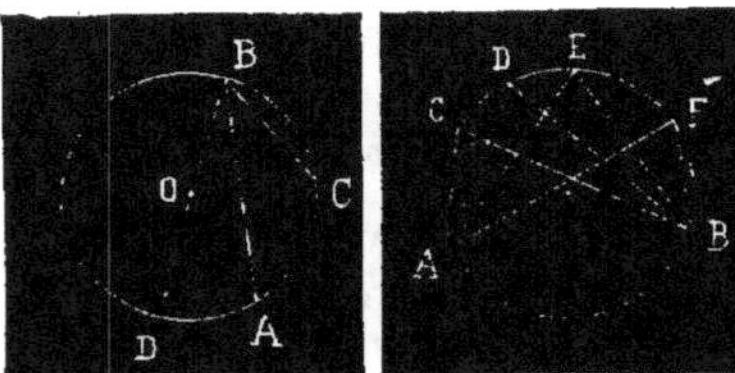

Figure 159.   Figure 160.

Pour le prouver, je mène le diamètre BD (*fig.* 159), aboutissant au sommet B de l'angle inscrit. Alors, l'angle inscrit ABC est égal à la différence des angles DBC et DBA, ayant chacun le côté commun BD, passant par le centre O du cercle. Conséquemment, la mesure de l'angle ABC est égale à la différence de la mesure des angles inscrits DBC et DBA. Or, la mesure de l'angle DBC est $\dfrac{DC}{2}$, et la mesure de l'angle DBA est $\dfrac{DA}{2}$. Donc, la mesure de l'angle donné est :

$$\frac{DC}{2} - \frac{DA}{2} = \frac{AC}{2},$$

c'est à dire moitié de la différence des deux arcs DC et DA, ou moitié de l'arc AC. Donc, etc.

Théorème n° 78.

264. *Les angles inscrits dans un même segment de cercle sont égaux.*

Les angles ACB, ADB, AEB et AFB (*fig.* 160) sont tous égaux, puisqu'ils ont pour mesure la moitié du même arc AB.

265. Lorsque les angles inscrits aboutissent à l'extrémité d'un diamètre, c'est-à-dire lorsque le segment est un demi-cercle, ces angles sont droits, parce qu'ils ont pour mesure la moitié de la circonférence. De plus, les triangles que leurs côtés forment avec le diamètre sont *rectangles*.

Ainsi, les angles inscrits ACB, ADB et AEB (*fig.* 161) sont droits et les triangles désignés par les mêmes lettres sont rectangles.

Théorème n° 79.

266. *L'angle inscrit formé par une tangente et par une corde, a pour mesure la moitié de l'arc compris entre ses côtés.*

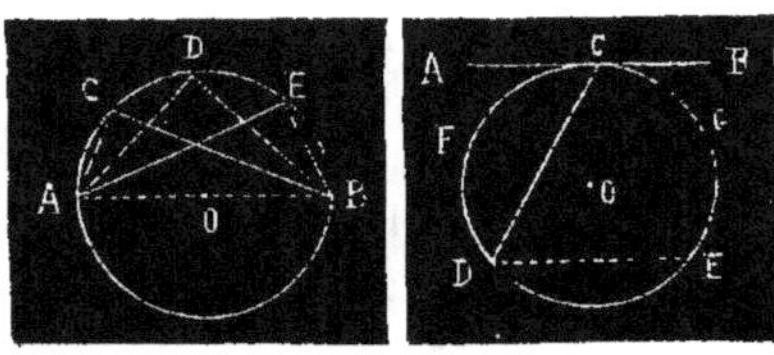

Figure 161.   Figure 162.

Je dis que l'angle ACD (*fig.* 162), formé par la tangente AB et par la corde CD, a pour mesure la moitié de l'arc CFD.

Pour le prouver, je mène la corde DE, parallèle à la tangente AB. Alors, les deux angles ACD et CDE sont égaux comme alternes-internes, par rapport aux parallèles AB, DE et à la sécante CD. Or, l'angle inscrit CDE ayant pour mesure la moitié de l'arc CGE compris entre ses côtés, son égal ACD a aussi pour mesure la moitié du même arc. Mais les arcs CGE et CFD sont égaux, puisqu'ils sont compris entre une corde et une tangente parallèles (210). Conséquemment, l'angle inscrit ACD a aussi pour mesure la moitié de l'arc CFD, qui est égal à l'arc CGE. Donc, etc.

Angles formés par deux sécantes.

267. Lorsqu'un angle est formé par deux sécantes, le sommet est ou à l'intérieur ou à l'extérieur du cercle.

Théorème n° 80.

268. *L'angle dont le sommet est situé dans l'intérieur d'un cercle a pour mesure la moitié de l'arc compris entre ses côtés, plus la moitié de l'arc compris entre ses côtés prolongés.*

Soit l'angle ABC (*fig.* 163), ayant son sommet au point B situé dans l'intérieur du cercle et formé par deux sécantes.

Je prolonge les deux côtés BA et BC jusqu'à la rencontre de la circonférence aux points E et D, et je joins le point E au point C. Alors, l'angle ABC, extérieur au triangle EBC, vaut la somme des deux angles inscrits AEC et DCE, qui ne lui sont pas adjacents (147). Or, l'angle inscrit AEC a pour mesure la moitié de l'arc AC compris entre ses côtés.

De même, l'angle inscrit DCE a pour mesure la moitié de l'arc DE. Conséquemment, l'angle ABC, qui vaut la somme des angles AEC et DCE, a pour mesure la somme des mesures de ces deux angles, c'est-à-dire :

$$\frac{AC}{2} + \frac{DE}{2}.$$

Donc, etc.

Théorème n° 81.

269. *L'angle dont le sommet est situé en dehors d'un cercle a pour mesure la moitié de l'arc concave, moins la moitié de l'arc convexe, compris entre ses côtés.*

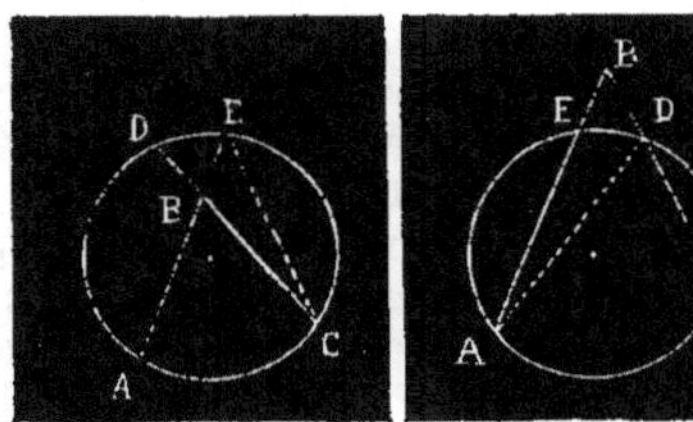

Figure 163.   Figure 164.

Je dis que l'angle ABC (*fig.* 164), formé par les deux sécantes BA et BC et ayant son sommet situé en dehors du cercle, a pour mesure la moitié de l'arc AC, moins la moitié de l'arc ED.

Pour le prouver, je joins par une droite les points D et A et je forme le triangle BDA. Alors, l'angle ADC, extérieur au triangle BDA, vaut la somme des deux angles ABD et DAB qui ne lui sont pas adjacents (147). Conséquemment, l'angle ABC vaut l'angle ADC, moins l'angle DAB. Or, l'angle inscrit ADC a pour mesure la moitié de l'arc concave AC, et l'angle inscrit DAB a pour mesure la moitié de l'arc convexe ED.

Donc, l'angle donné ABC, qui vaut l'angle ADC, moins l'angle DAB, a pour mesure $\frac{AC}{2} - \frac{ED}{2}$, c'est-à-dire moitié de l'arc concave, moins moitié de l'arc convexe.

Donc, etc.

Théorème n° 82.

270. *Lorsqu'une circonférence a pour diamètre l'hypoténuse d'un triangle rectangle, elle passe par le sommet de l'angle droit.*

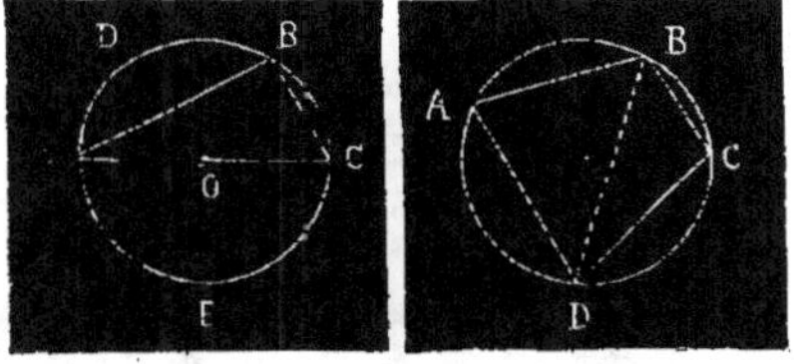

Figure 165.   Figure 166.

Soit la circonférence ADCE (*fig.* 165) ayant pour diamètre l'hypoténuse AC du triangle rectangle ABC. Je dis que la circonférence passe par le sommet B de l'angle droit.

En effet, puisque l'angle ABC est droit, il a pour mesure 90 degrés, c'est-à-dire la moitié de la demi-circonférence. Or, lorsqu'un angle a pour mesure la moitié de l'arc compris entre ses côtés, il a son sommet sur la circonférence. Donc, etc.

Théorème n° 83.

271. *Les angles opposés d'un quadrilatère inscrit dans un cercle sont supplémentaires.*

Je dis que les angles opposés ABC et ADC (*fig.* 166) du quadrilatère ABCD, inscrit dans un cercle, sont supplémentaires.

En effet, l'angle inscrit ABC a pour mesure la moitié de l'arc ADC. De même, l'angle inscrit ADC a pour mesure la moitié de l'arc ABC. Donc ces deux arcs sont supplémentaires, puisqu'ils ont ensemble la moitié de la circonférence pour mesure.

Il en est de même pour les deux autres angles BAD et BCD.

Théorème n° 84.

272. RÉCIPROQUEMENT. — *Si dans un quadrilatère deux angles opposés sont supplémentaires, ce quadrilatère peut être considéré comme inscrit dans un cercle.*

Je suppose que les deux angles BAD et BCD (*fig.* 166) sont supplémentaires.

Je vais prouver qu'une circonférence tracée par les trois points B, A et D passera par le point C.

Pour cela, je décris une circonférence passant par les trois points B, A et D. Alors, l'angle inscrit BAD aura pour mesure la moitié de l'arc BCD compris entre ses côtés. Puisque l'angle BCD est, par hypothèse, supplémentaire de l'angle BAD, l'angle BCD aura pour mesure la moitié de l'autre partie de la circonférence, c'est-à-dire la moitié de l'arc BAD, compris entre ses côtés.

Or, lorsqu'un angle a pour mesure la moitié de l'arc compris entre ses côtés, il est inscrit dans un cercle et a, conséquemment, son sommet situé sur la circonférence. Donc, etc.

§ IV. — QUESTIONS PRATIQUES.

Problème n° 37.

273. *Soit proposé de décrire, sur une ligne droite AB (*fig.* 167), un segment de cercle capable d'un angle donné EFD.*

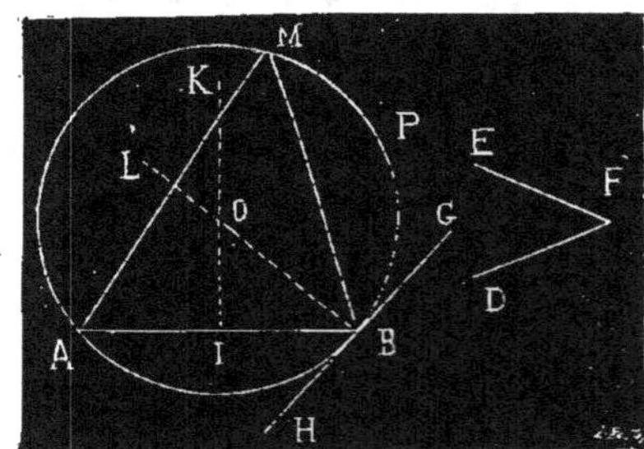

Figure 167.

Pour résoudre ce problème, je fais avec AB, et à l'extrémité B comme sommet, un angle ABH égal à l'angle EFD. Au point I, milieu de AB, j'élève la perpendiculaire IK à AB. Au point B, j'élève à HG la perpendiculaire BL, qui rencontre au point O la perpendiculaire IK. Du point O, comme centre, avec un rayon égal à OB, je décris une circonférence et en joignant un point quelconque M de la portion de circonférence au-dessus de AB, aux points A et B, on a le segment AMB, qui remplit les conditions demandées.

En effet, l'angle AMB, inscrit dans le segment, étant formé par deux cordes, a pour mesure la moitié de l'arc AB, compris entre ses côtés. L'angle inscrit ABH, formé par la corde AB et par la tangente GH, a aussi pour mesure la moitié de l'arc AB. Conséquemment, les deux angles AMB et ABH étant égaux, les deux angles AMB et EFD sont aussi égaux. Donc, le segment AMB est capable de l'angle donné.

REMARQUE. — L'arc AMPB est le lieu géométrique de tous les points situés au-dessus de la droite AB, tels qu'en les joignant aux points A et B, on obtienne des angles égaux à l'angle donné EFD.

Mesure pratique des angles.

274. On peut avoir à mesurer des angles sur le papier ou sur le terrain et, pour cela, en emploie divers instruments dont la description va être donnée.

1° MESURE DES ANGLES SUR LE PAPIER.

275. Pour mesurer les angles sur le papier, on se sert d'un petit instruments nommé *rapporteur*.

Le rapporteur est un instrument formé au moyen d'un demi-cercle MN (*fig.* 168), généralement en corne ou en cuivre. Son bord extérieur, nommé *limbe*, terminé par le diamètre MN, est divisé en 180 degrés, et, lorsque le diamètre est assez grand, on indique les demi-degrés.

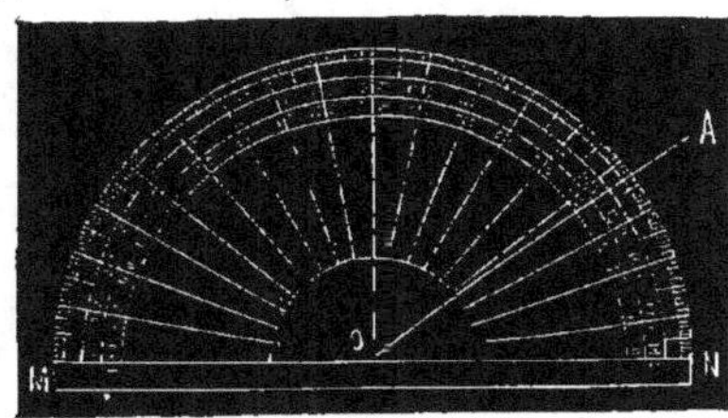

Figure 168.

On lit, sur le limbe, deux séries de divisions, l'une à gauche commençant par zéro et allant jusqu'à 180°; l'autre à droite commençant par zéro et allant aussi jusqu'à 180 degrés.

Problème n° 38.

276. *Soit proposé de mesurer l'angle* AON (*fig.* 168), *au moyen du rapporteur.*

Pour cela, je place le centre du rapporteur au sommet O de l'angle, puis je fais coïncider le diamètre de l'instrument avec le côté ON et je vois que le côté OA tombe exactement sur la 37° division, à partir du zéro placé près de la lettre N. J'en conclus que l'angle aigu AON mesure 37 degrés et que l'angle AOM, son supplément, mesure 143 degrés. En effet, en ajoutant 37 à 143, j'ai bien 180 degrés, ce qui doit être, puisque les deux angles AON et AOM sont adjacents et que les deux côtés OM et ON sont en ligne droite.

Si le côté AO tombait, par exemple, entre la 37° et la 38° division, il faudrait apprécier la distance de ce côté à la division 37, ce qui peut se faire à un dixième près, avec un peu d'habitude. On aura, par exemple, 37 degrés plus 3 dixièmes. Or, un dixième de degré valant 6 minutes, la mesure de l'angle serait, dans ce cas, 37 degrés 18'.

2° MESURE DES ANGLES SUR LE TERRAIN.

277. Pour mesurer un angle sur le terrain, on se sert de l'équerre-pantomètre, du graphomètre ou de la boussole d'arpenteur.

I. — Équerre-pantomètre.

278. Cet instrument qui, ainsi que son nom l'indique, sert à tracer des perpendiculaires et à mesurer des angles, se compose d'un cylindre en cuivre ABCD (*fig.* 169) portant, comme l'équerre d'arpenteur, un certain nombre de fentes et de fenêtres disposées de telle façon que l'appareil permettra d'apprécier des angles de 45 degrés. Une fente correspond toujours à une fenêtre, et réciproquement.

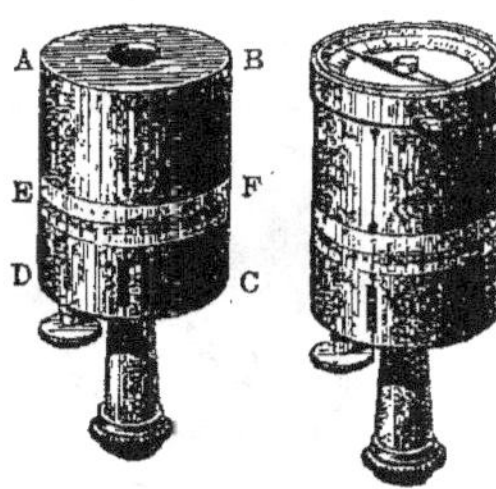

Figure 169.   Figure 170.

L'équerre-pantomètre n'a pas une forme octogonale, comme l'équerre d'arpenteur, mais une forme cylindrique, ainsi que l'indique la figure.

Le cylindre est partagé en deux parties à peu près au tiers de sa hauteur, par un plan perpendiculaire à ses arêtes, et la section est un cercle EF. Chaque partie est un cylindre indépendant. Le cylindre inférieur EFCD est fixe et le cylindre supérieur est mobile sur un axe placé au centre du cercle.

Les deux cercles qui forment le contact des deux cylindres, en les limitant, sont partagés en 360 degrés et le zéro du cylindre inférieur correspond à une fente du même cylindre.

Le zéro du cylindre supérieur est aussi placé en face d'une fenêtre.

Les deux équerre pantomètres représentées par les figures 169 et 170 reposent sur des douilles dans lesquelles on introduit un pied ferré, lorsqu'on veut les mettre en station pour opérer.

Souvent, les équerres-pantomètres dont la construction est très soignée se posent sur un appareil dont la forme est donnée en plan par la figure 171. L'instrument est fixé au centre D et, à chaque extrémité des tiges DA, DB et DC se trouvent en A, B et C, de vis calantes permettant de placer le corps de l'appareil dans une position telle que l'axe soit parfaitement vertical. La manœuvre des vis calantes est guidée par un petit niveau à bulle d'air reposant sur la face supérieure de l'instrument et à laquelle, on peut, à l'aide de cet accessoire, donner une direction parfaitement horizontale.

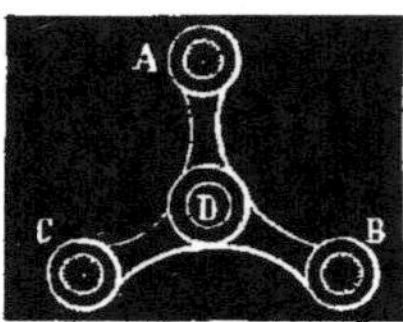

Figure 171.

Comme l'usage de l'équerre-pantomètre est le même que celui du graphomètre en ce qui concerne la mesure des angles, ce qui va être dit du second instrument s'appliquera au premier.

II. — Graphomètre.

279. Le *graphomètre* n'est qu'un rapporteur en cuivre, à grand diamètre, portant, comme accessoires indispensables, une alidade fixe, une alidade mobile et une douille réunie au corps de l'appareil par un *genou*. La douille sert à fixer le graphomètre sur un pied ferré, ou sur un trépied, pour mettre l'instrument en station.

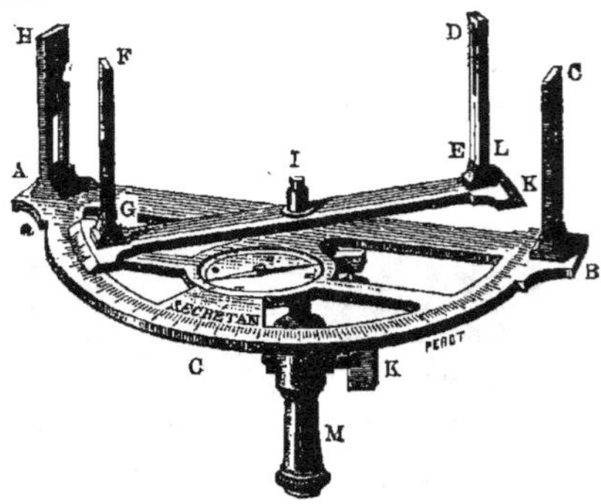

Figure 172.

La figure 172 est une vue perspective d'un graphomètre monté sur une douille à genou et portant une boussole au centre du cercle. ACB représente le demi-cercle du rapporteur qui, dans ce cas, est évidé. Le limbe ACB est divisé en degrés et en demi-degrés, de 0 à 180.

Une alidade est une règle en cuivre, bien dressée, portant à chacune de ses extrémités une *pinnule* parfaitement perpendiculaire sur le plan de la règle. Chaque pinnule porte une fente et une fenêtre, disposées de telle façon que la fente de l'une corresponde à la fenêtre de l'autre. Un crin bien tendu, servant à déterminer la ligne de visée, est placé au milieu de chaque fenêtre.

L'alidade fixe est placée suivant le diamètre AB et fait corps avec le demi-cercle dont elle est partie intégrante. On voit, à chaque extrémité du dit diamètre, les deux pinnules HA et CB, ainsi que la fente et la fenêtre que porte chacune d'elles. La ligne de visée que donne une fente et la fenêtre correspondante passe, avec toute la précision possible, par le diamètre même.

L'alidade mobile est représentée par la règle GE portant les pinnules FG et DE, absolument semblables aux précédentes et semblablement disposées.

Cette alidade se meut au centre du demi-cercle à l'aide du pivot I, de telle façon que, quelle que soit la position qu'elle occupe, la ligne de visée des pinnules passera toujours par le centre.

On conçoit déjà qu'en plaçant le demi-cercle bien horizontalement et en dirigeant deux rayons visuels, l'un par les pinnules de l'alidade fixe et l'autre par les pinnules de l'alidade mobile, on n'aura qu'à lire la mesure de l'angle sur le limbe de l'instrument. A l'extrémité de l'alidade mobile, un trait indique la ligne de visée et la coïncidence de ce trait avec les divisions du limbe, donne la mesure des angles qu'on a à évaluer.

J'ai dit que le limbe de l'instrument porte non seulement les degrés, mais encore les demi-degrés. Avec ces divisions, les fractions de demi-degrés doivent être appréciées à l'œil; mais, à l'aide d'un petit accessoire nommé *vernier*, on peut lire les minutes très exactement.

280. Vernier. Le vernier est un petit appareil droit ou circulaire, pouvant glisser doucement et à volonté, soit le long d'une règle bien dressée, soit le long du limbe d'un cercle et permettant d'évaluer très exactement la division immédiatement inférieure à la plus petite division tracée sur la règle ou sur le limbe du cercle. Si donc, la plus petite division gravée sur le mètre est le millimètre, le vernier donnera exactement le dixième de millimètre.

Il résulte de cette définition qu'il y a deux espèces de vernier : le *vernier droit* et le *vernier circulaire.*

281. I. *Vernier droit.* Je suppose, pour fixer les idées, que la règle AB (*fig.* 173) vaille 20 millimètres, et qu'elle porte 20 divisions. Une seconde règle CD, d'une longueur de 9 millimètres, divisée en dix parties, glisse doucement et à volonté le

long de la première et forme ce qu'on appelle le *vernier droit.* Comme la règle CD a une longueur de 9 millimètres et qu'elle est partagée en dix parties égales, chaque partie vaut les neuf dixièmes d'un millimètre.

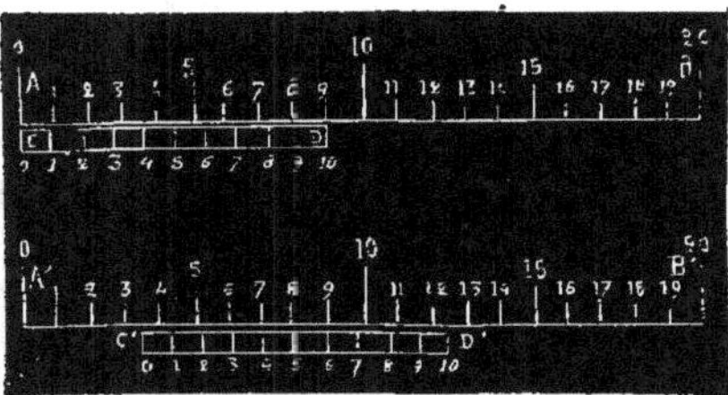

Figure 173.

Il est clair que si le zéro du vernier coïncide avec le zéro de la règle, les divisions 1, 2, 3..... 9 du vernier seront éloignées de 1, 2, 3..... 9 dixièmes de millimètre des divisions de la règle. Ainsi, la division 6 du vernier est éloignée de 6 dixièmes de millimètre de la division 6 de la règle.

Je suppose maintenant que le vernier ait la position C' D' le long de la règle A' B'. On constate que la division 5 du vernier coïncide avec la division 8 de la règle. Conséquemment, la division 4 du vernier sera éloignée de 1 dixième de millimètre de la division 7 de la règle, et le 0 du vernier sera éloigné de 5 dixièmes de millimètre de la division 3 de la règle.

Il résulte de ce qui précède que pour mesurer une droite qui ne contient pas un nombre juste de millimètres, on doit faire coïncider le zéro du vernier avec la division de la règle qui approche le plus près de l'extrémité de la droite, et la division du vernier qui aboutit juste à une division de la règle indique le nombre de dixièmes de millimètre qu'il faut ajouter à la longueur trouvée en millimètres.

Si donc, une droite a plus de 45 millimètres, par exemple, et moins de 46, on amène le zéro du vernier sous le 45e millimètre, et si c'est la division 7 qui correspond avec une des divisions du mètre, la ligne aura une longueur de 0,0457.

Pour apprécier des millimètres, le vernier devrait avoir une longueur de 9 centimètres et être, comme toujours, divisé en 9 parties égales.

282. II. *Vernier circulaire.* Les limbes des graphomètres sont presque toujours divisés en demi-degrés, de sorte que le vernier circulaire a pour but de permettre l'évaluation exacte des minutes, c'est-à-dire des trentièmes de demi-degré.

Un vernier circulaire est tracé à chaque extrémité de l'alidade mobile, ainsi que l'indique l'arc LK (*fig.* 172). A l'autre extrémité de cette alidade, près du point G, on voit l'autre vernier avec ses divisions.

Le zéro du vernier circulaire correspond au diamètre déterminé par les pinnules. A côté du zéro on a pris, sur l'arc, une longueur circulaire égale à 29 demi-degrés, qu'on a divisée en 30 parties égales, de sorte que chaque division du vernier vaut les 29/30 d'un demi-degré. Donc, lorsqu'une division du vernier coïncidera avec une des divisions du limbe, les deux divisions voisines du limbe seront éloignées d'une minute chacune des deux divisions les plus rapprochées du vernier.

Je ne m'étendrai pas davantage sur l'usage du vernier circulaire adapté au graphomètre, parce que tout ce qui a été dit à propos du vernier droit peut être appliqué au vernier circulaire, et je me bornerai à poser la règle pratique suivante.

283. *Pour évaluer la valeur d'un angle sur le limbe d'un graphomètre, lorsque les axes des deux alidades sont dirigés sur les côtés de l'angle, on lit le nombre de degrés marqué par le zéro du vernier, et on ajoute ensuite le nombre de minutes indiqué par la division du vernier correspondant à une des divisions du limbe.*

Problème n° 39.

284. *Mesurer un angle sur le terrain au moyen du graphomètre.*

Avant toute opération, il faut savoir installer l'instrument sur place, c'est-à-dire le mettre en *station*.

Pour cela, à l'aide d'un fil à plomb, on fixe l'instrument de manière que l'axe de rotation de l'alidade mobile se trouve dans la verticale passant par le sommet de l'angle à mesurer ; puis, au moyen d'un petit niveau à bulle d'air, on amène le plan du cercle dans une position parfaitement horizontale et on manœuvre la vis de pression K (*fig.* 172) du genou de manière à presser les deux coquilles, dans le but de maintenir la position horizontale donnée à l'instrument.

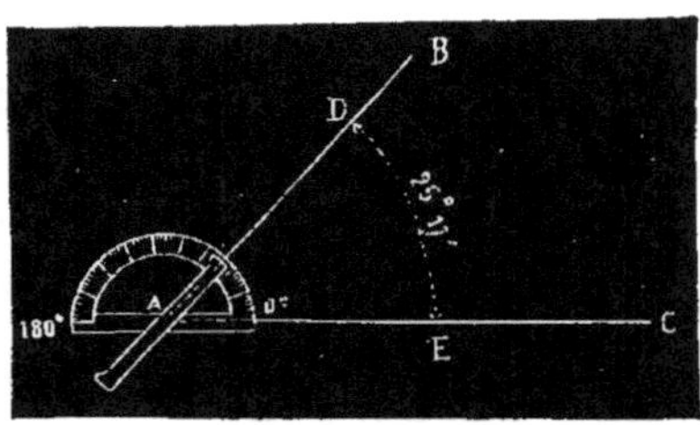

Figure 174.

Je suppose qu'il s'agisse de mesurer, sur le terrain, l'angle BAC (*fig.* 174). Pour cela, je commence par mettre le graphomètre en station au sommet A de l'angle, puis je dirige l'alidade fixe sur le côté AC, de telle façon qu'en visant par une fente et par le fil de la fenêtre correspondante, j'aperçoive le jalon planté au point C. Je dirige ensuite l'alidade mobile suivant le côté AB, de telle façon qu'en visant comme précédemment, j'aperçoive le jalon planté au point B. Le zéro du vernier indique 23 degrés, et comme la 17e division du vernier correspond à une division du limbe, j'en conclus que la mesure de l'angle est 23° 17'.

285. *Vérification du graphomètre.* — Lorsqu'on fait l'acquisition d'un graphomètre, il est bon de le vérifier. Les divisions sont généralement très exactes, parce qu'elles sont tracées au moyen d'une machine à diviser qui offre une précision rigoureuse; mais l'alidade mobile peut être mal centrée. Pour le reconnaître, on dirige l'alidade fixe sur une droite préalablement jalonnée, puis on amène le zéro du vernier de l'alidade mobile bien en face de la division 90 du limbe. On vise par les pinnules de l'alidade fixe et on fait planter un jalon à une certaine distance, ce qui détermine une perpendiculaire à la première direction. On retourne le graphomètre de manière à changer de place les pinnules de l'alidade fixe, puis on fait coïncider le zéro du vernier de l'alidade mobile avec la division 90 du limbe. Si, en visant par les pinnules de l'alidade mobile, on voit le jalon planté, on peut en conclure que le graphomètre est bon.

Il faut aussi voir si la ligne de visée des pinnules de l'alidade mobile coïncide bien avec le zéro du vernier.

III. — Boussole d'arpenteur.

286. La boussole est tout simplement un cercle ABC (*fig.* 175) divisé en degrés et en demi-degrés, au centre duquel se trouve un pivot destiné à recevoir une aiguille aimantée, ayant la propriété de se diriger toujours à peu près vers le nord et pouvant se mouvoir très librement.

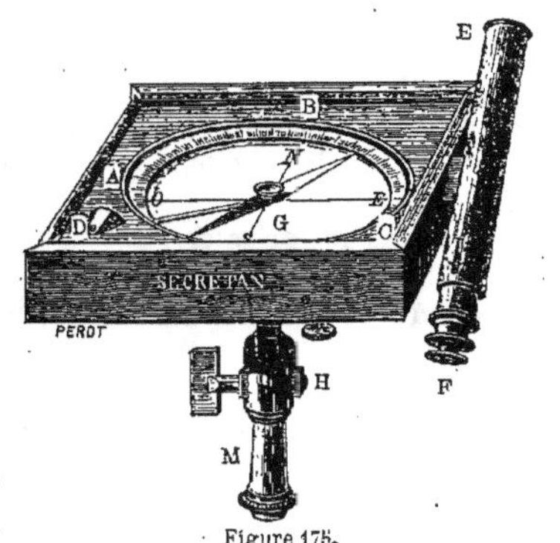

Figure 175.

L'aiguille aimantée se dirige toujours suivant le méridien magnétique, mais ce méridien ne coïncide pas toujours avec le méridien géographique. L'angle que forment ces deux méridiens se nomme *déclinaison*. Or, cet angle varie, parce que le méridien magnétique se déplace très irrégulièrement, tandis que le méridien géographique, qui donne le *vrai nord*, ne varie pas.

Ainsi, en 1540, la déclinaison était orientale et de 11 degrés. Depuis cette époque, elle a diminué à ce point qu'en 1863 les deux méridiens se confondaient. Il y a cinq ans, elle était orientale et de 17 degrés à Paris. Maintenant, elle est de 18 degrés.

Chaque année, le bureau des longitudes fait connaître la déclinaison pour Paris et pour les principaux points de France.

Conséquemment, pour déterminer le vrai nord avec la direction de l'aiguille aimantée d'une boussole, il faut connaître la déclinaison du lieu sur lequel on se trouve.

L'aiguille est établie au moyen d'une lame mince en acier, découpée suivant un losange très allongé. La partie de l'aiguille qui se dirige vers le nord a reçu une teinte bleue, ou, plutôt, a conservé la teinte bleue qui résulte du recuit de l'acier. L'autre partie est blanchie.

Au centre du cercle, se trouve une chape destinée à recevoir la pointe du pivot, et pour diminuer les frottements qui nuiraient à la mobilité de l'aiguille, cette pointe est construite en acier trempé et poli et se meut dans dans une pierre dure d'agate, creusée en conséquence.

Lorsqu'on ne se sert pas de la boussole, un ressort mû par un petit bouton D presse l'aiguille contre le verre qui recouvre le cercle divisé.

Le cercle divisé, avec l'aiguille aimantée, voilà la boussole réduite à sa plus simple expression.

Ces deux objets sont introduits à demeure dans une boîte carrée en acajou, de 20 centimètres de côté, fermée au moyen d'un couvercle à coulisse (Voir *la figure perspective* 175).

Pour que la boussole puisse servir aux opérations géodésiques, on la munit d'une lunette EF qui se meut suivant un axe de rotation parallèle au plan du cercle. Conséquemment, l'axe optique de cette lunette se meut suivant un plan perpendiculaire au plan dudit cercle et parallèle à la droite qui indique le nord et le sud.

La précision de l'instrument consiste dans la sensibilité plus ou moins grande de l'aiguille dans ses mouvements. Pour constater cette sensibilité, on laisse l'aiguille s'arrêter sur une division quelconque du limbe, puis on la déplace de 90 degrés environ et si, abandonnée à elle-même, elle revient au même point après 25 ou 30 oscillations, elle est suffisamment sensible.

La boussole se place sur un pied à trois branches au moyen d'une douille à genou, ce qui permet de la faire mouvoir dans tous les sens et de la placer dans une position parfaitement horizontale, ce qu'on reconnaît à l'aide d'un petit niveau à bulle d'air.

287. Pour qu'une boussole soit aussi précise que possible, il faut :

1° Que le pivot de l'aiguille soit placé parfaitement au centre du cercle ;

2° Que les deux extrémités de l'aiguille soient en ligne droite avec la pointe du pivot.

Pour s'assurer si l'axe optique de la lunette est bien perpendiculaire à l'axe de rotation, on visera un point aussi éloigné que possible, puis on fera tourner la boussole de 180 degrés sur elle-même. On retournera la lunette de manière à ramener l'oculaire vers l'opérateur, et si la construction est bonne, on retrouvera le même point sur l'axe optique.

Si une boussole a des vices de construction, l'opérateur est impuissant à les corriger. Aussi, lorsqu'il doit acheter un instrument de cette nature, doit-il s'adresser à un constructeur consciencieux.

Problème n° 40.

288. *Mesurer un angle, sur le terrain, au moyen de la boussole d'arpenteur.*

Il faut d'abord mettre l'instrument en station, c'est-à-dire le placer solidement sur le trépied, faire correspondre le centre de rotation de l'aiguille avec le sommet de l'angle à mesurer, puis placer le plan du cercle bien horizontalement, à l'aide d'un petit niveau à bulle d'air.

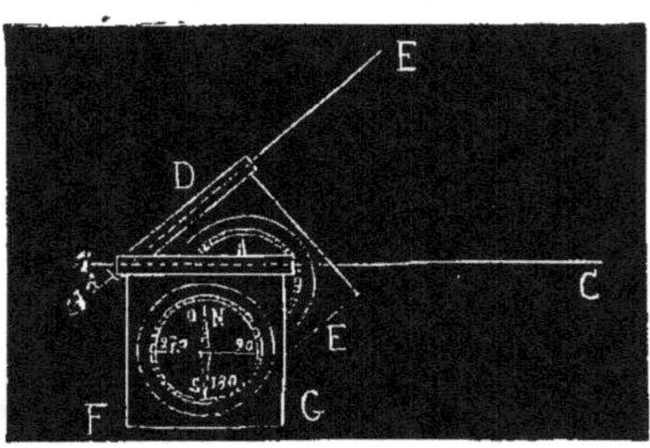

Figure 176.

Pour mesurer l'angle EAC (*fig.* 176) au moyen de la boussole d'arpenteur, je mets la boussole en station au sommet A; puis, par la croisée des fils de la lunette, je vise un jalon planté au point C. La boussole aura alors la position FG, et je suppose que la pointe de l'aiguille se trouve au zéro du cercle. Je tourne l'instrument de manière à voir dans la croisée des fils de la lunette un jalon planté au point E, et je lis, par exemple, 43° en face de la pointe nord de l'aiguille, pour la mesure de l'angle.

Si, dans la première position de la boîte, la pointe nord de l'aiguille avait donné 12° et 58° dans la seconde position, la mesure de l'angle aurait été de 58 — 12 = 46°.

La boussole ne comportant pas le vernier, on ne peut apprécier les minutes qu'à l'œil.

289. RÈGLE PRATIQUE. — *Pour mesurer un angle au moyen de la boussole d'arpenteur, on met l'instrument en* *station du sommet de l'angle, puis on dirige l'axe optique de la lunette sur le jalon planté à l'extrémité d'un des côtés et on lit, sur le limbe, le nombre de degrés et de demi-degrés.*

On en fait autant pour l'autre côté, et la différence entre les résultats donnés par les deux positions de la boussole est la mesure de l'angle.

CHAPITRE VII

LIGNES PROPORTIONNELLES. — FIGURES SEMBLABLES. PROPRIÉTÉS DES FIGURES.

§ I. — LIGNES PROPORTIONNELLES.

290. On a vu en arithmétique que lorsque quatre nombres, M, N, O et P, par exemple, sont tels qu'en divisant M par N, on obtienne le même quotient qu'en divisant O par P, ces quatre nombres forment deux rapports égaux, ou la proportion géométrique.

$$M : N :: O : P.$$

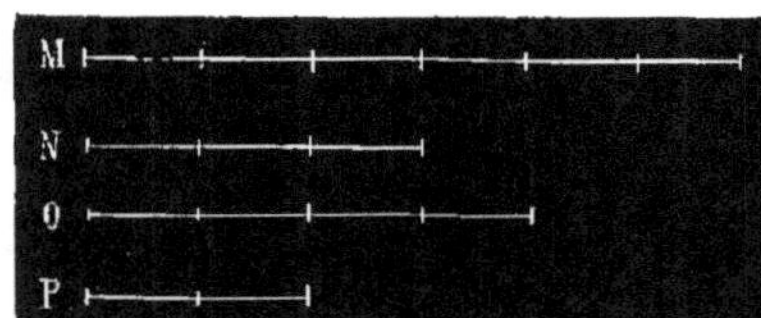

Figure 177.

Je puis admettre que ces quatre lettres représentent les longueurs de quatre lignes mesurées séparément. Si je suppose que la ligne M (*fig.* 177) vaille 6 mètres; la ligne N, 3 mètres; la ligne O, 4 mètres, et la ligne P, 2 mètres, j'aurai les deux proportions géométriques :

$$M : N :: 6 : 3;$$
$$O : P :: 6 : 3;$$

et, à cause du rapport commun 6 : 3,

$$M : N :: O : P.$$

291. On peut donc dire que deux grandeurs quelconques, ou deux droites, sont *proportionnelles* à deux autres grandeurs de même nature, ou deux autres droites, lorsque le rapport des deux premières est égal au rapport des deux dernières.

292. Toutes les propriétés des proportions géométriques, étudiées en arithmétique, se rapportent également aux lignes droites, et qu'on se souvienne bien qu'une droite MN, par exemple, est *moyenne proportionnelle* entre deux droites AB et CD, lorsqu'on a la proportion :

$$AB : MN :: MN : CD.$$

Qu'on ne perde pas de vue, non plus, que, dans toute proportion géométrique, le produit des extrêmes est égal au produit des moyens, c'est-à-dire que les deux proportions précédentes donnent :

et
$$M \times P = N \times O,$$
$$AB \times CD : \overline{MN}$$

Théorème n° 85.

293. *Toute droite parallèle à l'un des côtés d'un triangle divise les deux au-*

tres côtés en parties proportionnelles.

Je vais prouver, par exemple, que la droite DE, parallèle à la base AB du triangle ABC (*fig.* 178), partage les deux côtés CA et CB de ce triangle, de manière à donner la proportion :

(1)   CD : DA :: CE : EB.

Pour cela, je suppose que CD et DA aient une commune mesure contenue 4 fois dans CD et 3 fois dans DA. D'où la proportion :

(2)   CD : DA :: 4 : 3.

Par les points de division F, G, H, I et J, indiqués par la commune mesure, je mène à la base AB les parallèles FK, GL, HM, IN et JO. De même, par les points K, L, M, E, N et O, je mène au côté CA les parallèles KP, LQ, MR, ES, NT et OU et je dis que les triangles CFK, KPL, LQM..., OUB sont égaux comme ayant un angle égal compris entre deux côtés égaux (10), puisque :

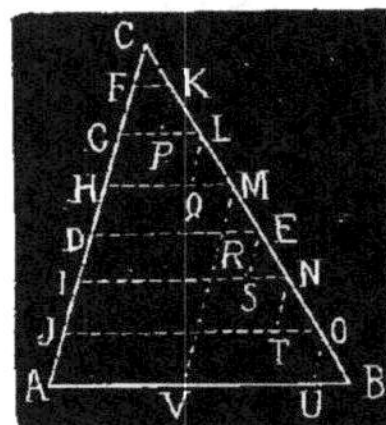

Figure 178.   Figure 179.

1° Les côtés KP, LQ ... OU sont égaux comme parallèles comprises entre parallèles (161). Comme CF = FG par construction, et FG = KP, conséquemment, j'ai aussi CF = KP.

2° Les angles FCK, PKL, QLM ... UOB sont égaux comme correspondants, par rapport aux parallèles CA, KP, LQ ... OU et à la sécante commune CB.

3° Les angles CFK, KPL, LQM ... OUB sont égaux, parce qu'ils ont les côtés parallèles dirigés dans le même sens (135).

Ces sept triangles étant égaux, les sept côtés CK, KL... OB sont aussi égaux comme opposés à des angles égaux (90). Donc, l'un quelconque de ces sept côtés égaux est la commune mesure de CE et de EB, laquelle est contenue 4 fois dans CE et 3 fois dans EB, ce qui me donne la proportion :

(3)   CE : EB :: 4 : 3.

Les deux proportions (2) et (3) ayant le rapport commun 4 : 3, les deux autres donnent la proportion :

(4)   CD : DA :: CE : EB.

Comme le même raisonnement peut se faire à propos de toute autre droite qui serait parallèle à AB, le théorème est démontré.

294. *Corollaire* I.— En faisant subir à tous les termes de la proportion précédente (4) toutes les modifications décrites en arithmétique (1059), j'aurai les proportions suivantes :

$$CD : CE :: DA : EB$$
$$EB : DA :: CE : CD$$
$$EB : CE :: DA : CD$$
$$CE : CD :: EB : DA$$
$$CE : EB :: CD : DA$$
$$DA : EB :: CD : CE$$
$$DA : CD :: EB : CE$$

295. *Corollaire* II. — Le rapport du côté CA (*fig.* 178) à CH, par exemple, est le même que le rapport du côté CB à CM, partie correspondante à CH, c'est-à-dire que j'ai la proportion :

(I)   CA : CH :: CB : CM.

En effet, CA vaut 7 fois et CH 3 fois leur commune mesure. D'où la proportion.

(2)   CA : CH :: 7 : 3.

De même, CB vaut 7 fois et CM 3 fois leur commune mesure. D'où la proportion :

(3)   CB : CM :: 7 : 3.

A cause du rapport commun 7 : 3, les proportions (2) et (3) me donnent :

(4) CA : CH :: CB : CM.

Par la même raison, j'aurai aussi :

(5) CA : EA :: CB : MB.

Donc, etc.

298. En considérant CA comme base du triangle et MV parallèle à cette base, j'aurai :

CB : CM :: AB : AV *ou* HM.

D'où, la suite de rapports égaux :

CA : CH :: CB : CM :: AB : HM.

Théorème n° 86.

297. *Lorsque plusieurs parallèles* EF, CD, AB (*fig.* 179), *rencontrent deux autres droites* GI *et* HK, *non parallèles, les parties des droites non parallèles comprises entre les droites parallèles sont proportionnelles.*

Je dis qu'on a la proportion :

EC : FD :: CA : DB.

Pour le prouver, par le point E, je mène à HK la parallèle EM, qui rencontre les parallèles CD et AB aux points L et M. Alors, dans le triangle AEM, la droite CL étant parallèle à la base AM, j'ai, d'après le théorème précédent, la proportion.

EC : CA :: EL : LM.

Mais les droites EL et LM étant égales aux droites FD et DB, comme parallèles comprises entre parallèles, j'ai aussi la proportion :

EC : CA :: FD : DB.

Ou, en changeant de place les moyens dans cette dernière proportion.

EC : FD :: CA : DB.

Donc, etc.

Théorème n° 87.

298. *Si dans le triangle* ABC (*fig.* 180), *les deux côtés* BA *et* BC *sont partagés en*

parties proportionnelles aux points E *et* D, *la droite qui unit ces deux points est parallèle à la base* AC.

Par suite de l'énoncé de ce théorème, j'ai la proportion :

BE : EA :: BD : DC.

Si la droite DE n'est pas parallèle à AC, je puis, par le point D, mener une parallèle à AC et soit DF cette parallèle. Alors, d'après le théorème 85, j'aurai la proportion :

BF : FA :: BD : DC.

Ces deux proportions ayant le rapport commun BD : DC, les deux autres donnent :

BE : EA :: BF : FA.

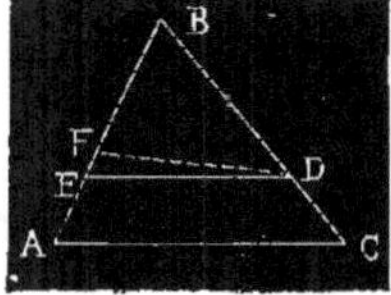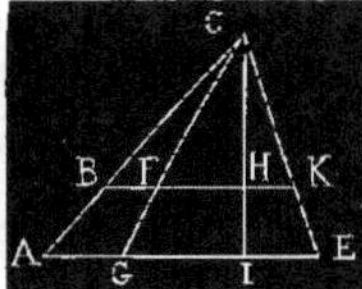

Figure 180.   Figure 181.

ou, en changeant de place les moyens :

BE : BF :: EA : FA.

Dans cette dernière proportion, je vois que l'antécédent BE est plus grand que son conséquent BF du premier rapport, tandis que le contraire a lieu dans le second rapport, puisque l'antécédent EA est plus petit que son conséquent FA. Conséquemment, cette proportion est fausse et la droite DF ne saurait être parallèle à AC. Comme le même raisonnement peut s'appliquer à toute autre droite, il en résulte que la droite DE est parallèle à la base AC. Donc, etc.

Théorème n° 88.

299. *Si dans un triangle quelconque, on mène une parallèle à la base et* *que du sommet opposé, on trace une série de droites aboutissant à la base, cette base et sa parallèle sont coupées en parties proportionnelles.*

Je dis que par suite de la parallèle BK, menée à la base AE du triangle ACE (*fig.* 181) ét des droites quelconques CG, CI, menées du sommet de l'angle C à la base AE, on aura la suite de rapports a égaux.

(1) AG : BF :: GI : FH :: IE : HK.

En effet, dans le triangle ACG, la droite BF étant parallèle à la base AG, j'ai (296).

(2)   CG : CF :: AG : BF.

Par la même raison, dans le triangle GCI, la droite FH étant parallèle à la base GI, j'ai :

(3)   CG : CF :: GI : FH.

Les proportions (2) et (3) ayant le rapport commun CG : CF, les deux autres donnent.

(4)   AG : BF :: GI : FH.

Par un raisonnement semblable, on démontrerait que le rapport IE : HK est égal au rapport GI : FH. D'où la suite de rapports égaux :

(5) AG : BF :: GI : FH :: IE : HK.

Donc, etc.

Propriétés de la bissectrice de l'angle d'un triangle.

Théorème n° 89.

300. *La bissectrice d'un angle d'un triangle quelconque divise le côté opposé en parties proportionnelles* (1) *aux côtés adjacents.*

Soit la droite BD, bissectrice de l'angle

(1) Ces parties sont nommées *segments.*

B du triangle ABC (*fig.* 182). Je dis qu'on aura la proportion.

BC : BA :: DC : DA.

Pour le prouver, par le point A, je mène à la bissectrice DB la parallèle AF qui rencontre, au point E, le côté CB prolongé.

Alors, dans le triangle CEA, la droite BD étant parallèle à la base AE, j'ai la proportion :

BC : BE :: DC : DA.

La question est donc ramenée à prouver que BA = BE, et cela est.

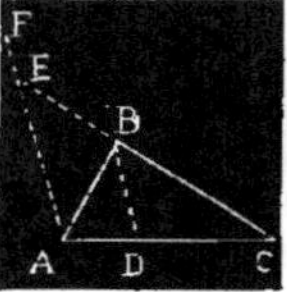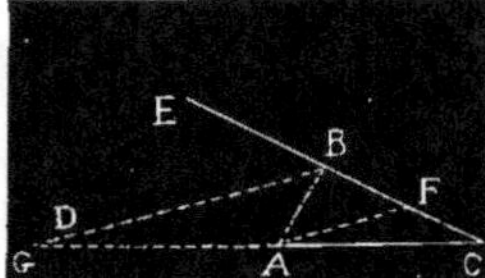

Figure 182.   Figure 183.

En effet, les angles CEA et CBD sont égaux comme correspondants, par rapport aux parallèles EA, BD et à la sécante EC.

Mais, par hypothèse, les angles CBD et DBA sont égaux. Conséquemment, les angles DBA et CEA sont égaux. Mais les angles DBA et EAB sont aussi égaux comme alternes-internes par rapport aux parallèles AE, DB et à la sécante BA. Donc, l'angle CEA, qui vaut l'angle DBA, est aussi égal à l'angle BAE. Conséquemment, le triangle EBA est isocèle et BE = BA, comme côtés opposés à des angles égaux.

Dans la proportion précédente, en mettant BA à la place de BE, j'aurai :

BC : BA :: DC : DA.

Donc, etc.

Théorème n° 90.

301. *La bissectrice BG de l'angle EBA, extérieur au triangle* ABC (*fig.* 183), *coupe, au point G, le côté* CA *prolongé, en deux parties* GC *et* GA, *proportionnelles aux deux côtés* BC *et* BA.

Il faut prouver qu'on a la proportion :

BC : BA :: GC : GA.

Pour cela, par le point A, je mène AF parallèle à la bissectrice GB. Alors, dans le triangle BCG, la droite AF étant parallèle à la base BG, j'ai la proportion :

GC : GA :: BC : BF.

Maintenant, les angles EFA et EBG sont égaux comme correspondants, par rapport aux parallèles FA, BG et à la sécante EC. Les angles GBA et BAF sont aussi égaux comme alternes-internes, par rapport aux parallèles FA, BG et à la sécante BA. Or, les angles GBA et GBE sont égaux par hypothèse. Conséquemment, l'angle BAF, égal à l'angle GBE, est aussi égal à l'angle BFA, ce qui prouve que le triangle BAF est isocèle et que BA = BF, comme côtés opposés à des angles égaux.

En mettant BA à la place de BF dans la proportion précédente, j'aurai :

GC : GA :: BC : BA.

Donc, etc.

Théorème n° 91.

302. Réciproquement. — *Si une droite* GB *aboutissant au sommet* B *de l'angle* EBA, *extérieur au triangle* ABC (*fig.*183), *est telle que le rapport des droites* GC *et* GA *soit égal au rapport des côtés* BC *et* BA, *ladite droite est bissectrice de l'angle extérieur.*

Il faut prouver que les angles GBA et GBE sont égaux. Nous avons, par hypothèse, la proportion :

(1)   GC : GA :: BC : BA.

Si, par le point A, je mène AF parallèle à GB, j'aurai aussi :

(2)   GC : GA :: BC : BF.

Ces deux proportions ayant le rapport commun GC : GA, les deux autres donnent la proportion :

(3)   BC : BA :: BC : BF.

Les antécédents de cette dernière proportion étant égaux, les conséquents le sont aussi. Donc, BA = BF, ce qui prouve que le triangle ABF est isocèle et que les angles BFA et BAF sont égaux comme opposés à des côtés égaux.

Les angles BAF et ABG sont égaux comme alternes-internes par rapport aux parallèles GB, AF et à la sécante BA. Les angles EFA et EBG sont égaux comme correspondants par rapport aux parallèles GB, AF et à la sécante EC. Or, l'angle BAF est égal à l'angle BFA, puisque je viens de prouver que le triangle BAF est isocèle. Conséquemment, les deux angles EBG et GBA, étant égaux chacun au même angle BAF, sont égaux entre eux. Donc la droite BG est bien la bissectrice de l'angle extérieur EBA. Donc, etc.

303. *Corollaire.* La figure 184 résume les figures 182 et 183. BD est la bissectrice de l'angle ABC, à laquelle j'ai mené la parallèle AG. La droite BE est la bissectrice de l'angle extérieur FBA.

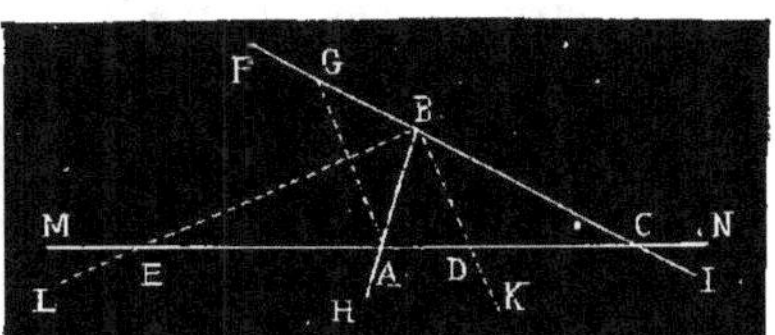

Figure 184.

D'après le théorème 89, on a :

BC : BA :: DC : DA.

D'après le théorème 90, on a aussi :

BC : BA :: EC : EA.

Ou, à cause du rapport commun BC : BA :

DC : DA :: EC : EA.

Les deux points E et D, qui satisfont à

la dernière proportion, sont *conjugués harmoniques* par rapport à la droite AC.

Ainsi, lorsque les deux côtés BH et BI de l'angle HBI, la bissectrice BK de cet angle et la bissectrice BL de l'angle supplémentaire FBH, sont rencontrés sur une sécante quelconque MN, les deux points de rencontre, E et D, résultant des bissectrices, sont *conjugués* par rapport aux deux autres points de rencontre A et C, provenant des deux côtés de l'angle.

Théorème n° 92.

304. *Lorsqu'on a un triangle* ABF *(fig. 185) inscrit dans un cercle, le diamètre* GE, *perpendiculaire au côté* AF, *par exemple, est divisé harmoniquement par les deux autres côtés.*

En effet, la droite BG qui unit les points B et G est bissectrice de l'angle ABF, puisque les deux angles GBA et GBF sont égaux comme ayant chacun pour mesure la moitié des arcs égaux GA et GF. Si je joins le point B au point E, la droite BE sera perpendiculaire à GB, puisque l'angle GBE a pour mesure la moitié de la demi-circonférence GFE. Alors, la droite BE est bissectrice de l'angle supplémentaire FBD, puisque les bissectrices de deux angles adjacents sont perpendiculaires l'une à l'autre. Cela établi, on retombe sur le cas précédent et on voit que les points de rencontre, E et G, des deux bissectrices avec la sécante GD sont conjugués par rapport aux points H et D, résultant de la rencontre des côtés BH et BD, de l'angle HBD, avec la même sécante.

Théorème n° 93.

305. *Le lieu géométrique des points dont les distances à deux points* D *et* B, *sont proportionnelles à deux droites* M *et* N *est une circonférence (fig.* 186).

Soit un point E tel qu'en le joignant par des droites aux points B et D j'aie la proportion :

$$ED : EB :: M : N.$$

Je trace la bissectrice EC de l'angle BED et la bissectrice EA de l'angle adjacent BEF.

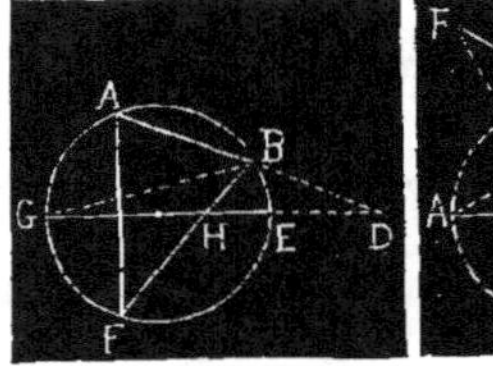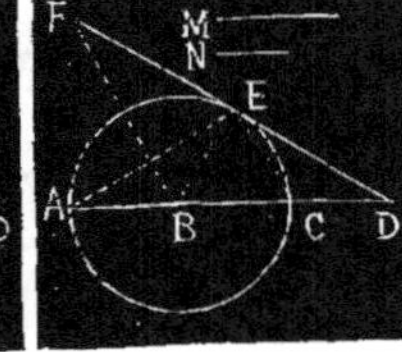

Figure 185.   Figure 186.

Je suppose que le point E se meuve dans le plan de l'angle BED, de manière que le rapport de ED à EB demeure toujours égal au rapport des deux droites M et N. Comme les rapports DC : CB et DA : BA doivent rester constamment égaux au rapport M : N, il en résulte que les bissectrices des angles DEB et BEF passeront toujours par les points C et A. Or, les bissectrices EC et EA des deux angles adjacents sont rectangulaires. Donc, le point E, dans toutes les positions qu'il pourra occuper, sera sur la circonférence décrite sur AC comme diamètre, à la condition d'avoir la proportion :

$$ED : EB :: M : N.$$

Donc, etc.

§ II. — FIGURES SEMBLABLES.

306. On dit que deux polygones sont *semblables* lorsqu'ils ont :

1° Le même nombre de côtés ;

2° Les angles égaux chacun à chacun ;

3° Les côtés homologues proportionnels.

307. Les côtés *homologues* de deux polygones sont ceux qui sont adjacents à des angles égaux chacun à chacun.

308. On appelle *rapport de similitude* de deux polygones, le rapport de deux côtés homologues quelconques.

Ainsi, les deux polygones (*fig.* 187) seront semblables, si les angles A, B, C, D et E du premier sont respectivement égaux aux angles F, G, H, I et K du second, et si leurs côtés homologues donnent la suite de rapports égaux :

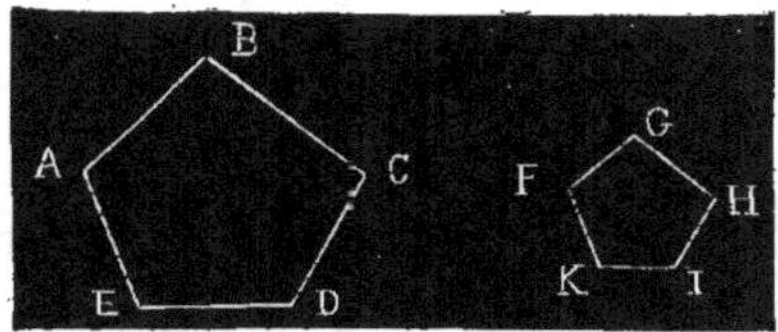

Figure 187.

$$AB : FG :: EC : GH :: CD : HI$$
$$:: ED : KI :: AE : FK.$$

L'un quelconque de ces rapports peut être pris pour le rapport de similitude des deux polygones.

I. — Similitude des triangles.

309. Deux triangles sont semblables :

1° Quand leurs angles sont égaux chacun à chacun;

2° Quand leurs côtés homologues sont proportionnels;

3° Quand ils ont un angle égal compris entre deux côtés homologues proportionnels;

4° Quand leurs côtés sont respectivement parallèles chacun à chacun;

5° Quand leurs côtés sont respectivement perpendiculaires.

Théorème n° 94.

310. *Deux triangles sont semblables, quand leurs angles sont égaux chacun à chacun.*

Soient les deux triangles ABC et DEF (*fig.* 188), dont les angles sont égaux chacun à chacun. Il faut démontrer que leurs côtés homologues sont proportionnels et donnent la suite de rapports égaux.

(1) $$BA : ED :: BC : EF :: AC : DF.$$

Pour cela, je prends sur le côté BA une quantité BG = ED. Par le point G, je mène GH, parallèle à la base AC.

Alors, dans le triangle ABC, la droite GH étant parallèle à la base AC, j'ai la suite de rapports égaux.

(2) $$BA : BG :: BC : BH :: AC : GH.$$

Il reste à démontrer que le triangle GBH est égal au triangle DEF. Or, cette égalité existe. En effet, l'angle B est égal a l'angle E, par hypothèse; les angles BGH et BAC sont égaux comme correspondants, par rapport aux parallèles GH, AC et à la sécante BA. Or, l'angle BAC étant égal, par hypothèse, à l'angle EDF, l'angle BGH est égal à l'angle EDF, puisque deux quantités égales à une troisième sont égales entre elles. Les deux côtés BG et ED sont égaux par construction. Donc, les deux triangles GBH et DEF sont égaux comme ayant un côté égal adjacent à deux angles égaux. Conséquemment, dans la suite de rapports égaux (2) je puis mettre ED, EF, DF à la place des côtés BG, BH, GH, et j'aurai :

$$BA : ED :: BC : EF :: AC : DF.$$

Les deux triangles donnés ayant, en même temps, leurs angles égaux chacun à chacun et leurs côtés homologues proportionnels sont semblables. Donc, etc.

Théorème n° 95

311. *Deux triangles sont semblables, quand leurs côtés homologues sont proportionnels.*

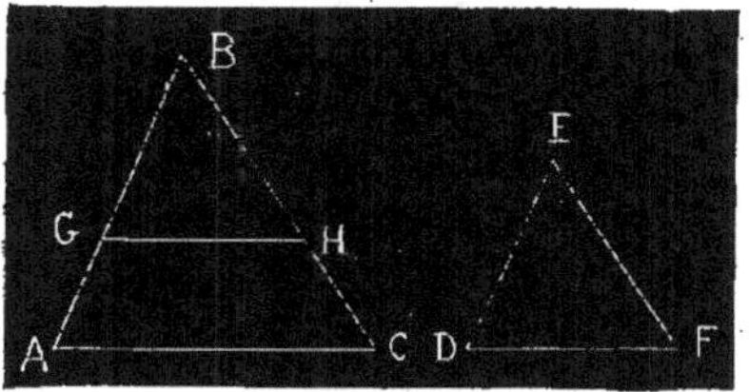

Figure 188.

Je suppose que les deux triangles ABC et DEF (*fig.* 188) aient leurs côtés homologues proportionnels et donnent la suite de rapports égaux,

(1) BA : ED :: BC : EF :: AC : DF,

il faut démontrer que leurs angles sont égaux.

Pour cela, je prends sur le côté BA une quantité BG = ED et, par le point G, je mène GH parallèle à la base AC. Alors, par suite de cette parallèle, j'ai la suite de rapports égaux :

(2) BA : BG :: BC : BH :: AC : GH.

Je vais maintenant prouver que les deux triangles GBH et DEF sont égaux.

En effet, puisque, par construction, BG = ED, dans la suite de rapports égaux (2) je puis mettre ED à la place de BG et j'aurai :

(3) BA : ED :: BC : BH :: AC : GH.

Les deux suites de rapports égaux (1) et (3) ayant le rapport commun BA : ED, les autres peuvent former les deux proportions suivantes :

BC : EF :: BC : BH,
AC : DF :: AC : GH.

Comme les antécédents de ces deux proportions sont égaux, les conséquents sont aussi égaux. Conséquemment, EF = BH et DF = GH ; mais ED = BG, par construction. Donc, les deux triangles DEF et GBH sont égaux comme ayant les trois côtés égaux chacun à chacun. Puisque les trois angles du triangle GBH sont égaux aux trois angles du triangle ABC, la droite GH étant parallèle à la base AC, il en résulte que les trois angles du triangle DEF sont aussi égaux aux trois angles du triangle ABC. Conséquemment, ces deux triangles sont semblables, puisque leurs angles sont égaux chacun à chacun et que leurs côtés homologues sont proportionnels.

Théorème n° 96.

312. *Deux triangles sont semblables lorsqu'ils ont un angle égal compris entre deux côtés homologues proportionnels.*

Soient les deux triangles ABC et DEF (*fig.* 188), dans lesquels je suppose l'angle B égal à l'angle E, ainsi que les côtés BA et BC respectivement proportionnels à leurs homologues ED et EF, je dis que ces triangles sont semblables.

Pour le prouver, je prends sur les côtés BA et BC deux quantités BG = ED et BH = EF. J'unis par une droite les points G et H. Alors, l'angle B étant égal, par hypothèse, à l'angle E, les deux triangles GBH et DEF sont égaux comme ayant un angle égal compris entre deux côtés égaux.

Il reste à démontrer que GH est parallèle à AC. En effet, j'ai par hypothèse.

BA : ED :: BC : EF.

Les deux triangles GBH et DEF étant égaux, j'aurai aussi :

BA : BG :: BC : BH.

Comme les deux côtés BA et BC sont partagés en parties proportionnelles par les points G et H, la droite GH est parallèle à la base AC (298). Conséquemment, les trois angles du triangle GBH et, par suite, ceux du triangle DEF sont égaux aux trois angles du triangle ABC.

De plus, leurs côtés homologues sont proportionnels, puisque, en raison de la parallèle GH, j'ai la suite de rapports égaux : .

BA : BG :: BC : BH :: AC : GH,

ou :

BA : ED :: BC : EF :: AC : DF.

Donc, etc...

Théorème n° 97.

313. — *Plusieurs triangles sont semblables, quand leurs côtés sont respectivement parallèles chacun à chacun.*

On a vu (135) que lorsque deux angles ont leurs côtés parallèles dirigés dans le même sens ou en sens contraire, ils sont égaux.

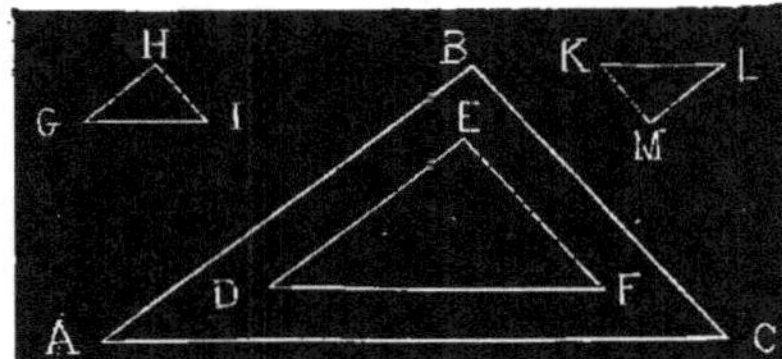

Figure 189.

Or, les angles des quatre triangles ABC, DEF, GHI et KLM (*fig.* 189) ont leurs côtés parallèles, ou dirigés dans le même sens, ou en sens contraires. Donc, tous les angles de ces triangles sont égaux chacun à chacun. Conséquemment, ces quatre triangles sont semblables (310).

Donc, etc.

Théorème n° 98.

314. — *Deux triangles sont semblables quand leurs côtés sont respectivement perpendiculaires.*

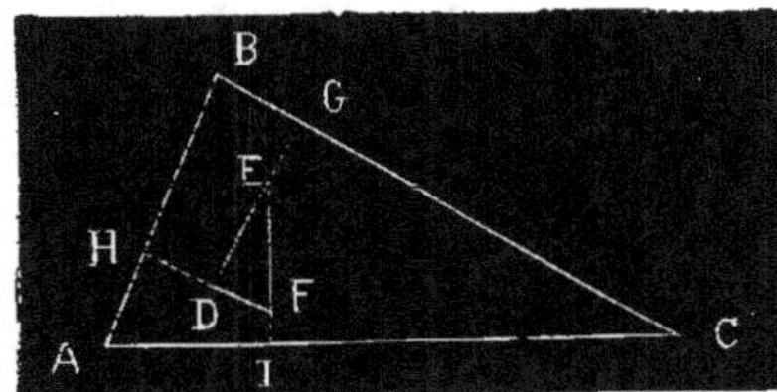

Figure 190.

Soient les deux triangles ABC et DEF (*fig.* 190), dans lesquels :

1° Le côté DF est perpendiculaire au côté AB;

2° Le côté DE est perpendiculaire au côté BC;

3° Le côté EF est perpendiculaire au côté AC;

Je dis que ces deux triangles sont égaux.

En effet, les quatre angles du quadrilatère EGCI valent quatre angles droits (148). Or, les deux angles EGC et EIC étant droits, par hypothèse, les deux autres, GEI et GCI, valent ensemble deux angles droits. Conséquemment, l'angle GCI est supplémentaire de l'angle GEI ; mais l'angle IED est aussi supplémentaire de l'angle GEI. Donc, les deux angles GCI et IED sont égaux comme étant tous les deux supplémentaires du même angle GEI.

De même, les quatre angles du quadrilatère HBGD valent quatre angles droits, et les angles BGD, BHD étant droits par hypothèse, les angles HBG et HDG valent ensemble deux angles droits. Conséquemment, l'angle HBG est supplémentaire de l'angle HDG. Mais l'angle EDF est aussi supplémentaire de l'angle HDG. Donc, les deux angles HBG et EDF sont égaux comme supplémentaires du même angle HDG.

Les deux triangles donnés ayant deux angles égaux, le troisième est égal de part et d'autre. Donc, ils sont semblables comme ayant leurs trois angles égaux chacun à chacun (310).

315. Lorsque deux triangles ont leurs côtés parallèles ou perpendiculaires, les côtés homologues sont les côtés parallèles ou perpendiculaires.

II. — Similitude des polygones.

Théorème n° 99.

316. *Les périmètres de deux polygones semblables sont proportionnels à deux côtés homologues quelconques.*

Soient les deux polygones semblables ABCDE et FGHIK (*fig.* 191). Je dis qu'ils donnent la proportion :

$$AB + BC + CE + ED + DA : FG + GH + HI + IK + KF :: BC : GH,$$

En effet, les deux polygones donnés étant semblables, leurs côtés homologues sont proportionnels. D'où la suite de rapports égaux :

$$AB : FG :: BC : GH :: CE : HI :: ED : IK :: DA : KF.$$

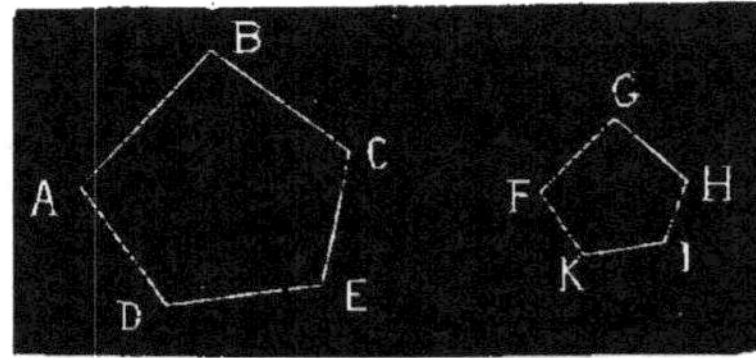

Figure 191.

Mais on sait que, dans une suite de rapports égaux, la somme des antécédents est à la somme des conséquents comme un antécédent quelconque est à son conséquent.

Or, la somme des antécédents représente le périmètre du premier polygone, et la somme des conséquents représente le périmètre du second. En désignant par P le périmètre du premier et par P' le périmètre du second, on aura :

$$P : P' :: BC : GH, \text{ ou } :: CE : HI, \text{ etc.}$$

Donc etc.

Théorème n° 100.

317. *Deux polygones semblables peuvent être décomposés en un même nombre de triangles semblables chacun à chacun et semblablement disposés.*

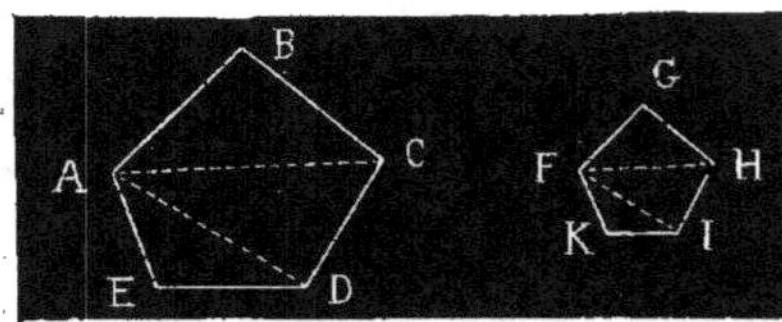

Figure 192.

Soient les deux polygones ABCDE et FGHIK (*fig.* 192). De leurs sommets homologues A et F, je tire dans le premier les diagonales AC et AD ; dans le second, les diagonales FH et FI.

Alors, les deux triangles ABC et FGH étant semblables, comme ayant un angle égal compris entre deux côtés homologues proportionnels, puisque, par hypothèse, l'angle B est égal à l'angle G et que, par hypothèse aussi, les côtés BA et BC sont proportionnels à leurs côtés homologues GF et GH, j'ai les deux proportions.

$$BA : GF :: BC : GH$$

et

$$BC : GH :: AC : FH.$$

Les deux triangles ABC et FGH étant semblables, l'angle BCA est égal à l'angle GHF. Comme l'angle total C est égal, par hypothèse, à l'angle total H, il en résulte que l'angle ACD est égal à l'angle FHI.

Conséquemment, les deux triangles ACD et FHI sont semblables, puisque les angles ACD et FHI sont égaux et que les côtés AC et CD sont proportionnels à leurs côtés homologues FH et HI.

Enfin, les deux derniers triangles AED et FKI sont semblables comme ayant un angle égal compris entre deux côtés homologues proportionnels, puisque les angles E et K sont égaux, par hypothèse, et que les côtés EA et ED sont proportionnels aux côtés KF et KI, aussi par hypothèse.

Donc, les trois triangles ABC, ACD et ADE du premier polygone sont respectivement semblables aux triangles FGH, FHI et FIK du second, et semblablement disposés. Donc, etc.

Théorème n° 101.

318 RÉCIPROQUEMENT. — *Quand deux polygones sont composés d'un même nombre de triangles semblables et semblablement disposés, ces polygones sont semblables.*

Soient les deux polygones ABCDE et FGHIK (*fig.* 192), composés chacun de trois triangles semblables et semblablement disposés, je dis qu'ils sont semblables.

Je vais prouver : 1° que leurs angles sont égaux; 2° que leurs côtés homologues sont proportionnels.

1° *Les angles sont égaux.* En effet, les deux triangles ABC et FGH étant semblables, par hypothèse, l'angle B est égal à l'angle G, et l'angle BCA est égal à l'angle GHF. De même, les deux triangles ACD et FHI étant semblables, aussi par hypothèse, les angles ACD et FHI sont égaux. Donc, l'angle total C est égal à l'angle total H, comme étant formés, l'un et l'autre, de deux parties égales.

Par la même raison, l'angle total D est égal à l'angle total I et l'angle E est égal à l'angle K, puisque les deux triangles AED et FKI sont semblables par hypothèse. Donc, etc.

2° *Les côtés homologues sont proportionnels.* En effet, les deux triangles ABC et FGH étant semblables, par hypothèse, j'ai la suite de rapports égaux :

AB : FG :: BC : GH :: AC : FH.

De même, les deux triangles ACD et FHI étant aussi semblables, j'ai la suite de rapports égaux :

AC : FH :: CD : HI :: DA : IF.

A cause du rapport commun AC : FH, on a :

AB : FG :: BC : GH :: CD : HI : DA : IF.

Enfin, les deux triangles ADE et FIK étant semblables, toujours par hypothèse, j'ai la nouvelle suite de rapports égaux :

DA : IF :: DE : IK :: EA : KF.

Ces deux suites de rapports égaux ayant le rapport commun DA : IF, les autres rapports donnent :

AB : FG :: BC : GH :: CD : HI

:: DE : IK :: EA : KF.

Donc, etc.

Théorème n° 102.

319. *Lorsqu'on joint un point quelconque O, — pris à l'extérieur et dans le plan d'un polygone ABCDE, — aux divers sommets des angles de ce polygone et qu'on prend des longueurs OG, OF, OK,*

OI et OH, *proportionnelles à* OB, OA, OE, OD et OC, *on forme un second polygone* FGHIK, *semblable au premier* (fig. 193).

Les longueurs servant à former le second polygone peuvent être portées sur les droites OB, OA, OE, OD et OC elles-mêmes, ou sur les prolongements de ces droites.

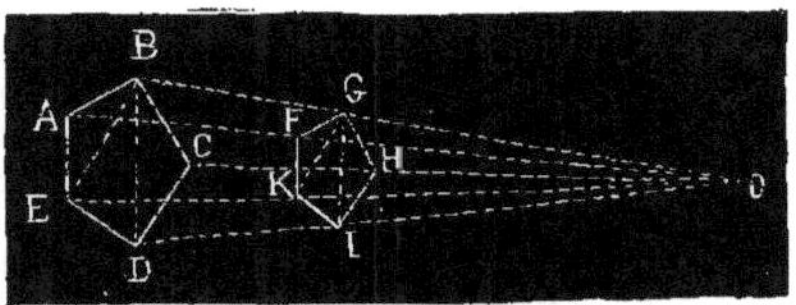

Figure 193.

1° *Les longueurs sont portées sur les droites elles-mêmes* (fig. 193). Je vais prouver que ces deux polygones sont composés d'un même nombre de triangles semblables et semblablement disposés. Pour cela, je mène les diagonales BE, BD dans le premier, et GK, GI, dans le second.

Alors, dans le triangle OBA, les deux côtés OB et OA étant, par hypothèse, partagés en parties proportionnelles par les points G et F, la droite GF est parallèle à la base AB. Par la même raison, les côtés OA et OE, du triangle OAE, étant partagés en parties proportionnelles par les points F et K, la droite FK est parallèle à la base AE. De même, les côtés OB et OE, du triangle OBE étant partagés en parties proportionnelles par les points G et K, la droite GK est parallèle à la base BE.

Donc, les deux triangles ABE et FGK sont semblables comme ayant leurs côtés parallèles chacun à chacun (313).

On prouverait absolument de la même manière que les deux triangles EBD et DBC sont respectivement semblables aux deux triangles KGI et IGH. Or, tous ces triangles sont semblablement disposés. Donc, etc.

2° *Les longueurs sont portées sur le prolongement des droites* (fig. 194).

Sur le prolongement des droites OB,

OA, OE, OD et OC, je prends des longueurs OG, OF, OK, OI, et OH proportionnelles à ces droites, et j'unis les points F, G, H, I et K, de manière à former le polygone FGHIK, lequel est semblable au polygone ABCDE, comme étant composés l'un et l'autre d'un même nombre de triangles semblables et semblablement disposés.

Pour le prouver, par le point B, je mène les diagonales BE et BD dans le premier polygone, et par le point G je mène également les diagonales GK et GI.

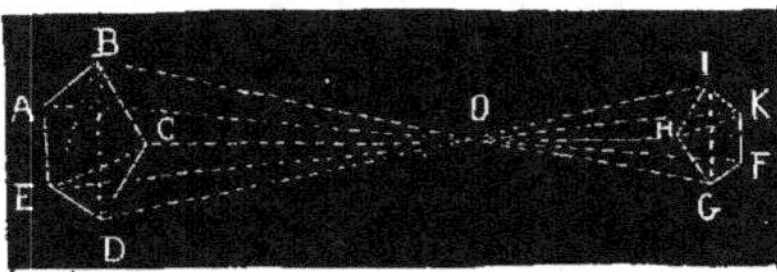

Figure 194.

Alors, dans les deux triangles OAB et OFG les angles en O sont égaux comme opposés par le sommet; de plus, par constructions, les côtés OB et OA sont proportionnels aux côtés OG et OF. Donc, les deux triangles OAB et OFG sont semblables comme ayant un angle égal compris entre deux côtés homologues proportionnels. Conséquemment, les angles ABO et OGF sont égaux comme opposés à des côtés homologues proportionnels.

Or, ces deux angles sont alternes-internes par rapport aux droites AB, GF et à la sécante BG, et comme ils sont égaux, les droites AB et GF qui les forment sont parallèles.

Je prouverais par un raisonnement absolument semblable que les côtés AE et EB sont parallèles aux côtés FK et KG.

Donc, les deux triangles ABE et FGK sont semblables comme ayant leurs côtés parallèles chacun à chacun.

Par une démonstration analogue, je prouverais que les deux autres triangles EBD et DBC sont semblables aux deux triangles KGI et IGH. Donc, les deux polygones ABCDE et FGHIK sont sem-

blables comme étant composés d'un même nombre de triangles semblables chacun à chacun, disposés dans le même ordre, mais de telle sorte que leurs côtés sont parallèles et dirigés en sens inverse.

III. — Figures homothétiques.

320. On dit que deux figures sont *homothétiques*, lorsqu'il est possible de les faire correspondre de telle façon qu'en unissant, par une droite, deux points quelconques de la première, cette droite soit parallèle à celle qui unirait les deux points correspondants de la seconde.

Ainsi, les polygones ABCDE et FGHIK (*fig.* 193) sont deux figures homothétiques, parce que la droite BE qui joint les points B et E, par exemple, du premier polygone est parallèle à la droite GK, qui joint les points correspondants G et K du second polygone.

321. Dans les figures homothétiques, les points qui se correspondent sont dits *points homologues*.

322. L'homothétie est *directe* ou *inverse*.

Elle est *directe*, lorsque les droites parallèles qui se correspondent sont dirigées dans le même sens.

Elle est *inverse*, lorsque les parallèles qui se correspondent sont dirigées en sens contraire.

323. Deux triangles homothétiques sont semblables, parce que leurs côtés sont toujours parallèles.

324. Deux polygones homothétiques sont semblables, parce qu'ils sont toujours composés d'un même nombre de triangles semblables chacun à chacun et semblablement disposés.

325. Lorsque deux figures, comme les polygones ABCDE (*fig.* 193) et FGHIK, sont directement homothétiques, si l'on prolonge les droites AF, BG, CH, DI et EK, elles aboutissent toutes en un point commun O, qui est appelé *centre d'homothétie directe*. Les droites partant du centre O et passant par deux sommets homologues, ou par deux points quelconques homologues, sont partagées suivant un rapport constant. Ainsi, par exemple, le rapport de OB à OG est égal au rapport de BA à GF. D'où les proportions :

$$OB : OG :: BA : GF,$$

$$\text{ou } OA : OF :: AE : FK, \text{ etc.}$$

Ces proportions sont, du reste, la conséquence du théorème n° 102.

326. Lorsque deux figures comme les polygones ABCDE et FGHIK (*fig.* 194) sont inversement homothétiques, les droites qui unissent les divers points homologues des deux polygones se rencontrent toutes au même point O, situé entre les deux figures, et ce point est nommé *centre d'homothétie inverse*.

327. Comme pour le cas de l'homothétie directe, les droites qui unissent deux sommets homologues, ou deux points quelconques homologues, en passant par le centre O, sont partagées suivant un rapport constant. Ainsi, par exemple, le rapport de OB à OG est égal au rapport de BA à GF. D'où, la proportion :

$$OB : OG :: BA : GF,$$

$$\text{ou, } OA : OF :: AE : FK, \text{ etc.}$$

Ce rapport constant est nommé *rapport d'homothétie* ou de *similitude*.

Théorème n° 103.

328. *Quand deux polygones semblables, situés dans un même plan, ont leurs côtés homologues respectivement parallèles, les droites passant par leurs sommets homologues aboutissent en un même point et sont homothétiques.*

Soient les deux polygones semblables ABCDE et FGHIK (*fig.* 195) ayant leurs côtés homologues parallèles et dirigés dans le même sens.

Je trace les droites BG et AF, que je prolonge jusqu'à ce qu'elles se rencontrent au

point O, et je vais prouver que les autres droites CH, EK et DI, prolongées, se rencontreront aussi au point O.

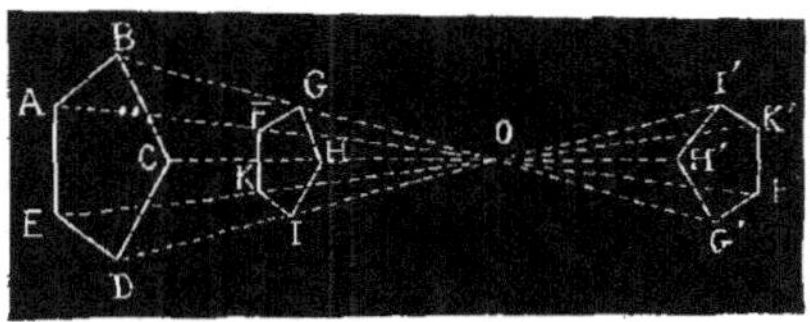

Figure 195.

Pour cela, je joins le point O au point K et au point E et je dis que la ligne OKE est droite.

En effet, les deux triangles OBA et OGF sont semblables puisque, par hypothèse, la droite GF est parallèle à la droite BA.

Les deux triangles OAE et OFK sont aussi semblables. En effet, l'angle OAE vaut l'angle BAE, moins l'angle BAO. Or, par hypothèse, puisque les deux polygones sont semblables, l'angle BAE est égal à l'angle GFK et l'angle BAO est égal à l'angle GFO, puisque les deux triangles OAB et OFG sont semblables. Conséquemment, l'angle OAE est égal à l'angle GFK, moins l'angle GFO, c'est-à-dire à l'angle OFK. En outre, le rapport de AO à FO est égal au rapport de BA à GF, à cause de la similitude des deux triangles OAB et OFG. Or, le rapport de BA à GF est égal, par hypothèse, au rapport de AE à FK. Donc, j'ai la proportion :

$$AO : FO :: AE : FK.$$

Donc, les deux triangles OAE et OFK sont semblables, puisque les deux angles OAE et OFK sont compris entre deux côtés homologues proportionnels, ainsi que le prouve la proportion précédente.

Conséquemment, la droite OK coïncide avec la droite OE et la droite EK, prolongée, passe bien par le point O.

Comme le même raisonnement pourrait se faire à propos de OHC et OID, le théorème est démontré.

Si les côtés des deux polygones étaient

dirigés en sens contraire, c'est-à-dire si l'homothétie était inverse, la démonstration serait absolument la même.

329. *Corollaire* I. — Deux polygones semblables peuvent toujours être placés de manière à être *homothétiques*.

330. *Corollaire* II. — Si, du sommet de l'angle D du polygone ABCDE (*fig.* 196), on mène les diagonales DA et DB et que par un point quelconque H du plan on trace les parallèles, HI à DE, HK à DA, HF à DB, HG à DC, on formera un polygone semblable au premier, si l'on a la suite de rapports égaux :

DE : HI :: DA : HK :: DB : HF :: DC :HG

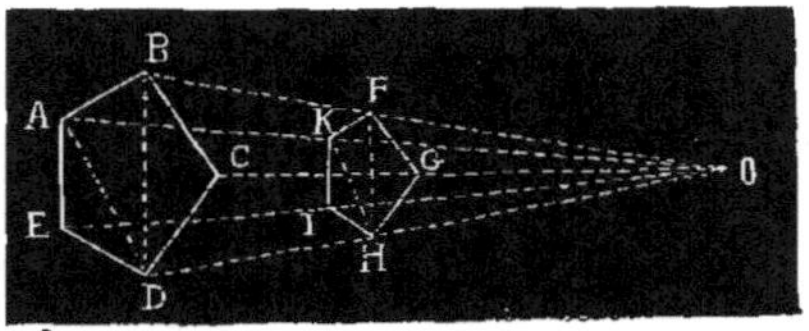

Figure 196.

Les deux polygones seront homothétiques et le point O sera le centre d'homothétie.

§ III. — PROPRIÉTÉS DES FIGURES.

331. On appelle *projection* d'un point sur une droite, le pied de la perpendiculaire abaissée de ce point sur la droite.

Ainsi, le point a est la projection du point A sur la droite MN (*fig.* 197), parce qu'il est le pied de la perpendiculaire abais-

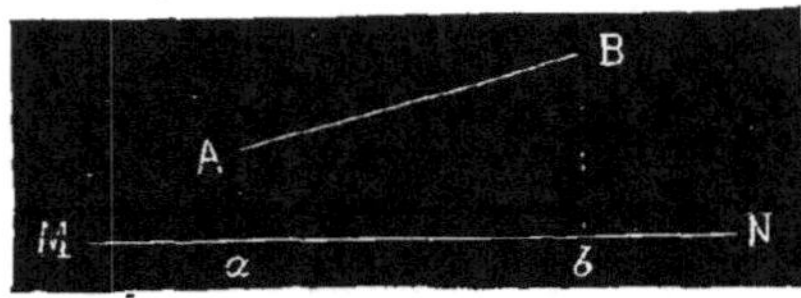

Figure 197.

sée dudit point A sur la dite droite MN.

332. On appelle *projection* d'une droite sur une autre droite, la portion de cette dernière comprise entre les pieds des perpendiculaires abaissées des extrémités de la première droite sur la seconde.

Ainsi, des points A et B (*fig.* 197) on a abaissé les perpendiculaires Aa et Bb sur MN. La portion ab de la droite MN est la projection de la droite AB.

Droites anti-parallèles.

333. Lorsque entre les deux côtés d'un angle ou de l'angle qui lui est opposé par le sommet, on trace deux droites telles que la première fasse, avec l'un des côtés, un angle égal à celui formé par la seconde

avec l'autre côté, on dit que ces deux droites *sont anti-parallèles*.

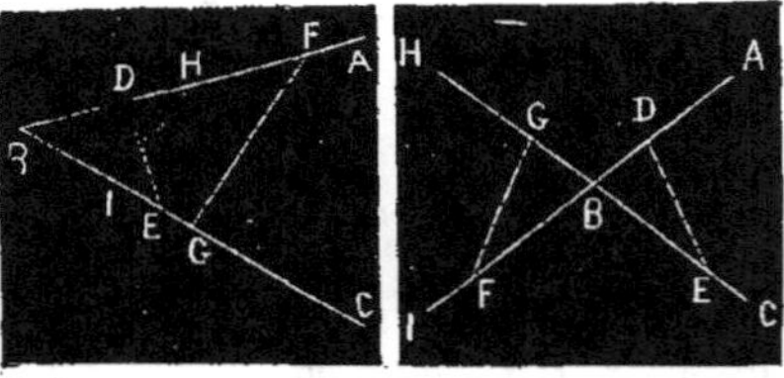

Figure 198.   Figure 199.

Ainsi, les deux droites DE et FG tracées entre les deux côtés de l'angle ABC (*fig.* 198) sont anti-parallèles, parce que l'angle DEB, formé par la droite DE et le côté BC, est égal à l'angle BFG, formé par la droite GF et le côté BA. Alors, les deux angles BDE et FGB sont égaux, parce que, dans les deux triangles BDE et BFG, l'angle B est commun, et les angles DEB et BFG sont égaux par hypothèse. Donc, le troisième angle BDE du premier triangle est égal au troisième angle FGB du second. Conséquemment, ces deux triangles sont semblables et leurs côtés homologues, qu'il est facile de reconnaître, sont ceux opposés aux angles égaux.

Dans les deux angles opposés par le sommet ABC et HBI (*fig.* 199), les deux droites DE et GF sont anti-parallèles, parce que l'angle DEB, formé par la droite DE et le côté BC, est égal à l'angle GFB formé par la droite GF et le côté BI.

Théorème n° 104.

334. *Quand les côtés d'un angle sont coupés par deux droites anti-parallèles, le produit des distances du sommet aux deux points de rencontre sur chaque côté est constant.*

Ainsi, l'angle ABC (*fig.* 198) étant coupé par les deux droites anti-parallèles DE et FG, on a :

$$BG \times BE = BF \times BD.$$

Pour le prouver, sur BA, je prends BH = BE, et sur BC, je prends BI = BD. Alors, les deux triangles BHI et BED sont égaux comme ayant un angle égal compris entre deux côtés égaux, puisque l'angle B est commun et que BH = BE, BI = BD. Par suite de l'égalité de ces deux triangles, les angles BHI et BED sont égaux. Mais par hypothèse, l'angle BED est égal à l'angle BFG. Donc aussi, l'angle BHI est égal à l'angle BFG. Or, ces deux angles sont correspondants et, puisqu'ils sont égaux, les lignes HI et FG qui les forment sont parallèles. J'ai donc la proportion :

$$BG : BI :: BF : BH.$$

Dans cette proportion, à la place des droites BI et BH, je puis mettre leurs égales BD et BE et j'aurai :

$$BG : BD :: BF : BE.$$

Ou, en faisant le produit des extrêmes et le produit des moyens :

$$BG \times BE = BF \times BD.$$

Donc, etc.

La réciproque de ce théorème est évidente.

335. *Corollaire.* Si, dans la figure 198, les deux points E et G se confondaient et tombaient tous les deux au point G, par exemple, on aurait la proportion :

$$BG : BD :: BF : BG,$$

$$\overline{BG}^2 = BD \times BF.$$

On voit que, dans ce cas particulier, *la distance du sommet au point unique d'un des côtés est moyenne proportionnelle entre les distances du sommet aux deux points où l'autre coté est rencontré par les droites anti-parallèles.*

Théorème n° 105.

336. *La perpendiculaire abaissée du sommet de l'angle droit d'un triangle rectangle sur l'hypoténuse, partage ce triangle en deux autres semblables au triangle rectangle et semblables entre eux.*

Soit le triangle rectangle ABC (*fig.* 200) dans lequel la perpendiculaire BD a été abaissée du sommet B de l'angle droit sur l'hypoténuse AC.

Dans les deux triangles ABC et ADB, l'angle A est commun, les angles ABC et BDA sont égaux comme droits. Or, lorsque deux triangles ont deux angles égaux, le troisième est égal de part et d'autre. Donc, les deux triangles ABC et ADB sont semblables comme ayant les trois angles égaux. Les deux triangles ABC et CDB sont semblables pour la même raison. Donc, les triangles BDA et BDC sont semblables entre eux parce qu'ils sont semblables, l'un et l'autre, au grand triangle ABC. Donc, etc.

Théorème n° 106.

337. *La perpendiculaire abaissée du sommet de l'angle droit d'un triangle rectangle sur l'hypoténuse, est moyenne proportionnelle entre les deux segments de l'hypoténuse qui sont, alors, les projections des côtés de l'angle droit.*

Je dis que la perpendiculaire BD abaissée du sommet de l'angle droit B sur l'hypoténuse AC du triangle rectangle ABC (*fig.* 200) donnera la proportion :

'AD : BD :: BD : DC.

Cette proportion résulte de la similitude des deux triangles BDA et BDC, dont les côtés homologues sont proportionnels.

Or, le côté AD du triangle BDA est homologue au côté BD du triangle BDC, puisque ces deux côtés sont opposés aux angles égaux DBA et DCB. De même, le côté BD, du triangle BDA, est homologue au côté DC du triangle BDC, puisque ces deux côtés sont opposés aux angles égaux BAD et DBC. Donc, etc.

Théorème n° 107.

338. *Si du sommet de l'angle droit d'un triangle rectangle, on abaisse une perpendiculaire sur l'hypoténuse, chaque côté de l'angle droit est moyenne proportionnelle entre l'hypoténuse entière et la projection de ce côté sur l'hypoténuse.*

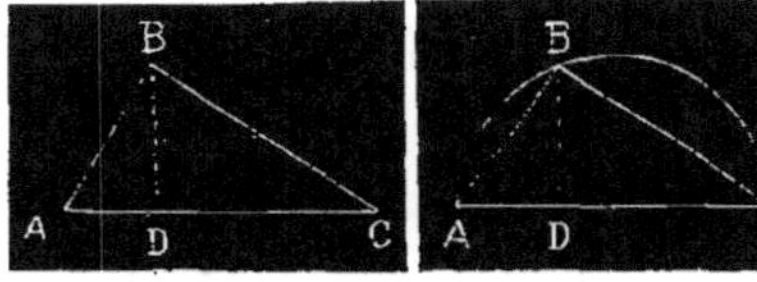

Figure 200.   Figure 201.

Je vais prouver que la perpendiculaire BD (*fig*.200) abaissée du sommet de l'angle droit B sur l'hypoténuse AC du triangle rectangle ABC donne les deux proportions :

AC : BA :: BA : DA,
AC : BC :: BC : DC.

Ces deux proportions résultent de la similitude des trois triangles ABC, BDA et BDC.

En effet, dans la première proportion qui vient des deux triangles semblables ABC et BDA, le côté AC du triangle ABC est homologue au côté BA du triangle BDA, puisque ces deux côtés sont opposés à deux angles égaux comme droits. De même, le côté BA du triangle ABC est homologue du côté DA du triangle BDA, puisque ces deux côtés sont opposés aux angles égaux BCA et ABD.

Enfin, dans la seconde proportion qui vient des deux triangles ABC et BDC, le côté AC du triangle ACB est homologue du côté BC du triangle BDC, puisque ces deux côtés sont opposés à des angles égaux comme droits. De même, le côté BC du triangle ABC, est homologue du côté DC du triangle BDC, puisque ces deux côtés sont opposés aux angles égaux BAD et DBC. Donc, etc.

339. Résumé. — Il résulte des trois théorèmes précédents que la perpendiculaire abaissée du sommet de l'angle droit d'un triangle rectangle sur l'hypoténuse, jouit des propriétés suivantes :

1° *Elle partage le triangle rectangle donné en deux triangles qui lui sont semblables et qui, conséquemment, sont semblables entre eux.*

2° *Elle est moyenne proportionnelle entre les deux segments qu'elle détermine sur l'hypoténuse.*

3° *Chaque côté de l'angle droit est moyenne proportionnelle entre l'hypoténuse entière et la projection de ce côté sur l'hypoténuse.*

Théorème n° 108.

340. *Dans tout triangle rectangle le carré de l'hypoténuse est égal à la somme des carrés des deux autres côtés :*

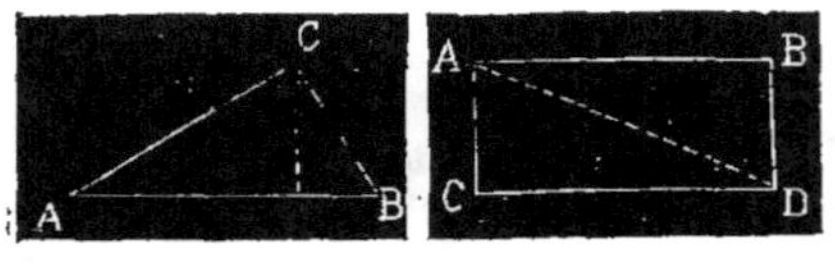

Figure 202.   Figure 203.

Soit le triangle rectangle ACB (*fig.*202) et la perpendiculaire CD abaissée du sommet de l'angle droit sur l'hypoténuse AB. Je dis que :

$$\overline{AB}^2 = \overline{CA}^2 + \overline{CB}^2.$$

Comme chacun des côtés CA et CB est moyenne proportionnelle entre l'hypoténuse et le segment correspondant (338), j'ai les deux proportions :

$$AB : AC :: AC : AD$$
$$AB : CB :: CB : DB,$$

Et faisant le produit des extrêmes et le produit des moyens :

$$\overline{AC}^2 = AB \times AD$$
$$\overline{CB}^2 = AB \times DB.$$

En ajoutant membre à membre ces deux égalités, on a :

$$\overline{AC}^2 + \overline{CB}^2 = (AB \times AD) + (AB \times DB);$$

Mais, multiplier AB par AD et ajouter au produit AB $\times$ DB, cela revient à multiplier AB par AD + DB. Conséquemment,

$$\overline{AC}^2 + \overline{CB}^2 = AB \times (AD + DB).$$

Or, $\qquad AD + DB = AB,$

Donc, $\qquad \overline{AC}^2 + \overline{CB}^2 = \overline{AB}^2.$

Donc, etc.

341. *Corollaire* I. — Si je diminue de $\overline{CB}^2$ chaque membre de l'égalité

$$\overline{AC}^2 + \overline{CB}^2 = \overline{AB}^2,$$

j'aurai :

$$\overline{AC}^2 = \overline{AB}^2 - \overline{CB}^2.$$

Si je diminue aussi chaque membre de la même égalité de $\overline{AC}^2$, j'aurai encore :

$$\overline{CB}^2 = \overline{AB}^2 - \overline{AC}^2.$$

Ces deux égalités démontrent que, *dans tout triangle rectangle, le carré de l'un des côtés de l'angle droit est égal au carré de l'hypoténuse, moins le carré de l'autre côté.*

342. *Corollaire* II. — Le carré de la diagonale d'un rectangle est égal à la somme des carrés des deux côtés adjacents du rectangle.

Ainsi, dans le rectangle ABDC (*fig.* 203), le triangle ACD étant rectangle, on a, d'après ce qui précède :

$$\overline{AD}^2 = \overline{CD}^2 + \overline{CA}^2.$$

Théorème n° 109.

343. *Le carré de la diagonale d'un carré est égal à deux fois le carré de l'un des côtés.*

Soit le carré ABDC (*fig.* 204) et la diagonale AD. Le triangle ACD étant rectangle, j'ai :

$$\overline{AD}^2 = \overline{AC}^2 + \overline{CD}^2 \quad \text{ou} \quad \overline{AD}^2 + 2\overline{AC}^2.$$

En extrayant la racine carrée de cette somme, on trouve :

$$AD = AC \times \sqrt{2},$$

puisque pour extraire la racine carrée d'un produit, il faut l'extraire de chacun de ses facteurs.

En divisant par AC chaque membre de cette dernière égalité, j'ai :

$$\frac{AD}{AC} = \sqrt{2},$$

expression qui démontre que, en divisant la diagonale d'un carré par l'un des côtés de ce carré, le résultat est égal à la racine carrée de 2. Or, comme il n'existe aucun nombre, ni entier ni fractionnaire, dont le carré soit exactement 2, on en conclut que la diagonale et le côté du carré n'ont pas de commune mesure et que ces deux lignes sont *incommensurables.*

Théorème n° 110.

344. *Dans tout triangle rectangle, les carrés des deux côtés de l'angle droit sont proportionnels aux projections de ces côtés sur l'hypoténuse.*

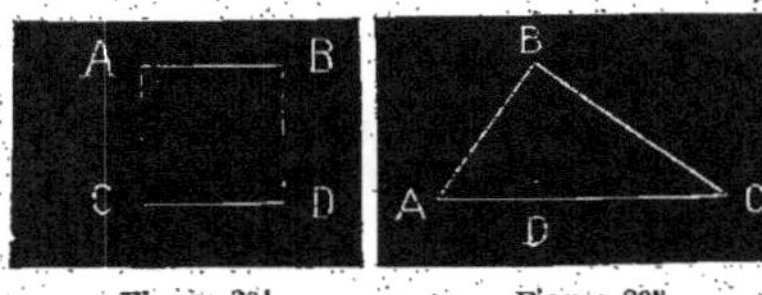

Figure 204.   Figure 205.

En effet, si du sommet de l'angle droit B du triangle rectangle ABC (*fig.* 205) j'abaisse la perpendiculaire BD sur l'hypoténuse AC, j'ai les deux proportions (338) :

$$AC : AB :: AB : AD$$
$$AC : BC :: BC : DC.$$

En effectuant le produit des extrêmes et le produit des moyens, on a :

$$\overline{AB}^2 = AC \times AD$$
$$\overline{BC}^2 = AC \times DC.$$

Ces deux égalités reviennent à :

$$\overline{AB}^2 : \overline{BC}^2 :: AC \times AD : AC \times DC,$$

et, en divisant les deux termes du dernier rapport par AC :

$$\overline{AB}^2 : \overline{BC}^2 :: AD : DC.$$

Donc, etc.

Théorème n° 111.

345. *Le carré de l'un des côtés de l'angle droit d'un triangle rectangle et le carré de l'hypoténuse, sont proportionnels à la projection de ce côté et à l'hypoténuse.*

Il faut démontrer que le triangle ABC (*fig.* 205) et la perpendiculaire BD donnent la proportion :

$$\overline{AB}^2 : \overline{AC}^2 :: AD : AC.$$

En effet, on a d'abord (338) :

$$AC : AB :: AB : AD,$$

ou, en faisant le produit des extrêmes et le produit des moyens :

$$\overline{AB}^2 = AC \times AD.$$

Si je divise chaque membre de cette égalité par $\overline{AC}^2$, j'aurai :

$$\frac{\overline{AB}^2}{\overline{AC}^2} = \frac{AD}{AC}$$

où la proportion :

$$\overline{AB}^2 : \overline{AC}^2 :: AD : AC.$$

Donc, etc.

Théorème n° 112.

346. *Dans un triangle quelconque, le carré d'un côté opposé à un angle aigu est égal à la somme des carrés des deux autres côtés, moins deux fois le produit de l'un d'eux, par la projection du second sur le premier.*

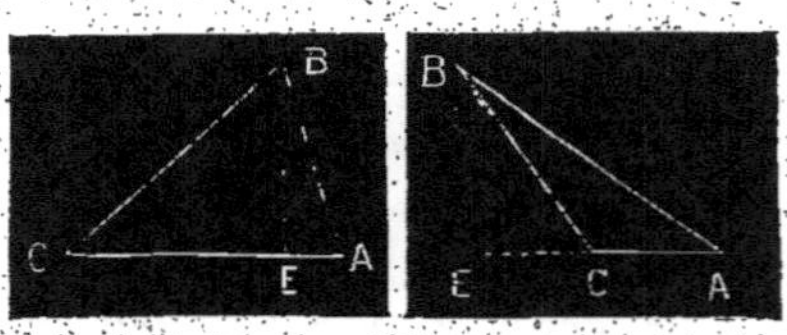

Figure 206.   Figure 207.

Soit le triangle quelconque ABC (*fig.* 206) dans lequel la perpendiculaire BE a été abaissée du sommet de l'angle B sur le côté opposé CA. Je dis que, d'après l'énoncé du théorème, on a :

$$\overline{BC}^2 = \overline{BA}^2 + \overline{CA}^2 - 2(CA \times EA).$$

En effet, le triangle rectangle BEC donne :

$$(1) \qquad \overline{BC}^2 = \overline{BE}^2 + \overline{CE}^2.$$

Je vais maintenant chercher la valeur de $\overline{BE}^2$ et de $\overline{CE}^2$. Le triangle rectangle BEA donne (341) :

$$(2) \qquad \overline{BE}^2 = \overline{BA}^2 - \overline{EA}^2.$$

Il reste maintenant à déterminer la valeur de $\overline{CE}^2$. Je remarque que $CE = CA - EA$. Donc :

$$(3) \qquad \overline{CE}^2 = (CA - EA)^2$$

Mais le carré de la différence de deux nombres est égal à la somme des carrés de ces deux nombres, moins deux fois leur produit (1). J'aurai donc :

$$(4) \qquad \overline{CE}^2 = \overline{CA}^2 + \overline{EA}^2 - 2CA \times EA.$$

Si, dans l'égalité (1), je remplace $\overline{BE}^2$ et $\overline{CE}^2$ par leurs valeurs que donnent les égalités (2) et (4), j'aurai :

$$\overline{BC}^2 = \overline{BA}^2 - \overline{EA}^2$$
$$+ \overline{CA}^2 + \overline{EA}^2 - 2CA \times EA.$$

Je vois, dans cette dernière égalité et dans le second membre, qu'il faut ajouter et retrancher $\overline{EA}^2$, ce qui revient à supprimer ce terme, d'où :

$$\overline{BC}^2 = \overline{BA}^2 + \overline{CA}^2 - 2(CA \times EA),$$

résultat conforme à l'énoncé du théorème. Donc, etc.

347. Ce théorème suppose que la perpendiculaire tombe dans l'intérieur du triangle. Si elle tombait à l'extérieur, comme dans le triangle BCA (*fig.* 207), la même propriété aurait lieu.

____

(1) En effet, soit à élever au carré $A - B$.

$$
\begin{array}{r}
A - B \\
A - B \\
\hline
A^2 - AB \\
- AB + B^2 \\
\hline
A^2 - 2AB + B^2
\end{array}
$$

ou $\qquad A^2 + B^2 - 2AB$.

c'est-à-dire la somme des carrés des deux nombres, moins 2 fois leur produit.

En effet, le triangle rectangle BCE donne :

$$\overline{BC}^2 = \overline{BE}^2 + \overline{CE}^2.$$

Le triangle rectangle BEA donne aussi (341) :

$$\overline{BE}^2 = \overline{BA}^2 - \overline{EA}^2.$$

et comme $CE = EA - CA$, on trouve :

$$\overline{CE}^2 = \overline{EA}^2 + \overline{CA}^2 - 2EA \times CA.$$

En remplaçant $\overline{BE}^2$ et $\overline{CE}^2$ par leurs valeurs, j'ai :

$$\overline{BC}^2 = \overline{BA}^2 - \overline{EA}^2$$
$$+ \overline{EA}^2 + \overline{CA}^2 - 2EA \times CA,$$

puis, comme précédemment :

$$\overline{BC}^2 = \overline{BA}^2 + \overline{CA}^2 - 2CA \times EA.$$

Donc, etc.

Théorème n° 113.

348. *Dans un triangle obtusangle, le carré du côté opposé à l'angle obtus est égal à la somme des carrés des deux autres côtés, plus deux fois le produit de l'un de ces côtés par la projection du second sur le premier.*

Soit le triangle obtusangle ABC (*fig.*208), dans lequel la perpendiculaire BD a été abaissée du sommet de l'angle B sur le prolongement du côté opposé AC. Je dis que, d'après l'énoncé du théorème, on a :

$$\overline{AB}^2 = \overline{BC}^2 + \overline{AC}^2 + 2AC \times CD.$$

En effet, le triangle rectangle BDA donne :

$$(1) \qquad \overline{AB}^2 = \overline{BD}^2 + \overline{AD}^2.$$

Je vais maintenant chercher la valeur de $\overline{BD}^2$ et de $\overline{AD}^2$.

Le triangle rectangle BCD donne (341) :

$$(2) \qquad \overline{BD}^2 = \overline{BC}^2 - \overline{CD}^2.$$

Il reste maintenant à déterminer la valeur de $\overline{AD}^2$. A ce sujet, je remarque que $AD = AC + CD$. Donc :

$$(3) \qquad \overline{AD}^2 = (AC + CD)^2,$$

ou, d'après ce qui a été dit en arithmétique à propos du carré d'un nombre composé de deux parties :

$$(4) \quad \overline{AD}^2 = \overline{AC}^2 + \overline{CD}^2 + 2AC \times CD.$$

Si, dans l'égalité (1), je remplace $\overline{BD}^2$ et $\overline{AD}^2$ par leurs valeurs que donnent les égalités (2) et (3), j'aurai :

$$(5) \qquad \overline{AB}^2 = \overline{BC}^2 - \overline{CD}^2 + \overline{AC}^2 + \overline{CD}^2 + 2AC \times CD.$$

Dans le second membre de l'égalité (5), la quantité $\overline{CD}^2$ est retranchée, puis ajoutée. On peut donc la supprimer sans altérer ladite égalité, et j'aurai :

$$\overline{AB}^2 = \overline{BC}^2 + \overline{AC}^2 + 2AC \times CD.$$

Donc, etc.

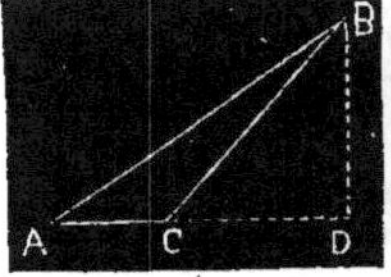

Figure 208.   Figure 209.

349. *Corollaire I.*—Dans un triangle, lorsque le carré de l'un des côtés est égal à la somme des carrés des deux autres, l'angle opposé au premier côté est droit et, de plus, le triangle est rectangle.

349 bis. *Corollaire II.*—Un angle d'un triangle ne peut être aigu, droit ou obtus sans que le côté du carré opposé soit, ou plus petit que la somme des carrés des deux autres côtés, ou égal à cette somme, ou plus grand.

Théorème n° 114.

350, *Dans un triangle quelconque, la somme des carrés de deux côtés* AB *et* BC *(fig. 209) est égale à deux fois le carré de la médiane* (1) BD, *plus deux fois le carré de la moitié du troisième côté* AC.

Soit le triangle ABC ; BD, la médiane, et BE une perpendiculaire abaissée du sommet B sur le côté AC.

Le triangle obtusangle ABD donne (348) ;

$$(1) \quad \overline{AB}^2 = \overline{BD}^2 + \overline{AD}^2 + 2AD \times DE.$$

Le triangle acutangle DBC donne (347)

$$(2) \quad \overline{BC}^2 = \overline{BD}^2 + \overline{DC}^2 - 2DC \times DE.$$

Si j'ajoute ces deux égalités membre à membre, les deux derniers termes disparaîtront, puisqu'ils sont semblables et que l'un a le signe $+$, tandis que l'autre a le signe $-$. D'un autre côté DC $=$ AD, par hypothèse. J'aurai donc :

$$\overline{AB}^2 + \overline{BC}^2 = 2\overline{BD}^2 + 2\overline{AD}^2.$$

Le terme $\overline{AD}^2$ représente bien le carré de la moitié du troisième côté $\overline{AC}^2$, puisque AD est la moitié de AC. Donc, etc.

Théorème n° 115.

351. *Dans tout parallélogramme, la somme des carrés des quatre côtés est égale à la somme des carrés des diagonales.*

Soit le parallélogramme ADCB et les

(1) La *médiane* d'un triangle est une droite qui joint le sommet d'un angle au milieu du côté opposé, comme BD.

Il ne faut pas confondre la médiane avec la bissectrice, car la bissectrice partage l'angle en deux parties égales. La médiane et la bissectrice ne se confondent que quand le triangle est équiangle ou isocèle. Encore, dans le dernier cas, faut-il que la droite parte du sommet de l'angle compris entre les deux côtés égaux.

diagonales AC et DB (*fig.* 210), qui se coupent mutuellement, au point O.

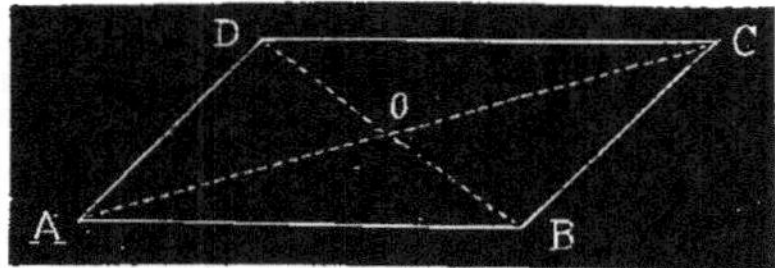

Figure 210.

D'après le théorème précédent, en considérant les deux triangles ADC et ABC, les droites DO et BO sont deux médianes. Conséquemment, le triangle ADC donne :

$$\overline{AD}^2 + \overline{DC}^2 = 2\overline{DO}^2 + 2\overline{AO}^2.$$

Le triangle ABC donne, à son tour :

$$\overline{AB}^2 + \overline{BC}^2 = 2\overline{BO}^2 + 2\overline{AO}^2.$$

En ajoutant membre à membre les égalités précédentes, j'ai :

$$\overline{AD}^2 + \overline{DC}^2 + \overline{AB}^2 + \overline{BC}^2 = 4\overline{DO}^2 + 4\overline{AO}^2.$$

J'écris, dans cette égalité, $4\overline{DO}^2$ puisque BO = DO.

Mais $4\overline{DO}^2 = \overline{DB}^2$ et $4\overline{AO}^2 = \overline{AC}^2$.

Conséquemment, j'ai :

$$\overline{AD}^2 + \overline{DC}^2 + \overline{AB}^2 + \overline{BC}^2 = \overline{DB}^2 + \overline{AC}^2,$$

résultat conforme à l'énoncé du théorème. Donc, etc.

Théorème n° 116.

352. *Toute corde aboutissant à l'extrémité d'un diamètre est moyenne proportionnelle entre le diamètre entier et la projection de la corde sur le diamètre.*

Soit la corde BC (*fig.* 211). Je joins le point B au point A et j'abaisse la perpendiculaire BD sur le diamètre. Alors, l'angle ABC étant droit, puisqu'il a pour

mesure la moitié de la demi-circonférence, le triangle ABC est rectangle et j'ai :

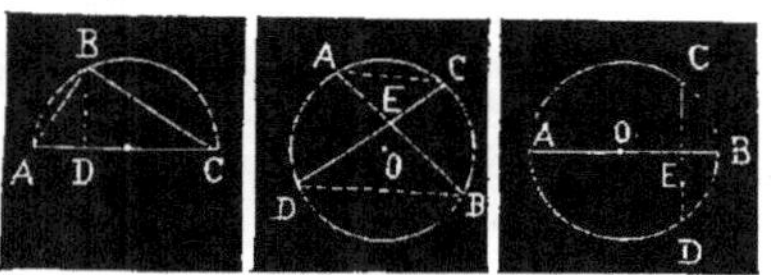

Figure 211. Figure 212. Figure 213.

$$AC : BC :: BC : DC.$$

En considérant l'autre corde BA, j'aurai encore :

$$AC : BA :: BA : AD.$$

Donc, etc.

Théorème n° 117.

353. *Lorsque deux cordes se coupent, leurs parties sont réciproquement proportionnelles.*

Soient les deux cordes AB et CD (*fig.* 212) se coupant au point E. Je dis qu'elles donnent la proportion :

$$ED : EA :: EB : EC,$$

c'est-à-dire que les deux parties de l'une des cordes forment les extrêmes d'une proportion, tandis que les deux parties de l'autre forment les moyens.

Pour le prouver, je joins le point A au point C et le point D au point B. Alors, les deux triangles EAC et EDB sont semblables comme ayant leurs trois angles égaux chacun à chacun, puisque :

1° Les angles en E sont égaux comme opposés par le sommet ;

2° Les angles CAB et CDB sont égaux comme ayant pour mesure la moitié du même arc CB intercepté entre leurs côtés ;

3° L'angle ACD est égal à l'angle ABD comme ayant pour mesure la moitié du même arc AD compris entre les côtés de ces deux angles. Alors, j'ai la proportion :

$$ED : EA :: EB : EC,$$

puisque le côté ED du triangle EDB est homologue au côté EA du triangle EAC, attendu que ces deux côtés sont opposés aux angles égaux ABD et ACD ; de même, le côté EB du triangle EBD est homologue au côté EC du triangle ECA, puisque ces deux côtés sont opposés aux angles égaux CDB et CAB.

Donc, etc.

354. *Corollaire.* Dans cette dernière proportion, en faisant le produit des extrêmes et des moyens, j'aurai :

$$ED \times EC = EA \times EB.$$

Cette expression démontre que, *lorsque deux cordes se coupent, le produit des deux parties de l'une est égal au produit des deux parties de l'autre.*

Théorème nº **118.**

355. *Toute perpendiculaire abaissée d'un point quelconque d'une circonférence sur le diamètre est moyenne proportionnelle entre les deux segments qu'elle détermine sur le diamètre.*

Soit la perpendiculaire CE abaissée du point C de la circonférence sur le diamètre AB (*fig.* 213). Je dis qu'elle donne la proportion :

$$EA : EC :: EC : EB.$$

Pour le prouver, je prolonge la perpendiculaire CE jusqu'à la rencontre de la circonférence au point D, et j'ai les cordes AB et CD qui se coupent au point E. Alors, d'après le théorème précédent, j'ai la proportion :

$$EA : EC :: ED : EB.$$

Mais EC = ED (196). Conséquemment, j'aurai aussi :

$$EA : EC :: EC : EB.$$

356. *Corollaire.* En faisant le produit des extrêmes et le produit des moyens dans cette dernière proportion, j'aurai :

$$\overline{EC}^2 = EA \times EB.$$

Cette expression démontre que *le carré de la perpendiculaire abaissée d'un point de la circonférence sur le diamètre est moyenne proportionnelle entre les deux segments que cette perpendiculaire détermine sur le diamètre.*

Théorème nº **119.**

357. *Lorsque deux sécantes partent d'un même point situé hors d'un cercle, elles sont réciproquement proportionnelles à leurs parties extérieures.*

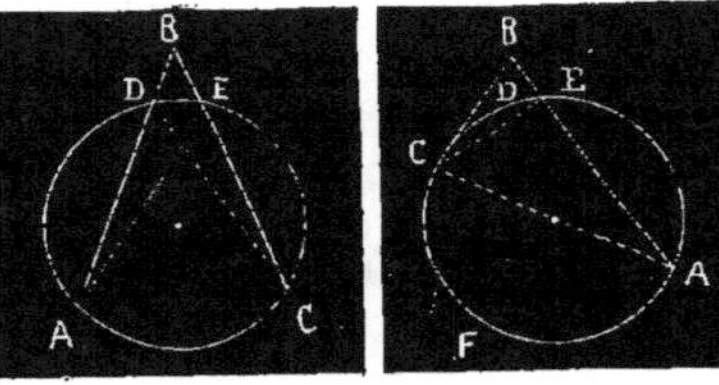

Figure 214.   Figure 215.

Soient les deux sécantes BA et BC (*fig.* 214) partant du même point B, extérieur au cercle. Je vais prouver qu'elles donnent la proportion

$$BA : BC :: BE : BD,$$

c'est-à-dire que l'une des sécantes et sa partie extérieure forment les extrêmes d'une proportion dont l'autre sécante et sa partie extérieure forment les moyens.

Pour cela, je joins, par des droites, le point E au point A et le point D au point C. Alors, les deux triangles BEA et BDC sont semblables, attendu que l'angle B est commun, que les deux angles C et A sont égaux comme étant inscrits et ayant chacun pour mesure la moitié du même arc DE et que lorsque deux triangles ont deux angles égaux, le troisième est égal de part et d'autre.

Par suite de la similitude des deux triangles, j'ai la proportion :

$$BA : BC :: BE : BD,$$

puisque : 1° le côté BA du triangle BEA est homologue au côté BC du triangle BDC, et que ces deux côtés sont opposés à des angles égaux ; 2° le côté BE du triangle BEA est homologue au côté BD du triangle BDC, et que ces deux côtés sont opposés à des angles égaux. Donc, etc.

358. *Corollaire.* Dans la proportion précédente, en faisant le produit des extrêmes et le produit des moyens, j'ai :

$$BA \times BD = BC \times BE.$$

Cette égalité prouve que *lorsque deux sécantes partent d'un même point hors d'un cercle, le produit de l'une par sa partie extérieure est égal au produit de l'autre par sa partie extérieure.*

Théorème n° 120.

359. *Lorsqu'une sécante et une tangente partent d'un même point pris hors d'un cercle, la tangente est moyenne proportionnelle entre la sécante entière et sa partie extérieure.*

Soient la sécante BA et la tangente BC (*fig.* 215) partant du même point B, situé hors du cercle. Je dis que ces deux droites donnent la proportion :

$$BA : BC :: BC : BE.$$

En effet, dans les deux triangles BAC et BCE, l'angle B est commun ; l'angle BAC est égal à l'angle BCE comme ayant, l'un et l'autre, la moitié de l'arc CDE pour mesure. Or, lorsque deux triangles ont deux angles égaux, le troisième est égal de part et d'autre. Donc, les deux triangles BAC et BCE sont semblables comme ayant leurs trois angles égaux chacun à chacun. Par suite, j'ai la proportion :

$$BA : BC :: BC : BE,$$

puisque le côté BA du triangle BCA est homologue au côté BC du triangle BEC, comme opposés à des angles égaux, et que le côté BC du triangle BCA est homologue au côté BE du triangle BEC, comme opposés à des angles égaux.

Donc, etc.

Théorème n° 121.

360. *Si, du sommet d'un angle d'un triangle, on abaisse une perpendiculaire sur le côté opposé, le produit des deux côtés partant du même sommet est égal au produit de la perpendiculaire par le diamètre du cercle circonscrit au triangle.*

Du sommet B du triangle ABC (*fig.* 216), j'abaisse la perpendiculaire BE sur le côté AC. Je décris une circonférence par les trois points A, B et C, et je trace le diamètre AD. Je joins le point B au point D, et je dis qu'on a :

$$BA \times BC = BE \times AD.$$

En effet, les deux triangles rectangles ABD et BEC sont semblables, puisque les angles inscrits BDA et BCA sont égaux comme ayant chacun pour mesure la moitié du même arc BFA et que les angles ABD et BEC sont droits. J'ai donc les proportions :

$$BA : BE :: AD : BC.$$

Ou, en faisant le produit des extrêmes et le produit des moyens :

$$BA \times BC = BE \times AD.$$

Donc, etc.

Théorème n° 122.

361. *Le carré de la bissectrice de l'angle d'un triangle est égal au produit des deux côtés de cet angle, moins le produit des deux segments que cette bissectrice détermine sur le côté opposé.*

Soit BC, bissectrice de l'angle B du triangle ABD (*fig.* 217) : Je dis qu'on a :

$$\overline{BC}^2 = BA \times BD - AC \times CD.$$

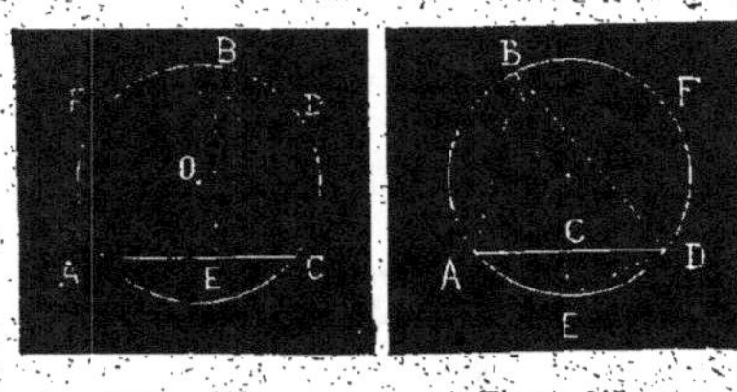

Figure 216.   Figure 217.

Pour le prouver, je décris une circonférence passant par les trois sommets A, B et D du triangle, puis je prolonge la bissectrice jusqu'en E, sur la circonférence, et je joins le point E au point D. Alors, les deux triangles BCA et BDE sont semblables parce que : 1° les angles en B sont égaux, par hypothèse; 2° les angles BAD et BED sont égaux comme étant inscrits et ayant chacun pour mesure la moitié de l'arc BFD; 3° le troisième angle est égal de part et d'autre. Conséquemment, j'ai la proportion :

(1)   BA : BE :: BC : BD.

Ou, en faisant le produit des extrêmes et le produit des moyens :

(2) $BA \times BD = BE \times BC.$

S, dans l'égalité précédente, je remplace BE par BC + CE, j'aurai :

(3) $BA \times BD = (BC + CE) \times BC;$

Et, en multipliant BC par BC, puis par CE :

(4) $BA \times BD = \overline{BC}^2 + BC \times CE.$

Mais les deux sécantes BE et AD se coupant au point C donnent (354) :

(5) $BC \times CE = AC \times CD.$

Dans l'égalité (4), je remplace $BC \times CE$ par sa valeur $AC \times CD$ et j'ai :

(6) $BA \times BD = \overline{BC}^2 + AC \times CD.$

Et en diminuant chaque membre de l'égalité (6) de $AC \times CD$, il vient :

$$\overline{BC}^2 = BA \times BD - AC \times CD.$$

Donc, etc.

§ IV. — QUESTIONS PRATIQUES

Problème n° 41.

362. *Partager une ligne* AB (*fig.* 218) *en 7 parties égales.*

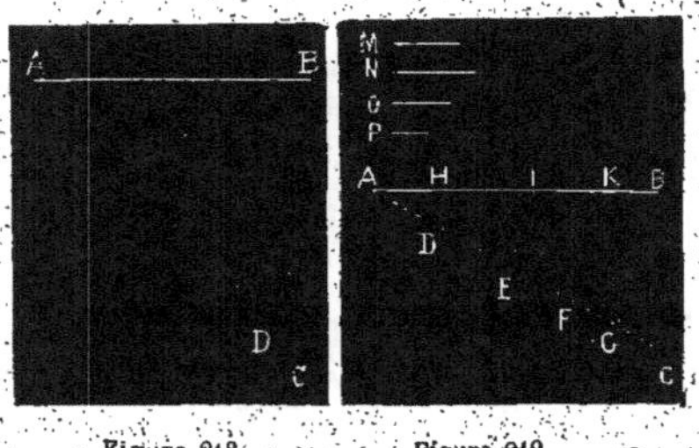

Figure 218.   Figure 219.

Je fais avec AB un angle quelconque BAC; puis, à partir du point A, je porte sur AC sept longueurs arbitraires, mais égales entre elles et se rapprochant autant que possible, à l'œil, des vraies divisions de AB. Je joins par une droite la dernière division D au point B; puis, par toutes les autres, je mène des parallèles à BD rencontrant AB. Les points de rencontre sont les divisions demandées, puisque les deux droites AB et AD sont partagées en parties proportionnelles par les parallèles et que les divisions de AD sont égales entre elles.

Problème n° 42.

363. *Partager une ligne* AB (*fig.* 219)

en parties proportionnelles aux droites M, N, O *et* P.

Je forme avec AB un angle quelconque BAC ; puis, sur AC, je prends AD = M, DE = N, EF = O et FG = P. Je joins le point B au point G ; puis, par les points F, E et D, je mène ces parallèles à BG rencontrant AB aux points K, I et H, lesquels partagent AB proportionnellement aux lignes données (293).

Problème n° 43.

364. *Trouver une quatrième proportionnelle aux trois droites* M, N *et* O (*fig.* 220).

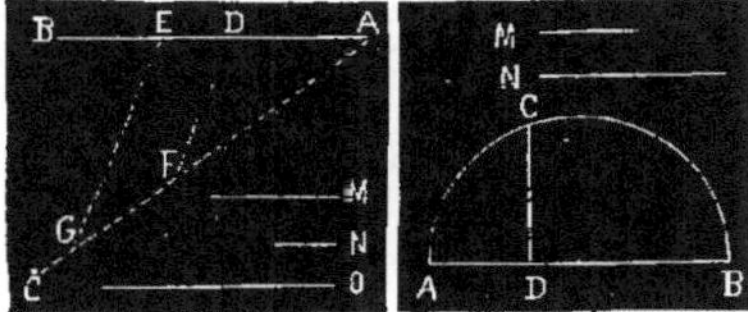

Figure 220. Figure 221.

Pour résoudre ce problème, je trace une angle quelconque BAC ; puis, à partir du sommet A, je prends AD = M et DE = N. A partir du sommet A, je prends AF = O. Je joins par une droite le point D au point F ; puis, par le point E, je mène EG parallèle à DF, et FG, est la quatrième proportionnelle cherchée, puisque les parallèles DF et EG donnent la proportion :

$$AD : DE :: AF : AG.$$

et que AD = M, DE = N, AF = O.

Problème n° 44.

365. *Trouver une moyenne proportionnelle entre les deux droites données* M *et* N (*fig.* 221).

Je trace une droite quelconque ; puis à partir d'un point D de cette droite, je prends, à droite et à gauche, DA = M et DB = M.

Sur AB, comme diamètre, je décris une circonférence, et au point D j'élève sur AB une perpendiculaire qui rencontre la demi-circonférence au point C. La perpendiculaire CD est la moyenne proportionnelle cherchée, puisque (355) j'ai la proportion :

$$AB : CD :: CD : DB,$$

attendu que DE = M, DB = N.

Problème n° 45.

366 *Diviser une droite* AB (*fig.* 222) *en moyenne et extrême mesure, c'est-à-dire en deux parties telles que la plus grande soit moyenne proportionnelle entre l'autre partie et la droite entière.*

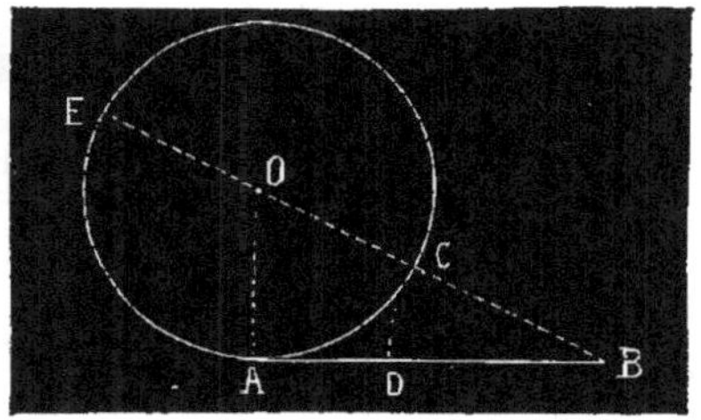

Figure 222.

Pour résoudre ce problème, au point A, j'élève sur AB une perpendiculaire AO égale à la moitié de cette droite. Du point O, comme centre, et avec un rayon égal à OA, je décris une circonférence. Je joins les points O et B et je prolonge la droite BO jusqu'à la rencontre de la circonférence au point E. Du point B, comme centre, avec un rayon égal à BC, je décris un arc CD qui coupe AB au point D, et je dis que ce point partage la droite AB en moyenne et extrême raison.

En effet, la tangente AB étant moyenne proportionnelle entre la sécante entière EB et sa partie extérieure CB, j'ai la proportion :

$$(1) \qquad EB : AB :: AB : CB.$$

Or, on sait que dans toute proportion géométrique, la différence des deux premiers termes est au second comme la somme des deux derniers est au quatrième. Donc :

$$(2) \quad EB - AB : AB :: AB - CB : CB.$$

Or, $EB - AB = DB$, puisque $EC = AB$. D'un autre côté, $AB - CB = AD$, puisque $CB = DB$. Conséquemment, dans la proportion (2), en mettant DB à la place de $EB - AB$, AD à la place de $AB - CB$, et DB à la place de CB, j'aurai :

$$(3) \quad DB : AB :: AD : DB.$$

En mettant, dans cette proportion, les extrêmes à la place des moyens, on a :

$$(4) \quad AB : DB :: DB : AD.$$

Donc, etc.

367. *Valeurs numériques des deux segments* DB *et* DA (*fig.* 222). Le triangle OAB étant rectangle et, par construction, la perpendiculaire OA étant la moitié de AB, j'ai :

$$(1) \quad \overline{OB}^2 = \overline{AB}^2 + \left(\frac{AB}{2}\right)^2$$

$$(2) \quad \text{ou,} \quad \overline{OB}^2 = \overline{AB}^2 + \frac{\overline{AB}^2}{4},$$

et, en extrayant la racine carrée de chaque terme :

$$(3) \quad OB = \sqrt{\overline{AB}^2 + \frac{\overline{AB}^2}{4}},$$

ou, en réduisant en expression fractionnaire, le nombre fractionnaire placé sur le radical :

$$(4) \quad OB = \sqrt{\frac{4\overline{AB}^2 + \overline{AB}^2}{4}},$$

$$(5) \quad \text{ou,} \quad OB = \sqrt{\frac{5}{4}\overline{AB}^2}.$$

J'extrais la racine carrée de chaque facteur du produit sous le radical et j'ai :

$$(6) \quad OB = \frac{AB}{2}\sqrt{5}.$$

Maintenant, $DB = OB - CO$. Or, par construction, $CO = \frac{AB}{2}$. J'ai donc :

$$(7) \quad DB = OB - \frac{AB}{2}.$$

En remplaçant OB de l'égalité (7) par sa valeur résultant de l'égalité (6), il vient :

$$(8) \quad DB = \frac{AB}{2}\sqrt{5} - \frac{AB}{2}.$$

Mais, multiplier $\sqrt{5}$ par $\frac{AB}{2}$ et retrancher du produit $\frac{AB}{2}$, cela revient à multiplier $\sqrt{5}$ par $\frac{AB}{2} - 1$, ce qui donne pour l'égalité (8) :

$$(9) \quad DB = \sqrt{5}\left(\frac{AB}{2} - 1\right).$$

En multipliant chaque terme de la soustraction $\frac{AB}{2} - 1$ par $\sqrt{5}$ j'ai :

$$(10) \quad DB = \sqrt{5} \times \frac{AB}{2} - \sqrt{5}.$$

Mais multiplier $\frac{AB}{2}$ par $\sqrt{5}$ et retrancher du produit $\sqrt{5}$, cela revient à multiplier $\frac{AB}{2}$ par $\sqrt{5} - 1$. Donc :

$$(11) \quad DB = \frac{AB}{2}\left(\sqrt{5} - 1\right).$$

368. Par quelques transformations, on trouvera que le petit segment DA donne :

$$DA = \frac{AB}{2}\left(3 - \sqrt{5}\right).$$

369. Le rapport des deux segments est :

$$\frac{DB}{DA} = \frac{\sqrt{5}-1}{3-\sqrt{5}} \quad \text{ou} \quad \frac{DB}{DA} = \frac{\sqrt{5}+1}{2}.$$

Problème n° 46.

370. *Mesurer, sans instrument, une hauteur verticale quelconque, celle d'un arbre, par exemple.*

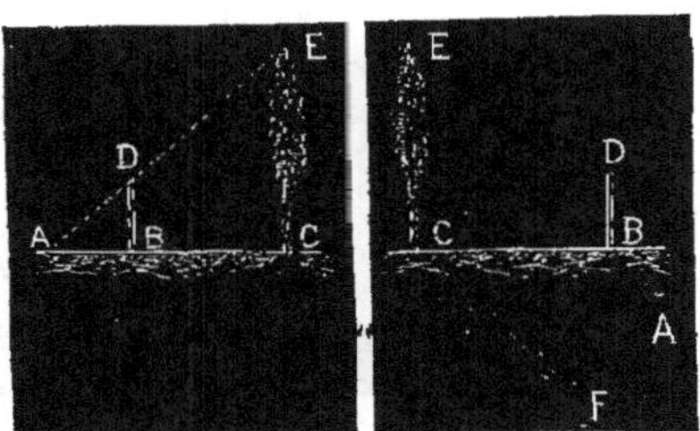

Figure 223.   Figure 224.

Pour résoudre ce problème, j'opérerai soit à l'aide d'un jalon, soit au moyen de l'ombre.

1° *Méthode du jalon.* Je plante un jalon DB (*fig.* 223) bien verticalement, à une certaine distance BC de l'arbre, puis je me couche de manière que, la tête reposant à terre, j'aperçoive, suivant une droite, les sommets D du jalon et E de l'arbre. Alors, dans le triangle AEC, le jalon DB étant parallèle à la direction de l'arbre, c'est-à-dire à EC, j'ai la proportion :

$$AC : AB :: EC : DB$$

ce qui donne, pour la hauteur de l'arbre :

$$EC = \frac{AC \times DB}{AB},$$

Si AC = 24 mètres ; DB = 2^m,30 et AB = 2^m,70, la hauteur de l'arbre sera :

$$EC = \frac{24.00 \times 2.30}{2.70} = 20^m,44.$$

2° *Méthode de l'ombre.* Je plante bien verticalement un jalon en un point B, à une certaine distance de l'arbre EC (*fig.* 224).

Soit FC l'ombre de l'arbre et BA l'ombre du jalon.

Il est clair que l'arbre et son ombre sont proportionnels au jalon et à son ombre. J'aurai donc la proportion :

$$BA : CF :: DB : EC,$$

laquelle donne :

$$EC = \frac{CF \times DB}{BA}.$$

Si CF = 10 mètres, DB = 2,30 et BA = 1,60, la hauteur de l'arbre sera :

$$EC = \frac{10.00 \times 2.30}{1.60} = 14,37.$$

Dans ces deux méthodes, il n'est pas nécessaire que le terrain soit horizontal, car, quelle que soit l'inclinaison du sol, les triangles formés sont toujours semblables.

Problème n° 47.

371. *Construire sur la droite* DE *un triangle semblable au triangle* ABC (*fig.* 225).

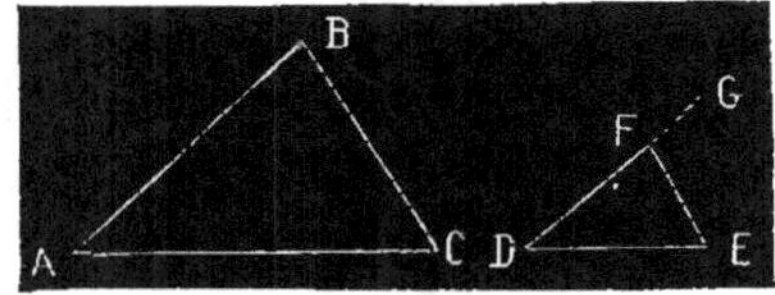

Figure 225.

Le côté DE étant homologue au côté AC, je fais au point D avec DE un angle GDE égal à l'angle BAC. Au point E, avec la droite ED, je fais un second angle DEF égal à l'angle ACB dont le côté rencontre DG au point F. Alors le triangle DFE est semblable au triangle ABC, puisque ces deux triangles ont deux angles égaux.

Problème n° 48.

372. *Construire sur la droite* FK *un polygone semblable au polygone* ABCDE (*fig.* 226).

Je suppose le côté FK homologue au côté AE. Je décompose le polygone ABCDE

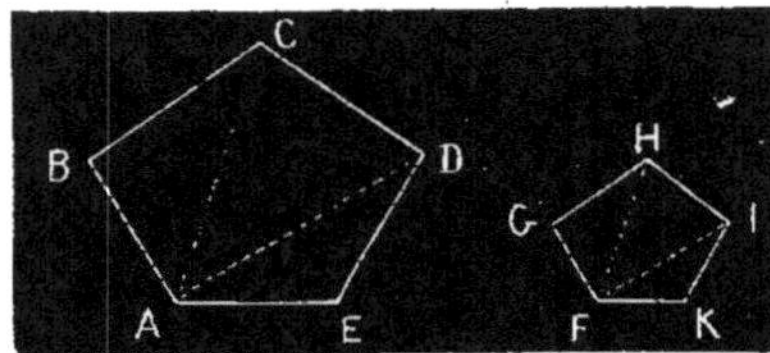

Figure 226.

en triangles par les diagonales AD et AC. Aux points F et K, je fais les angles IFK et IKF égaux aux angles DAE et DEA. A chaque extrémité de la diagonale FI, je fais les angles HFI et HIF égaux aux angles CAD et CDA. Enfin, à chaque extrémité de la diagonale HF, je fais les angles GFH et GHF égaux aux angles BAC et BCA. Alors, les deux polygones ABCDE et FGHIK sont semblables comme étant composés d'un même nombre de triangles semblables et semblablement disposés, puisque les triangles homologues sont semblables comme ayant deux angles égaux.

Problème n° 49.

373. *Deux droites* AB *et* CD *ne peuvent être prolongées jusqu'à leur rencontre. Par un point E, tracer une droite qui rencontrerait les deux premières en un même point.*

Première solution. Je joins un point I de AB à un point G de CD ; je joins également le point G au point donné E (*fig.* 227). Par

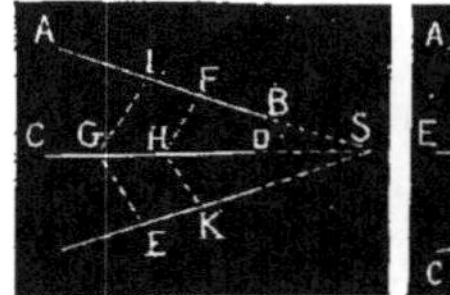

Figure 227.

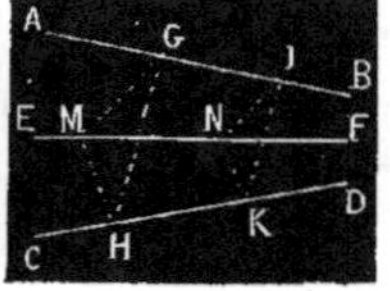

Figure 228.

un autre point F de AB, je mène FH, parallèle à IG et rencontrant la droite CD au point H. Cela fait, je cherche une qua-

trième proportionnelle aux droites IG, FH et GE et, par le point H, je mène à GE une parallèle HK égale à la quatrième proportionnelle.

La droite prolongée qui unit les points E et K aboutira au point S, rencontre des droites AB et CD, en raison des droites FH, HK, parallèles aux bases IG, GE des deux triangles SGI et SGE.

Seconde solution. Je trace une droite quelconque GH coupant AB et CD aux points G et H (*fig.* 228) ; je joins le point M aux points G et H. Cela fait, par un point quelconque I, je mène IK parallèle à GH, puis IN, parallèle à GM et KN, parallèle à HM. Je joins les points M et N par une droite que je prolonge de chaque côté, et EF est la droite demandée. En effet, les deux triangles GMH et INK sont semblables et homothétiques, puisque leurs côtés sont parallèles. Donc, la droite EF, prolongée, passe par le centre d'homothétie qui est le point de rencontre des droites AB et CD.

Problème n° 50.

374. *Les deux droites non parallèles* BA *et* CD (*fig.* 229) *ne peuvent être prolongées jusqu'à leur rencontre. Tracer une troisième droite qui rencontrerait les deux premières au même point et qui, de plus, serait parallèle à une droite EF.*

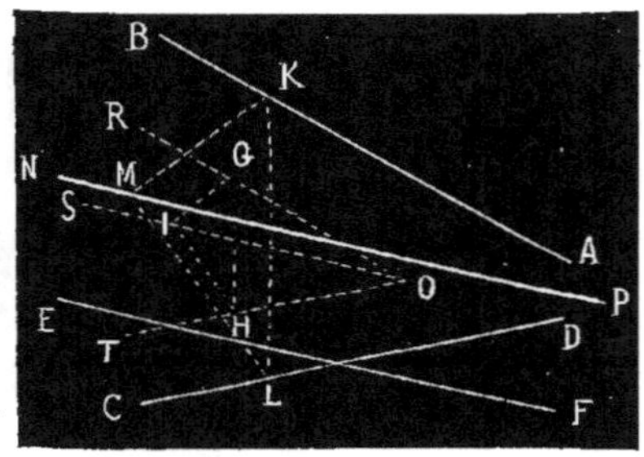

Figure 229.

Pour résoudre ce problème, je prends

un point quelconque O entre les deux droites données ; puis, de ce point, je mène OR, parallèle à BA, OT parallèle à DC et OS parallèle à FE.

Je construis un triangle GHI dont les trois sommets soient appuyés sur les droites OR, OS et OT, puis je mène, d'un point K, pris arbitrairement sur BA, la droite KL, parallèle à GH, ainsi que KM,

parallèle à GI, et LM, parallèle à HI. Par le sommet M du triangle KLM, je mène à EF, la parallèle NP, qui est la droite demandée.

En effet, les deux triangles KLM et GHI ayant leurs côtés parallèles, sont semblables et homothétiques, et les trois droites BA, CD et NP se rencontreront au centre d'homothétie.

CHAPITRE VIII

DES POLYGONES RÉGULIERS.

§ I. — PRINCIPES GÉNÉRAUX.

375. On appelle *polygone régulier*, tout polygone qui a ses côtés égaux et ses angles égaux.

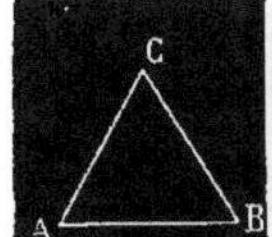

Figure 230.

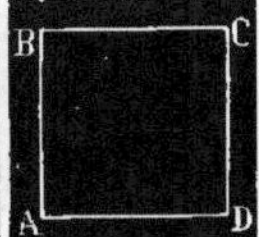

Figure 231.

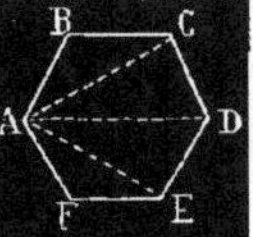

Figure 232.

Le triangle équilatéral ABC (*fig.* 230), le carré ABCD (*fig.* 231), l'hexagone ABCDEF (*fig.* 232), sont des polygones réguliers, parce que leurs côtés, ainsi que leurs angles, sont égaux chacun à chacun.

Problème n° 51.

376. *Trouver la valeur de la somme des angles d'un polygone régulier.*

Soit l'hexagone régulier ABCDEF (*fig.* 232). Je décompose ce polygone en triangles par les diagonales AC, AD et AE et je forme quatre triangles. Les trois angles de chaque triangle valent deux

angles droits (142). Or, la somme des angles du polygone vaut la somme des angles des quatre triangles, c'est-à-dire

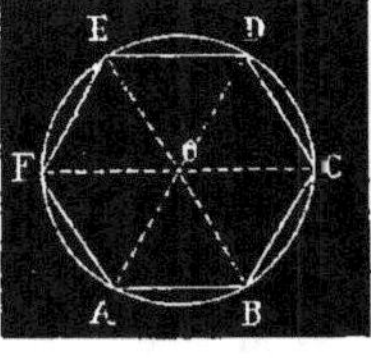

Figure 233.

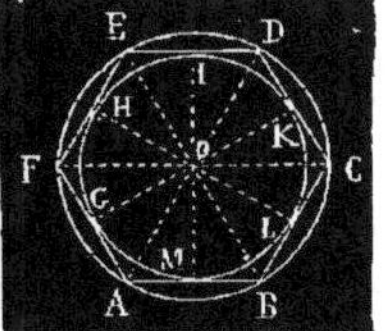

Figure 234.

4 fois 2 ou 8 angles droits, ou la différence entre le nombre des côtés et 2 unités, multipliée par 2.

Comme le raisonnement serait le même pour un polygone régulier quelconque, j'en conclus que :

377. RÈGLE PRATIQUE. — *Pour trouver la valeur de la somme des angles d'un polygone régulier quelconque, il faut retrancher 2 unités du nombre de ses côtés, puis multiplier la différence par 2.*

378. *Corollaire.* Il résulte de la règle pratique précédente que pour trouver la valeur d'un angle d'un polygone régulier, il faut diviser la somme totale des angles par le nombre des côtés.

Ainsi, chaque angle d'un hexagone régulier vaut $\frac{8}{6}$ d'angle droit, ou 120 degrés.

379. Le tableau suivant donne la valeur des angles des principaux polygones réguliers; il sera, du reste, très facile de le compléter.

POLYGONES RÉGULIERS.	NOMBBE de COTÉS.	SOMMES des ANGLES.	VALEUR d'un ANGLE.
		angles droits	
Triangle.	3	2	60°
Carré.	4	4	90°
Pentagone. . . .	5	6	108°
Hexagone.	6	8	120°
Heptagone. . . .	7	10	128°34′...
Octogone.	8	12	135°
Ennéagone. . . .	9	14	140°
Décagone.	10	16	144°
Dodécagone. . .	11	20	150°
Pentédécagone..	12	26	156°

Théorème n° 123.

380. *Deux polygones réguliers qui ont le même nombre de côtés sont semblables.*

1° Leurs angles sont égaux, puisque la mesure de chacun d'eux est la même.

2° Leurs côtés homologues sont proportionnels, puisqu'ils peuvent former une suite de rapports égaux dans laquelle les côtés de l'un sont les antécédents et les côtés de l'autre les conséquents. Or, les antécédents sont égaux ainsi que les conséquents. Donc, etc.

Théorème n° 124.

381. *Tout polygone régulier peut être inscrit dans un cercle.*

Soit le polygone régulier ABCDEF (*fig*. 235). Il faut démontrer qu'il est possible de faire passer une circonférence par les six sommets du polygone, qui sera alors inscrit dans le cercle.

Pour cela, je partage les angles C et B en deux parties égales par des droites CO et BO qui se rencontrent au point O, et je dis que ce point est le centre du cercle circonscrit, qui passera par les six sommets. En effet, en joignant le point O au point A, j'ai les deux triangles BOC et BOA qui sont égaux comme ayant un angle égal compris entre deux côtés égaux, puisque 1° les angles OBC et OBA sont égaux comme moitiés du même angle CBA; 2° le côté OB est commun; 3° les côtés BC et BA sont égaux, le polygone étant régulier. Donc, les trois côtés OC, OB et OA sont égaux.

Si je joins le point O au point F, j'ai le nouveau triangle OAF, qui est égal au triangle OAB, comme ayant aussi un angle égal compris entre deux côtés égaux, puisque 1° l'angle OBA est moitié de l'angle CBA ou moitié de son égal BAF. Conséquemment, l'angle OAB, qui est égal à l'angle OBA, est moitié de l'angle BAF, ce qui prouve que les deux angles OAB et OAF sont égaux; 2° le côté OA est commun; 3° les côtés AB et AF sont égaux, le polygone étant régulier. Donc, OF = OA = OB = OC.

Je démontrerais de la même manière que les droites OE et OD sont égales entre elles et égales aux autres droites partant du point O pour aboutir aux divers sommets du polygone. Conséquemment, si du point O, comme centre, avec un rayon égal à OB, par exemple, je décris une circonférence, cette circonférence passera par tous les sommets du polygone. Donc, etc.

Théorème n° 125.

382. *Tout polygone régulier peut être circonscrit à un cercle.*

Soit le polygone régulier ABCDEF (*fig*.236). Il faut démontrer qu'il est possible d'inscrire dans ce polygone une circonférence tangente à tous ses côtés.

Pour cela, je fais, comme au théorème

précédent, passer une circonférence par tous les sommets du polygone et je joins le centre O aux différents sommets. Du même centre O, j'abaisse les perpendiculaires OM, OG, OH.., sur les différents côtés. Alors (381), tous les triangles OBA, OAF, OFE... sont égaux. Conséquemment, leurs hauteurs OM, OG, OH... sont aussi égales et si, du point O, comme centre, on décrit une circonférence avec un rayon égal à l'une de ces hauteurs, cette circonférence sera tangente aux côtés AB, AF, FE..., puisque chacun desdits côtés est perpendiculaire à l'extrémité d'un rayon. Donc, le polygone donné est bien circonscrit au cercle intérieur MGHIKL. Donc, etc.

383. Remarque. — La figure 236 fait voir le cercle inscrit dans le polygone et le cercle circonscrit au même polygone.

384. Les deux cercles inscrit et circonscrit ont le point O pour centre commun. Le point O est nommé *centre* du *polygone régulier.*

385. Le *rayon* d'un polygone régulier est le rayon du cercle circonscrit. Exemple OA (*fig.* 236).

386. L'*apothème* d'un polygone régulier est le rayon du cercle inscrit dans ce polygone. Ainsi, l'apothème du polygone (*fig.* 236) est l'un des rayons OM, OG, OH...

L'*apothème* est toujours perpendiculaire sur le côté où elle tombe et partage ce côté en deux parties égales.

387. On appelle *angle au centre* d'un polygone régulier, l'angle formé par deux rayons consécutifs, comme l'angle AOB (*fig.* 236) formé par deux rayons OB et OA.

On conçoit que tous les angles au centre d'un polygone régulier sont égaux, puisqu'ils interceptent tous des arcs égaux.

388. Le *périmètre* d'un polygone est la somme des longueurs de tous les côtés.

Théorème n° 126.

389. *Si l'on divise une circonférence en un certain nombre d'arcs égaux, les cordes de ces arcs forment un polygone régulier inscrit dans la circonférence.*

Je suppose que la circonférence (*fig.* 235) soit divisée en six arcs égaux. Je dis que les cordes de ces six arcs forment un polygone régulier. D'abord, tous les côtés, n'étant autre chose que les cordes des arcs, sont égaux, puisque les arcs égaux sont sous-tendus par des cordes égales. De plus, les angles inscrits ACE, CEG, EGI, GIK, IKA et KAC sont tous égaux, puisqu'ils ont tous pour mesure la moitié d'arcs, égaux. Donc, etc.

Théorème n° 127.

390. *Si l'on divise une circonférence en un certain nombre d'arcs égaux, les tangentes tracées par les points de division forment un polygone régulier circonscrit à la circonférence.*

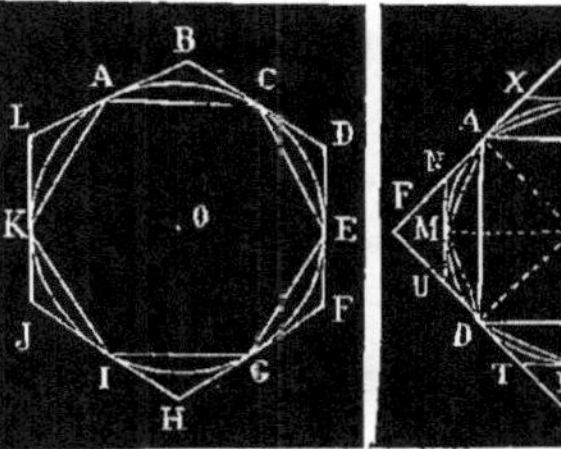

Figure 235.   Figure 236.

Soit la circonférence (*fig.* 235) divisée en six arcs égaux par les points A, C, E, G, I, et K. A chacun de ces points, j'ai tracé les tangentes LB, BD, DF, FH, HJ et JL, et je dis que le polygone LBDFHJ, circonscrit à la circonférence, est régulier.

Pour le prouver, je joins deux à deux les points de division de la circonférence et, d'après le théorème précédent, le polygone formé, ACEGIK, est régulier. Je détermine ainsi six triangles ABC, CDE, EFG..., qui sont isocèles, car, dans le premier, les angles BAC et BCA sont égaux comme ayant chacun pour mesure la moitié du même arc AC, puisqu'ils sont formés par une sécante et par une tangente (266). Il en est de même pour tous les autres. De plus, ces triangles sont tous égaux, comme ayant un côté égal adjacent à deux angles égaux, puisque : 1° les côtés AC, CE, EG... sont égaux comme côtés d'un polygone régulier ; 2° les angles BCA et BAC, DCE et DEC, etc., sont égaux comme ayant pour mesures la moitié d'arcs égaux.

Conséquemment, AL = AB ; CB = CD ; ED = EF, etc. ; par suite, BL = BD = DF = FH = HJ = JL. En outre, les angles homologues B, D, F, H, J, L sont égaux. Donc le polygone circonscrit est régulier.

391. *Corollaire*. Il résulte des deux théorèmes précédents que pour circonscrire un polygone régulier à un cercle, on inscrit d'abord dans ce cercle un polygone régulier d'un même nombre de côtés ; puis, par chaque angle du polygone inscrit, on mène une tangente au cercle, et la rencontre de toutes ces tangentes détermine le polygone circonscrit.

392. Si l'on inscrit un polygone régulier dans un cercle et que du centre on abaisse, sur chaque côté, une perpendiculaire qu'on prolonge jusqu'à la rencontre de la circonférence, en joignant chaque point de rencontre au sommet voisin, on formera un nouveau polygone régulier d'un nombre double de côtés. On pourra circonscrire au cercle des polygones réguliers ayant le même nombre de côtés que les polygones réguliers inscrits qui leur correspondent.

Ainsi, sur chaque côté du carré ABCD (*fig.* 236), inscrit dans le cercle, j'ai abaissé une perpendiculaire que j'ai prolongée jusqu'à la rencontre de la circonférence, et en joignant chaque point de rencontre au sommet voisin, j'ai formé l'octogone inscrit AIBKCLDM. J'ai circonscrit également au cercle le carré GHVF et l'octogone XPQRSTUN.

Dans la circonférence (*fig.* 237) j'ai inscrit le pentagone ABCDE et en abaissant du centre O des perpendiculaires sur chaque côté, puis en prolongeant ces perpendiculaires jusqu'à la rencontre de la circonférence, j'ai déterminé un décagone régulier inscrit. J'ai circonscrit également au même cercle un pentagone et un décagone.

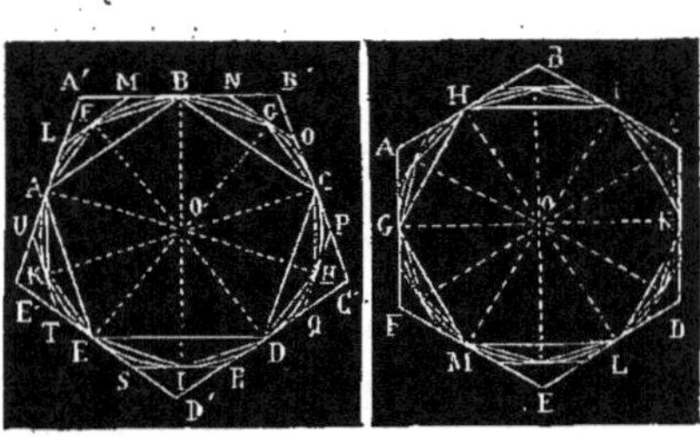

Figure 237.   Figure 238.

Enfin, dans la circonférence (*fig.* 238) j'ai inscrit un hexagone, puis un dodécagone. Un hexagone et un dodécagone ont été également circonscrits.

Au moyen de l'hexagone régulier, par exemple, on peut donc inscrire dans le cercle des polygones réguliers de 12, 24, 48, 96, etc., côtés. On peut de même circonscrire au cercle des polygones de 12, 24, 48, 96, etc., côtés. Mais on remarque que plus le nombre des côtés augmente, plus les périmètres des polygones inscrits se rapprochent de la circonférence. Il en est de même pour les périmètres des polygones circonscrits ; et lorsque le nombre des côtés sera suffisamment grand, il arrivera que les périmètres des polygones inscrits et circonscrits se rapprocheront tellement qu'ils se confondront pour ainsi dire, de sorte qu'on pourra prendre, sans erreur sensible, la longueur des périmètres pour la longueur de la circonférence, et réciproquement.

J'aurai à utiliser plus loin cette remarque, quand il s'agira de comparer une circonférence et son diamètre.

Comparaison des périmètres

Théorème n° 128.

393. *Les périmètres de deux polygones réguliers qui ont le même nombre de côtés sont proportionnels aux rayons des cercles inscrits et circonscrits.*

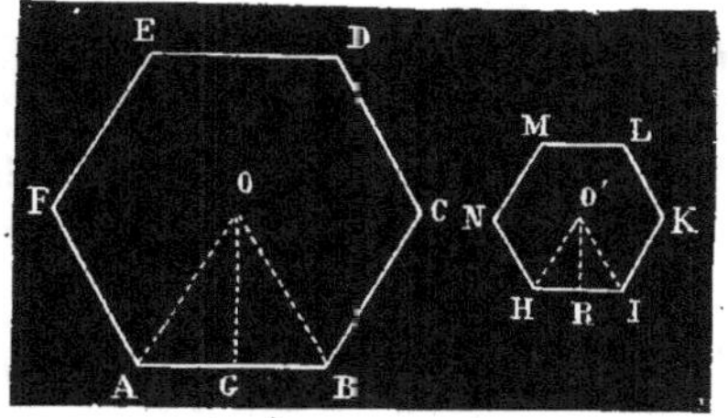

Figure 239.

Soient les deux polygones ABCDEF et HIKLMN (*fig.* 239). Je partage les angles FAB et CBA en deux parties égales par les droites AO et BO, qui se rencontrent au point O. Je partage également les angles NHI et KIH en deux parties égales par les droites HO' et IO'', qui se rencontrent au point O'. Des points O et O', centres des cercles inscrits et circonscrits, j'abaisse les perpendiculaires OG sur AB et O'R sur HI. Je désigne le périmètre du grand polygone par P et le périmètre du petit polygone par P' et je dis qu'on aura les deux proportions :

$$P : P' :: OA : O'H,$$
$$P : P' :: OG : O'R.$$

1° Les deux triangles AOB et HO'I étant semblables, puisque les deux angles OAB et OBA sont respectivement égaux aux deux angles O'HI et O'IH, donnent la proportion :

(1)   OA : O'H :: AB : HI.

Les deux polygones donnés étant semblables, puisqu'ils ont le même nombre de côtés, donnent la proportion :

(2)   P : P' :: AB : HI.

Les proportions (1) et (2) ayant le rapport commun AB : HI, les deux autres forment la proportion.

(3)   P : P' :: OA : O'H.

Donc déjà, les périmètres des polygones donnés sont proportionnels aux rayons des cercles circonscrits.

2° Les deux triangles OGA et O'RH sont semblables, puisque les angles OAG et O'HR sont égaux comme moitiés d'angles égaux, et que les angles OGA et O'RH sont égaux comme droits. Ils donnent donc la proportion :

(4)   OA : O'H :: OG : O'R.

Mais, d'après ce qui vient d'être démontré, j'ai :

(5)   P : P' :: OA : O'H

Les proportions (4) et (5) ayant le rapport commun OA : O'H, les deux autres rapports forment la proportion :

(6)   P : P' :: OG O'R.

Or, OG et O'R sont les rayons des cercles inscrits. Donc, etc.

Théorème n° 129.

394. *Deux circonférences sont proportionnelles à leurs rayons et à leurs diamètres.*

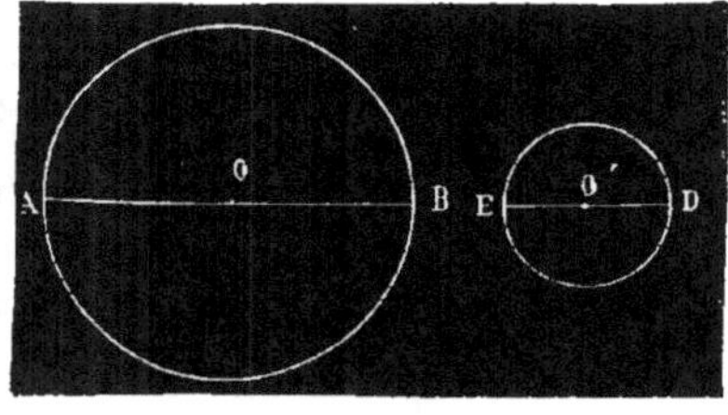

Figure 240.

En effet, une circonférence peut être considérée comme un polygone régulier d'un nombre infini de côtés. Dans ce cas, les côtés du polygone circonscrit seront si petits qu'on pourra, sans erreur sensible, admettre qu'ils se confondent avec les côtés du polygone inscrit. Alors, on pourra considérer le rayon de la circonférence comme étant également le rayon des cercles inscrits et circonscrits; mais les périmètres de deux polygones réguliers semblables sont proportionnels aux rayons des cercles inscrits et circonscrits. Donc, en désignant par C la grande circonférence et par C' la petite, j'aurai : (*fig.* 240).

$$C : C' :: OA : O'E$$

Et, en multipliant les deux termes du dernier rapport par 2, j'aurai de nouveau :

$$C : C' :: AB : ED$$

Or, OA, O'E sont les rayons et AB, ED sont les diamètres. Donc, etc.

§ II. — POLYGONES RÉGULIER INSCRITS DANS UN CERCLE.

Problème n° 52

395. *Inscrire un carré dans un cercle.*

Je trace deux diamètres perpendiculaires AB et CD (*fig.* 241). Je joins leurs extrémités par les droites CA, CB, DB et DA et j'ai le carré demandé ACBD. En effet, les côtés CB, BD, DA et AC sont des cordes égales puisqu'elles sous-tendent des arcs égaux. De plus, les angles ACB, CBD, BDA et DAC sont droits, puisqu'ils sont inscrits et ont pour mesure la moitié de la circonférence, c'est-à-dire 90°.

396. Pour circonscrire un carré au cercle, par chaque sommet du carré inscrit, je mène une tangente à la circonférence et j'obtiens le quadrilatère EFGH, qui est le carré circonscrit. En effet, les deux tangentes EH et FG sont perpendiculaires aux extrémités du diamètre AB, et il en est de même des tangentes EF et HG par rapport au diamètre CD. Or, par hypothèse, les diamètres AB et CD étant perpendiculaires l'un à l'autre, il en résulte que les côtés EF et HG sont perpendiculaires aux côtés EH et FG. De plus, ils sont égaux entre eux, puisque chacun d'eux est égal au diamètre.

397. *Rapport numérique du côté du carré inscrit en fonction du rayon.* — Entre la valeur numérique du côté du carré inscrit et la valeur numérique du rayon, il existe une relation remarquable que je vais établir.

Le triangle COA (*fig.* 241) étant rectangle, j'ai :

$$\overline{CA}^2 = \overline{AO}^2 + \overline{OC}^2, \quad \text{ou} \quad \overline{CA}^2 = 2R^2$$

en désignant le rayon par la lettre R.

En extrayant la racine carrée de chaque membre de l'égalité $CA^2 = 2R^2$, j'aurai :

$$(1) \qquad CA = R \times \sqrt{2}.$$

Je divise chaque membre de cette nouvelle égalité par R et j'ai :

$$(2) \qquad \frac{CA}{R} = \sqrt{2}.$$

L'égalité (1) démontre que le côté du carré inscrit est égal au rayon multiplié par la racine carrée de 2. Si le rayon était 1, le côté du carré inscrit serait égal à la racine carrée de 2.

L'égalité (2) démontre que le quotient du côté du carré inscrit, divisé par le rayon est égal à la racine carrée de 2.

398. — Pour inscrire dans un cercle des polygones réguliers convexes de 8, 16, 32, etc., côtés, on divise en 2, 4, 8, etc., parties égales les arcs sous-tendus par les côtés du carré, et on trace les cordes des nouveaux arcs.

Problème n° 53.

399. *Inscrire un hexagone régulier dans un cercle.*

Je partage la circonférence (*fig.* 242) en six parties égales, aux points A, B, C, D, E et F, que je joins deux à deux par des droites, et je dis que chacune des cordes AB, BC, CD, DE, EF et FA, formant les côtés de l'hexagone régulier, est égale au rayon. Pour le prouver, je joins le centre

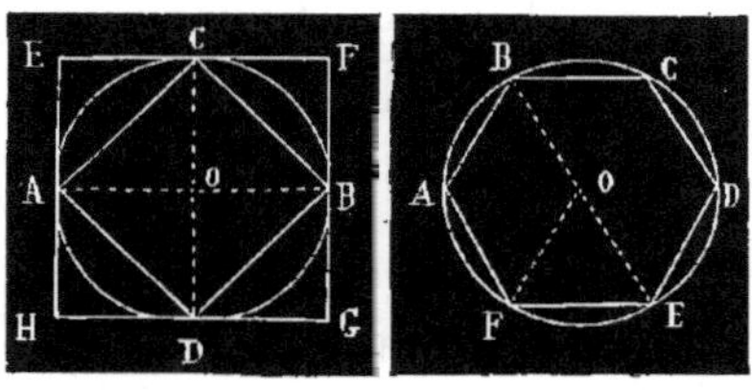

Figure 241.   Figure 242

O aux points F et E. Alors, dans le triangle OFE, l'angle O étant au centre a pour mesure la moitié de l'arc FE, qui vaut le sixième de la circonférence, c'est-à-dire le sixième de 4 angles droits, ou $\frac{4}{6}$ ou $\frac{2}{3}$ d'un seul angle droit. Mais les trois angles du triangle OFE valent deux angles droits, ou bien $\frac{6}{3}$ d'un seul angle droit. En retranchant $\frac{2}{3}$ d'angle droit, valeur de l'angle O, de $\frac{6}{3}$, il restera $\frac{4}{3}$ d'angle droit pour les deux angles OFE et OEF, et comme ces deux angles sont égaux étant opposés à deux rayons, il en résulte qu'ils valent chacun $\frac{2}{3}$ d'angle droit. Donc, les trois angles de triangle OFE sont égaux, puisqu'ils valent chacun $\frac{2}{3}$ d'angle droit, et comme aux angles égaux sont opposés des côtés égaux, il en résulte que OF est égal à FE et, par suite, à tous les côtés de l'hexagone régulier inscrit. Donc, le côté de l'hexagone régulier inscrit est égal au rayon.

400. Si l'on joint par une droite deux sommets opposés d'un hexagone régulier, les sommets B et E (*fig* 242), par exemple, la droite BE sera un diamètre, puisque les trois arcs AB, AF et FE réunis valent une demi-circonférence.

401. Si l'on veut inscrire dans un cercle des polygones réguliers convexes de 12, 24, 48, etc., côtés, il faut diviser en 2, 4, 8, etc., parties égales les arcs soustendus par les côtés de l'hexagone régulier inscrit, puis tracer les cordes des nouveaux arcs.

Problème n° 54.

402. *Inscrire un triangle équilatéral dans un cercle.*

Pour cela, on peut partager la circonférence du cercle en trois parties égales et joindre les points de division. Les trois côtés sont égaux parce que ce sont des cordes égales qui sous-tendent des arcs égaux. Les angles sont aussi égaux, puisqu'ils ont chacun pour mesure la moitié du tiers de la circonférence, comme angles inscrits.

Le procédé le plus pratique pour inscrire un triangle équilatéral dans un cercle consiste à inscrire préalablement l'hexagone régulier ABCDEF (*fig.* 243) et à tracer les droites AC, AE et CE qui unissent de deux en deux les sommets du polygone.

403. *Valeur numérique du côté du triangle équilatéral inscrit en fonction du rayon.*

Le triangle rectangle BCE (*fig.* 243) donne :

$$\overline{CE}^2 = \overline{BE}^2 - \overline{BC}^2.$$

Mais le diamètre BE valant deux rayons, son carré vaudra 4 fois le carré du rayon que je désigne par R. Alors, dans l'égalité précédente, en remplaçant $\overline{BE}^2$ par $4R^2$ j'aurai.

$$\overline{CE}^2 = 4R^2 - \overline{BC}^2, \quad \text{ou} \quad \overline{CE}^2 = 3R^2,$$

puisque BC, côté de l'hexagone régulier est égal au rayon du cercle circonscrit, c'est-à-dire à R.

En extrayant la racine carrée de chaque membre de l'égalité $\overline{CE}^2 = 3R^2$, j'aurai :

$$(1) \qquad CE = R \times \sqrt{3}.$$

Et en divisant par R chaque membre de l'égalité (1), il vient :

$$(2) \qquad \frac{CE}{R} = \sqrt{3}.$$

L'égalité (1) démontre que le côté du triangle équilatéral inscrit dans un cercle est égal au rayon multiplié par la racine carrée de 3. Si le rayon était 1, le côté du triangle équilatéral inscrit serait égal à la racine carrée de 3.

L'égalité (2) démontre que le quotient du côté du triangle équilatéral inscrit, divisé par le rayon, est égal à la racine carrée de 3.

L'égalité (1) donne la valeur du côté du triangle équilatéral inscrit, en *fonction du rayon*.

Problème n° 55.

404. *Inscrire un décagone régulier dans un cercle.*

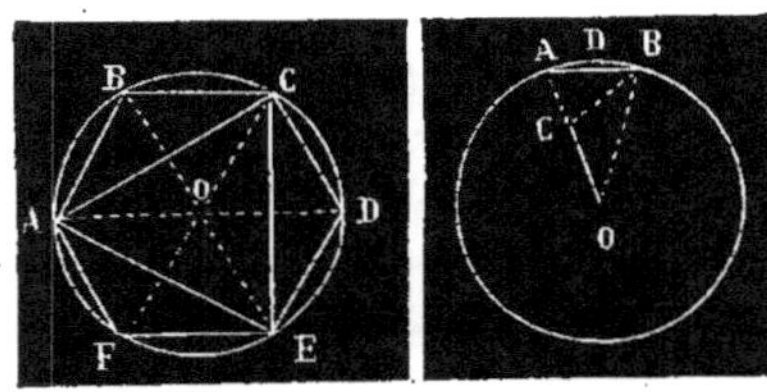

Figure 243.   Figure 244.

Je vais démontrer que le côté du décagone régulier inscrit est égal au plus grand segment du rayon divisé en moyenne et extrême raison.

Soit le cercle OB (*fig.* 244) dans lequel j'ai tracé le rayon AO que je divise en moyenne et extrême raison au point C (366). Je trace une corde AB égale au plus grand segment CO, et je dis que AB est le côté du décagone régulier inscrit.

Pour le prouver, je joins par des droites le point B aux points C et O, et j'ai les deux triangles OAB el BAC qui sont semblables comme ayant un angle égal compris entre deux côtés homologues proportionnels, puisque : 1° l'angle BAO est commun aux deux triangles ; 2° j'ai, par hypothèse, la proportion :

$$AO : AB :: AB : AC,$$

puisque AB = CO, par construction.

Or, le côté AO du grand triangle est homologue du côté AB du petit, de même que AB du grand triangle est homologue du côté AC du petit.

Donc, l'angle AOB du grand triangle est égal à son homologue ABC du petit. Les angles OBA et OAB sont aussi égaux étant opposés à des côtés égaux comme rayons. Conséquemment, les deux angles BAC et BCA étant égaux au même angle ABO sont égaux entre eux et AB = CB comme côtés opposés à des angles égaux. Puisque CB = AB et que CO = AB par hypothèse, il en résulte que CB = CO, que le triangle OCB est isocèle et que les angles CBO et COB sont égaux comme opposés à des côtés égaux. Mais on vient de voir que l'angle AOB est égal à l'angle ABC. Donc, l'angle ABO vaut deux angles O et, par la même raison, BAO vaut deux angles O. Conséquemment : 1° les trois angles du triangle OAB valent ensemble cinq angles O ; 2° L'angle O vaut, à lui seul, le cinquième de deux angles droits ou le dixième de quatre droits, c'est-à-dire le dixième de la circonférence. Donc, l'arc ADB, sous-tendu par la corde AB, étant la dixième partie de la circonférence, la corde AB est bien le côté du décagone inscrit.

405. *Valeur numérique du côté du décagone régulier convexe inscrit.*

Le côté du décagone régulier convexe inscrit étant égal au plus grand segment du rayon divisé en moyenne et extrême raison, sa valeur sera (366), en *fonction du rayon* :

$$AB = \frac{R(\sqrt{5} - 1)}{2}.$$

406. Si l'on veut inscrire dans un cercle des polygones réguliers de 20, 40, 80, etc. côtés, il faut diviser en 2, 4, 8, etc. parties égales les arcs sous-tendus par les côtés du décagone régulier inscrit, puis tracer les cordes des nouveaux arcs.

407. Si l'on partage la circonférence (*fig.* 245) en dix parties égales, et que l'on joigne les points de divisions de trois en trois, par exemple, les points B et E, C et F, D et G, E et H, F et I, G et K, H et A, I et B, K et C, A et D, on formera le décagone régulier *concave* ALBMCNDOEP FQGRHSITKU, qu'on nomme aussi *décagone étoilé*.

408. *Valeur numérique du côté du décagone régulier étoilé et inscrit.*

Je trace le décagone convexe ABCDEFG HIK (*fig.* 246) et je joins les points C et D par une droite. Je trace les deux diamètres AF et DI, ce dernier coupant CF au point M.

1° Le triangle DCM est isocèle et DC = MC. En effet, l'angle inscrit CDI a pour mesure la moitié de quatre divisions du cercle. L'angle CMD ayant son centre dans l'intérieur du cercle a pour mesure la moitié de l'arc compris entre ses côtés, plus la moitié de l'arc compris entre ses cô-

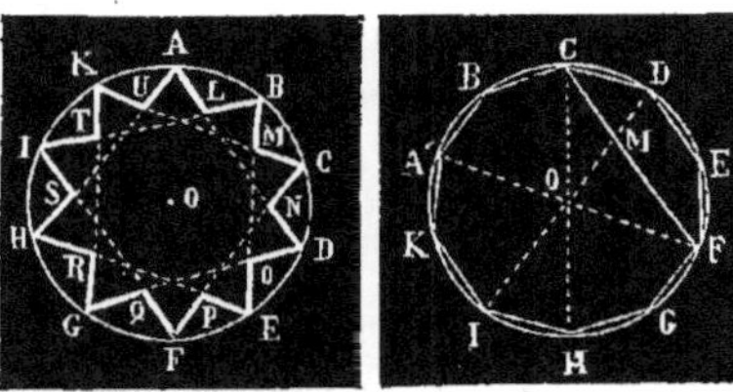

Figure 245.   Figure 246.

tés prolongés (268), c'est-à-dire la moitié de 3 + 1 ou 4 divisions, comme l'angle CDI.

Ces deux angles étant égaux, leurs côtés opposés DC et MC le sont aussi.

2° Le triangle OMF est aussi isocèle et FM=FO. En effet, les deux angles FMI et CMD étant égaux comme opposés par le sommet, l'angle FMI, de même que son égal CMD, a pour mesure la motié de 4, ou 2 divisions du cercle. Mais l'angle au centre DOF a aussi pour mesure 2 divisions. Donc les deux angles FMI et DOF sont égaux. Conséquemment leurs côtés opposés FM et FO (rayon) sont aussi égaux.

Le côté CF du décagone étoilé est égal à CM + MF. Or, CM = CD et MF = R. En prenant pour CM la valeur du côté du décagone régulier convexe (405) et en ajoutant R,

J'aurai :

$$CF = \frac{R(\sqrt{5} - 1)}{2} + R,$$

et en simplifiant :

$$CF = \frac{R(\sqrt{5} + 1)}{2}$$

pour la valeur du côté du décagone étoilé en *fonction du rayon*.

Théorème n° 130.

409. *La différence des côtés de deux décagones réguliers inscrits dans le même cercle, l'un convexe et l'autre étoilé, est égale au rayon. Le produit de deux côtés est égal au carré du rayon.*

La première partie de ce théorème vient d'être démontrée (408) puisque CM = CD (*fig.* 246) et que MF = OF. Donc CF — CD = R.

Pour démontrer la seconde partie, je mène le diamètre CH et je dis que les deux triangles OCF et OCM sont semblables et équiangles, comme ayant deux angles égaux. En effet, l'angle OCF est commun ; l'angle inscrit CFA a pour mesure la moitié de l'arc CBA, c'est-à-dire la moitié de deux divisions du cercle, et l'angle au centre COD a pour mesure l'arc CD, c'est-à-dire une division. J'ai donc la proportion :

$$CF : CO :: CO : CD,$$

car CF du grand triangle est le côté homologue de CO du petit côté et CO du grand, est le côté homologue de CM du petit ou de CD, qui est égal a CM.

En faisant le produit des extrêmes et le produit de moyens, j'ai :

$$\overline{CO}^2 = CF \times CD.$$

Donc, etc.

410. Si l'on inscrit dans un cercle un décagone régulier convexe ABCDEFGHIK (*fig.* 247) et qu'on joigne par des droites les sommets deux à deux, par exemple A à C, C à E, E à G, G à I et I à A, on inscrit un pentagone régulier convexe ACEGI, puisque chaque côté du pentagone sous-tend un arc qui est les $\dfrac{2}{10}$ ou le $\dfrac{1}{5}$ de la circonférence.

Théorème n° 131.

411. *Le carré du pentagone régulier convexe inscrit dans un cercle vaut le carré du rayon, plus le carré du décagone inscrit dans le même cercle.*

Soit AC (*fig.* 248) le côté du pentagone régulier convexe inscrit dans le cercle qui a son centre en O, et BC le côté du décagone régulier convexe inscrit dans le même cercle, je dis qu'on a

$$\overline{AC}^2 = \overline{AO}^2 + \overline{BC}^2.$$

Pour le prouver, du centre O, j'abaisse OE perpendiculaire sur BC, rencontrant AC au point D. Je joins le centre O aux points A et C et le point D au point B par des droites. Alors, les deux triangles ABC et BDC sont isocèles et semblables. Ils sont isocèles, puisque, dans le premier, les côtés BC et BA sont égaux comme côtés du décagone régulier ; dans le second, les côtés

DC et DB sont égaux comme obliques, s'écartant également du pied de la perpendiculaire.

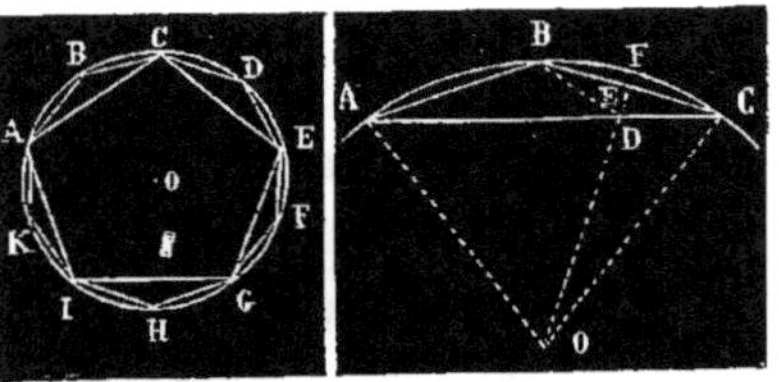

Figure 247.　　　　Figure 248.

De plus, ces deux triangles sont semblables comme ayant deux angles égaux, puisque : 1° l'angle BCD est commun ; 2° les angles BAC et CBD sont égaux puisqu'ils sont égaux l'un et l'autre au même angle BCD, comme opposés à des côtés égaux. Par suite de cette similitude, j'aurai la proportion :

$$(1) \qquad AC : BC :: BC : DC,$$

puisque le côté AC du grand triangle est homologue au côté BC du petit et que BC du grand triangle est homologue au côté DC du petit.

Cette proportion donne :

$$(2) \qquad \overline{BC}^2 = AC \times DC.$$

Maintenant, les deux triangles AOC et AOD sont semblables comme ayant deux angles égaux, puisque : 1° l'angle CAO est commun ; 2° l'angle AOC a pour mesure l'arc ABC, qui vaut le $\dfrac{1}{5}$ de la circonférence, c'est-à-dire le $\dfrac{1}{5}$ de quatre angles ou les $\dfrac{4}{5}$ d'un seul angle droit. Comme les trois angles du triangle AOC valent deux angles droits ou $\dfrac{10}{5}$ d'un seul angle droit, il reste $\dfrac{6}{5}$ pour la valeur des deux angles CAO et ACO, et comme ces deux angles sont égaux comme opposés à des côtés égaux, il en résulte que chacun d'eux vaut $\frac{3}{5}$ d'un angle droit. Mais l'angle au centre FOC, ayant pour mesure l'arc FC, qui est le quart de l'arc ABC, est le quart de l'angle AOC qui vaut $\frac{4}{5}$ d'angle droit.

Donc il reste $\frac{3}{5}$ d'angle droit pour la valeur de l'angle AOF, lequel est égal aux deux angles CAO et ACO, valant chacun $\frac{3}{5}$ d'angle droit.

Les deux triangles AOC et AOD étant semblables, j'ai la proportion :

$$(3) \qquad AC : AO :: AO : OD,$$

puisque le côté AC du premier triangle est homologue du côté AO du second et que le côté AO du premier est homologue du côté OD du second.

Cette proportion donne.

$$(4) \qquad \overline{AO}^2 = AC \times OD.$$

On a vu (2) que $\overline{BC}^2 = AC \times DC$. Si donc j'ajoute $\overline{BC}^2$ au premier membre de l'égalité (4) et $AC \times DC$ au second, j'aurai :

$$(5) \qquad \overline{AO}^2 + \overline{BC}^2 = (AC \times OD) + (AC \times DC)$$

Dans le triangle ADO, les côtés OD et DA sont égaux comme opposés à des angles égaux. Dans l'équation (5), je puis donc mettre DA à la place de OD, et j'aurai :

$$(6) \qquad \overline{AO}^2 + \overline{BC}^2 = (AC \times DA) + (AC \times DC).$$

Dans le second membre de cette égalité, on voit que AC est multiplié par DA, puis par DC. Conséquemment, AC est multiplié par DA+DC, c'est-à-dire par AC.

Donc, l'égalité (6) revient à :

$$\overline{AC}^2 = \overline{AO}^2 + \overline{BC}^2.$$

Donc, etc.

412. Dans cette égalité, en remplaçant BC, côté du décagone régulier inscrit, par sa valeur numérique (405) et en transformant, on trouve, pour le côté du pentagone convexe inscrit :

$$BC = \frac{R}{2} \sqrt{10 - 2\sqrt{5}}.$$

413. Si l'on inscrit un pentagone régulier convexe ABCDE (*fig.* 249) et qu'on joigne de deux en deux les sommets de ce polygone, en ayant soin de passer par tous les sommets avant de revenir au point de départ, on forme un pentagone régulier étoilé dont l'un des côtés, BD, par exemple, a pour valeur numérique :

$$BD = \frac{R}{2} \sqrt{10 + 2\sqrt{5}}.$$

Problème n° 56.

414. *Inscrire un pentédécagone régulier convexe dans un cercle.*

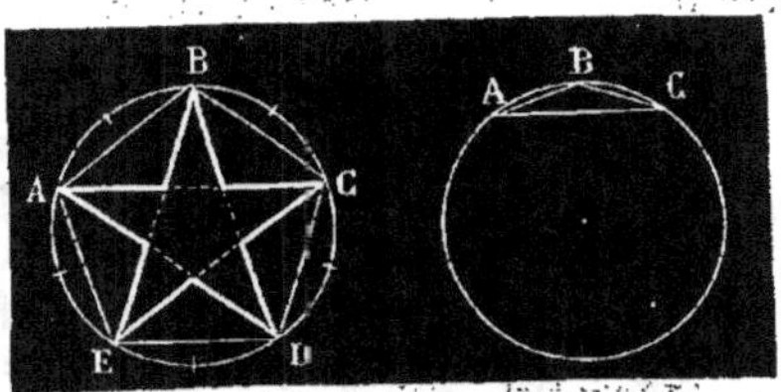

Figure 249.   Figure 250.

Je trace le côté AC de l'hexagone régulier inscrit (*fig.* 250) et le côté BC du décagone régulier inscrit. La corde qui sous-tend l'arc AB, différence des arcs sous-tendus par les cordes AC et BC, est le côté du pentédécagone régulier inscrit.

En effet, l'arc AC vaut la sixième partie de la circonférence et l'arc BC vaut la dixième partie de la même circonférence. Or, en retranchant $\frac{1}{10}$ de $\frac{1}{6}$, on a bien $\frac{1}{15}$ pour différence. Donc l'arc AB vaut le

$\dfrac{1}{15}$ de la circonférence, et l'arc qui le sous-tend est bien le côté du pentédécagone régulier convexe inscrit.

415. Si l'on veut inscrire dans un cercle des polygones réguliers convexes de 30, 60, 120, etc. côtés, il faut diviser en 2,

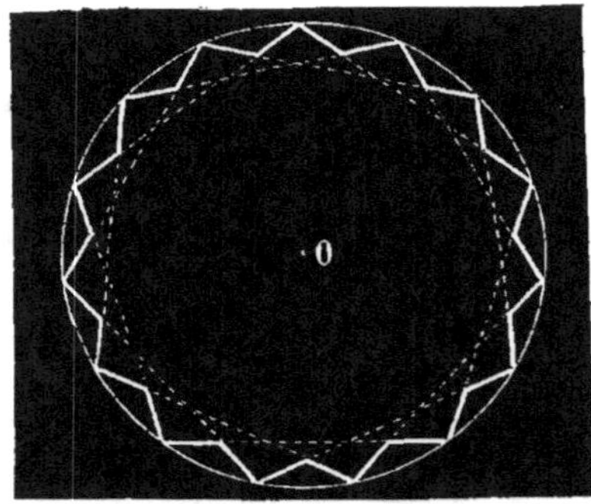

Figure 251.

4, 8, etc. parties égales les arcs sous-tendus par les côtés du pentédécagone régulier inscrit, puis tracer les cordes des nouveaux arcs.

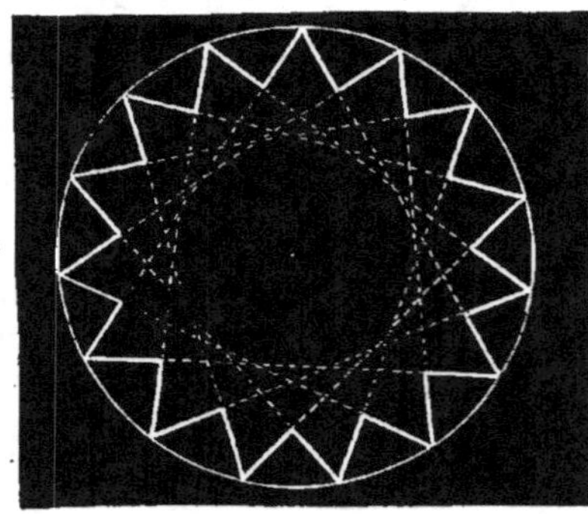

Figure 252

Si l'on joint trois à trois les sommets d'un pentédécagone convexe, on aura le décagone concave étoilé (*fig.* 251), et si l'on joint quatre à quatre les sommets des angles du même polygone, on aura le nouveau pentagone concave étoilé (*fig.* 252).

Problème n° 57.

416. *Connaissant le côté d'un polygone régulier convexe et le rayon du cercle dans lequel il est inscrit, calculer le côté d'un polygone régulier convexe d'un nombre de côtés double et inscrit dans le même cercle.*

Soit le côté AB (*fig.* 253) d'un polygone régulier convexe inscrit dans le cercle qui a son centre en O. Du centre O, j'abaisse OE perpendiculaire sur AB et je prolonge cette droite au-dessus et au-dessous, jusqu'à ce qu'elle rencontre la circonférence aux points D et C. Je joins le point A aux points D, O et C. Alors, la perpendiculaire OC partage la corde AB et l'arc ACB en deux parties égales, et AC est le côté du polygone régulier d'un nombre de côtés double, et il s'agit de calculer AC.

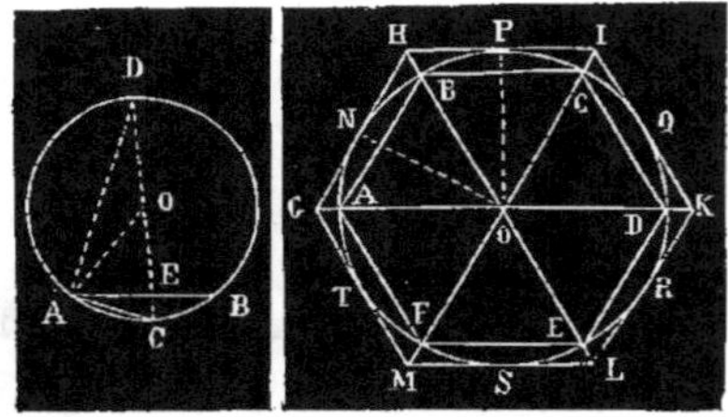

Figure 253.   Figure 254.

Le triangle rectangle CAD donne (338) :

$$(1) \qquad CD : CA :: CA : CE$$

ou

$$(2) \qquad \overline{CA}^2 = 2R \times CE,$$

puisque le diamètre CD vaut 2 rayons et que je représente le rayon par R.

Dans l'égalité (2), il manque la valeur de CE, que je vais chercher. Or, CE = CO — EO, c'est-à-dire R — EO. Le triangle rectangle AEO donne :

$$(3) \qquad \overline{EO}^2 = \overline{AO}^2 - \overline{AE}^2,$$

ou

(4) $\qquad \overline{EO}^2 = R^2 - \overline{AE}^2,$

ou

(5) $\qquad \overline{EO}^2 = R^2 - \dfrac{AB^2}{4}.$

J'extrais la racine carrée de chaque membre de l'égalité (5), et j'ai :

(6) $\qquad EO = \sqrt{R^2 - \dfrac{\overline{AB}^2}{4}},$

ou

(7) $\qquad R - CE = \sqrt{R^2 - \dfrac{\overline{AB}^2}{4}}$

puisque $EO = R - CE$.

Je fais passer R du premier membre de l'égalité (7) dans le second, et j'ai la nouvelle égalité ;

(8) $\qquad CE = R - \sqrt{R^2 - \dfrac{\overline{AB}^2}{4}}.$

Mais, en divisant chaque membre de l'égalité (2) par 2R, j'ai $CE = \dfrac{\overline{CA}^2}{2R}$, ce qui me donne :

(9) $\qquad \dfrac{\overline{CA}^2}{2R} = R - \sqrt{R^2 - \dfrac{\overline{AB}^2}{4}}$

et en multipliant par 2R chaque membre de l'égalité (9) j'ai :

(10) $\qquad \overline{CA}^2 = 2R\left(R - \sqrt{R^2 - \dfrac{\overline{AB}^2}{4}} \right)$

ou, en extrayant la racine carrée de chaque membre de l'égalité (10) :

(11) $\qquad CA = \sqrt{2R\left(R - \sqrt{R^2 - \dfrac{\overline{AB}^2}{4}} \right)},$

formule qui donne la valeur, en *fonction du rayon*, du côté AC du polygone régulier convexe d'un nombre de côté double du polygone régulier ayant pour côté AB.

417. Ce problème pourrait encore s'énoncer ainsi :

Connaissant le rayon d'un cercle et la corde qui sous-tend un certain arc de ce cercle, calculer la valeur de la corde qui sous-tend un arc moitié du premier.

§ III. — CIRCONSCRIPTION D'UN POLYGONE RÉGULIER A UN CERCLE.

Problème n° 58.

418. *Un polygone régulier* ABCDEF *(fig. 254) est inscrit dans le cercle qui a son centre en O, soit proposé de circonscrire à la même circonférence un polygone régulier semblable.*

Pour cela, par les points N, P, Q, R, S et T, milieux des arcs sous-tendus par les côtés du polygone régulier inscrit, je mène des tangentes GH, HI, IK.... parallèles aux divers côtés de ce polygone, et ces tangentes, en se rencontrant, forment le polygone régulier circonscrit GHIKLM, qui est semblable au polygone régulier inscrit.

Pour le prouver, je joins le centre O aux deux sommets du polygone régulier circonscrit et je dis, par exemple, que les trois points H, B et O sont en ligne droite. En effet, les deux triangles rectangles HOP et HON sont égaux, puisqu'ils ont HO pour hypoténuse commune et OP = ON comme rayons. Conséquemment, les angles HOP et HON sont égaux et la droite HO passera par le point B, milieu de l'arc PN. Il en sera de même pour les droites OG, OH, OI, etc...

Maintenant, les droites HG et HI étant parallèles aux droites BA et BC, les angles GHI et ABC sont égaux comme ayant leurs côtés parallèles dirigés dans le même sens, et il en est de même pour les autres angles HGM et BAF, GML et AFE, etc.

Donc déjà, les deux triangles ont leurs angles égaux. De plus, leurs côtés homologues sont proportionnels, puisque j'ai, à cause des parallèles :

$$HI : BC :: OH : OB$$

et
$$GH : AB :: OH : OB$$

A cause du rapport commun $OH : OB$, j'ai :

$$HI : BC :: GH : AB.$$

Mais, par hypothèse, $BC = AB$. Donc aussi $HI = CH$.

Comme la démonstration serait la même pour tous les autres côtés, il en résulte que tous les côtés du polygone régulier circonscrit sont égaux entre eux, que ce polygone est régulier et semblable au polygone inscrit.

419. *Corollaire I.* — Réciproquement, pour inscrire dans un cercle un polygone régulier semblable à un polygone régulier circonscrit à ce cercle, il n'y a qu'à joindre par des droites les divers sommets au centre et unir deux à deux les points de rencontre de ces droites avec la circonférence. Ainsi (*fig.* 254) on joindrait au centre O les sommets G, H, I, K, L et M, et on mènerait les droites AB, BC, CD, DE, EF et FH pour avoir le polygone inscrit.

420. *Corollaire* II. — On peut circonscrire à un cercle autant de polygones réguliers qu'il est possible d'en inscrire dans le même cercle.

Problème n° 59.

421. *Connaissant la valeur numérique du côté d'un polygone régulier convexe inscrit, calculer le côté du polygone régulier circonscrit semblable.*

Soit AB (*fig.* 255) le côté d'un polygone régulier inscrit dans le cercle qui a son centre en O, et CD le côté du polygone régulier circonscrit semblable. Je joins le centre O aux points D et C et au point de contact F. D'après le problème précédent, les droites OC et OD passent par les points A et B.

Les deux triangles OCD et OAB étant semblables à cause de la parallèle AB, j'ai :

$$CD : AB :: OC : OA.$$

Les deux triangles OFC et OEA, aussi semblables, donnent :

$$OC : OA :: OF : OE$$

Ces deux proportions ayant le rapport commun $OC : OA$, les deux autres forment la nouvelle proportion

$$CD : AB :: OF : OE,$$

de laquelle on déduit :

$$(1) \qquad CD = \frac{AB \times OF}{OE}$$

mais, à cause du triangle rectangle OEA, on a $\overline{OE}^2 = \overline{AO}^2 - \overline{AE}^2$, ou $OE = \sqrt{\overline{AO}^2 - \overline{AE}^2}$. Dans l'égalité (1), en remplaçant OE par sa valeur, il vient :

$$(2) \qquad CD = \frac{AB \times OF}{\sqrt{\overline{AO}^2 - \overline{AE}^2}}$$

Si je désigne le rayon AO par R, j'aurai

$$(3) \qquad CD = \frac{AB \times OF}{\sqrt{R^2 - \overline{AE}^2}},$$

pour le côté du polygone régulier circonscrit, en *fonction du rayon*, par rapport au côté du polygone régulier inscrit semblable.

422. On dit que deux polygones réguliers sont *isopérimètres* lorsque leurs périmètres ont même longueur.

Problème n° 60.

423. *Lorsqu'on connaît le côté d'un polygone régulier circonscrit, soit proposé de calculer le côté d'un polygone régulier circonscrit d'un nombre de côtés double.*

Soit la droite AB (*fig.* 256) le côté du polygone régulier circonscrit au cercle qui a son centre en O. Je joins le centre O aux points A et B par deux droites qui rencontrent la circonférence aux points F et

G et, par les points F et G, je mène les tangentes FC et GE rencontrant AB aux points C et E, que je joins au centre O. Les

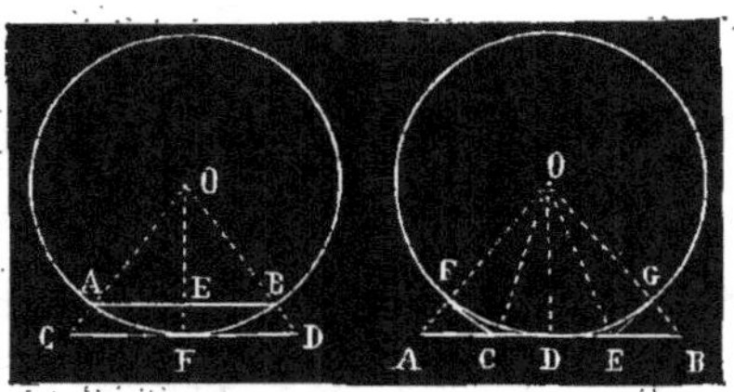

Figure 255.   Figure 256.

deux triangles rectangles COF et COD sont égaux comme ayant l'hypoténuse commune OC et les deux côtés OF et OD égaux comme rayons. Conséquemment, les angles COF et COD sont égaux et OC est bissectrice de l'angle FOD. Par la même raison, OE est bissectrice de l'angle DOG.

Dans le triangle DOA, la bissectrice OC divise le côté opposé DA en deux parties, DC et CA, proportionnelles aux côtés OD et OA, ce qui me donne la proportion :

$$(1) \qquad DC : OD :: CA : OA,$$

ou

$$(2) \qquad DC : OD :: DC + CA : OD + OA,$$

ou

$$(3) \qquad DC : OD :: DA : OD + OA,$$

puisque DC + CA = DA.

De la proportion (3) on déduit :

$$(4) \qquad DC = \frac{OD \times DA}{OD + OA};$$

Mais, à cause du triangle rectangle ODA, on a :

$$(5) \qquad OA = \sqrt{\overline{OD}^2 + \overline{DA}^2}.$$

Dans l'égalité (4) en remplaçant OA par sa valeur, il vient :

$$(6) \qquad DC = \frac{OD \times DA}{OD + \sqrt{\overline{OD}^2 + \overline{DA}^2}}.$$

En désignant le rayon OD par R et en multipliant DC et DA par 2, l'égalité subsistera et on aura, pour la solution du problème :

$$(7) \qquad CE = \frac{AB \times R}{R + \sqrt{R^2 + \dfrac{\overline{AB}^2}{4}}}.$$

Problème n° 61.

424. *Construire deux polygones réguliers isopérimètres.*

Soit AB (*fig.* 257) le côté d'un polygone régulier inscrit dans le cercle OA.

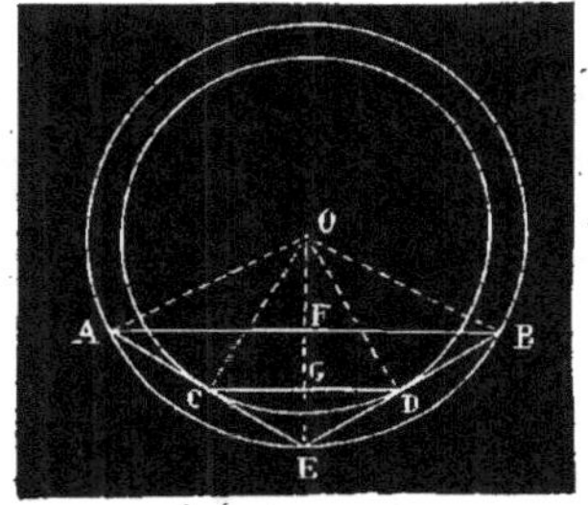

Figure 257.

Du centre O, j'abaisse sur AB la perpendiculaire OF, que je prolonge jusqu'à la rencontre de la circonférence au point E. Alors, la corde AB et l'arc AEB qu'elle sous-tend sont partagés en deux parties égales aux points F et E. Je joins le point E aux points A et B et, du centre O, j'abaisse sur EA et sur EB les perpendiculaires OC et OD, lesquelles partagent ces deux cordes en deux parties égales. Je joins par une droite les points C et D, et je dis que CD est la moitié de AB.

En effet, les deux cordes EA et EB sont égales comme s'écartant également du pied de la perpendiculaire EF. D'un autre côté, ces deux cordes sont partagées en deux parties égales aux points C et D. Donc CD est parallèle à AB. Alors, le triangle AEB me donne :

$$AE : CE :: AB : CD.$$

Or, CE étant la moitié de AE, il en résulte que CD est aussi moitié de AB. Donc, si l'on inscrit, avec CD pour côté, un polygone régulier, ce polygone aura un périmètre égal à celui du polygone régulier inscrit avec AB pour côté. Conséquemment, ces deux polygones seront *isopérimètres* et le nombre des côtés du premier sera le double du nombre de côtés du second.

425. *Corollaire.* L'apothème OG étant plus grand que l'apothème OF, on en conclut que plus les côtés du polygone sont nombreux, plus l'apothème augmente.

Problème n° 62.

426. *Connaissant le rayon et l'apothème d'un polygone régulier, calculer le rayon et l'apothème d'un polygone régulier isopérimètre d'un nombre de côtés double.*

Dans la figure 257.

$$(1) \qquad OG = OE - GE$$

et

$$(2) \qquad OG = OF + FG.$$

Je fais l'addition membre à membre des égalités (1) et (2), et comme $GE = FG$, d'après le problème n° 61, je puis supprimer ces deux valeurs dans la somme, puisqu'il faut retrancher l'une et ajouter l'autre. J'aurai donc :

$$(3) \qquad 2OG = OE + OF$$

ou, en divisant chaque membre par 2 :

$$(4) \qquad OG = \frac{OE + OF}{2}.$$

Or, OG est l'apothème du polygone régulier isopérimètre dont le côté est CD.

Il faut maintenant calculer le rayon du même polygone régulier. Le triangle rectangle OCE donne :

$$OE : OC :: OC : OG$$
$$\overline{OC}^2 = OE \times OG,$$

Égalité de laquelle je déduis :

$$(5) \qquad OC = \sqrt{OE \times OG}$$
$$\text{ou} \qquad R = \sqrt{OE \times OG}$$

pour le rayon du polygone régulier isopérimètre.

§ IV. — MESURE DE LA CIRCONFÉRENCE.

427. Une ligne brisée est *convexe* lorsque les angles formés par ses diverses parties droites sont tous saillants les uns par rapport aux autres.

uns par rapport aux autres. Les angles G, I, K sont saillants et les angles H, L sont rentrants.

Théorème n° 132.

428. *Une ligne brisée enveloppante et convexe est plus grande qu'une ligne brisée enveloppée et convexe, lorsque ces deux lignes brisées ont leurs extrémités aux mêmes points.*

Soient les deux lignes brisées convexes ABCDE et AFGE (*fig.* 260), la première enveloppante et la seconde enveloppée, aboutissant aux mêmes points A et E, je dis que la ligne enveloppée est la plus courte.

Pour le prouver, je prolonge les droites AF et FG jusqu'à la rencontre de l'enve-

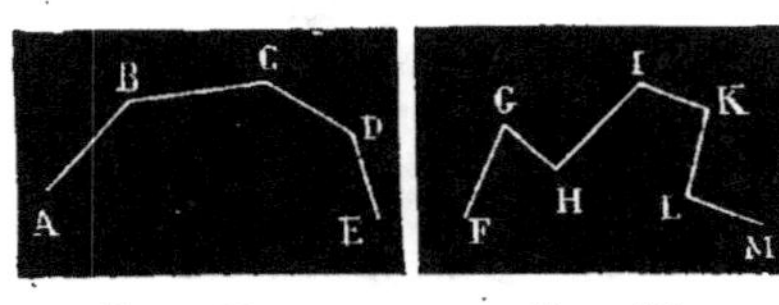

Figure 258.   Figure 259

Ainsi la ligne brisée ABCDE (*fig.* 258) est *convexe* parce que tous ses angles sont saillants les uns par rapport aux autres, tandis que la ligne brisée FGHIKLM (*fig.* 259) est *concave* parce qu'elle a des angles saillants et des angles rentrants les

loppante aux points E et I. La ligne droite AH est plus courte que la ligne brisée ABH qui a ses extrémités aux mêmes points. Conséquemment, la ligne brisée AHCDE est plus courte que la ligne brisée ABCDE.

Maintenant, FI, ligne droite, est plus courte que FHCI, ligne brisée, qui a ses extrémités aux mêmes points, la ligne droite étant le plus court chemin d'un point à un autre. En ajoutant à chacune de ces lignes la même droite FA et la ligne brisée IDE, j'aurai la ligne brisée AFGIDE, plus courte que la ligne brisée AFHCIDE, et conséquemment plus courte que la ligne brisée ABCDE.

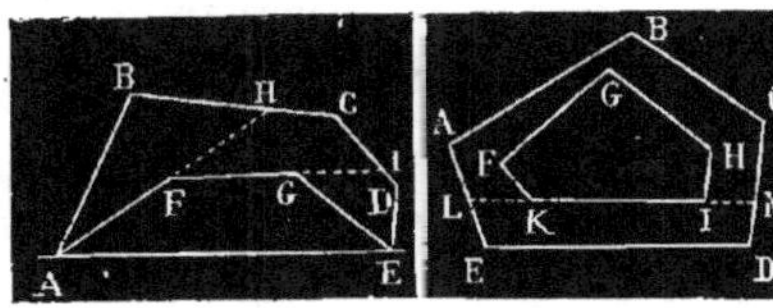

Figure 260   Figure 261.

Enfin GE, ligne droite, est plus courte que GIDE, ligne brisée qui a ses extrémités aux mêmes points. En ajoutant à chacune de ces deux lignes la même ligne brisée AFG, j'aurai la ligne brisée AFGE, plus courte que la ligne brisée AFGIDE ayant ses extrémités aux mêmes points. Mais la ligne brisée AFGIDE est plus courte que ABCDE. Donc, à plus forte raison, la ligne brisée AFGE est-elle plus courte que la ligne brisée ABCDE. Donc, etc.

429. Lorsqu'un polygone est contenu dans un autre, on dit que le périmètre du premier enveloppe le périmètre du second.

Théorème n° 133.

430. *Le périmètre d'un polygone convexe enveloppé est plus petit que le périmètre du polygone convexe enveloppant.*

Soit le polygone convexe EDCBA (fig. 261) enveloppant et le polygone convexe KIHGF enveloppé.

Je prolonge à droite et à gauche le côté KI jusqu'à la rencontre des côtés CD et AE du polygone enveloppant, aux points M et L. Alors, la droite LM est plus courte que la ligne brisée LEDM qui a ses extrémités aux mêmes points. Mais la ligne brisée convexe IHGFK est, d'après le théorème précédent, plus courte que la ligne brisée IMCBALK ayant ses extrémités aux mêmes points. Si j'ajoute à chacune de ces deux lignes brisées la même droite KI, j'aurai la ligne brisée KIHGF plus petite que la ligne brisée LMCBA; mais cette dernière est plus courte que EDCBA. Donc, à plus forte raison, la ligne brisée KIHGF est-elle plus courte que EDCBA. Donc, etc.

431. *Corollaire.* Il résulte du théorème précédent que le périmètre d'un polygone régulier inscrit dans un cercle est toujours plus petit que le périmètre d'un polygone régulier semblable circonscrit au même cercle. Conséquemment, on peut inscrire dans un cercle et circonscrire au même cercle des polygones réguliers semblables d'un nombre de côtés assez grand pour que la différence entre les périmètres des deux polygones soit si petite qu'on puisse, dans la pratique, la considérer comme nulle.

Théorème n° 134.

432. *Le rapport d'une circonférence à son diamètre ou à son rayon est un nombre constant.*

Le but de ce théorème est de démontrer qu'en divisant la longueur numérique d'une circonférence par la longueur numérique de son diamètre, on a le même quotient qu'en divisant toute autre circonférence par son diamètre.

On a vu (394) que deux circonférences quelconques sont proportionnelles à leurs diamètres. Conséquemment, en représentant la grande circonférence par C et la petite par C′, les diamètres étant AB et A′B′ (fig. 262), j'aurai la proportion :

$$C : C' :: AB : A'B', \quad \text{ou} \quad \frac{C}{C'} = \frac{AB}{A'B'}.$$

On a de même :

$$C : C' :: OB : O'B', \quad \text{ou} \quad \frac{C}{C'} = \frac{OB}{O'B'}.$$

Ces deux proportions démontrent l'énoncé du théorème.

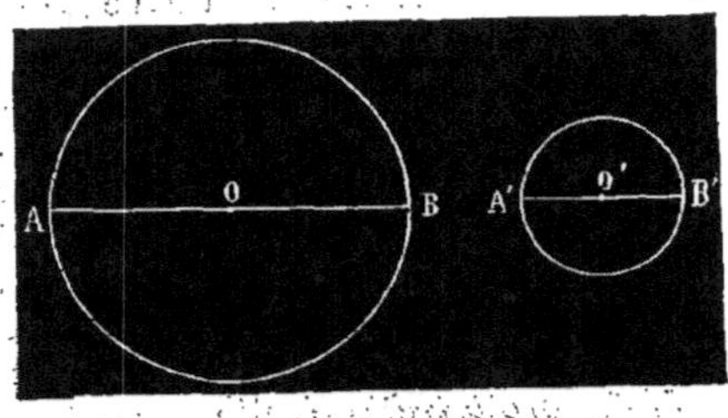

Figure 262.

Problème n° 63.

433. *Calculer le rapport de la circonférence à son diamètre.*

On vient de voir que ce rapport est constant. On le désigne généralement par la lettre grecque π.

Archimède, le plus grand géomètre de l'antiquité, qui vivait à Syracuse 250 ans avant notre ère, a prouvé le premier que le rapport de la circonférence au diamètre, c'est-à-dire π, était compris entre

$$3 + \frac{10}{71} = 3{,}140 \cdots$$

et

$$3 + \frac{10}{70} = 3{,}142 \cdots$$

Adrien Métius, géomètre vivant au seizième siècle, a donné, pour valeur approchée de π, la fraction $\dfrac{355}{113}$, qui n'en diffère pas d'un demi-millionième.

Enfin, par une démonstration qui ne peut être donnée dans un cours de géométrie élémentaire, le géomètre *Lambert*

a démontré, en 1761, que le nombre représenté par π était irrationnel.

Pour calculer la valeur de π, on peut employer deux méthodes :

La première a pour but de calculer la longueur de la circonférence, la longueur du diamètre étant donnée.

La seconde a pour but de calculer la longueur du diamètre, la longueur de la circonférence étant donnée.

PREMIÈRE MÉTHODE. — On inscrit dans un cercle un polygone régulier dont le côté est numériquement connu, par exemple l'hexagone régulier dont le côté est égal au rayon. Cela fait, on circonscrit dans ce cercle un hexagone régulier dont le côté est donné par la formule 421 (3). On calcule ensuite, par les formules 416 (11) et 423 (7), les périmètres du polygone inscrit et du polygone régulier circonscrit de 12 côtés, c'est-à-dire d'un nombre de côtés double, et on continue ainsi aussi loin que possible. La circonférence étant comprise entre ces périmètres, plus les côtés seront nombreux, plus les périmètres se rapprocheront de la circonférence et, en opérant ainsi, on arrivera aussi près qu'on voudra de la grandeur réelle de la circonférence.

Les calculs auxquels on s'est livré, en s'appuyant sur les bases précédentes, ont donné les résultats suivants, calculés à 5 décimales, en représentant le rayon par 1.

NOMBRE DE CÔTÉS.	POLYGONES RÉGULIERS	
	INSCRITS.	CIRCONSCRITS.
6	3,00000	3,46415
12	3,10582	3,21539
24	3,13262	3,15966
48	3,13935	3,14608
96	3,14103	3,14271
192	3,14145	3,14187
384	3,14155	3,14166

A l'inspection de ce tableau, on voit que si l'on pousse l'inscription et la circonscription des polygones réguliers jusqu'à 384 côtés seulement, on trouve que la différence entre les deux périmètres, est inférieure à un dix-millième. Mais on est allé plus loin et on s'est arrêté au nombre 3,14159265358979...

DEUXIÈME MÉTHODE (*dite des polygones isopérimètres*). — Connaissant la longueur de la circonférence, il s'agit de trouver la longueur du diamètre. Pour cela, on trace un premier polygone régulier dont le rayon et l'apothème sont connus et dont le périmètre égale la longueur de la circonférence ; puis, se basant sur le problème n° 61 (424), on construit un second polygone régulier isopérimètre, d'un nombre de côtés double. L'apothème de ce second polygone régulier est plus grand que l'apothème du premier (425).

Avec le second polygone régulier, on en forme un troisième d'un nombre de côtés double, puis un quatrième d'un nombre de côtés double du troisième, et ainsi de suite. Il ne faut pas oublier que plus le nombre des côté, augmente, plus l'apothème grandit et se rapproche du rayon, bien que tous les périmètres de ces polygones réguliers aient absolument la même longueur.

Je suppose que la circonférence donnée ait une longueur de 8 mètres et qu'on commence l'inscription des polygones réguliers isopérimètres par le carré. Alors, ce carré aura 2 mètres de côté et son apothème sera un mètre. Le côté de ce carré sera égal à $\sqrt{2}$ (397).

Au moyendes formules données au n° 423, (4) et (5), on calculera l'apothème et le rayon d'un polygone régulier d'un nombre de côtés double, c'est-à-dire l'octogone régulier isopérimètre.

On continuera ainsi, aussi loin qu'on voudra, et l'apothème ira toujours en se rapprochant du rayon.

Voici un tableau qui donne, avec cinq décimales, la longueur des apothèmes et des rayons.

NOMBRE DE CÔTÉS.	POLYGONES ISOPÉRIMÈTRES	
	APOTHÈMES.	RAYONS.
4	1'00000	1,41421
8	1,20710	1,30656
16	1,25683	1,28145
32	1,26514	1,27528
64	1,27210	1,27375
128	1,27298	1,27336
256	1,27317	1,27327
512	1,27522	1,27324

On voit que lorsqu'on est arrivé au polygone régulier de 512 côtés, l'apothème de ce polygone et le rayon du cercle ne diffèrent plus que 2 cent-millièmes (0,00002).

Comme la circonférence prise pour base a une longueur de 8, la demi-circonférence sera de 4 et, pour le rapport de la circonférence au diamètre, on aura :

$$\frac{4}{1,27324} = 3,1416$$

à un dix-millième près.

En poussant plus loin l'inscription des polygones réguliers dans le cercle, on trouve que le rapport de la circonférence au diamètre, calculé avec 7 décimales exactes, est :

$$3,1415926.$$

434. Dans la pratique, on se contente du nombre 3,1416 qui donne le rapport d'une circonférence quelconque à son diamètre, à moins d'un millième près et on a :

$$\pi = 3,1416.$$

435. Soit C une circonférence quelconque. Son diamètre, que je désigne par D, sera :

$$D = \frac{C}{3,1416} \quad \text{ou} \quad \frac{C}{\pi}.$$

Si le diamètre est connu, on aura pour la longueur de la circonférence :

$$C = D \times 3,1416 \quad \text{ou} \quad D \times \pi.$$

En désignant le rayon par R, comme $D = 2R$, on aura, pour la longueur de la circonférence :

$$C = 2R \times 3,1416 \quad \text{ou} \quad 2R\pi$$

et

$$R = \frac{C}{2\pi}.$$

436. Donc :

1° *Lorsqu'on connaît le rayon, pour avoir la longueur de la circonférence, il faut multiplier le rayon par 2 et le produit par π.*

2° *Lorsqu'on connaît la longueur de la circonférence, pour avoir le rayon, il faut diviser la circonférence par le double de π, et, pour avoir le diamètre, il faut simplement diviser la circonférence par π.*

Problème n° 64.

437. *Calculer la longueur d'un arc donné, connaissant le nombre de degrés de cet arc et son rayon.*

Soit L la longueur de l'arc, N le nombre de degrés et R le rayon.

D'après ce qui vient d'être dit, la circonférence entière est égale à $2R\pi$. Comme elle vaut 360 degrés, chaque degré aura pour longueur

$$\frac{2R\pi}{360} \quad \text{ou} \quad \frac{R\pi}{180}.$$

Et comme l'arc donné vaut N degrés, sa longueur sera N fois plus grande, c'est-à-dire

$$\frac{R\pi N}{180}.$$

D'où :

$$L = \frac{R\pi N}{180}.$$

Cette formule permet de trouver l'une des trois valeurs L, R ou N, lorsque les deux autres sont connues.

Ainsi :

$$R = \frac{L \times 180}{\pi N} \quad \text{et} \quad N = \frac{L \times 180}{\pi R}.$$

Théorème n° 135.

438. *Lorsque deux arcs ont le même nombre de degrés dans des circonférences différentes, ils sont proportionnels à leurs rayons.*

Soient R le rayon du premier et R′ le rayon du second, L la longueur du premier arc et L′ la longueur du second.

D'après le problème précédent on a :

$$L = \frac{R\pi N}{180} \quad \text{et} \quad L' = \frac{R'\pi N}{180}.$$

En divisant ces deux égalités membre à membre et en supprimant les valeurs communes π, N et 180 au numérateur et au dénominateur, j'aurai :

$$\frac{L}{L'} = \frac{R}{R'} \quad \text{ou} \quad L : L' :: R : R'.$$

Donc, etc.

439. Les polygones réguliers convexes permettent de faire des parquets très variés et très fantaisistes, ainsi qu'on peut le voir par l'examen des dessins ci-dessous donnés qui n'offrent cependant

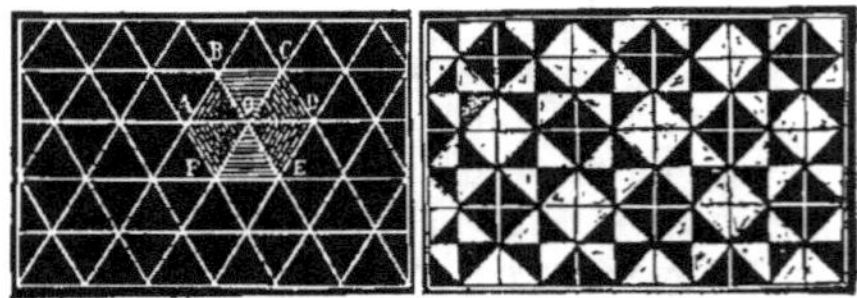

Figure 203.   Figure 204.

que les cas les plus ordinaires ; mais, il faut pour cela que les angles des polygones employés soient des parties aliquotes de 4 angles droits, c'est-à-dire que ces angles, réunis par leurs sommets en un même point et en nombre suffisant, doivent valoir juste 4 angles droits ou 360 degrés. Voyons quels polygones réguliers il sera possible d'employer.

440. *Triangle équilatéral.* Chaque angle d'un triangle équilatéral vaut le $\frac{1}{3}$ de

2 angles droits ou $\frac{2}{3}$ d'un seul angle droit,

mais 4 angles droits valent $\frac{12}{3}$ et 12 divisé

par 2 donne 6 pour quotient. Donc, en réunissant les sommets de 6 triangles équilatéraux autour d'un même point, l'espace angulaire sera complètement couvert.

Figure 265.   Figure 266.

C'est ce que font voir les 6 triangles équilatéraux OBC, OCD, ODE, OEF, OFA et OAB (*fig.* 263) aboutissant bien au point O par un de leurs sommets.

Figure 267.   Figure 268.

441. *Triangle rectangle isocèle.* Ce triangle, quoique n'étant pas un polygone

Figure 269.   Figure 270.

régulier, permet de faire divers systèmes de parquets très variés et très coquets,

Sciences Générales.

ainsi qu'on peut en juger par l'inspection des figures 264, 265, 266, et 267.

442. *Carré.* Le carré peut être parfaitement employé, puisque chacun de ses angles vaut un angle droit et que 4 carrés suffisent pour couvrir complètement l'espace angulaire situé autour d'un point. (*fig.* 268 et 269).

Figure 271.   Figure 272.

443. *Losange.* Les angles d'un losange étant des parties aliquotes de 4 angles droits, peuvent être employés dans la confection de parquets, ainsi que l'indique la figure 269.

444. *Rectangle.* Comme le carré, le rectangle peut être utilisé, chacun de ses angles étant droit (*fig.* 271). Par un arran-

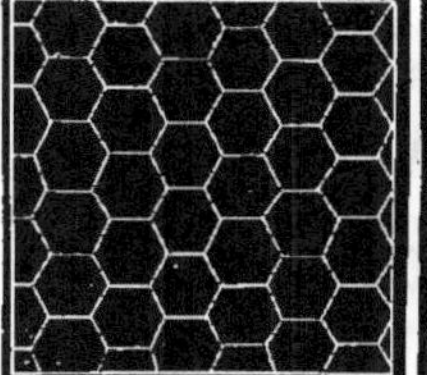

Figure 273.   Figure 274.

gement spécial d'un nombre suffisant de rectangles, on construit le *parquet en capucine* représenté par la figure 272, qui indique suffisamment le système de contraction.

445. *Hexagone régulier.* Chaque angle d'un hexagone régulier vaut $\frac{8}{6}$ ou $\frac{4}{3}$

d'un angle droit. Or, 4 angles droits, valent $\frac{2}{3}$ d'un seul angle droit. Comme 4 est contenu 3 fois dans 12, trois hexagones réguliers couvriront complètement l'espace entourant un point donné. C'est ce que montre la figure 273. On peut aussi recouvrir un parquet par une combinaison d'hexagones réguliers et de triangles équilatéraux.

446. *Octogone régulier.* L'octogone régulier ne peut pas être employé seul pour recouvrir un parquet ; mais on peut y parvenir par une combinaison d'octogones réguliers et de carrés *(fig. 274)*.

Problème n° 65.

447. *On demande quelle est la longueur d'une circonférence, sachant que son diamètre a* 7ᵐ,45.

Il suffit de multiplier 7ᵐ,45 par 3,1416 rapport de la circonférence au diamètre.

$$
\begin{array}{r}
3,1416 \\
7,45 \\
\hline
157080 \\
1\ 25664 \\
21\ 9912 \\
\hline
23,404920
\end{array}
$$

La circonférence a une longueur de 23ᵐ,40.

Problème n° 66.

448. *On demande quelle est la longueur d'une circonférence, sachant que son rayon a* 2ᵐ,92.

Je multiplie 2ᵐ,92 par 2 et j'ai 5ᵐ,84 pour le diamètre.

Je multiplie de nouveau 5ᵐ,84 par 3,1416, rapport de la circonférence au diamètre.

$$
\begin{array}{r}
3,1416 \\
5,84 \\
\hline
125664 \\
2\ 51328 \\
15\ 7080 \\
\hline
18,346944
\end{array}
$$

La longueur de la circonférence est 18ᵐ,35.

Problème n° 67.

449. *Une circonférence a* 17,ᵐ95 *de longueur. Quelle est la longueur de son diamètre ?*

Il suffit, pour résoudre ce problème, de diviser 17ᵐ,95 par 3,1416, rapport de la circonférence au diamètre.

$$
\begin{array}{r|l}
17,9500000 & 3,1416 \\
\cline{2-2}
2\ 24200 & 5,713 \\
42880 & \\
114640 & \\
20392 &
\end{array}
$$

La longueur du diamètre est 5ᵐ,71.

Problème n° 68.

450. *Une circonférence a* 8ᵐ,20 *de longueur. Quelle est la longueur de son rayon ?*

Je calcule le diamètre en divisant 8,20 par 3,1416, rapport de la circonférence au diamètre.

$$
\begin{array}{r|l}
8,200000 & 3,1416 \\
\cline{2-2}
1\ 91680 & 2,61 \\
31840 & \\
424 &
\end{array}
$$

Le diamètre est 2ᵐ,61 et le rayon est $\dfrac{2,61}{2} = 1^m,305$.

Problème n° 69.

451. *Tracer, sur le terrain, une circonférence au moyen de lignes droites.*

La solution de ce problème est basée sur la théorie des polygones réguliers.

Je trace le carré ABCD *(fig. 275)* circonscrit au cercle et je divise chacun de ses côtés en deux parties égales aux points E, F, G et H. Je partage FA et FB, GB et GC, HC et HD, ED et EA en un même nombre de parties égales, en 5 par exemple, et je numérote les divisions ainsi que l'indique la figure. En considérant l'angle FAE, je joins les divisions 1, 2, 3, 4 et 5 de AF aux divisions correspondantes

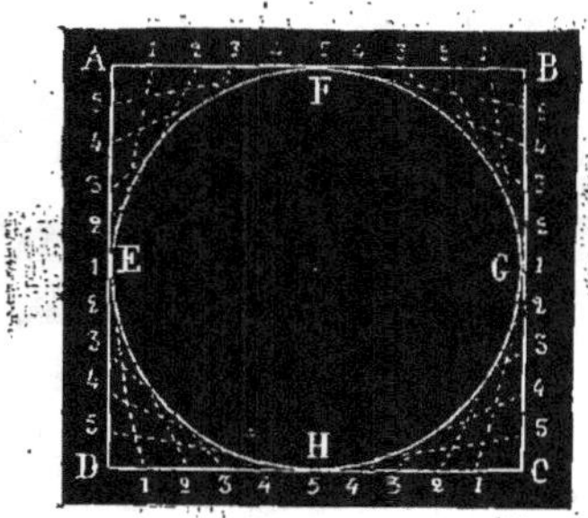

Figure 275

1, 2, 3, 4 et 5 de AE. J'en fais autant pour les angles EDH, HCG et GBF. Les diverses lignes en se rencontrant déterminent les sommets d'un polygone régulier de 24 côtés; et en unissant, à la main, tous les sommets par une courbe, on obtient une circonférence qui n'est pas mathématique, mais qui est suffisante dans la pratique.

Il est clair que plus les divisions des côtés du carré seront nombreuses, plus la circonférence se rapprochera de la réalité :

CHAPITRE IX

MESURE DES AIRES

§ I. — DES FIGURES ÉLÉMENTAIRES

Notions générales.

452. L'*aire* est l'étendue d'une portion limitée de surface.

Le mot *surface* s'applique à la *forme*, tandis que le mot *aire* laisse dans la pensée une idée définie relative à l'étendue.

La différence entre l'*aire* et la *surface* est la même que la différence existant entre la *longueur* et la *ligne*.

453. Lorsque deux figures appliquées l'une sur l'autre coïncident parfaitement dans tous leurs détails, de manière à n'en faire qu'une seule, on dit qu'elles sont *égales* et *superposables*.

454. Lorsque deux figures ne sont pas superposables, si elles ont des aires égales, on dit qu'elles sont *équivalentes* (1).

(1) Voici comment, en takymétrie, on explique l'*équivalence*. ABDC (*fig.* **276**) est un carré dont l'une des diagonales est BC. Cette diagonale partage le carré en deux triangles rectangles égaux CBA et CBD. Le triangle rectangle FGE = BDC. Sur le côté EG, on a placé le côté CD, qui lui est égal, de manière que les extrémités de ces deux droites soient placées l'une sur l'autre, et on fait le triangle rectangle HEG = CAB. Il est clair

Théorème n° 136.

455. *Deux rectangles* ABCD *et* EFGH (*fig.* 277), *ayant même hauteur, sont proportionnels à leurs bases* DC *et* HG.

que les deux figures ABDC et FEHG sont équivalentes, puisque leurs aires sont égales.

Le but de la takymétrie est de démontrer, en

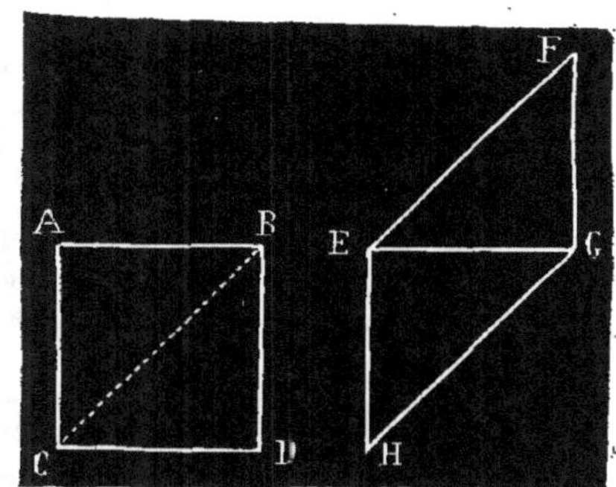

Figure 276.

parlant aux yeux, comment on mesure les surfaces et les solides, par une décomposition, puis par un arrangement spécial de leurs détails.

Pour le démontrer, je suppose que les deux bases DC et HG aient une commune

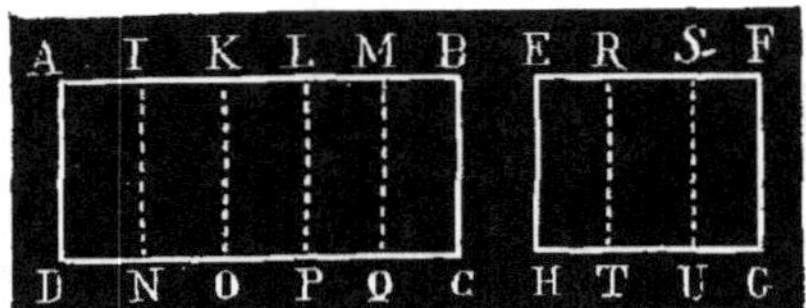

Figure 277.

mesure et que cette commune mesure soit contenue cinq fois dans DC et trois fois dans HG. Alors, je divise DC en cinq parties égales par les points N,O,P,Q et HG en trois parties égales par les points T,U. Par chaque point, je mène une parallèle à la hauteur, ce qui me donne les rectangles DNIA, NOKI..., HTRE, TUSR..., qui sont tous égaux comme étant superposables, puisqu'ils ont même base et même hauteur. Conséquemment, le rectangle ABCD contient cinq rectangles égaux et le rectangle EFGH en contient trois qui sont égaux aux premiers. J'ai donc la proportion :

$$ABCD : EFGH :: 5 : 3.$$

Les deux bases DC et HG contenant, la première, cinq fois, et la seconde, trois fois la commune mesure, donnent la proportion :

$$DC : HG :: 5 : 3.$$

Ces deux proportions ayant le rapport commun 5:3, les autres donnent :

$$ABCD : EFGH :: DC : HG.$$

Donc, etc.

456. *Corollaire.* Comme on peut prendre un côté quelconque pour base d'un rectangle, on en conclut que :
Lorsque deux rectangles ont deux dimensions égales (base ou hauteur) ils sont proportionnels aux deux autres dimensions (hauteur ou base).

Théorème n° 137.

457. *Deux rectangles quelconques*

sont proportionnels aux produits de leurs bases par leurs hauteurs.

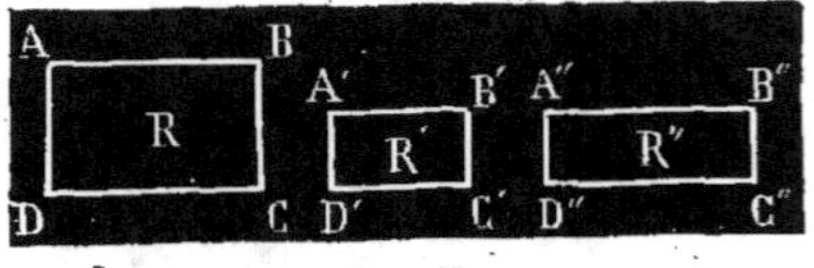

Figure 278.

Soient les deux rectangles ABCD et A'B'C'D' (*fig.* 278). Je dis qu'ils donnent, en désignant le premier par R et le second par R', la proportion :

$$R : R' :: BC \times DC : B'C' \times D'C'.$$

Pour le prouver, je construis un troisième rectangle A"B"C"D", que je désigne par R", ayant une hauteur A"D" = A'D' et une base D"C" = DC.

Alors, en vertu du théorème précédent, les deux rectangles R et R" ayant même base, sont proportionnels à leurs hauteurs, d'où la proportion :

$$R : R" :: BC : B"C".$$

De même, les deux rectangles R' et R", ayant même hauteur, sont proportionnels à leurs bases, d'où la proportion :

$$R" : R' :: D"C" : D'C'.$$

En multipliant ces deux proportions termes à termes et en supprimant le facteur commun R" au premier rapport, j'aurai :

$$R : R' :: BC \times D"C" : B"C" \times D'C'.$$

Or, dans cette proportion, D"C" = DC et B"C" = B'C'. Conséquemment, j'ai :

$$R : R' :: BC \times DC : B'C' \times D'C'.$$

Donc, etc.

I. — Aire du rectangle

Théorème n° 138.

458. *L'aire d'un rectangle est égale au produit de sa base par sa hauteur.*
Soient le rectangle ABCD (*fig.* 279) et le

carré EFGH, pris pour unité de surface.

Le carré EFGH n'étant qu'un rectangle

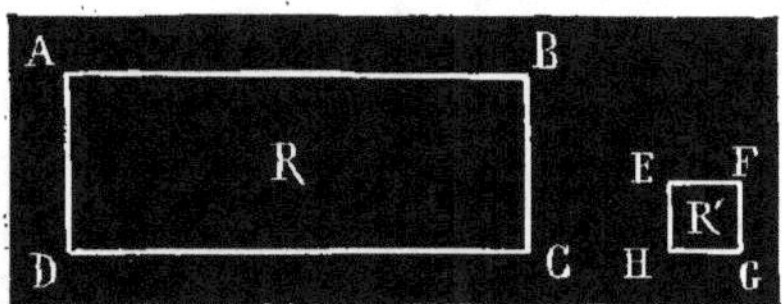

Figure 279.

dont les quatre côtés sont égaux, en désignant la surface du rectangle par R et la surface du carré par R', d'après le théorème 137, j'ai la proportion :

$$R : R' :: DC \times BC : HG \times FG$$
$$ou \frac{R}{R'} = \frac{DC \times BC}{HG \times FG}.$$

Si l'on admet que les côtés du carré pris pour unité de surface aient 1 mètre de longueur chacun, HG = 1 et HG × FG ou R' = 1.

Donc, dans ce cas :

$$\frac{R}{R'} = DC \times BC, \ ou \ R = DC \times BC.$$

Cette égalité fait voir que le nombre indiquant combien de fois la surface du rectangle contient la surface du carré, est égal au produit de la base par la hauteur dudit rectangle.

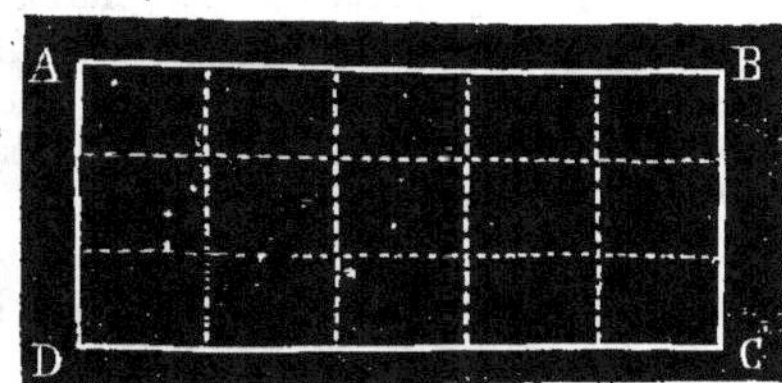

Figure 280.

459. *Autre démonstration* (1). Soit le rectangle ABCD (*fig.* 280). Je suppose que la base DC ait 5 mètres et que la hauteur BC ait 3 mètres de longueur.

Je partage la hauteur BC en trois par-

(1) C'est cette démonstration qui est donnée en takymétrie.

ties égales et, par chaque point de division, je mène une parallèle à la base DC. Alors, le rectangle donné se trouve ainsi divisé en trois rectangles égaux ayant chacun une base de 5 mètres et une hauteur de 1 mètre. Maintenant, si, par chaque point de division de la base DC, je mène une parallèle à la hauteur BC, je partagerai chacun des trois rectangles précédemment obtenus en cinq carrés égaux, valant chacun un mètre carré. Conséquemment, comme il y a trois rectangles semblables, j'aurai, pour la surface du rectangle donné, $3 \times 5 = 15$ mètres carrés, c'est-à-dire un nombre de mètres carrés indiqué par le produit de la base par la hauteur. Donc, etc.

Si j'avais, par exemple, DC = 5,65 et BC = 3,25, la surface du rectangle serait toujours 3,25 × 5,65, car on peut faire le même raisonnement en supposant la hauteur BC partagée en 325 parties égales, et la base DC partagée en 565 parties égales.

II. — Aire du carré.

460. Puisqu'un carré n'est qu'un rectangle dont les quatre côtés sont égaux, *l'aire d'un carré quelconque est égale à la longueur d'un de ses côtés, multipliée par elle-même, c'est-à-dire à la seconde puissance de ce côté.*

RÉCIPROQUEMENT.—La seconde puissance d'un nombre représente l'aire d'un carré dont le côté a une longueur égale à ce nombre.

III. — Aire du parallélogramme.

Théorème n° 139.

461. *L'aire d'un parallélogramme est égale au produit de sa base par sa hauteur* (1).

(1) *Démonstration takymétrique.* On suppose que les deux triangles rectangles AED et BFC (*fig.* 282) sont des équerres égales. On les déplace de manière à leur donner la forme E'A'B'D' en faisant coïncider leurs hypoténuses. Alors, le rectangle

Soit le parallélogramme ABCD (*fig.*281). Au point D, j'élève à la base DC la perpendiculaire DE rencontrant au point E le côté AB prolongé. Au point C, j'élève

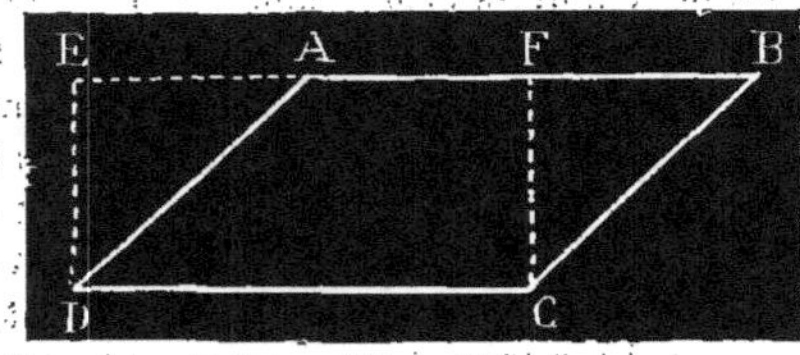

Figure 281.

à la même base DC la perpendiculaire CF. Alors, je forme le rectangle EFCD dont l'aire est égale à DC × CF, d'après le théorème 138, et je vais démontrer que le parallélogramme ABCD est équivalent au rectangle EFCD.

En effet, les deux triangles rectangles AED et BFC ont les hypoténuses AD et BC égales comme côtés opposés du parallélogramme. Leurs côtés ED et FC, adjacents aux angles droits E et F sont aussi égaux comme côtés opposés du rectangle. Donc, ces deux triangles rectangles sont égaux.

Si, du quadrilatère EBCD, je retranche le triangle rectangle AED, il restera le parallélogramme ABCD. Si, du même quadrilatère, je retranche le triangle BFC, il restera le rectangle EFCD. Comme de la même figure, j'ai retranché deux valeurs égales, il est évident que les restes sont équivalents. Donc, le parallélo-

ECBD vaut le parallélogramme ACFD plus les deux équerres. De même, le rectangle E'GHD', égal au

Figure 282.

précédent, vaut le rectangle A'GHB' plus les deux mêmes équerres. Donc, le parallélogramme ACFD est égal au rectangle A'GHB'.

gramme donné est équivalent au rectangle EFCD et a même surface, c'est-à-dire DC × FC. Or, DC est la base du parallélogramme et FC est sa hauteur. Donc, etc.

461 bis. Corollaire. Si deux parallélogrammes ont des bases égales, ils sont proportionnels à leurs hauteurs (456). Si ces mêmes parallélogrammes ont des hauteurs égales, ils sont proportionnels à leurs bases.

Théorème nᵒ 140.

462. *L'aire d'un triangle est égale à la moitié du produit de sa base par sa hauteur, ou au produit de sa base par la moitié de sa hauteur, et réciproquement.*

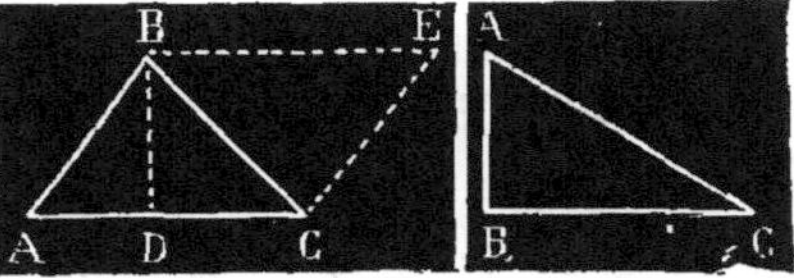

Figure 283.   Figure 284.

Soit le triangle ABC (*fig.* 283). Par le point B, je mène BE parallèle à AC, et, par le point C, je mène CE parallèle à AB, rencontrant la première parallèle au point E. Du point B, j'abaisse BD perpendiculaire à AC. Alors, j'ai le parallélogramme BECA ayant BD pour hauteur et pour aire AC × BD, d'après le théorème précédent. Or, les deux triangles BCA et BCE, équivalents ensemble au parallélogramme, sont égaux comme ayant les trois côtés égaux chacun à chacun, puisque : 1° le côté BC est commun; 2° BA = EC et BE = AC comme côtés opposés d'un même parallélogramme. Conséquemment, le triangle donné ABC vaut la moitié du parallélogramme BECA ayant pour aire AC × BD. Donc, l'aire du triangle est égale à

$$\frac{AC \times BD}{2} \qquad \text{ou} \qquad AC \times \frac{BD}{2},$$

ou $\quad BD \times \dfrac{AC}{2}$ (1).

463. *Corollaire* I. — Lorsqu'un triangle ABC (*fig.* 284) est rectangle, on prend l'un des côtés de l'angle droit pour base et l'autre côté pour hauteur. Conséquemment, l'aire d'un triangle rectangle est égale à la moitié du produit des deux côtés de l'angle droit.

464. *Corollaire* II. — Lorsque deux triangles ont des bases et des hauteurs égales, ils sont équivalents, puisqu'ils ont même mesure.

465. *Corollaire* III. — Lorsque deux triangles ont des bases égales, ils sont proportionnels à leurs hauteurs et lorsqu'ils ont des hauteurs égales, ils sont proportionnels à leurs bases.

IV. — Aire du trapèze.

466. On donne le nom de trapèze à un quadrilatère dont deux côtés opposés sont parallèles.

(1) *Démonstration takymétrique.* Soit le triangle ABC (*fig.* 285). Il faut prouver que le triangle est moitié d'un rectangle ayant même base, avec une hauteur égale à $\dfrac{BD}{2}$. Par le point E, milieu de la hauteur BD, on mène FG parallèle à AC et on forme les deux équerres (*triangles rectangles*) BEF et BEG. On trace une droite A′C′ = AC, et au point A′

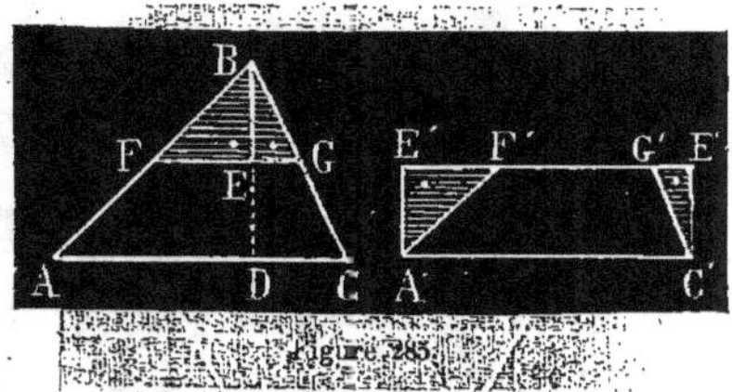

Figure 285.

on place l'équerre FEB de manière que le côté BE prenne la position A′E′ et soit perpendiculaire à A′C′. On place de la même façon l'équerre BEG au point C′ et on obtient le rectangle E′E″C′A′ qui est égal au triangle ABC. Or l'aire de ce rectangle est égale à $A′C′ \times C′E″$ et $C′E″ = \dfrac{BD}{2}$.

Cette démonstration, comme toutes les démonstrations takymétriques, du reste, peut satisfaire les yeux, mais elle est loin d'être rigoureuse et mathématique.

Ainsi, le quadrilatère ABCD (*fig.* 286) est un trapèze, parce que les deux côtés opposés AB et DC sont parallèles. Ces deux côtés opposés sont nommés *bases* du

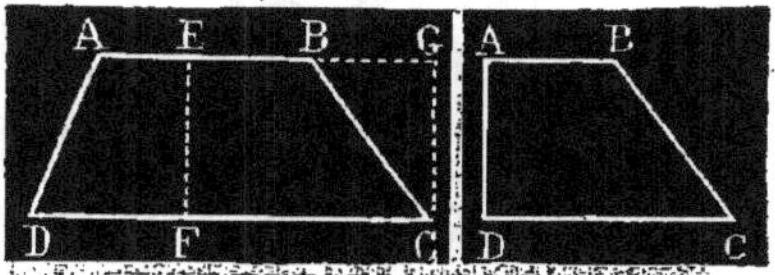

Figure 286.   Figure 287.

trapèze. Le côté AB est la *base supérieure* et le côté DC est la *base inférieure* du trapèze.

La *hauteur* d'un trapèze est la perpendiculaire abaissée d'un point quelconque de la base supérieure, ou de son prolongement, sur la base inférieure ou sur son prolongement. Ainsi, les perpendiculaires EF et GC, comprises entre les deux bases, sont des hauteurs du trapèze.

467. Si l'un des côtés aboutissant aux deux bases est perpendiculaire à ces deux bases, on a un *trapèze rectangle*. Ainsi, le trapèze ABCD (*fig.* 287) est rectangle parce que le côté AD est perpendiculaire aux deux bases. Ce côté est la hauteur du trapèze rectangle.

Théorème n° 141.

468. *L'aire d'un trapèze est égale au produit de sa hauteur par la demi-somme des bases.*

Soit le trapèze ABCD (*fig.* 288). Du point A, j'abaisse sur DC la perpendiculaire AE, qui est la hauteur du trapèze, puis je prolonge la base inférieure DC d'une quantité CG égale à la base supérieure AB, et je joins le point A au point G. Alors, j'ai les deux triangles ABF et GCF qui sont égaux comme ayant un côté égal adjacent à deux angles égaux. En effet, CG = AB par construction ; les angles BAG et CGA sont égaux comme alternes-internes par rapport aux parallèles AB, DG et à la sécante AG. De même, les angles ABC et BCG sont égaux comme alternes-internes par rapport aux parallèles AB, DG et à la sécante BC. Donc, FB = FC.

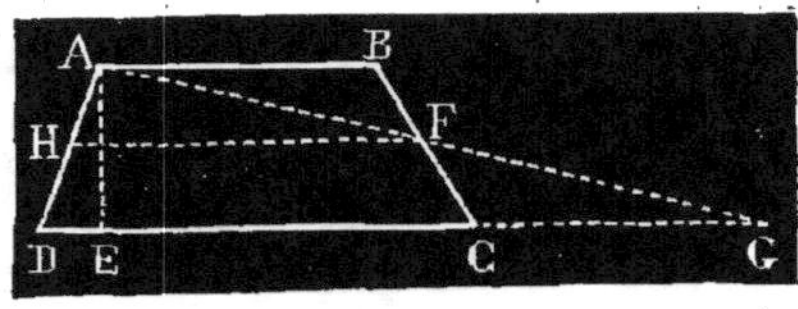

Figure 288.

Si de la figure ABFGD, je retranche le triangle GCF, il reste le trapèze ABCD. et si de la même figure je retranche le triangle ABF, il reste le triangle DAG. Donc, le trapèze ABCD et le triangle DAG sont équivalents et ont même surface. Mais l'aire du triangle DAG est égale à $AE \times \dfrac{DG}{2}$. Donc, l'aire du trapèze est aussi égale à $AE \times \dfrac{DG}{2}$, ou à

$$AE \times \frac{DC + AB}{2},$$

puisque, par construction, $DG = DC + AB$, c'est-à-dire à sa hauteur par la demi-somme des bases.

On aurait aussi, en divisant le premier facteur par 2 et en multipliant le second par 2 :

$$\frac{AE}{2} \times DC + AB.$$

Cette formule démontre que *l'aire d'un trapèze est encore égale au produit de la somme des bases par la moitié de sa hauteur.*

469. *Corollaire* I. — L'aire du trapèze ABCD (*fig.* 288) est encore égale au produit de la ligne HF unissant les milieux des côtés AD et BC par la hauteur AE, c'est-à-dire à HF × AE.

En effet, la droite HF étant parallèle à la base DG du triangle ADG, j'ai la proportion :

HF : DG :: AH : AD.

Mais AH est la moitié de AD. Donc, aussi HF est moitié de DG, c'est-à-dire moitié de la somme des bases du trapèze, puisque DG = DC + AB. Donc, etc.

470. *Corollaire* II. — Un trapèze quelconque est équivalent à un triangle ayant même hauteur et une base égale à la somme des bases du trapèze.

V. — Aire d'un polygone quelconque.

471. Pour calculer l'aire d'un polygone quelconque, il faut, en principe, décomposer, par des diagonales, ce polygone en triangles ou en triangles et en trapèzes, évaluer l'aire de chaque triangle et de chaque trapèze. La somme des résultats ainsi obtenus est l'aire du polygone.

Au chapitre de l'arpentage, il sera donné des détails très complets à propos de la mesure d'un polygone quelconque.

VI. — Aire d'un polygone régulier.

Théorème n° 142.

472. *L'aire d'un polygone régulier est égale au produit de son périmètre par la moitié de l'apothème* (1).

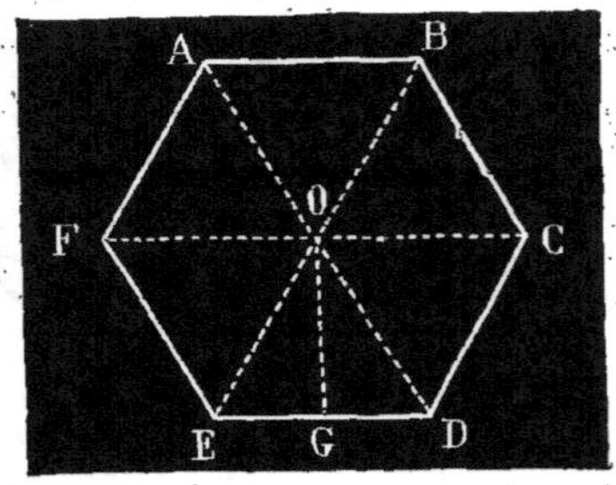

Figure 289.

(1) *Démonstration takymétrique.* Soit le polygone régulier ABCDEFG (*fig.* 290). Par le centre O, en menant des rayons aux différents sommets, on décompose le polygone en huit triangles égaux dont la somme représente l'aire du polygone. On place ces triangles sur une droite IK,

Soit le polygone régulier ABCDEF (*fig.* 289) ayant son centre en O. De ce point, je mène les rayons OA, OB, OC, OD, OE et OF aux différents sommets des angles du polygone. Alors, je décompose le polygone en six triangles qui sont tous égaux comme ayant les trois côtés égaux chacun à chacun, et, pour avoir l'aire du polygone, il faut multiplier la surface d'un des triangles par 6. Du centre O, j'abaisse OG perpendiculaire à ED. La perpendiculaire OG est la hauteur du triangle EOD en même temps que l'apothème du polygone. Or, l'aire du triangle EOD est égale à $ED \times \dfrac{OG}{2}$. Conséquemment, l'aire du polygone régulier vaudra 6 fois ce produit c'est-à-dire :

de telle façon qu'ils se touchent, puis on mène une droite LM parallèle à IK et coupant la hauteur des triangles en deux parties égales. De chaque triangle, il reste entre les droites LM et IK des trapèzes qu'on voit entre O et P, et OR est égale à la moitié de la hauteur des triangles. En introduisant les petits triangles TUV... dans les interstices des trapèzes, on obtient une bande

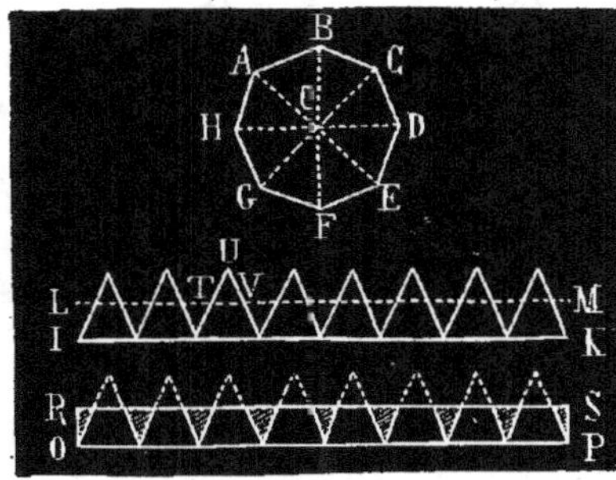

Figure 200.

compacte ORSP dont la longueur OP est le périmètre du polygone régulier et dont la hauteur OR est la moitié de la hauteur des triangles AOB, BOC... Or, l'aire de la bande ORSP est égale à l'aire du polygone, c'est-à-dire à OP×OR ou :

$$périmètre \times \frac{apothème}{2}$$

$$6 \times ED \times \frac{OG}{2},$$

Mais le produit $6 \times ED$ exprime la longueur du périmètre du polygone. Donc, l'aire de ce polygone est égale au produit de son périmètre par la moitié de l'apothème OG. Donc, etc.

VII. — Aire d'un cercle.

Théorème n° 143.

473. *L'aire d'un cercle quelconque est égale au produit de la circonférence par la moitié de son rayon* (1).

Supposons un polygone régulier inscrit dans le cercle et un polygone régulier semblable circonscrit au même cercle. Il est clair que l'aire du cercle sera plus petite que celle du polygone circonscrit et plus grande que celle du polygone inscrit. Si l'on augmente indéfiniment le nombre des côtés des deux polygones inscrit et circonscrit, les aires de ces deux polygones tendront vers une limite commune, qui est l'aire du cercle, et les polygones pourront être considérés comme se confondant suivant la circonférence. Le cercle pourra alors être considéré comme un polygone régulier d'un nombre infini de côtés. Or, l'aire d'un polygone régulier est égale au produit de son périmètre par la moitié de son apothème. L'apothème ayant pour limite le rayon, on en conclut que l'aire d'un cercle est égale au produit de sa circonférence par la moitié du rayon. Donc, etc.

474. On a vu (435) que, en désignant le rayon par R, la circonférence est $2R\pi$, et en multipliant cette valeur par $\dfrac{R}{2}$ on a pour la surface du cercle :

$$2R\pi \times \frac{R}{2}, \quad ou \quad \frac{2R\pi R}{2}.$$

(1) La démonstration takymétrique est la même que celle donnée pour le polygone régulier.

En divisant par 2 les deux termes de cette fraction, j'ai :

$$\mathrm{R} \pi \mathrm{R} \quad \text{ou} \quad \pi \mathrm{R}^2.$$

La surface d'un cercle quelconque est donc :

$$\pi \mathrm{R}^2.$$

VIII. — Aire d'un secteur.

475. On appelle *secteur*, une portion de cercle comprise entre un arc et deux rayons aboutissant aux extrémités de cet arc.

Ainsi, la portion de cercle OACB (*fig.* 291) comprise entre l'arc ACB et les deux rayons OA et OB est un *secteur*.

Théorème n° 144.

476. *L'aire d'un secteur est égale au produit de la longueur de l'arc par la moitié du rayon.*

Soit le secteur OACB (*fig.* 291). Je suppose l'arc ACB partagé en un grand nombre de parties assez petites pour que chacune d'elles puisse être considérée comme droite. En supposant un rayon mené par chaque point, le secteur se trouvera décomposé en une infinité de triangles qui tous auront le rayon pour hauteur et une partie infiniment petite de la circonférence pour base. Conséquemment, les aires réunies de ces triangles donneront l'aire du secteur. Or, la somme des aires de tous ces triangles est égale au produit de l'arc ACB par la moitié du rayon. Donc, etc.

477. *Corollaire I.* — Si l'on désigne par R le rayon OA et par n le nombre des degrés de l'arc ACB, cet arc aura une longueur égale à $\dfrac{\pi \mathrm{R} n}{180}$. Son aire sera donc :

$$\frac{\pi \mathrm{R} n}{180} \times \frac{\mathrm{R}}{2} \quad \text{ou} \quad \frac{\pi \mathrm{R}^2 n}{360}.$$

478. *Corollaire II.* — Il résulte du théorème précédent que *l'aire du secteur est à l'aire du cercle comme la longueur de l'arc est à la longueur de la circonférence.*

IX. — Aire d'un segment de cercle.

479. On appelle *segment*, la portion du cercle comprise entre un arc et sa corde.

Théorème n° 145.

480. *L'aire d'un segment de cercle est égale au produit de la moitié du rayon par la différence existant entre l'arc en ligne droite et la moitié de la corde qui sous-tend un arc double.*

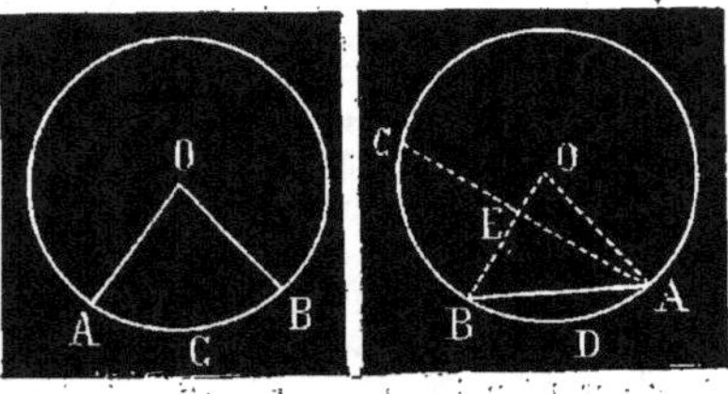

Figure 291.   Figure 292.

Soit le segment de cercle BDA (*fig.* 292). Je joins le centre O aux points B, A et, par le point A, j'abaisse à OB la perpendiculaire AE, que je prolonge jusqu'à la rencontre de la circonférence au point C.

Il est clair que l'aire du segment donné est égale à l'aire du secteur OBDA, moins l'aire du triangle OBA.

Or, l'aire du secteur OBDA est $\mathrm{BDA} \times \dfrac{\mathrm{R}}{2}$ et l'aire du triangle OAB est $\mathrm{AE} \times \dfrac{\mathrm{R}}{2}$.

Donc, la surface du segment est :

$$\left(\mathrm{BDA} \times \frac{\mathrm{R}}{2} \right) - \left(\mathrm{AE} \times \frac{\mathrm{R}}{2} \right).$$

Cette expression revient à :

$$\frac{\mathrm{R}}{2} \times (\mathrm{BDA} - \mathrm{AE}).$$

Or, $\mathrm{AE} = \dfrac{\mathrm{AC}}{2}$, ce qui me donne :

$$\frac{\mathrm{R}}{2} \times \left(\mathrm{BDA} - \frac{\mathrm{AC}}{2} \right).$$

Donc, etc.

§ II. — COMPARAISON DES FIGURES.

Théorème n° 146

481. *Le carré construit sur l'hypo-ténuse d'un triangle rectangle est équi-valent à la somme des carrés construits sur les deux côtés de l'angle droit.*

Soit le triangle rectangle CBA (*fig.* 293) sur les côtés duquel trois carrés ont été construits. Je dis que le carré CAIH, con-struit sur l'hypoténuse CA, vaut la somme des deux carrés ABDE et CBGF, construits sur les côtés AB et CB.

Pour le prouver, du sommet de l'angle droit B, j'abaisse sur l'hypoténuse CA la perpendiculaire BK que je prolonge jus-qu'à la rencontre de HI au point L. Je joins le point B au point I et le point C au point E.

Je remarque que le triangle CAE a pour base AE, un des côtés du carré ABDE, et une hauteur égale à l'un des côtés du même carré, puisque le sommet C est situé sur le prolongement du côté DB. Donc, le triangle CAE est équivalent à la moitié du carré AEDB.

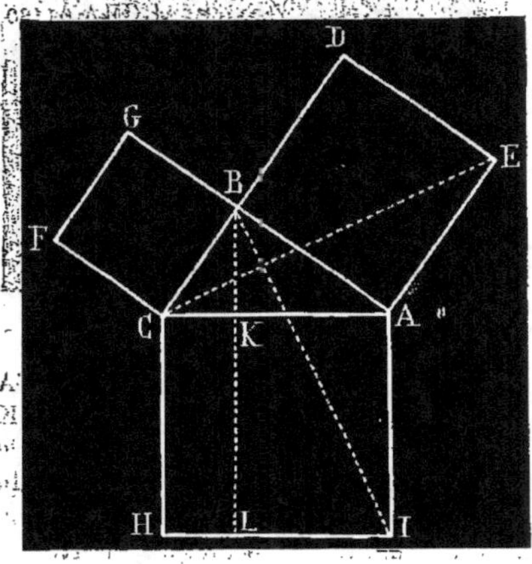

Figure 293.

Je remarque encore que le triangle BAI a pour base AI, côté du rectangle KAIL,

et une hauteur égale à KA, hauteur de ce rectangle, puisque le sommet est situé sur le prolongement du côté KL. Donc, le trian-gle BAI est équivalent à la moitié du rectangle KAIL.

Maintenant, je vais prouver que les deux triangles CAE et BAI sont égaux.

1° Les angles CAE et BAI sont égaux. En effet, l'angle CAE vaut l'angle droit BAE plus l'angle aigu BAC. De même, l'angle BAI vaut l'angle droit CAI plus l'angle aigu BAC. Donc, les deux angles CAE et BAI sont égaux comme valant cha-cun un angle droit, plus le même an-gle BAC ;

2° Le côté AE du premier triangle est égal au côté AB du second, comme côtés du même carré.

3° Le côté AC du premier triangle est égal au côté AI du second, aussi comme côtés du même carré.

Donc, les deux triangles CAE et BAI sont égaux comme ayant un angle égal compris entre deux côtés égaux. Or, le premier triangle est équivalent à la moitié du carré ABDE et le second est équivalent à la moitié du rectangle KAIL. Donc, ce carré et ce rectangle sont équivalents, puisque leurs moitiés sont équivalentes.

Je prouverais par un raisonnement sem-blable que le carré CBGF est équivalent au rectangle CKLH.

Donc, etc.

Théorème n° 147.

482. *Les carrés faits sur les deux côtés de l'angle droit d'un triangle rec-tangle sont proportionnels aux projec-tions de ces côtés sur l'hypoténuse.*

Je vais démontrer que la perpendiculaire BK abaissée du sommet B de l'angle droit sur l'hypoténuse CA du triangle rectangle CBA (*fig.* 293) donne la proportion :

$$\overline{CB}^2 : \overline{AB}^2 :: CK : KA.$$

En effet, les deux rectangles KLIA et KLHC ayant même base KL sont proportionnels à leurs hauteurs CK et KA, d'où la proportion :

KLHC : KLIA :: CK : KA.

Si, dans cette proportion, je remplace chaque rectangle par le carré qui lui est équivalent, j'aurai :

$$\overline{CB}^2 : \overline{AB}^2 :: CK : KA.$$

Donc, etc.

Théorème n° 148.

483. *Le carré fait sur l'hypoténuse d'un triangle rectangle et le carré fait sur l'un des côtés de l'angle droit, sont proportionnels à l'hypoténuse et à la projection, sur l'hypoténuse, du côté de l'angle droit sur lequel le carré a été construit.*

Il faut démontrer qu'on a (*fig.* 293) :

$$\overline{CA}^2 : \overline{CB}^2 :: CA : CK.$$

En effet, le carré ACHI et le rectangle KCHL, ayant même base CH, sont proportionnels à leurs hauteurs CA et CK, d'où la proportion :

ACHI : KCHL :: CA : CK.

Mais le carré ACHI $= \overline{AC}^2$ et le rectangle KCHL est équivalent au carré CBGF ou à $\overline{CB}^2$. Dans cette proportion, en remplaçant ACHI par $\overline{CA}^2$ et KCHL par $\overline{CB}^2$, j'aurai la nouvelle proportion :

$$\overline{CA}^2 : \overline{CB}^2 :: CA : CK.$$

Donc, etc.

Théorème n° 149.

484. *Dans un triangle quelconque, le carré construit sur un côté opposé à un angle aigu est équivalent à la somme des carrés construits sur les deux autres côtés, moins deux fois le rectangle* ayant pour base l'un de ces côtés et pour hauteur la projection de l'autre côté sur le premier.

Soit le triangle quelconque CBA (*fig.* 294) ayant ses trois angles aigus. Je construis sur les trois côtés les carrés CAFE, CBIK et ABGH; puis, de chacun des trois sommets des angles du triangle, j'abaisse les perpendiculaires BM, AL et CP sur le côté opposé. Chaque perpendiculaire partage le carré qu'elle traverse en deux rectangles inégaux, et je vais prouver que les deux rectangles CDME et CNLK, placés de chaque côté de l'angle BCA, sont équivalents.

Pour cela, je joins le point A au point K et le point B au point E, puis je remarque que le triangle CEB a pour base le côté CE du rectangle CDME et une hauteur égale à CD, puisque le sommet B est situé sur le prolongement du côté DM. Donc, le triangle CEB est équivalent à la moitié du rectangle CDME.

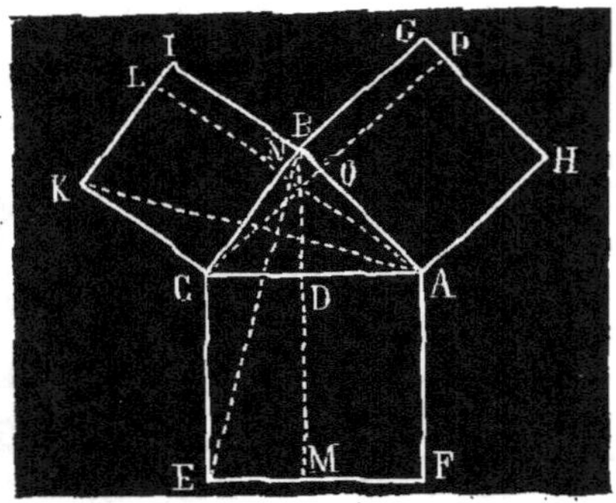

Figure 294.

Je remarque encore que le triangle KCA a pour base le côté KC du rectangle CNLK et une hauteur égale à CN, puisque le sommet A est situé sur le prolongement du côté LN. Donc, le triangle KCA est équivalent à la moitié du rectangle CNLK.

Maintenant, je vais démontrer que les deux triangles CEB et KCA sont égaux.

1° Les angles KCA et BCE sont égaux. En effet l'angle KCA vaut l'angle droit

KCB, plus l'angle aigu BCA. De même,
l'angle BCE vaut l'angle droit ACE, plus
l'angle aigu BCA. Donc, les deux angles
KCA et BCE sont égaux comme valant
chacun un angle droit, plus le même angle BCA.

2° Le côté KC du premier triangle est
égal au côté CB du second, comme côtés du
même carré ;

3° Le côté CA du premier triangle est
égal au côté CE du second, comme côtés du
même carré.

Donc, les deux triangles CEB et KCA
sont égaux comme ayant un angle égal
compris entre deux côtés égaux. Or, le
premier triangle est équivalent à la moitié
du rectangle CDME, et le second est équivalent à la moitié du rectangle CNLK.
Donc, ces deux rectangles sont équivalents, puisque leurs moitiés sont équivalentes.

Par un raisonnement semblable, on
prouverait que le rectangle ADMF est
équivalent au rectangle AOPH et que le
rectangle OBGP est équivalent au rectangle NBIL.

Le carré CAFE, qui est équivalent à la
somme des rectangles CDME et ADMF est
aussi équivalent à la somme des deux
rectangles CNLK et AOPH, c'est-à dire à
la somme des deux carrés CBIK et ABGH,
moins la somme des deux rectangles BNLI
et BOPG. Or, les deux rectangles BNLI
et BOPG étant équivalents, je puis prendre pour leur somme deux fois l'un deux.
Si je prends le rectangle BNLI, j'aurai,
pour la somme des deux rectangles :

$$2 \times (IB \times BN) \quad \text{ou} \quad 2BC \times BN,$$
puisque BC = IB.

Comme CAFE $= \overline{CA}^2$, CBIK $= \overline{CB}^2$,
ABGH $= \overline{AB}^2$, j'aurai :

$$\overline{CA}^2 = \overline{CB}^2 + \overline{AB}^2 - 2BC \times BN.$$

Comme BC est l'un des côtés du triangle
et BN, la proportion de l'autre côté AB
sur le premier BC, le théorème est démontré.

Théorème n° 150.

485. *Dans un triangle quelconque,
le carré construit sur un côté opposé
à un angle obtus est équivalent à la
somme des carrés construits sur les
deux autres côtés, plus deux fois le rectangle ayant pour base l'un de ces côtés
et pour hauteur la projection de l'autre
côté sur le premier.*

Soit le triangle ABC (*fig.* 295) ayant
l'angle obtus B. Je construis sur les trois
côtés les carrés CAFE, CBIK et ABGH ;
puis, de chacun des trois sommets des
angles du triangle, j'abaisse les perpendiculaires BM, AL et CP sur le côté opposé
ou sur son prolongement.

Je vais prouver que les deux rectangles
CDME et CNLK, placés de chaque côté de
l'angle BCA, sont équivalents. Pour cela,
je joins le point A au point K et le point
B au point E, puis je remarque que le
triangle CEB a pour base le côté CE du
rectangle CDME, et une hauteur égale à
CD, puisque le sommet B est situé sur le
prolongement du côté DM. Donc le triangle CEB est équivalent à la moitié du rectangle CDME.

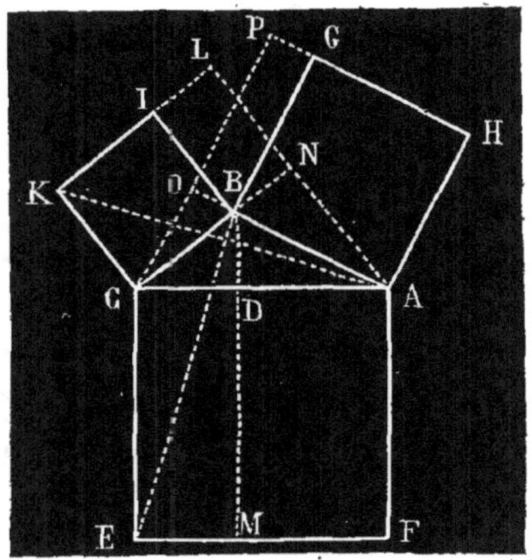

Figure 295.

Je remarque encore que le triangle KCA
a pour base le côté KC du rectangle CNLK

et une hauteur égale à CN, puisque le sommet A est situé sur le prolongement du côté LN. Donc, le triangle KCA est équivalent à la moitié du rectangle CNLK.

Maintenant, je vais démontrer que les deux triangles CEB et KCA sont égaux.

1° Les angles KCA et BCE sont égaux. En effet, l'angle KCA vaut l'angle droit KCB, plus l'angle aigu BCA. De même, l'angle BCE vaut l'angle droit ACE, plus l'angle aigu BCA. Donc, les deux triangles KCA et BCE sont égaux comme valant chacun un angle droit, plus le même angle BCA.

2° Le côté KC du premier triangle est égal au côté CB du second, comme côtés du même carré;

3° Le côté CA du premier triangle est égal au côté CE du second, comme côtés du même carré.

Donc, les deux triangles CEB et KCA sont égaux comme ayant un angle égal compris entre deux côtés égaux. Or, le premier triangle est équivalent à la moitié du rectangle CDME, et le second est équivalent à la moitié du rectangle CNLK. Donc, ces deux rectangles sont équivalents, puisque leurs moitiés sont équivalentes. Par un raisonnement semblable, on prouverait que le rectangle ADMF est équivalent au rectangle AOPH et que le rectangle OBGP est équivalent au rectangle NBIL.

Le carré CAFE, qui est équivalent à la somme des rectangles CDME et ADMF, est aussi équivalent à la somme des deux rectangles CNLK et AOPH, c'est-à-dire à la somme des deux carrés CBIK et ABGH, plus la somme des deux rectangles BNLI et BOPG. Or, les deux rectangles BNLI et BOPG étant équivalents, je puis prendre, pour leur somme, deux fois l'un d'eux. Si je prends le rectangle BNLI, j'aurai, pour la somme des deux rectangles :

$$2 \times (IB \times BN), \text{ ou } 2BC \times BN,$$

puisque BC = IB.

Comme $CAFE = \overline{CA}^2$, $CBIK = \overline{CB}^2$, $ABGH = \overline{AB}^2$, j'aurai :

$$\overline{CA}^2 = \overline{CB}^2 + \overline{AB}^2 + 2BC \times BN.$$

Comme BC est l'un des côtés du triangle et BN, la projection de l'autre côté AB sur le premier BC, le théorème est démontré.

Théorème n° 151.

486. *Le carré construit sur la diagonale BD du carré BADC (fig 296) vaut le double de ce carré.*

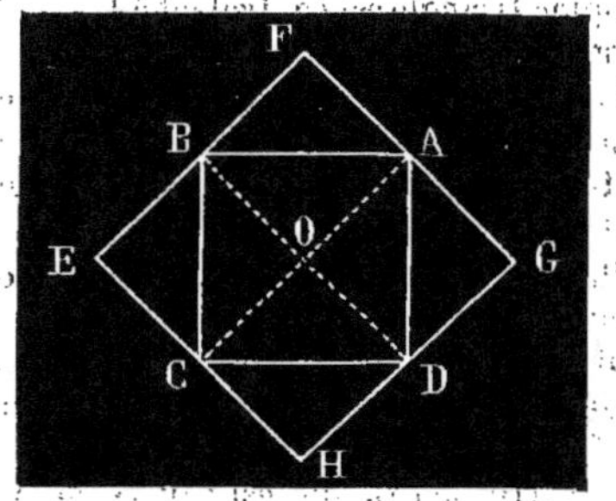

Figure 296.

En effet, le triangle rectangle BAD donne :

$$\overline{BD}^2 = \overline{AB}^2 + \overline{AD}^2.$$

Comme AB = AD, ces droites étant deux côtés du même carré, cette égalité revient à :

$$\overline{BD}^2 = \overline{AB}^2 + \overline{AB}^2, \quad \text{ou} \quad \overline{BD}^2 = 2\overline{AB}^2.$$

Donc, etc.

Théorème n° 152.

487. *Deux triangles qui ont un angle égal sont proportionnels aux rectangles des côtés qui comprennent cet angle.*

Soient les deux triangles CBA et FED (fig. 297) ayant l'angle B égal à l'angle E, je dis qu'on a la proportion :

CBA : FED .:: BC $\times$ BA : EF $\times$ ED.

Pour le prouver, je porte le triangle

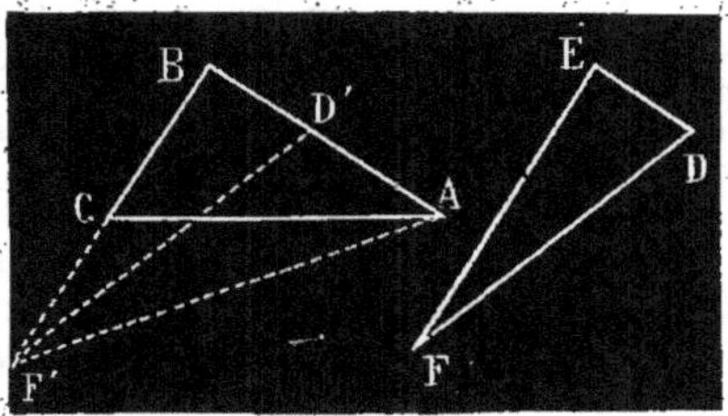

Figure 297.

FED sur le triangle CBA, de manière que le sommet E soit placé sur le sommet B et que le côté EF coïncide avec le côté BC, le point F tombant au point F′, sur le prolongement de BC. Comme l'angle E est égal à l'angle B, le côté ED prendra la direction de BA et le point D tombera, par exemple, au point D′. Je joins le point F′ aux points D′ et A, et j'obtiens le triangle F′BD′ qui est égal au triangle FED, puisque ces deux triangles ont l'angle B égal à l'angle E ; BD′ = ED et BF′ = EF par construction.

Si je considère les deux triangles CBA et F′BA et que je prenne CB pour la base du premier et F′B pour la base du second, ces deux triangles auront même hauteur puisqu'ils ont un même sommet au point A.

Alors, ces deux triangles, ayant même hauteur, sont proportionnels à leurs bases. D'où la proportion

CBA : F′BA :: CB : F′B.

Si, maintenant, je considère les deux triangles F′BA et F′BD′ et que je prenne BA pour la base du premier et BD′ pour la base du second, ces deux triangles auront même hauteur, puisqu'ils ont un même sommet au point F′. Conséquemment, ces deux triangles, ayant même hauteur, sont proportionnels à leurs bases. D'où la proportion :

F′BA : F′BD′ :: BA : BD′.

En multipliant ces deux proportions terme à terme, j'aurai :

CBA $\times$ F′BA : F′BA $\times$ F′BD′ :: CB $\times$ BA : F′B $\times$ BD′,

En supprimant le facteur F′BA commun aux deux termes du premier rapport, j'ai la nouvelle proportion;

CBA : F′BD′ :: CB $\times$ BA : F′B $\times$ BD′;

mais

F′BD′ = FED; F′B = FE et BD′ = ED.

En faisant les substitutions nécessaires dans la dernière proportion, j'ai :

CBA : FED :: CB $\times$ BA : FE $\times$ ED.

Donc, etc.

Théorème n° 153.

488. *Les aires de deux triangles semblables sont proportionnelles aux carrés de leurs côtés homologues.*

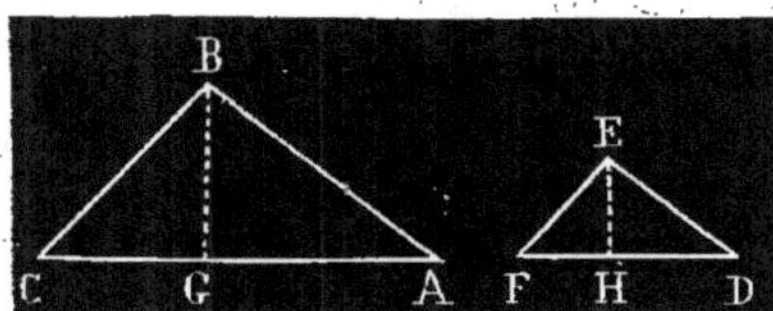

Figure 298.

Soient les deux triangles semblables CBA et FED (*fig.* 298). Comme les deux angles B et E sont égaux, j'ai, d'après le théorème précédent, la proportion :

CBA : FED :: BC $\times$ BA : EF $\times$ ED.

Par suite de la similitude des deux triangles, j'ai aussi :

BA : ED :: BC : EF.

En multipliant ces deux proportions terme à terme, il vient :

CBA $\times$ BA : FED $\times$ ED :: $\overline{BC}^2 \times$ BA : $\overline{EF}^2 \times$ ED.

Si, dans cette nouvelle proportion, je

divise les antécédents par BA et les conséquents par ED, j'aurai :

$$CBA : FED :: \overline{BC}^2 : \overline{EF}^2.$$

Donc, etc.

489. AUTRE DÉMONSTRATION. — Je mène les droites BG et EH respectivement perpendiculaires aux deux bases CA et FD (*fig.* 298). Alors, comme les deux triangles CBA et FED sont semblables, j'ai la proportion :

$$CA : FD :: BC : EF.$$

Les deux triangles rectangles CBG et FEH étant semblables, j'ai la nouvelle proportion :

$$BG : EH :: BC : EF.$$

En multipliant ces deux proportions terme à terme, il vient :

$$CA \times BG : FD \times EH :: \overline{BC}^2 : \overline{EF}^2,$$

et en divisant les deux termes du premier rapport par 2, il vient :

$$\frac{CA \times BG}{2} : \frac{FD \times EH}{2} :: \overline{BC}^2 : \overline{EF}^2.$$

Donc, etc.

Théorème n° 154.

490. *Les aires de deux polygones semblables sont proportionnelles aux carrés de leurs côtés homologues.*

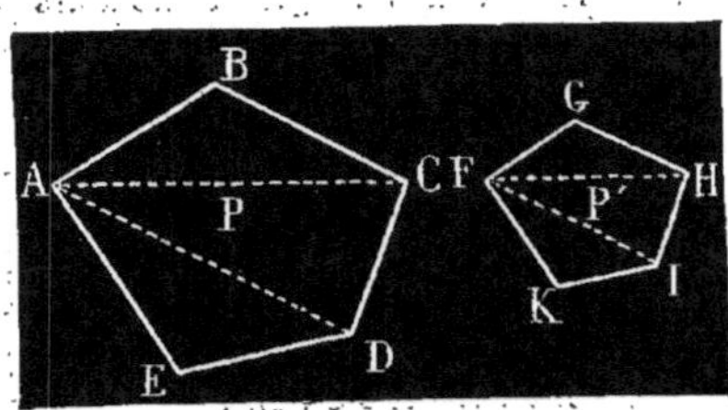

Figure 299.

Soient les deux polygones semblables ABCDE et FGHIK (*fig.* 299). Je désigne l'aire du premier par P et l'aire du second par P'. Il faut démontrer qu'on a :

$$P : P' :: BC : GH.$$

Pour cela, je décompose chaque polygone en triangles par les diagonales AC et AD, FH et FI, et ces triangles sont semblables deux à deux.

Les deux triangles semblables ABC et FGH donnent, d'après le théorème précédent :

$$ABC : FGH :: \overline{BC}^2 : \overline{GH}^2.$$

Les autres triangles donnent, pour la même raison ;

$$ACD : FHI :: \overline{CD}^2 : \overline{HI}^2, \quad \text{ou}$$
$$:: \overline{BC}^2 : \overline{GH}^2.$$

$$ADE : FIK :: \overline{DE}^2 : \overline{IK}^2, \quad \text{ou}$$
$$:: \overline{BC}^2 : \overline{GH}^2.$$

Enfin, la proportion suivante découle des trois précédentes :

$$ABC + ACD + ADE : FGH + FHI + FIK$$
$$:: ABC : FGH,$$

ou $\quad P : P' :: ABC : FGH.$

Je puis, dans cette dernière proportion, remplacer le rapport ABC : FGH par son égal $\overline{BC}^2 : \overline{GH}^2$ et j'aurai :

$$P : P' :: \overline{BC}^2 : \overline{GH}^2.$$

Comme le rapport $\overline{BC}^2 : \overline{GH}^2$ est égal aux rapports $\overline{CD}^2 : \overline{HI}^2$, $\overline{DE}^2 : \overline{IK}^2$, $\overline{EA}^2 : \overline{KF}^2$, $\overline{AB}^2 : \overline{FG}^2$, le théorème est démontré.

Théorème n° 155.

491. *Les aires de deux polygones réguliers d'un même nombre de côtés sont proportionnelles aux carrés des rayons des cercles inscrits et circonscrits.*

Soient les deux polygones d'un même nombre de côtés ABCDEF, dont je désigne l'aire par P, et GHIKLM, dont je désigne l'aire par P' (*fig.* 300). Après avoir joint les centres O et S aux points E et D, L et K et abaissé les perpendiculaires ON sur ED et SR sur LK, il faut démontrer qu'on a :

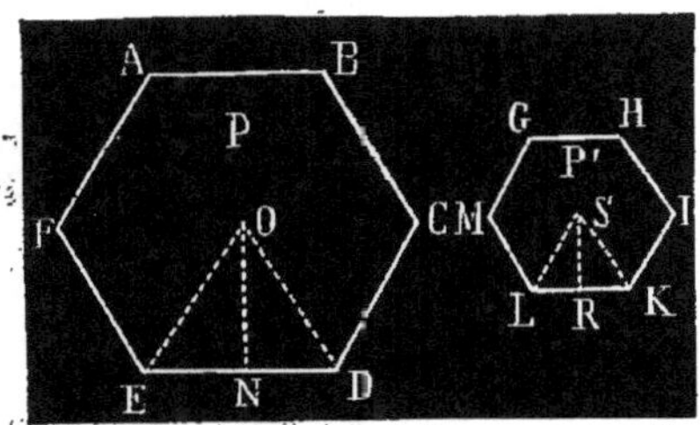

Figure 300.

$$P : P' :: EO : LS$$
et
$$P : P' :: NO : RS.$$

1° Les deux triangles semblables, EOD et LSK, donnent la proportion :

(1) $ED : LK :: EO : LS$

ou, en élevant chaque terme au carré :

(2) $\overline{ED}^2 : \overline{LK}^2 :: \overline{EO}^2 : \overline{LS}^2$;

Mais les deux polygones donnés étant semblables, on a :

(3) $P : P' :: \overline{ED}^2 : \overline{LK}^2$.

En remplaçant dans cette dernière proportion le rapport $\overline{ED}^2 : \overline{LK}^2$ par son égal $\overline{EO}^2 : \overline{LS}^2$, j'aurai :

(4) $P : P' :: \overline{EO}^2 : \overline{LS}^2$.

Cette proportion démontre déjà que les aires des polygones donnés sont proportionnelles aux carrés des cercles circonscrits.

2° Les deux triangles EON et LSR étant semblables, on a :

(5) $EO : LS :: NO : RS$,

et en élevant chaque terme au carré :

(6) $\overline{EO}^2 : \overline{LS}^2 :: \overline{NO}^2 : \overline{RS}^2$.

Les deux proportions (4) et (6) ayant le rapport commun $\overline{EO}^2 : \overline{LS}^2$, les autres donnent :

(7) $P : P' :: \overline{NO}^2 : \overline{RS}^2$.

Cette proportion démontre que les aires des polygones donnés sont proportionnelles aux carrés des rayons NO et RS des cercles inscrits. Donc, etc.

Théorème n° 156.

492. *Les aires de deux cercles sont proportionnelles aux carrés de leurs rayons.*

Soient S et S' les aires de deux cercles, R et R' leurs rayons,

J'ai $S = \pi R^2$

et $S' = \pi R'^2$.

Ces deux égalités donnent la proportion :

$$S : S' :: \pi R^2 : \pi R'^2,$$

et en divisant les deux termes du dernier rapport par π :

$$S : S' :: R^2 : R'^2.$$

Donc, etc.

Théorème n° 157.

493. *Lorsque sur les trois côtés d'un triangle rectangle on construit des polygones semblables, l'aire du polygone construit sur l'hypoténuse vaut la somme des aires des polygones construits sur les deux côtés de l'angle droit.*

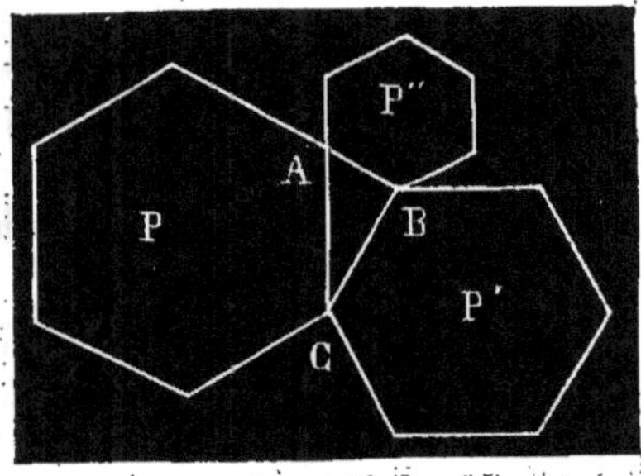

Figure 301.

Soit le triangle rectangle ABC (*fig.* 301) sur les trois côtés duquel ont été construits les polygones semblables, P, P' et P''. Je dis que l'aire du polygone P, construit sur l'hypoténuse, vaut la somme des aires des polygones P' et P''.

En effet, les deux polygones P' et P'' étant semblables, j'ai la proportion :

$$(1) \qquad P' : P'' :: \overline{BC}^2 : \overline{BA}^2.$$

Cette proportion donne la suivante :

$$(2) \quad P' + P'' : P'' :: \overline{BC}^2 + \overline{BA}^2 : \overline{BA}^2;$$

Mais $\overline{BC}^2 + \overline{BA}^2 = \overline{AC}^2$. Donc, j'aurai :

$$(3) \qquad P' + P'' : P'' :: \overline{AC}^2 : \overline{BA}^2.$$

Maintenant, les polygones P et P'' étant semblables, j'ai :

$$(4) \qquad P : P'' :: \overline{AC}^2 : \overline{BA}^2.$$

Les proportions (3) et (4) ayant le rapport commun $\overline{AC}^2 : \overline{BA}^2$, les deux autres forment la proportion :

$$(5) \qquad P' + P'' : P'' :: P : P''.$$

Les conséquents de cette proportion étant égaux, les antécédents sont aussi égaux. Donc $P' + P'' = P$. Donc, etc.

§ III. — QUESTIONS PRATIQUES.

Problème n° 70.

494. *Construire un carré équivalent à 5 fois le carré qui a pour côté AB* (*fig.* 302).

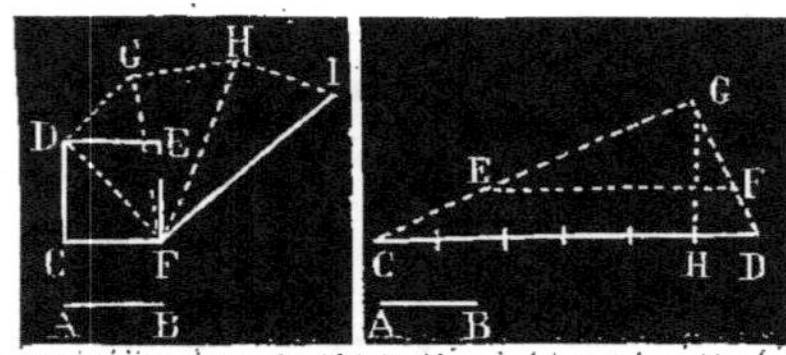

Figure 302.   Figure 303.

Sur la droite CF = AB, je construis le carré CDEF et je tire la diagonale DF. Le triangle rectangle DCF donne $\overline{DF}^2 = \overline{DC}^2 + \overline{CF}^2$, ou $\overline{DF}^2 = 2\overline{CF}^2$. Le carré construit sur DF vaut donc deux fois le carré donné.

Au point D, j'élève sur DF la perpendiculaire DG = CF et je joins le point G au point F. Alors, le triangle rectangle GDF donne $\overline{GF}^2 = \overline{DF}^2 + \overline{DG}^2$, ou $\overline{GF}^2 = 3\overline{CF}^2$, puisque $\overline{DF}^2 = 2\overline{CF}^2$ et $\overline{DC}^2 = \overline{CF}^2$. Le carré construit sur GF vaut donc trois fois le carré donné.

Au point G, j'élève sur GF la perpendiculaire GH = CF, et je joins le point H au point F. Alors, le triangle rectangle HGF donne $\overline{HF}^2 = \overline{GF}^2 + \overline{GH}^2$, ou $\overline{HF}^2 = 4\overline{CF}^2$, puisque $\overline{GF}^2 = 3\overline{CF}^2$ et $\overline{GH}^2 = \overline{CF}^2$. Le carré construit sur HF vaut donc quatre fois le carré donné.

Au point H, j'élève sur HF la perpendiculaire HI = CF et je joins le point I au point F. Alors, le triangle rectangle IHF donne $\overline{IF}^2 = \overline{HF}^2 + \overline{HI}^2$, ou $\overline{IF}^2 = 5\overline{CF}^2$, puisque $\overline{HF}^2 = 4\overline{CF}^2$ et $\overline{HI}^2 = \overline{CF}^2$.

Le carré construit sur IF est le carré demandé, puisqu'il vaut cinq fois le carré qui a AB pour côté.

495. *Autre solution du problème.* Je trace une droite quelconque CD (*fig.* 303) que je partage en 5+1=6 parties égales. Sur CD, comme diamètre, je décris une demi-circonférence, et à la cinquième division H j'élève à CD la perpendiculaire HG, qui rencontre la demi-circonférence au point G. Je joins le point G aux points C et D, puis je prends GF = AB et, par le point F, je mène à CD une parallèle FE, qui rencontre GC au point E. Je vais prouver que le carré construit sur GE est équivalent à 5 fois le carré qui a pour côté AB.

En effet, la droite EF étant parallèle à la base CD du triangle CGD, j'ai la proportion :

$$GC : GD :: GE : GF.$$

J'élève au carré chaque terme de cette proportion, d'où :

$$\overline{GC}^2 : \overline{GD}^2 :: \overline{GE}^2 : \overline{GF}^2.$$

D'après le théorème n° 110, j'ai la proportion :

$$\overline{GC}^2 : \overline{GD}^2 :: CH : HD.$$

Les deux proportions précédentes ayant le rapport commun $\overline{GC}^2 : \overline{GD}^2$, les autres rapports donnent :

$$\overline{GE}^2 : \overline{GF}^2 :: CH : HD.$$

Or, CH vaut 5 fois HD. Donc aussi, $\overline{GE}^2$ vaut 5 fois $\overline{GF}^2$. Donc, etc.

Problème n° 71.

496. *Construire un carré équivalent à la somme de deux carrés dont les côtés sont égaux aux droites* AB *et* CD *(fig. 304).*

point H au point I et le carré HILK construit sur HI est le carré demandé, puisque

$$\overline{HI}^2 = \overline{FI}^2 + \overline{FH}^2.$$

Problème n° 72.

497. *Construire un carré équivalent à la différence de deux carrés dont les côtés sont égaux aux droites* AB *et* CD *(fig. 305).*

Je trace l'angle droit EFG ; puis, je prends FI = AB. Du point I comme centre, avec un rayon égal à CD je décris un arc de cercle coupant la droite FG au point H et je joins le point I au point H. Le carré FHLK construit sur FH est le carré demandé, puisque

$$\overline{FH}^2 = \overline{IH}^2 - \overline{IF}^2.$$

Problème n° 73.

498. *Construire un carré équivalent aux $\frac{4}{7}$ du carré qui a pour côté* AB *(fig. 306).*

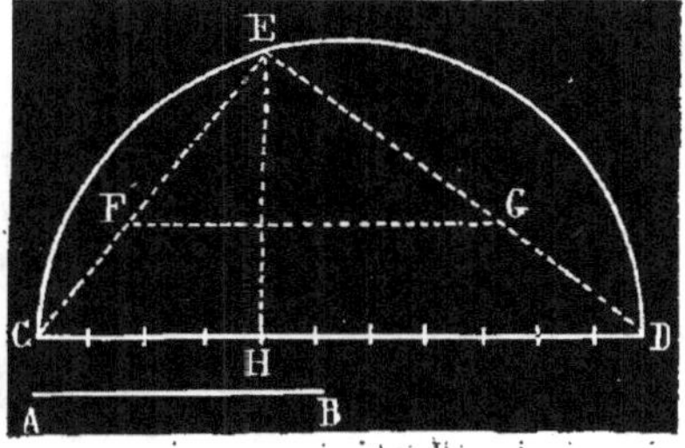

Figure 306.

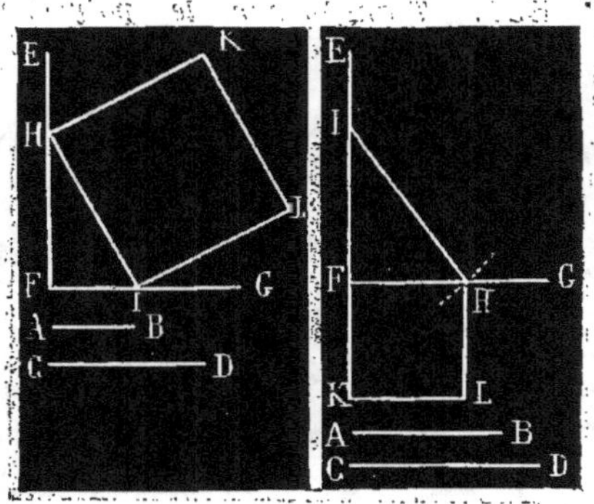

Figure 304.   Figure 305.

Je trace l'angle droit EFG, puis je prends FI = AB et FH = CD. Je joins le

Je trace une droite quelconque CD que je divise en $4 + 7 = 11$ parties égales. Sur CD comme diamètre, je décris une demi-circonférence et à la quatrième division H j'élève à CD la perpendiculaire HE, qui rencontre la demi-circonférence au point E. Je joins le point E aux points

C et D, puis je prends EG = AB et, par le point G, je mène à CD une parallèle GF qui rencontre EC au point F. Je vais prouver que le carré construit sur EF est équivalent aux $\frac{4}{7}$ du carré construit sur AB.

En effet, la droite FG étant parallèle à la base CD du triangle CED, j'ai la proportion :

$$EC : ED :: EF : EG.$$

J'élève au carré chaque terme de cette proportion, d'où :

$$\overline{EC}^2 : \overline{ED}^2 :: \overline{EF}^2 : \overline{EG}^2.$$

D'après le théorème n° 110, j'ai la proportion :

$$\overline{EC}^2 : \overline{ED}^2 :: CH : HD.$$

Les deux proportions précédentes ayant le rapport commun $\overline{EC}^2 : \overline{ED}^2$, les autres rapports donnent :

$$\overline{EF}^2 : \overline{EG}^2 :: CH : HD.$$

Or, CH vaut les $\frac{4}{7}$ de HD. Donc aussi $\overline{EF}^2$ vaut les $\frac{4}{7}$ de $\overline{EG}^2$. Donc, etc.

Problème n° 74.

499. *Construire un polygone dont l'aire soit égale à la somme des aires des polygones semblables ABCED et FGHIK (fig. 307) et qui, de plus, soit semblable à ces deux polygones.*

Pour résoudre ce problème, je trace l'angle droit LMN et je prends MO = DE, MP = KI. Je joins le point O au point P et le polygone construit sur OP, comme côté homologue de DE, remplit les conditions du problème (493).

Problème n° 75.

500. *Construire un polygone dont l'aire soit égale à la différence des*

aires des polygones semblables ABCED et FGHIK (fig. 307) et qui, de plus, soit semblable à ces deux polygones.

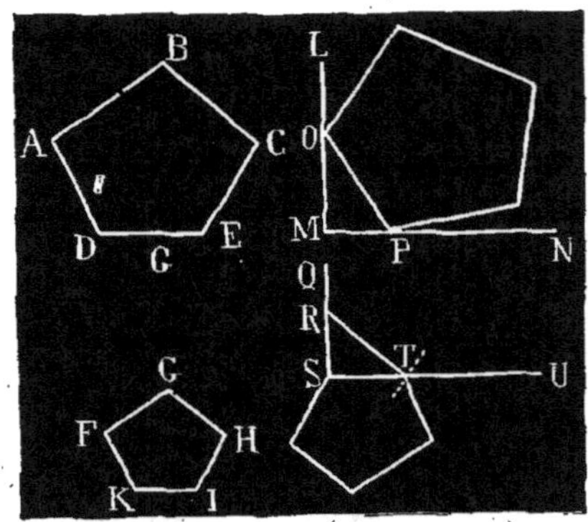

Figure 307.

Pour résoudre ce problème, je trace l'angle droit QSU et je prends RS = KI. Du point O, comme centre, avec un rayon égal à DE, je décris un arc de cercle coupant la droite SU au point T. Je joins le point R au point T et le polygone construit sur ST remplit les conditions du problème.

Problème n° 76.

501. *Transformer le polygone ABCDE (fig. 308) en un triangle équivalent.*

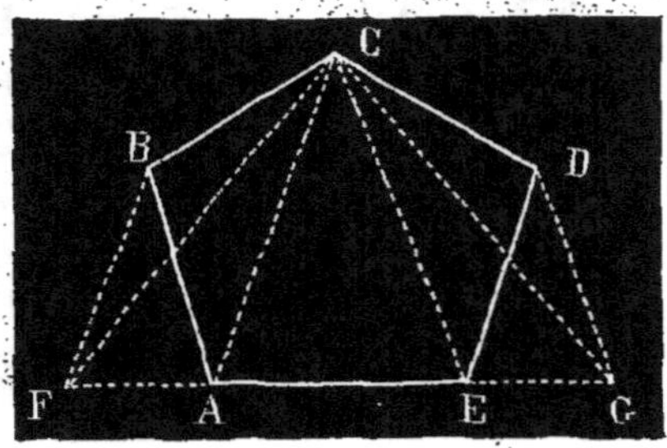

Figure 308.

Pour résoudre ce problème, je joins le point C aux points A et E, puis je prolonge le côté AE à droite et à gauche. Par les points B, D je mène BF parallèle à CA et DG parallèle à CE et je joins le point C aux points F et G. Je dis que le triangle FCG est équivalent au polygone donné.

En effet, les deux triangles CAF et CAB sont équivalents, puisqu'ils ont même base CA, leurs sommets F et B étant situés sur une même droite BA parallèle à la base CA. Si, à chacun de ces deux triangles, j'ajoute le même quadrilatère CAED, j'aurai la figure FCDE qui sera équivalente au polygone donné ABCDE.

Maintenant, les triangles CEG et CED sont aussi équivalents comme ayant même base CE, leurs sommets G et D étant placés sur une même droite DG parallèle à la base CE. Si à chacun de ces deux triangles j'ajoute le triangle CEF, j'aurai le triangle FCG qui sera équivalent à la figure FCDE. Or, le quadrilatère FCDE est équivalent au polygone donné, ainsi que je viens de le démontrer. Donc aussi, le triangle FCG est équivalent au polygone donné.

Problème n° 77.

502. *Construire un carré dont l'aire soit équivalente à celle du rectangle ABCD (fig. 309).*

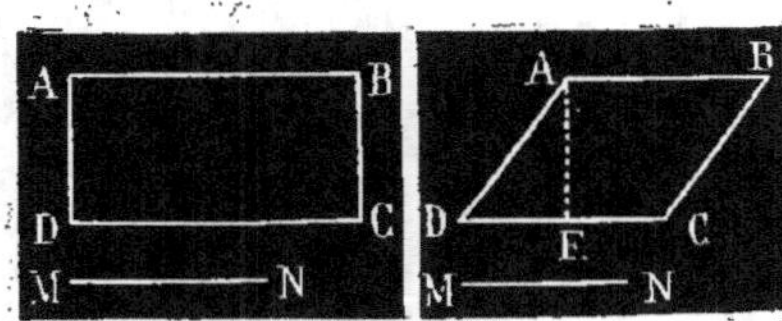

Figure 309.   Figure 310.

Je cherche une moyenne proportionnelle entre la base DC et la hauteur BC du rectangle, et cette moyenne proportionnelle, que je suppose être la droite MN, est le côté du carré dont l'aire est équivalente à celle du rectangle donné.

Problème n° 78.

503. *Construire un carré dont l'aire*

soit équivalente à celle du parallélogramme ABCD (fig. 310).

Je cherche une moyenne proportionnelle entre la base DC et la hauteur AE du parallélogramme, et cette moyenne proportionnelle, que je suppose être la droite MN, est le côté du carré dont l'aire est équivalente à celle du parallélogramme donné.

Problème n° 79.

504. *Construire un carré dont l'aire soit équivalente à celle du triangle ABC (fig. 311).*

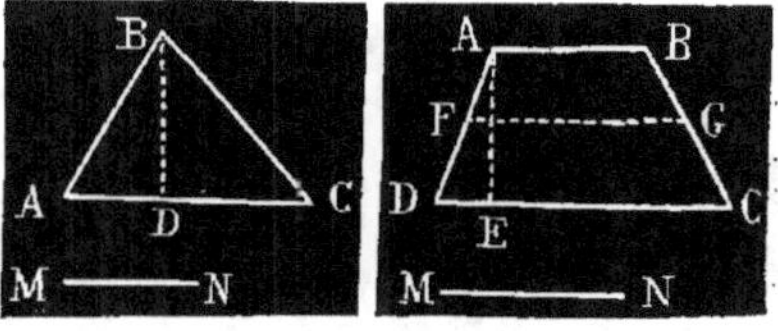

Figure 311.   Figure 312.

Je cherche une moyenne proportionnelle entre la base AC et la moitié de la hauteur BD du triangle et cette moyenne proportionnelle, que je suppose être la droite MN, est le côté du carré dont l'aire est équivalente au triangle donné.

Problème n° 80.

505. *Construire un carré dont l'aire soit équivalente à celle du trapèze ABCD (fig. 312).*

Je cherche une moyenne proportionnelle entre la droite FG, demi-somme des bases AB et DC, et la hauteur AE du trapèze, et cette moyenne proportionnelle, que je suppose être la droite MN, est le côté du carré dont l'aire est équivalente au triangle donné.

Problème n° 81.

506. *Construire un carré dont l'aire soit équivalente à celle d'un polygone quelconque.*

On transforme d'abord le polygone donné en un triangle dont l'aire soit équivalente à celle du polygone, puis on retombe sur le cas du problème n° 79.

Problème n° 82.

507. *Transformer le rectangle* ABCD *(fig. 313) en un autre rectangle qui lui soit équivalent, mais ayant une base égale à* MN.

Il ne manque que la hauteur du rectangle et, pour la trouver, je cherche une quatrième proportionnelle entre la droite MN, la hauteur AD et la base DC. Soit EH cette quatrième proportionnelle. Alors, j'ai la proportion :

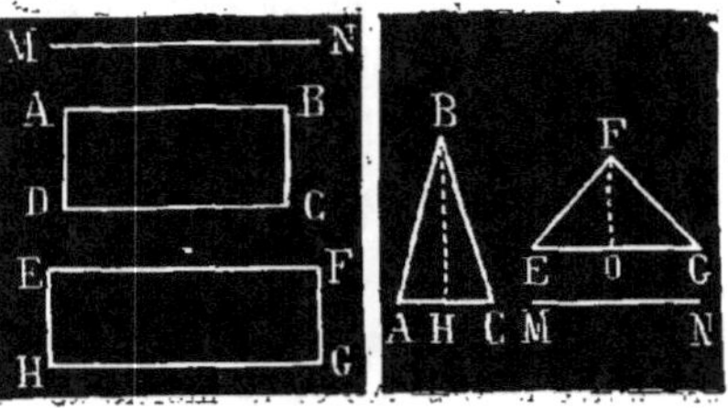

Figure 313.   Figure 314.

$$MN : AD :: DC : EH.$$

Cette proportion donne :

$$MN \times EH = AD \times DC.$$

Le premier nombre de cette égalité représente l'aire du rectangle EFGH, construit avec une base égale à MN et une hauteur égale à EH et le second membre représente l'aire du rectangle donné. Donc, les aires des deux rectangles sont équivalentes.

Problème n° 83.

508. *Transformer le triangle* ABC *(fig. 314) en un autre triangle qui lui soit équivalent, mais ayant une base égale à* MN.

Il ne manque que la hauteur du triangle et, pour la trouver, je cherche une quatrième proportionnelle entre la droite

MN, la base AC et la hauteur BH du triangle donné. Soit FO cette quatrième proportionnelle. Je trace EG = MN et en un point quelconque O de EG, j'élève à la base EG une perpendiculaire FO égale à la quatrième proportionnelle. Je joins le point F aux points E et G, et je dis que le triangle EFG remplit les conditions du problème.

En effet, j'ai la proportion :

$$MN \quad \text{ou} \quad EG : AC :: BH : FO.$$

Cette proportion donne :

$$EG \times FO = AC \times BH.$$

Et, en divisant chaque membre de cette égalité par 2 :

$$\frac{EG \times FO}{2} = \frac{AC \times BH}{2},$$

expression qui représente l'aire de chaque triangle. Donc, etc.

Problème n° 84.

509. *Partager le triangle* CBA *(fig. 315) en trois parties ayant des aires équivalentes, par des droites parallèles à la base* CA.

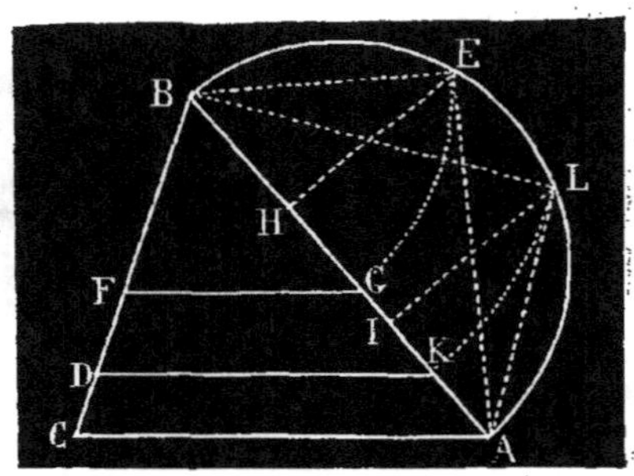

Figure 315.

Sur BA, comme diamètre, je décris une demi-circonférence. Je partage BA en trois parties égales : BH, HI et IA. A chacun des points H et I, j'élève sur BA les perpendiculaires Het et IL, rencontrant la demi-circonférence aux points E et L, que je joins aux points B et A. Du point B, comme centre, aux deux rayons égaux à BE et à BL, je décris deux arcs de cercle rencontrant le côté BA aux points G et K. Par les points G et K, je mène GF et KD parallèles à la base CA. Je dis que ces deux parallèles partagent le triangle CBA en trois parties FBG, DFGK et CDKA, ayant des aires équivalentes.

En effet, les deux triangles semblables CBA et DBK donnent la proportion :

$$(1) \quad CBA : DBK :: \overline{BA}^2 : \overline{BK}^2, \quad ou \ \overline{BL}^2.$$

Le triangle rectangle BLA donne, par sa perpendiculaire IL :

$$(2) \quad \overline{BA}^2 : \overline{BL}^2 :: BA : BI ;$$

Ces proportions ayant le rapport commun $\overline{BA}^2 : \overline{BL}^2$, les deux autres forment la nouvelle proportion :

$$(3) \quad CBA : DBK :: BA : BI.$$

Comme la droite BI vaut les deux tiers de la droite BA, le triangle DBK vaut aussi les deux tiers du triangle CBA.

Donc déjà, le quadrilatère CDKA vaut le tiers du triangle donné.

Maintenant, les deux triangles semblables DBK et FBG donnent la proportion :

$$(4) \quad DBK : FBG :: \overline{BK}^2 : \overline{BG}^2,$$

ou $\quad :: \overline{BL}^2 : \overline{BE}^2.$

Comme les carrés des cordes partant de l'extrémité d'un même diamètre sont proportionnels aux projections de ces cordes sur le diamètre, j'ai

$$(5) \quad \overline{BL}^2 : \overline{BE}^2 :: BI : BH.$$

Les proportions (4) et (5) ayant le rapport commun $\overline{BL}^2 : \overline{BE}^2$, les autres forment la nouvelle proportion :

$$(6) \quad DBK : FBG :: BI : BH.$$

Or, BH valant la moitié de BI, l'aire du triangle FBG vaut aussi la moitié de l'aire du triangle DBK. Mais, le triangle DBK étant équivalent aux deux tiers du triangle CBA, les aires du triangle FBG et du quadrilatère DFGK sont équivalentes chacune au tiers du triangle donné. Donc, les figures FBG, DFGK et CDKA répondent bien aux conditions du problème.

CHAPITRE X

GÉOMÉTRIE DANS L'ESPACE

§ I. — DU PLAN ET DE LA LIGNE DROITE.

510. Le plan défini (16) est une surface illimitée ; toutefois, pour fixer les idées, on est obligé de lui assigner certaines limites et on le représente par une figure géométrique tracée sur la surface, le plus souvent par un parallélogramme.

511. La position d'un plan n'est déterminée dans l'espace qu'autant qu'il doit passer par une droite fixe. Alors, le plan, en tournant autour de la droite, peut prendre un nombre infini de positions. On voit (*fig.* 316) quelques positions occupées par le plan MN tournant autour de la droite AB.

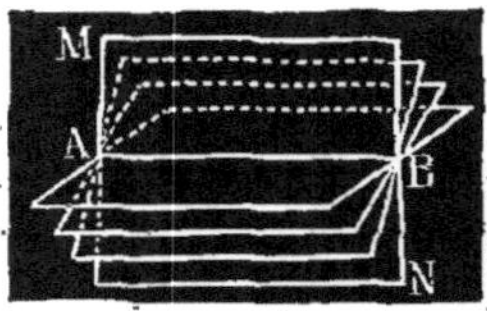

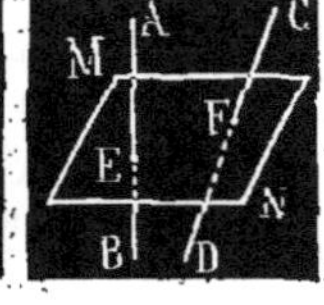

Figure 316.   Figure 317.

512 Une droite et un plan se coupent lorsque cette droite et ce plan n'ont qu'un seul point commun. Ainsi, les deux droites AB et CD (*fig.* 317) coupent le plan MN parce qu'elles n'ont que les points E et F communs avec ce plan.

513. Une droite est perpendiculaire à un plan, et réciproquement, lorsqu'elle est *perpendiculaire* à toutes les droites qu'on peut faire passer par son pied dans le plan. Ainsi, la droite AB (*fig.* 318) est perpendiculaire au plan MN parce qu'elle est perpendiculaire aux droites BC, BD, BF et BE passant par son pied dans le plan.

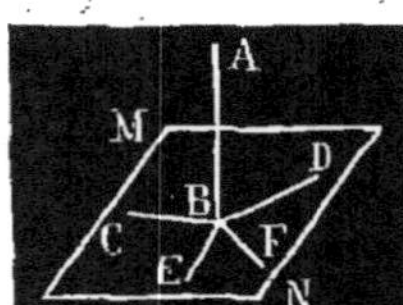

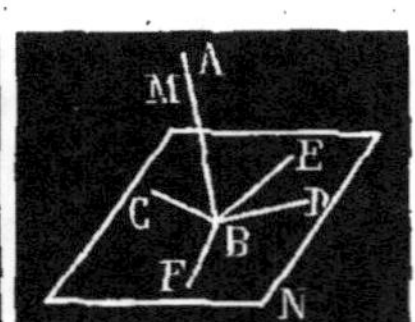

Figure 318.   Figure 319.

514. Une droite est *oblique* à un plan lorsqu'elle *rencontre ce plan et qu'elle* n'est pas perpendiculaire à toutes les droites qu'on peut faire passer par son pied dans le plan. Ainsi, la droite AB (*fig.* 319) est oblique au plan MN parce qu'elle n'est pas perpendiculaire aux droites BE, BD, BF et BC menées par son pied dans le plan.

Plusieurs plans sont *parallèles* lors-

qu'ils ne peuvent jamais se rencontrer, quelle que soit la distance à laquelle on les suppose prolongés.

515. Une droite est *parallèle* à un plan lorsque la droite et le plan ne peuvent jamais se rencontrer, quelle que soit la distance à laquelle on les suppose prolongés.

Théorème n° 158.

516. *Par trois points non en ligne droite, on peut toujours faire passer un plan, mais un seul.*

Soient les trois points A, B et C (*fig.* 320). Je dis d'abord qu'on peut faire passer un plan par ces trois points.

Pour le prouver, je joins par des droites le point B aux points A et C et le point A au point C. Je fais passer un plan quelconque par la droite AC, puis je fais tourner ce plan autour de AC jusqu'à ce qu'il vienne s'appuyer sur le point B. Alors, la direction de ce plan sera déterminée et fixe, et il contiendra les points A, B, C.

Je dis maintenant qu'on ne peut faire passer qu'un seul plan par les trois points A, B et C.

En effet, supposons qu'on puisse faire passer deux plans par chacun de ces trois points. Alors, les trois droites les unissant seraient entièrement situées dans chaque plan, ce qui prouve déjà que les deux plans se confondent au moins suivant ces droites.

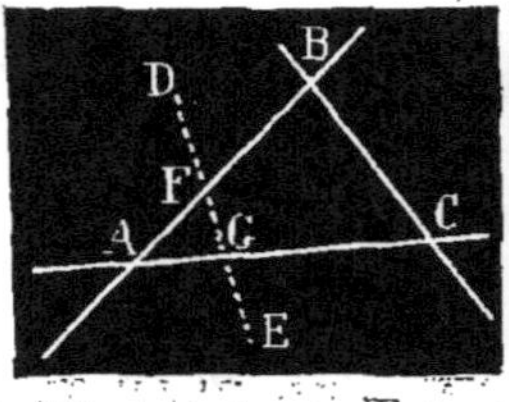

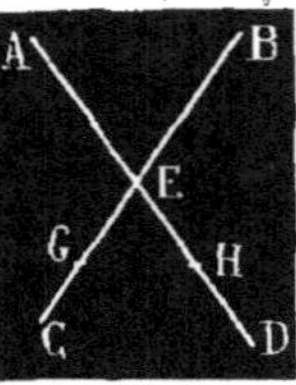

Figure 320.   Figure 321.

Je trace une quatrième droite DE rencontrant AB et AC aux points F et G. Les points F et G, de même que les droites AB et AC, seraient situés dans chacun des deux plans. Alors, la droite DE, ayant deux points dans chaque plan, s'y trouverait tout entière. Donc, les deux plans se confondent encore suivant DE. Comme il en serait de même pour toute autre droite, il en résulte que les deux plans se confondent et n'en forment qu'un seul.

Donc, etc.

Théorème n° 159.

517. *Deux droites qui se coupent déterminent un plan.*

Je dis que les deux droites AD et BC (*fig.* 321), qui se coupent au point E déterminent un plan. Pour le prouver, je prends le point G sur BC et le point H sur AD. Alors, par les trois points G, E, H, je puis faire passer un plan d'après le théorème précédent, et les deux droites BC et AD se trouveront chacune entièrement dans ce plan, ayant, l'une et l'autre, deux points communs avec ce plan. Donc, etc.

Théorème n° 160.

518. *Deux droites parallèles déterminent un plan.*

Je dis que les droites parallèles AB et CD (*fig.* 322) déterminent un plan. Pour le prouver, je prends sur AB et sur CD

trois points quelconques E, F et G par lesquels je puis faire passer un plan (516). Or, la droite AB sera tout entière dans le plan puisqu'elle a deux points communs avec ce plan. La droite CD aura le point G commun avec le même plan, qui la contiendra tout entière d'après la définition des parallèles. Donc, etc.

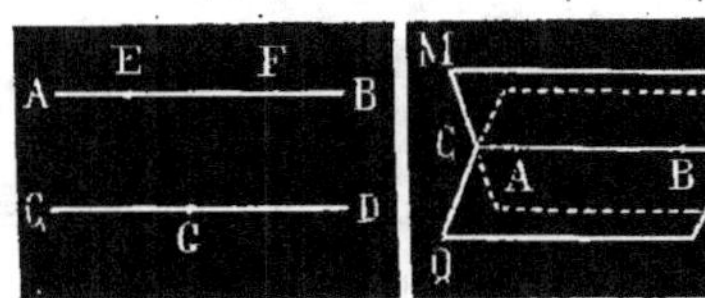

Figure 322.   Figure 323.

Théorème n° 161.

519. *La ligne d'intersection de deux plans est droite.*

Soient les deux plans MN et PQ (*fig.* 323) se coupant suivant la ligne CD. Je dis que cette ligne est droite. En effet, la ligne d'intersection CD appartient aux deux plans. Si je prends deux points A et B sur cette intersection et que je les joigne par une droite, cette droite appartiendra également aux deux plans et se confondra avec la ligne d'intersection CD, pour ne faire qu'une seule et même droite.

Donc, etc.

§ II. — PERPENDICULAIRES ET OBLIQUES A UN PLAN.

Théorème n° 162.

520. *Si une droite est perpendiculaire à deux autres droites passant par son pied dans un plan, elle est perpendiculaire à toute autre droite passant par son pied dans le plan, et, par suite, elle est perpendiculaire à ce plan.*

La droite AB étant perpendiculaire aux deux droites BE et BD, passant par son pied dans le plan MN (*fig.* 324), je dis qu'elle est perpendiculaire à toute autre droite passant par son pied dans le même plan, par exemple, à la droite BC.

Pour le prouver, je trace une droite quelconque GH coupant BC, BD et BE aux points C, D et E, puis je prolonge la droite AB en dessous du plan d'une quantité BF égale à elle-même. Je joins par des droites les points A et F aux points C, D et E. Alors, les deux triangles EBA et EBF sont égaux comme ayant leurs trois côtés égaux chacun à chacun, puisque : 1° le côté EB est commun; 2° BF = BA par construction; 3° EF = EA comme obliques s'écartant également du pied de la perpendiculaire EB. Les triangles DBA et DBF sont égaux par la même raison. Conséquemment, les deux triangles DEA et DEF sont aussi égaux comme ayant leurs trois

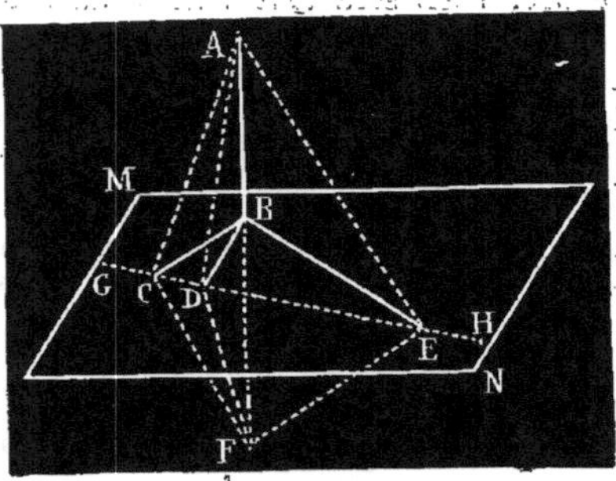

Figure 324.

côtés égaux chacun à chacun. Donc, l'angle DEA est égal à l'angle DEF.

Maintenant, les deux triangles CEA et CEF sont aussi égaux comme ayant un angle égal compris entre deux côtés égaux, puisque : 1° les angles CEA et CEF sont égaux ainsi que cela vient d'être démontré ; 2° le côté CE est commun ; 3° EA = EF comme obliques s'écartant également du pied de la perpendiculaire EB. Conséquemment, CA = CF. Il en résulte que les deux triangles CBA et CBF sont égaux comme ayant leurs trois côtés égaux chacun à chacun, puisque : 1° le côté CB est commun ; 2° BA = BF par construction ; 3° CA = CF, ainsi que cela vient d'être démontré. Donc, les angles CBA et CBF sont égaux et comme ils valent ensemble deux angles droits, chacun d'eux vaut un angle droit. Donc, la droite CB est perpendiculaire à AB et, réciproquement, AB est perpendiculaire à CB. Comme je prouverais de la même manière que AB est perpendiculaire à toute autre droite passant par son pied dans le plan MN, il en résulte que AB est perpendiculaire au plan MN (513).

Théorème n° 163.

521. *Si, par un point quelconque B, pris sur une droite AG (fig. 325), on élève plusieurs perpendiculaires à cette droite, toutes ces perpendiculaires sont situées dans un même plan*

Soient les perpendiculaires BC, BD et BE élevées au point B sur AG. Je fais

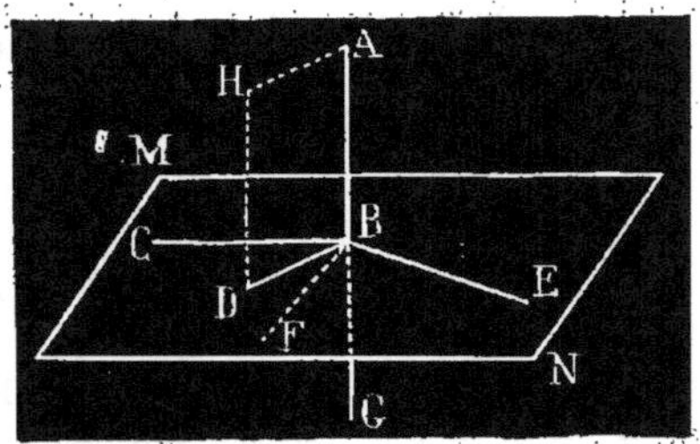

Figure 325.

passer un plan MN par les droites BC et BE, et j'ai simplement à prouver que la droite BD est contenue dans ce plan. Pour cela, je fais passer un plan HABD par les droites BA et BD, et si la droite BD, perpendiculaire à AG, ne se trouve pas dans le plan MN, c'est que BD n'est pas l'intersection des plans MN et HABD. Soit BF cette intersection. Si cela était, la droite AG, perpendiculaire au plan MN, serait perpendiculaire à la droite BF qui passe par son pied dans le plan. Mais BD est, par hypothèse, perpendiculaire à AG. Alors, par un même point B et dans le même plan HABD, il y aurait les deux perpendiculaires BD, BF à AG, ce qui ne peut être. Donc, la ligne BD se trouve bien dans le plan MN. Comme la même démonstration pourrait se faire pour toute autre droite perpendiculaire à AG et au point B, le théorème est démontré.

522. *Corollaire* I.—On peut mener dans l'espace, par le point B (*fig.* 325) une infinité de perpendiculaires à la droite AG, et toutes ces perpendiculaires seront situées dans un même plan.

523. *Corollaire* II.—Par un point quelconque, pris sur une droite, on peut mener un plan perpendiculaire à cette droite, mais on n'en peut mener qu'un seul, puisque toutes les perpendiculaires élevées à la droite et à ce point sont situées dans un seul et unique plan.

Théorème n° 164.

524. Par un point situé sur un plan, on ne peut élever qu'une seule perpendiculaire à ce plan.

Soit la droite AB (*fig.* 326) perpendiculaire au plan MN. Je dis que toute autre partant du point B, par exemple la droite CB, ne sera pas perpendiculaire au plan MN. Pour le prouver, je fais passer un plan CABD par les deux droites AB et CB, et soit DB, l'intersection de ce plan avec MN. Alors, AB étant, par hypothèse, perpendiculaire au plan MN est perpendiculaire à la droite BD passant par son pied dans le plan. Si la droite CB pouvait être perpendiculaire au plan MN, elle serait aussi perpendiculaire à la droite BD passant par son pied dans le même plan. Conséquemment, dans le plan CABD et au même point B, il y aurait deux perpendiculaires BA et BC à BD, ce qui est impossible. Comme la même démonstration pourrait se faire pour toute autre droite, il en résulte que la droite AB peut être seule perpendiculaire au plan MN et au point B. Donc, etc.

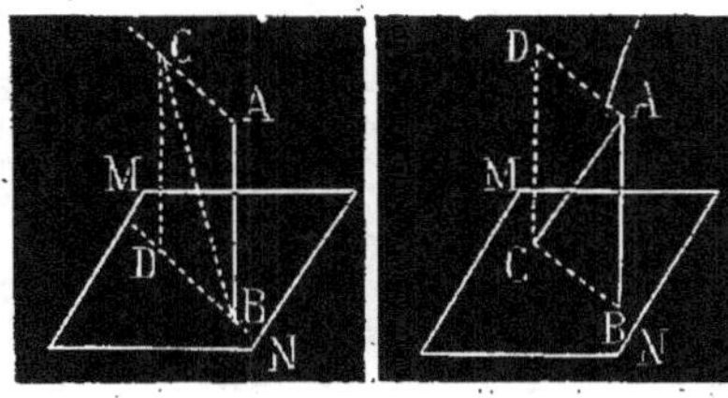

Figure 326.   Figure 327.

Théorème n° 165.

525. Par un point situé hors d'un plan, on ne peut abaisser qu'une seule perpendiculaire sur ce plan.

Soit la perpendiculaire AB abaissée du point A sur le plan MN (*fig.* 327). Je dis que toute autre droite partant du point A,

par exemple la droite AC, ne sera pas perpendiculaire au plan MN. Pour le prouver, je fais passer un plan DABC par les deux droites AB et AC et, soit BC l'intersection des deux plans. Alors, la droite AB étant, par hypothèse, perpendiculaire au plan MN est perpendiculaire à CB qui passe par son pied dans le plan. Si la droite AC pouvait être perpendiculaire au plan MN, elle serait aussi perpendiculaire à la droite CB passant par son pied dans le même plan. Conséquemment, dans le plan DABC et du même point A, on pourrait abaisser deux perpendiculaires à une même droite CB, ce qui est impossible. Comme la même démonstration pourrait se faire pour toute autre droite, il en résulte que AB est la seule perpendiculaire qu'on puisse abaisser du point A sur le plan MN. Toutes les autres droites seront des obliques. Donc, etc.

Théorème n° 166.

526. Si, d'un point A, extérieur au plan MN (fig. 328), on mène à ce plan une perpendiculaire AB et une oblique quelconque, AC par exemple, la perpendiculaire est la plus courte.

Pour le prouver, je joins par une droite le point B au point C. Alors, AB étant, par hypothèse, perpendiculaire au plan MN est perpendiculaire à la droite BC qui passe par son pied dans le plan. Conséquemment, le triangle ABC est rectangle et l'hypoténuse AC est plus grande que le côté de l'angle droit AB, qui est la perpendiculaire donnée. Comme la même démonstration pourrait se faire pour toute autre oblique, le théorème est démontré.

Théorème n° 167.

527. Si d'un point A, extérieur au plan MN (fig. 329), on mène à ce plan une perpendiculaire AB et deux obliques AC et AD, ces obliques sont égales si elles s'écartent également du pied de la perpendiculaire.

Les deux droites BD et BC étant égales

il faut démontrer que les deux obliques AD et AC sont aussi égales.

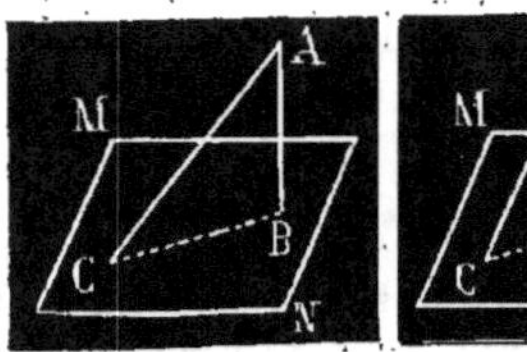

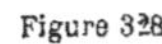

Figure 328.　　　　Figure 329.

En effet, la droite AB étant, par hypothèse, perpendiculaire au plan MN, est perpendiculaire aux deux droites BD et BC qui passent par son pied dans le plan. Donc, les deux triangles ABD et ABC sont rectangles. De plus, ils sont égaux comme ayant un angle égal compris entre deux côtés égaux, puisque : 1° les angles ABD et ABC sont égaux comme droits ; 2° le côté AB est commun ; 3° BD = BC par construction. Conséquemment AC = AD. Donc, etc.

Théorème n° 168.

528. *Si d'un point A, extérieur au plan MN (fig. 330), on mène à ce plan l'oblique AB s'écartant davantage du pied de la perpendiculaire AE que l'oblique AC, la première est plus grande que la seconde.*

La droite EB étant plus grande que la droite EC, il faut démontrer que l'oblique AB est plus grande que l'oblique AC.

Pour cela, sur EB je prends ED = EC et je joins le point A au point D. Alors, AE perpendiculaire au plan MN est perpendiculaire aux droites EC et EB passant par son pied dans le plan. Conséquemment, les deux obliques AD et AC sont égales comme s'écartant également du pied de la perpendiculaire AE, puisque ED = EC par construction.

Mais l'oblique AB est plus grande que l'oblique AD, parce que ces deux obliques sont situées du même côté de la perpendiculaire dans le plan du triangle AEB. Or, AD = AC. Donc aussi, l'oblique AB est

plus grande que l'oblique AC. Donc, etc.

Réciproques des trois théorèmes précédents.

529. *Si une droite mesure le plus court chemin d'un point à un plan, elle est perpendiculaire à ce plan.*

Il est clair, en effet, que si cette droite n'était pas perpendiculaire, elle serait oblique au plan. En conséquence, elle ne mesurerait pas la plus courte distance du point à ce plan, ce qui est contraire à l'hypothèse.

Donc, etc.

530. *Deux obliques égales s'écartent également du pied de la perpendiculaire.*

Cela est évident, parce que celle qui s'écarterait le plus du pied de la perpendiculaire serait la plus grande et les deux obliques ne seraient plus égales, contrairement à l'hypothèse.

531. *Quand une oblique est plus grande qu'une autre, la plus grande s'écarte davantage du pied de la perpendiculaire.*

En effet, si la plus grande ne s'écartait pas davantage du pied de la perpendiculaire, l'écart serait ou égal ou plus petit. Si l'écart était égal, les deux obliques seraient aussi égales, ce qui serait contraire à l'hypothèse. Si l'écart était plus petit, l'oblique donnée comme la plus grande serait la plus petite, ce qui serait encore contraire à l'hypothèse. Donc, etc.

Théorème n° 169.

532. *Si, par le point B, milieu de la droite AC, on mène un plan MN (fig. 331) perpendiculaire à cette droite, un point quelconque du plan est équidistant des points A et C.*

Soit un point quelconque D du plan MN. Je joins ce point aux points A, B et C, et je vais prouver que DA = DC. En effet, AC étant perpendiculaire au plan MN est perpendiculaire à la droite DB qui passe par son pied dans le plan. Conséquemment, par rapport au plan qui passerait par AD, DC et AC, les droites DA et DC sont des obliques égales comme s'écartant

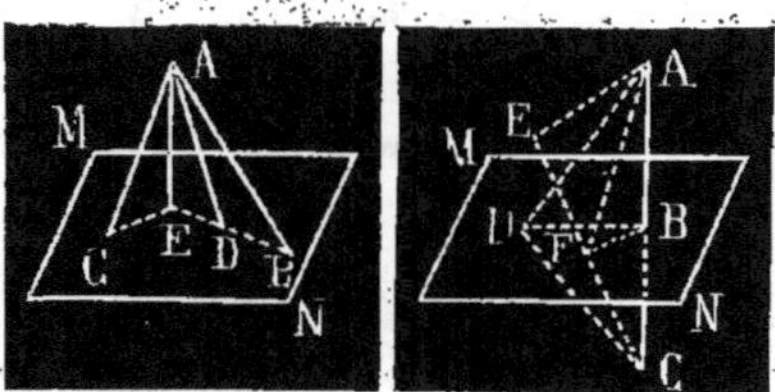

Figure 330. Figure 331.

également du pied de la perpendiculaire DB, puisque BA = BC par hypothèse. Comme on pourrait faire la même démonstration pour tout autre point du plan MN, le théorème est démontré.

Théorème n° 170.

533. *Si, par le point* B, *milieu de la droite* AC, *on mène un plan* MN (*fig*.331) *perpendiculaire à cette droite, tout point extérieur n'est pas équidistant des points* A *et* C.

Soit un point quelconque E extérieur au plan MN. Je joins le point E aux points A et C et je vais prouver que la droite EA est plus petite que la droite EC. Pour cela, dans le plan du triangle AEC, j'élève au point B et à AC une perpendiculaire BF rencontrant EC au point F, que je joins au point A. Alors, FA et FC sont deux obliques égales comme s'écartant également du pied de la perpendiculaire BF puisque BA = BC, par hypothèse. Or, EA, ligne droite, est plus courte que ECA, ligne brisée qui a ses extrémités aux mêmes points; mais EFA = EFC, puisque FA = FC et que la partie EF est commune aux deux lignes. Donc aussi, la droite EA est plus petite que EC. Comme la même démonstration peut se faire pour tout autre point extérieur, le théorème est démontré.

Théorème n° 171.

(dit théorème des trois perpendiculaires).

534. *Si, d'un point* A *extérieur à un plan* MN (*fig*. 332), *on abaisse une perpendiculaire* AB *à ce plan, et si du point* B, *pied de cette perpendiculaire, on mène une nouvelle perpendiculaire* BC *à une droite quelconque* GF *tracée dans le plan, en unissant les points* A *et* C, *on obtient une droite* AC *perpendiculaire à* GF.

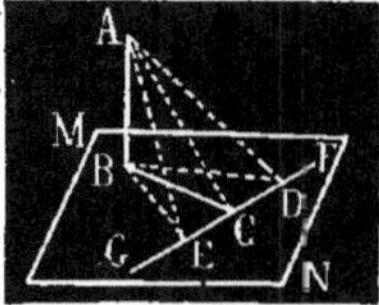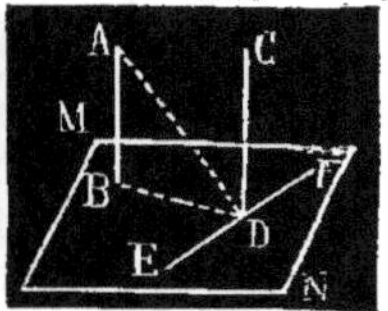

Figure 332. Figure 333.

Pour le prouver, de chaque côté du point C, je prends CD = CE. Je joins le point B aux points E et D et les deux obliques BD et BE, tracées dans le plan MN, sont égales comme s'écartant également du pied de la perpendiculaire BC. Maintenant, je joins le point A aux points E et D et les deux obliques AD et AE sont égales comme s'écartant également du pied de la perpendiculaire AB (95), puisque CD = CE. Conséquemment, les deux triangles ACD et ACE sont égaux comme ayant les trois côtés égaux chacun à chacun, puisque : 1° le côté AC est commun; 2° CD = CE; 3° AD = AE. Il résulte de cette égalité que les angles ACD et ACE sont égaux. Comme ils valent ensemble deux angles droits, chacun d'eux vaut un angle droit et la droite AC est perpendiculaire sur GF. Donc, etc.

La proposition qui vient d'être démontrée est vraie pour tout autre point de AB, car la démonstration serait absolument la même, quelle que soit la position de ce point sur AB.

535. *Corollaire* I.—La perpendiculaire BC est commune aux deux droites AB et

GF, bien que ces deux droites ne soient pas situées dans le même plan; de plus, elle mesure leur plus courte distance.

536. *Corollaire* II. — La droite GF est perpendiculaire au plan ABC.

§ III. — PARALLÉLISME DES DROITES ET DES PLANS.

Théorème n° 172.

537. *Lorsqu'une droite est perpendiculaire à un plan, toute parallèle à cette droite est perpendiculaire au même plan.*

Soit la droite AB perpendiculaire au plan MN (*fig.* 333). Je dis que la droite CD, parallèle à AB, est aussi perpendiculaire au même plan.

Pour le prouver, par les deux parallèles AB et CD, je fais passer un plan ayant BD pour intersection avec le plan MN. Alors, d'après le théorème précédent (*corollaire* II), la droite EF est perpendiculaire au plan ABDC. Donc, l'angle CDE est droit et CD est perpendiculaire à EF. Mais, l'angle CDB est aussi droit puisque AB est perpendiculaire à BD et que CD est parallèle à AB. Conséquemment, la droite CD étant perpendiculaire aux deux droites DB et EF passant par son pied dans le plan MN est perpendiculaire à ce plan. Donc, etc.

Théorème n° 173.

538. *Par un point C, on ne peut mener, dans l'espace, qu'une seule parallèle à une droite donnée AB (fig. 334).*

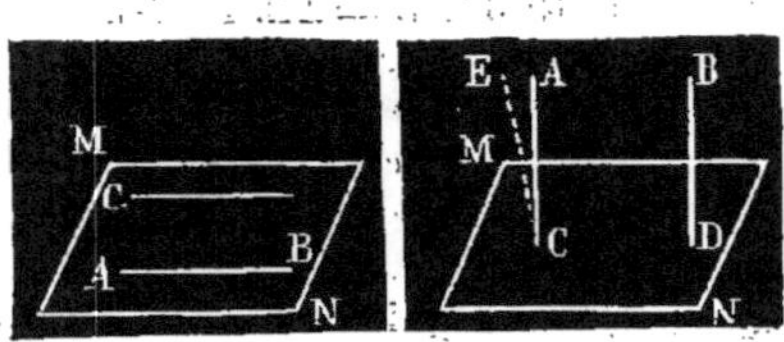

Figure 334. · Figure 335.

En effet, si je fais passer un plan MN par la droite AB et par le point C, la parallèle à AB, menée par le point C, sera située dans ce plan. Or, on sait (118) que dans un plan on ne peut mener, par un point donné, qu'une seule parallèle à une droite. Donc, etc.

Théorème n° 174.

539. *Deux droites AC et BD, perpendiculaires à un même plan MN (fig. 335), sont parallèles.*

En effet, si la droite AC, par exemple, n'était pas parallèle à BD, par le point C, je puis mener une parallèle à BD et soit EC cette parallèle. Alors, d'après le théorème 172, la droite BD étant perpendiculaire au plan MN, sa parallèle EC serait aussi perpendiculaire au même plan. Mais, par hypothèse, AC est perpendiculaire au plan MN. Il serait donc possible, au même point C, d'élever deux perpendiculaires AC et EC au plan MN, ce qui ne saurait être.

Comme la même démonstration pourrait se faire à propos de toute autre droite partant du point C, il en résulte que AC est parallèle à BD. Donc, etc.

Théorème n° 175.

540. *Deux droites A et B (fig. 336) situées dans l'espace et parallèles à une troisième C, sont parallèles entre elles.*

Pour le prouver, je mène un plan MN perpendiculaire à la droite A et rencontrant les trois droites données aux points D, E et F. Alors, la droite AD étant perpendiculaire au plan MN, par construction, sa parallèle CF est perpendiculaire au même plan. De même, la droite BE est aussi perpendiculaire au plan MN puisqu'elle est parallèle à AD. Donc, les deux droites AD et BE sont parallèles entre elles, puisqu'elles sont toutes les deux perpendiculaires au plan MN.

Théorème n° 176.

541. *Si une droite AB (fig. 337), située dans l'espace, est parallèle à une droite CD, tracée dans un plan MN, la droite AB est parallèle au plan.*

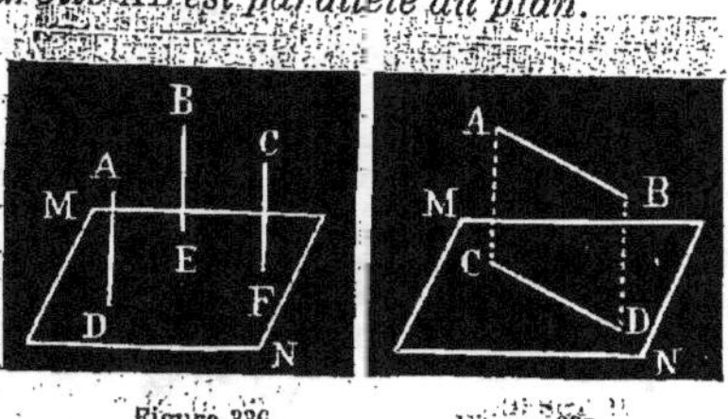

Figure 336.   Figure 337.

Pour le prouver, je fais passer un plan ABDC par les deux droites AB, CD, et l'intersection de ce plan avec le plan MN est CD. Si la droite AB n'était pas parallèle au plan MN, elle rencontrerait ce plan et la rencontre ne pourrait se faire que sur la droite CD prolongée. Mais, les deux droites AB et CD étant situées dans le même plan ABDC ne peuvent pas se rencontrer d'après la définition des parallèles. Donc, la droite AB est parallèle au plan MN, puisqu'elle ne peut pas le rencontrer à quelque distance qu'on la prolonge.

Théorème n° 177.

542. *Si, par une droite AB parallèle au plan MN (fig. 338), on fait passer un plan coupant le plan MN, l'intersection CD des deux plans est parallèle à AB.*

Par la droite AB, je fais passer un plan ABDC coupant le plan MN suivant l'intersection CD. Je dis que CD est parallèle à AB.

En effet, si ces deux droites ne sont pas parallèles, en les prolongeant elles se rencontreront. Or, la droite CD étant située tout entière dans le plan MN, si une rencontre entre AB et CD était possible, elle ne pourrait se faire que par un point du plan MN. Cette hypothèse ne saurait se réaliser puisque AB est parallèle au plan MN. Donc, etc.

543. *Corrollaire.* Si la droite AB (fig. 338) est parallèle au plan MN, toute parallèle menée à AB par un point quelconque du plan est située tout entière dans le plan.

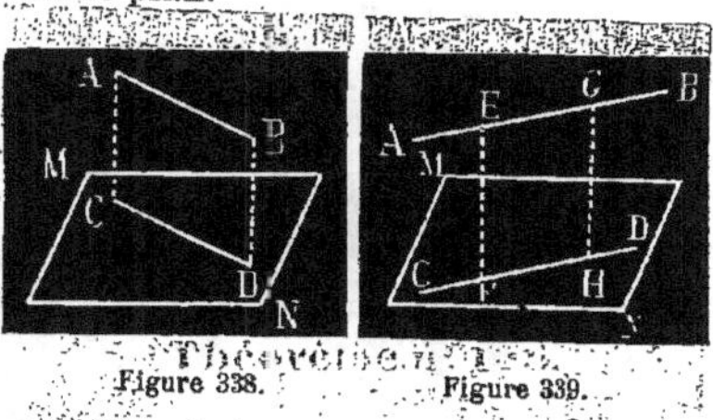

Figure 338.   Figure 339.

Théorème n° 178.

544. *La droite AB est parallèle au plan MN (fig. 339). Si, par deux points quelconques E et G de cette droite, on mène deux parallèles EF et GH aboutissant au plan, ces parallèles sont égales.*

Pour le prouver, je fais passer un plan par les deux parallèles EF et GH, coupant le plan MN suivant CD, qui est l'intersection commune. Alors, d'après le théorème n° 173, CD est parallèle à AB et EF = GH comme parallèles comprises entre parallèles situées dans un même plan (161). Donc, etc.

Théorème n° 179.

545. *Tous les points d'une droite sont équidistants d'un plan, si la droite est parallèle au plan.*

Soit la droite AB parallèle au plan MN (fig. 339). Si, par deux points quelconques E et G de cette droite, j'abaisse les perpendiculaires EF et GH sur le plan, ces perpendiculaires sont égales, et comme il en serait de même pour toutes les autres perpendiculaires abaissées de AB sur le plan, le théorème est démontré.

Théorème n° 180.

546. *Deux plans perpendiculaires à une même droite sont parallèles.*

Soient les deux plans MN et OP, perpendiculaires aux points A et B à la droite IK (*fig.* 340). Je dis que ces deux plans sont parallèles.

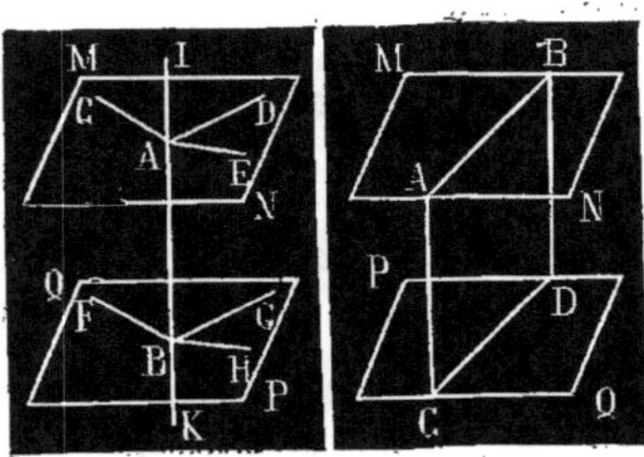

Figure 340.   Figure 341.

Pour le prouver, dans le plan MN, je trace les droites quelconques AC, AD et AE passant par le pied A de la perpendiculaire AB au plan. Par le point B, pied de la perpendiculaire AB au plan OP, je mène BG parallèle à AD, BH parallèle à AE, et BF parallèle à AC. Alors, toutes les droites tracées autour du point B sont situées dans le plan OP, et comme il en serait de même pour toutes les autres droites parallèles qu'on pourrait mener en partant du point B, à des droites tracées en partant du point A dans le plan MN, il en résulte que les deux plans sont parallèles.

Donc, etc.

Théorème n° 181.

547. *Les intersections* AB *et* CD *de deux plans parallèles coupés par un troisième* ABDC *(fig.* 341) *sont parallèles.*

En effet, si les droites AB et CD ne sont pas parallèles, elles se rencontreront. Pour que cela fût possible, chaque droite étant entièrement située dans le plan qui lui est propre, les deux plans devraient se rencontrer eux-mêmes, ce qui ne peut être puisque ces plans sont parallèles. Donc, les intersections AB et CD sont parallèles, puisqu'elles ne peuvent pas se rencontrer.

Théorème n° 182.

548. *Quand deux plans sont parallèles, toute droite perpendiculaire à l'un est aussi perpendiculaire à l'autre.*

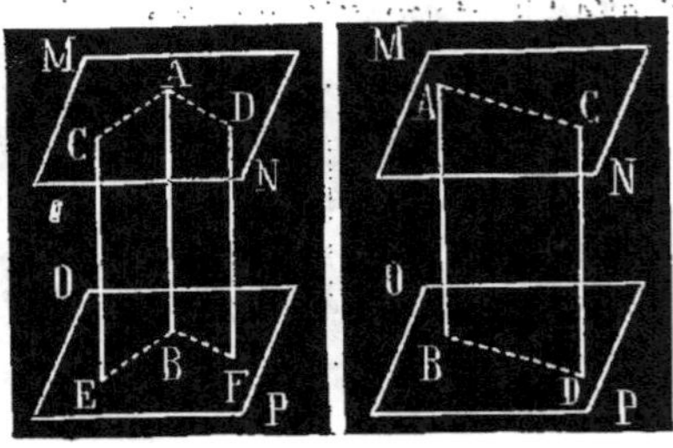

Figure 342.   Figure 343

Soient les deux plans parallèles MN et PQ et la droite AB, perpendiculaire au plan OP (*fig.* 342). Je dis que cette droite est aussi perpendiculaire au plan MN.

Pour le prouver, dans le plan OP, à partir du point B, je trace une droite quelconque BE et je fais passer un plan CABE par les droites AB, BE. Alors, d'après le théorème précédent, les intersections BE, AC sont parallèles, et comme BE est perpendiculaire à AB, sa parallèle AC est aussi perpendiculaire à AB. Par le point B, je mène une autre ligne quelconque BF et je fais passer un plan DABF par les droites AB, BF. Alors, les intersections AD et BF sont parallèles, et comme BF est perpendiculaire à AB, sa parallèle AD est aussi perpendiculaire à AB. La droite AB, perpendiculaire aux deux droites AC et AD passant par son pied dans le plan MN, serait perpendiculaire, par la même raison, à toutes les autres droites qu'on pourrait mener par son pied A dans le plan MN. Donc, elle est perpendiculaire à ce plan. Donc, etc.

549. *Corollaire* I. — Deux plans parallèles à un troisième sont parallèles entre eux.

550. *Corollaire* II. — Par un point situé dans l'espace, on ne peut mener qu'un seul plan parallèle à un plan donné.

Théorème n° 183.

551. *Les parallèles comprises entre plans parallèles sont égales.*

Soient les deux droites parallèles AB et CD comprises entre les plans parallèles MN et OP (*fig.* 343). Je dis qu'elles sont égales.

Pour le prouver, je fais passer un plan ACDB par les deux droites AB et CD et les intersections AC et BD sont parallèles comme résultant de deux plans parallèles coupés par un troisième (547).

Mais, par hypothèse, les droites AB et CD sont parallèles. Conséquemment, la figure ACDB est un parallélogramme et les deux côtés opposés AB et CD sont égaux. Donc, etc.

552. *Corollaire.* Deux plans parallèles sont partout équidistants, puisque les portions de toutes les perpendiculaires qu'ils comprennent sont égales.

Théorème n° 184.

553. *Lorsque plusieurs plans parallèles* MN, OP, QR...(*fig.* 344) *rencontrent plusieurs droites quelconques* AB, CD..., *ces droites sont partagées par les plans en parties proportionnelles.*

Pour le prouver, je joins le point C au point B et je fais passer un plan par les deux droites AB et CB, d'où résultent les intersections parallèles AC et EF. Alors, dans le triangle ABC, la droite EF étant parallèle à la base AC, j'ai la proportion :

$$BE : EA :: BF : FC.$$

Je fais de nouveau passer un plan par les deux droites CB et CD, ce qui me donne les intersections parallèles FG et BD. Alors, dans le triangle BCD, la droite FG étant parallèle à la base BD, j'ai la proportion :

$$BF : FC :: DG : GC.$$

Ces deux proportions ayant le rapport commun BF : FC, les autres donnent :

Sciences Générales.

$$BE : EA :: DG : GC, \text{ ou}$$

en changeant de place les moyens :

$$BE : DG :: EA : GC.$$

Donc, etc.

Théorème n° 185.

554. *Si deux angles non situés dans un même plan ont leurs côtés parallèles, ils sont égaux ou supplémentaires; de plus, leurs plans sont parallèles.*

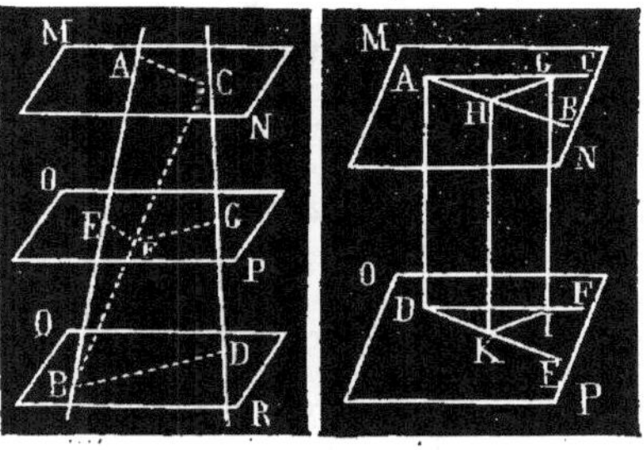

Figure 344. Figure 345.

1° Ils sont égaux, si leurs côtés sont dirigées dans le même sens deux à deux.

Soient les deux angles CAB et FDE (*fig.* 345) ayant leurs côtés parallèles et dirigés dans le même sens.

Je prends AG = DI et AH = DK, puis je joins le point G au point I et le point H au point K. Alors, le quadrilatère AGID est un parallélogramme, puisque les deux côtés opposés AG et DI sont égaux et parallèles. Donc, les deux autres côtés AD et GI sont aussi égaux.

Par la même raison, le quadrilatère AHKD est un parallélogramme et AD = GI. Conséquemment, les deux droites HK et GI sont égales et parallèles entre elles, puisqu'elles sont égales et parallèles à la même droite AD. Donc le quadrilatère HGIK est aussi un parallélogramme et HG = KI. Les deux triangles GAH et IDK sont égaux comme ayant les trois côtés égaux chacun à chacun. Donc l'angle A est égal à l'angle D.

Si les côtés des angles donnés avaient une direction contraire, ils seraient encore égaux. (*Voir la démonstration* n° 135, qui est la même.)

2° Ils sont supplémentaires, si deux côtés ont la même direction et les deux autres des directions contraires. (*Voir la démonstration* n° 135, qui est la même.)

3° Si deux angles non situés dans un même plan ont leurs côtés parallèles, leurs plans sont aussi parallèles.

En effet, les droites AC et AB sont parallèles au plan OP, puisqu'elles sont parallèles aux deux droites DF et DE tracées dans le plan OP. Conséquemment, le plan MN passant par les droites AC et AB est parallèle au plan OP. Donc, etc.

§ IV. — ANGLES DIÈDRES ET POLYÈDRES

555. On appelle *projection* d'un point sur un plan, le pied de la perpendiculaire abaissée de ce point sur le plan.

Si du point A (*fig.* 346), on abaisse la perpendiculaire Aa sur le plan MN, le pied a de cette perpendiculaire est la projection du point A sur le plan MN.

Si je mène l'oblique AB partant du point A et rencontrant le plan MN au point B et que je joigne le point B au point a, la droite Ba, est la projection de l'oblique AB sur le plan M.

En général, la projection sur un plan d'une droite située hors de ce plan est la droite qui joint les pieds des deux perpendiculaires abaissées des extrémités de la droite sur le plan.

On appelle *angle d'une droite et d'un plan*, l'angle formé par la droite et par sa projection sur le plan. Ainsi, l'angle de la droite AB et du plan MN (*fig.* 344) est l'angle ABa.

Théorème n° 186.

556. *L'angle d'une droite* AB *et d'un plan* MN (*fig.* 346) *est le plus petit des angles qu'il soit possible de former avec cette ligne et toute autre ligne partant du point* B *dans le plan* MN.

Je dis, par exemple, que l'angle ABa est plus petit que l'angle ABD.

Pour le prouver, je prends Ba = BC et je joins le point A au point C.

Alors, dans les deux triangles ABa et ABC, le côté AB est commun, Ba = BC, mais, la perpendiculaire Aa est plus petite que l'oblique AC partant du même point.

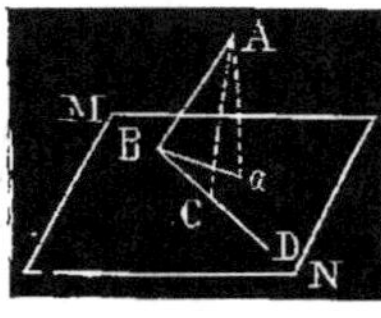
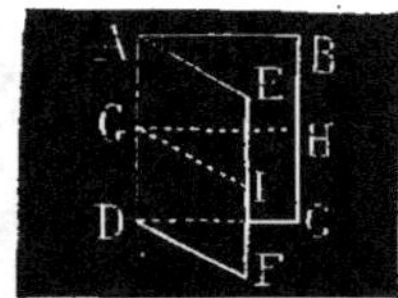

Figure 346.   Figure 347.

Donc l'angle ABa, opposé au côté Aa, est plus petit que l'angle ABC opposé au côté AC. Comme le raisonnement serait le même pour toute autre oblique partant du point A, le théorème est démontré.

I. — Angles dièdres.

557. On appelle *angle dièdre* l'espace compris entre deux plans qui se rencontrent et qui sont terminés par leur intersection commune.

Ainsi, les deux plans ABCD et AEFD (*fig.* 347), qui se rencontrent suivant leur intersection commune AD, forment un angle dièdre.

558. Les deux plans BADC et EADF sont les faces de l'angle dièdre et l'intersection AD des deux faces est l'*arête* de l'angle dièdre.

559. Si, en un point quelconque G (*fig.* 347) de l'arête AD d'un angle dièdre, on élève sur l'intersection AD et dans chacune des faces les perpendiculaires GH et GI, l'angle HGI formé par ces deux perpendiculaires est l'*angle plan* qui correspond à l'angle dièdre.

On conçoit que quelle que soit la position du point C sur l'arête AD, l'angle HGI ne change pas, puisque les divers côtés des angles sont toujours parallèles dans chaque face.

560. Si l'on suppose que la face ABCD de l'angle dièdre (*fig.* 347) reste dans une position fixe, que la face EADF soit rabattue sur la première pour s'élever graduellement en tournant autour de l'intersection AD, comme charnière, l'angle dièdre, qui sera d'abord nul, augmentera peu à peu jusqu'à ce que la face EADF soit rabattue dans le plan de la face BADC.

On peut donc dire que l'angle dièdre est engendré par la rotation d'un plan autour d'une droite dans l'espace.

561. Deux angles dièdres sont *adjacents*, lorsqu'ils ont la même arête et une face commune. Ainsi, les deux angles dièdres formés par les deux plans MN et et DBAC (*fig.* 348) sont adjacents, parce qu'ils ont la même arête AB et la face commune CDBA.

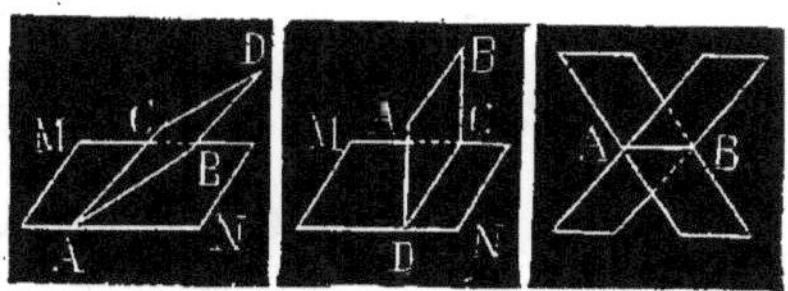

Figure 348.   Figure 349.   Figure 350.

562. Lorsqu'un plan ABCD (*fig.* 349) forme avec un plan MN deux angles dièdres adjacents et égaux entre eux, on dit que le plan ABCD est *perpendiculaire* au plan MN, et réciproquement, et les deux angles dièdres égaux sont nommés *angles dièdres droits.*

563. Un angle dièdre est *aigu* s'il est plus petit que l'angle dièdre droit, et il est *obtus* s'il est plus grand (*fig.* 348). Deux angles dièdres sont *complémentaires*, lorsqu'ils valent ensemble un angle dièdre droit; ils sont *supplémentaires*, lorsqu'ils valent ensemble deux angles dièdres droits.

564. Deux angles dièdres sont dits *opposés à l'arête* lorsque la face de l'un suit le prolongement des faces de l'autre (*fig.* 350).

Théorème n° 187.

565. *Tous les angles dièdres droits sont égaux.*

La démonstration est la même que celle donnée en géométrie plane (35).

Théorème n° 188.

566. *Lorsque deux angles dièdres sont égaux, leurs angles plans sont aussi égaux.*

Soient les deux angles dièdres égaux ABDC et EFGO (*fig.* 351). Par le point I de l'arête BD, je mène à cette arête et dans chaque face du premier angle dièdre, les perpendiculaires IH et IK. De même, par le point M de l'arête FG, je mène à cette arête, les perpendiculaires ML et MN, dans chacune des faces du second angle dièdre. Alors, les angles HIK et LMN sont les angles plans des deux angles dièdres.

Je superpose les deux angles dièdres de manière que le point M soit au point I, que l'arête FG coïncide avec l'arête BD, que la face EFGR soit appliquée sur la face ABDP. Alors, comme les deux angles dièdres sont égaux, par hypothèse, la face OFGT coïncidera avec la face CBDS et la perpendiculaire MN tombera sur la perpendiculaire IK, sans quoi, du point I il serait possible d'élever à BD deux perpendiculaires dans le même plan.

Donc, les angles plans HIK et LMN coïncident parfaitement et sont égaux.

567. *Réciproquement, si les angles plans sont égaux, les angles dièdre sont aussi égaux.*

Je superpose les deux angles plans LMN et HIK. Comme les deux arêtes FG et BD sont perpendiculaires aux plans des

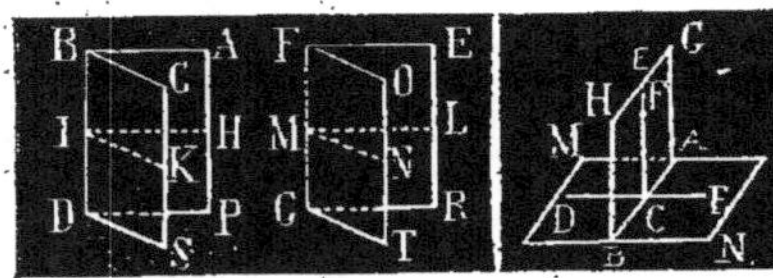

Figure 351. Figure 352.

angles plans, elles coïncideront, ainsi que les faces correspondantes dans chacune desquelles sont situés l'arête et un côté de l'angle plan.

Théorème n° 189.

568. *Si un angle plan correspondant à un angle dièdre est droit, l'angle dièdre est aussi droit.*

Soient les deux plans MN et GB (*fig.* 352) se coupant suivant l'intersection AB. Par un point quelconque C de cette intersection j'élève à AB, la perpendiculaire DF dans le plan MN et la perpendiculaire CB dans le plan GE. Alors, les deux angles adjacents ECF et ECD sont les angles plans correspondants aux angles dièdres EABF et EABD et je dis que ces angles dièdres sont droits parce que les angles plans ECF et ECD sont droits.

En effet, les angles plans ECF et ECD étant égaux comme droits, les angles dièdres EABF et EABD auxquels ils correspondent sont aussi égaux, puisque deux angles dièdres sont égaux, quand ils ont des angles plans égaux (567). Donc, etc.

Théorème n° 190.

569. *Le rapport de deux angles dièdres quelconques est égal au rapport des angles plans correspondants.*

Soient les deux angles dièdres CABM et GEFK (*fig.* 353), auxquels je suppose une commune mesure contenue cinq fois dans le premier et trois fois dans le second.

Par le point A de l'arête AB, je mène un plan perpendiculaire à cette arête et coupant les faces de l'angle dièdre suivant les droites AC et AL. Alors, l'angle CAL sera l'angle plan correspondant à l'angle dièdre. Si je suppose l'angle dièdre CABM partagé en 5 angles dièdres égaux ayant AB pour arête commune, l'angle plan ACL sera aussi partagé en 5 parties égales par les droites AN, AO, AP, et AQ.

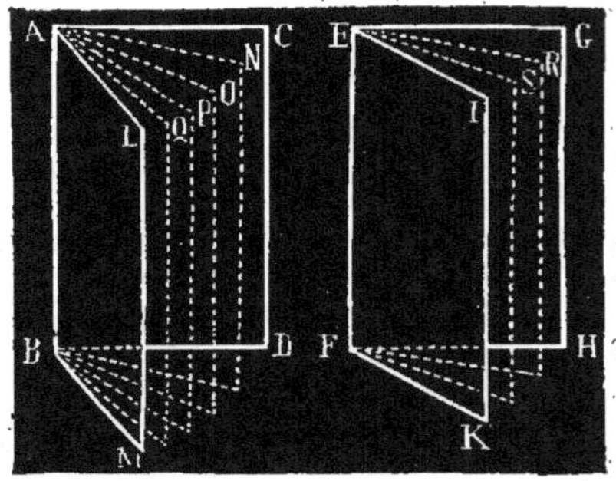

Figure 353.

Maintenant, par le point E de l'arête EF, je mène un plan perpendiculaire à cette arête et coupant les faces de l'angle dièdre suivant les droites EG et EI. Alors, l'angle GEI sera l'angle plan correspondant à l'angle dièdre. Si je suppose l'angle dièdre GEFK partagé en 3 angles dièdres égaux ayant EF pour crête commune, l'angle plan GEI sera aussi partagé en 3 parties égales par les droites ER et ES.

Conséquemment, j'ai la proportion :

Angle dièdre CABM : angle dièdre GEFK :: 5 : 3

Angle plan CAL : angle plan GEI :: 5 : 3

Et, à cause de ce rapport commun 5 : 3

Angle dièdre CABM : angle dièdre GEFK :: angle plan CAL : angle plan GEI

Donc, etc.

570. *Corollaire.* Si l'on prend l'unité d'angle plan pour l'unité d'angle dièdre auquel correspond l'angle plan, d'après le théorème précédent, le rapport d'un angle dièdre quelconque à l'unité d'angle dièdre sera égal au rapport de son angle plan à l'unité d'angle plan. En d'autres termes : *la mesure d'un angle dièdre est égale à celle de son angle plan.*

Théorème n° 191.

571. *Lorsque deux plans se rencontrent, les angles dièdres adjacents sont supplémentaires.*

Soient les deux angles dièdres adjacents CABG et CABF (*fig.* 354). Je dis qu'ils sont supplémentaires.

Pour le prouver, par un point quelconque B de l'arête commune AB, je mène un plan CEDF perpendiculaire à cette arête. Alors, les angles plans CBD et CBF correspondent aux angles dièdres CABG et CABF. Or, ces deux angles rectilignes adjacents sont supplémentaires (40), et comme les angles dièdres ont la même mesure, ces angles dièdres sont aussi supplémentaires. Donc, etc.

Théorème n° 192.

572. *Lorsque deux plans se rencontrent, les angles dièdres opposés par le sommet sont égaux.*

Soient les deux angles dièdres CABG et IABF (*fig.* 354) opposés par le sommet. Je dis qu'ils sont égaux.

Pour le prouver, par un point quelconque B de l'arête commune AB, je mène un plan CEDF perpendiculaire à cette arête. Alors, les angles plans CBD et FBE correspondent aux angles dièdres CABG et IABF. Or, ces deux angles rectilignes opposés par le sommet sont égaux (45), et comme les angles dièdres ont la même mesure, ces angles dièdres sont aussi égaux. Donc, etc.

Théorème n° 193.

573. *Si deux angles dièdres sont supplémentaires, les deux faces non communes appartiennent au même plan.*

Soient les deux angles dièdres supplémentaires CABG et CABF (*fig.* 354). Je dis que les deux faces non communes

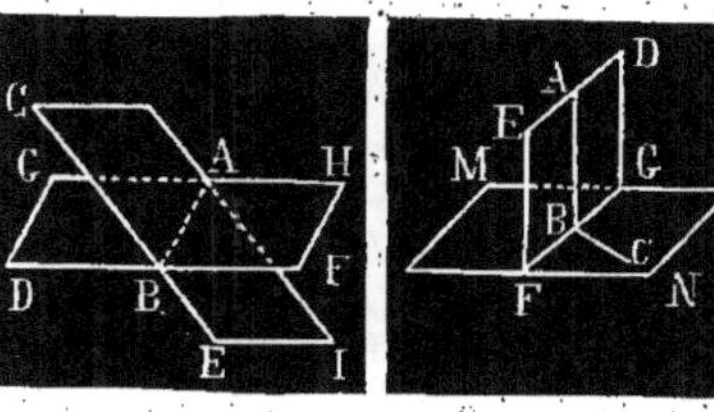

Figure 354.Figure 355.

ABDG et ABFH appartiennent au même plan.

Pour le prouver, par un point quelconque B de l'arête commune AB, je mène un plan CEDF perpendiculaire à cette arête. Alors, les angles plans CBD et CBF correspondants aux angles dièdres CABG et CABF étant supplémentaires, leurs côtés BD et BF sont en ligne droite (38). Conséquemment, les faces ABDG et ABFH ayant deux droites communes DF, et AB, sont le prolongement l'une de l'autre et appartiennent au même plan.

Donc, etc.

Théorème n° 194.

574. *Quand une droite AB est perpendiculaire à un plan MN (fig. 355), tout plan DGFE mené par cette droite est perpendiculaire au plan MN.*

Pour le prouver, par le point B, je mène dans le plan MN, la perpendiculaire BC à AB. Alors, l'angle rectiligne ABC est droit puisque AB est perpendiculaire à BC et l'angle plan ABC, qui est droit, correspond à l'angle dièdre DGFN qui, pour cette raison, est droit. Conséquemment, le plan DGFE est perpendiculaire au plan MN. Comme le même raisonnement pourrait se faire à propos de tout plan autre que DGFE, mais passant par la perpendiculaire AB, le théorème est démontré.

Théorème n° 195.

575. *Si un plan DGFE est perpendiculaire à un autre plan MN (fig. 355), une droite AB menée dans le premier plan, et perpendiculairement à l'arête GF, est perpendiculaire au plan MN.*

Pour le prouver, par le point B, je trace la perpendiculaire BC à l'arête FG et dans le plan MN. Alors, l'angle rectiligne ABC est l'angle plan correspondant à l'angle dièdre DGFN. Or, comme cet angle dièdre est droit, puisque, par hypothèse, le plan DGFE est perpendiculaire au plan MN, il en résulte que l'angle plan ABC est aussi droit et que AB est perpendiculaire à BC. Mais, aussi par hypothèse, AB est perpendiculaire à FG. Conséquemment, AB étant perpendiculaire aux deux autres droites FG et BC, passant par son pied dans le plan MN, est perpendiculaire à ce dernier plan. Donc, etc.

Théorème n° 196.

576. Réciproquement. — *Si un plan DGFE est perpendiculaire à un plan MN (fig. 355) et si, par un point quelconque A du premier plan, on abaisse une perpendiculaire AB au second plan, cette perpendiculaire est située tout entière dans le plan DGFE.*

En effet, si la droite AB ne se trouve pas dans le plan DGFE, je puis par le point A, mener à l'arête FG une perpendiculaire qui sera située tout entière dans ce plan. Mais, d'après le théorème précédent, cette droite serait perpendiculaire au plan MN. Conséquemment, du point A, on pourrait abaisser deux perpendiculaires au plan MN, ce qui ne saurait être. Donc la perpendiculaire AB est contenue dans le plan DGFE.

Théorème n° 197.

577. *Par une oblique AB à un plan MN (fig. 356) on peut mener un plan perpendiculaire au plan MN, mais on n'en peut mener qu'un.*

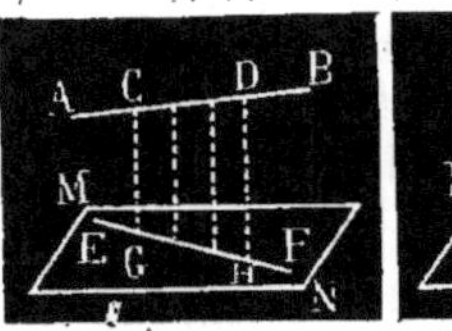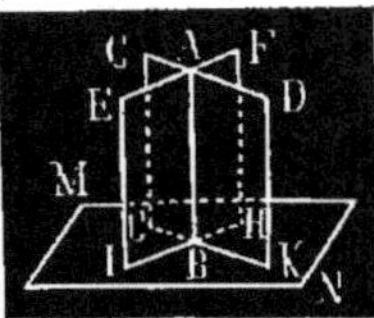

Figure 356.   Figure 357.

Pour le prouver, par un point quelconque C de AB, j'abaisse la perpendiculaire CG au plan MN, et je fais passer un plan par les deux droites AB et CG. Ce plan est perpendiculaire au plan MN. Donc déjà, par l'oblique donnée, on peut toujours faire passer un plan perpendiculaire au plan MN.

On n'en peut faire passer qu'un seul parce que, d'après le théorème précédent, tout plan perpendiculaire au plan MN et passant par l'oblique AB contient la perpendiculaire CG abaissée au point C sur le plan MN. Donc, etc.

578. *Corollaire.* Si une ligne droite est oblique à un plan, sa projection sur ce plan est une ligne droite.

Théorème n° 198.

579. *Si deux plans se coupent et sont perpendiculaires à un troisième plan, leur intersection est aussi perpendiculaire à ce troisième plan.*

Soient les deux plans CDKG et FEIH (fig. 357) se coupant et perpendiculaires au plan MN. Je dis que l'intersection AB est perpendiculaire au même plan.

En effet, les intersections GK et HI des deux plans avec le plan MN se coupent au point B. Si, à ce point, j'élève une perpendiculaire au plan MN, cette perpendiculaire sera située dans chacun des deux plans CDKG et FEIH d'après un théorème précédent. Conséquemment, elle ne pourra être que leur intersection AB. Donc, etc.

Théorème n° 199.

580. *Si une ligne droite est oblique à un plan, l'angle qu'elle fait avec sa projection est le plus petit des angles que puisse former cette oblique avec toute autre droite partant de son pied dans le plan.*

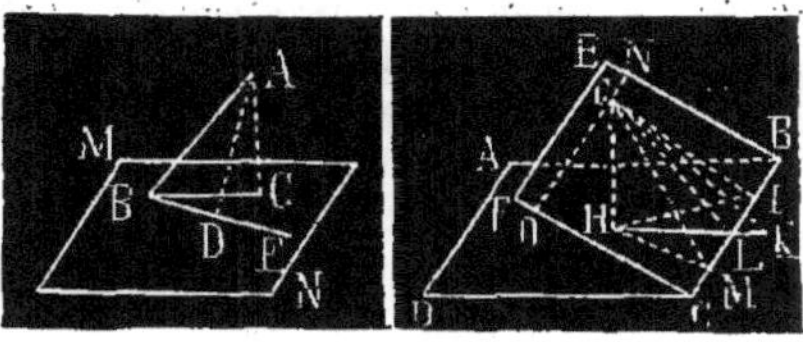

Figure 358.   Figure 359.

Soit la droite AB oblique au plan MN (*fig.* 358) et rencontrant ce plan au point B. Du point A, j'abaisse AC perpendiculaire au plan MN et je joins les points B, C. La droite BC est la projection de l'oblique AB sur le plan MN, et je dis que l'angle ABC est plus petit que tout autre angle formé par l'oblique AB et une droite quelconque tracée dans le plan MN et partant du point B; que l'angle ABE, par exemple.

Pour le prouver, je prends BD = BC. Alors, les deux triangles ABC, ABD ont le côté commun AB et BD = BC par construction. Mais l'oblique AB est plus grande que la perpendiculaire AC partant du même point A. Donc, l'angle ABD, opposé au côté AD, est plus grand que l'angle ABC, opposé au côté AC. Comme il en serait de même pour toute autre droite partant du point B, le théorème est démontré.

581. L'angle ABC (*fig.* 358) est nommé *angle de la droite et du plan.*

582. Remarque I. — Plus l'angle CBD sera petit, plus l'oblique AD se rapprochera de la perpendiculaire; plus l'angle CBD sera grand, plus l'oblique AD s'éloignera du pied de la perpendiculaire. En résumé, l'angle ABD que l'oblique AB fait avec BD croît ou décroît avec l'angle CBD.

Remarque II. — L'inclinaison d'une droite sur un plan se mesure par l'angle que cette droite fait avec sa projection sur le plan.

Théorème n° 200.

583. *Deux plans ABCD et EBCF (fig. 359) se coupent suivant BC. Si l'on prend un point quelconque G dans le plan EBCF, de toutes les droites menées par le point G dans ce dernier plan, celle qui forme le plus grand angle avec sa projection sur le plan ABCD est la droite GL, perpendiculaire à l'intersection BC.*

Pour le prouver, du point G, j'abaisse la perpendiculaire GH sur le plan ABCD. Par le point H, je mène une droite HL perpendiculaire à BC, et je joins G à L. Le théorème des trois perpendiculaires démontre que GL est perpendiculaire à BC. La projection de GL sur le plan ABCD est HL. Je trace une droite quelconque GI et je joins le point H au point I. La droite HI est la projection de l'oblique GI sur le plan ABCD.

Je dis que l'angle GLH est plus grand que l'angle GIH. En effet, l'oblique HI étant plus grande que la perpendiculaire HL, je prolonge HL de manière que j'aie HI = HK, et je joins les points G et K. Alors, les deux triangles rectangles GHI et GHK étant égaux, les angles GIH et GKH sont aussi égaux. Mais l'angle GLH extérieur au triangle GLK vaut la somme des angles LGK et GKL. Donc l'angle GLH est plus grand que l'angle GKH et, conséquemment, plus grand que l'angle GIH, égal à l'angle GKH. La démonstration serait la même à propos de tout angle formé par GH et par une droite quelconque partant du point H. Donc, etc.

L'angle GHL est un angle maximum qui mesure l'angle dièdre des deux plans.

Si le plan ABCD est horizontal, la droite GL, qui forme l'angle maximum avec le plan horizontal, est, dans le plan EBCF, la *ligne de plus grande pente.*

Remarque. — Si je prends LM = LI et que je joigne les points G et M, les angles GIM et GMI seront égaux. Si les droites LI, LM sont prolongées indéfiniment, l'angle GIM ira en diminuant progressivement et les droites GI, GM se dirigeront vers la position limite NO.

Théorème n° 201.

584. *La plus faible distance entre deux droites non situées dans un même plan, est la perpendiculaire commune à ces deux droites.*

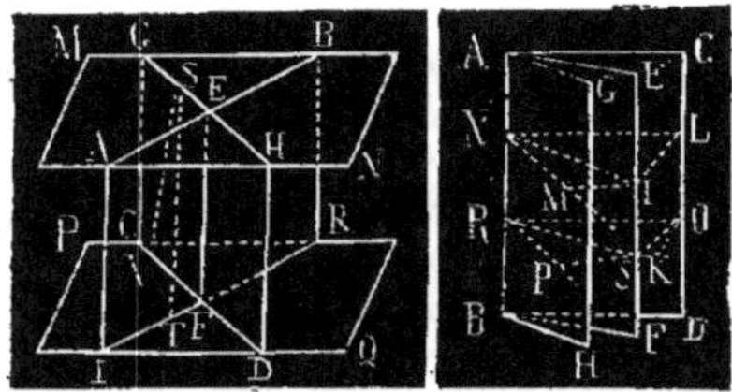

Figure 360.   Figure 361.

Soient les deux droites AB et CD (*fig.* 360), non situées dans un même plan, démontrer que leur plus faible distance est la perpendiculaire commune aux deux droites.

Pour cela, je mène deux plans parallèles entre eux, savoir : le plan MN contenant la droite AB, et le plan PQ contenant la droite CD. Cela fait, par la droite CD, je trace le plan GHDC perpendiculaire au plan PQ et, par la droite AB, je mène le plan ABRI, perpendiculaire au plan MN. Ces deux plans sont perpendiculaires aux deux plans MN, PQ et leur intersection est la droite EF, perpendiculaire au plan PQ ainsi qu'au plan MN. Conséquemment, EF est perpendiculaire aux deux droites données, AB et CD, lesquelles passent par son pied dans chacun des deux plans.

La perpendiculaire EF est la plus courte distance entre les deux droites. Joignons deux points quelconques S et T des deux droites et démontrons que EF est plus courte que ST. Pour cela, du point S, abaissons SV perpendiculaire sur le plan PQ. Alors SV = EF. Or, l'oblique ST est plus grande que la perpendiculaire SV partant du même point. Donc aussi, la la droite ST est plus grande que SV.

Comme la démonstration serait la même pour toute droite joignant deux autres points quelconques de AB et de CD, le théorème est démontré.

Théorème n° 202.

585. *Si, dans un angle dièdre AB (fig. 361), on mène le plan bissecteur AEFB, un point quelconque I pris sur ce plan est équidistant des deux faces, tandis qu'un point K pris en dehors du plan bissecteur n'est pas équidistant des deux faces.*

Du point I, j'abaisse IL perpendiculaire sur la face ACDB et IM perpendiculaire sur la face AGHB, et je dis que IL = IM.

Pour le prouver, je fais passer un plan par les droites IL et IM, lequel plan est perpendiculaire aux deux faces de l'angle dièdre et à leur intersection AB, qu'il rencontre au point N. Le même plan rencontre les faces de l'angle dièdre et le plan bissecteur suivant les intersections NM, NL et NI qui sont respectivement perpendiculaires à l'arête AB. Les deux triangles rectangles NIM et NIL sont égaux parce qu'ils ont NI, pour hypoténuse commune et parce que les angles en N sont égaux comme étant les angles plans mesurant deux angles dièdres égaux. Conséquemment IL = IM.

Donc, etc.

Soit maintenant un point K pris hors du plan bissecteur. J'abaisse KO sur la face ACDB et KP sur la face AGHB. Je fais passer un plan suivant KP et KO, lequel plan est perpendiculaire aux deux faces de l'angle dièdre et à l'intersection AB qu'il rencontre au point R. Soit S le point de rencontre de la droite PK avec le plan bissecteur, je joins S au point O.

Alors, la droite KO est plus petite que la ligne brisée KSO. Comme SP = SO, la ligne brisée KSO = KP. Donc aussi la droite KO est plus petite que la droite KP. Donc, etc.

II. — Angles polyèdres.

586. On appelle *angle polyèdre*, ou *angle solide*, la figure formée par plus de deux plans qui se coupent successivement selon des droites concourant en un même point nommé *sommet* de l'angle polyèdre.

La figure 362 représente un angle polyèdre formé par cinq plans concourant au même point S. Les intersections des plans sont les *arêtes* de l'angle polyèdre, et les portions de plan comprises entre deux arêtes en sont les *faces*, qu'on nomme encore *angles plans*.

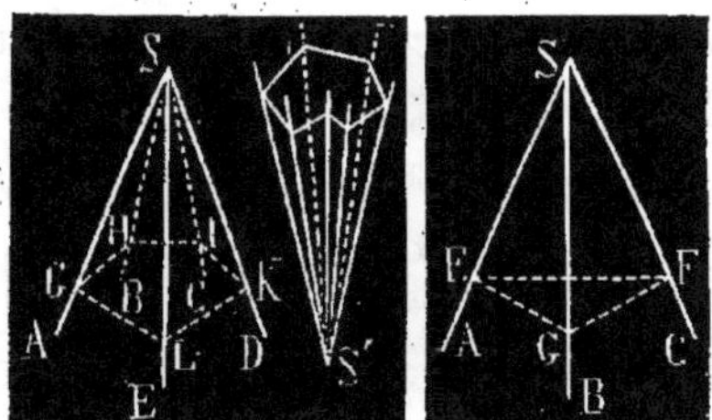

Figure 362.   Figure 363.

Ainsi, pour l'angle polyèdre (*fig* 362) :

1° S est le sommet ;

2° SA, SB, SC, SD, SE sont les intersections ;

3° ASB, BSC, CSD, DSE, ESA sont les faces.

On suppose chaque face indéfiniment prolongée, de sorte que l'espace embrassé par ses côtés augmente avec l'allongement desdits côtés.

587. On représente généralement les angles polyèdres, pour les démonstrations, au moyen d'une sorte de perspective cavalière, ainsi que l'indiquent les figures 362 et 363 ; mais, quelquefois, on emploie les projections du sommet et des arêtes sur un plan horizontal. C'est ce qui a été fait pour les figures 364 et 365.

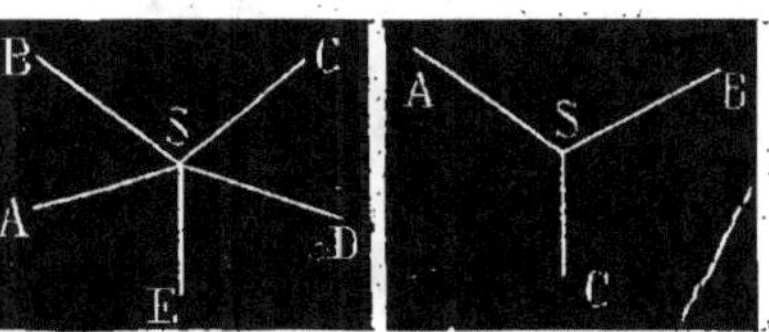

Figure 364.   Figure 365.

La figure 364 montre les projections horizontales des arêtes, lesquelles aboutissent toutes au sommet S, et il en est de même pour la figure 365.

Les angles, ASB, BSC... sont les projections des angles rectilignes des faces aboutissant au sommet.

588. Un angle polyèdre est *convexe*, lorsqu'en menant un plan perpendiculairement à une arête, le polygone formé par la rencontre de ce plan avec toutes les arêtes, est convexe. Dans le cas contraire, l'angle dièdre est *concave*.

Ainsi, l'angle polyèdre S (*fig.* 362) est convexe parce que le polygone GHIKL, est convexe. L'angle polyèdre S' (*fig.* 362) est concave.

589. Deux angles polyèdres sont égaux lorsqu'ils sont *superposable*s, c'est à dire lorsqu'en appliquant les sommets l'un sur l'autre et en faisant coïncider deux faces, toutes les autres faces coïncident parfaitement.

590. Lorsque deux angles polyèdres sont tels que les arêtes de l'un sont le prolongement des arêtes de l'autre, ils sont dits *opposés par le sommet* (*fig.* 366 et 367).

591. Deux angles polyèdres opposés par le sommet sont dits : *angles polyèdres symétriques*.

592. — Le plus simple des angles polyèdres est l'angle *trièdre*, parce qu'il n'est formé que par trois faces.

593. Un angle trièdre est *rectangle*

s'il a un angle dièdre droit ; *birectangle*, s'il a deux angles dièdres droits ; *trirectangle*, s'il a trois angles dièdres droits.

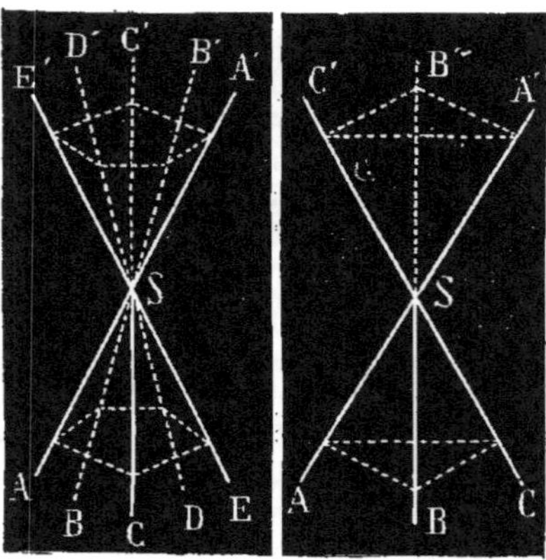

Figure 366.   Figure 367.

Théorème n° 203.

594. *Dans un angle trièdre, un angle plan quelconque est plus petit que la somme des deux autres.*

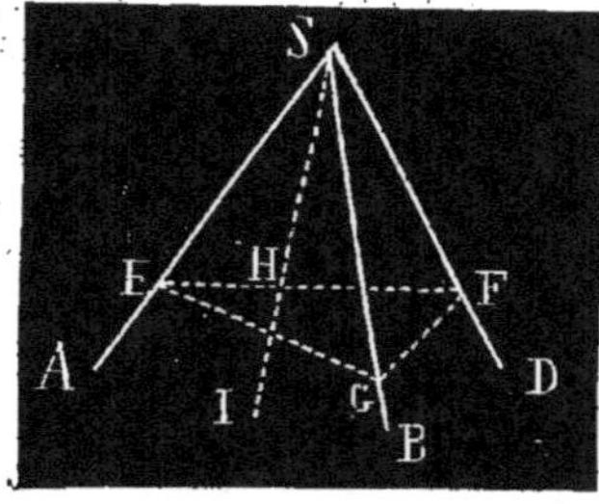

Figure 368.

Soit l'angle trièdre SABD (*fig.* 368). Si les trois faces étaient égales, le théorème n'aurait pas besoin de démonstration ; mais, je suppose la face ASD plus grande que chacune des deux autres. Dans l'angle plan ASD, je fais avec le côté DS un angle DSI égal à l'angle DSB, puis je trace une droite EF rencontrant les trois arêtes aux points E, H, F. Je prends sur l'arête SB une quantité SG=SH et je mène un plan par la droite EF et par le point G, lequel plan coupe les faces DSB et BSA suivant les droites FG et GE. Alors, les deux triangles FSH et FSG sont égaux, comme ayant un angle égal compris entre deux côtés égaux, puisque : 1° les angles FSH et FSG sont égaux par construction ; 2° SH=SG, aussi par construction ; 3° le côté SF est commun aux deux triangles. Conséquemment, FH=FG et EH est la différence des deux côtés EF et FG du triangle EFG. Or, on a vu (78) qu'un côté quelconque d'un triangle est plus grand que la différence des deux autres. Donc, la droite EG est plus grande que EH.

Maintenant, dans les deux triangles ESH et ESG, le côté SH=SG, le côté SE est commun ; mais EH, troisième côté du premier, est plus petit que EG, troisième côté du second. Donc l'angle ESH, opposé au côté EH, est plus petit que l'angle ESG, opposé au côté EG, ce qui me donne l'inégalité :

$$\text{ESH} < \text{ESG}.$$

Mais les deux angles FSH et FSG sont égaux par construction. Si j'ajoute FSH à ESH et FSG à ESG, l'inégalité ne sera pas modifiée et j'aurai :

$$\text{ESH}+\text{FSH} < \text{ESG}+\text{FSG}$$

ou
$$\text{ASD} < \text{ESG}+\text{FSG},$$

puisque
$$\text{ESH}+\text{FSH}=\text{ESF}$$

Donc, la face ASD est plus petite que la somme des faces ASB et BSD.

Théorème n° 204.

595. *Lorsque deux angles trièdres ont un angle dièdre égal compris entre deux faces égales chacune à chacune, ils sont égaux.*

Soient les deux angles dièdres SCBA et MFED (*fig.* 369), dans lesquels CSB=FME et BSA=EMD, et l'angle dièdre dont l'arête est SB égal à l'angle dièdre dont l'arète est ME. Je dis que ces deux angles dièdres sont égaux, c'est à dire *superposables*.

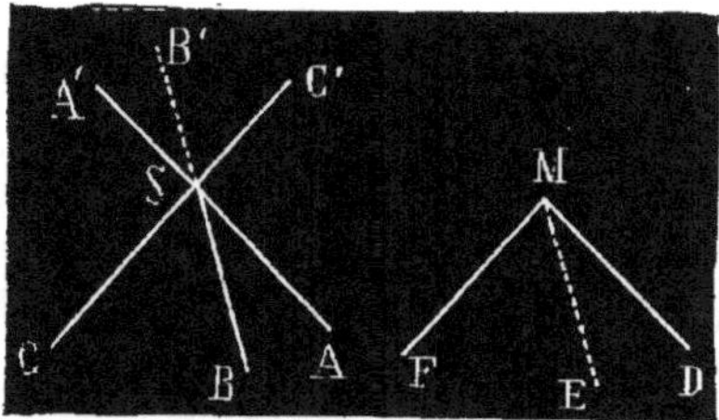

Figure 369.

Pour le prouver, je place le sommet M sur le sommet S et je fais coïncider l'arête ME avec l'arête SB, ainsi que la face EMF avec la face BSC. Comme ces deux faces sont égales par hypothèse, l'arête MF se confondra avec l'arête SC. Les angles dièdres SB et ME (1) étant égaux, la face EMD coïncidera avec la face BSA et, comme ces deux faces sont égales, l'arête SA se confondra avec l'arête MD. Donc les deux angles dièdres donnés sont égaux puisque, appliqués l'un sur l'autre, tous leurs éléments sont en coïncidence parfaite.

S'il s'agissait de l'angle trièdre MFED et de l'angle trièdre SA'B'C' symétrique de SCBA, la superposition se ferait comme précédemment et on arriverait à la même conclusion.

Théorème n° 205.

596. *Lorsque deux angles trièdres ont une face égale adjacente à deux angles dièdres égaux, ils sont égaux.*

Soient les deux angles dièdres SCBA et MFED (*fig.* 369), dans lesquels les deux faces égales CSA et FMD sont adjacentes aux angles dièdres CS = MF et SA = MD. Je dis que ces deux angles dièdres sont égaux.

(1) Dans les angles polyèdres, on désigne souvent un angle dièdre, simplement par l'arête.

Pour le prouver, je place le sommet M sur le sommet S et je fais coïncider l'arête MF avec l'arête SC. Comme les angles CSA et FMD sont égaux par hypothèse, l'arête SA prendra la direction MD. Les angles dièdres MF et MD étant égaux aux angles dièdres SC et SA, les faces FME, EMD coïnderont avec les faces CSB et BSA, ainsi que leurs arêtes ME et SB. Donc, les deux angles dièdres donnés sont égaux puisque, appliqués l'un sur l'autre, tous leurs éléments sont en coïncidence parfaite.

S'il s'agissait de l'angle trièdre MFED et de l'angle trièdre SA'B'C', symétrique de SCBA, la superposition se ferait comme précédemment et on arriverait à la même conclusion.

Théorème n° 206.

597. *Lorsque deux angles dièdres ont les faces égales, les angles dièdres opposés aux faces égales sont égaux entre eux.*

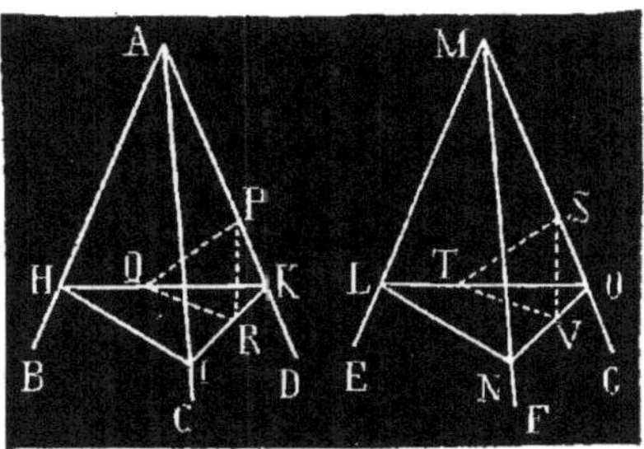

Figure 370.

Soient les deux angles dièdres ABCD et MEFG (*fig.* 370), dans lesquels BAD = EMG, BAC = EMF et CAD = FMG. Je dis que l'angle dièdre MG, opposé à la face EMF, est égal à l'angle dièdre AD, opposé à la face BAC.

Pour le prouver, sur les six arêtes des deux angles dièdres, je prends les quantités égales AH, AI, AK, ML, MN et MO. Je joins deux à deux les points H, I, K et

L, N, O de manière à former les deux triangles HIK et LNO. Alors, les deux triangles HAI et LMN sont isocèles et égaux, comme ayant les angles A et M égaux par hypothèse, ainsi que les côtés AH, AI, ML et MN, aussi égaux par construction. Les triangles HAK et LMO, IAK et NMO sont aussi égaux par la même raison.

De l'égalité de ces triangles, il résulte que HI = LN, HK = LO et IK = NO. Donc, les deux triangles HKI et LON sont égaux comme ayant leurs trois côtés égaux chacun à chacun.

Maintenant, par un point quelconque P de l'arête AD, je mène dans les faces DAC et DAB les droites PQ et PR perpendiculaires à l'arête AD. Alors, l'angle plan QPR correspond à l'angle dièdre AD. Les perpendiculaires PQ et PR rencontrent forcément les côtés KH et KI du triangle HKI, puisque les triangles AHK et IAK étant isocèles, les angles AKH et AKI sont aigus. Je joins, par une droite, les points Q, R, et j'ai le triangle PQR.

Je fais exactement la même construction dans l'angle polyèdre MEFG, et j'obtiens le triangle STV.

Les deux triangles rectangles RKP et VOS sont égaux, puisque : 1° SO = PQ; 2° l'angle aigu SOV est égal à l'angle aigu PQR. Donc, RK = VO et PR = SV. Par la même raison, les triangles rectangles QPK et TSO sont égaux; d'où il résulte que PQ = ST et que KQ = OT.

Les deux triangles QKR et TOV sont aussi égaux comme ayant un angle égal compris entre deux côtés égaux puisque : 1° KQ = OT; 2° KR = OV; 3° les angles QKR et TOV sont égaux. Conséquemment, QR = TV.

Les deux triangles QPR et TSV sont donc égaux comme ayant les trois côtés égaux chacun à chacun. Donc l'angle plan QPR, qui mesure l'angle dièdre AD, est égal à l'angle plan TSV, qui mesure l'angle dièdre MG. Donc, etc.

598. *Corollaire.* Si les faces de deux angles dièdres sont, en outre, sem-

blablement disposées, ces angles dièdres seront égaux, puisqu'il sera possible de les superposer. Dans le cas contraire, ils seront symétriques.

Théorème n° 207.

599. *Si, par un point quelconque M, pris sur l'arête AB de l'angle dièdre ABCE (fig. 371), on élève une perpendiculaire MG à la face ABDC et si, par le même point M, on élève une perpendiculaire MH à la face ABFE, l'angle HMG, ainsi obtenu, est supplémentaire de l'angle plan mesurant l'angle dièdre ABCE.*

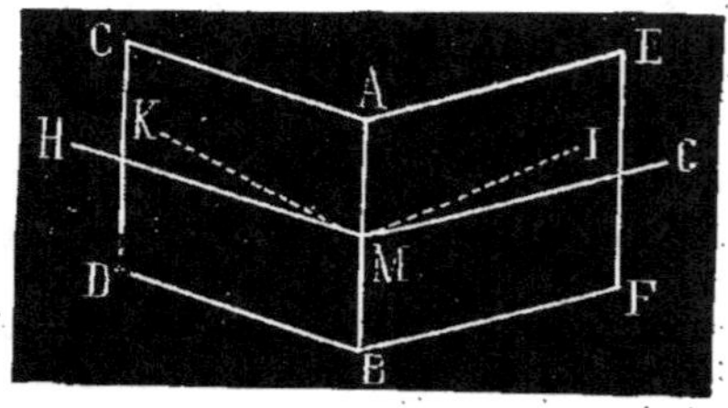

Figure 571.

Pour le prouver, je fais passer un plan par les deux droites MG et MH. Ce plan, qui sera perpendiculaire à l'arête AB coupera les deux faces de l'angle dièdre suivant deux droites que je suppose être MI et MK. Les droites MI et MK étant perpendiculaires à l'arête AB, forment l'angle plan qui mesure l'angle dièdre donné. La droite KM étant perpendiculaire à la face ABFE, l'angle KMG vaut un angle droit. De même, la droite IM étant perpendiculaire sur la face ABDC, l'angle IMH vaut un angle droit. Conséquemment.

KMG + IMH = 2 angles droits;
ou HMG + KMI = 2 angles droits.

Donc, etc.

600. On dit que deux angles trièdres sont *supplémentaires*, lorsque les angles plans de l'un sont les suppléments des an-

gles qui mesurent les angles dièdres de
l'autre trièdre.

Théorème n° 208.

601. *Dans l'angle trièdre SABC
(fig. 372), si l'on mène : 1° DS perpendiculaire à la face BSC et du même côté que
l'arête SA ; 2° FS, perpendiculaire à la
face ASB et du même côté que SC ; 3° ES
perpendiculaire à la face ASC et du
même côté que l'arête SB, l'angle trièdre
qui a les trois perpendiculaires pour
arêtes et l'angle trièdre donné sont supplémentaires.*

En effet, la droite SD est perpendiculaire à la face BSC et située du même côté
que l'arête SA. De même, la droite SE est
perpendiculaire à la face ASC et située du
même côté de l'arête SB.

Conséquemment, d'après le théorème
précédent, l'angle DSE est le supplément
de l'angle correspondant à l'angle dièdre
SC. On démontrerait de la même manière
que l'angle DSF est le supplément de
l'angle correspondant à l'angle dièdre SB,
et que l'angle ESC est le supplément de
l'angle correspondant à l'angle dièdre SA.
Donc les angles plans de l'angle trièdre
SDEF sont les suppléments des angles
dièdres de l'angle trièdre SABC.

602. RÉCIPROQUEMENT. — On démontrerait par un raisonnement semblable que
les angles plans de l'angle trièdre SABC
sont les suppléments des angles dièdres de
l'angle trièdre SDEF.

Théorème n° 209.

603. *La somme des angles plans
d'un angle polyèdre convexe quelconque est moindre que quatre angles
droits.*

Soit l'angle polyèdre convexe SABCDE
(fig. 373). Je mène un plan coupant les
cinq arêtes suivant le polygone convexe
ABCDE, dans l'intérieur duquel je prends
un point quelconque O que je joins aux

points A, B, C, D et E, ce qui me donne
les droites OA, OB, OC, OD et OE.

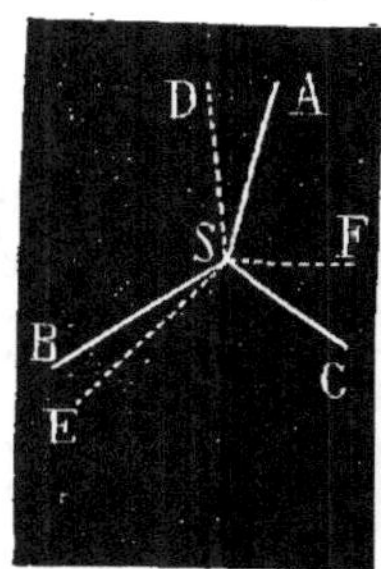 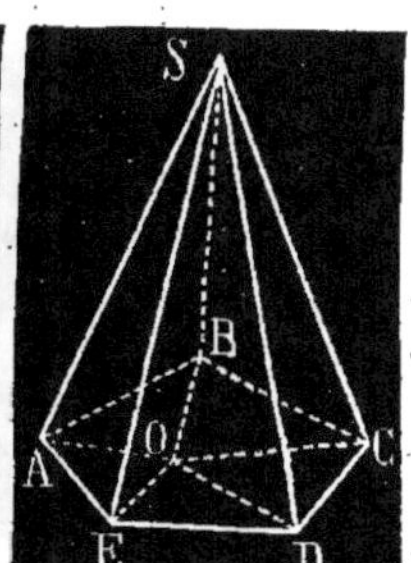

Figure 372.   Figure 373.

Les cinq triangles formant les faces de
l'angle polyèdre et aboutissant au sommet S valent ensemble $5 \times 2 = 10$ angles
droits. De même, les cinq triangles formant le polygone convexe ABCDE et
aboutissant au point O valent ensemble
$5 \times 2 = 10$ angles droits.

Maintenant, si je considère l'angle
trièdre EASD, je remarque que d'après
le théorème 199, la face AED, qui vaut les
angles OEA et OED est plus grande que
les faces réunies SEA et SED. De même,
en considérant l'angle dièdre ayant son
sommet au point D, j'aurais la face EDC,
valant les deux triangles ODE et ODC,
plus grands que les faces réunies SDE et
SDC. Comme il en serait absolument de
même pour les angles dièdres ayant leurs
sommets aux points C, B et A, on en conclut que la somme des angles à la base des
triangles ASB, BSC, CSD, DSE et ESA est
plus petite que la somme des angles avoi-
sinant les côtés du polygone, dans les
triangles AOB, BOC, COD, DOE et EOA.
Or, comme les angles de chacune de ces
deux séries de triangles valent ensemble
10 angles droits, pour qu'il y ait compensation, il faut que la somme des angles
réunis au sommet S de l'angle polyèdre
soit plus petite que la somme des angles
réunis autour du point O. Mais la somme

des angles réunis autour du point O vaut quatre angles droits. Donc la somme des angles aboutissant au point S vaut moins de quatre angles droits.

Théorème n° 210.

604. *Lorsque deux angles trièdres ont leurs angles dièdres égaux chacun à chacun, ils sont égaux dans toutes leurs parties.*

Soient S et T les deux angles trièdres donnés, S′ et T′ leurs angles trièdres supplémentaires. Les angles dièdres S et T étant égaux chacun à chacun, les angles plans de leurs suppléments S′ et T′ sont aussi égaux chacun à chacun. Conséquemment, les angles trièdres S′ et T′ ayant leurs angles plans égaux chacun à chacun, sont égaux dans toutes leurs parties. De même, les angles dièdres S′ et T′ étant égaux chacun à chacun, leurs suppléments, c'est-à-dire les angles plans S et T sont égaux chacun à chacun. Donc, etc.

Théorème n° 211.

605. *La somme des angles dièdres d'un angle trièdre est comprise entre 2 et 6 angles droits.*

Soient A, B, C, les angles dièdres d'un angle trièdre donné, et A′, B′ et C′ les angles plans de l'angle trièdre supplémentaire.

On a vu que les sommes A + A′, B + B′, C + C′ valent chacune 2 angles droits, soit 6 angles droits pour la valeur des trois expressions réunies. Conséquemment :

$$A + B + C = 6 - (A' + B' + C')$$

Mais A′ + B′ + C′ est une somme qui vaut moins de 4 angles droits (603). Conséquemment, la somme A + B + C est inférieure à 6 angles droits; mais elle est plus grande que $6 - 4 = 2$ angles droits. Donc, etc.

CHAPITRE XI

DES POLYÈDRES

DÉFINITIONS

606. On donne le nom de *polyèdre* à un corps terminé de toutes parts par des plans.

607. Les plans qui limitent un polyèdre déterminent, en se rencontrant, des polygones qui sont les *faces* du polyèdre. L'ensemble de ces faces constitue la *surface* du polyèdre.

608. Les droites qui limitent les faces polygonales d'un polyèdre, sont les *arêtes* de ce polyèdre.

609. On appelle *angles* d'un polyèdre, les angles polyèdres formés par la rencontre des plans qui terminent le polyèdre. Les sommets des angles polyèdres sont aussi les sommets du polyèdre.

610. La *diagonale* d'un polyèdre est une droite qui unit deux sommets quelconques non situés sur une même face.

611. Certains polyèdres ont reçu des noms particuliers. Ainsi :

I. Le *tétraèdre* est un polyèdre à 4 faces.

II. L'*hexaèdre*   —   6 faces.

III. L'*octaèdre*   —   8 faces.

IV. Le *dodécaèdre*   —   12 faces.

V. L'*icosaèdre*   —   20 faces.

612. Le *tétraèdre* est le plus simple des polyèdres. En effet, pour former un angle polyèdre, il faut au moins trois plans, lesquels laissent nécessairement un vide qui ne peut être clos qu'à l'aide d'un quatrième plan au moins.

613. On appelle *polyèdre régulier*, un polyèdre dont tous les angles solides sont égaux entre eux, et dont toutes les faces sont des polygones réguliers aussi égaux entre eux.

614. On ne compte que cinq polyèdres réguliers, savoir :

I. Le *tétraèdre régulier*, dont la surface est formée par 4 triangles équilatéraux, assemblés 3 à 3 autour de chaque sommet;

II. L'*hexaèdre régulier*, dont la surface est formée par 4 carrés égaux assemblés autour de chaque sommet;

III. L'*octaèdre régulier*, dont la surface est formée par 8 triangles équilatéraux, assemblés 4 à 4 autour de chaque sommet;

IV. Le *dodécaèdre régulier*, dont la surface est formée par 12 pentagones réguliers, assemblés 3 à 3 autour de chaque sommet;

V. L'*icosaèdre régulier*, dont la surface est formée par 20 triangles équilatéraux, assemblés 5 en 5 autour de chaque sommet.

615. On dit qu'un polyèdre est *convexe*, lorsque tous ses angles solides sont sortants; *concave*, lorsqu'il possède des angles sortants et des angles solides rentrants.

616. Parmi les polyèdres, on distingue le *prisme* et la *pyramide*.

§ I. — LE PRISME

617. Le *prisme* est un polyèdre compris sous plusieurs plans parallélogrammes, réunis entre eux par deux polygones égaux et parallèles.

618. Les deux polygones égaux et parallèles sont les *bases* du prisme.

619. La *hauteur* d'un prisme est la distance qui sépare ses deux bases, c'est-à-dire la longueur de la perpendiculaire abaissée d'un point quelconque d'une des bases sur l'autre.

620. Les bases des parallélogrammes qui forment la surface d'un prisme sont les *arêtes* de ce prisme, et les parallélogrammes en sont les *faces latérales* ou les *pans*.

621. Le solide représenté par la figure 374, est un prisme, parce que : 1° les deux bases ABCDE et FGHIK sont des polygones égaux et parallèles; 2° les faces latérales AFGB, BGHC, CHID, DIKE, EKFA et BGFA sont des parallélogrammes.

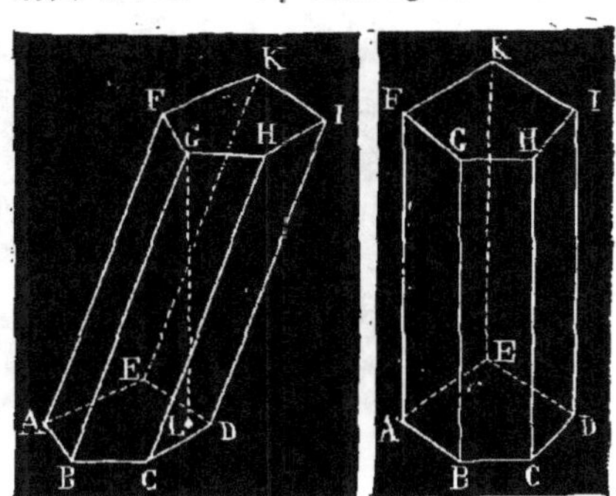

Figure 374.   Figure 375.

Les droites FA, GB, HC, ID et KE sont les arêtes du prisme.

..La perpendiculaire GL abaissée du sommet G sur le plan de la base ABCDE est la hauteur du prisme.

622. Un prisme est *oblique*, lorsque ses arêtes latérales sont obliques par rapport aux bases ; il est *droit*, lorsque ses arêtes latérales sont perpendiculaires aux plans des bases. Ainsi, le prisme (*fig.* 374) est oblique, tandis que le prisme (*fig.* 375) est droit.

Lorsqu'un prisme est droit, ses faces latérales sont des rectangles et chaque arête est égale à la hauteur du prisme.

Dans un prisme oblique, la hauteur est toujours moindre que la longueur d'une arête latérale.

623. La somme des faces latérales d'un prisme forme la *surface latérale* ou *convexe* de ce prisme.

624. On dit qu'un prisme est *triangulaire, quadrangulaire, pentagonal, hexagonal, etc.*, selon que sa base est un triangle, un quadrilatère, un pentagone, un hexagone, etc.

Théorème n° 212.

625. *Si l'on coupe un prisme par deux*

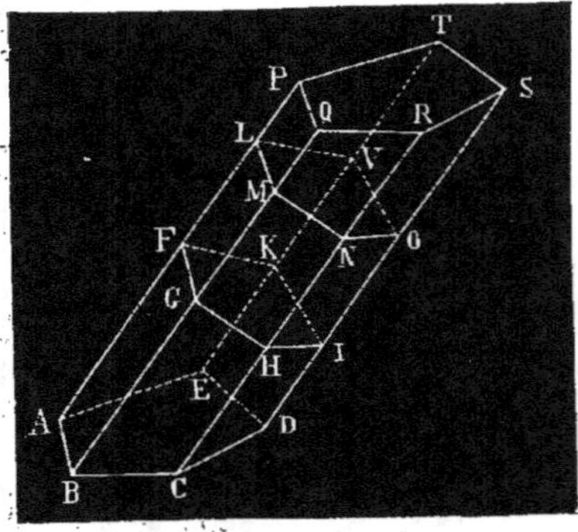

Figure 376

plans parallèles rencontrant toutes les arêtes, les sections qui en résultent sont des polygones égaux.

Soit le prisme TB (1) coupé par les deux plans parallèles FGHIK et LMNOV (*fig.* 376), rencontrant toutes les arêtes, je dis que ces deux polygones sont égaux.

En effet, les deux plans parallèles dont il s'agit coupent la face latérale APQB, suivant les droites LM et FG qui sont parallèles entre elles (547). Par la même raison, les droites MN et GH, NO et HI, VO et KI, VL et KF, sont parallèles entre elles, deux à deux. Les angles VLM et KFG sont égaux, comme ayant les côtés parallèles dirigés dans le même sens. Par la même raison, les angles LMN et FGH, MNO et GHI, NOV et HIK, OVL et IKF sont égaux deux à deux. Donc, les deux polygones FGHIK et LMNOV sont égaux, puisque leurs côtés et leurs angles sont égaux chacun à chacun.

626. On appelle *section droite* d'un prisme oblique, le polygone résultant d'un plan perpendiculaire aux arêtes et les coupant toutes.

Si donc, le plan du polygone FGHIK était perpendiculaire aux arêtes du prisme oblique TB (*fig.* 376), ce polygone serait une section droite du prisme.

Théorème n° 209.

627. *Lorsque deux prismes ont un angle polyèdre égal, compris entre trois*

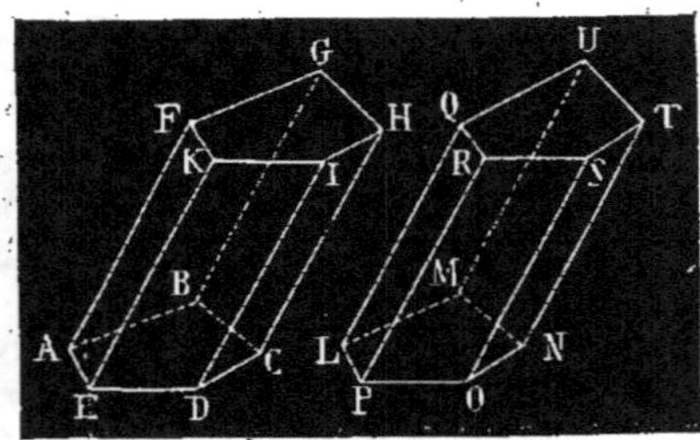

Figure 377.

(1) A l'avenir, et pour simplifier, les prismes seront désignés seulement par deux lettres placées à deux sommets opposés.

*plans égaux chacun à chacun et sembla-
blement placés, ces prismes sont égaux.*

Soient les deux prismes GE et UP (*fig.*
377), ayant l'angle polyèdre E égal à l'angle polyèdre P, ainsi que ABCDE = LMNOP,
AEKF = LPRQ et DEKI = OPRS, je dis
que ces deux prismes sont égaux.

Pour le prouver, je porte le polygone
LMNOP sur son égal ABCDE, de manière
que les sommets coïncident. Comme les
trois angles plans qui forment l'angle polyèdre E sont égaux aux trois angles
plans qui forment l'angle polyèdre P,
c'est-à-dire que AED = LPO, AEK =
LPR, DEK = OPR, il en résulte que les
angles polyèdres E et P sont égaux, puisqu'ils sont formés par des angles plans
égaux chacun à chacun et semblablement
placés. Conséquemment, l'arête PR coïncidera avec l'arête EK, et comme les faces
AEKF et DEKI sont égales aux faces LPRQ
et OPRS, les arêtes OS et LQ coïncideront
aussi avec les arêtes DI et AF. En outre,
ces arêtes étant égales par suite de l'égalité des parallélogrammes qu'elles limitent, les points S, R et Q tomberont sur
les points I, K et F, de sorte que QR coïncidera avec FK et RS avec KI. Les deux
bases FGHIK et QU'TSR ayant trois points
communs coïncideront dans toute leur
étendue, et comme les autres arêtes sont
égales et parallèles aux précédentes, les
points T et U tomberont sur les points H
et G. Donc, les deux prismes sont égaux,
puisqu'ils se confondent pour n'en former
qu'un seul.

Théorème n° 210.

628. *Deux prismes sont égaux, s'ils
ont, à la base, un angle dièdre égal compris entre deux faces égales chacune à chacune et semblablement disposées.*

Soient les deux prismes GE et UP (*fig.*
377), ayant la base ABCDE égale à la base
LMNOP, la face latérale EDIK égale à
POSR, et l'angle dièdre ED égal à l'angle
dièdre PO, je dis que ces deux prismes
sont égaux.

Pour le prouver, je porte la base LMNOP
sur son égale ABCDE, de manière que les
sommets coïncident. Comme l'angle dièdre PO est égal à l'angle dièdre ED, les
parallélogrammes OPRS et DEKI s'appliqueront l'un sur l'autre. L'angle SOP
étant égal à l'angle IDE, l'arête OS prendra la diversion de l'arête DI et, comme
ces deux arêtes sont égales, le point S
tombera au point I. Par la même raison,
le point R tombera au point K. Les autres
arêtes étant égales et parallèles aux premières coïncideront aussi. Donc, les deux
prismes sont égaux puisqu'ils se confondent pour n'en former qu'un seul.

Théorème n° 211.

629. *Deux prismes droits sont égaux
s'ils ont des bases égales et des hauteurs
égales.*

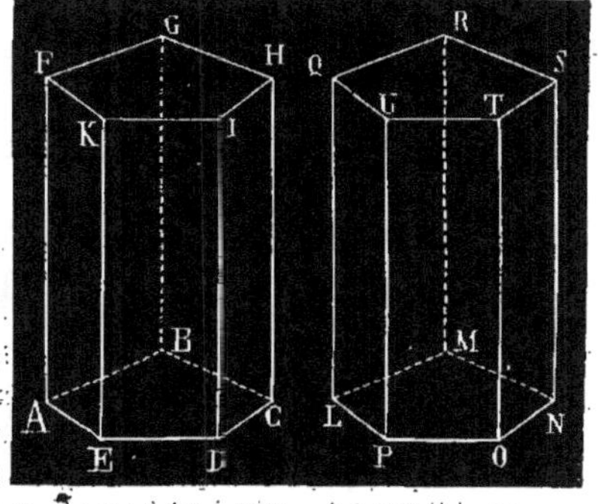

Figure 378

Soient les prismes droits GE et RP
(*fig.* 378) ayant ABCDE = LMNOP et KE
= UP, je dis que ces prismes sont égaux.

En effet, puisque AE = LP et KE = UP,
les rectangles KEAF et UPLQ sont égaux
comme ayant des bases égales et des hauteurs égales. Par la même raison, les rectangles KEDI et UPOT sont égaux. Conséquemment, les trois plans qui forment
l'angle polyèdre E sont égaux aux trois
plans qui forment l'angle polyèdre P. Donc
(627) les deux prismes sont égaux.

Théorème n° 212.

630. *Un prisme oblique est équivalent à un prisme droit ayant l'une des arêtes du prisme oblique pour hauteur et une section droite pour base.*

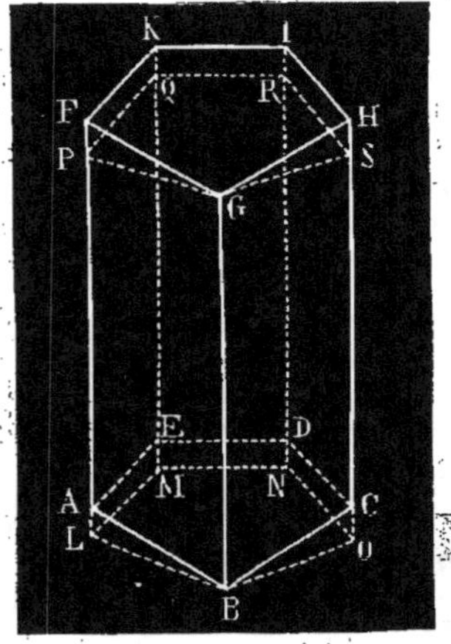

Figure 379

Soit le prisme oblique ABCDEFGHIK (*fig.* 379). Par les points B et G, extrémités de l'arête BG, je mène les plans LBONM et PGSRQ perpendiculaires à cette arête. Ces polygones, qui sont égaux (625), constituent deux sections droites du prisme oblique, et je vais prouver que le prisme oblique est équivalent à un prisme droit ayant le polygone LBONM pour base et l'arête latérale BG pour hauteur.

En effet, si, du polyèdre total LBONM FGHIK, je retranche le polyèdre LBONM CDEA, il restera le prisme oblique donné. Si, maintenant, du même polyèdre total, je retranche le polyèdre PGSRQHIKF, il restera le prisme droit. En prouvant que les deux polyèdres LBONMCDEA et PGSRQHIKF sont égaux, le théorème sera démontré, puisqu'en retranchant successivement deux quantités égales d'une même quantité plus grande que chacune

d'elles, les restes sont équivalents. Or, cette égalité existe.

D'abord, les deux bases LBONM et PGSRQ sont égales comme provenant d'un prisme coupé par deux plans parallèles.

Maintenant, les droites HC et SO étant égales chacune à la droite GB, arête commune aux deux prismes, sont égales entre elles. Si, des deux droites égales HC et SO, je retranche la partie commune SC, il restera CO = HS. Par un raisonnement semblable, je prouverais que DN = IR, EM = KQ, AL = FB.

Si je porte la base inférieure LBONM sur la base supérieure PGSRQ. les arêtes OC, ND, ME et LA se confondront avec les arêtes SH, RI, QK et PF, et comme ces droites sont égales, les points C, D. E et A tomberont sur les points H, I, K et F. Conséquemment, les deux polyèdres LBON MCDEA et PGSRQHIKF sont égaux puisque toutes leurs faces coïncident parfaitement. Donc, etc.

Le Parallélipipède.

631. Les prismes ayant six faces y compris les deux bases, se nomment *parallélipipèdes*, lorsque toutes ces faces sont des parallélogrammes.

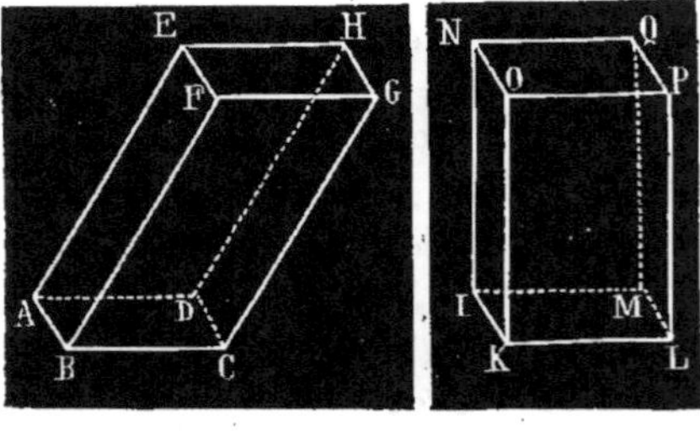

Figure 380   Figure 381

632. On distingue le *parallélipipède oblique*, le *parallélipipède droit* et le *parallélipipède rectangle*.

633. Le *parallélipipède oblique* est celui dont les arêtes sont obliques par rapport aux bases. Exemple : le parallélipipède HB (*fig*. 380).

634. Le *parallélipipède droit* est celui dont les arêtes sont perpendiculaires aux plans des bases. Exemple : le parallélipipède NL (*fig* 381).

635. Le *parallélipipède rectangle* est celui dont les bases sont des rectangles. Exemple : le parallélipipède NL (*fig.* 381), dont les arêtes sont perpendiculaires sur le plan des bases, serait *rectangle* si les bases KLMI et OPQN étaient rectangulaires.

Théorème n° 213.

636. *Les faces opposées d'un parallélipipède quelconque sont égales et parallèles.*

Soit le parallélipipède HB (*fig.* 380), ayant pour bases les parallélogrammes ABCD et EFGH. D'abord, ces deux bases sont égales et parallèles d'après la définition du prisme (617). Je vais prouver que les deux faces ABFE et DCGH, par exemple, sont aussi égales et parallèles.

En effet, AB = DC et EF = HG comme côtés opposés des deux parallélogrammes égaux servant de bases au parallélipipède donné. AE = DH et BF = CG, comme arêtes du parallélipipède. Les quatre angles du parallélogramme ABFE sont respectivement égaux aux quatre angles du parallélogramme DCGH, parce que leurs côtés sont parallèles deux à deux et dirigés dans le même sens. Donc, les deux faces ABFE et DCGH sont égales, puisque leurs côtés et leurs angles sont égaux deux à deux. Comme le raisonnement serait le même pour les deux autres faces, le théorème est démontré.

Théorème n° 214.

637. *Les quatre diagonales d'un parallélipipède se coupent en un même point qui est le milieu de chacune d'elles.*

Soit le parallélipipède EC (*fig.* 382). Je

mène les diagonales EC et GA, puis je joins le point E au point G et le point A au point C. Alors, les droites EA et GC, étant égales et parallèles comme arêtes du parallélipipède, la figure ACGE est un parallélogramme dont les diagonales EC et GA se coupent en parties égales au point O (165).

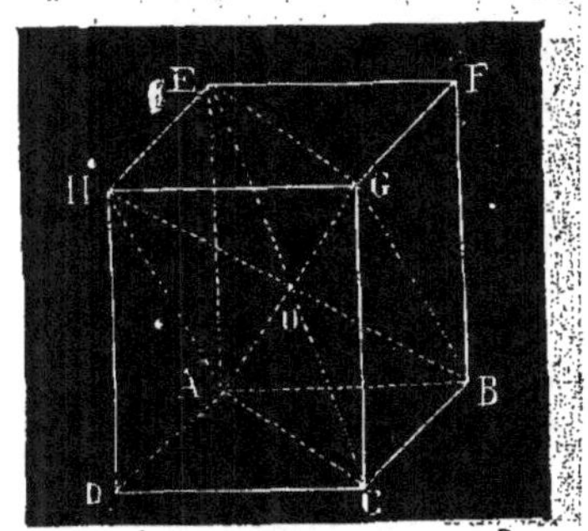

Figure 382

Maintenant, je trace la diagonale HB, ainsi que les droites GB et HA. Les droites HG et AB étant égales et parallèles comme arêtes opposées des bases, la figure HGBA est un parallélogramme dont les diagonales HB et GA se coupent en parties égales au point O. On voit déjà que les trois diagonales EC, GA et HB se coupent en leurs milieux, au point O. Comme on prouverait de la même manière que la diagonale partant du sommet F pour obtenir un sommet D, passerait au même point O, qui serait le milieu de FD, le théorème est démontré.

Théorème n° 215.

638. *Lorsqu'on coupe un parallélipipède par un plan passant suivant deux arêtes opposées, les deux prismes qui en résultent sont équivalents.*

Soit le parallélipipède ABCDEFGH, (*fig.* 383). Si l'on coupe ce polyèdre par un plan suivant les deux arêtes FB et HD, par exemple, je dis que les deux prismes

ABDEFH et BCDGHF qui en résultent sont équivalents.

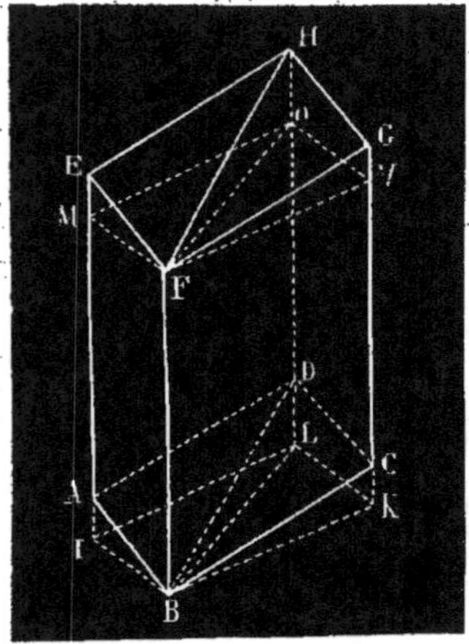

Figure 383

1° *Le parallélipipède est supposé droit.* Les diagonales DB et HF, partagent les deux bases en quatre triangles égaux. Alors, les deux prismes droits ABDEFH et BCDGHF sont égaux comme ayant des bases égales et même hauteur qui est l'une des arêtes (629). On voit donc que, lorsque le parallélipipède est droit, les prismes sont non-seulement équivalents, mais égaux.

2° *Le parallélipipède est supposé oblique.* Par les points B et F, extrémités de l'arête BF, je mène deux plans IBKL et MFVO, perpendiculaires à cette droite et rencontrant toutes les arêtes. Alors, je forme le parallélipipède droit IBKLMFVO, qui est équivalent au parallélipipède donné (630). Mais, ce parallélipipède droit est divisé en deux prismes droits IBLMFO, BKLFVO par le plan mené suivant les arêtes OL et FB et ces prismes sont équivalents (629). Or, les deux prismes droits IBLMFO et BKLFVO sont équivalents deux à deux aux prismes obliques ABDEFH et BCDFGH

(630). Donc ces deux prismes sont équivalents.

Théorème n° 216.

639. *Deux parallélipipèdes sont équivalents quand ils ont une base commune et quand leurs bases supérieures sont situées dans le même plan et comprises entre les mêmes parallèles.*

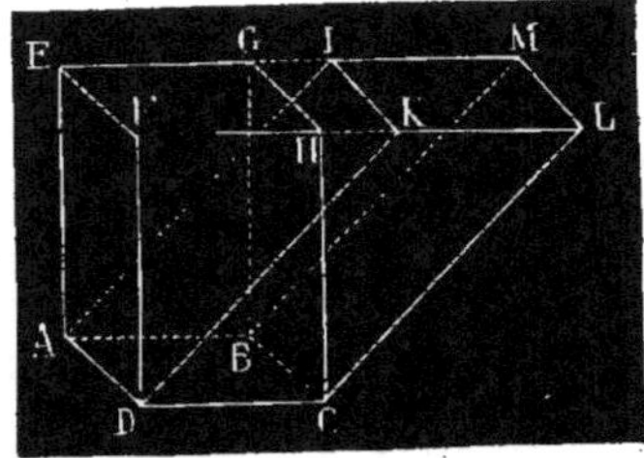

Figure 384

Soient les deux parallélipipèdes GD et MD (*fig.* 384), ayant la base commune ABCD, ainsi que leurs bases supérieures EFHG, IKLM situées dans le même plan et comprises entre les mêmes parallèles EM, FL, je dis qu'ils sont équivalents.

En examinant le polyèdre total DFLCA EMB, on voit distinctement deux prismes triangulaires DFKAEI et CHLBGM qui sont égaux.

En effet, DF = CH, comme côtés opposés du parallélogramme DFHC; DK = CL comme côtés opposés du parallélogramme DCLK; les angles FDK et HCL sont égaux comme ayant leurs côtés parallèles dirigés dans le même sens. Donc, les deux triangles FDK et HCL sont égaux comme ayant un angle égal compris entre deux côtés égaux.

Les parallélogrammes EFDA et GHCB sont égaux comme faces opposées d'un même parallélipipède. Les faces EFKI et GHLM sont égales, car EF = GH comme côtés opposés du parallélogramme EFHG et FK = HL. En effet, FH = KL, attendu que chacune de ces droites est égale à DC et la partie HK est commune à FK et à HL. Conséquemment, les trois faces qui aboutissent au sommet F sont égales aux trois faces qui aboutissent au sommet H et les angles polyèdres F et H sont égaux, puisqu'ils sont formés par trois angles plans égaux chacun à chacun et semblablement disposés. Donc, les deux prismes triangulaires DFKAEI et CHLBGM sont égaux (627).

Si du polyèdre total, je retranche le prisme DFKAEI, il restera le parallélipipède MD, et si du même polyèdre, je retranche le prisme CHLBGM, il restera le parallélipipède GD. Donc, les deux parallélipipèdes GD et MD sont équivalents.

Théorème n° 217.

640. *Lorsque deux parallélipipèdes ont même base et même hauteur, ils sont équivalents,* (1).

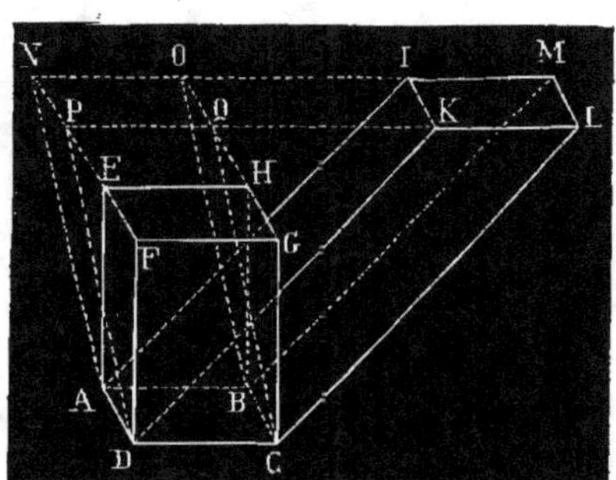

Figure 385

Soient les deux parallélipipèdes HD et MD (*fig.* 385), ayant la base commune ABCD et même hauteur puisque leurs bases supérieures sont situées dans le même plan, je dis qu'ils sont équivalents.

Pour le prouver, je prolonge les quatre arêtes FE, GH, LK, MI, et les points de rencontre forment le parallélogramme

NPQO, qui est égal à chacune des bases EFGH et IKLM. Je joins le point N au point

(1) **Démonstration takimétrique.**
I. — *Deux parallélipipèdes ayant même base et même hauteur sont équivalents.*

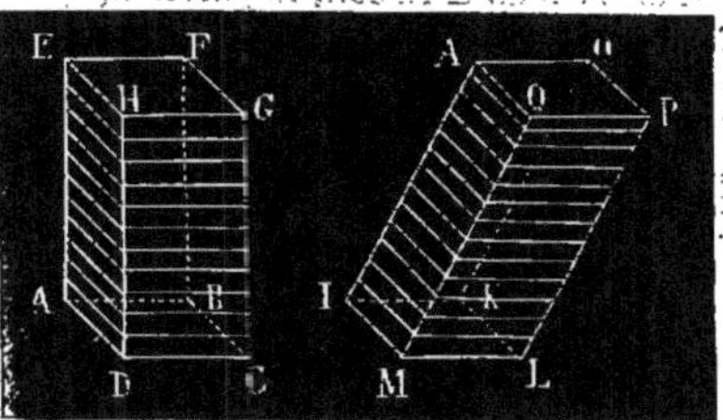

Figure 386

Je prends un certain nombre de cartons égaux ayant la forme d'un parallélogramme, et je les empile de manière à former le parallélipipède droit ABCDEFGH (*fig.* 386). Il est évident que si je déplace ces cartons de manière à former le parallélipipède oblique IKLMAOPQ, les deux parallélipipèdes seront équivalents comme formés des mêmes éléments.

II. — *Deux parallélipipèdes rectangles ayant des bases équivalentes et même hauteur sont équivalents.*

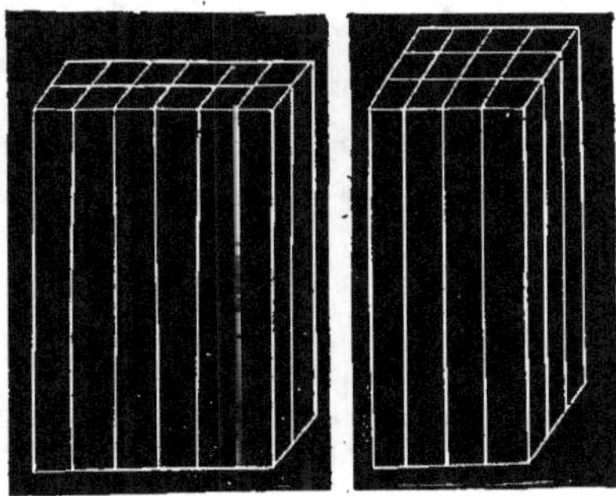

Figure 387   Figure 388

Avec 12 règles dont toutes les arêtes sont parfaitement égales, je forme le parallélipipède rectangle (*fig.* 387) en plaçant ces règles sur deux rangs. Si je place ensuite les mêmes règles sur trois rangs (*fig.* 388), je formerai un autre parallélipipède qui sera évidemment équivalent au premier, puisque l'un et l'autre sont composés des mêmes éléments. Les deux bases sont aussi équivalentes, puisqu'elles valent chacune 12 carrés égaux.

A, le point P au point D, le point O au point B, le point Q au point C et je forme le parallélipipède OD qui est équivalent au parallélipipède HD, d'après le théorème précédent.

Par la même raison, le parallélipipède MD est équivalent au parallélipipède OD. Conséquemment, les deux parallélipipèdes HD et MD étant équivalents au parallélipipède OD, sont équivalents entre eux. Donc, etc.

Théorème n° 218.

641. *Un parallélipipède quelconque est équivalent à un parallélipipède rectangle de même hauteur et de base équivalente.*

Soit le parallélipipède oblique ABCD IKLM (*fig.* 389). Aux sommets A, B, C, D

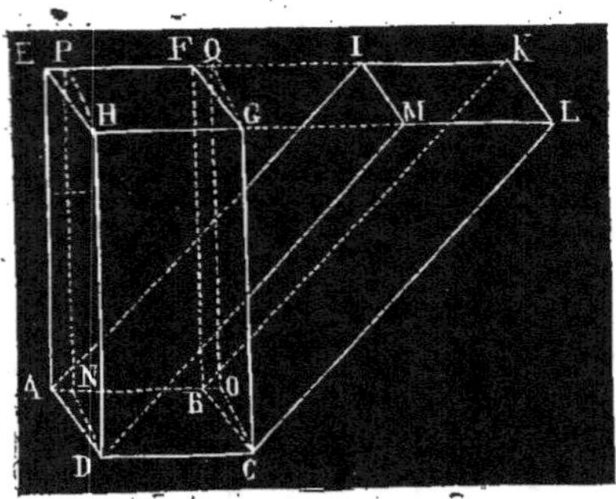

Figure 389

de la base j'élève, sur le plan de cette base, quatre perpendiculaires rencontrant les côtés prolongés KI et LM de la base supérieure, aux points E, F, G, H, et je forme le parallélipipède ABCDEFGH, qui est équivalent au parallélipipède donné (639).

Maintenant, aux points D et C, j'élève sur DC les perpendiculaires DN et CO, rencontrant le côté AB, ou son prolongement, aux points N et O. A chacun des points N et O, j'élève sur le plan de la base ABCD, deux perpendiculaires rencontrant le plan de la base supérieure aux points P et Q, sur EF où sur son prolongement.

Je joins les points N, O, aux points D, C, et les points P, Q, aux points H, G. Je forme ainsi le parallélipipède rectangle NOCDPQGH, qui est équivalent au parallélipipède droit ABCDEFGH, comme ayant la base commune HGCD et même hauteur, puisque leurs bases supérieures sont situées sur le même plan parallèle à la base commune (639). Donc, le parallélipipède donné ABCDIKLM est équivalent au parallélipipède rectangle NOCDPQGH, puisqu'ils sont, l'un et l'autre, équivalents au même parallélipipède ABCDEFGH. Donc, etc.

Théorème n° 219.

642. *Lorsque deux parallélipipèdes rectangles ont des bases égales, ils sont proportionnels à leurs hauteurs.*

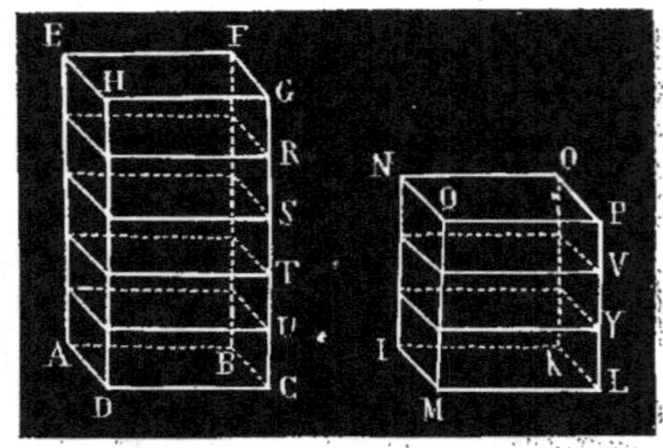

Figure 390

Soient les deux parallélipipèdes rectangles ABCDEFGH et IKLMNOPQ, ayant pour bases les deux rectangles égaux ABCD et IKLM (*fig.* 390) et pour hauteur les deux arêtes inégales GC et PL, je dis que, en désignant le premier par P et le second par P', on aura :

$$P : P' :: GC : PL$$

Je suppose que les deux hauteurs aient une commune mesure contenue cinq fois dans GC et trois fois dans PL.

Alors, j'aurai la proportion :

$$GC : PL :: 5 : 3.$$

Maintenant, je partage GC en cinq parties égales par les points R, S, T, U et PL en trois parties égales par les points V, Y. Par chacun des points R, S, T, U, je mène un plan perpendiculaire à l'arête GC, et j'obtiens 4 sections droites rectangulaires qui sont toutes égales et parallèles à la base ABCD du parallélipipède P. (625). Je fais la même opération aux points V, Y, et j'obtiens 2 sections droites rectangulaires égales et parallèles à la base IKLM du parallélipipède P'. J'ai divisé le parallélipipède rectangle P en 5 parallélipipèdes rectangles qui sont égaux, comme ayant des bases et des hauteurs égales. De même, j'ai divisé le parallélipipède rectangle P' en 3 parallélipipèdes rectangles égaux pour les mêmes raisons. Conséquemment, j'ai la proportion :

$$P : P' :: 5 : 3.$$

Les deux proportions précédentes ayant le rapport commun 5 : 3, les autres donnent :

$$P : P' :: GC : PL.$$

Donc, etc.

Théorème n° 220.

643. *Deux parallélipèdes de même hauteur sont proportionnels à leurs bases.*

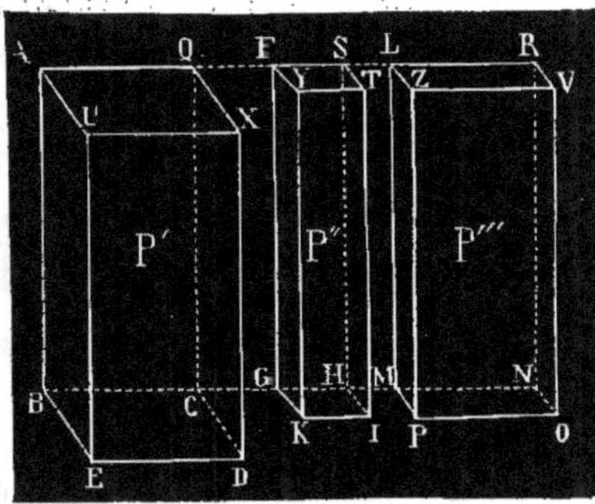

Figure 391

Soient les deux parallélipipèdes rectangles P' et P'' (*fig.* 391), ayant même hauteur, c'est-à-dire $AB = FG$, je dis qu'ils sont proportionnels à leurs bases, c'est-à-dire qu'on aura :

$$P' : P'' :: BCDE : GHIK.$$

Pour le prouver, je construis un parallélipipède rectangle P''' ayant une hauteur LM = AB ou FG, et une base MNOP dans laquelle MN = BC et NO = HI.

Les deux parallélipipèdes rectangles P' et P''' ont les deux faces égales AQCB et LRNM, que je puis prendre pour bases. Alors, en vertu du théorème précédent, ils sont proportionnels à leurs hauteurs CD et NO, d'où la proportion :

$$P' : P''' :: CD : NO, \text{ ou } HI.$$

Les deux parallélipipèdes rectangles P''' et P'' ont aussi les deux faces égales RVON et STIH que je puis prendre pour bases. Alors, en vertu du théorème précédent, ils sont proportionnels à leurs hauteurs MN et GH, d'où la proportion :

$$P''' : P'' :: MN \text{ ou } BC : GH.$$

Je multiplie ces deux proportions terme à terme et j'ai, en supprimant le facteur P''', commun aux deux termes du premier rapport :

$$P' : P'' :: CD \times BC : HI \times GH.$$

Comme $CD \times BC$ et $HI \times GH$ représentent les bases des deux parallélipipèdes rectangles P et P', le théorème est démontré,

Théorème n° 221.

644. *Deux parallélipipèdes rectangles quelconques sont proportionnels aux produits de leurs bases par leurs hauteurs.*

Soient les deux parallélipipèdes rectangles quelconques P' et P'' (*fig.* 392). Je dis qu'ils donnent la proportion :

$$P' : P'' :: ABCD \times GC : HIKL \times OK.$$

Pour le prouver, je construis un parallélipipède rectangle P''' ayant une base QRST = ABCD et une hauteur XS = OK.

Alors, les deux parallélipipèdes P' et P'''
ayant des bases égales sont proportionnels
à leurs hauteurs (642), d'où la proportion :

P' : P''' :: GC : XS ou OK.

Mais les deux parallélipipèdes rectangles P''' et P'' ayant des hauteurs égales

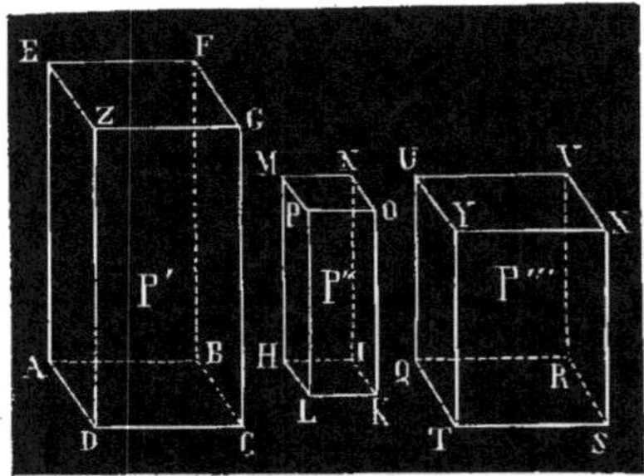

Figure 392

sont proportionnels à leurs bases (643) et
donnent la proportion :

P''' : P'' :: QRST ou ABCD : HIKL.

Je multiplie ces proportions terme à
terme et j'ai, en supprimant le facteur P''',
commun aux deux termes du premier rapport :

P' : P'' :: GC $\times$ ABCD :: OK $\times$ HIKL.

Comme GC $\times$ ABCD et OK $\times$ HIKL représentent le produit de la base par la
hauteur, pour chaque parallélipipède, le
théorème est démontré.

Théorème n° 222

645. *Le volume d'un parallélipipède
rectangle* (1) *est égal au produit de sa base
par sa hauteur.*

(1) Voici comment on démontre en takimétrie le
volume du parallélipipède rectangle OB (fig. 393),
par exemple.

Si la base ABC a 5 mètres sur 4 et la hauteur
BF, 3 mètres, on partage AB ou 5, BC et 4 et BF en
3 parties égales. Par les points de division de AB,
on fait passer des plans parallèles à la face BCEF ;

Cet énoncé suppose qu'on prend, pour
terme de comparaison, le carré et le cube
construits sur l'unité de mesure admise,
que je suppose être le mètre cube.

Soit le parallélipipède rectangle P' (*fig.*
392) ayant le rectangle ABCD pour base et
l'arête GC, par exemple, pour hauteur. Le
mètre cube, unité de mesure admise, a
pour base un carré qui a 1 mètre linéaire
de côté, et pour hauteur une arête qui a
aussi 1 mètre linéaire de longueur.

Alors, d'après le théorème précédent,
le parallélipipède rectangle P' et le mètre
cube, qui n'est aussi qu'un parallélipipède
rectangle que je désigne par P'', sont proportionnels aux produits de leurs bases
par leurs hauteurs, d'où la proportion (*en
représentant la base du parallélipipède
par* R, *la base du mètre cube par* R' *et
sa hauteur par* 1) :

P' : P'' :: R $\times$ GC : R' $\times$ 1

comme R' $\times$ 1 = 1 $\times$ 1 $\times$ 1 = 1, j'aurai

$$P' : P'' :: R \times GC : 1, \text{ou} \frac{P'}{P''} = \frac{R \times GC}{1}, \text{ou}$$

$$P' = R \times GC$$

puisque P'' = 1.

par les points de division de BC, on fait passer
des plans parallèles à la face ABFG ; enfin, par les
points de division de FB, on fait passer des plans
parallèles à la base GFEO. On voit que le parallélipipède se trouve ainsi partagé en 3 parallélipipèdes

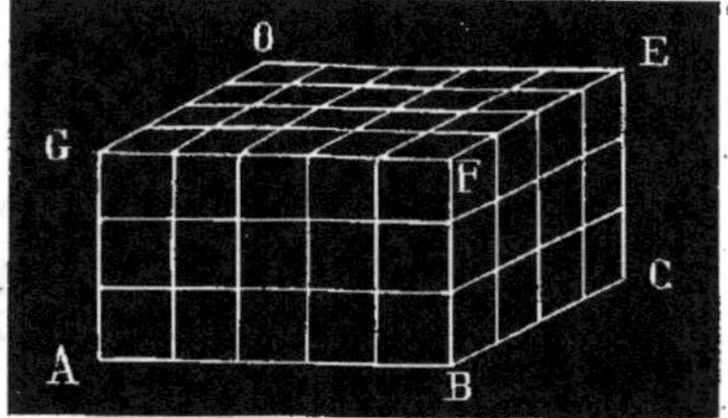

Figure 393

égaux contenant chacun 5 $\times$ 4 = 20 mètres cubes.
Les trois parallélipipèdes vaudront donc ensemble
20 $\times$ 3 = 60 mètres cubes, ou 5 $\times$ 4 $\times$ 3 = 60
mètres cubes.

Cette démonstration est bien suffisante dans la
pratique.

Cette formule P' $= $ F $\times$ GC démontre que le nombre qui représente la mesure, ou le volume du parallélipipède rectangle, est égal au produit de la base par la hauteur.

Soient a la base et b la hauteur du rectangle BCDE (*fig.* 392), et h, la hauteur GC du parallélipipède rectangle AD. Comme l'aire du rectangle BCDE est égale à $a \times b$, (458), le volume du parallélipipède sera

$$P' = a \times b \times h.$$

En raison de cette dernière expression, on dit encore que *le volume d'un parallélipipède rectangle quelconque est égal au produit de ses trois dimensions.*

Théorème n° 223.

646. *Le volume d'un parallélipipède quelconque est égal au produit de sa base par sa hauteur.*

On vient de voir que ce théorème est démontré en ce qui concerne le parallélipipède rectangle.

Si un parallélipipède n'est pas rectangle et s'il est droit ou oblique, l'énoncé du théorème est toujours vrai, car on a vu (641) qu'un parallélipipède quelconque est équivalent à un parallélipipède rectangle de bases équivalentes et de même hauteur.

Ainsi, le parallélipipède oblique OM, (*fig.* 386) est équivalent au parallélipipède rectangle FD, parce que ces deux polyèdres ont les bases équivalentes ABCD et IKLM et mêmes hauteurs, puisque leurs bases supérieures appartiennent à un même plan parallèle au plan des bases inférieures. Comme le volume du parallélipipède rectangle FD est égal au produit de la base ABCD par la hauteur GC, le volume du parallélipipède oblique OM est aussi égal au produit de sa base IKLM (équivalente à ABCD) par sa hauteur qui est égale à GC. Donc, etc.

Le cube.

647. Le cube est un parallélipipède rectangle dont les six faces sont égales et dont les huit arêtes sont aussi égales.

648. Il résulte de cette définition que le volume d'un cube est égal à l'une de ses arêtes multipliée deux fois par elle-même, c'est-à-dire à la troisième puissance de cette arête.

Réciproquement, on peut considérer la troisième puissance d'un nombre comme étant le volume d'un cube dont ce nombre représente la longueur de l'arête.

Volume du prisme.

Théorème n° 224.

649. *Le volume d'un prisme quelconque est égal au produit de sa base par sa hauteur.*

1° *Prisme triangulaire.* On a vu (638) qu'un prisme triangulaire est la moitié d'un parallélipipède de même hauteur et de base double. Or, le volume du parallélipipède est égal au produit de sa base par sa hauteur (646). Donc, le volume du prisme, qui est moitié du parallélipipède, est égal à la moitié de la base de ce polyèdre, c'est-à-dire à la base du prisme, multipliée par sa hauteur.

2° *Prisme quelconque.* Un prisme quelconque peut toujours être décomposé en autant de prismes triangulaires qu'on peut former de triangles dans le polygone de base. Or, le volume de chaque prisme triangulaire est égal au produit du triangle de base par la hauteur. Comme la hauteur est la même pour tous les prismes triangulaires, il en résulte que le volume du prisme quelconque est égal au produit de la somme des triangles de base, c'est-à-dire au produit de l'aire du polygone total par la hauteur commune. Donc, etc.

649 *bis.* COROLLAIRE. — Soient les deux prismes :

1° P ayant B pour base et H pour hauteur.

2° P' ayant B' pour base et H pour hauteur.

On a :

$$P = B \times H \quad \text{et} \quad P' = B' \times H.$$

D'où la proportion :

$$P : P' :: B \times H : B' \times H$$

en divisant les deux termes du dernier rapport par H, on a :

$$P : P' :: B : B'.$$

Cette proportion fait voir que lorsque deux prismes ont même hauteur, ils sont proportionnels à leurs bases, et je démontrerais de la même manière que deux prismes ayant même hauteur sont proportionnels à leurs bases.

Aire latérale du prisme.

Théorème n° 225.

650. *L'aire latérale d'un prisme droit est égale au produit du périmètre de sa base par sa hauteur.*

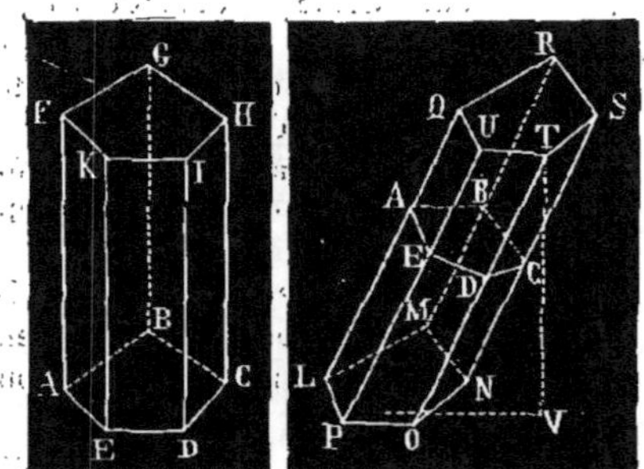

Figure 394 — Figure 395

Soit le prisme droit GE (*fig.* 394), ayant pour bases les polygones égaux ABCDE et FGHIK. Il est *clair que* l'aire latérale de ce prisme est égale à la somme des rectangles AFKE, EKID, DIHC, CHGB et

BGFA qui ont tous même hauteur que le prisme, c'est-à-dire la longueur d'une arête, AF par exemple, et dont les bases sont AE, ED, DC, CB et BA, côtés du polygone ABCDE, base inférieure du prisme. Comme l'aire de chaque rectangle est égale au produit de sa base par sa hauteur, il en résulte que l'aire latérale du prisme est égale à :

$$(AE + ED + DC + CB + BA) \times AF,$$

c'est-à-dire au produit du périmètre de sa base par sa hauteur. Donc, etc.

Théorème n° 226.

651. *L'aire latérale d'un prisme oblique est égale au produit du périmètre d'une section déterminée par un plan perpendiculaire aux arêtes, c'est-à-dire d'une section droite, par la longueur d'une arête.*

Soit le prisme oblique RP (*fig.* 395) et soit la section droite ABCDE. Il est clair que la surface latérale de ce prisme est égale à la somme des parallélogrammes PUTO, OTSN, NSRM, MRQL et PUQL. En prenant les arêtes pour bases des parallélogrammes, les hauteurs respectives seront ED, DC, CB, BA et AE. Comme l'aire d'un parallélogramme est égale au produit de sa base par sa hauteur et que toutes les bases sont égales, il en résulte que l'aire du prisme oblique est égale à

$$(ED + DC + CB + BA + AE) \times TO,$$

c'est-à-dire au produit du périmètre d'une section droite par la *longueur d'une arête.* Donc, etc.

652. Si l'on voulait avoir l'aire totale d'un prisme quelconque, il faudrait ajouter la surface latérale.

§ II. — LA PYRAMIDE.

653. Une *pyramide* est un polyèdre dont l'une des faces est un polygone quelconque et dont les autres faces sont des triangles ayant un sommet commun et les côtés correspondants de la face polygonale pour bases.

Le polyèdre FABCDE (*fig.* 396) est une pyramide parce qu'il possède une face polygonale ABCDE et cinq faces triangulaires AFB, BFC, CFD, DFE et EFA ayant toutes le point F pour sommet commun. Ce point est aussi le *sommet* de la pyramide et les côtés des triangles en sont les *arêtes*.

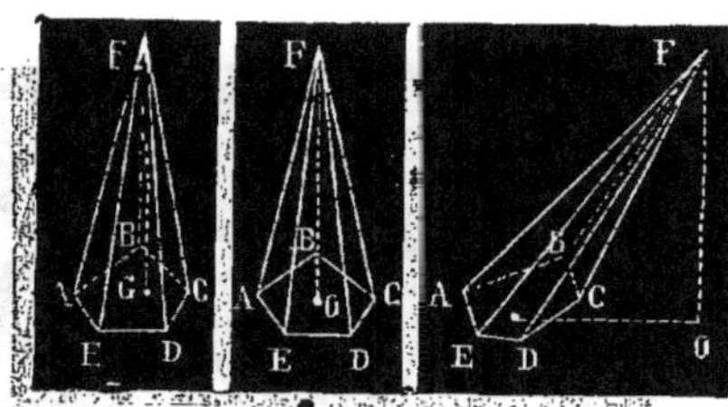

Figure 396   Figure 397   Figure 398

L'ensemble des cinq triangles ayant pour bases les côtés du polygone, forme l'aire latérale de la pyramide.

654. La *base* d'une pyramide est sa face polygonale. Si toutes les faces étaient triangulaires, on pourrait prendre pour base l'une quelconque des faces.

655. La *hauteur* d'une pyramide est la perpendiculaire abaissée du sommet sur la base. Ainsi, la hauteur de la pyramide (*fig.* 396) est la droite FG qui mesure la plus courte distance du sommet à la base.

656. Une pyramide est *régulière*, lorsque sa base est un polygone régulier et lorsque sa hauteur tombe au centre même du polygone.

Ainsi, la pyramide (*fig.* 397) est régulière, parce que sa base ABCDE est un pentagone régulier et parce que sa hauteur FO tombe au centre même de ce pentagone régulier.

657. On dit qu'une pyramide est *oblique*, lorsque sa hauteur tombe en dehors du polygone de base. Tel est le cas de la pyramide (*fig.* 398), la hauteur FO tombant en dehors de la base ABCDE.

658. Une pyramide est *triangulaire, quadrangulaire, pentagonale, hexagonale, etc* selon que sa base est un triangle, un quadrilatère, un pentagone, un hexagone, etc.

Théorème n° 227.

659. *Lorsqu'on coupe une pyramide quelconque SABCDE (fig. 399) par un plan parallèle à sa base :*

1° *Les arêtes SA, SB, SC, SD, SE, ainsi que la hauteur SO sont divisées en parties proportionnelles aux points F, G, H, I, K et P ;*

2° *La section FGHIK est un polygone semblable à la base.*

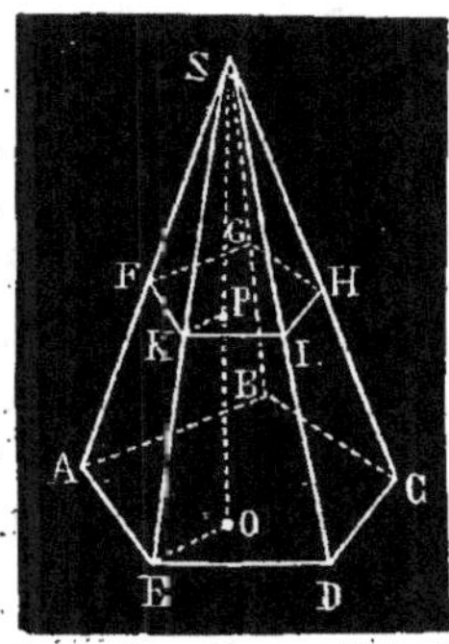

Figure 399

1° Les droites FK et AE sont parallèles comme intersections des deux plans parallèles ABCDE et FGHIK coupés par le plan ASE (547).

Alors, dans le triangle ASE, la droite FK étant parallèle à la base AE, j'ai la proportion :

$$SA : SF :: SE : SK.$$

Par la même raison, la droite KI étant parallèle à la base ED du triangle SED, j'ai la proportion :

$$SE : SK :: SD : SI.$$

A cause du rapport SE : SK, commun aux deux proportions précédentes, j'ai la suite de rapports égaux :

$$SA : SF :: SE : SK :: SD : SI,$$

et ainsi de suite.

Donc déjà, toutes les arêtes de la pyramide sont coupées en parties proportionnelles aux points F, G, H, I, K par le plan parallèle.

Maintenant, je joins les points P et O aux points K et E et, dans le triangle ESO, les droites KP et EO sont parallèles comme intersections des deux plans parallèles FGHIK et ABCDE coupés par un troisième ESO, d'où la proportion :

$$SE : SK :: SO : SP.$$

Donc, la perpendiculaire SO est aussi coupée proportionnellement aux parties correspondantes des arêtes latérales par le plan parallèle à la base de la pyramide;

2° Les angles FKI et AED, KIH et EDC, IHG et DCB, HGF et CBA, GFK et BAE sont égaux comme ayant leurs côtés parallèles dirigés dans le même sens. Or, on vient de voir que les deux polygones FGHIK et ABCDE ont leurs côtés homologues proportionnels. Donc, ils sont semblables puisqu'ils ont, en outre, leurs angles égaux chacun à chacun. Donc, etc.

Théorème n° 228.

660. *Les sections faites dans une pyramide par des plans parallèles à la base sont proportionnelles aux carrés de leurs distances aux sommets de la pyramide.*

En effet, les deux polygones ABCDE et FGHIK (*fig.* 399) étant semblables, ainsi qu'on vient de le voir, les aires de ces deux polygones sont proportionnelles aux carrés de leurs côtés homologues, (490), d'où la proportion :

(1) $FGHIK : ABCDE :: \overline{KI}^2 : \overline{ED}^2$

mais, on a (659) :

(2) $KI : ED :: SK : SE :: SP : SO$

et, en élevant chaque terme au carré :

(3) $\overline{KI}^2 : \overline{ED}^2 :: \overline{SK}^2 : \overline{SE}^2 :: \overline{SP}^2 : \overline{SO}^2.$

En remplaçant, dans la proportion (1), le rapport $\overline{KI}^2 : \overline{ED}^2$ par son égal $\overline{SP}^2 : \overline{SO}^2$, j'aurai :

(4) $FGHIK : ABCDE :: \overline{SP}^2 : \overline{SO}^2.$

Donc, etc.

Théorème n° 229.

661. *Lorsque deux pyramides quelconques, SABC et S'GHIKL (fig. 400), ont même hauteur, les sections DEF et MNPQR, faites par des plans parallèles aux bases, à des distances égales des sommets S et S' sont proportionnelles aux bases.*

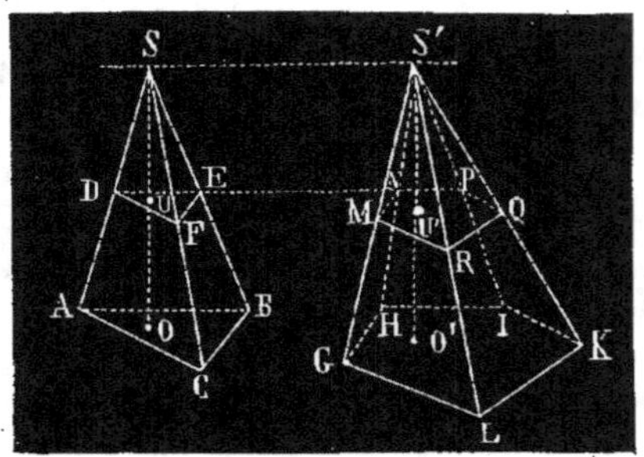

Figure 400

La hauteur SO de la première pyramide est supposée égale à la hauteur S'O' de la seconde, et les deux sections sont faites de manière que SU = S'U', ces deux droites représentant la distance des sections aux sommets S et S' des pyramides.

Alors, d'après le théorème précédent, les aires des sections DEF et ABC sont proportionnelles aux carrés de leurs distances au sommet S; d'où la proportion :

$$DEF : ABC :: \overline{SU}^2 : \overline{SO}^2.$$

Par la même raison, la seconde pyramide donne :

$$MNPQR : GHIKL :: \overline{S'U'}^2 : \overline{S'O'}^2.$$

Dans ces deux proportions, les deux rapports $\overline{SU}^2 : \overline{SO}^2$ et $\overline{S'U'}^2 : \overline{S'O'}^2$ étant égaux, puisque, par hypothèse, SO = S'O' et SU = S'U', les deux autres donnent :

$$DEF : ABC :: MNPQR : GHIKL.$$

Donc, etc.

662. COROLLAIRE. — Si les bases des deux pyramides sont équivalentes, les sections faites par des plans parallèles aux bases, sont aussi équivalentes.

Théorème n° 230.

663. *Lorsque deux pyramides triangulaires ont des bases équivalentes et des hauteurs égales, elles sont équivalentes.*

Première démonstration. Soient les deux pyramides triangulaires, FAHG et *f a h g*, ayant les bases équivalentes AHG et *a h g*, et des hauteurs égales à AB (*fig.* 401). Je dis que ces deux pyramides sont équivalentes.

Pour le prouver, je suppose les deux bases situées sur le même plan et la hauteur AB partagée en un certain nombre de parties égales, en quatre parties, par exemple, aux points C, D, E. Par chacun de ces points, je fais passer un plan parallèle aux bases. Alors, les bases étant équivalentes, les triangles LNO, QST, UVX, de la première pyramide, sont respectivement équivalents aux triangles *l n o*, *q s t*, *u v x*, de la seconde pyramide (662). Sur chacun de ces triangles pris pour base supérieure, je construis un prisme triangulaire aboutissant au triangle immédiatement inférieur et j'obtiens

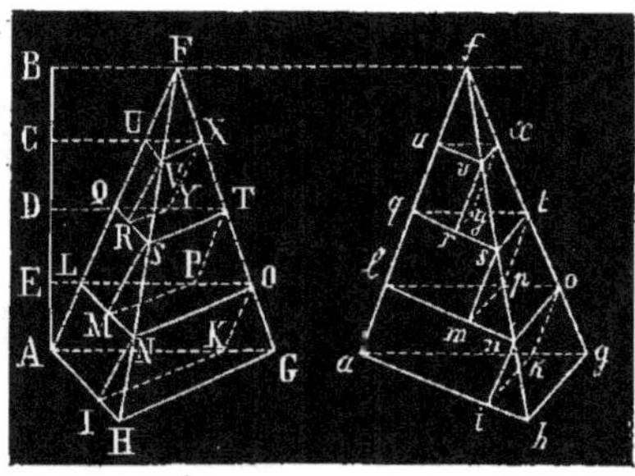

Figure 40

les prismes LNOAIK, QSTLMP, UVXQRY, qui sont respectivement équivalents aux

prismes *lnoaik*, *qstlmp*, *uvxqry*, comme ayant des bases équivalentes et des hauteurs égales.

Mais, au lieu de 4 parties égales, on peut diviser la hauteur AB en 8, 16, 32, 64... parties égales et obtenir, dans la pyramide FAHG, 8, 16, 32, 64... prismes triangulaires, qui seraient respectivement équivalents à ceux qu'on pourrait construire, dans la pyramide *fahg*, à l'aide des mêmes plans parallèles aux bases. Mais on remarque que plus le nombre des prismes augmente, plus l'ensemble de ces prismes se rapproche de la pyramide. Conséquemment, si l'on suppose un très grand nombre de prismes inscrits, leur ensemble se confondra presque avec chaque pyramide. Dans tous les cas, la différence sera aussi petite qu'on voudra. En d'autres termes, on peut dire que la pyramide est la limite vers laquelle tend la somme des prismes inscrits, lorsque le nombre des prismes augmente indéfiniment.

Or, comme le nombre des prismes inscrits est le même dans l'une comme dans l'autre pyramide et que ces prismes sont respectivement équivalents, leurs sommes, c'est-à-dire les deux pyramides données, sont équivalentes.

664. *Démonstration plus rigoureuse.* Soient les deux pyramides triangulaires, SABC et *sabc* (*fig.* 402), ayant les bases équivalentes ABC et *abc*, et des hauteurs égales à AY. Les bases sont placées sur un même plan.

Je suppose que ces deux pyramides ne soient pas équivalentes et que celle de droite soit la plus petite. Je suppose, en outre, que la différence soit équivalente à un prisme ayant le triangle ABC pour base et AZ pour hauteur. Je divise la hauteur AY en un certain nombre de parties égales, mais plus petites que AZ, en quatre parties, par exemple, aux points B', C', D'. Par chacun de ces points, je fais passer un plan parallèle aux bases. Alors, les bases étant équivalentes, les triangles DGH, IMN, ORT de la première pyramide sont respectivement équivalents aux triangles *ghi, mno, rtu,* de la seconde (662).

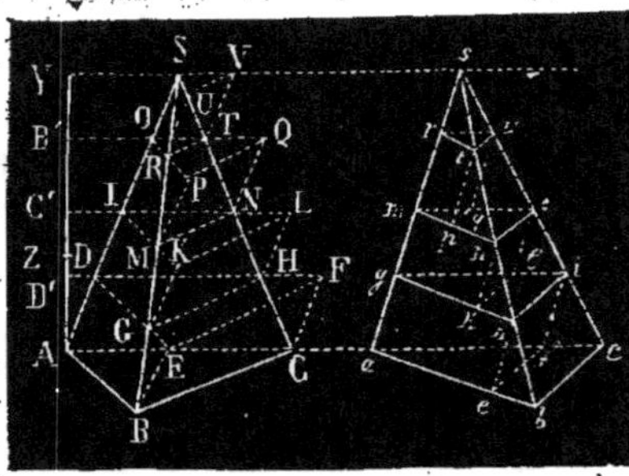

Figure 402

Dans la pyramide SABC, sur les triangles ABC, DGH, IMN, ORT, comme bases, je construis des prismes extérieurs, ayant pour arêtes AD, DI, IO, OS, c'est-à-dire des hauteurs égales à l'une des quatre divisons de AY.

Dans la pyramide *s a b c,* sur les triangles *g h i, m n o* et *r t u,* je construis des prismes intérieurs ayant pour arêtes *ag, gm, mr, rs,* c'est-à-dire des hauteurs égales à l'une des quatre divisions de AY.

Il est évident :

1° Que la somme des prismes de la pyramide SABC est plus grande que cette pyramide;

2° Que la somme des prismes de la pyramide *s a b c* est plus petite que cette pyramide.

Conséquemment, la différence entre les deux sommes de prismes est plus grande que la différence des pyramides.

Comme le triangle DGH est équivalent au triangle *ghi,* il en résulte que le prisme extérieur DGHIKL est équivalent au prisme intérieur *ae fghi,* les hauteurs étant les mêmes.

Par la même raison, les prismes extérieurs IMNOPQ et ORTSUV sont respectivement équivalents aux prismes intérieurs *g h l m n o* et *mpqrtu.* Il en résulte que la

différence entre la somme des prismes extérieurs de la pyramide SABC et la somme des prismes intérieurs de la pyramide *s a b c* est égale au prisme extérieur ABCDGH, moins la petite pyramide *s r t u* qu'on peut négliger, car elle sera d'autant plus petite que les prismes seront nombreux.

Mais j'ai supposé que la différence entre les deux pyramides était un prisme ayant le triangle ABC pour base et AZ pour hauteur. Or, ce prisme est plus grand que le prisme ABCDEF, et il devrait être plus petit d'après ce qui vient d'être démontré.

Donc la pyramide *sabc* ne peut pas être plus petite que la pyramide SABC. Par un raisonnement semblable, je prouverai qu'elle ne peut pas être plus grande. Donc ces deux pyramides sont équivalentes.

665. *Démonstration pratique.* — Je suppose les bases des deux pyramides placées sur un plan horizontal et je suppose, en outre, que ces deux polyèdres soient coupés par un nombre infini de plans parallèles aux bases. D'après le corollaire (662) les sections déterminées par les mêmes plans sont équivalentes. Or, les plans sont si nombreux que le volume situé entre deux sections consécutives peut-être, à la rigueur, considéré comme une surface égale aux deux sections qui limitent ce volume. Donc, les deux pyramides sont équivalentes, puisqu'elles sont composées l'une et l'autre d'éléments équivalents.

Théorème N° 231

666 *Lorsque deux pyramides ont un angle polyèdre égal compris entre trois plans égaux chacun à chacun et semblablement placés, ces pyramides sont égales.*

La démonstration de ce théorème est absolument la même que celle donnée à propos de l'égalité de deux prismes (627).

Théorème N° 232

667. *Une pyramide triangulaire est le tiers du prisme triangulaire de même base et de même hauteur.*

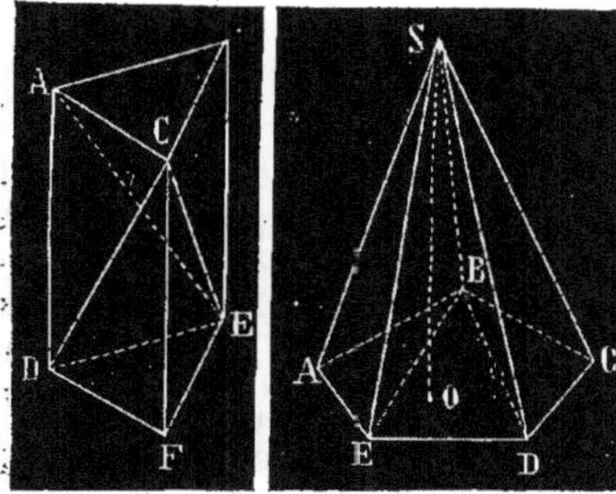

Figure 403   Figure 404

Soient la pyramide triangulaire CDFE (*fig.* 403) et le prisme triangulaire ABCDFE ayant même base DFE et même hauteur, puisque le sommet de la pyramide est situé sur la base supérieure du prisme. Je dis que la pyramide est le tiers du prisme.

En effet, si, du prisme ACBDFE, je retranche la pyramide triangulaire CDFE, il restera la pyramide quadrangulaire CABED, ayant le parallélogramme ABED pour base et son sommet situé au point C. Dans le parallélogramme ABED, je mène la diagonale AE et je fais passer un plan par cette diagonale et par le sommet C. Ce plan divise la pyramide quadrangulaire CABED en deux pyramides triangulaires CABE et CADE, qui sont équivalentes puisque leurs bases ABE et ADE sont égales comme moitiés du parallélogramme ABED, et que leur hauteur commune est la perpendiculaire abaissée du sommet C sur le plan du parallélogramme.

Maintenant, les deux pyramides triangulaires CDEF et EACB sont équivalentes, puisque leurs bases DFE et ACB sont égales et qu'elles ont, l'une et l'autre, pour hauteur, la distance qui sépare les deux bases ACB et DFE. Mais, on vient de voir que la pyramide EACB est équivalente à la pyramide CADE. Conséquemment, les trois pyramides triangulaires CDFE, ECAB, CADE sont équivalentes entre elles et chacune d'elles est équivalente au tiers du prisme ACBDFE. Donc, etc.

Volume de la pyramide

Théorème n° 233.

668. *Le volume d'une pyramide triangulaire est égal au produit de sa base par le tiers de sa hauteur.*

En effet, d'après le théorème précédent, une pyramide triangulaire est équivalente au tiers d'un prisme de même base et de même hauteur. Or, le volume d'un prisme est égal au produit de sa base par sa hauteur (649). Donc, le volume d'une pyramide triangulaire est égal au produit de sa base par le tiers de sa hauteur.

Théorème n° 234.

669. *Le volume d'une pyramide quelconque est égal au produit de sa base par le tiers de sa hauteur.*

Soit la pyramide SABCDE (*fig.* 404). Je dis que son volume est égale à la surface du polygone de base ABCDE, multipliée par le tiers de sa hauteur SO.

Pour le prouver, je fais passer un premier plan par les arêtes SB, SE, et un second par les arêtes SB, SD. Je décompose ainsi la pyramide donnée en trois pyramides triangulaires SBAE, SBED, SBDC, dont les volumes sont égaux à l'aire des triangles BAE, BED, BDC, multipliée par le tiers de la hauteur commune SO. Conséquemment, la pyramide totale a pour mesure la somme de ces trois triangles, c'est-à-dire l'aire du polygone ABCDE, multipliée par le tiers de la hauteur SO. Donc, etc.

Aire latérale d'une pyramide

670. Si la pyramide donnée et régulière, son aire latérale est égale au produit du périmètre du polygone de base par la moitié de son apothème (1).

671. S'il s'agit d'une pyramide quelconque, pour en avoir l'aire latérale, il faut calculer l'aire de chaque triangle latéral et la somme des résultats obtenus donne la solution demandée.

§ III. — TRONC DE PYRAMIDE

672. Si l'on coupe une pyramide par un plan parallèle à la base et qu'on enlève la pyramide déterminée par le plan, le solide restant est un *tronc de pyramide.*

Théorème n° 235.

673. *Si l'on place les bases des deux pyramides équivalentes SABCDE et TFHG (fig. 405) sur un même plan et qu'on coupe ces deux pyramides par un nouveau plan parallèle au premier, les troncs de pyramides qui en résultent sont équivalents.*

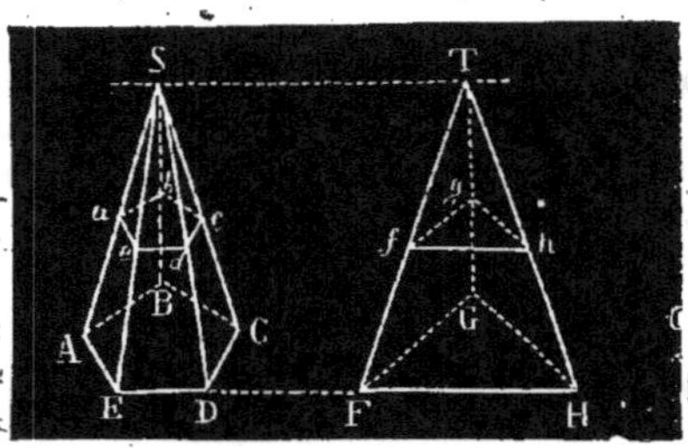
Figure 405.

Le plan parallèle au plan sur lequel reposent les bases des deux pyramides a donné les deux sections *abcde* et *fgh*.

Je dis que les deux troncs de pyramides *abcde* ABCDE et *fgh* FGH sont équivalents.

En effet, les deux pyramides données étant équivalentes, par hypothèse, les deux

sections *abcde* et *fgh* sont aussi équivalentes (662). Conséquemment, les petites pyramides S*abcde* et T*fgh* sont équivalentes à leur tour, puisqu'elles ont des bases équivalentes et des hauteurs égales. Donc, les deux pyramides pentagonales étant respectivement équivalentes aux deux pyramides triangulaires, la différence des deux premières sera équivalente à la différence des deux secondes. Or, ces deux différences représentent précisément les deux troncs de pyramides. Donc, etc.

Théorème n° 236.

674. *Un tronc de pyramide à bases parallèles est équivalent à trois pyramides ayant pour hauteur commune la hauteur du tronc de pyramide et pour bases res-*

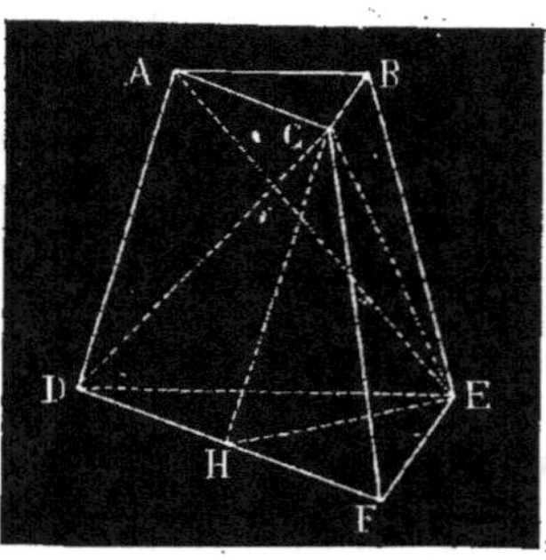
Figure 406.

pectives : 1° La base inférieure du tronc ; 2° la base supérieure du tronc ; 3° une moyenne proportionnelle entre ces deux bases.

---

(1) L'*apothème* d'une pyramide régulière est la perpendiculaire abaissée du sommet de la pyramide sur l'un quelconque des côtés du polygone de base.

1° *Le tronc de pyramide à bases parallèles est triangulaire.* Soit le tronc de pyramide triangulaire ABCDEF (*fig.* 406) à bases parallèles. Par les points D, C et E, je fais passer un plan DCE qui détache du tronc la pyramide triangulaire CDEF, laquelle a pour base la base inférieure du tronc et pour hauteur celle du même tronc, puisque son sommet C est situé sur la base supérieure ACB.

Il reste alors la pyramide quadrangulaire CABED, ayant pour base le quadrilatère ABED et pour sommet le point C. Par les trois points A, C et E, je fais passer un plan ACE qui décompose la pyramide quadrangulaire en deux pyramides triangulaires EABC et CADE. La première a pour bases ABC, base supérieure du tronc, et pour hauteur celle du tronc, puisque son sommet E est situé sur la base inférieure DEF.

Les deux pyramides triangulaires CDFE et EABC appartenant au tronc, il reste à considérer la troisième pyramide CADE.

Par le point C, je mène CH parallèle à AD et je trace la droite HE. Je forme ainsi une pyramide HDAE ayant le triangle ADE pour base et son sommet situé au point H. Cette pyramide et la troisième pyramide CADE sont équivalentes comme ayant même base, qui est le triangle AED, et même hauteur, puisque leurs sommets C et H sont situés sur la droite CH, parallèle à AD, c'est-à-dire à la base ADE.

Mais, la pyramide HDAE peut être considérée comme ayant pour base le triangle DEH et son sommet situé au point A. Dans cette hypothèse, elle aura une hauteur égale à celle du tronc. Il reste donc à démontrer que la base DEH est moyenne proportionnelle entre les deux bases DEF et ABC du tronc de pyramide.

Les deux triangles DEH et ABC ayant les angles A et D égaux, sont proportionnels aux rectangles des côtés qui comprennent cet angle (487). D'où la proportion :

(1) DEH : ABC :: DE $\times$ DH : AB $\times$ AC;

En supprimant, au second rapport, les facteurs égaux DH et AC, on aura :

(2) DEH : ABC :: DE : AB.

Par la même raison, les deux triangles DEF et DEH ayant l'angle commun D, donnent la proportion :

(3) DEF : DEH :: DE $\times$ DF : DE $\times$ DH.

Dans cette proportion, en supprimant, au second rapport, le facteur commun DE, il viendra :

(4) DEF : DEH :: DF : DH ou AC.

Par suite de la similitude des triangles DEF et ABC, on a :

(5) DF : AC :: DE : AB.

Cette dernière proportion prouve que le rapport DF : AC de la proportion (4) est égal au rapport DE : AB de la proportion (2). Conséquemment, les deux premiers rapports des proportions (4) et (2) donnent la nouvelle proportion :

(6) DEF : DEH :: DEH : ABC.

Donc, la base DEH est bien moyenne proportionnelle entre les deux bases DEF et ABC du tronc de pyramide et comme la pyramide CDEH est équivalente à la pyramide CADE, le théorème est démontré en ce qui concerne un tronc de pyramide triangulaire à bases parallèles.

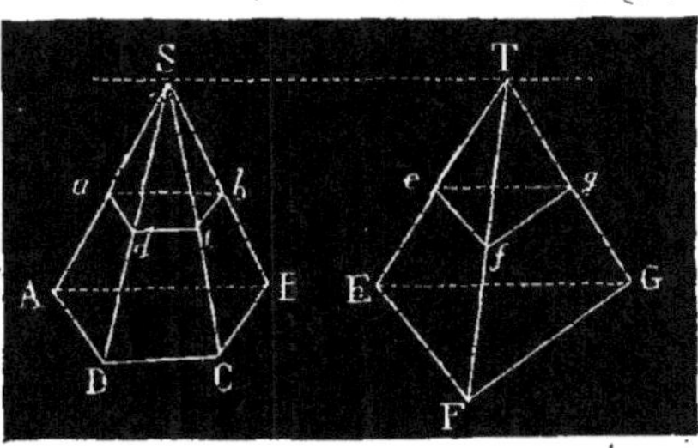

Figure 407.

2° *Le tronc de pyramide à bases parallèles est quelconque.* Soit le tronc de pyramide adcb ADCB (*fig.* 407), résultant de la pyramide SADCB coupée par un plan parallèle à sa base ADCB.

Sur le plan de cette base, je construis un triangle EFG équivalent au polygone ADCB et je forme une pyramide triangulaire TEFG ayant même hauteur que la première pyramide à laquelle elle est équivalente. Le plan *adcb* prolongé coupant la seconde pyramide suivant le triangle *efg*, les deux pyramides S*adcb* et T*efg* sont équivalentes comme ayant des bases équivalentes et même hauteur. Conséquemment, les deux troncs de pyramides *adcb* ADCB et *efg* EFG sont aussi équivalents. Mais, d'après ce qui vient d'être démontré. le tronc de pyramide triangulaire est équivalent à trois pyramides ayant pour bases, la première, la base inférieure EFG ; la seconde, la base supérieure *efg* ; la troisième, une moyenne proportionnelle entre EFG et *efg*. Or, le tronc de pyramide triangulaire étant équivalent au tronc de pyramide polygonal donné, la seconde partie du théorème est démontrée.

675. Un tronc de prisme est le solide restant d'un prisme coupé par un plan non parallèle aux bases, l'une des deux parties étant enlevée.

Ainsi, dans le prisme ABCDEF (*fig.* 408), on a fait passer un plan GHI non parallèle aux deux bases, et ce plan a déterminé les deux troncs de prisme ABCGHI et GHIDEF.

Théorème n° 241.

676. *Un tronc de prisme triangulaire* ABCDEF (*fig.* 409) *est égal à la somme de trois pyramides triangulaires ayant pour base commune la base inférieure* DEF *du tronc et, pour sommets respectifs, les sommets* A, C *et* B *de la base supérieure du tronc.*

Pour démontrer ce théorème, je fais passer un plan par les trois points D, C, E, et je détache déjà la pyramide triangulaire CDFE, qui a pour base la base inférieure DEF du tronc et son sommet situé au sommet C de la base supérieure.

Il reste alors la pyramide quadrangu-

laire CABED ayant son sommet au point C et le quadrilatère ABED pour base. Par les trois points A, C, E, je fais passer le plan ACE et je divise la pyramide quadrangulaire CABED en deux pyramides triangulaires CADE et CABE.

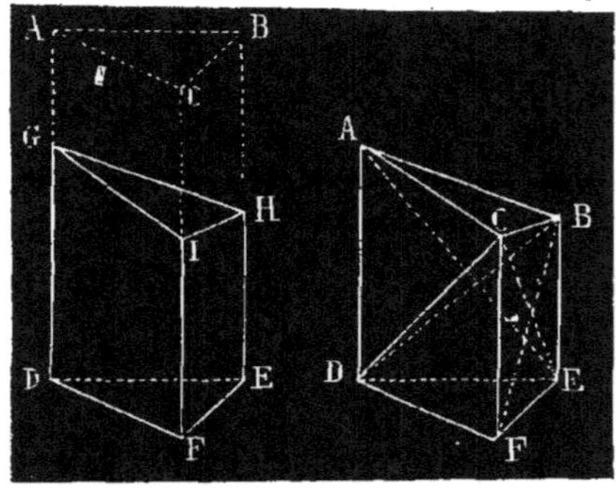

Figure 408.   Figure 409.

La pyramide CADE ayant son sommet au point C est équivalente à la pyramide FADE ayant son sommet au point F, puisque la base ADE est commune et que les hauteurs sont égales attendu que les sommets C et F sont situés sur la même droite CF parallèle aux deux droites AD, BE et, conséquemment, parallèle au plan ADE déterminé par ces droites. Mais, pour la pyramide FADE, je puis prendre le triangle DFE comme base et considérer son sommet comme situé au point A. J'obtiens donc ainsi la pyramide ADFE ayant, pour base, la base DFE du tronc et son sommet situé au point A.

Il reste maintenant à examiner la troisième pyramide CABE.

Je considère le triangle CBE comme base et le point A comme sommet de cette pyramide que je désignerai alors par les lettres ACBE. Je remarque que les pyramides ACBE et DCBE sont équivalentes, parce qu'elles ont le triangle CBE pour base commune et même hauteur, les sommets A et D étant situés sur la droite AD qui est parallèle au plan CBE.

Je puis donner le triangle DBE pour base à la pyramide DCBE qui sera alors désignée par les lettres CDBE. Alors, cette pyramide CDBE sera équivalente à la pyramide FDBE comme ayant le triangle DBE pour base commune et des hauteurs égales, les sommets C et F étant situés sur la droite CF parallèle à la base DBE. Mais je puis donner le triangle DFE pour base à la pyramide FDBE et supposer son sommet au point B. J'aurai alors la pyramide BDFE, qui aura le triangle DFE pour base et son sommet situé au sommet B de la base supérieure du tronc.

Comme la pyramide BDFE est égale à la troisième pyramide CABE, le théorème est démontré.

Volumes du tronc de Pyramide et du tronc de prisme triangulaire.

Théorème n° 242.

677. *Pour calculer le volume d'un tronc de pyramide à bases parallèles, il faut faire l'addition de l'aire de la base inférieure, de l'aire de la base supérieure, d'une moyenne proportionnelle entre ces deux aires, puis multiplier la somme obtenue par le tiers de la hauteur du tronc.*

Soit un tronc de pyramide à bases parallèles ayant B pour aire de sa base inférieure, b pour aire de sa base supérieure et H pour hauteur.

D'après le théorème 240, ce tronc de pyramide est équivalent à trois pyramides ayant B, b et une moyenne proportionnelle entre B et b pour bases, avec H pour hauteur commune. D'un autre côté, le volume d'une pyramide étant égal au produit de l'aire de sa base pour le tiers de sa hauteur (669), ou au tiers du produit de sa hauteur par l'aire de sa base, j'aurai :

Volume 1re pyramide $= 1/3$ H $\times$ B.

$\qquad$ — 2e $\qquad$ — $= 1/3$ H $\times b$.

$\qquad$ — 3e $\qquad$ — $= 1/3$ H $\times \sqrt{Bb}$.

L'addition de ces trois résultats donne, en désignant le volume du tronc de pyramide par V :

$$V = 1/3\, H \times B + 1/3\, H \times b + 1/3\, H \times \sqrt{Bb}.$$

Dans cette égalité, je vois que le facteur $1/3$ H, est multiplié par B, puis par b, puis par $\sqrt{Bb}$. Donc, cette égalité revient à :

$$V = 1/3\, H\,(B + b \times \sqrt{Bb})$$

ou à :

$$V = (B + b + \sqrt{Bb}) \times \frac{H}{3}.$$

Donc, etc.

Théorème n° 243.

678. *Le volume d'un tronc de prisme triangulaire est égal au produit de l'aire de sa base inférieure par le tiers de la somme des perpendiculaires abaissées de chacun des sommets de la base supérieure sur le plan de la base inférieure.*

Soient B l'aire de la base inférieure ; H, H', H'', les perpendiculaires abaissées des sommets de la base supérieure sur le plan de la base inférieure.

D'après le théorème 241, ce tronc étant équivalent à trois pyramides ayant B pour base commune ; H, H', H'', pour hauteur, son volume, que je désigne par V, sera :

$$V = 1/3\,H \times B + 1/3\,H' \times B + 1/3\,H'' \times B.$$

Cette formule revient à :

$$V = B\,(1/3\,H \times 1/3\,H' + 1/3\,H'')$$

ou à :

$$V = B \times \frac{H + H' + H''}{3}.$$

Donc, etc.

679. Corollaire I. Si le tronc de prisme est droit, les hauteurs H, H' et H'' seront les arêtes mêmes du tronc

680. Corollaire II. On trouve le volume du tronc de prisme oblique par un autre procédé, souvent employé dans la pratique.

Soit le tronc de prisme ABCDEF (*fig.* 410). Je fais passer un plan perpendiculaire aux arêtes et je détermine le triangle GIH, qui est une section droite du tronc. Ce triangle décompose le tronc donné en deux troncs de prismes droits

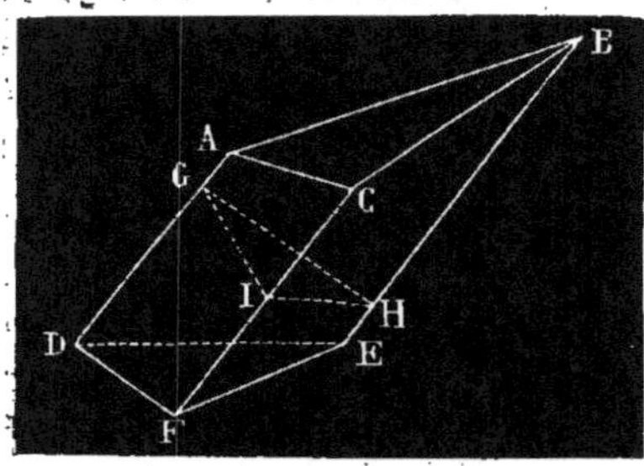

Figure 410.

ACBGHI et DEFGHI. D'après le corollaire précédent, les volumes de ces deux troncs de prismes, que je désigne par V' et V", sont :

$$V' = GHI \times \frac{GA + IC + HB}{3}$$

$$V'' = GHI \times \frac{GD + IF + HE}{3}.$$

En faisant la somme de ces deux égalités, j'aurai le volume du tronc, que je désigne par V, c'est-à-dire :

$$V = GHI \times \frac{AD + CF + BE}{3}.$$

681. Cette formule démontre que le *volume d'un tronc de prisme oblique est encore égal au produit de l'aire d'une section droite du tronc par le tiers de la somme de ses trois arêtes.*

682. Les tas de cailloux déposés sur les accotements des routes pour l'entre-

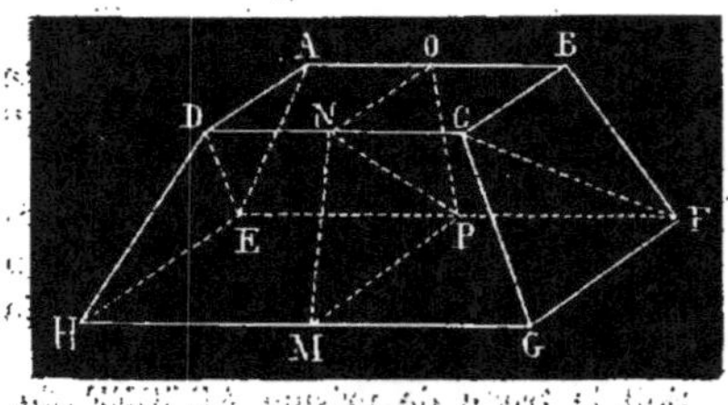

Figure 411.

tien des chaussées, ont généralement la forme donnée par la figure 411, qui n'est qu'un tronc de pyramide quadrangulaire, ayant les deux rectangles ABCD et EFGH pour bases. Pour obtenir le volume d'un tel solide, il faut (677) additionner l'aire de la base inférieure EFGH, l'aire de la base supérieure ABCD. et une moyenne proportionnelle entre ces deux aires, puis multiplier la somme obtenue par le tiers de la hauteur du tronc de pyramide.

683 Je vais déterminer une formule qui permettra d'obtenir le volume exact d'un tronc de pyramide quadrangulaire à bases rectangulaires, sans avoir recours à l'extraction de la racine carrée, comme l'exige la recherche d'une moyenne proportionnelle entre les aires des deux bases.

Pour cela, je mène un plan perpendiculaire aux arêtes parallèles AB, DC, EF et HG, et je forme le trapèze MNOP. obtenu par la rencontre du plan avec les quatre arêtes.

Par les deux arêtes DC et EF, je fais passer un plan qui divise : 1° le tronc de pyramide donné en deux troncs de prismes BCFADE et FCGEDH; 2° le trapèze MNOP en deux triangles NOP et NMP.

Le triangle NOP est une section droite du premier tronc de prisme et le triangle NMP est une section droite du second.

Conséquemment, le volume du premier tronc de prisme est égal (681) à :

$$(1) \qquad NOP \times \frac{AB + DC + EF}{3}.$$

Le volume du second tronc de prisme est égal à :

$$(2) \qquad NMP \times \frac{DC + EF + HG}{3}.$$

Comme DC = AB et HG = EF, les deux expressions précédentes reviennent à :

$$(3) \qquad NOP \times \frac{2DC + HG}{3}.$$

$$(4) \quad \text{et} \quad NMP \times \frac{2HG + DC}{3}.$$

Conséquemment, le volume du tronc de pyramide est équivalent à la somme de ces deux expressions, c'est-à-dire, en désignant ce volume par V :

$$(5)\quad V = \left(NOP + \frac{2DC + HG}{3}\right) + \left(NMP \times \frac{2HG + DC}{3}\right).$$

Comme les deux triangles NOP et NMP réunis constituent le trapèze MNOP, l'égalité précédente revient à :

$$(6)\quad V = MNOP \times \left(\frac{2DC + HG}{3} + \frac{2HG + DC}{3}\right).$$

Pour simplifier les formules, je vais désigner par a et par b, les deux côtés HG et GF du rectangle HGFE; par a' et par b', les deux côtés DC et CB du rectangle DCBA et par h, la hauteur du tronc de pyramide. Alors, les aires des deux triangles NOP et NMP seront égales à :

$$\frac{b'h}{2} \text{ et } \frac{bh}{2}.$$

Dans l'égalité (6), en remplaçant DC par a' et HG par a, j'aurai la nouvelle égalité :

$$(7)\quad V = \left(\frac{b'h}{2} + \frac{bh}{2}\right) \times \left(\frac{2a' + a}{3} + \frac{2a + a'}{3}\right).$$

Dans le second membre de l'égalité (7), en divisant le premier terme par 3 et en multipliant le second par 3, j'aurai la nouvelle égalité :

$$(8)\quad V = \left(\frac{b'h}{6} + \frac{bh}{6}\right) \times (2a' + a) + (2a + a').$$

Cette dernière égalité revient à :

$$(9)\quad V = \frac{1}{6} b'h (2a' + a) + \frac{1}{6} bh (2a + a').$$

Telle est la formule donnant le volume du tronc de pyramide à bases rectangulaires sans le concours de la racine carrée.

§ IV. — SYMÉTRIE.

DÉFINITIONS.

684. On dit que deux points A et A' (*fig.* 412) sont *symétriques* par rapport à un point B, lorsque le point B se trouve sur la droite qui unit les points A et A', et que ce point B est équidistant des points A et A'.

(*fig.* 413) sont *symétriques* par rapport à un plan MN, lorsque ce plan est perpendiculaire à la droite AA' unissant les points A et A' et lorsqu'il partage cette droite en deux parties égales par le point B, par exemple.

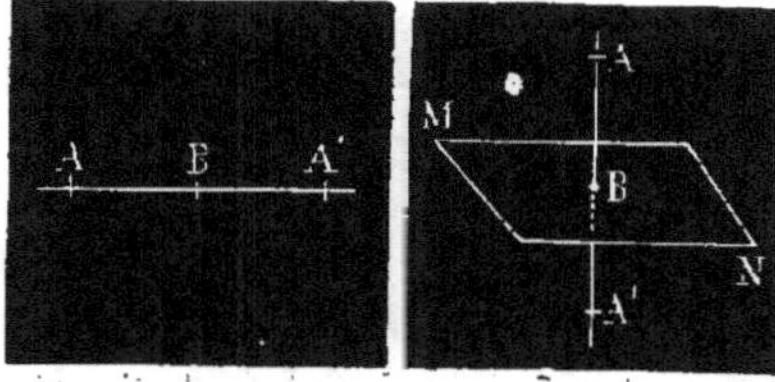

Figure 412.   Figure 413.

685. Deux figures sont *symétriques* par rapport à un point O, lorsque les divers points des deux figures sont symétriques, deux à deux, par rapport au dit point O.

686. On dit que deux points A et A'

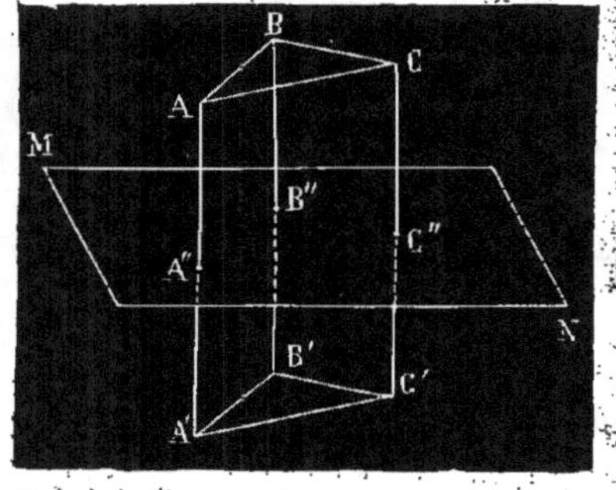

Figure 414.

687. Deux figures ABC et A'B'C' (*fig.* (414), sont *symétriques* par rapport à un plan MN, lorsque les points A, B, C et A', B', C' sont symétriques deux à deux par rapport au même plan, c'est-à-dire lorsque AA'' = A'A'', BB'' = B'B'', CC''= C'C''. Le plan MN est, dans ce cas, nommé *plan de symétrie.*

688. On dit que deux points A et A' (*fig.* 415) sont *symétriques* par rapport à la droite BC, lorsque cette droite BC rencontre la droite AA' en un point D, par exemple, milieu de AA'.

689. Deux figures sont *symétriques* par rapport à une droite, lorsque tous les points des figures sont symétriques, deux à deux, par rapport à cette droite que l'on nomme *axe de symétrie.*

691. On dit que deux corps sont *symétriques* par rapport à un point, lorsque tous les points de leurs surfaces sont symétriques, deux à deux, par rapport à ce point qu'on appelle *centre de symétrie.*

689 Dans les divers cas de symétrie qui viennent d'être définis, les points qui se correspondent sont appelés *points homologues.*

Théorème n° 244,

690. *Une ligne droite AB (fig. 416) a pour ligne symétrique par rapport au plan MN, une autre ligne droite.*

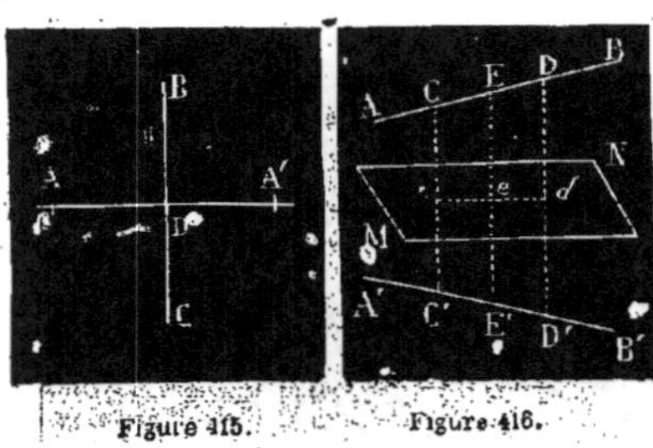

Figure 415.   Figure 416.

Je prends deux points C et D sur AB et, de ces points, j'abaisse, sur le plan MN, les perpendiculaires Cc et Dd que je prolonge de manière que Cc = cC' et Dd = dD'. Je joins les points C' et D' par une

droite que je prolonge de chaque côté et je dis que la droite A'B' est symétrique de la droite AB, par rapport au plan MN.

Pour le prouver, d'un point quelconque E pris sur AB, j'abaisse la perpendiculaire Ee sur le plan MN. Cette perpendiculaire est située dans le plan CC'D'D et tombe en un point e de cd. Je la prolonge jusqu'à la rencontre de A'B' au point E', et il me reste à démontrer que Ee = eE', c'est-à-dire que le point E' est symétrique du point E.

Pour cela, je fais tourner le quadrilatère CcdD autour de cd, et attendu que les angles Ccd et C'cd sont égaux comme droits, le point C tombera sur le point C', puisque Cc = cC'. Par la même raison, le point D tombera sur le point D'. Les angles Eed et E'ed étant aussi égaux comme droits, la droite Ee tombera sur la droite eE'. Les droites AB et AB' se confondant, puisqu'elles ont deux points de commun, le point E tombera sur le point E'. Donc, le point E est symétrique de E', puisque Ee = eE'. Comme la même démonstration pourrait se faire à propos de tout autre point de AB, il en résulte que la ligne A'B', symétrique de AB, est droite. Donc, etc.

Théorème n° 245.

691. *Lorsque deux droites se coupent, l'angle qu'elles forment est égal à l'angle formé par les symétriques de ces deux droites, par rapport à un plan.*

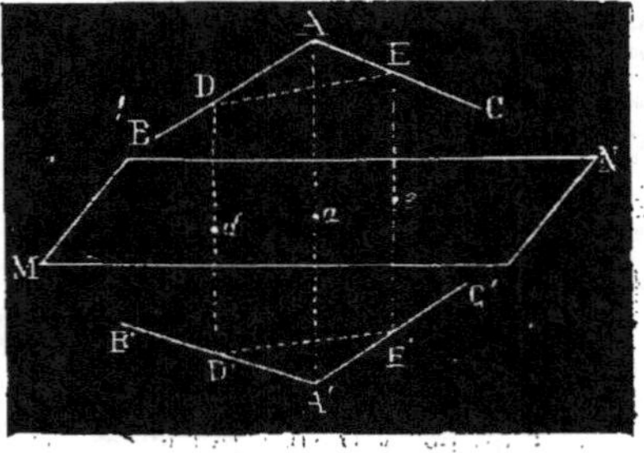

Figure 417.

Soient les deux droites AB et AC (*fig.* 417), se coupant au point A. Par le point

A et par deux points quelconques D et E pris sur AB et sur AC, j'abaisse les perpendiculaires Dd, Aa, Ee sur le plan MN, et je prolonge ces perpendiculaires de manière à avoir Dd = dD', Aa = aA', Ee = eE'. Je joins le point A' aux points D', E' et les droites A'B', A'C' sont symétriques des droites AB, AC par rapport au plan MN. En joignant les points D à E et D' à E' par des droites, j'obtiens les deux triangles DAE et D'A'E' qui sont égaux comme ayant leurs trois côtés égaux. Conséquemment, l'angle DAE, opposé au côté DE est égal à l'angle D'A'E', opposé au côté D'E'. Donc, etc.

Théorème n° 246.

692. *Lorsque deux plans se coupent, l'angle dièdre qu'ils forment est égal à l'angle dièdre formé par les symétriques de ces deux plans, par rapport à un plan donné.*

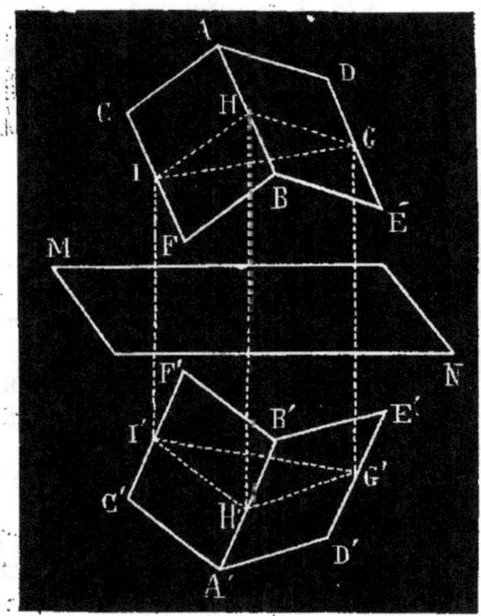

Figure 418.

Soient les deux plans ABFC et ABED (*fig.* 418), se coupant suivant AB.

Je forme l'angle plan IHG mesurant l'angle dièdre formé par ces deux plans,

puis je répète la construction précédente 691) et j'obtiens l'angle plan I'H'G'. Par les points I', H', G', je trace les droites C'F', A'B', D'E' symétriques des droites CF, AB, DE et j'obtiens le dièdre A'B'F'E' symétrique du dièdre ABFE par rapport au plan MN. Or, l'angle plan I'H'G' mesure l'angle dièdre A'B'F'E' et comme les deux angles plans IHG et I'H'G' sont égaux (691), les deux angles dièdres A'B'F'E' et ABFE sont aussi égaux. Donc, etc.

Théorème n° 247.

693. *Deux figures symétriques, par rapport à une droite, sont égales.*

En effet, en faisant tourner une des deux figures autour de la droite, suivant un arc de 180 degrés, cette figure s'appliquera sur l'autre et tous les points homologues des deux figures seront en coïncidence parfaite. Donc, elles sont égales.

Théorème n° 248.

694. *Lorsque deux figures sont symétriques d'une même figure, par rapport à deux centres différents, elles sont égales.*

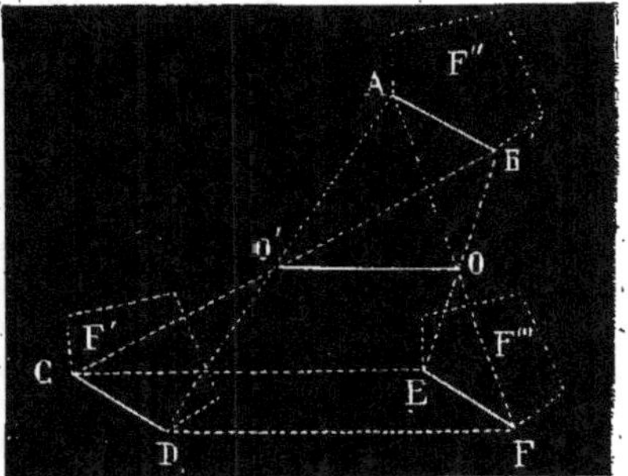

Figure 419.

Soient A et B deux points d'une figure donnée F'' (*fig* 419). Je construis une figure F''' symétrique de la figure F'' par rapport au point O. Les points E et F sont homologues des points B et A, de sorte que OA = OF et OB = OE.

Je construis une seconde figure F' symétrique de la figure F'', par rapport à un autre point O'. Les points C et D sont homologues des points B et A, de sorte que O'A = O'D et O'B = O'C. Conséquemment, les deux triangles O'AB et O'DC sont égaux comme ayant un angle égal compris entre deux côtés égaux. Donc, l'angle ABC est égal à l'angle BCD. Ces deux angles étant alternes-internes, les droites AB et CD sont parallèles. De plus elles sont égales, comme côtés opposés à des angles égaux, dans des triangles égaux. Par la même raison, les deux triangles OFE, OAB sont égaux et les côtés EF, AB sont aussi égaux et parallèles. Donc, les deux droites EF et CD sont égales et parallèles entre elles, puisqu'elles sont égales et parallèles à la même droite AB.

Conséquemment, les trois figures F', F'', F'''; ont les trois côtés homologues AB, CD et EF égaux. Comme la même démonstration pourrait se faire pour tous les autres côtés, il en résulte que ces figures sont égales.

Du reste, si l'on transporte la figure F''' parallèlement à elle-même, de manière que les points E et F décrivent des parallèles à CD et à AB, elle viendra s'appliquer sur la figure F'' avec laquelle elle coïncidera parfaitement. Donc, etc.

Théorème n° 249.

695. *Lorsque deux figures sont symétriques d'une même figure, l'une par rapport à un plan et l'autre par rapport à un point situé dans ce plan, elles sont égales.*

Je suppose que les points A et B (*fig.* 420) appartiennent à une figure donnée. Je construis une seconde figure symétrique de la première par rapport au plan MN. Les points A' et B' de cette seconde figure sont symétriques, par rapport au même plan, des points A et B.

Je construis ensuite une figure A'' B''... symétrique de la figure AB... par rapport à un centre quelconque O, pris sur le plan MN et je dis que les deux figures A'B'... et A'' B''... sont égales.

Pour le prouver, je mène par le centre O une droite EE' perpendiculaire au plan MN. Alors, les trois droites AA' BB'; EE' étant perpendiculaires au plan sont parallèles. De plus, AC = CA' et BD = DB'. J'unis par une droite les points A' et A'' et cette droite se trouvant dans le plan déterminé par les droites AA' et EE' rencontre la droite EE' en un point H.

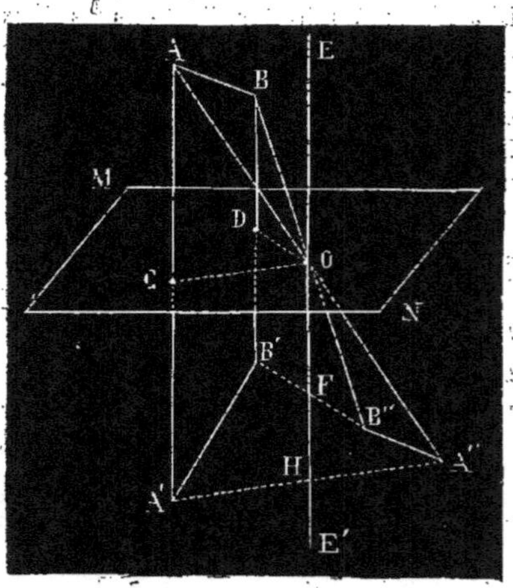

Figure 420.

Puisque AC = CA' et AO = OA'', les deux droites A'A'' et CO sont parallèles et CO vaut la moitié de A'A''. En outre, la droite A'A'' étant parallèle à CO, est perpendiculaire à EE' et est partagée en deux parties égales au point H. Il en résulte que les deux points A' et A'' sont symétriques par rapport à la droite EE'.

Les deux points B' et B'' sont aussi symétriques par rapport à la même droite EE', puisque la droite B'B'' est parallèle à DO, que DO est perpendiculaire à EE' et que B'F = FB''. Conséquemment, les deux figures A'B'..., A''B''... sont symétriques par rapport à la droite EE' et sont égales (693). Donc. etc.

696. COROLLAIRE I. — Deux figures A' et A'' symétriques d'une même figure A, l'une par rapport à un plan, l'autre par rapport à un point quelconque, sont égales.

697. COROLLAIRE II. — Deux figures A' et A'', symétriques d'une même figure, par rapport à deux plans différents, sont égales.

Théorème n° 250.

698. *Deux polyèdres symétriques par rapport à un plan ont :*

1° *leurs faces homologues égales;*

2° *leurs angles dièdres homologues égaux;*

3° *leurs angles polyèdres homologues symétriques.*

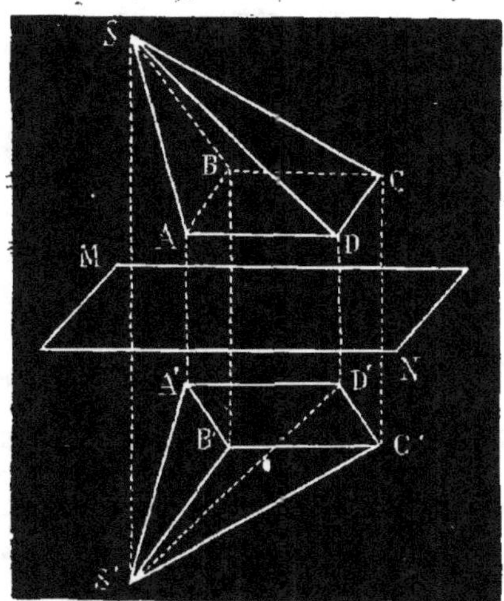

Figure 421.

Les deux polyèdres SABCD et S'A'B'C'D' (*fig.* 421) sont symétriques, parce que leurs sommets S, A, B, C, D et S', A', B', C', D' sont symétriques par rapport au plan MN.

1° *Leurs faces homologues sont égales.* Je vais considérer les deux faces ABCD et A'B'C'D'. D'abord, les sommets A', B', C', D' sont dans un même plan. De plus, les deux quadrilatères ABCD et A'B'C'D' sont égaux, comme ayant leurs côtés et leurs angles égaux chacun à chacun.

Comme le même raisonnement peut se faire à propos des autres faces, cette première partie du théorème est démontrée.

2° *Leurs angles dièdres homologues sont égaux.* Les deux angles dièdres ayant pour arêtes les droites SD et S'D' sont égaux parce que les deux plans SDA et SDC, qui se coupent suivant SD, sont symétriques par rapport au plan MN, des plans S'D'A' et S'D'C', qui se coupent suivant S'D' (692). Comme il en est de même pour les autres angles dièdres, cette seconde partie du théorème est démontrée.

3° *Leurs angles polyèdres sont symétriques.* L'angle polyèdre D, par exemple, est symétrique de l'angle polyèdre D'. En effet, je place la droite A'D' sur la droite AD, de manière que le point D' tombe sur le point D et le point A' sur le point A. Si je rabats la face S'A'D sur la face SAD, il y aura coïncidence parfaite et le point S' tombera sur le point S. Alors, les deux faces S'A'D et SAD n'en faisant qu'une, les arêtes SC, SB seront situées d'un côté de cette face commune, tandis que les arêtes S'C', S'B' seront situées de l'autre côté. Conséquemment, tous les éléments des deux polyèdres étant disposés eu sens inverse sont semblables. Comme le même raisonnement pourrait se faire à propos des autres angles polyèdres, cette troisième partie du théorème est démontrée.

699. COROLLAIRE I. — Un polyèdre quelconque n'a qu'un seul symétrique.

700. COROLLAIRE II. — Si l'on décompose un polyèdre en pyramides triangulaires ayant toutes pour sommet commun le sommet d'un des angles du polyèdre et si l'on construit le symétrique du polyèdre donné, chaque pyramide de ce dernier correspondra à une pyramide symétrique dans le second polyèdre.

Théorème n° 251.

701. *Deux polyèdres symétriques sont équivalents.*

Deux polyèdres symétriques peuvent

être décomposés en un même nombre de pyramides triangulaires symétriques(700).
Il suffit donc de démontrer que deux pyramides triangulaires symétriques sont équivalentes.

Soient les deux pyramides triangulaires SABC et S'ABC (*fig* 422), symétriques par rapport au plan de la base ABC, les deux bases étant en coïncidence parfaite. Alors, ces deux bases sont égales. En outre, le sommet S' étant symétrique du sommet S, les hauteurs SD et S'D sont égales. Conséquemment, les deux pyramides triangulaires SABC et S'ABC sont équivalentes, puisqu'elles ont même base ABC et des hauteurs égales, SD et S'D Donc, etc.

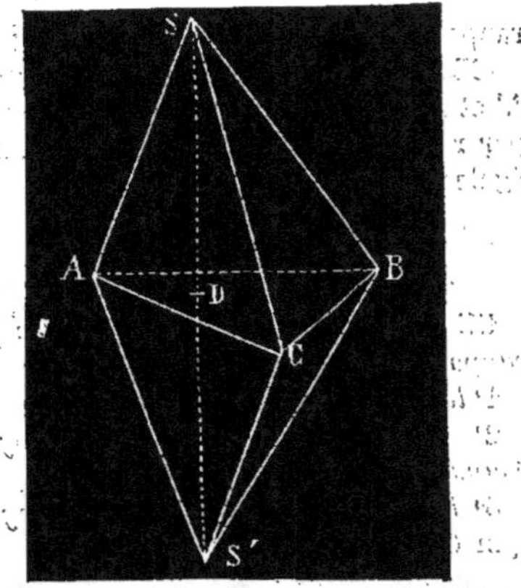

Figure 422.

§ V. — POLYÈDRES SEMBLABLES

702. Deux polyèdres sont semblales lorsque :

1° Leurs dièdres sont égaux chacun à chacun;

2° Leurs faces homologues sont semblables et disposées dans le même ordre.

On peut encore donner cette définition :

703. Deux polyèdres sont *semblables*, si leurs faces sont semblables chacune à chacune et si leurs angles polyèdres, formés par les faces semblables, sont égaux

704. Dans deux polyèdres semblables, on appelle :

1° *Arêtes homologues*, les arrêtes de deux angles dièdres égaux.

2° *Faces homologues*, les faces semblables.

3° *Angles polyèdres homologues*, les angles polyèdres compris entre des faces semblables.

4° *Sommets homologues*, les sommets des angles polyèdres homologues.

Théorème n° 252.

705. *Les arêtes homologues de deux polyèdres semblables sont proportionnelles.*

Soient les deux polyèdres SABC et S'A'B'C' (*fig.* 423).

Les deux faces homologues semblables SAC et S'A'C' donnent la proportion.

(1). $SA : S'A' :: SC : S'C'$

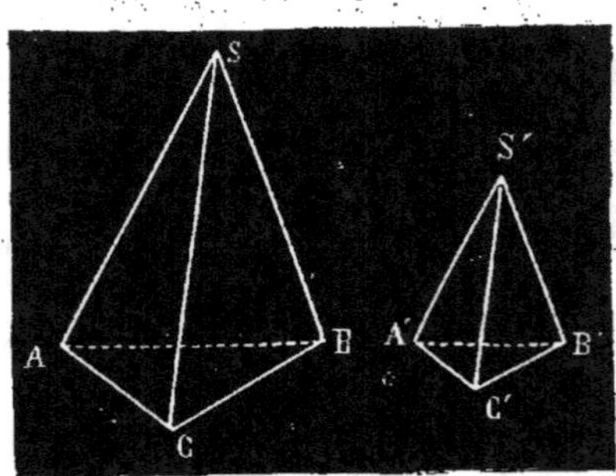

Figure 423

De même, les deux faces homologues SCB et S'C'B donnent la proportion :

(2) $SC : S'C' :: SB : S'B'$

Ces deux proportions ayant le rapport

commun SC ; S'C', j'ai la suite de rapports égaux.

(3) SA : S'A' :: SC : S'C' :: SB : S'B'

Les deux triangles ABC et A'B'C' étant semblables, j'aurai de même la suite de rapports égaux :

(4) AB : A'B' :: CB : C'B' :: AC : A'C'.

et enfin :

(5) SA : S'A' :: SC : S'C' :: SB : S'B' :: AB' : A'B' :: CB : C'B' :: AC : A'C'.

Donc, etc.

Théorème n° 253.

706. *Lorsqu'on coupe une pyramide par un plan parallèle à la base, on détermine une seconde pyramide semblable à la première.*

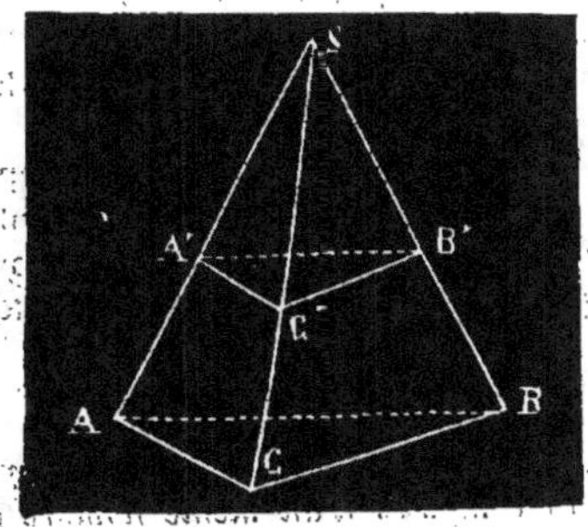

Figure 424

Soit la pyramide triangulaire SABC (*fig.* 424), coupée par un plan parallèle à la base ABC et déterminant la section A'B'C'. Je dis que la pyramide SA'B'C', déterminée par ce plan, est semblable à la pyramide SABC.

Il faut démontrer que, en vertu de la définition des polyèdres semblables, ces pyramides ont les faces homologues semblables et les angles solides homologues égaux.

1° *Les faces homologues sont semblables.*

En effet, les droites A'C', C'B', A'B' étant parallèles aux droites AC, CB, AB, les triangles SA'C', SC'B', SA'B', A'B'C' sont semblables aux triangles SAC, SCB, SAB, ABC. Donc, etc.

2° *Les angles solides homologues sont égaux.* D'abord, l'angle solide S est commun aux deux pyramides. En outre, les angles solides A', B', C' sont égaux chacun à chacun aux angles A, B, C comme étant formés d'angles plans égaux chacun à chacun et semblablement disposés. Donc, etc.

Théorème n° 254.

707. *Deux tétraèdres qui ont un angle dièdre égal compris entre deux faces semblables et semblablement disposées, sont semblables.*

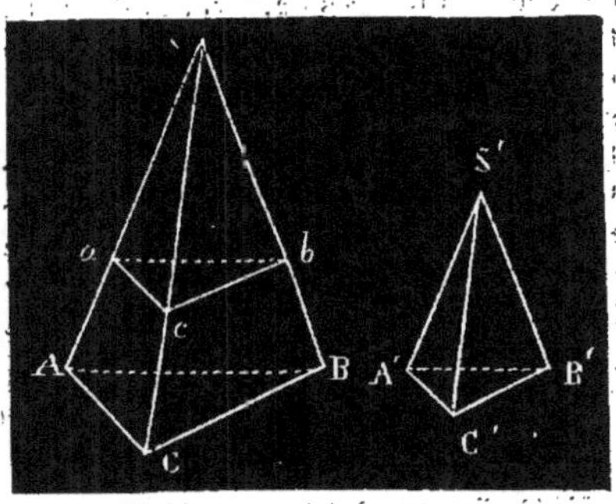

Figure 425

Soient les deux tétraèdres SABC et S'A'B'C' (*fig.* 425), ayant l'angle dièdre SC égal à l'angle dièdre S'C', ainsi que les deux faces SCA, SCB semblables aux deux faces S'C'A', S'C'B', et semblablement disposées. Je dis que ces deux tétraèdres sont semblables.

Pour le prouver, je prends sur l'arête SA, une quantité Sa = S'A' et, par le point a, je mène un plan parallèle à ABC, déterminant la section abc. D'après le théorème précédent, la pyramide Sabc est semblable à la pyramide SABC. Conséquemment, il me suffit de prouver que la pyramide Sabc est égale à la pyramide S'A'B'C' et le théorème sera démontré.

Or, cette égalité existe. En effet, Sa = S'A', par hypothèse; l'angle aSc = A'S'C' aussi par hypothèse. L'angle Sac = SAC et l'angle SAC = S'A'C', par hypothèse. Donc, les angles SAC et S'A'C' sont égaux comme ayant un côté égal adjacent à deux angles égaux. De cette égalité, il résulte que Sc = S'C'.

Les deux triangles Scb et S'C'B' sont égaux par la même raison.

Si, maintenant, je porte la face S'A'C' sur la face Sac, de manière que les points A', C', tombent sur les points a, c, et que les plans des deux faces coïncident, les droites A'S', C'S' prendront la direction des droites aS et cS, et le point S' tombera sur le point S. Par suite de l'égalité des deux angles dièdres Sc, S'C', et des deux triangles Scb, S'C'B', la droite C'B' prendra la direction cb et le point B' tombera sur le point b. Conséquemment, les deux triangles S'A'B', Sab, coïncideront parfaitement et seront égaux, leurs trois sommets se confondant. Donc, les deux tétraèdres Sabc et S'A'B'C' sont égaux, puisque leurs faces et leurs sommets coïncident parfaitement. Donc, etc.

Théorème n° 255.

708. *Deux polyèdres semblables peuvent être décomposés en un même nombre de tétraèdres semblables et semblablement disposés.*

Soient les deux polyèdres semblables ABCDEFGH et A'B'C'D'E'F'G'H' (*fig.* 426).

1° Je considère deux sommets quelconques, C et C', par exemple, puis, par des diagonales, je décompose en triangles toutes les faces non adjacentes aux sommets C et C'. Je joins les points C et C' aux sommets de ces triangles, par les droites CA, CD, CH, CE..., C'A', C'D', C'H', C'E'... qui sont les arêtes de tétraèdres ayant tous leurs sommets aux points C, C'.

Par ces constructions, il est facile de constater que les deux polyèdres sont composés d'un même nombre de tétraèdres.

2° Si je démontre que les deux tétraèdres homologues CGHE et C'G'H'E' sont semblables, il en sera de même pour tous les autres qui se trouvent dans les mêmes conditions. Or, cette similitude existe. En effet, les faces DCGH, EFGH, ACGE étant, par hypothèse, semblables chacune à chacune aux faces D'C'G'H', E'F'G'H', A'C'G'E', les triangles CGH, EGH, CEG, sont semblables, chacun à chacun, aux triangles C'G'H', E'G'H', C'E'G'. Les angles solides G et G' des deux tétraèdres considérés sont formés par des angles plans égaux comme ayant leurs côtés parallèles et leurs ouvertures dirigées dans le même sens ; il en est de même pour les autres angles solides de ces deux tétraèdres. Donc, etc.

709. REMARQUE I. — Pour la décomposition des polyèdres donnés en tétraèdres, on peut partir de deux sommets homologues quelconques.

710. REMARQUE II. — Dans deux polyèdres semblables, les droites homologues, arêtes ou diagonales, partant de sommets homologues, sont proportionnelles.

Théorème n° 256.

711. RÉCIPROQUEMENT. — *Deux polyèdres composés d'un même nombre de tétraèdres semblables et semblablement placés sont semblables.*

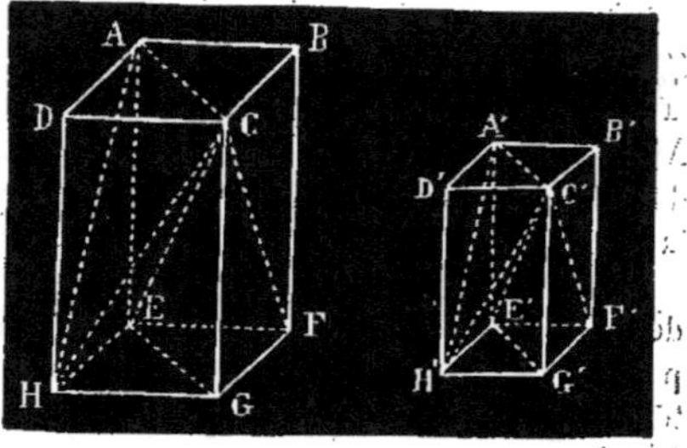

Figure 426.

Soient les deux polyèdres ABCDEFGH et A'B'C'D'E'F'G'H' (*fig*. 426) composés des tétraèdres CEFG, CEHG, CHDA, CHEA...., semblables aux tétraèdres C'E'F'G', C'E'H'G', C'H'D'A', C'H'E'A'... et semblablement disposés. Je vais prouver que les deux polyèdres sont semblables.

1º Les faces des tétraèdres sont semblables chacune à chacune. En effet, les faces CHG, C'H'G', sont semblables aux faces CHD, C'H'D'. Il en est de même des faces CFG, C'F'G'; CFB, C'F'B'; EGH, E'G'H'; EGF, E'G'F'.....

Il faut démontrer que les triangles EGH, EGF, étant situés dans un même plan, les triangles E'G'H', E'G'F' sont aussi situés dans un même plan. Pour cela, je remarque que les deux angles dièdres CEGH, CGFE, formés par les plans CEG, HEG; CEG, FEG sont égaux aux angles dièdres C'E'G'H', C'G'F'E', en raison de la similitude des tétraèdres. Conséquemment, les triangles HEG, FEG, étant situés dans un même plan, les angles H'E'G', F'E'G' sont aussi situés dans un même plan. Le même fait se produit pour les triangles CFB, CFG et C'F'B', C'F'G', AHD, AHE et A'H'D', A'H'E'..... Donc, les polygones EFGH, E'F'G'H'; CBFG, C'B'F'G'; AEAD, A'E'A'D'....., sont semblables chacun à chacun, comme étant composés d'un même nombre de triangles semblables et semblablement disposés.

Donc, etc.

2º Les angles polyèdres formés par les faces semblables sont égaux. D'abord, l'angle dièdre ayant pour arête CG, formé par les faces CGFB et CGHD, est égal à l'angle dièdre ayant pour arête C'G', formé par les faces C'G'F'B' et C'G'H'D'. De plus, les faces CGFB, CGHD, GHEF, sont semblables chacune à chacune aux faces C'G'F'B', C'G'H'D', G'H'E'F', par hypothèse. Donc, les angles plans CGF, CGH, FGH, sont respectivement égaux aux angles C'G'F', C'G'H', F'G'H'. Conséquemment, l'angle polyèdre G est égal à

son homologue G'. Comme je pourrais faire le même raisonnement à propos de tous les autres angles polyèdres, la seconde partie du théorème est démontrée.

Théorème nº 257.

712. *Les volumes de deux pyramides semblables sont proportionnels aux cubes de leurs arêtes homologues.*

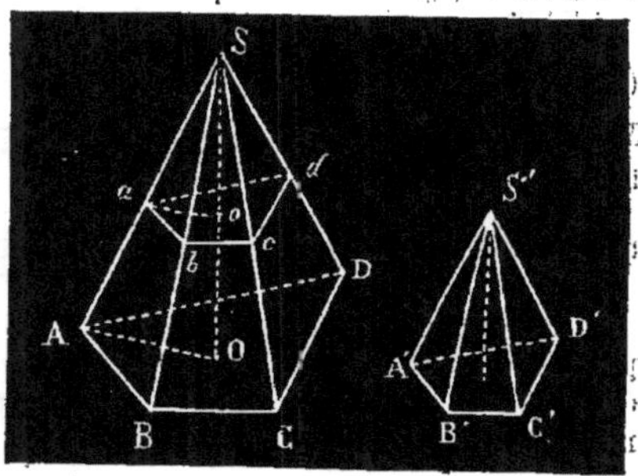

Figure 427.

Soient les deux pyramides semblables SABCD et S'A'B'C'D' (*fig*. 427). Je puis porter la plus petite pyramide sur la plus grande, de manière que l'angle solide S soit commun aux deux pyramides. Alors, toutes les arêtes seront en coïncidence parfaite, et la pyramide S'A'B'C'D' occupera la position Sabcd. La base polygonale abcd de la petite pyramide sera parallèle à la base polygonale ABCD de la grande, puisque les triangles SAB, Sab; SBC, Sbc..., sont semblables chacun à chacun. SO est la hauteur de la grande pyramide et So est la hauteur de la petite.

Les polygones ABCD et abcd étant semblables, donnent la proportion :

$$(1) \qquad ABCD : abcd :: \overline{AB}^2 : \overline{ab}^2.$$

A cause de la similitude des triangles SAB et Sab, j'ai aussi la proportion :

$$(2) \qquad AB : ab :: SA : Sa.$$

Je joins le point a au point o et le point

A au point O. Alors, dans le triangle SAO, la droite ao étant parallèle à AO, j'ai

$$(3) \qquad SA : Sa :: SO : So.$$

Les proportions (2) et (3), ayant le rapport commun SA : Sa, les deux autres donnent :

$$(4) \qquad SO : So :: AB : ab.$$

Je multiplie termes à termes, les proportions (1) et (4).

D'où :

$$(5) \quad ABCD \times SO : abcd \times So :: \overline{AB}^3 : \overline{ab}^3.$$

Je divise les deux termes du premier rapport par 3 et j'ai :

$$(6) \quad ABCD \times \frac{SO}{3} : abcd \times \frac{So}{3} :: \overline{AB}^3 : \overline{ab}^3.$$

Comme les deux premiers termes du premier rapport, représentant les volumes des deux pyramides, le théorème est démontré.

Théorème n° 258.

713. *Les volumes de deux polyèdres quelconques semblables sont proportionnels aux cubes de deux arêtes homologues.*

Soient P et p deux polyèdres semblables pouvant, comme on sait, être décomposés en un même nombre de tétraèdres semblables et semblablement disposés.

Soient T, T', T''... les tétraèdres du premier, ayant pour arêtes A, A', A''...; t, t', t''..., les tétraèdres du second, ayant pour arêtes homologues aux premières a, a', a''...

En vertu du théorème précédent, les tétraèdres semblables donnent les proportions suivantes :

$$T : t :: A^3 : a^3$$
$$T' : t' :: A'^3 : a'^3$$
$$T'' : t'' :: A''^3 : a''^3.$$

$$\cdots\cdots\cdots\cdots\cdots\cdots\cdots$$

Comme les polyèdres donnés sont semblables, leurs arêtes homologues sont proportionnelles et les rapports $A^3 : a^3$; $A'^3 : a'^3$; $A''^3 : a''^3$ sont égaux. Conséquemment, les rapports $T : t$; $T' : t'$; $T'' : t''$... sont égaux et donnent la suite de rapports égaux :

$$T : t :: T' : t' :: T'' : t''$$

ou $\quad T + T' + T'' : t + t' + t'' :: T : t$

ou $\quad T + T' + T'' : t + t' + t'' :: A^3 : a^3.$

Mais, $T + T' + T''\ldots$ représente la somme des tétraèdres du premier polygone et $t + t' + t''\ldots$ représente la somme des tétraèdres du second, et comme on peut prendre l'un quelconque des rapports $A : a$; $A' : a'$; $A'' : a''$, le théorème est démontré.

CHAPITRE XII

LES TROIS CORPS RONDS

§ Ier. — LE CYLINDRE.

714. *Surface de révolution.* — Si une courbe C D E F G H (*fig.* 428) est supposée invariablement fixée à une droite A B autour de laquelle elle tournerait, cette courbe décrirait une *surface de révolution*.

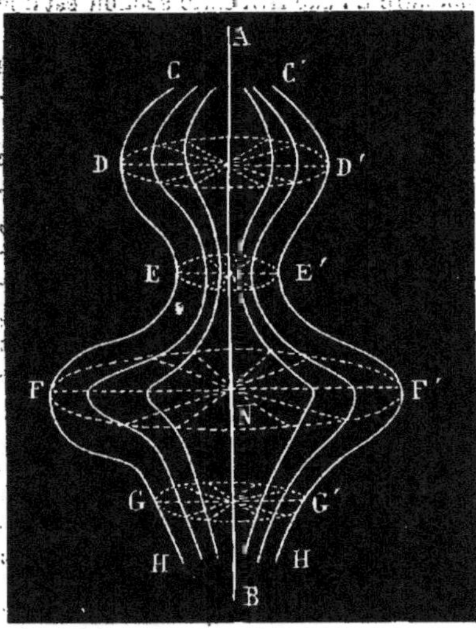

Figure 428

meut, parallèlement à elle-même, en s'appuyant sur une circonférence et parallèle-

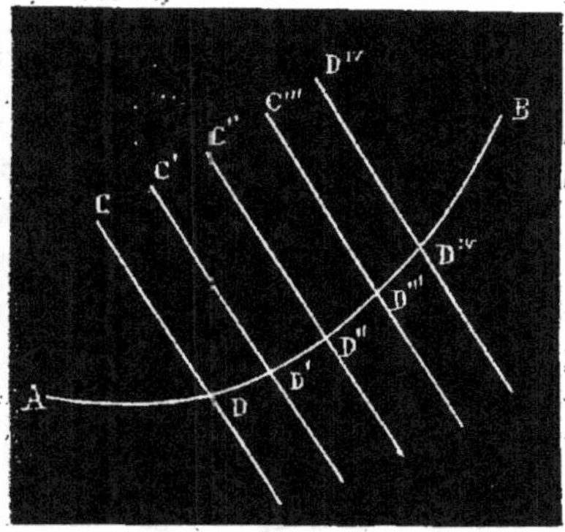

Figure 429.

ment à l'axe E F perpendiculaire au plan de la circonférence, en supposant que cet axe passe par le centre de la circonférence, la portion du volume engendré G H K I,

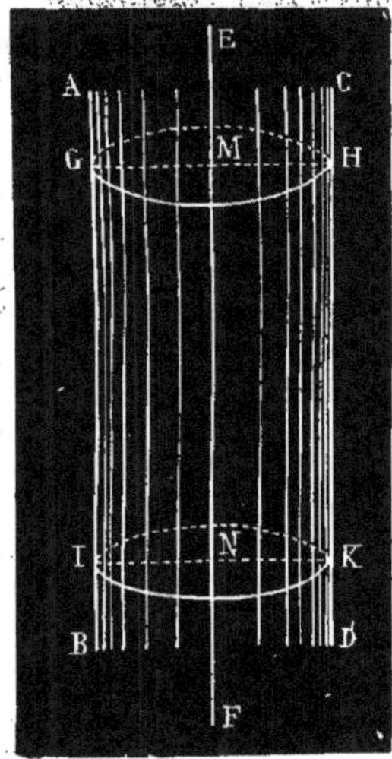

Figure 430.

715. La courbe C D E F G H est la *génératrice* de la surface de révolution et la droite A B en est *l'axe*.

716. Si d'un point quelconque F de la génératrice, j'abaisse une perpendiculaire F N sur l'axe A B, pendant la rotation, la droite F N décrit un cercle et, après une demi-révolution, le point F se trouve au point F', à l'extrémité du diamètre F N F'.

717. De ce qui précède, il résulte que l'intersection d'une surface de révolution par un plan perpendiculaire à l'axe est une circonférence.

718 *Surface cylindrique.*—Si la génératrice, au lieu d'être une courbe était une droite C D (*fig* 429) se mouvant parallèlement à elle même en s'appuyant sur une courbe fixe A B, de manière à occuper, dans son mouvement, les positions C' D', C'' D'', C''' D''', C IV D IV..., la surface décrite est une *surface cylindrique.*

719. Si la génératrice A B (*fig*. 430) se

comprise entre les deux cercles G H et I K perpendiculaires à l'axe, est un *cylindre droit à bases parallèles.*

720. On dit encore que le *cylindre droit à bases parallèles* est un solide engendré par le mouvement d'un triangle rectangle tournant sur l'un de ses points.

Ainsi, le rectangle G M N I (*fig.* 430), tournant sur le côté M N, qui sera l'axe de rotation, décrira un cylindre droit, à bases parallèles, dont G I sera la *génératrice*.

Les deux cercles parallèles G H et I K seront les bases du cylindre.

721. Si le cylindre droit à bases parallèles E F H G (*fig.* 431) est coupé par deux plans parallèles non perpendiculaires à l'axe P R, lesquels plans déterminent deux ellipses (1) parallèles, on forme un *cylindre oblique à bases elliptiques parallèles*.

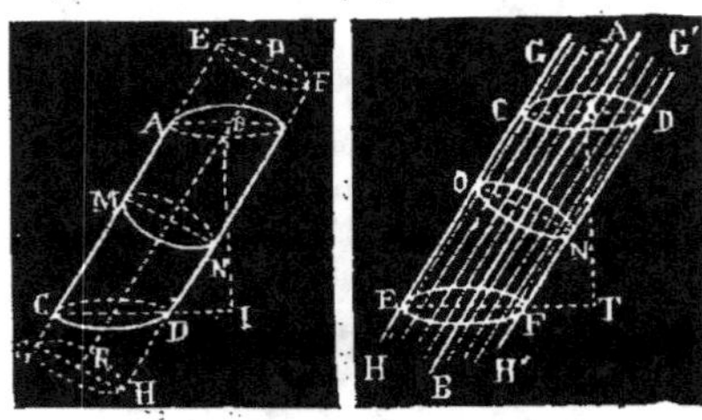

Figure 431.   Figure 432.

722. Soit un cercle E F (*fig.* 432) et un axe AB passant par le centre du cercle, mais oblique sur le plan dudit cercle. Si je suppose une génératrice G H se mouvant parallèlement à elle-même et parallèlement à l'axe AB en s'appuyant constamment sur le cercle E F, la portion du solide engendré, comprise entre les deux cercles EF et CD, par exemple, forme un *cylindre oblique à bases circulaires parallèles*.

723. Si, dans le cylindre oblique à bases elliptiques parallèles, on fait une section MN (*fig* 431) par un plan perpendiculaire à l'axe PR, cette section est un cercle.

724. Si, dans un cylindre oblique à

bases circulaires parallèles, on fait une section ON (*fig.* 432) par un plan perpendiculaire à l'axe AB, cette section est une ellipse.

725. La *hauteur* d'un cylindre droit à bases parallèles est la longueur d'une génératrice.

726. La hauteur d'un cylindre oblique à bases elliptiques parallèles et d'un cylindre oblique à bases circulaires parallèles, est la longueur de la perpendiculaire abaissée d'un point quelconque de la base supérieure sur le plan de la base inférieure. Ainsi, les hauteurs des deux cylindres obliques (*fig.* 431 et 432) sont les perpendiculaires OI et ST.

Théorème n° 259.

727. *Deux cylindres droits à bases parallèles sont semblables, lorsque leurs axes et leurs rayons sont proportionnels.*

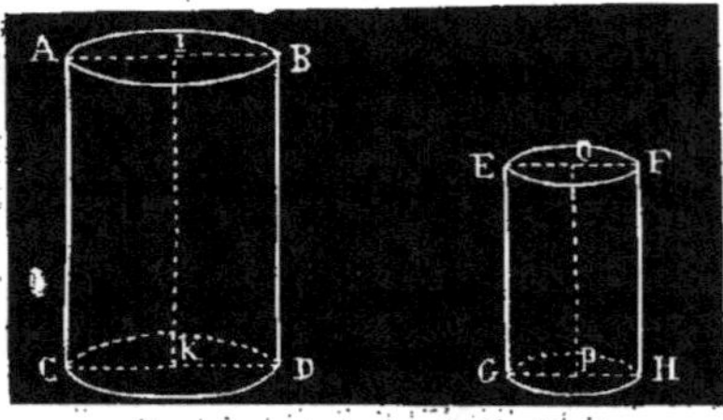

Figure 433

Je dis que les deux cylindres droits à bases parallèles ABDC et EFHG (*fig.* 433) sont semblables, parce qu'ils donnent la proportion:

$$\text{IK} : \text{OP} :: \text{KD} : \text{PH}.$$

En effet, on sait que deux cercles peuvent être considérés comme deux polygones réguliers d'un nombre infini de côtés. Conséquemment, ces polygones réguliers étant semblables, leurs angles sont égaux chacun à chacun. Si, au sommet de chaque angle, on élève une perpendiculaire sur le plan de la base, on formera deux prismes réguliers semblables comme ayant leurs faces semblables chacune à chacune et les angles polyèdres formés par les faces semblables, égaux.

Or, ces prismes, inscrits dans les cylindres, peuvent être considérés comme les cylindres eux-mêmes.

Donc, etc.

728. On démontrerait de la même manière que deux cylindres obliques, à bases parallèles et circulaires, sont semblables si leurs axes et les rayons des cercles de bases sont proportionnels.

Aire latérale du Cylindre.

Théorème n° 260.

729. *L'aire latérale d'un cylindre droit à bases parallèles a pour mesure le produit de sa hauteur par la longueur de la circonférence de sa base.*

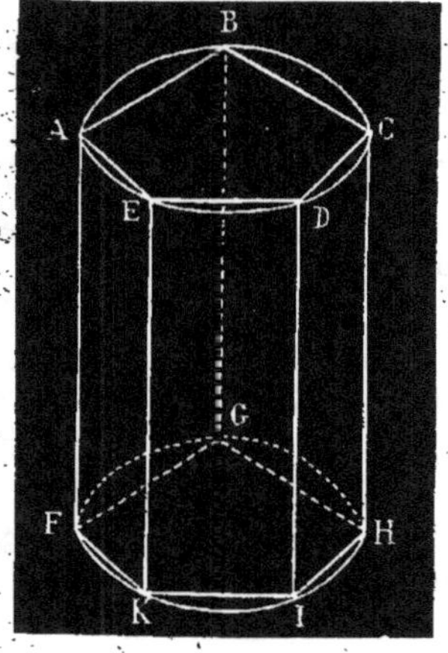

Figure 434

Pour le prouver, j'inscris dans le cylindre droit (*fig.* 434) un prisme quelconque, par exemple le prisme pentagonal ABCDE FGHIK. J'inscris ensuite des prismes droits de 10, 20, 40..... côtés.

Il est clair que les aires latérales de ces prismes vont en augmentant et en se rap-

prochant de l'aire latérale du cylindre vers laquelle ils tendent, car l'aire latérale du cylindre est la plus grande surface que les prismes inscrits puissent atteindre. Or, l'aire latérale de chaque prisme est égale au produit de sa hauteur par le périmètre de base (650). Donc, l'aire latérale du cylindre, aire qui n'est autre que celle du plus grand prisme inscrit dans le cylindre, est égale au produit de sa hauteur par la longueur de la circonférence de base. Donc, etc.

730. *Autre démonstration plus élémentaire.* — Une circonférence pouvant être considérée comme un polygone régulier d'un nombre infini de côtés, un cylindre droit à bases parallèles peut aussi être considéré comme un prisme droit d'un nombre infini de faces. Or, l'aire latérale d'un prisme droit est égale au produit de sa hauteur par le périmètre de sa base. Donc, etc.

731. L'aire latérale d'un cylindre droit à bases parallèles est donc :

$$2\,\pi\,R \times H.$$

Si l'on veut ajouter l'aire des deux cercles de bases, qui est $2\,\pi R^2$, et avoir l'aire totale du cylindre, on aura :

$$(2\,\pi R \times H) + 2\,\pi\,R^2.$$

Cette formule revient à

$$(2\,\pi\,R \times H) + (2\,\pi\,R \times R)$$

ou à

$$2\pi R \times (H + 2).$$

Ce qui fait voir que pour obtenir l'aire complète d'un cylindre droit à bases parallèles, il faut *doubler le produit de π par le rayon du cercle de base et multiplier le produit par la hauteur, augmentée de 2.*

Volume du Cylindre.

Théorème n° 261.

732. *Le volume d'un cylindre droit à bases parallèles est égal au produit de sa hauteur par l'aire du cercle de base.*

Pour le prouver, j'inscris dans le cylindre (*fig.* 434) un prisme quelconque, par exemple le prisme pentagonal ABCDEFG HIK. J'inscris ensuite des prismes droits de 10, 20, 40... côtés. Il est clair que les volumes de ces prismes vont en augmentant et en se rapprochant du volume du cylindre vers lequel ils tendent, car le volume du cylindre est le plus grand volume que les prismes inscrits puissent atteindre. Or, le volume de chaque prisme est égal au produit de sa hauteur par la surface du polygone de base (649). Donc, le volume du cylindre est égal au produit de sa hauteur par la surface du cercle de base.

733. *Autre démonstration plus élémentaire.* — Une circonférence pouvant être considérée comme un polygone régulier d'un nombre infini de côtés, un cylindre droit à bases parallèles peut être considéré comme un prisme droit d'un nombre infini de faces. Or, le volume d'un prisme droit est égal au produit de sa hauteur par l'aire du cercle de base. Donc, etc.

734. COROLLAIRE I. — Le volume d'un cylindre oblique à bases circulaires parallèles est égal au produit de la perpendiculaire abaissée d'un point de la base supérieure sur le plan de la base inférieure, par l'aire du cercle de base.

735. COROLLAIRE II. — Le volume d'un cylindre à bases elliptiques parallèles est égal au produit de la longueur d'une génératrice par l'aire du cercle déterminé par un plan perpendiculaire à la dite génératrice.

736. Soit R, le rayon du cercle de base d'un cylindre ayant H pour hauteur.

L'aire du cercle sera (474) :

$$\pi R^2.$$

Et le volume du cylindre sera représenté par la formule

$$\pi R^2 H.$$

Théorème n° 262.

737. *Les volumes de deux cylindres droits semblables sont proportionnels aux cubes des rayons des cercles de base.*

Soient les deux cylindres CDBA et IKHG (*fig.* 435).

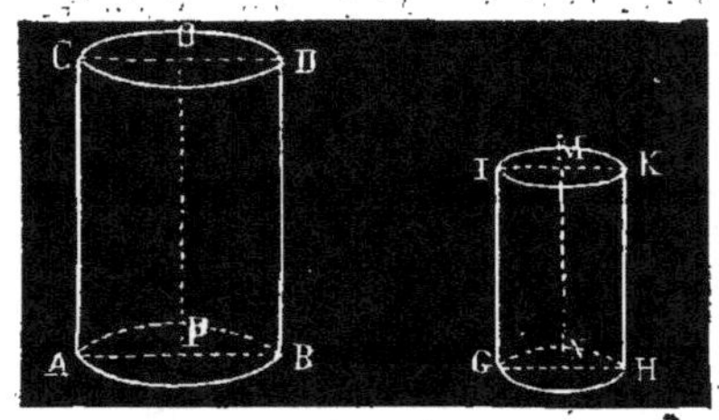

Figure 435.

Les cercles ayant pour diamètres AB et GH donnent les proportions (492) :

Cercle AB : cerc. GH :: $\overline{PB}^2$: $\overline{NH}^2$.

Les deux rectangles ODBP et MKHN, étant semblables, donnent aussi la proportion :

OP : MN :: PB : NH.

En multipliant ces deux proportions, termes à termes, on a :

Cer. AB $\times$ OP : cer. GH $\times$ MN :: $\overline{PB}^3$: $\overline{NH}^3$

Les deux premiers termes de cette dernière proportion représentant les volumes des deux cylindres donnés, le théorème est démontré.

§ II. — LE CÔNE.

738. *Surface conique de révolution.* Une surface conique de révolution est une surface engendrée par le mouvement d'une droite SC (*fig.* 436), fixée à un point fixe S, et s'appuyant sur une courbe donnée AB.

739. Le point S est le *sommet* de la surface conique de révolution.

La droite SC est la *génératrice*.
La courbe AB en est la *directrice*.

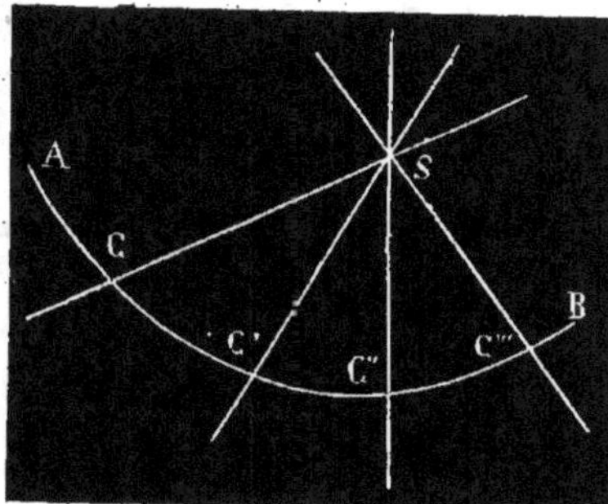

Figure 436.

740. Si l'on prolonge la génératrice CS au delà du sommet S, la surface conique se trouve composée de deux parties qu'on nomme *nappes*.

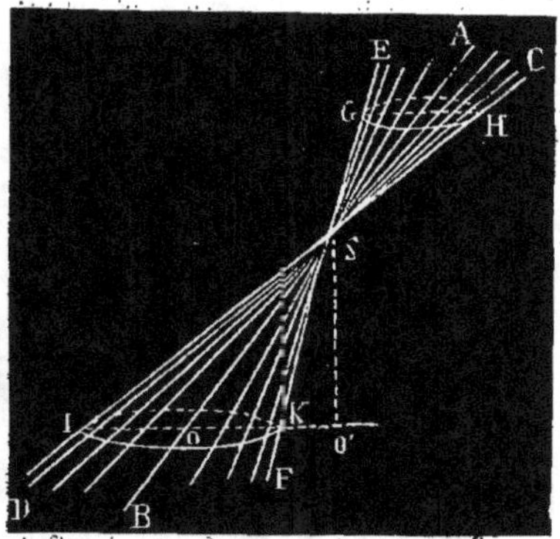

Figure 437.

741. Si une droite SD (*fig.* 437), invariablement fixée au point S, se meut en s'appuyant sur une circonférence dont le diamètre est IK, le volume SIK, compris entre le sommet S et le cercle IK, déterminé par la surface conique de révolution, est un *cône*.

742. Si la surface conique de révolution est coupée, au dessus du sommet S,

par un plan déterminant le cercle GH, parallèle au cercle IK, on forme les deux nappes du cône, qui sont SIK et SHG; la seconde est symétrique de la première.

La droite SB, passant par le centre O du cercle IK, est l'axe du cône SIK.

743. Si l'axe SB (*fig.* 438), passant par le centre O du cercle IK, est perpendiculaire sur le plan de ce cercle, le cône SIK est un *cône droit à base circulaire*. La seconde nappe SGH est aussi un cône droit à base circulaire, symétrique et semblable à la première nappe SIK.

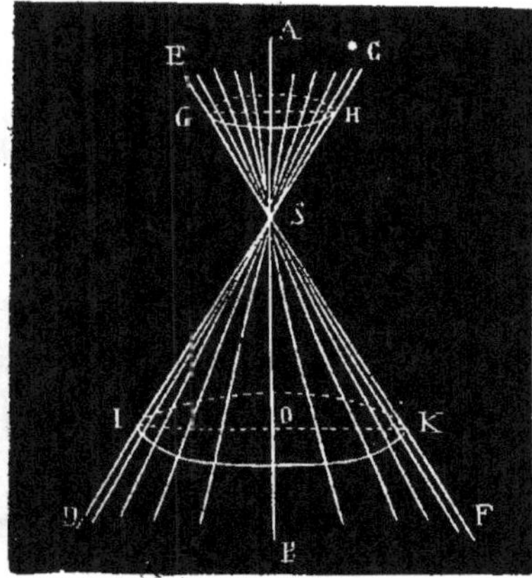

Figure 438.

744. On dit, généralement, qu'un *cône droit* est un solide engendré par le mouvement d'un triangle rectangle tournant autour d'un de ses côtés.

Ainsi, le cône droit SIK (*fig.* 438) peut être considéré comme formé par le triangle rectangle SOI tournant autour du côté SO.

La droite SI est la génératrice du cône qui a le cercle IK pour base.

745. On dit qu'un cône est *oblique*, lorsque la droite qui joint le sommet au centre du cercle de base n'est pas perpendiculaire sur le plan de cette base, comme le cône SIK (*fig.* 437).

746. La *hauteur* d'un cône quelconque est la perpendiculaire abaissée du sommet sur le plan de la base.

Lorsque le cône est droit, la hauteur est la ligne SO (*fig.* 438), joignant le sommet S au centre du cercle de base.

Lorsque le cône est oblique, comme le cône SIK (*fig.* 437), la hauteur est la perpendiculaire SO', abaissée du sommet S sur le plan de la base.

747. On appelle *apothème* d'un cône droit, la génératrice qui a servi à former ce cône. Ainsi (*fig.* 438), la génératrice SI est l'apothème du cône.

Théorème n° 263.

748. *Deux cônes droits à bases circulaires sont semblables, si leurs hauteurs sont proportionnelles aux rayons de leurs bases.*

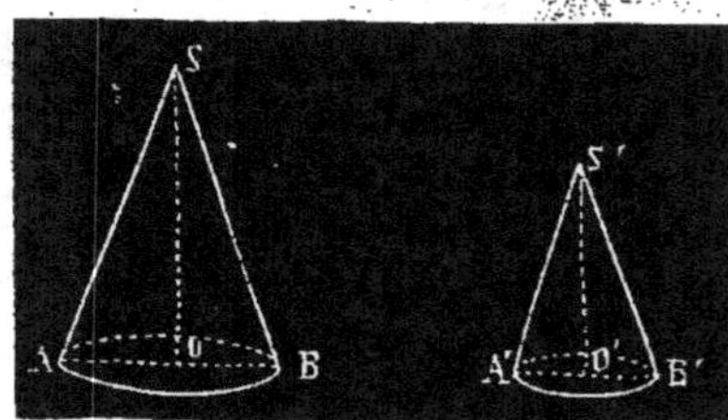

Figure 439.

Je dis que les deux cônes droits à base circulaire SAB et S'A'B' (*fig.* 439) sont semblables, parce qu'ils donnent la proportion :

$$SO : S'O' :: OB : O'B'.$$

En effet, on sait que deux cercles peuvent être considérés comme deux polygones réguliers d'un nombre infini de côtés. Conséquemment, ces polygones réguliers étant semblables, leurs angles sont égaux chacun à chacun. L'angle SOB est égal à l'angle S'O'B', et il en sera de même pour tous les angles formés par les génératrices, par les rayons des cercles de base et par les hauteurs SO, S'O'. On voit

que les deux cônes donnés pourront être considérés comme deux pyramides ayant pour bases deux polygones d'un nombre infini de côtés et pour faces latérales un nombre infini de triangles isocèles. Or, ces pyramides inscrites dans les deux cônes, vers lesquels elles tendent, sont semblables comme ayant leurs faces semblables chacune à chacune et les angles polyèdres formés par les faces semblables, égaux. Donc, etc.

Aire latérale du cône droit.

Théorème n° 264.

749. *L'aire latérale d'un cône droit à base circulaire est égal au produit de la moitié de son apothème par la longueur de la circonférence de la base.*

Pour le prouver, j'inscris dans le cylindre droit (*fig.* 440) une pyramide quelconque, par exemple une pyramide pentagonale SCADEB. J'inscris ensuite des pyramides avec des bases de 10, 20, 40... etc., côtés. Il est clair que les aires de ces pyramides vont en augmentant et en se rapprochant de l'aire latérale du cône vers laquelle ils tendent, car l'aire latérale du

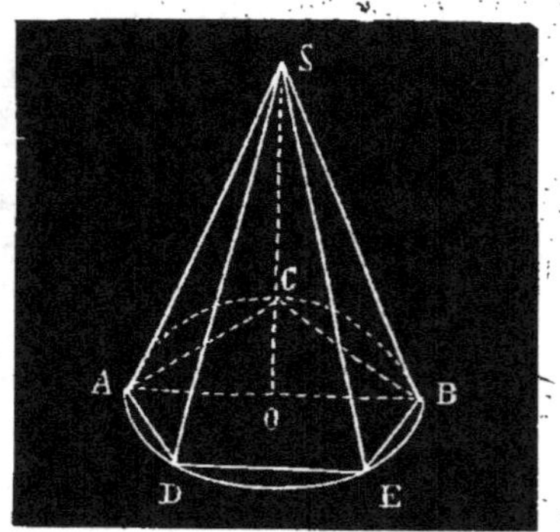

Figure 440.

cône est la plus grande surface que les pyramides inscrites puissent atteindre. Or, l'aire latérale de chaque pyramide est égale au produit de la moitié de son apothème par la longueur du périmètre du polygone de base (670). Donc, l'aire latérale du cône, qui n'est autre que celle de la plus grande pyramide inscrite dans le cône, est égale au produit de la moitié de son apothème par la longueur de la circonférence de la base.

Donc, etc.

750. *Autre démonstration plus élémentaire.* — Une circonférence pouvant être considérée comme un polygone régulier d'un nombre infini de côtés, un cône droit à base circulaire peut être considéré comme une pyramide droite d'un nombre infini de faces. Or, l'aire latérale d'une pyramide droite est égale au produit de la moitié de son apothème par la longueur du périmètre du polygone de base.

Donc, etc.

751. L'aire latérale d'un cône droit à base circulaire est donc, en désignant l'apothème par A :

$$2\pi R \times \frac{A}{2} \quad \text{ou} \quad \pi R \times A.$$

Si l'on veut ajouter l'aire du cercle de de base, qui est πR^2, et avoir l'aire totale du cône, on aura :

$$\pi R \times A + \pi R^2.$$

Cette formule revient à

$$(\pi R \times A) + (\pi R \times R)$$

ou

$$\pi R (A + 1)$$

Ce qui fait voir que pour obtenir l'aire complète d'un cône à base circulaire, il faut *multiplier le rayon de la base par π, puis multiplier le produit ainsi obtenu par la longueur de l'apothème, augmentée d'une unité.*

Volume du cône droit.

Théorème n° 265.

752. *Le volume d'un cône droit à base circulaire est égal au tiers du produit de sa hauteur par l'aire du cercle de base.*

Pour le prouver, j'inscris dans le cône (*fig.* 440) une pyramide quelconque, par exemple une pyramide pentagonale S A C B E D. J'inscris ensuite des pyramides de 10, 20, 40... côtés. Il est clair que les volumes de ces pyramides vont en augmentant et en se rapprochant du volume du cône, vers lequel elles tendent, car le volume du cône est le plus grand volume que les pyramides puissent atteindre. Or, le volume de chaque pyramide est égal au tiers du produit de sa hauteur par l'aire du polygone de base (669). Donc, le volume du cône est égal au produit du tiers de sa hauteur par l'aire du cercle de base.

753. *Autre démonstration plus élémentaire.* Une circonférence pouvant être considérée comme un polygone régulier d'un nombre infini de côtés, un cône droit à base circulaire peut être considéré comme une pyramide droite d'un nombre infini de faces. Or, le volume d'une pyramide droite est égal au précédent du tiers de sa hauteur par l'aire du polygone de base. Donc, etc.

754. COROLLAIRE. — Le volume d'un cône oblique est égal au produit du tiers de sa hauteur (*perpendiculaire abaissée du sommet sur le plan de la base*), par l'aire du cercle de base.

755. Si H est la hauteur et R le rayon du cercle de base d'un cône, le volume de ce cône sera indiqué par la formule.

$$\frac{1}{3} \pi R^2 \times H.$$

Théorème n° 266.

756. *Les volumes de deux cônes droits semblables sont proportionnels aux cubes des rayons des cercles de base.*

Soient les deux cônes SBA et S'B'A' (*fig.* 441). Les deux cercles ayant pour diamètres BA et B'A' donnent la proportion :

$$\text{Cer. BA} : \text{Cer. B'A'} :: \overline{OA}^2 : \overline{O'A'}^2.$$

Les deux triangles SOA et S'O'A' étant semblables, donnent aussi la proportion :

$$S O : S' O' :: O A : O' A'.$$

En multipliant ces deux proportions termes à termes et en divisant les deux termes du premier rapport par 3, on a :

$$\mathrm{Cer\,BA} \times \frac{\mathrm{SO}}{3} : \mathrm{cer\,B'A'} \times \frac{\mathrm{S'O'}}{3} :: \overline{\mathrm{OA}}^3 : \overline{\mathrm{O'A'}}^3.$$

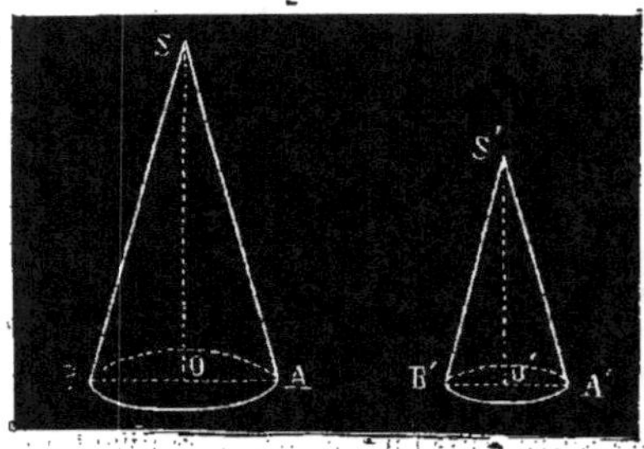

Figure 441.

Les deux premiers termes de cette dernière proportion représentant les volumes des deux cônes donnés, le théorème est démontré.

Le tronc de cône.

Théorème n° 267.

757. *Lorsqu'on coupe un cône droit à base circulaire par un plan parallèle à sa base, la section qui en résulte est un cercle.*

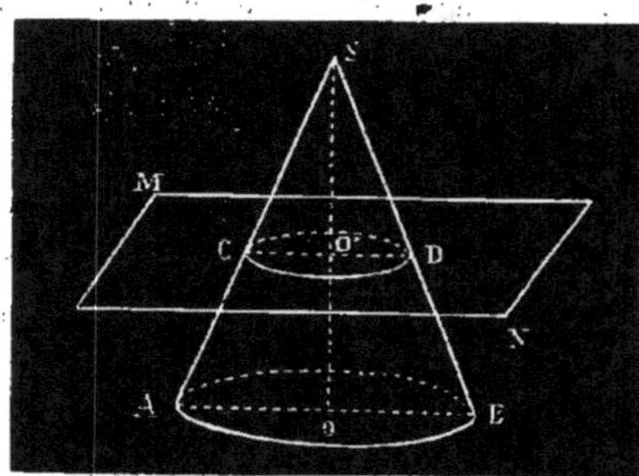

Figure 442.

Soit le cône SAB (*fig.* 442) coupé par le plan MN parallèle au plan du cercle de base ayant A B pour diamètre. Je dis que la section qui en résulte est un cercle.

Je suppose que le plan M N coupe la génératrice SA au point C et la hauteur S O au point O'. Je joins le point C au point O' et les droites CO', AO étant parallèles comme intersections de deux plans parallèles coupés par un troisième, l'angle SO'C est droit, puisque son égal SOA est droit. Conséquemment, puisque dans le mouvement de rotation du triangle rectangle SOA pour former le cône, la droite OA décrit un cercle, sa parallèle O'C décrira aussi un cercle. Or, les points C et D appartiennent au plan MN, de même que les points D et O'. Comme il en est de même pour tous les points de la circonférence décrite par le point C, le théorème est démontré.

758. Le cercle ayant pour diamètre CD (*fig.* 442) détermine un second cône SCD, semblable au cône donné SAB, et le volume restant, limité par les deux cercles CD et AB, est un *cône tronqué* ou un *tronc de cône.*

759. *Un tronc de cône* est donc ce qui reste d'un cône dont la partie supérieure a été détachée par un plan parallèle à la base.

Ainsi, CEBA (*fig.* 443), ABCD (*fig.* 443), EFHG (*fig.* 444), sont des troncs de cône.

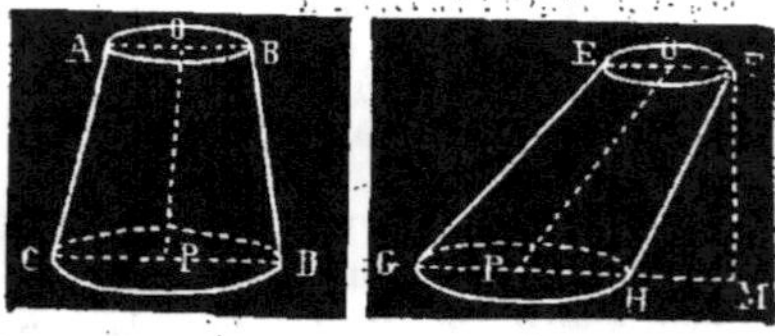

Figure 443.   Figure 444.

760. Les deux solides CDBA (*fig.* 442) et ABDC (*fig.* 443) sont des troncs de cône droits à bases parallèles, tandis que le solide EFHG (*fig.* 444) est un tronc de cône oblique à bases parallèles.

761. L'*apothème* d'un tronc de cône droit à bases parallèles est la portion de la génératrice comprise entre les deux cercles de bases.

Ainsi, la droite BD est l'apothème du tronc de cône droit à bases parallèles AB DC (*fig.* 443)

762. La *hauteur* d'un tronc de cône est la longueur de la perpendiculaire abaissée d'un point de la base supérieure sur le plan de la base inférieure.

Ainsi, dans les troncs de cône droits à bases parallèles CDBA (*fig.* 442) et ABDC (*fig.* 443), les portions O'O et OP des axes, portions comprises entre les deux bases, sont les hauteurs des deux troncs de cône, tandis que dans le cône oblique EFHG (*fig.* 444) la hauteur est la perpendiculaire FM, abaissée du point F de la base supérieur sur le plan de la base inférieure.

Aire latérale du tronc de cône droit à bases parallèles.

Théorème n° 268.

763. *L'aire latérale d'un tronc de cône droit à bases parallèles est égale au produit de la demi-somme des circonférences de bases par la longueur de son apothème.*

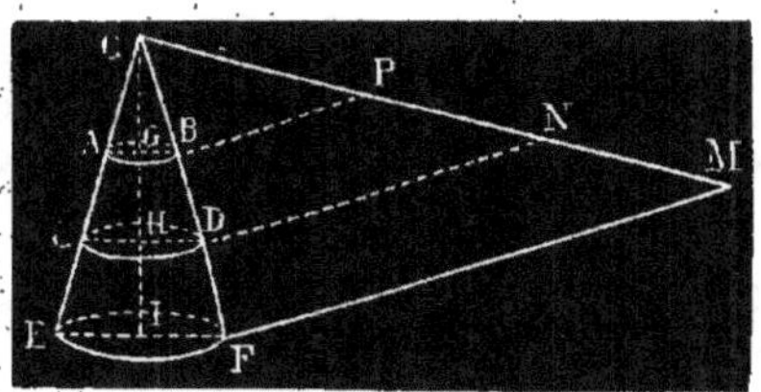

Figure 445.

Soit le cône droit à bases parallèles AB FE (*fig.* 445) égal à la différence des cônes droits CEF et CAB.

A l'extrémité F de la génératrice CF, j'élève sur CF la perpendiculaire FM égale à la circonférence développée ayant EF pour diamètre.

Je joins par une droite le point M au point C et j'obtiens le triangle rectangle CFM dont l'aire est égale à l'aire latérale du cône CEF. Par le point B, rencontre du

cercle AB avec la génératrice CF, je mène BP parallèle à la base FM du triangle CFM, et je dis que la droite BP est égale à la longueur de la circonférence de la base supérieure ayant AB pour diamètre.

En effet, les triangles rectangles CGB et CIF étant semblables, donnent la proportion.

(1)   CB : CF :: GB : IF.

De même, les triangles rectangles semblables CBP et CFM donnent.

(2)   CB : CF :: BP : FM.

Les deux circonférences AB et EF étant proportionnelles à leurs rayons, j'ai :

(3)   Cir. AB : Cir. EF :: GB : IF.

Les proportions (1) et (3) ayant le rapport commun GB : IF, les deux autres donnent.

(4) cir. AB : cir. EF :: CB : CF, ou

(5)   cir. AB : cir. EF :: BP : FM.

Comme la circonférence EF est égale à la droite FM, il résulte de la proportion (5) que la circonférence AB est égale a la droite BP.

Donc l'aire latérale du cône CAB est égale à l'aire du triangle rectangle CBP. Comme l'aire latérale du cône CEF est égale à celle du triangle rectangle CFM, il en résulte que l'aire latérale du tronc de cône est égale à l'aire du triangle rectangle CFM, moins l'aire du triangle rectangle CBP, c'est-à-dire à l'aire du trapèze BFMP. Or, l'aire de ce trapèze est égale à

$$ BF \times \left(\frac{FM + BP}{2} \right). $$

Comme la droite FM est égale à la circonférence de la base inférieure et que la droite BP est égale à la circonférence de la base supérieure, le théorème est démontré, puisque BF est l'apothème du tronc de cône.

764. Corollaire. — Si, par le point D, milieu de l'apothème BF, on mène DN, parallèle à FM, cette droite sera égale à la circonférence CD, et comme

$$DN = \frac{FM + BP}{2},$$

il en résulte que l'aire du tronc de cône droit a encore pour mesure *le produit de son apothème par la longueur d'une circonférence parallèle aux bases et située à égale distance de ces bases.*

765. *Autre démonstration plus élémentaire.* — Un tronc de cône droit peut être considéré comme un tronc de pyramide droit d'un nombre infini de faces. Or, l'aire latérale d'un tronc de pyramide droit est égale au produit de la demi-somme des périmètres de bases par son apothème. Donc, etc.

766. Soit R et R' les rayons des cercles de bases d'un tronc de cône droit à bases parallèles et A son apothème. La surface latérale de ce tronc de cône sera représentée par :

$$\left(\frac{2R\pi + 2R'\pi}{2} \right) \times A$$

ou $\qquad \pi R + \pi R' \times A$

ou $\qquad \pi (R + R') \times A.$

767. Cette dernière formule démontre que pour calculer la surface latérale d'un tronc de cône droit à bases parallèles, *il faut multiplier la somme des rayons des cercles de bases par* π, *puis multiplier le produit ainsi obtenu par l'apothème.*

Volume du tronc de cône droit à bases parallèles.

Théorème n° 269.

768. *Un tronc de cône droit à bases parallèles est équivalent à trois cônes droits ayant la hauteur du tronc de cône pour hauteur commune et, pour bases : 1° la base inférieure du tronc; 2° sa base supérieure; 3° une moyenne proportionnelle entre les deux bases.*

Soit le tronc de cône droit à bases parallèles CDBA (*fig.* 446) résultant du cône SAB, auquel on a retranché le petit cône SCD. Je construis sur le plan du cercle AB un triangle LNM équivalent à ce cercle, et en un point quelconque F de ce triangle, j'élève, sur le même plan, une perpendiculaire FE = OS. Je joins le point E aux points L, N, M sommets du triangle, et je forme la pyramide triangulaire ELMN.

Le plan du cercle CD prolongé coupe la pyramide triangulaire suivant le triangle HKI, et je dis que ce triangle est équivalent au cercle CD.

En effet, les deux droites AO et CP étant parallèles comme intersections de deux plans parallèles coupés par un troisième, et ces deux droites étant les rayons des deux cercles AB et CD, j'ai la proportion :

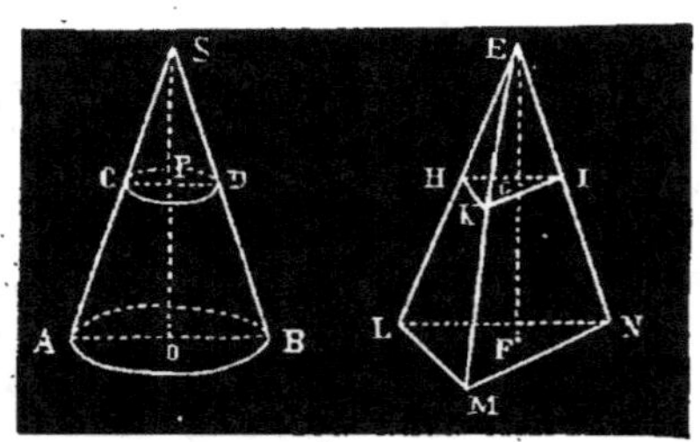

Figure 446

(1) Cercle AB : cercle CD :: $\overline{AO}^2 : \overline{CP}^2$.

Les deux triangles rectangles SCA et SPC étant semblables, j'ai aussi :

(2) $\qquad$ AO : CP :: SO : SP.

ou, en élevant chaque terme au carré :

(3) $\qquad \overline{AO}^2 : \overline{CP}^2 :: \overline{SO}^2 : \overline{SP}^2.$

Les proportions (1) et (3) ayant le rapport commun $\overline{AO}^2 : \overline{CP}^2$, les autres donnent :

(4) Cercle AB : cercle CD :: $\overline{SO}^2 : \overline{SP}^2$.

Dans la pyramide ELMN, les plans LMN et HKI étant parallèles, EF étant la hauteur de la grande pyramide et EG étant la hauteur de la petite, j'ai la proportion :

(5) $\qquad$ LMN : HKI :: $\overline{EF}^2 : \overline{EG}^2$.

Or, les droites EF, EG étant, par hypothèse, égales aux droites SO, SP, les deux premiers rapports des proportions (4) et (5) donnent :

(6) Cercle AB : cercle CD :: LMN : HKI.

Dans cette dernière proportion, les antécédents étant égaux, les conséquents le sont aussi. Donc, cercle CD = HKI.

Mais le cône SAB et la pyramide ELMN sont équivalents comme ayant même hauteur et des bases équivalentes. Le cône SCD et la pyramide EHKI sont aussi équivalents pour la même raison. Donc, le tronc de cône CDBA est équivalent au tronc de pyramide HKILMN, ces deux solides provenant de la différence de deux solides équivalents chacun à chacun.

Or, un tronc de pyramide à bases parallèles étant équivalent à trois pyramides ayant la hauteur du tronc pour hauteur commune et, pour bases : 1° la base inférieure du tronc; 2° sa base supérieure; 3° une moyenne proportionnelle entre les deux bases (674), il en est de même pour le tronc de cône donné et le théorème est démontré.

Théorème n° 270.

769. *Le volume d'un tronc de cône droit à bases parallèles est égal au produit de sa hauteur par la somme des aires de sa base inférieure, de sa base supérieure et d'une moyenne proportionnelle entre les bases.*

En effet, le tronc de pyramide HKILMN (*fig.* 446) a pour mesure (677) :

$$\frac{1}{3} \, GF \left(LMN + HKI + \sqrt{LMN \times HKI} \right).$$

Le tronc de cône CDBA étant équivalent à ce tronc de pyramide, son volume sera : a pour mesure :

$$\frac{1}{3} \, PO \left(cer. \, AB + cer. \, CD + \sqrt{cer. \, AB \times cer. \, CD} \right).$$

Donc, etc.

770. *Autre démonstration plus élémentaire.* — Un tronc de cône droit peut-être considéré comme un tronc de pyramide droit d'un nombre infini de faces. Or, le volume d'un tronc de pyramide droit est égal au produit de sa hauteur par la somme des aires de sa base inférieure, de sa base supérieure et d'une moyenne proportionnelle entre les deux bases. Donc, etc...

771. Soient H la hauteur d'un tronc de cône droit à bases parallèles, R le rayon de sa base inférieure, et r le rayon de sa base supérieure.

Le volume du tronc de cône droit est égal à :

$$\frac{1}{3} \, H \left(\pi R^2 + \pi r^2 + \sqrt{\pi R^2 \times \pi r^2} \right)$$

expression qui revient à :

$$\frac{1}{3} \, H \left(\pi R^2 + \pi r^2 + \pi R \times \pi r \right)$$

ou à :

$$\frac{1}{3} \, \pi H \left(R^2 + r^2 \times Rr \right).$$

Nouvelle expression qui donne le volume du tronc de cône droit à bases parallèles.

§ III. — LA SPHÈRE.

772. On donne le nom de *sphère* à un solide dont tout les points sont à égale distance d'un point extérieur nommé *centre*.

773. On peut encore dire que la *sphère* est un solide engendré par le mouvement d'un demi-cercle tournant autour de son diamètre.

Si l'on suppose que le demi-cercle ACB *fig.* 447) tourne autour de son diamètre AB, de manière à faire une révolution complete, ce demi-cercle décrira une sphère.

774. On appelle *rayon* de la sphère, toute droite qui va du centre à un point quelconque de la surface. Ainsi, les droites OA, OC, OB, OD... sont des rayons de la sphère.

D'après la définition, tous les rayons d'une sphère sont égaux.

775. On appelle *diamètre* de la sphère, une droite qui joint deux points de la surface en passant par le centre. Ainsi, la droite AB (*fig.* 447) est un diamètre.

D'après la définition, tous les diamètres d'une sphère sont égaux.

776. Un plan est *tangent* à une sphère, lorsqu'il n'a qu'un point de commun avec cette sphère. Ce point est appelé *point de contact*.

777. On dit que deux sphères sont *tangentes*, lorsque leurs surfaces n'ont qu'un seul point commun.

Théorème n° 271.

778. *Lorsqu'on coupe une sphère par un plan, la section qui en résulte est une circonférence.*

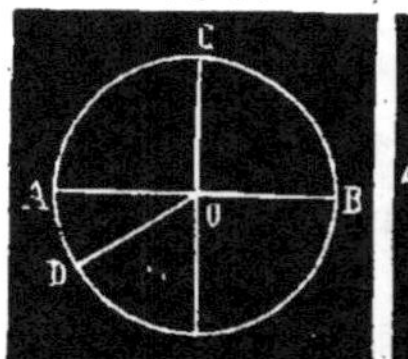

Figure 447.

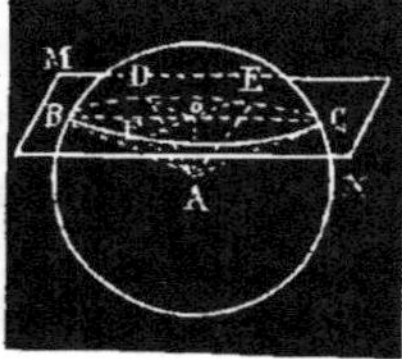

Figure 448.

Soit la sphère ayant son centre en A (*fig.* 448) coupée par le plan MN. Je dis que la section BDECF, résultant de cette coupure, est une circonférence.

Pour le prouver, du centre A de la sphère, j'élève la perpendiculaire AO aboutissant sur le plan de la section,

et différentes droites AC, AE, AD, AB, AF aboutissant à la courbe BDECF. Toutes ces droites sont égales comme rayons de la sphère. De plus, elles constituent des obliques égales par rapport à la perpendi culaire AO. Or, les obliques égales s'écartent également du pied de la perpendiculaire. Donc les droites OC, OE, OD, OB OF sont égales. Conséquemment, la courbe BDECF est une circonférence, puisque tous ses points sont équidistants du point intérieur O qui est le centre de la circonférence.

779. Corollaire. — Lorsqu'on élève une perpendiculaire au centre d'une sphère sur un cercle tracé sur la sphère, elle passe par le centre du cercle.

Théorème n° 272.

780. *Si, en un point A de la sphère (fig. 449) on applique la pointe d'un compas et que, avec l'autre pointe, on décrive une courbe BC, cette courbe est une circonférence.*

1° *Tous les points de cette courbe sont situés dans un même plan.* Pour le prouver, je prends sur la dite courbe différents

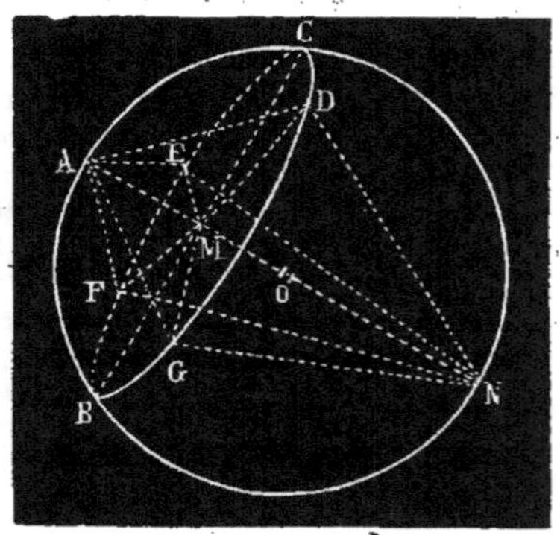

Figure 449.

points F, E, D, G que je joins par de droites aux points A et N, extrémités du diamètre AN de la sphère, et je forme les triangles rectangles AFN, AGN, ADA, AEN, ayant tous le diamètre AN pour hypoténuse commune. Tous ces triangles rectangles sont égaux, puisque : 1° ils ont une hypoténuse commune; 2° les côtés AF, AG, AD, AE sont égaux comme résultant tous d'une même ouverture de compas. Si de chacun des sommets F, G, D, E, j'abaisse une perpendiculaire sur l'hypoténuse AN, toutes ces perpendiculaires tomberont au même point M, pusqu'elles mesurent la plus courte distance des sommets à l'hypoténuse.

Or, toutes les perpendiculaires élevées en un même point d'une droite sont situées dans un même plan. Donc, les points F, G, D, E, extrémités des perpendiculaires, sont dans un même plan. Comme tous les autres points de la courbe sont dans le même cas, la première partie du théorème est démontrée.

2° *Tous les points de la courbe sont équidistants du point intérieur* M. En effet, les triangles rectangles AFN, AGN, ADN, AEN étant égaux, les perpendiculaires FM, GM, DM, EM, abaissées des sommets F, G, D, E sur l'hypoténuse, sont égales. Conséquemment, les points F, G, D, E sont équidistants du point M. Donc, la courbe décrite est une circonférence.

781. On nomme *grands cercles*, tous les cercles tracés sur la sphère, ayant le même diamètre et, par suite, le même rayon que cette sphère. Ex. : les cercles AIKBML, ANOBQP... (*fig.* 450.)

Deux grands cercles se coupent toujours suivant un diamètre, puisqu'ils passent l'un et l'autre par le centre de la sphère.

782. On nomme *petits cercles* tous les cercles tracés sur la surface d'une sphère et qui ne passent pas par le centre de cette sphère. Ex. : les cercles CD, EF, GH (*fig.* 450).

783. Par deux points pris à volonté sur la surface d'une sphère, on peut toujours faire passer un grand cercle, parceque ces deux points et le centre de la sphère déterminent un plan dont la rencontre avec la sphère est une circonférence de grand cercle.

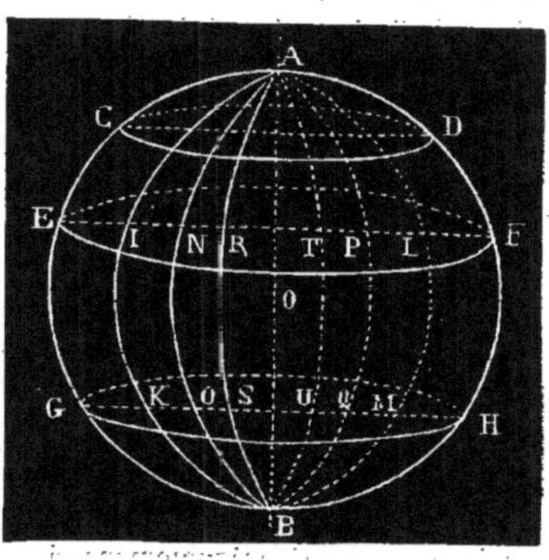

Figure 450.

Théorème n° 273.

784. *Toute perpendiculaire élevée au centre et sur le plan d'un petit cercle passe par le centre de la sphère.*

Soit la perpendiculaire AO élevée au centre O du cercle BC (*fig.* 448). Je dis que cette perpendiculaire passe par le centre A de la sphère.

En effet, si cette perpendiculaire ne passait pas par le centre A de la sphère, de ce point on pourrait élever une perpendiculaire qui tomberait au centre O du cercle BC. Il en résulterait que du même point O, pris sur le plan BC, on pourrait élever deux perpendiculaires à ce plan, ce qui ne peut se faire (524). Donc, etc.

785. On appelle *pôle d'un cercle*, les extrémités du diamètre perpendiculaire au plan de ce cercle.

Ainsi, les pôles du cercle EF (*fig.* 450) sont les extrémités A et B du diamètre AB, en supposant ce diamètre perpendiculaire au plan du cercle.

786. Lorsque plusieurs cercles d'une sphère sont parallèles, ces cercles ont les mêmes pôles.

Ainsi les cercles CD, EF, GH (*fig.* 450), supposés parallèles, ont les mêmes pôles A et B si le diamètre AB est perpendiculaire sur les plans de ces cercles.

Théorème n° 274.

787. *Un grand cercle quelconque divise la sphère et sa surface en deux parties égales, c'est-à-dire en deux hémisphères.*

En effet, en supposant que la sphère soit coupée en deux parties par le plan du grand cercle considéré, on formera deux zones différentes ayant des surfaces dont tous les points seront équidistants des centres des grands cercles servant de bases, lesquels centres sont communs avec le centre de la sphère. Conséquemment, si l'on applique les deux cercles l'un sur l'autre, de manière que les centres coïncident parfaitement, tous les points des surfaces des zones seront aussi en coïncidence parfaite. Donc, etc.

788. — Corollaire. Comme deux grands cercles se coupent toujours suivant un diamètre, ils se divisent mutuellement en deux parties égales.

Théorème n° 275.

789. *Lorsque deux petits cercles sont égaux, ils sont également éloignés du centre de la sphère.*

Soient les deux petits cercles égaux AB et CD (*fig.* 451.)

Je dis que la perpendiculaire OE, abaissée du centre O de la sphère sur le plan du cercle AB, est égale à la perpendiculaire OF, abaissée du même centre O de la sphère sur le plan du cercle CD.

Pour le prouver, je joins par des droites le point O aux points A, B, C, D, et j'obtiens les deux triangles AOB et COD qui sont égaux, comme ayant leurs trois côtés égaux, puisque 1° AB = CD comme diamètres de cercles égaux; 2° OA = OB = OC = OD, comme rayons de la sphère.

Ces triangles étant égaux, leurs hauteurs OE et OF sont aussi égales. Donc, etc.

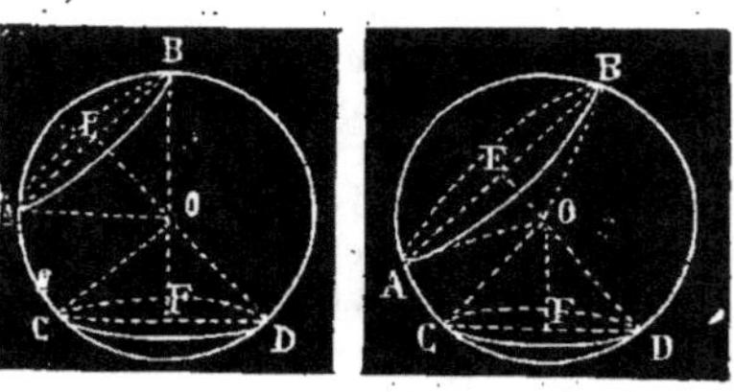

Figure 451.　　　　　Figure 452.

790. *Réciproquement.* — Deux petits cercles sont égaux lorsqu'ils sont également éloignés du centre de la sphère sur laquelle ils sont tracés.

Théorème n° 276.

791. *Lorsque deux petits cercles sont inégaux, le plus grand est le plus rapproché du centre de la sphère.*

Le petit cercle AB (*fig.* 452) est plus grand que le petit cercle CD. Il faut démontrer que OE, perpendiculaire abaissée du centre O de la sphère sur le plan du cercle AB, est plus petite que OF, perpendiculaire abaissée du même centre O sur le plan du cercle CD.

Pour cela, je joins par des droites le point O aux points A, C, D, B, et j'obtiens les deux triangles AOB et COD, dans lesquels les côtés OA et OB sont respectivement égaux aux côtés OC et OD comme rayons de la sphère. Le diamètre AB étant plus grand, par hypothèse, que le diamètre CD, l'angle AOB, opposé au côté AB, est plus grand, que l'angle COD, opposé au au côté CD. Comme les trois angles de chaque triangle valent ensemble deux angles droits, la somme des angles A et B est plus petite que la somme des angles C et D, puisque l'angle AOB est plus grand que l'angle COD. Les angles A et B étant égaux comme opposés à deux rayons, les angles C et D étant aussi égaux pour la même raison, il en résulte que l'angle B est plus petit que l'angle D et que la perpendiculaire OE, opposée à l'angle B, est plus petite que la perpendiculaire OF, opposée à l'angle D. Donc, etc.

792. *Réciproquement.* — Lorsque deux petits cercles sont inégalement rapprochés du centre de la sphère sur laquelle ils sont tracés, le plus grand est celui qui est le plus près du centre.

Théorème n° 277.

793. *Tous les points de la circonférence d'un cercle de la sphère sont équidistants des pôles de ce cercle.*

Soit le cercle AB de la sphère (*fig.* 453) P et P' les pôles de ce cercle.

On sait que le diamètre PP', joignant les pôles P et P', est perpendiculaire sur le plan du cercle AB, qu'il passe par le centre R de ce cercle et par le centre O de la sphère. Si je joins le pôle P aux points A, C, B..., les droites PA, PC, PB sont égales comme obliques s'écartant également du pied de la perpendiculaire PR. Conséquemment, le pôle P est déjà équidistant de tous les points de la circonférence du cercle AB.

Si, maintenant, je joins le pôle P' aux points A, C, B... du cercle, les droites P' A, P' C, P' B sont égales comme s'écartant également du pied de la perpendiculaire P' R. Conséquemment, le pôle P' est équidistant de tous les points de la circonférence du cercle AB. Donc, etc.

794. On appelle *distance polaire* d'un cercle de la sphère, la longueur de la droite qui joint le pôle à un point quelconque de la circonférence de ce cercle.

Ainsi, la distance polaire du cercle AB (*fig.* 453) au pôle P est l'une quelconque des droites égales PA, PC, PB... De même, la distance polaire de ce cercle au pôle P' est l'une quelconque des droites égales P' A, P' C, P' B...

795. COROLLAIRE I. — Le centre d'une sphère, les pôles et le centre d'un cercle quelconque tracé sur la sphère sont situés sur une même droite et cette droite est un diamètre de la sphère.

796. COROLLAIRE II. — La distance polaire d'un grand cercle d'une sphère est égale à la corde qui sous-tend un arc de 90 degrés, c'est-à-dire à un quadrant.

Soit le grand cercle AB (*fig.* 454) dont le centre O est le centre de la sphère. Le diamètre PP' joignant les pôles P et P' forme, avec le diamètre AB du grand cercle, quatre angles droits ayant tous leurs sommets au centre O de la sphère. Conséquemment, l'arc PA vaut 90°, et la corde PA qui le sous-tend est bien la distance polaire du cercle.

797. On dit qu'un plan est *tangent* à une sphère, lorsque ce plan et la sphère n'ont qu'un seul point commun.

Théorème n° 278.

798. *Tout plan perpendiculaire à l'extrémité du rayon d'une sphère est tangent à cette sphère.*

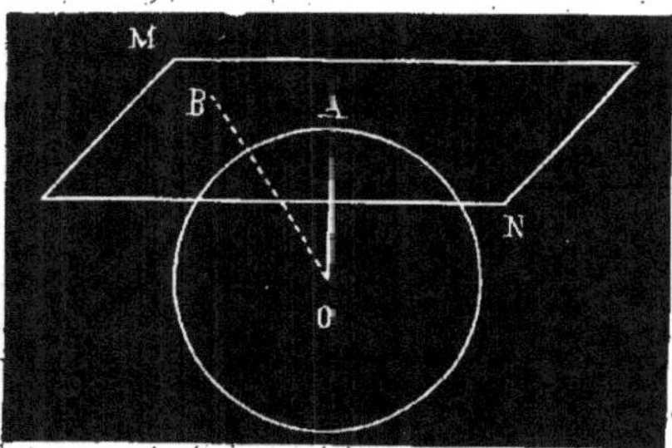

Figure 455.

Je dis que le plan MN (*fig.* 455), perpendiculaire à l'extrémité du rayon AO de la sphère, est tangent à la sphère.

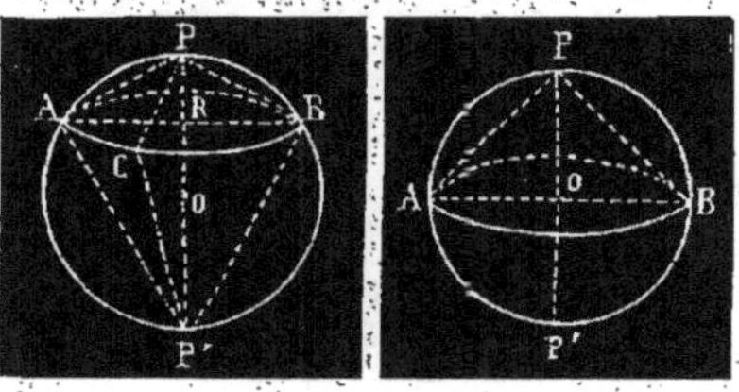

Figure 453.   Figure 454.

Je prends un point quelconque B du plan MN et je joins ce point au centre O de la sphère. Alors, l'oblique OB est plus grande que la perpendiculaire OA, aboutissant l'une et l'autre au plan MN. Conséquemment, le point B est situé en dehors de la sphère, puisque OB est plus grande que OA. Comme il en serait de même pour tout point du plan MN autre que A, il en résulte que le plan et la sphère ne peuvent avoir de commun que le point A. Donc, etc.

799. COROLLAIRE. Par un point donné sur une sphère, on ne peut mener qu'un seul plan tangent à cette sphère.

Théorème n° 279.

800. *L'intersection de deux sphères est une circonférence. Le plan de cette circonférence est perpendiculaire à la droite qui joint les centres des sphères et cette droite passe par le centre de la circonférence.*

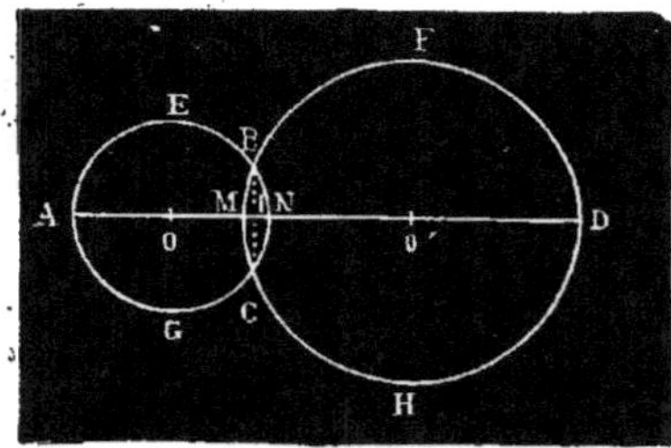

Figure 456

Soient O et O' (*fig.* 456) les centres de deux sphères. Je suppose un plan passant par la droite unissant ces deux centres et coupant les sphères suivant les deux grands cercles ayant OA et O'D pour rayons.

On peut considérer les deux sphères comme engendrées par la rotation des deux demi-cercles AEN et MFD, tournant ensemble autour de la droite AD.

Dans le mouvement, le point B restera constamment commun aux deux grands cercles. Conséquemment, la courbe décrite par le point B est la courbe d'intersection des deux sphères. Or, cette courbe est plane puisque la droite BI, en tournant, ne cesse pas d'être perpendiculaire à AD. De plus, la dite courbe est une circonférence puisque, dans le mouvement de rotation, le point B, dans toutes ses positions, est à la même distance de la droite AD. Donc etc.

POSITIONS RELATIVES DE DEUX SPHÈRES.

801. Si deux sphères, extérieures l'une à l'autre, n'ont aucun point de commun, la distance des centres est plus grande que la somme des rayons.

802. Si deux sphères, extérieures l'une à l'autre, se touchent de manière à n'avoir qu'un seul point commun, la distance des centres est égale à la somme des rayons.

803. Lorsque deux sphères, intérieures l'une à l'autre, n'ont aucun point de commun, la distance des centres est plus petite que la différence des rayons.

804. Lorsque deux sphères, intérieures l'une à l'autre, se touchent de manière à n'avoir qu'un seul point commun, la distance des centres est égale à la différence des rayons.

805. Lorsque deux sphères se coupent, la distance des centres est plus petite que la somme des rayons et plus grande que la différence de ces rayons.

Problème n° 85.

806. *Une sphère étant donnée, trouver son rayon.*

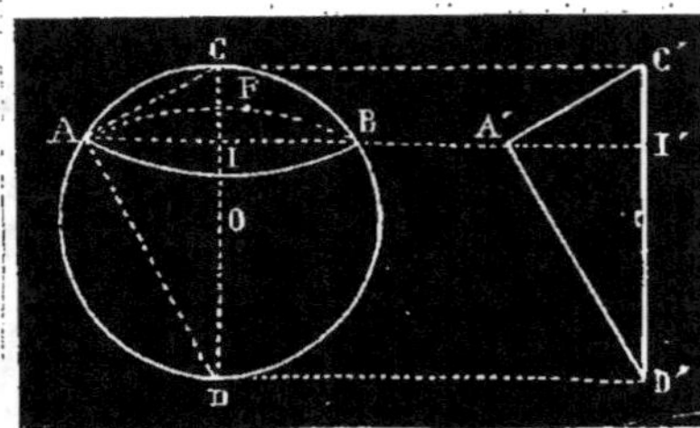

Figure 457.

Soit la sphère ayant son centre en O (*fig.* 457). J'applique une pointe de compas en un point quelconque C de la surface de la sphère et, avec une ouverture arbitraire, je trace, sur la sphère, au moyen de l'autre pointe, un petit cercle AB. Sur la circonférence de ce petit cercle, je prends trois points quelconques, par exemple les points A, F, B. Je mesure avec le compas les trois distances rectilignes AF, FB, AB, puis je construis un triangle au moyen de ces trois longueurs Je circonscris au triangle ainsi obtenu une circonférence qui est égale à la circonférence du cercle AB. Conséquemment, le rayon de la circonférence circonscrite sera le rayon du cercle AB.

Maintenant, je suppose un grand cercle passant par le diamètre CD et par les extrémités A et B du diamètre du petit cercle. Je joins par des droites le point A aux points C et D et j'obtiens le triangle rectangle CAD qu'il me suffit de construire sur un plan pour avoir le diamètre CD et, par suite, le rayon de la sphère.

Or, j'ai les éléments nécessaires pour construire ce triangle rectangle. En effet, je connais l'hypothénuse CA et le côté AI du triangle rectangle CIA. Je puis donc le construire en C'I'A'. Je prolonge le côté C'I' et, au point A', j'élève sur A'C' une perpendiculaire qui rencontre au point D' la droite C'I' prolongée. Comme les deux triangles rectangles C'A'D' et CAD sont égaux, il en résulte que C'D' est égale au diamètre de la sphère. Conséquemment, le rayon est égal à la moitié de C' D'.

Problème n° 86

807. *Par deux points M et N pris arbitrairement sur la surface de la sphère (fig. 458), tracer une circonférence de grand cercle.*

Du point M, considéré comme pôle, avec une ouverture de compas convenable, je décris un arc de grand cercle. Du point N .

considéré aussi comme pôle, avec la même ouverture de compas, je décris un second arc de grand cercle coupant le premier au point A, qui est le pôle du grand cercle demandé. Je n'ai donc qu'à appuyer la

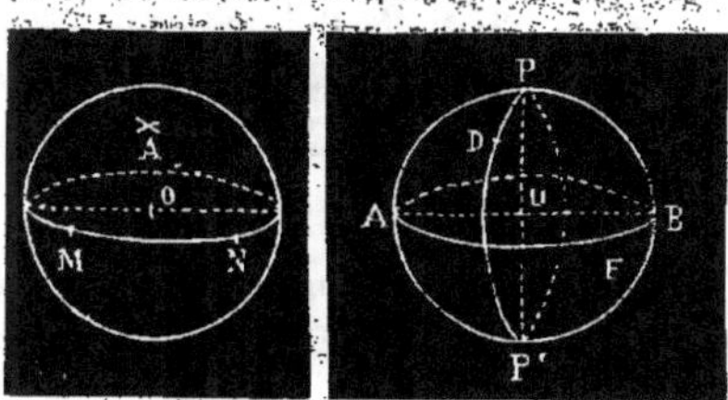

Figure 458.   Figure 459.

pointe du compas au point A et à tracer une circonférence au moyen de l'autre pointe, avec une ouverture égale à MA, pour avoir le résultat demandé.

Problème n° 87.

808 *Par un point donné D (fig. 459), pris sur la surface d'une sphère, mener un grand cercle perpendiculaire au grand cercle AB.*

Le grand cercle demandé devant passer par le point D, son pôle sera situé en E, sur la circonférence du grand cercle AB, le point D étant à une distance rectiligne DE = PA. Au point E, on appuie la pointe d'un compas et, avec une ouverture convenable, on décrit le grand cercle PDP', qui répond à la question. Ce grand cercle passe par les pôles P et P' du grand cercle donné AB.

Aire de la zone et de la sphère.

Théorème n° 280.

809. *La surface engendrée par une ligne brisée régulière tournant autour d'un axe mené par son centre, c'est-à-dire d'un diamètre, est égale au produit de la* *circonférence inscrite par la projection de la ligne brisée sur l'axe* (1).

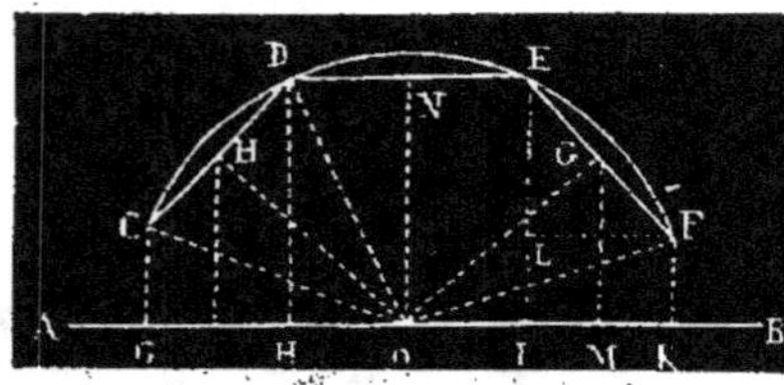

Figure 460

Il faut démontrer que la surface engendrée par la ligne brisée régulière CDEF (*fig.* 460), tournant autour de l'axe AB, est égale au produit de la circonférence, ayant OG pour rayon, par GK, projection de la ligne brisée sur l'axe.

Par les sommets F, E, D, C, j'abaisse les perpendiculaires FK, EI, DH et CG.

Il est clair que, dans le mouvement de rotation, le côté EF décrira un tronc de cône ayant KF et IE pour rayons des deux cercles de base. Par le point F, j'abaisse FL perpendiculaire à EI et, par le point G, milieu de EF, j'abaisse GM perpendiculaire à l'axe AB. Alors, la perpendiculaire FL est la hauteur du tronc de cône décrit par le côté FE, et la perpendiculaire GM est le rayon d'une circonférence égale à la

demi-somme des circonférences de base ayant pour rayons KF et IE.

Comme l'aire latérale d'un tronc de cône est égale au produit de la demi-somme des circonférences de bases par son apothème (768) j'aurai, pour l'aire du tronc de cône dont l'apothème est EF :

(1) $\qquad 2\pi \times GM \times EF.$

Les deux triangles rectangles GMO et FLE sont semblables, parce que leurs angles sont égaux, les cotés de ces angles étant perpendiculaires chacun à chacun par construction. Conséquemment, j'ai la proportion :

(2) $\qquad OG : EF :: GM : FL,$

D'où :

(3) $\qquad GM \times EF = OG \times FL.$

et, dans cette égalité, en remplaçant la droite FL par son égale KI, j'aurai :

(4) $\qquad GM \times EF = OG \times KI.$

Si, dans la formule (1) donnant l'aire latérale du tronc de cône, je remplace le produit $GM \times EF$ par son égal $OG \times KI$, il viendra :

(5) $\qquad 2\pi \times OG \times KI.$

Cette expression fait voir que l'aire latérale du tronc de cône engendré par le côté EF est égale au produit de la circonférence de rayon OG, c'est-à-dire la circonférence inscrite, par la projection KI du côté EF sur l'axe AB.

Par la même raison, le tronc de cône engendré par le côté DE a pour aire latéral le produit de la circonférence de rayon ON, c'est-à-dire la circonférence inscrite, par la projection HI du côté DE sur l'axe AB.

Donc, la surface engendrée par chacun des côtés de la ligne brisée régulière CDEF est égale au produit de la circonférence inscrite dans la ligne brisée, par la projection de ce côté sur l'axe AB.

---

(1) *Une ligne brisée régulière* est une ligne brisée plane ayant tous ses angles et tous ses côtés égaux.

Ainsi, CDEF (*fig.* 460), est une ligne brisée régulière, parce que ses côtés CD, DE, EF sont égaux, et parce que ses angles CDE et DEF sont aussi égaux.

Il résulte de cette définition qu'une ligne brisée régulière n'est qu'une portion de polygone régulier, qu'on peut inscrire et circonscrire une circonférence à cette ligne brisée qui, conséquemment, comme la circonférence, a un *centre*, un *rayon*, un *apothème* et un *diamètre*. Dans le cas de la figure 460, le centre est O; le rayon est OF, ou toute autre droite allant du centre au sommet d'un des angles, l'apothème est OG, ON ou OH, et le diamètre est AB.

Pour tracer une ligne brisée régulière dans un arc de cercle, il faut diviser cet arc en un certain nombre de parties égales et joindre les points de divisions deux à deux, par des droites.

L'espace compris entre la ligne brisée régulière CDEF et les deux rayons extrêmes OC et OF est un *secteur polygonal régulier*.

Conséquemment, la surface engendrée par la ligne brisée CDEF est égale à

(6) $(2\pi \times OG \times KI) + (2\pi \times OG \times IH) + (2\pi \times OG \times HG)$,

c'est-à-dire à :

(7) $(2\pi \times OG) \times (KI + IH + HG)$

ou, en remplaçant $KI + IH + HG$ par KG,

(8) $\qquad 2\pi \times OG \times KG.$

Donc, etc.

810. Corollaire.—La surface engendrée par le mouvement d'un demi-polygone régulier (le nombre des côtés du polygone régulier étant pair) tournant autour de son diamètre, comme axe, est égale au produit de la circonférence du cercle inscrit par le diamètre de la circonférence circonscrite.

811. On donne le nom de *zone* à la portion de la surface de la sphère comprise entre deux plans parallèles.

Ainsi, supposons deux plans parallèles coupant la sphère de diamètre MN (*fig.* 461) suivant deux cercles AEBF et CGDH, dont les centres O et P se trouvent situés sur le diamètre MN perpendiculaire aux deux plans, la zone, limitée par ces deux cercles qui en sont les *bases*, est formée par la rotation de l'arc AC tournant autour du rayon MN.

812. La *hauteur* d'une zone est la perpendiculaire abaissée d'un point quelconque de la base supérieure sur le plan de la base inférieure. On peut prendre la portion OP du diamètre MN pour la portion de la zone ABDC (*fig.* 461).

813. Une *calotte sphérique* est une zone à une seule base, comme MAEBF (*fig.* 461). La hauteur d'une calotte sphérique est la perpendiculaire abaissée de son sommet sur le plan du cercle de base, et cette hauteur tombe toujours au centre du cercle.

La hauteur de la calotte sphérique considérée est la portion MO du diamètre MN, perpendiculaire au plan de la base.

On peut considérer la calotte sphérique MAEBF comme engendrée par la rotation

de l'arc MA tournant autour du diamètre MN.

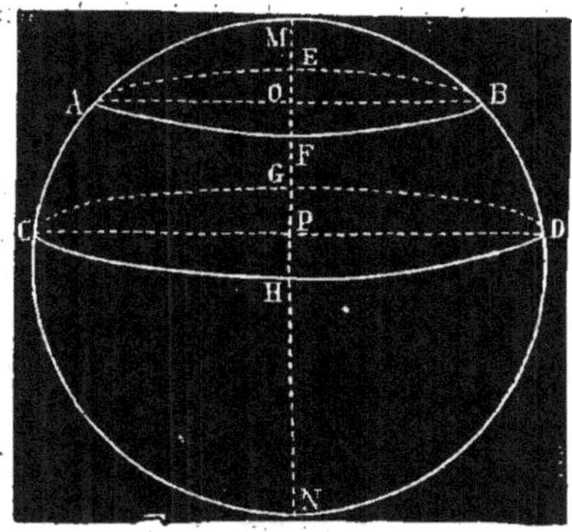

Figure 461.

Si l'on suppose la demi-circonférence MCN (*fig.* 461) tournant autour du diamètre MN, cette demi-circonférence formera une sphère divisée en deux calottes sphériques, l'une, MAEBF, plus petite qu'une demi-sphère, et l'autre, NCHDG, plus grande que la même demi-sphère.

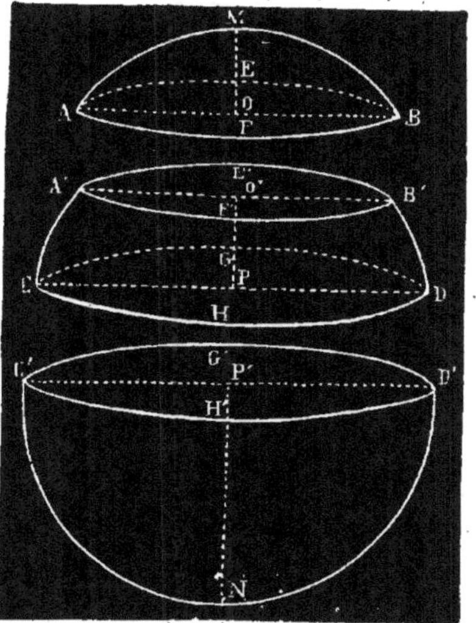

Figure 462.

La figure 462 fait voir, détachées d'une même sphère, les deux calottes sphériques MAEBF et NC'G'D'H', ainsi que la zone A'E'B'F'CGDH.

Théorème n° 281.

814. *L'aire latérale d'une zone est égale au produit de la circonférence d'un grand cercle par sa hauteur.*

En effet, je puis considérer une ligne brisée régulière d'un grand nombre de côtés comme inscrite dans l'arc AC (*fig.* 461). Or, la surface engendrée par cette ligne brisée tournant autour du diamètre MN, est égale au produit de la circonférence inscrite par la projection de la ligne brisée sur l'axe de rotation. Comme l'arc AC est la limite vers laquelle tend la ligne brisée supposée inscrite; que, de plus, le rayon de la sphère est la limite vers laquelle tend le rayon du cercle inscrit, il en résulte que la surface engendrée par l'arc AC, c'est-à-dire la zone, est égale au produit de la circonférence d'un grand cercle par la hauteur OP de la zone.

815. Par le même raisonnement, je démontrerais que l'aire de la calotte sphérique MAEBF (*fig.* 461) est égale au produit de la circonférence d'un grand cercle par sa hauteur MO.

816. Si R est le rayon d'une sphère et H la hauteur d'une zone appartenant à cette sphère, l'aire de la zone sera

$$2\pi R \times H.$$

817. Corollaire. — Dans une même sphère ou dans des sphères égales, les aires de deux zones sont proportionnelles aux hauteurs de ces zones.

Théorème n° 282.

818. *L'aire d'une sphère est égale au produit de la circonférence d'un grand cercle par son diamètre.*

La sphère ayant MN (*fig.* 461) pour diamètre, peut être considérée comme engen-

drée par la rotation de la demi-circonférence MCN tournant autour de ce diamètre. Je puis considérer une ligne brisée régulière comme inscrite dans la demi-circonférence MCN. Or, la surface engendrée par cette ligne brisée tournant autour du diamètre MN est égale au produit de la circonférence inscrite par la projection de la ligne brisée sur ce diamètre. Comme la demi-circonférence MCN est la limite vers laquelle tend la ligne brisée supposée inscrite; que, de plus, le rayon de la sphère est la limite vers laquelle tend le rayon du cercle inscrit; que, en outre, la projection de la demi-circonférence sur le diamètre est ce diamètre lui-même, on en conclut que la surface de la sphère est égale au produit de la circonférence d'un grand cercle par le diamètre.

819. Si une sphère a R pour rayon, son diamètre sera 2R, la circonférence d'un grand cercle sera $2\pi R$, et on aura pour son aire :

$$2\pi R \times 2R \text{ ou } 4\pi R^2.$$

Comme l'aire d'un grand cercle est égale à πR^2, on en conclut que *l'aire d'une sphère est égale à la somme des aires de quatre grands cercles.*

820. Corollaire. — Les aires de deux sphères sont proportionnelles aux carrés de leurs rayons ou de leurs diamètres.

Volumes du secteur sphérique, de la sphère et du segment sphérique.

Théorème n° 283.

821. *Le volume engendré par un triangle quelconque tournant autour d'un axe tracé dans le plan de ce triangle et passant par un des sommets, est égal à la surface engendrée par le côté opposé à ce sommet, multipliée par le tiers de la perpendiculaire abaissée du sommet par lequel passe l'axe, sur le côté opposé à ce sommet.*

Deux cas se présentent : 1° ou l'axe est un des côtés du triangle; 2° ou l'axe n'a, avec le triangle, qu'un seul point commun, qui est l'un de ses sommets, cet axe ne traversant pas le triangle.

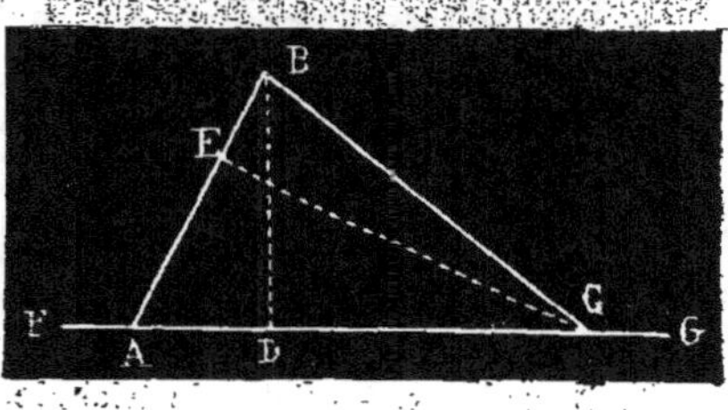

Figure 463.

1° Soit le triangle ABC (*fig.* 463) tournant autour du côté AC. Du sommet B, j'abaisse la perpendiculaire BD sur AC, et du sommet C, j'abaisse la perpendiculaire CE sur BA. Je vais démontrer, d'après l'énoncé du théorème, que le volume engendré par le triangle ABC, tournant autour de AC, est égal à la surface engendrée par le côté BA, multipliée par le tiers de la perpendiculaire EC.

Le triangle donné ABC vaut la somme des deux triangles rectangles BDA et BDC. Or, ces deux triangles rectangles, dans leur rotation autour de l'axe AC, engendrent deux cônes droits à bases circulaires ayant AD et CD pour hauteurs; AB et CB pour génératrices et le cercle décrit par BD pour base commune.

Le volume cherché est donc égal au volume des deux cônes droits, c'est-à-dire :

$$(1) \quad \left(\frac{1}{3}\pi \overline{BD}^2 \times AD\right) + \left(\frac{1}{3}\pi \overline{BD}^2 \times CD\right).$$

Or, multiplier $\frac{1}{3}\pi \overline{BD}^2$ par AD, puis ajouter au résultat le produit de $\frac{1}{3}\pi \overline{BD}^2$ par CD, cela revient à multiplier $\frac{1}{3}\pi \overline{BD}^2$ par AD + CD, c'est-à-dire par AC. Donc, l'expression (1) revient à

$$(2) \quad \frac{1}{3}\pi \overline{BD}^2 \times AC.$$

Je puis mettre cette dernière expression sous cette forme :

$$(3) \quad \frac{1}{3}\pi BD \times AC \times BD.$$

Les deux produits $AC \times BD$ et $BA \times CE$ sont égaux, puisqu'ils représentent l'un et l'autre le double de l'aire du triangle ABC.

Si, dans l'expression (3), je remplace le produit $AC \times BD$ par son égal $BA \times CE$, j'aurai :

$$(4) \quad \frac{1}{3}\pi BD \times BA \times CE, \text{ ou}$$

$$(5) \quad \pi BD \times BA \times \frac{CE}{3}.$$

Dans l'expression (5), le produit $\pi BD \times BA$ exprime l'aire du cône droit décrit par le côté BA, puisque cette aire est égale à $2\pi BD \times \frac{BA}{2}$, ou :

$$(6) \quad \pi BD \times BA.$$

Conséquemment, dans l'expression (5), en remplaçant le produit $\pi BD \times BA$ par surface BA, j'aurai :

$$(7) \quad \text{vol. ABC} = \text{surf. BA} \times \frac{CE}{3}.$$

Donc, etc.

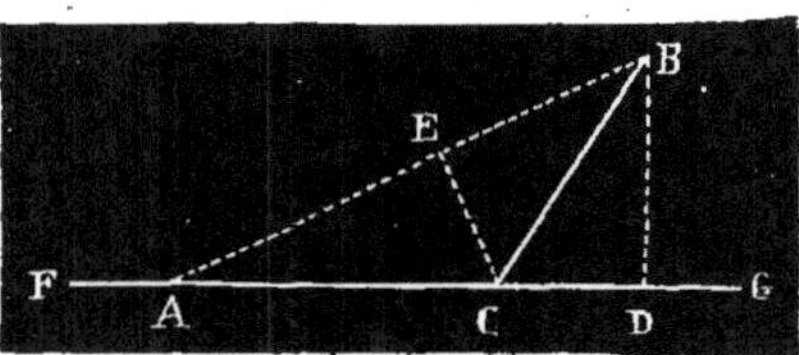

Figure 464.

Si l'angle C (*fig.* 464) était obtus au lieu d'être aigu, comme dans la figure 463, la perpendiculaire BD, abaissée sur AC, tomberait en dehors du triangle et le volume engendré par le triangle ACB vaudrait la différence des volumes engendrés par les deux triangles rectangles BDA et BDC, c'est-à-dire, comme précédemment (2) :

$$\frac{1}{3}\pi \overline{BD}^2 \times AC,$$

quantité que l'on ramènerait par les mêmes transformations à :

$$vol.\ ABC = surf.\ BA \times \frac{CE}{3}.$$

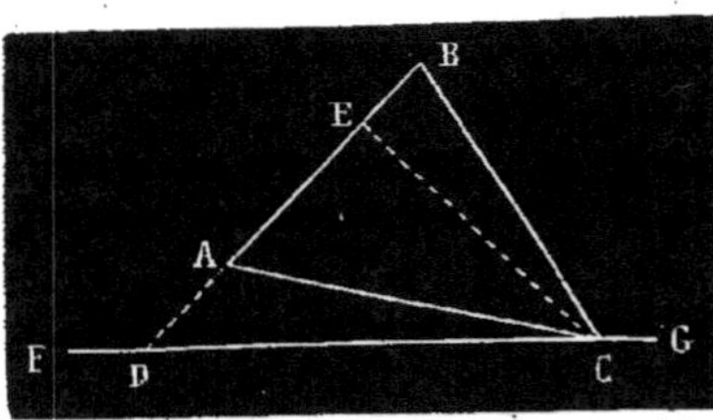

Figure 465.

2° L'axe de rotation FG (*fig.* 465), ne traversant pas le triangle ABC, n'a de commun avec ce triangle que le point C, sommet d'un des angles.

Je prolonge le côté BA jusqu'à la rencontre de l'axe FG au point D, et je suppose que le triangle DBC tourne autour de l'axe FG. Alors, le volume engendré par le triangle DBC sera égal au volume engendré par le triangle DBC, moins le volume engendré par le triangle DAC. Mais le volume engendré par le triangle DBC, d'après ce qui vient d'être démontré, est égal à :

$$surf.\ BD \times \frac{CE}{3}.$$

De même, le volume engendré par le triangle DAC est égal à :

$$urf.\ AD \times \frac{CE}{3}.$$

Si je retranche la seconde surface de la première, comme BA = BD — AD, j'aurai :

$$vol.\ ABC = surf.\ BA \times \frac{CE}{3}.$$

Cette expression fait voir que le volume engendré par le triangle ABC, tournant autour de l'axe FG passant par le sommet C, est égal au produit de la surface qu'engendre le côté BA par la hauteur CE, correspondant au côté BA.

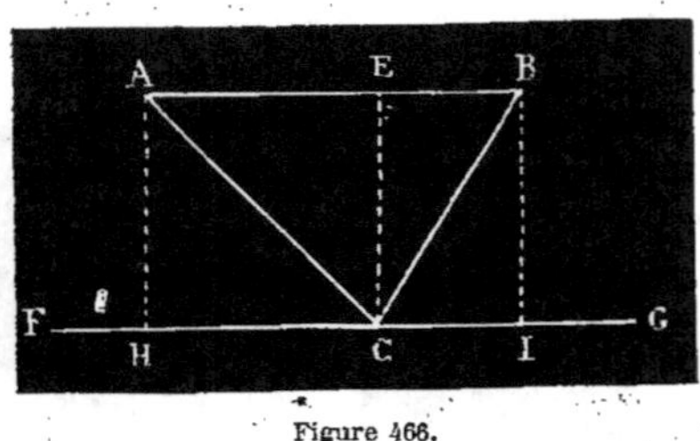

Figure 466.

822. REMARQUE. — Dans le triangle ABC (*fig.* 465), le côté BA prolongé rencontre l'axe de rotation FG, mais il peut arriver, comme dans la figure 466, que le côté BA soit parallèle à l'axe de rotation FG. Comme dans le cas général, et, par un raisonnement semblable, je démontrerais que le volume engendré par le triangle ABC dans son mouvement de rotation autour de l'axe FG, serait égal à :

$$surf.\ BC \times \frac{CE}{3}.$$

Mais voici une démonstration directe de ce cas particulier :

Par les sommets A et B, j'abaisse les deux perpendiculaires AH et BI et je forme le rectangle HABI qui, en tournant autour de l'axe FG, engendre un cylindre. Alors, pour avoir le volume engendré par le triangle ABC, il faut faire la somme des deux cônes engendrés par les deux triangles rectangles AHC et BIC et retrancher cette somme du volume du cylindre.

Le volume du cylindre est égal à :

$$(1) \qquad \pi\ \overline{CE}^2 \times AB.$$

Les deux cônes ont ensemble pour volume :

$$(2) \quad \left(\frac{1}{3}\,\pi\ \overline{CE}^2 + CH\right) + \left(\frac{1}{3}\,\pi\ \overline{CE}^2 + CI\right).$$

Comme CH + CI = AB, cette somme revient à :

$$(3) \qquad \frac{1}{3}\,\pi\ \overline{CE}^2 \times AB.$$

Pour avoir le volume cherché, il faut retrancher l'expression (3) de l'expression (1). D'où :

$$(4) \quad \left(\pi \ \overline{CE}^2 \times AB \right) - \left(\frac{1}{3} \ \pi \ \overline{CE}^2 \times AB \right).$$

Pour effectuer cette soustraction, il suffit de retrancher $\frac{1}{3}$ de $\frac{3}{3}$ et de joindre à $\frac{2}{3}$ le facteur commun $\pi \ \overline{CE}^2 \times AB$, ce qui me donne :

$$(5) \quad \frac{2}{3} \ \pi \ \overline{CE}^2 \times AB, \text{ ou}$$

$$(6) \quad \frac{2}{3} \ \pi \ CE \times AB \times CE, \text{ ou}$$

$$(7) \quad 2 \ \pi \ CE \times AB \times \frac{CE}{3}.$$

Comme $2 \pi CE \times AB$ représente la surface décrite par le côté AB, je puis remplacer cette quantité par *surface* AB, et j'aurai :

$$(8) \quad vol. \ ABC = surf. \ AB \times \frac{CE}{3}.$$

Donc, etc.

Définitions.

823. On appelle *secteur polygonal* la surface comprise entre une ligne brisée formée par un ou plusieurs côtés d'un polygone régulier et deux rayons aboutissant aux extrémités de la ligne brisée.

Ainsi, la surface ABCDO (*fig.* 467) est un secteur polygonal, parce que cette surface a pour limites la ligne brisée ABCD, formée par les trois côtés d'un octogone régulier et par les deux rayons OA et OD allant du centre O aux extrémités A et D de la ligne brisée.

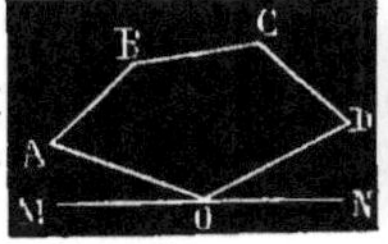

Figure 467.

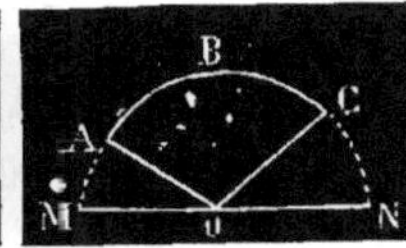

Figure 468.

824. On appelle *secteur circulaire* la surface comprise entre un arc de cercle et deux rayons aboutissant aux extrémités de cet arc de cercle.

Ainsi, la surface comprise entre l'arc ABC (*fig.* 468) et les deux rayons OA et OC est un segment circulaire.

825. On appelle *segment circulaire* l'espace compris entre l'arc d'un grand cercle de la sphère et la corde de cet arc.

Ainsi, l'espace compris entre l'arc DIF (*fig.* 470) et la corde DF est un segment circulaire.

826. Un *secteur sphérique* est le volume engendré par un secteur circulaire tournant autour d'un de ses côtés.

Ainsi, le volume engendré par le secteur circulaire COA (*fig.* 469), tournant autour du côté CO, par exemple, est un secteur sphérique.

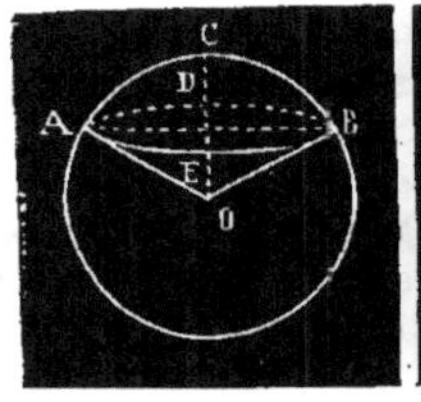

Figure 469.

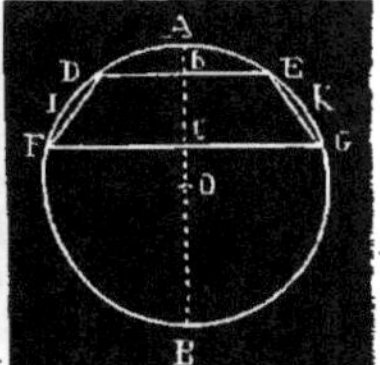

Figure 470.

Ce secteur sphérique se compose de la calotte sphérique CADBE et du cône OADBE.

827. Si des extrémités D et F d'un segment circulaire on abaisse deux perpendiculaires DB et FC sur le diamètre AB (*fig.* 470) du grand cercle auquel appartient le segment circulaire DF, le trapèze curviligne DBCF, tournant autour du diamètre AB, décrit un volume nommé *segment sphérique*.

828. Un *segment sphérique* est donc une portion du volume de la sphère, comprise entre deux plans parallèles et la surface de la zone correspondante.

Théorème n° 284.

829. *Le volume engendré par un secteur polygonal régulier OABCD (fig. 471) tournant autour d'un diamètre MN, mené dans son plan et extérieur à sa surface, est égal au produit de la surface que décrit la ligne brisée ABCD par le tiers de son apothème OE.*

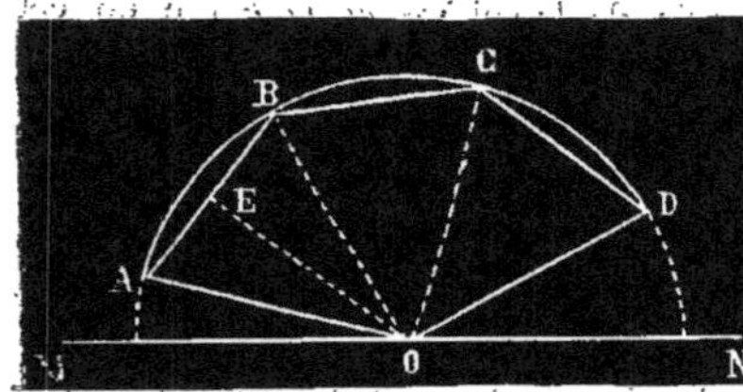

Figure 471.

Je joins le centre O aux deux sommets B, C, et je forme les trois triangles isocèles égaux AOB, BOC, COD. Du centre O j'abaisse la perpendiculaire OE sur le côté AB, laquelle perpendiculaire est l'apothème du secteur polygonal.

Le volume engendré par le secteur polygonal est égal à la somme des volumes engendrés par les trois triangles, lesquels volumes réunis donnent :

$$\left(surf.\ AB \times \frac{OE}{3} \right) + \left(surf.\ BC \times \frac{OE}{3} \right)$$

$$+ \left(surf.\ CD \times \frac{OE}{3} \right),$$

c'est-à-dire :

$$(surf.\ AB + surf.\ BC + surf.\ CD) \times \frac{OE}{3},$$

ou, enfin :

$$vol.\ OABCD = surf.\ ABCD \times \frac{OE}{3}.$$

Donc, etc.

Théorème n° 285.

830. *Le volume d'un secteur sphérique est égal au produit de l'aire de la zone qui lui sert de base par le tiers du rayon de la sphère.*

Soit le secteur circulaire COD (*fig.* 472) tournant autour du diamètre AB et engendrant un secteur sphérique ayant pour base la zone décrite par l'arc CD. Si je suppose inscrite dans l'arc CD une ligne brisée d'un grand nombre de côtés, je formerai un secteur polygonal ayant pour limite le secteur circulaire OCD. Conséquemment, le solide engendré par le secteur polygonal aura pour limite le solide engendré par le secteur circulaire, c'est-à-dire le secteur sphérique. Or, le volume engendré par un secteur polygonal régulier est égal au produit de la surface qu'engendre son périmètre par le tiers de l'apothème. Donc, le volume d'un secteur sphérique est égal au produit de la surface engendrée par l'arc de cercle, c'est-à-dire au produit de la zone de base par le tiers du rayon.

831. COROLLAIRE. — Si je désigne par R le rayon de la sphère et par H la hauteur de la zone de base du secteur sphérique, j'aurai déjà (814) pour la surface de la zone :

$$2\pi R \times H.$$

En multipliant cette quantité par le tiers du rayon, j'aurai le volume du secteur sphérique, qui sera :

$$(2\pi R \times H) \times \frac{R}{3},$$

ou

$$\frac{2}{3}\ \pi R^2 \times H.$$

Cette formule fait voir que, pour calculer le volume d'un secteur sphérique, on peut encore *multiplier le carré du rayon de la sphère par* π, *puis multiplier le produit par la hauteur de la zone et prendre les deux tiers du résultat.*

Théorème n° 286.

832. *Le volume d'une sphère est égal au produit de son aire par le tiers du rayon.*

La sphère ayant son centre en O (*fig.* 473),

peut, on le sait, être considérée comme engendrée par le mouvement de la demi-circonférence ACDB tournant autour de son diamètre AB. On peut aussi considérer le volume de la sphère comme engendré par le mouvement des trois secteurs circulaires AOC, COD, DOB (que je dési-

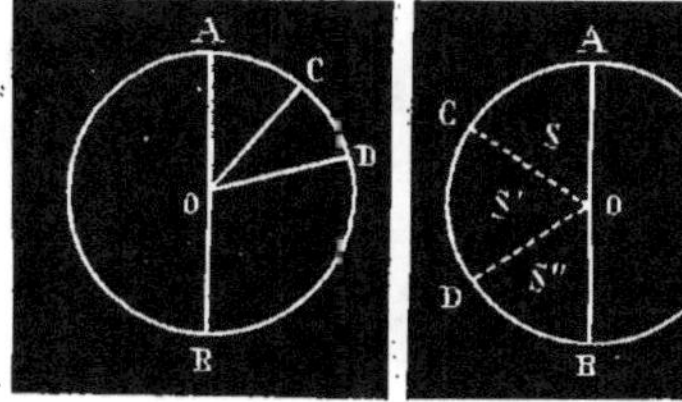

Figure 472.   Figure 473.

gne par S, S' S") tournant autour du diamètre AB. Il est clair que le volume de la sphère sera égal à la somme des trois volumes des secteurs sphériques formés par les trois secteurs circulaires qui viennent d'être désignés.

Or (830), j'ai pour ces trois volumes :

$$1° \quad S = \text{zone AC} \times \frac{R}{3};$$

$$2° \quad S' = \text{zone CD} \times \frac{R}{3};$$

$$3° \quad S'' = \text{zone DB} \times \frac{R}{3}.$$

Le volume de la sphère étant égal à la somme des volumes de ces trois secteurs sphériques, j'aurai :

$$\text{Vol. sph.} = (\text{zone AC} + \text{zone CD} + \text{zone DB}) \times \frac{R}{3},$$

ou :

$$\text{Vol. sph.} = \text{surf. sph.} \times \frac{R}{3}.$$

Donc, etc.

833. *Autre démonstration plus élémentaire.* Je puis considérer la surface de la sphère comme partagée en un grand nom-

bre de polygones réguliers. Si je suppose le centre de la sphère joint, par des droites, aux sommets des angles de tous ces polygones réguliers, je décomposerai le volume de la sphère en un grand nombre de pyramides régulières, ayant toutes pour hauteurs le rayon de la sphère. Or, le volume d'une pyramide étant égal au produit de l'aire de sa base par le tiers de sa hauteur (669), il en résulte que le volume de toutes ces pyramides, c'est-à-dire le volume de la sphère, est égal à la somme des aires de bases des pyramides, c'est-à-dire à l'aire de la sphère par le tiers du rayon.

834. COROLLAIRE I. — En désignant le volume d'une sphère par V et son rayon par R, sa surface (819) étant $4\pi R^2$, j'aurai :

$$V = 4\pi R^2 \times \frac{R}{3}, \text{ ou}$$

$$V = \frac{4\pi R^3}{3}.$$

Cette formule démontre que, pour calculer le volume d'une sphère, il faut faire *le cube du rayon, multiplier ce cube par* π, *multiplier ensuite le produit obtenu par* **4** *et prendre le tiers du résultat.*

835. COROLLAIRE II. — Les volumes de deux sphères sont proportionnels aux cubes de leurs rayons ou de leurs diamètres.

Théorème n° 287.

836. *Le volume engendré par un segment circulaire CED* (fig. 474) *tournant autour du diamètre MN, est égal à la moitié du volume d'un cône dont la base a la corde CD pour rayon et dont la hauteur est égale à la projection AB de cette corde sur l'axe MN.*

On remarque que le segment circulaire CED est égal à la différence existant entre le secteur circulaire CDO et le triangle CDO. Conséquemment, le volume engendré par le segment circulaire CED est égal à la différence existant entre le volume engendré par le secteur circulaire OCED et le volume engendré par le triangle CDO.

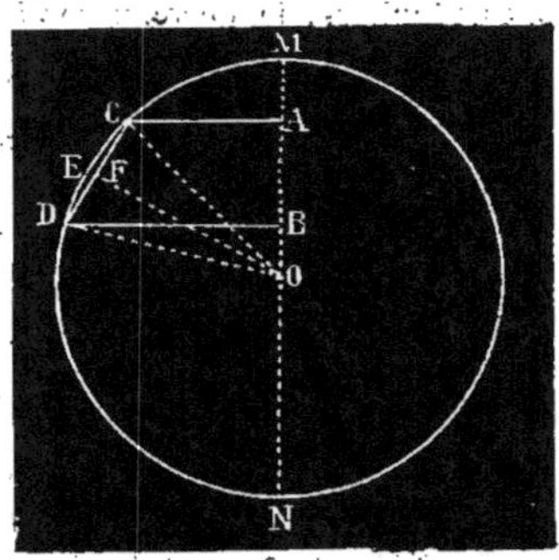

Figure 474.

Je désigne par S le volume engendré par le segment circulaire CED, par S' le volume engendré par le secteur circulaire OCED, et par S" le volume engendré par le triangle CDO.

Or, le volume engendré par le secteur circulaire S' est (830) :

$$(1) \quad S' = \frac{2}{3} \pi \ \overline{OD}^2 \times AB.$$

Le volume engendré par le triangle CDO est :

$$(2) \quad S'' = \frac{2}{3} \pi \ \overline{OF}^2 \times AB.$$

Comme S = S' — S", j'aurai :

$$(3) \quad S = \left(\frac{2}{3} \pi \ \overline{OD}^2 \times AB \right)$$
$$- \left(\frac{2}{3} \pi \ \overline{OF}^2 \times AB \right).$$

Cette égalité revient à :

$$(4) \quad S = \frac{2}{3} \pi \left(\overline{OD}^2 - \overline{OF}^2 \right) \times AB.$$

Le triangle rectangle OFD donne :

$$(5) \quad \overline{OD}^2 - \overline{OF}^2 = \overline{DF}^2 = \frac{\overline{DC}^2}{4}.$$

Dans l'égalité (4), en remplaçant $\overline{OD}^2 - \overline{OF}^2$ par son égal $\dfrac{\overline{DC}^2}{4}$, j'aurai :

$$(6) \quad S = \frac{2}{3} \pi \ \frac{\overline{DC}^2}{4} \times AB.$$

Si, dans cette dernière égalité, je multiplie par 4 les deux fractions $\dfrac{\overline{DC}^2}{4}$ et $\dfrac{2}{3}$, j'aurai $\overline{DC}^2$ et $\dfrac{2}{12}$ ou $\dfrac{1}{6}$, c'est-à-dire :

$$(7) \quad S = \frac{1}{6} \pi \ \overline{DC}^2 \times AB.$$

Comme de cône ayant pour base le cercle dont la corde CD est le diamètre et dont la hauteur est AB, a pour volume :

$$(8) \quad \frac{1}{3} \pi \ \overline{DC}^2 \times AB.$$

le théorème est démontré.

Théorème n° 288.

837. *Le volume d'un segment sphérique a pour mesure le produit de la demi-somme de ses bases par sa hauteur, plus le volume de la sphère dont cette hauteur serait le diamètre.*

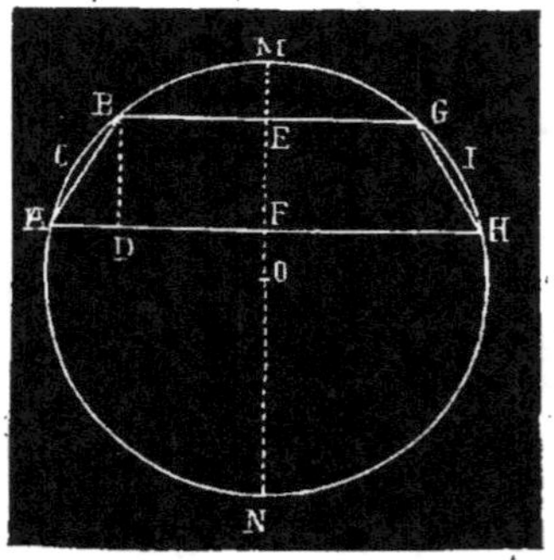

Figure 475.

Soient les deux cercles parallèles ayant BG, AH (*fig.* 475) pour diamètres et BE, AF pour rayons, et soit EF la hauteur du segment sphérique.

Il est clair que le volume du segment sphérique a pour mesure le volume engendré par le segment circulaire BCA plus le volume du tronc de cône engendré par le trapèze BEFA tournant, l'un et l'autre, autour du diamètre MN.

Le volume du tronc de cône est égal à (771) :

$$(1)\ \left[\frac{1}{3}\ \pi\ EF\ \left(\overline{BE}^2 + \overline{AF}^2 + (BE \times AF)\right)\right].$$

Le volume engendré par le segment circulaire BCA est égal à (836).

$$(2)\ \frac{1}{6}\ \pi\ \overline{BA}^2 \times EF\ ou\ \frac{1}{6}\ \pi\ EF \times \overline{BA}^2.$$

Conséquemment, le volume demandé est égal à :

$$(3)\ \frac{1}{3}\ \pi EF\ \left(\overline{BE}^2 + \overline{AF}^2 + (BE \times AF)\right) + \frac{1}{6}\ \pi EF \times \overline{BA}^2.$$

Le premier membre de cette addition revient à :

$$(4)\ \frac{1}{6}\ \pi EF\left(2\overline{BE}^2 + 2\overline{AF}^2 + 2(BE \times AF)\right),$$

et l'expression (3) peut être ainsi transformée :

$$(5)\ \frac{1}{6}\ \pi EF\left(2\overline{BE}^2 + 2\overline{AF}^2 + 2\left(BE \times AF + \overline{BA}^2\right)\right).$$

Par le point B, je mène BD parallèle à MN et j'ai AD = AF — BE. En élevant la différence AF — BE au carré, j'aurai :

$$(6)\ (AF - BE)^2 = \overline{AF}^2 - 2(AF \times BE) + \overline{BE}^2.$$

Le triangle rectangle BDA donne :

$$(7)\ \overline{BA}^2 = \overline{BD}^2 + \overline{AD}^2\ ou\ \overline{BA}^2 = \overline{EF}^2 + \overline{AD}^2.$$

Comme $\overline{AD}^2 = (AF - BE)^2$, en remplaçant dans l'égalité (7) $\overline{AD}^2$ par sa valeur donnée par l'égalité (6), j'aurai ·

$$(8)\ \overline{BA}^2 = \overline{EF}^2 + \overline{AF}^2 - 2(AF \times BE) + \overline{BE}^2.$$

Si, dans l'expression (3), je remplace $\overline{BA}^2$ par sa valeur donnée par l'égalité (8), et si j'efface les termes qui se détruisent, il viendra :

$$(9)\ \frac{1}{6}\ \pi \times EF \times \left(3\overline{BE}^2 + 3\overline{AF}^2 + \overline{EF}^2\right).$$

Cette valeur peut se décomposer en deux parties, savoir :

$$(10)\ \frac{1}{6}\ \pi EF\ \left(3\overline{BE}^2 + 4\overline{AF}^2\right),$$

$$(11)\ et\ \frac{1}{6}\ \pi\overline{EF}^2.$$

L'expression (10) revient à

$$(12)\ EF\ \left(\frac{\pi\overline{BE}^2 + \pi\overline{AF}^3}{2}\right)$$

et représente le produit de la demi-somme des bases du segment sphérique par la hauteur EF.

L'expression (11) représente le volume de la sphère ayant pour diamètre la hauteur EF du segment sphérique.

Donc, etc.

838. Corollaire. — Si l'une des bases est nulle, c'est-à-dire si le segment est une calotte sphérique, le terme $3\overline{BE}^2$ disparaîtra dans l'expression (10) et il restera :

$$\frac{1}{6}\ \pi EF \times 3\overline{AF}^2,$$

ou

$$\frac{\pi\overline{AF}^2 \times EF}{2}.$$

Donc, *le volume d'un segment sphérique à une seule base est égal à la moitié d'un cylindre de même base et de même hauteur, plus une sphère ayant cette hauteur pour diamètre.*

CHAPITRE XIII

PROPRIÉTÉS DES TRIANGLES SPHÉRIQUES

§ Iᵉʳ. — DES TRIANGLES ET DES POLYGONES SPHÉRIQUES.

839. Définition. — On appelle *angle de deux courbes* qui se rencontrent en un même point de l'espace, l'angle formé par les tangentes respectives menées à ces deux courbes par le point considéré.

840. Supposons deux arcs de grand cercle, tracés sur une même sphère, qui se coupent en un certain point de la surface sphérique, leur angle sera l'angle des deux tangentes à ces courbes au point d'intersection. Comme le plan de chacun de ces arcs de grand cercle contient la tangente correspondante et que cette tangente est perpendiculaire à l'extrémité du rayon qui aboutit au point de contact, l'angle des tangentes considérées est le rectiligne du dièdre formé par les plans des deux arcs de grand cercle. On en conclut que :

L'angle de deux arcs de grand cercle est égal à l'angle de leurs plans.

841. REMARQUE. — Il est évident que, quand deux arcs de grand cercle APC et BPD (*fig.* 476) se coupent en un point P, de la sphère, les angles opposés par le sommet APB et DPC sont égaux, et les angles adjacents APB et BPC sont *supplémentaires*, puisqu'il en est ainsi des angles que forment entre elles les tangentes à ces deux courbes menées par le point P.

Théorème n° 289.

842. *L'angle APB de deux arcs de grand cercle PAP' et PBP' a pour mesure :*

1° *l'arc de grand cercle AB compris entre ses côtés et décrit de son sommet comme pôle,* 2° *le plus petit arc de grand cercle pp' qui unit les pôles de ses côtés* (fig. 476).

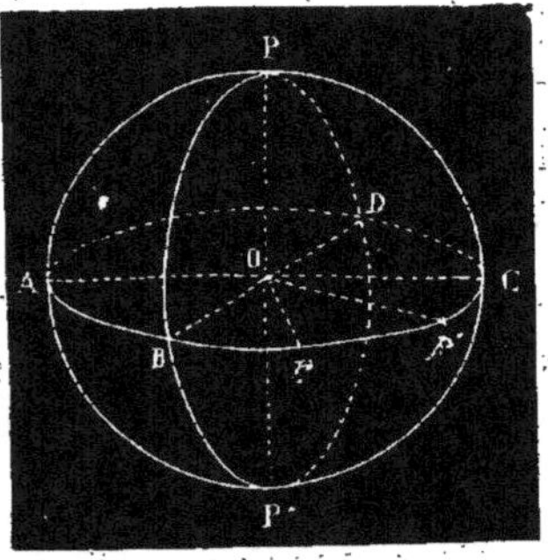

Figure 476.

En effet :

1° Puisque le grand cercle ABC a pour pôle le point P, on a :

arc PA = arc PB = 1 quadrant,

et, par suite : POA = POB = 1 droit.

L'angle au centre AOB est donc le rectiligne du dièdre formé par les plans des deux arcs de grand cercle. Par suite, il est égal à l'angle APB de ces arcs, et comme l'arc AB est la mesure de l'angle AOB, c'est aussi la mesure de l'angle APB.

2° *p* et *p'* étant les pôles des côtés PAP' et PBP', on a :

arc Ap = arc Bp' = 1 quadrant.

Donc, arc AB = arc pp'.

Ainsi, l'arc pp' est bien encore la mesure de l'angle APB, pourvu que les pôles p et p' aient été obtenus en portant, *dans le même sens*, les quadrants Ap et Bp' sur le grand cercle ABC.

843. DÉFINITIONS. — On appelle *polygone sphérique*, la portion de la surface de la sphère ABCDE (*fig.* 477) comprise entre plusieurs arcs de grand cercle, AB, BC, CD, DE, EA. Ces arcs sont les *côtés* du polygone, et les angles ABC, BCD..., qu'ils forment entre eux, sont les *angles* du polygone qui a pour *sommets* les points A, B, C, D, E.

844. Un polygone sphérique est dit *convexe*, lorsque chaque côté prolongé laisse tout le polygone dans le même hémisphère.

845. LEMME. — *Chaque côté d'un polygone sphérique convexe est moindre qu'une demi-circonférence de grand cercle.*

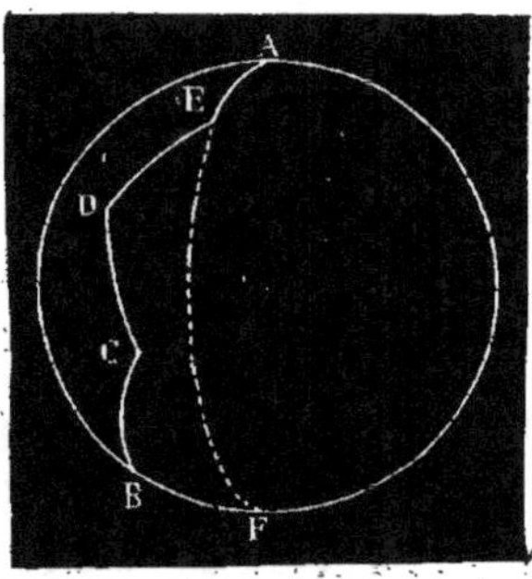

Figure 477.

En effet, si le côté AB (*fig.* 477) du polygone sphérique ABCDE était plus grand qu'une demi-circonférence, on pourrait prendre, sur ce côté, un point F tel que AF = 180°. Alors, sur la sphère, les points A et F seraient diamétralement opposés, et l'arc de grand cercle AE, suffisamment prolongé, viendrait couper l'arc AB au point F. La surface du polygone serait donc traversée par le prolongement d'un de ses côtés, et, d'après la définition, le polygone ne saurait être convexe.

846. Si l'on joint les sommets d'un polygone sphérique ABCD (*fig.* 478) au

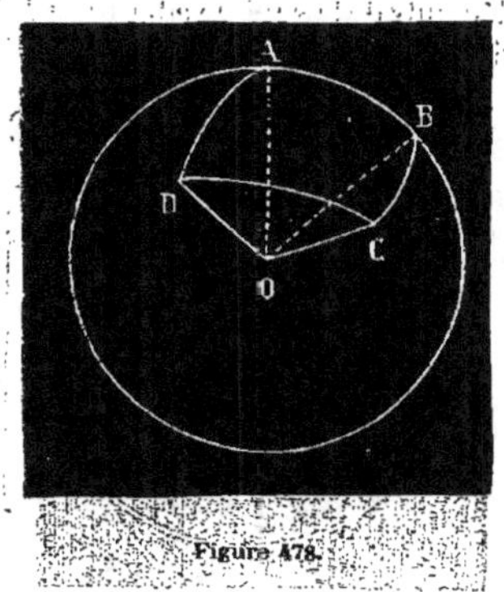

Figure 478.

centre O de la sphère, on forme, en ce point, un angle polyèdre dont les faces AOB, BOC, COD, DOA ont pour mesure les côtés AB, BC, CD, DA du polygone, et dont les dièdres, formés par les plans des côtés consécutifs, sont égaux, d'après ce qui précède, aux angles correspondants du polygone.

Cet angle polyèdre est donc intimement lié au polygone sphérique, et toutes les propriétés qui existent entre ses faces ou entre ses dièdres subsisteront entre les côtés ou entre les angles du polygone.

EXEMPLE. — On sait que, dans un polyèdre, une face quelconque est plus petite que la somme de toutes les autres. Par suite, dans un polygone sphérique, un côté quelconque est plus petit que la somme de tous les autres.

847. Parmi tous les polygones sphériques, le plus simple est le *triangle sphérique*, qui est la portion ABC (*fig.* 479) de la surface de la sphère comprise entre trois arcs de grand cercle AB, BC, AC.

848. REMARQUE. — On pourrait encore appeler triangle sphérique la portion de la surface de la sphère comprise entre les arcs de grand cercle AB, AC et BDA ; mais cela aurait un inconvénient, parce qu'une telle surface présente des angles, tels que C, plus grands que 180°. De plus, cela est inutile, car si l'on connaît les éléments du triangle ABC, on en déduira facilement les éléments de la surface adjacente ABDC. Aussi, on se borne toujours à considérer

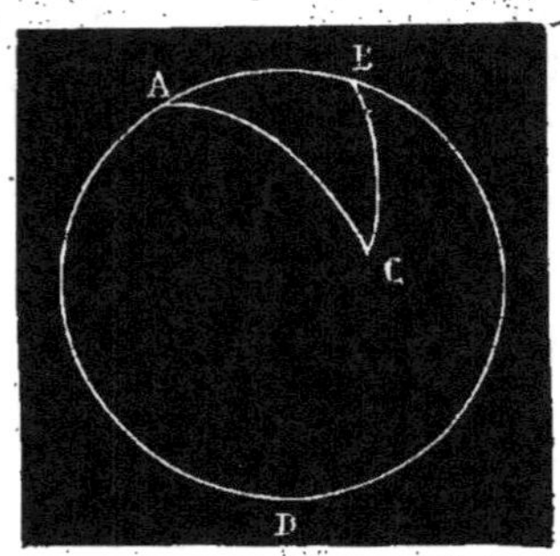

Figure 479.

les *triangles sphériques convexes*, c'est-à-dire ceux qui, d'après ce que nous avons vu (845), ont tous leurs côtés plus petits qu'une demi-circonférence.

849. Un triangle sphérique est :

Scalène, lorsque ses trois côtés sont inégaux ;

Isocèle, lorsqu'il a deux côtés égaux ;

Équilatéral, lorsque ses trois côtés sont égaux ;

Rectangle, lorsqu'il a un angle droit..., etc...

Théorème n° 290.

850. *Dans tout triangle sphérique, un côté quelconque est plus petit que la somme des deux autres et plus grand que leur différence.*

La première partie de ce théorème résulte de la propriété que nous avons établie en général (846) pour un polygone sphérique. Ainsi, pour le triangle ABC (*fig.* 480), on a évidemment :

$$AB < AC + CB.$$

En retranchant AC aux deux membres de cette égalité, nous aurons :

$$AB - AC < CB,$$

ou,

$$CB > AB - AC,$$

ce qui établit la seconde partie du théorème.

Théorème n° 291.

851. *Dans tout triangle sphérique isocèle, aux côtés égaux sont opposés des angles égaux ; et, réciproquement, si un triangle sphérique a deux angles égaux, les côtés opposés sont égaux et le triangle est isocèle.*

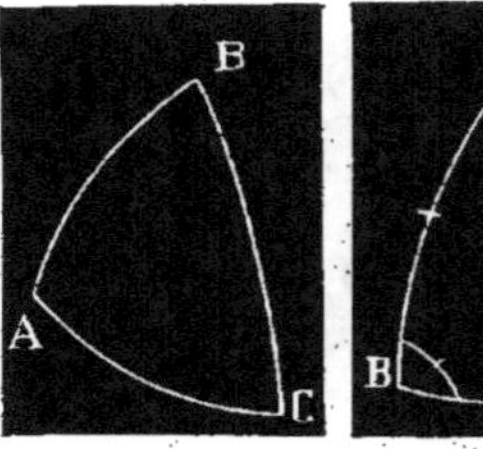

Figure 480.   Figure 481.

Soit le triangle sphérique ABC (*fig.* 481).
1° Je dis que si $AB = AC$, on aura aussi

$$B = C.$$

En effet, si $AB = AC$, l'angle trièdre OABC aura les faces AOB et AOC égales, et, par suite, d'après une propriété connue (*Voir* CHAP. X), les dièdres opposés OB et OC seront égaux. Mais ces dièdres sont respectivement égaux aux angles B et C du triangle. Donc, ces angles eux-mêmes sont égaux, et on a :

$$B = C. \qquad \text{Donc, etc.}$$

2° Inversement, je dis que si $B = C$, on a nécessairement $AB = AC$.

En effet, l'angle trièdre OABC a alors ses dièdres B et C égaux et, par suite, ses faces opposées AOB et AOC égales. Donc, les arcs AB et AC qui mesurent ces faces sont aussi égales, et on a : $AB = AC$. Donc, etc.

852. COROLLAIRE.—Un triangle sphérique équilatéral est en même temps équiangle, et réciproquement.

Théorème n° 292.

853. *Dans tout triangle sphérique, à un plus grand angle est opposé un plus grand côté.*

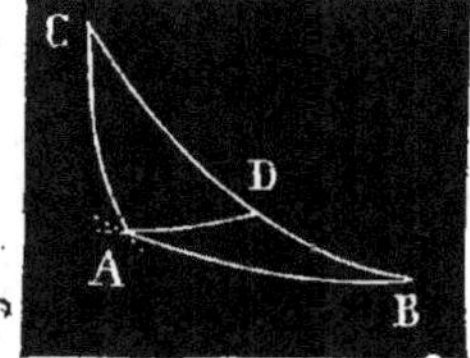

Figure 482.

Cela résulte de la propriété analogue de l'angle trièdre (*Voir* Chap. X). On peut d'ailleurs le démontrer directement comme il suit. Soit le triangle sphérique ABC (*fig* 482). Supposons l'angle A plus grand que l'angle B. Nous pourrons toujours mener par le point A, dans l'intérieur de l'angle CAB, un arc de grand cercle AD faisant avec AB un angle égal à l'angle B. Le triangle ADB formé sera isocèle, et on aura $AD = DB$; mais le triangle ADC donne :

$$AC < CD + DA,$$

ou, $\quad AC < CD + DB = CB.$

On a donc bien : $\quad CB > AC,$

et le théorème est démontré.

Théorème n° 293.

854. *Réciproquement, dans un triangle sphérique, au plus grand côté est opposé le plus grand angle.*

Dans le triangle ABC (*fg.* 482), si l'on a $CB > CA$, je dis qu'on aura aussi $A > B$. En effet : 1° Si A était égal à B, le triangle serait isocèle, et on aurait $CB = CA$, ce qui est contraire à l'hypothèse ; 2° Si l'on avait $A < B$, le côté opposé à l'angle A serait plus petit que le côté opposé à l'angle B, et on aurait :

$$CB < CA,$$

ce qui est encore contraire à l'hypothèse.

Il faut donc, pour que CB soit plus grand que CA, que l'on ait aussi $A > B$.

Théorème n° 294.

855. *Dans tout triangle sphérique, la somme des côtés est plus petite que 4 droits ou une circonférence.*

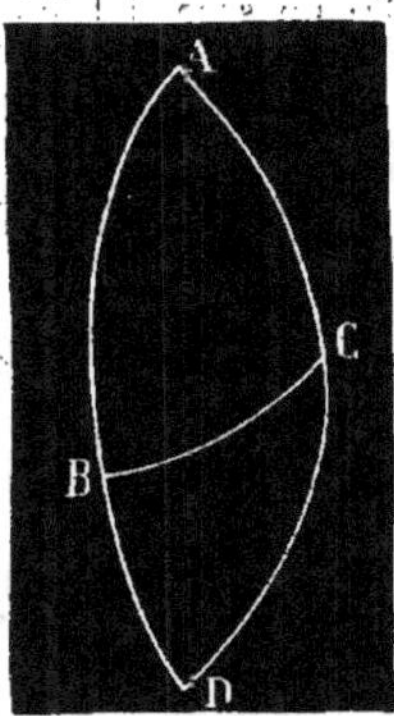

Figure 483.

Soit le triangle ABC (*fig.* 483). Si je prolonge les côtés AB et AC, ils se couperont en un point D, diamétralement opposé au point A. Chacun des arcs ABD et ACD sera une demi-circonférence, et l'on aura :

$$ABD + ACD = 4 \text{ droits.}$$

Mais le triangle BCD donne :

$$BC < CD + BD$$

ou, en ajoutant AB + AC aux deux membres :

$$AB + AC + BD < AB + BD + AC + CD.$$

Donc, $AB + AC + BD < ABD + ACD = 4$ droits. Donc, etc.

856. D'ailleurs, on pourrait généraliser ce théorème et montrer que : *la somme des côtés d'un polygone sphérique convexe est plus petite que 4 droits.*

Cette propriété, résultant immédiatement de la propriété correspondante des faces d'un angle polyèdre quelconque, dont la somme est toujours plus petite que 4 droits, nous ne la démontrerons pas directement.

§ II. — DES TRIANGLES SPHÉRIQUES SYMÉTRIQUES. — CAS D'ÉGALITÉ
OU DE SYMÉTRIE DES TRIANGLES SPHÉRIQUES.

857. Si l'on prolonge, au-delà du centre O les arêtes du trièdre correspondant à un triangle sphérique ABC (*fig.* 484), on obtiendra un second trièdre qui est, comme on sait, le trièdre symétrique du premier. Ce trièdre découpera, sur la surface de la sphère, un second triangle sphérique A'B'C' qui, pour cette raison, est dit symétrique du triangle ABC.

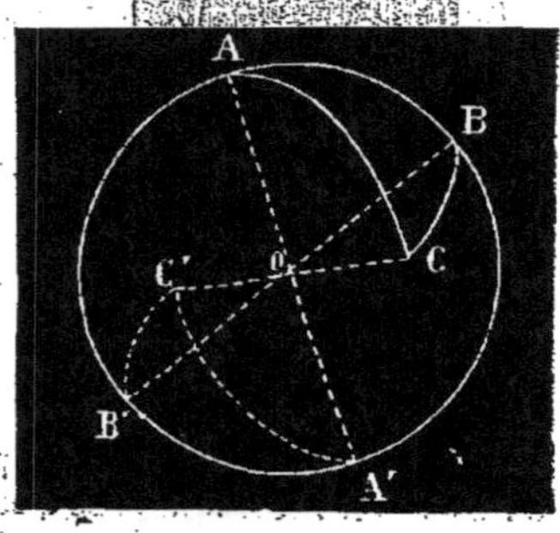

Figure 484

: Deux triangles sphériques symétriques tels que ABC et A'B'C' ont leurs côtés correspondants AB et A'B', BC et B'C', AC et A'C', égaux comme mesures de faces égales des deux trièdres symétriques, et leurs angles correspondants, A et A', B et B', C et C', égaux comme valeurs de dièdres égaux des trièdres symétriques. Ces deux triangles ont donc tous leurs éléments égaux, mais disposés en ordre inverse dans l'un et dans l'autre, ainsi que pour les trièdres symétriques, et, par suite, ils ne sauraient, en général, être superposés. Cependant, il résulte immédiatement de ce qui précède, que :

1° *Un triangle sphérique n'a qu'un seul symétrique*, de même qu'un trièdre n'a qu'un seul symétrique;

2° *Deux triangles sphériques, symétriques d'un même troisième, sont égaux* entre eux; car, ayant alors tous leurs éléments égaux et disposés dans le même ordre, ils pourraient être superposés.

Théorème n° 295.

858. *Deux triangles sphériques, situés sur une même sphère ou sur des sphères égales, sont égaux ou symétriques quand ils ont un angle égal compris entre deux côtés égaux chacun à chacun.*

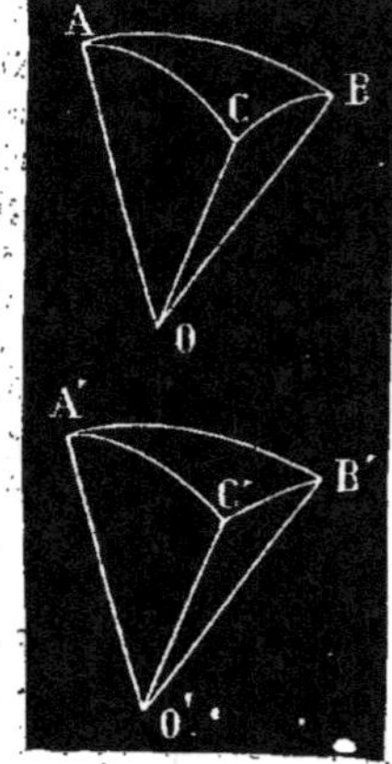

Figure 485.

Soient les deux triangles ABC et A'B'C' (*fig.* 485) situés sur deux sphères égales O et O'. Je suppose qu'ils aient :

$$A = A',$$
$$AB = A'B',$$
$$AC = A'C'.$$

Je dis qu'ils sont égaux ou symétriques. En effet, joignons leurs sommets aux centres des deux sphères; nous formerons ainsi deux trièdres qui ont un dièdre égal compris entre deux faces égales chacune à chacune, et qui, par suite, sont égaux ou symétriques, et ont tous leurs éléments égaux. Les triangles ABC et A'B'C'

ont donc aussi tous leurs éléments égaux
et sont : égaux, si ces éléments sont disposés dans le même ordre; symétriques,
s'ils sont disposés en ordre inverse.

Théorème n° 296.

859. *Deux triangles sphériques, situés
sur une même sphère ou sur des sphères
égales, sont égaux ou symétriques, quand
ils ont un côté égal adjacent à deux angles
égaux chacun à chacun.*

Soient les deux triangles sphériques
ABC et A'B'C' (*fig* 485), qui on

$$AB = A'B'$$
$$A = A',$$
$$B = B'.$$

Je dis qu'ils sont égaux ou symétriques.

En effet, les trièdres correspondants
OABC et O'A'B'C' ont alors une face
égale adjacente à deux dièdres égaux; ils
sont égaux ou symétriques et ont tous
leurs éléments égaux. Donc, les triangles
ABC et A'B'C' ont aussi tous leurs éléments égaux et sont égaux ou symétriques.

Théorème n° 297.

860. *Deux triangles sphériques, situés
sur une même sphère ou sur des sphères
égales, sont égaux ou symétriques, quand
ils ont leurs trois côtés égaux chacun à
chacun.*

En effet, si les triangles sphériques
ABC et A'B'C' (*fig.* 486) ont :

$$AB = A'B',$$
$$CB = C'B',$$
$$AC = A'C',$$

les trièdres correspondants OABC et
O'A'B'C' auront leurs trois faces égales et
seront égaux ou symétriques; il devra
donc en être de même des triangles ABC
et A'B'C'.

Théorème n° 298.

861. *Deux triangles sphériques, situés*

*sur une même sphère ou sur des sphères
égales, sont égaux ou symétriques quand
ils ont leurs trois angles, égaux chacun à
chacun.*

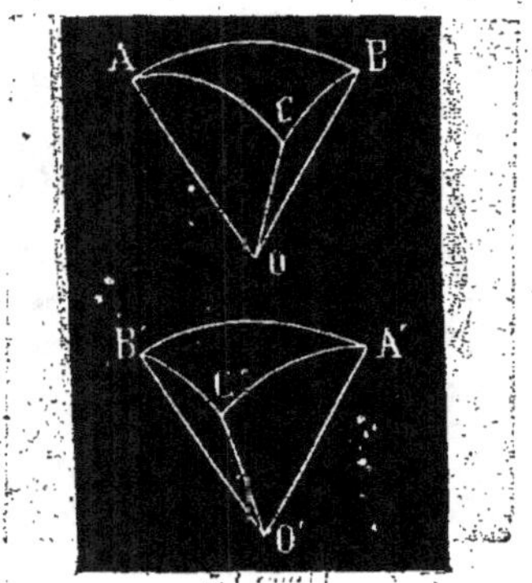

Figure 485.

En effet, si les triangles sphériques
ABC et A'B'C' (*fig.* 486) ont les angles :

$$A = A',$$
$$B = B',$$
$$C = C',$$

les trièdres OABC et O'A'B'C' ont leurs
trois dièdres égaux, et, par conséquent,
sont égaux et symétriques. Donc, les triangles ABC et A'B'C' sont aussi égaux ou
symétriques.

862. Remarque. — Nous avons établi
les quatre cas d'égalité ou de symétrie de
deux triangles sphériques, en nous appuyant sur les cas correspondants d'égalité
ou de symétrie des trièdres; mais on aurait
pu démontrer les trois premiers directement, par des raisonnements identiques
à ceux qui ont servi à démontrer les cas
d'égalité des triangles plans, en essayant
de superposer le second triangle au premier ou à son symétrique. Quant au quatrième cas, on peut également l'établir
directement par la considération des triangles sphériques polaires, dont nous allons
nous occuper.

§ III. — DES TRIANGLES SPHÉRIQUES POLAIRES OU SUPPLÉMENTAIRES.

863. Si l'on complète l'arc de grand cercle AC, qui forme l'un des côtés d'un

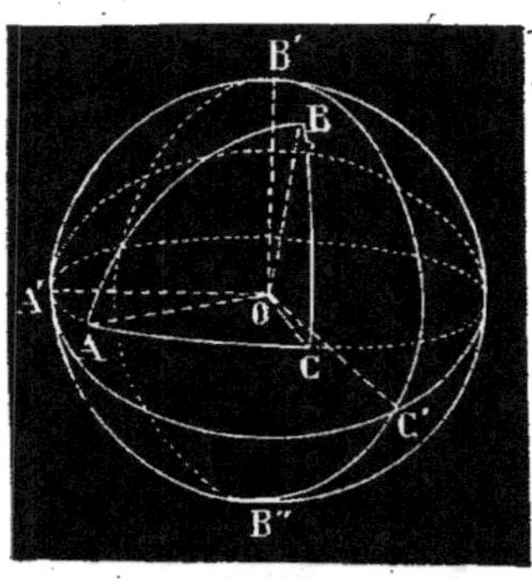

Figure 487.

triangle sphérique ABC (*fig.* 487), on obtient une circonférence de grand cercle, qui peut être tracée, sur la sphère, avec un rayon égal à un quadrant, en partant des points diamétralement opposés B' et B'' comme pôles.

Prenons seulement le pôle B' du côté AC qui se trouve, par rapport à AC, du même côté que le sommet opposé B du triangle. Déterminons de même le pôle A' du côté BC, qui se trouve, par rapport à BC, du même côté que le sommet opposé A et le pôle C' du côté AB, qui se trouve, par rapport à AB, du même côté que le sommet C. Enfin, joignons deux à deux, par des arcs de grand cercle, les pôles A', B', C', obtenus. Nous formerons ainsi un second triangle sphérique A'B'C' qui est dit *polaire* du triangle ABC.

Théorème n° 299.

864. Si *un triangle sphérique* A'B'C' *est le triangle polaire d'un premier triangle sphérique* ABC; *réciproquement,* ABC *est le triangle polaire de* A'B'C' (fig. 487).

En effet, puisque A'B'C' est le triangle polaire de ABC : 1° A' est le pôle du côté BC, et l'arc de grand cercle, qui irait du point A' au point C, est égal à un quadrant; 2° B' est le pôle du côté AC, et l'arc de grand cercle, qui irait de B' en C, est égal à un quadrant.

Par suite, en traçant, du point C comme pôle, un grand cercle de la sphère, il passera par les points A' et B' et ne sera autre que le côté A'B' prolongé. Donc, le point C est le pôle du côté A'B'. De plus, le point C' étant le pôle du côté AB, qui est situé du même côté que C, l'arc de grand cercle qui irait de C en C', est évidemment moindre qu'un quadrant, et le point C est le pôle du côté A'B', qui est situé, par rapport à A'B', du côté du sommet C'. On montrerait de même que le point B est le pôle de A'C' situé du côté de B', et que le point A est le pôle de B'C', situé du côté de A'. Donc, le triangle ABC est bien le triangle polaire de A'B'C'.

865. D'après ce théorème, on obtiendra le triangle polaire d'un triangle sphérique donné ABC, en traçant, sur la sphère, des sommets A, B et C, pris successivement comme pôles, trois circonférences de grand cercle.

Ces trois circonférences, en se coupant, détermineront, sur la sphère, huit triangles, dont un seul, A'B'C', sera le triangle polaire cherché; mais ce triangle sera facile à reconnaître, parce qu'il est tel que les sommets A et A' sont d'un même côté de BC, que les sommets B et B' sont d'un même côté de AC, et que, enfin, les sommets C et C' sont d'un même côté de AB.

866. Si l'on compare les deux trièdres OABC, OA'B'C', qui correspondent à deux triangles sphériques polaires ABC et A'B'C' (*fig.* 487), on voit facilement qu'ils sont supplémentaires, car les sommets A', B', C' de l'un étant les pôles des côtés opposés de l'autre, les arêtes OA', OB', OC' du premier trièdre sont respectivement perpendiculaires aux faces OBC, OAC, OAB du second, et chacune d'elles est située, par rapport à la face correspondante, du èmme côté que la troisième arête de ce second trièdre. C'est à cause de cette propriété que les triangles sphériques polaires sont aussi appelés *triangles sphériques supplémentaires*, et il en résulte immédiatement, à cause de la propriété correspondante des trièdres supplémentaires, la proposition suivante.

Théorème n° 300.

867. *Si deux triangles sphériques* ABC *et* A'B'C' *sont polaires l'un de l'autre, chaque angle de l'un d'eux est supplémentaire du côté opposé dans le second, c'est-à-dire qu'il a pour mesure une demi-circonférence de grand cercle, diminuée du côté opposé dans le second triangle.*

Cette proposition est d'ailleurs facile à démontrer directement.

Si ABC et A'B'C (*fig.* 488), par exem-

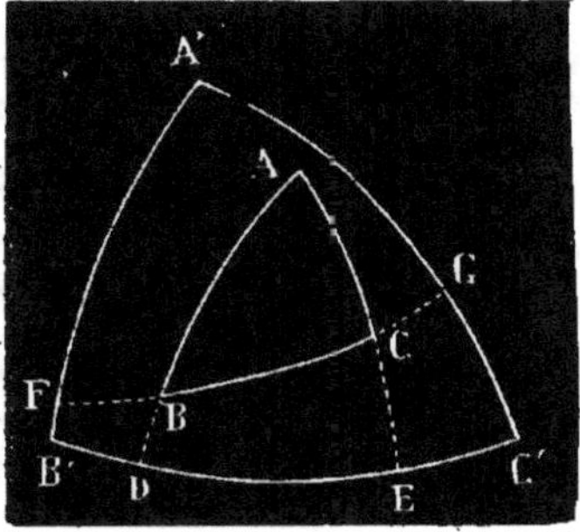

Figure 488.

ple, sont deux triangles sphériques polaires, puisque le sommet A est le pôle de B'C', l'angle A a pour mesure l'arc DE, de B'C', compris entre ses côtés. Or, évidemment :

$$DE = B'E + DC' - B'C'.$$

Mais, attendu que B' est le pôle de ACE, on a B'E = 1 quadrant. Puisque C' est le pôle de ABD, on a C'D = 1 quadrant.

Donc, B'E + DC' $= \dfrac{1}{2}$ circonf. de grand

cercle, et DE $= \dfrac{1}{2}$ circonf. de grand cercle — B'C'.

On démontrerait de même le théorème pour les angles B et C. L'angle A' a pour mesure l'arc FG du grand cercle BC, compris entre ses côtés. Or,

$$FG = FC + BG - BC$$
$$= \dfrac{1}{2} \text{ circonf. de grand cercle} - BC,$$

puisque FC = BG = 1 quadrant.

Il en est de même pour l'angle B' et pour l'angle C'. Ainsi, le théorème est établi directement dans tous les cas possibles.

868. REMARQUE. — Nous avons dit, en terminant les cas d'égalité ou de symétrie des triangles sphériques, que si les trois premiers ont été établis, soit directement, soit par la considération des trièdres correspondants, on peut facilement démontrer le dernier directement au moyen des triangles polaires. En effet, il suffit alors de faire le raisonnement suivant :

Si deux triangles sphériques, tracés sur des sphères égales, ont leurs trois angles égaux chacun à chacun, les deux triangles polaires des triangles donnés auront leurs côtés égaux deux à deux, comme suppléments d'angles égaux, et, par suite, d'après le troisième cas, tous leurs éléments seront égaux. Leurs trois angles seront donc égaux chacun à chacun et les triangles donnés auront aussi leurs côtés égaux deux à deux, comme suppléments de quantités égales. Par suite, d'après le troisième cas, ils seront égaux ou symétriques.

Théorème n° 301.

869. *Dans tout triangle sphérique :* 1° *la somme des angles est comprise entre* 2 *droits et* 6 *droits;* 2° *le plus petit angle, augmenté de* 2 *droits, surpasse la somme des deux autres angles.*

Ce théorème est une conséquence des propriétés correspantes des angles trièdres. Sa démonstration directe est d'ailleurs très facile.

Soient ABC et A'B'C' (*fig.* 488), deux triangles sphériques polaires. On a, d'après ce qui précède :

$$A = 2^{dr} - \text{mesure de B'C'} ;$$
$$B = 2^{ar} - \text{mesure de A'C'} ;$$
$$C = 2^{dr} - \text{mesure de A'B'} .$$

Donc : 1° A + B + C = 6^{dr} — mesure de (B'C' + A'C' + A'B'). Mais, puisque A'B'C' est un triangle sphérique, on sait que la somme de ses trois côtés est moindre qu'une circonférence de grand cercle, et, par suite, a une mesure inférieure à 4^{dr}. De plus, cette somme n'étant pas nulle, on a évidemment :

$$A + B + C > 6^{dr} - 4^{dr} = 2^{dr},$$
$$\text{et} \quad A + B + C < 6^{dr} - 0 = 6^{dr},$$

ce qui établit la première partie du théorème.

2° On a aussi :

$$A + 2^{dr} = 4^{dr} - \text{mesure de B'C'} ;$$
$$B + C = 4^{dr} - \text{mesure de (A'C' + A'B')}.$$

Mais A'B'C' étant un triangle sphérique, on a :

$$B'C' < A'C' + A'B',$$

ou :

mesure de B'C' < mesure de (A'C' + A'B').

Par suite, il vient :

$$4^{dr} - \text{mesure de B'C'} > 4^{dr} - \text{mesure de}$$
$$(A'C' + A'B'),$$

ou $\quad\quad A + 2^{dr} > B + C,$

ce qui achève la démonstration du théorème.

870. REMARQUE. — Nous venons de voir que la somme A + B + C des trois angles d'un triangle sphérique ABC surpasse toujours 2^{dr}. Si l'on fait donc la différence :

$$A + B + C - 2^{dr},$$

on aura toujours une quantité positive. C'est cette quantité qu'on appelle *l'excès sphérique du triangle*, et nous verrons, dans le chapitre suivant, quel rôle important elle joue dans l'évaluation de la surface du triangle sphérique.

Théorème n° 302.

871. *Dans tout polygone sphérique convexe de n côtés, la somme des angles est comprise entre* 2 (*n*—2) *droits et* 6 (*n*—2) *droits.*

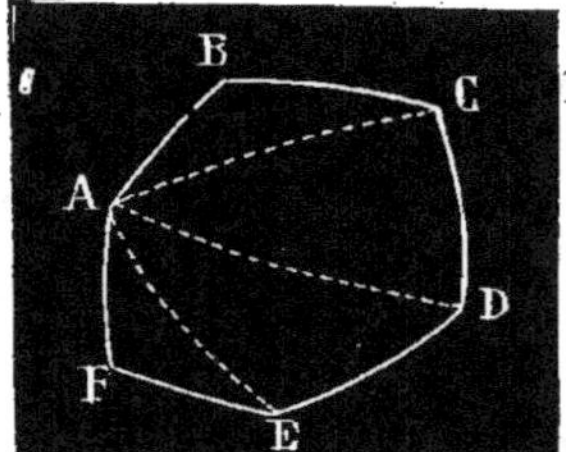

Figure 489.

En effet, si l'on joint l'un des sommets A d'un polygone sphérique ABCDEF (*fig.* 489) à tous les autres sommets, par des arcs de grand cercle, on décompose le polygone en autant de triangles sphériques qu'il y a de côtés, moins deux, c'est-à-dire en (*n* — 2) triangles sphériques. Alors, il est évident que la somme des angles du polygone est égale à la somme de tous les angles des triangles formés. Mais, puisque, pour chaque triangle, la somme des trois angles est comprise entre 2^{dr} et 6^{dr}, pour les (*n* — 2) triangles, la somme de tous les angles sera comprise entre 2 (*n* — 2) ^{dr} et 6 (*n* — 2) ^{dr}, et il en sera de même pour la somme des angles du polygone sphérique convexe considéré.

872. REMARQUE. — De même que pour les triangles sphériques, si, connaissant la somme A + B + C + D + ... des angles d'un polygone sphérique convexe, on forme la quantité

$$A + B + C + D + ... 2 (n - 2)^{dr},$$

on obtiendra toujours une valeur positive qui est appelée *excès sphérique du polygone*, et qui joue un rôle important dans l'évaluation de la surface du polygone.

873. Nous avons vu que, dans un triangle sphérique, la somme des angles est toujours comprise entre 2 droits et 6 droits. Par conséquent, un triangle sphérique peut avoir 1, 2 ou 3 angles droits ou obtus.

Si un triangle sphérique a un angle droit, il est rectangle. S'il a deux angles droits, il est dit birectangle. Enfin, s'il a trois angles droits, il est trirectangle.

874. Il est évident qu'un triangle trirectangle a ses trois côtés égaux à un quan-drant, car deux arcs de grand cercle per-pendiculaires, sur la sphère, à un même troisième arc de grand cercle se coupent nécessairement au pôle de ce troisième et la distance qui sépare leur point d'in-tersection du troisième arc de grand cer-cle est un quadrant. Pour la même raison, un triangle birectangle a ses côtés oppo-sés aux angles droits égaux entre eux et égaux à un quadrant.

---

§ IV. — CONSTRUCTION DES TRIANGLES SPHÉRIQUES.

875. Un triangle sphérique étant dé-terminé par trois de ses éléments (angles ou côtés), on peut se proposer de cons-truire, sur une sphère donnée, un triangle sphérique donné par trois conditions.

Avant de traiter cette question, nous résoudrons le problème suivant :

Problème n° 88.

876. *Par un point A donné sur une sphère, mener un grand cercle faisant un angle donné avec un grand cercle donné.*

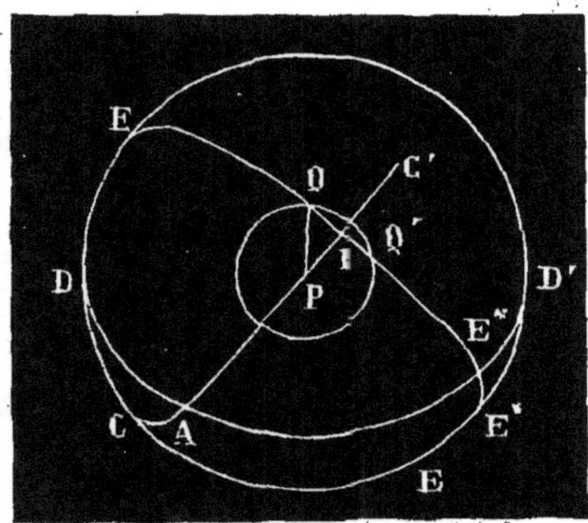

Figure 490.

Nous avons vu que l'angle de deux grands cercles de la sphère a pour mesure l'arc de grand cercle compris entre leurs pôles. Par conséquent, si l'on donne un grand cercle DED' (*fig.* 490), dont le pôle est P, tout grand cercle de la sphère qui formera avec celui-là un angle donné *a* aura son pôle à une distance du point P égale à l'arc de grand cercle qui mesure l'angle *a*, et si l'on trace, du point P comme pôle, avec un rayon sphérique égal à cet arc de grand cercle, un petit cercle QQ' de la sphère, tous les grands cercles de la sphère, qui formeront avec DED' un angle égal à *a*, auront leurs pôles sur le petit cercle QQ'.

Ainsi, déjà, si nous voulons tracer un grand cercle de la sphère faisant avec DED' l'angle *a*, il nous faut prendre son pôle sur le petit cercle QQ'. Alors, si nous imposons à ce grand cercle la condition de passer par le point A, il faudra que son pôle se trouve à une distance du point A égale à un quadrant, et, en traçant du point A, comme pôle, un grand cercle de la sphère, nous aurons un second lieu du pôle cherché.

Les deux points Q et Q' seront donc les pôles de deux grands cercles qui répon-dent seuls à la question.

Pour que le problème soit possible, il faut et il suffit que le grand cercle EQE' coupe le petit cercle QQ'. Or, nous pou-vons toujours supposer que l'arc de grand cercle PQ est plus petit qu'un quadrant, c'est-à-dire mesure le plus petit des an-gles supplémentaires que forment entre eux les deux grands cercles DED' et DAD', et que le point P est le pôle du grand cercle

DED' qui se trouve, par rapport à ce grand cercle, dans le même hémisphère que le point donné A. Alors, si nous traçons, du point E comme pôle, l'arc de grand cercle CAPC', qui passe par les points A et P et qui est perpendiculaire aux grands cercles DED' et EQE', les deux cercles EQE' et QQ' se couperont, si l'on a :

$$PQ > PI.$$

Mais PQ mesure l'angle donné que nous appellerons δ. Puisque CP = AI = 1 quadrant, PI = CA, et, par suite, PI mesure l'angle α correspondant au plus petit arc de grand cercle que l'on peut mener du point A au grand cercle DED'. Donc, le problème sera possible et fournira deux solutions, si l'on a :

$$δ > α.$$

On voit facilement que le problème n'offrirait qu'une solution, si l'on avait δ = α, et qu'il n'en présenterait plus pour δ < α.

Problème n° 89.

877. 1° *Construire un triangle sphérique rectangle connaissant un côté de l'angle droit et l'hypoténuse.*

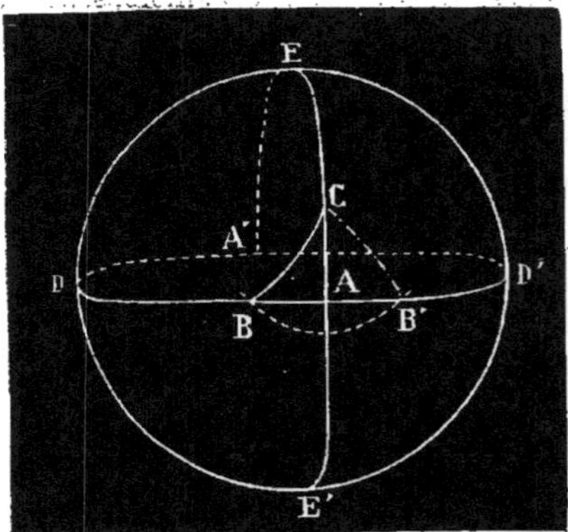

Figure 491.

Après avoir tracé sur la sphère deux grands cercles DAD' et EAE' (*fig.* 491),

perpendiculaires l'un à l'autre, c'est-à-dire tels que le pôle de l'un soit sur l'autre, on portera sur l'un d'eux, EE', à partir du point commun A, un arc AC égal au côté de l'angle droit donné. Puis, du point C comme pôle, avec un rayon sphérique égal à l'hypoténuse donnée, on décrira un petit cercle BB', qui coupera le second grand cercle DAD' en deux points B et B'. En menant alors les arcs de grand cercle CB et CB', on obtiendra deux triangles ACB et ACB', qui répondent à la question. Il est d'ailleurs facile de voir que ces deux triangles sont symétriques, car ils ont tous leurs éléments égaux et disposés dans un ordre inverse.

Pour que le problème soit possible, il faut et il suffit évidemment que l'hypoténuse donnée soit comprise entre le plus petit CA et le plus grand CEA' des arcs de grand cercle que l'on peut tracer du point C au grand cercle DAD', c'est-à-dire qu'il faut que cette hypoténuse soit comprise entre le côté de l'angle droit donné et son supplément.

Problème n° 90.

878 2° *Construire un triangle sphérique rectangle, connaissant un angle et le côté opposé.*

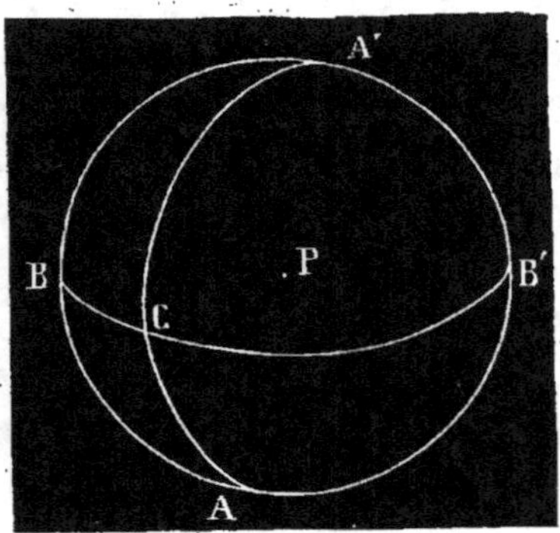

Figure 492.

On construira encore deux grands cercles BAB' et BCB' (*fig.*492), perpendiculaires entre eux, puis on portera sur l'un d'eux un arc BC égal au côté donné. Le problème reviendra alors à mener, par le point C, un grand cercle faisant avec BAB' un angle donné, ce que nous savons faire. Si ACA' est l'un des grands cercles qui remplissent les conditions indiquées, les deux triangles ABC et A'BC répondront à la question.

Pour que le problème soit possible, il faut que, par le point C, on puisse mener un grand cercle faisant avec BAB' l'angle donné : c'est-à-dire (876) :

1° Si l'angle donné est aigu, qu'il soit plus grand que l'angle mesuré par le côté donné BC;

2° Si l'angle donné est obtus, qu'il soit plus petit que l'angle correspondant au côté donné.

Problème n° 91.

879. *Construire un triangle sphérique connaissant trois quelconques de ses six éléments (angles ou côtés).*

Ce problème peut présenter six cas distincts, suivant les éléments qui seront connus. On peut donner :

1° Les trois côtés;

2° Deux côtés et l'angle compris;

3° Deux côtés et l'angle opposé à l'un d'eux;

4° Les trois angles;

5° Un côté et les angles adjacents;

6° Deux angles et le côté opposé à l'un d'eux.

Mais, les trois derniers cas peuvent être ramenés aux trois premiers par la considération du triangle polaire. En effet, si un triangle sphérique est déterminé par l'un des trois derniers cas, son triangle polaire, qui a ses côtés supplémentaires des angles du triangle donné et ses angles supplémentaires des côtés du triangle donné, sera déterminé par le cas correspondant parmi les trois premiers cas. On pourra le construire si l'on sait résoudre les trois premiers cas, et il sera facile de revenir de ce triangle polaire au trian-

gle demandé, en traçant de ses sommets, comme pôles, des arcs de grand cercle qui détermineront le triangle demandé.

Il nous suffira donc de traiter directement les trois premiers cas.

1° On donne les trois côtés a, b, c.

Supposons, pour fixer les idées, que l'on ait $a > b > c$. Puisque, dans tout triangle sphérique, la somme des côtés est plus petite que 4 droits, et qu'un côté quelconque est plus petit que la somme des deux autres, pour que le problème soit possible, on devra avoir :

$$a < b + c \text{ et } a + b + c < 4^{dr}.$$

Je dis que ces conditions sont suffisantes c'est-à-dire que, si elles sont remplies, on

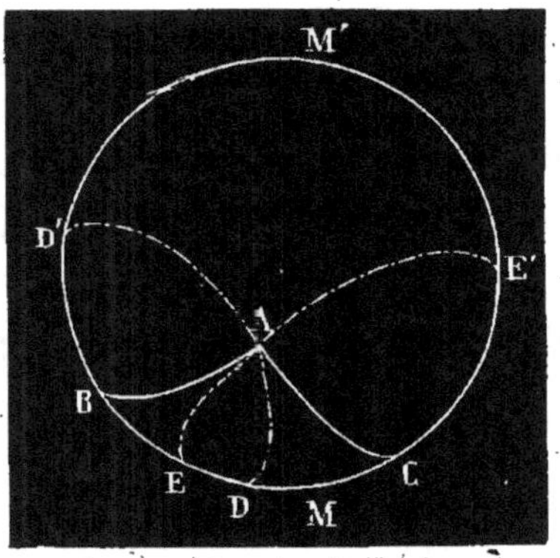

Figure 493.

pourra construire le triangle. En effet, sur un grand cercle MM' (*fig.* 493), de la sphère, prenons un arc BMC égal à a. Du point B comme pôle, avec un rayon sphérique égal à c, décrivons un petit cercle DD'; puis, du point C comme pôle, avec un rayon sphérique égal à b, décrivons un second petit cercle EE'. Puisque a est le plus grand côté du triangle, les points D et E se trouveront sur l'arc BMC. Puisque $a < b + c$, l'arc BMC est aussi plus petit que la somme BD + CE. et les arcs BD et CE empiéteront l'un sur l'autre, c'est-à-dire que le point E sera compris entre B et D. Enfin, puisque $a + b + c < 4^{dr}$ la somme des arcs D'B + BMC + CE' est plus petite qu'une circonférence de grand cercle et le point E' se trouvera sur l'arc CM'D' entre les points C et D'. Donc, les points E et E' se trouveront, le premier intérieur, le second extérieur à la calotte sphérique déterminée par le cercle DD' et le petit cercle EE', qui unit ces deux points, coupera nécessairement le petit cercle DD' en un certain point A, qui sera le troisième sommet du triangle ABC demandé, et, en un autre point A' qui sera le troisième sommet du triangle A'BC symétrique du premier.

Ainsi, *pour qu'on puisse construire un triangle sphérique avec trois côtés donnés, il faut et il suffit que le plus grand côté soit moindre que la somme des deux autres, et que la somme des trois côtés soit moindre qu'une circonférence de grand cercle.*

Si l'on demandait de construire un triangle sphérique connaissant ses trois angles A, B et C, pour que le problème soit possible, il suffirait qu'on puisse construire le triangle polaire du triangle demandé. Or, ce triangle polaire a pour côtés 2—A, 2—B et 2—C, et, en supposant A > B > C, il faudra, pour qu'on puisse le construire, que l'on ait :

$$2-C < 2-A + 2-B$$
$$\text{et } 2-A + 2-B + 2-C < 4,$$

c'est-à-dire, A+B<2+C, et 2<A+B+C.

Donc, pour qu'on puisse construire un triangle sphérique avec trois angles donnés, il faut et il suffit que le plus petit angle, augmenté de deux droits surpasse la somme des deux autres et que la somme des trois angles soit supérieure à deux droits.

2° *On donne deux côtés b et a et l'angle compris C.*

On commencera par tracer deux grands cercles CBC' et CAC' (*fig.* 494), faisant entre eux l'angle donné C ; puis, à partir du point commun C, on portera sur chacun d'eux les arcs CB = a et CA = b. L'arc de grand cercle AB achèvera le triangle. Évi-

demment, le problème sera toujours possible, si les côtés et l'angle donnés ne dé-

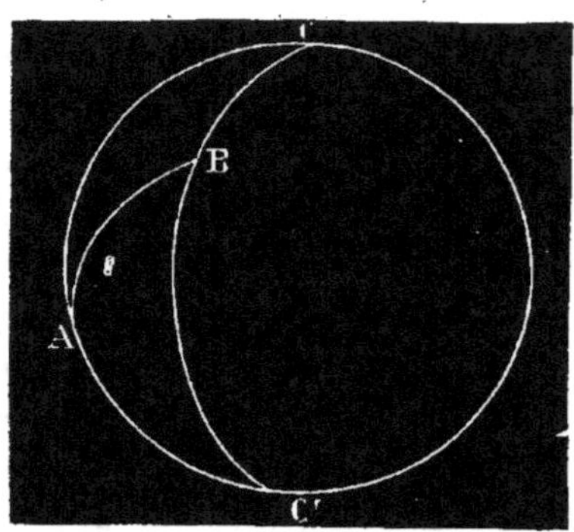

Figure 494.

passent pas deux droits, ce qui est bien entendu, puisqu'alors le triangle ne serait plus convexe.

Si l'on demandait de construire un triangle sphérique connaissant un côté a et les angles adjacents B et C, on pourrait ramener ce problème au cas précédent par la considération du triangle polaire. Mais il serait tout aussi simple de construire le triangle directement, en portant sur le grand cercle CBC' de la sphère un arc CB = a et en traçant, par les points C et B, des arcs de grand cercle CA et BA, faisant avec CBC', les angles donnés C et B, ce que nous savons faire (876).

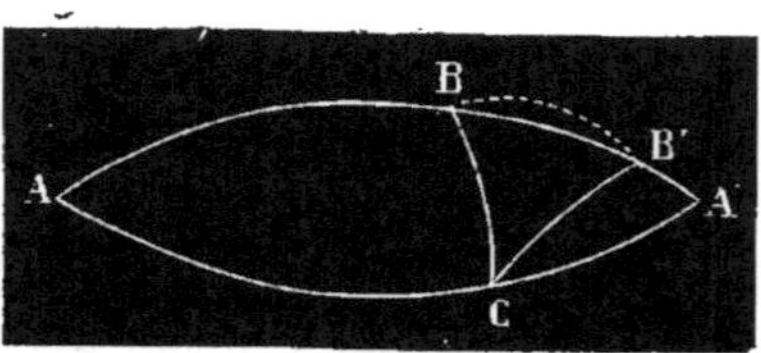

Figure 495.

3° *On donne deux côtés b et a et l'angle A opposé au côté a.*

Construisons sur la sphère deux grands cercles ACA', ABA' (*fig.* 495), faisant entre eux l'angle A donné. Prenons sur l'un d'eux, à partir du sommet A, un arc AC égal au côté b donné ; puis, du point C comme pôle, avec un rayon sphérique égal au second côté donné a, décrivons un arc de cercle BB' qui coupe le second grand cercle ABA' en deux points B et B'. Les triangles ABC et AB'C répondront à la question.

D'ailleurs, le problème présentera deux solutions, une seule solution, ou pas de solution, suivant que le petit cercle BB' coupera le demi-grand cercle ABA' en deux points, en un seul point, ou bien ne le rencontrera pas du tout.

Si l'on avait donné à construire un triangle sphérique connaissant deux angles A et B et le côté b opposé à l'un deux, on aurait pu ramener le problème au cas précédent par la considération du triangle polaire ou bien construire directement le triangle demandé, en formant, avec deux grands cercles ACA' et ABA', un angle égal à l'angle donné A, portant sur l'un de ses côtés un arc $AC = b$, et menant par le point C obtenu un grand cercle de la sphère, faisant avec le grand cercle ABA' un angle égal à l'angle donné B, d'après la construction que nous avons donnée précédemment.

La construction des triangles sphériques permet de résoudre un grand nombre de problèmes qu'on peut proposer sur la sphère. Nous en donnerons les deux exemples suivants.

Problème n° 92.

880. *Par un point donné sur une sphère, mener un arc de grand cercle tangent à un petit cercle.*

Deux cercles de la sphère sont tangents, lorsqu'ils ont un seul élément commun. Dans ce cas, leurs tangentes au point de contact coïncident. Lorsqu'un grand cercle AQA' (*fig.* 496) est tangent à un petit cercle QQ', le rayon sphérique PQ, qui aboutit au point de contact, est perpendiculaire au grand cercle AQA'. En effet, la tangente QT au grand cercle AQA', me-

née par le point Q, est perpendiculaire au rayon OQ qui aboutit au point de contact. D'autre part, puisqu'elle coïncide avec la tangente au petit cercle QQ', menée par le

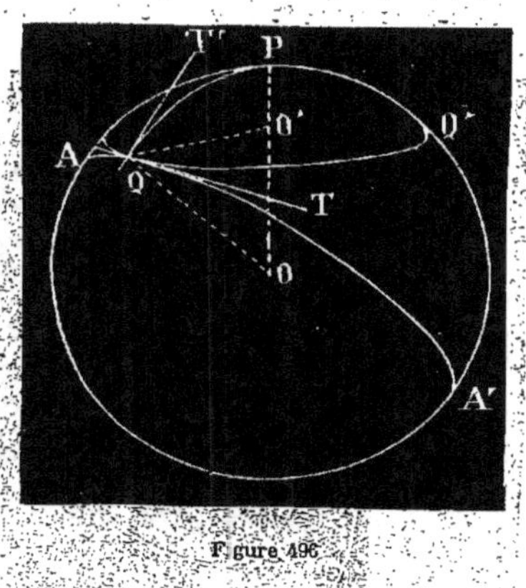

Figure 496.

point Q, elle est aussi perpendiculaire au rayon O'Q de ce petit cercle. Mais les droites OQ et O'Q appartiennent au plan de l'arc de grand cercle PQ. Donc, cette tangente est perpendiculaire au plan du grand cercle PQ, et, par suite à la tangente QT' à ce grand cercle, menée par le point Q. Ainsi, au point Q, le grand cercle AQA' et le grand cercle PQ ont leurs tangentes perpendiculaires; ils sont perpendiculaires et comme PQ est le rayon sphérique du petit cercle QQ', l'arc de grand cercle tangent à un petit cercle donné est bien perpendiculaire au rayon sphérique qui aboutit au point de contact.

D'après cela, soient donnés, sur une sphère, un point A et un petit cercle QQ' (*fig.* 497), et proposons-nous de mener, par le point A, un grand cercle tangent au petit cercle QQ'. Supposons le problème résolu, et soit P le pôle du grand cercle cherché qui se trouve, par rapport à ce grand cercle, dans le même hémisphère que le petit cercle QQ'. Q étant le point de contact, les arcs de grand cercle, PA et PQ, sont égaux à un quadrant, et si on appelle R le rayon sphérique pQ du petit cercle QQ' et D l'arc de grand cercle pA qui est connu, le triangle sphérique PpA sera déterminé par ses trois côtés, PA $= 1^q$, P$p = 1^q -$ R, A$p = $ D. On pourra donc le construire et il fournira le pôle P du grand cercle

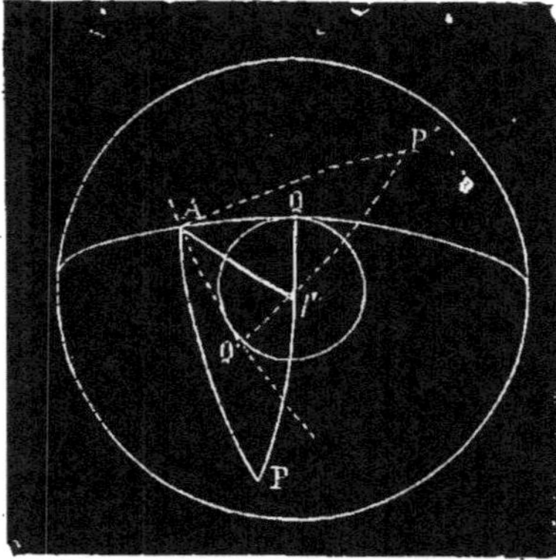

Figure 497.

demandé. En construisant le triangle PpA, on pourra construire aussi son symétrique P'pA, qui fournira le pôle P' du second grand cercle AQ', que l'on peut mener par le point A, tangentiellement au petit cercle QQ'.

Pour que le problème soit possible, il faut et il suffit que le triangle PpA, qui détermine le pôle P, existe, et, pour cela, on doit avoir, entre ses côtés, les relations :
$$\text{PA} < \text{P}p + p\text{A}, \quad \text{P}p < \text{PA} + p\text{A},$$
$$p\text{A} < \text{PA} + \text{P}p, \text{ et PA} + \text{P}p + p\text{A} < 4,$$
qui reviennent à :
$$1 < 1 - \text{R} + \text{D}, 1 - \text{R} < 1 + \text{D},$$
$$\text{D} < 1 + 1 - \text{R}, \text{ et } 1 + 1 - \text{R} + \text{D} < 4.$$

Mais la deuxième condition est toujours satisfaite, puisque R et D sont positifs, et la quatrième le sera évidemment, si la troisième est remplie, puisque D est plus petit que 2^{dr}. Nous n'avons donc à nous occuper que de la première et de la troisième condition, qui équivalent à :
$$\text{R} < \text{D et D} < 2 - \text{R}.$$

La première exige que le point A ne

soit pas à l'intérieur de la calotte déterminée par le petit cercle QQ'. La seconde exige que ce point A ne se trouve pas à l'intérieur de la calotte symétrique.

Problème n° 93.

881. *Tracer un grand cercle de la sphère tangent à deux petits cercles donnés.*

Soient P et P' les pôles des deux petits cercles donnés, R et R' leurs rayons sphériques PA et P'A', et D la distance sphérique PP'.

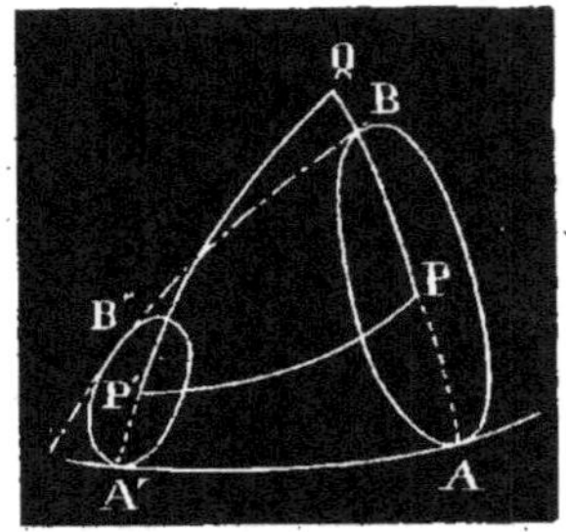

Figure 498.

Il peut se présenter deux cas selon que le grand cercle cherché laisse, dans un même hémisphère ou dans des hémisphères différents, les deux petits cercles, donnés.

Dans le premier cas, nous déterminerons le pôle Q (*fig.* 498) du grand cercle cherché qui se trouve dans le même hémisphère que les petits cercles donnés. Si A et A' sont les points de contact inconnus, ce point Q se trouvera sur les grands cercles PA et P'A', et le triangle sphérique PP'Q sera déterminé par ses trois côtés PQ $= 1^q - $ R; P'Q $= 1^q - $ R', et PP' $= $ D. On pourra donc construire ce triangle, ce qui fournira le pôle Q du grand cercle cherché. En construisant de même le triangle symétrique de PP'Q, on obtiendrait le pôle du second grand cercle BB', qui répond à la question.

Pour que le problème soit possible, il

faut que le triangle PP'Q existe, c'est-à-dire qu'on ait entre ses côtés les relations :

PP' < PQ + P'Q , PQ < PP' + P'Q,
P'Q < PP' + PQ, et PP' + PQ + P'Q < 4
c'est-à-dire :

$D < 1 - R + 1 - R', 1 - R < D + 1 - R'$
$1 - R' < D + 1 - R$, et $D + 1 - R + 1 - R' < 4$,

ou bien :

$$2 - D > R + R', \quad D > R' - R.$$

$$D > R - R', \quad \text{et} \quad D < 2 + R + R'.$$

Supposons, pour fixer les idées, que R est plus grand que R', la deuxième et la quatrième relation seront satisfaites d'elles-mêmes, car D est positif et plus petit que 2. Il restera donc seulement les deux conditions :

$$D > R - R', \quad \text{et} \quad 2 - D > R + R',$$

dont la première exprime que les calottes sphériques PA et P'A' ne doivent pas être intérieures l'une à l'autre, et dont la seconde exige que la petite calotte P'A' soit extérieure à la calotte symétrique de PA, puisque 2 — D représente précisément la distance sphérique du point P' au point diamétralement opposé à P sur la sphère.

Dans le second cas, le pôle Q (*fig.* 499) du grand cercle cherché, qui se trouve dans le même hémisphère que le cercle de rayon R, est le troisième sommet du

triangle sphérique PP'Q, dont les côtés sont : PP' = D, PQ = 1 — R, et P'Q = 1 + R'. Il est donc facile d'obtenir ce point Q, et, par suite, le grand cercle demandé.

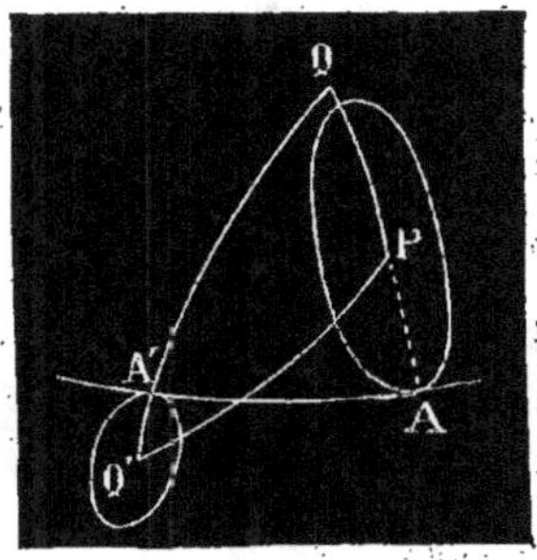

Figure 499

En recherchant les conditions de possibilité absolument de la même manière que dans le premier cas, et en supposant toujours R > R', on obtiendra les inégalités :

$$D > R + R', \quad \text{et} \quad 2 - D > R - R',$$

qui expriment, la première, que les deux calottes R et R' sont extérieures l'une à l'autre ; la seconde, que la plus petite calotte R' n'est pas complétement à l'intérieur de la calotte symétrique de R.

CHAPITRE XIV

AIRE DU TRIANGLE SPHÉRIQUE ET VOLUME DE LA PYRAMIDE SPHÉRIQUE.

§ 1er. — DES FUSEAUX SPHÉRIQUES.

882. *Définitions.* — On appelle fuseau, la portion de la surface de la sphère, comprise entre deux demi-grands cercles qui se terminent à un diamètre commun. Ainsi, la surface CAC'B (*fig.* 500), comprise entre les demi-grands cercles CAC' et

CBC', est un fuseau. L'angle ACB des deux demi-grands cercles est dit *l'angle du fuseau*.

Théorème n° 303.

883. *Sur une même sphère ou sur des sphères égales : 1° deux fuseaux de même angle sont égaux; 2° un fuseau est égal à la somme de deux autres, si son angle est égal à la somme des angles des deux autres.*

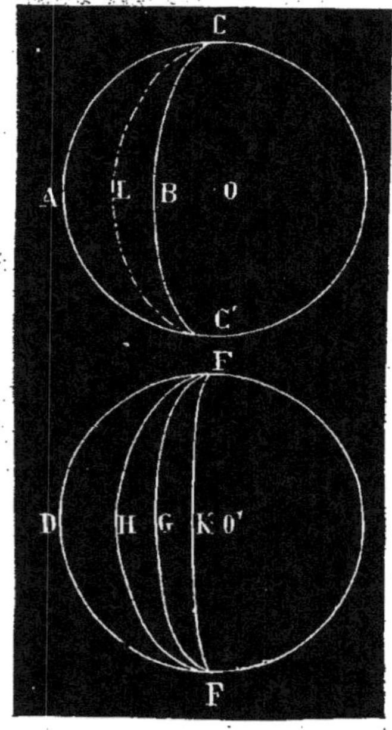

Figure 500.

En effet : 1° si les deux fuseaux CAC'B et FDF'G (*fig.* 500), tracés sur des sphères égales, ont leurs angles ACB et DFG égaux, on peut superposer le second au premier en le transportant de manière que les demi-grands cercles égaux CAC' et FDF' coïncident, le point F étant en C et le point F' en C'. Alors, les angles ACB et DFG étant égaux, les plans des deux demi-rgands cercles CBC' et FGF' se superpo-seront et les deux demi-grands cercles CDC' et FGF' étant égaux et ayant les mêmes extrémités, coïncideront. Ainsi, les deux fuseaux CAC'B et FDF'G seront superposés. Donc, ils sont égaux;

2° Si le fuseau CAC'B a un angle ACB égal à la somme DFH + GFK, des angles des deux fuseaux FDF'H et FGF'K, on pourra tracer, à l'intérieur du fuseau CAC'B, un demi-grand cercle CLC' tel que le fuseau formé CAC'L ait un angle ACL égal à l'angle DFH du fuseau FDF'H. Alors, ces deux fuseaux seront égaux, et on aura :

$$CAC'L = FDF'H.$$

Mais le fuseau CLC'B aura alors pour angle :

$$LCB = ACB - ACL = ACB - DFH = GFK$$

et il sera égal au fuseau FGF'K, et on aura :

$$CLC'B = FGF'K.$$

Donc, en additionnant, on obtiendra :

$$CAC'L + CLC'B = FDF'H + FGF'K,$$

c'est-à-dire :

$$CAC'B = FDF'H + FGF'K,$$

ce qui établit le théorème.

884. REMARQUE. — Il résulte immédiatement de là que *deux fuseaux quelconques d'une même sphère sont entre eux dans le même rapport que leurs angles,* car, si $\dfrac{m}{n}$ est le rapport des angles A et A' *des deux fuseaux considérés, on aura :*

$$\frac{A}{A'} = \frac{m}{n}, \text{ d'où } \frac{A}{m} = \frac{A'}{n}.$$

Si l'on divise alors, par des demi-grands cercles, le premier fuseau en m petits fuseaux égaux, chacun de ces petits fuseaux aura pour angle $\dfrac{A}{m}$. En divisant de même le second fuseau en n petits fuseaux égaux, chacun d'eux aura pour angle $\dfrac{A'}{n}$.

Or, nous avons trouvé $\dfrac{A}{m} = \dfrac{A'}{n}$. Donc,

dans les deux cas, nous avons obtenu des petits fuseaux égaux. Mais le premier fuseau donné contient m de ces petits fuseaux et le second en contient n. Donc, leur rapport est $\dfrac{m}{n} = \dfrac{A}{A'}$.

885. D'après cette remarque, et puisqu'on peut considérer la surface de la sphère comme celle d'un fuseau dont l'angle serait devenu égal à 4 droits, si l'on appelle S la surface de la sphère et F la surface du fuseau dont l'angle, exprimé en fonction de l'angle droit, est A, on aura :

$$\frac{F}{S} = \frac{A}{4^{dr}},$$

ou

$$F = S\,\frac{A}{4^{dr}},$$

expression que nous simplifierons lorsque nous aurons fait choix d'un système d'unités plus convenable.

§ II. — AIRE DU TRIANGLE SPHÉRIQUE.

Théorème n° 304.

886. *Un triangle sphérique isocèle est superposable à son symétrique.*

En effet, si le triangle sphérique ABC (*fig.* 501) est isocèle, on a :
$$AC = BC \quad \text{et} \quad A = B.$$

Le triangle A'B'C', symétrique du premier, ayant, comme on sait, tous ses élé-

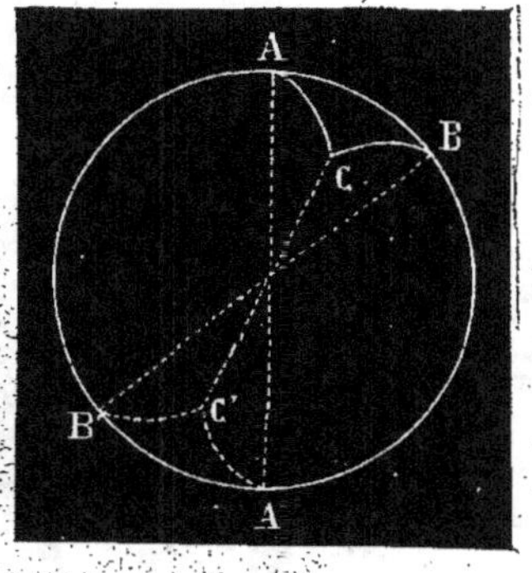

Figure 501.

ments égaux à ceux du triangle ABC, mais disposés en ordre inverse, on aura :
$$A'B' = AB, \quad A'C' = AC, \quad A' = A.$$
Donc, aussi,
$$A'C' = CB, \quad A' = B.$$

Si l'on transporte donc le triangle A'B'C' sur le triangle ABC, de manière que l'arc de grand cercle A'B', coïncidant avec son égal AB, le point A' soit en B et le point B' en A, puisque l'angle A' égale l'angle B, les plans des arcs de grand cercle BC et A'C' se superposeront, et, comme ces arcs sont égaux et situés du même côté par rapport AB, ils coïncideront dans toute leur longueur. Donc, le point C' tombera en C, et l'arc B'C', ayant les mêmes extrémités que son égal AC, se confondra avec lui. Les deux triangles sphériques, symétriques et isocèles, pourront donc être superposés. Donc, ils sont égaux.

887. D'après ce théorème, si l'on considère 3 plans rectangulaires entre eux, se coupant au centre de la sphère, ils diviseront la surface sphérique en 8 triangles trirectangles, qui auront tous leurs éléments égaux, et qui, par suite, seront tous égaux. Chacun d'eux aura donc pour surface le $\dfrac{1}{8}$ de la surface totale de la sphère, et on pourra, connaissant le rayon R, calculer sa surface S_T par la formule :

$$S_T = \frac{4\,\pi\,R^2}{8} = \frac{\pi}{2}\,R^2.$$

888. Pour l'évaluation des surfaces sphériques, on prend généralement le triangle trirectangle pour unité d'aire. Les formules que l'on obtient alors et les raisonnements qui y conduisent, sont beaucoup simplifiés.

889. *Ainsi, en prenant pour unité d'angle l'angle droit, et pour unité d'aire le triangle sphérique trirectangle, un fuseau a pour mesure le double du nombre qui mesure son angle.*

En effet, si le triangle trirectangle est pris pour unité, la surface de la sphère sera 8, et, comme nous avons trouvé pour la surface F du fuseau, dont l'angle, exprimé en droits, est A, la valeur $F = S \cdot \dfrac{A}{4}$

en remplaçant S par 8, nous aurons bien :

$$F = 2A.$$

Théorème n° 305.

890. *Deux triangles sphériques symétriques sont équivalents.*

En effet, si ABC et A'B'C' (*fig.* 502) sont deux triangles sphériques symétriques, on peut toujours les décomposer en un même nombre de triangles symétriques isocèles. et, par suite, égaux.

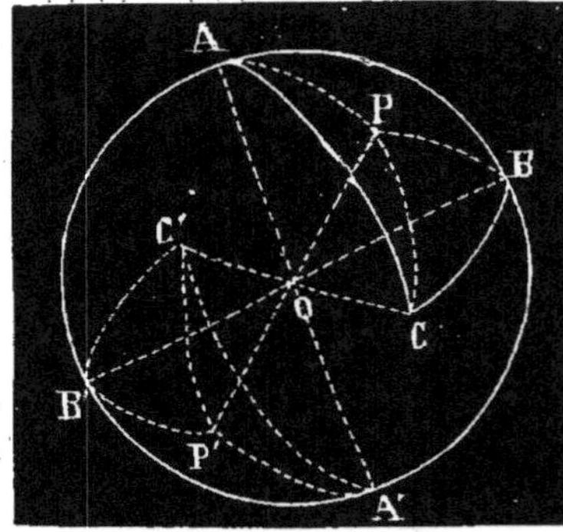

Figure 502.

Il suffit, pour cela, de chercher les pôles P et P' des petits cercles de la sphère déterminés respectivement par les points A, B, C et A', B', C'. Ces points P et P' seront diamétralement opposés, comme pôles de petits cercles symétriques, et les arcs de grands cercle PA, PB, PC, P'A,' P'B', P'C' que l'on pourra tracer entre ces points P et P' et les sommets des triangles donnés seront tous égaux et deux à deux symétriques, de telle sorte qu'ils décomposeront les deux triangles donnés en trois triangles isocèles et symétriques. qui seront égaux deux à deux. On aura donc :

surf. PAB $=$ *surf.* P'A'B';
surf. PAC $=$ *surf.* P'A'C';
surf. PBC $=$ *surf.* P B'C';

ou, en additionnant :

surf. (PAB $+$ PAC $+$ PBC) $=$ *surf.* (P'A'B' $+$ P'A'C' $+$ P'B'C'), c'est-à-dire : *surf.* ABC $=$ *surf* A'B'C'. Les deux triangles sphériques symétriques donnés ont donc des surfaces égales et sont équivalents.

891. Remarque. — Il pourrait arriver que les deux pôles P et P', tout en restant symétriques sur la sphère, ne tombassent pas à l'intérieur des triangles donnés, comme nous l'avons supposé sur la figure; mais un raisonnement analogue au précédent serait toujours applicable, car :

1° Si les pôles P et P' tombaient sur les côtés symétriques AC et A'C' (*fig.* 503) des triangles donnés, on aurait : PA $=$ PB $=$ PC $=$ P'A' $=$ P'B' $=$ P'C', et les triangles ABC et A' B' C' seraient la somme de 2 triangles isocèles symétriques : PAB et PBC d'une part, P'A'B' et P'B'C' de l'autre. Ils auraient donc encore des surfaces égales et seraient équivalents.

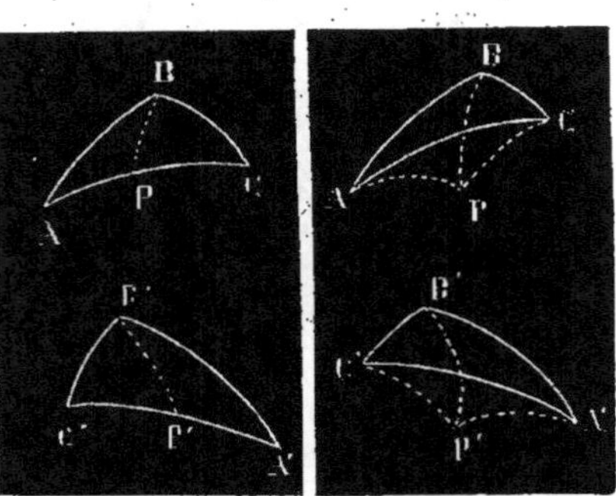

Figure 503.   Figure 504.

2° Si les pôles P et P' (*fig.* 504) étaient extérieurs aux triangles donnés, chacun de ces triangles serait la différence de triangles isocèles égaux dans les deux cas; ils auraient encore des surfaces égales, et, par suite, seraient équivalents.

Théorème n° 306.

892. *Deux triangles sphériques, ABC et ADE (fig. 505), formés dans un même hémisphère par deux demi-grands cercles BAD et CAE qui se coupent, valent ensemble le fuseau ABA'C, qui aurait pour angle l'angle BAC de ces demi-grands cercles.*

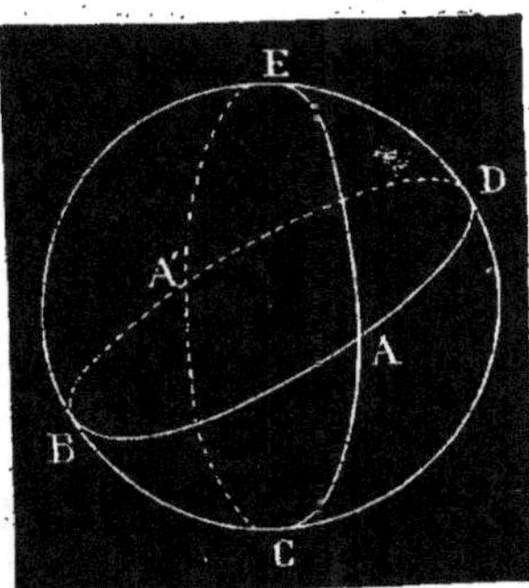

Figure 505.

En effet, si l'on suppose les demi-grands cercles BAD et CAE prolongés dans le second hémisphère, ils détermineront un triangle A'BC, symétrique du triangle ADE et qui lui sera, par suite, équivalent. Or, la somme des triangles ABC et A'BC n'est autre que le fuseau ABA'C. Donc, la somme des triangles ABC et ADE équivaut au fuseau ABA'C. Donc, etc.

Théorème n° 307.

893. *Si l'on prend l'angle droit pour unité d'angle et le triangle trirectangle pour unité d'aire, l'aire d'un triangle sphérique ABC (fig. 506) a pour mesure son excès sphérique.*

En effet, si nous achevons le grand cercle BCDE, d'après le théorème précédent, la somme des deux triangles ABC et ADE équivaut au fuseau dont l'angle est A. On a donc :

$$\text{surf. ABC} + \text{surf. ADE} = \text{fus. A.}$$

Mais, évidemment :

$$\text{surf. ABC} + \text{surf. ABE} = \text{fus. C}$$

et

$$\text{surf. ABC} + \text{surf. ACD} = \text{fus. B.}$$

Donc, en additionnant ces trois égalités et en remarquant que surf. ABC + surf. ADE + surf. ABE + surf. ACD, n'est autre chose que la moitié de la surface de la sphère, on a :

$$2\,\text{surf. ABC} + \frac{1}{2}\,\text{surf. sphèr.} = \text{fus. A} + \text{fus. B} + \text{fus. C.}$$

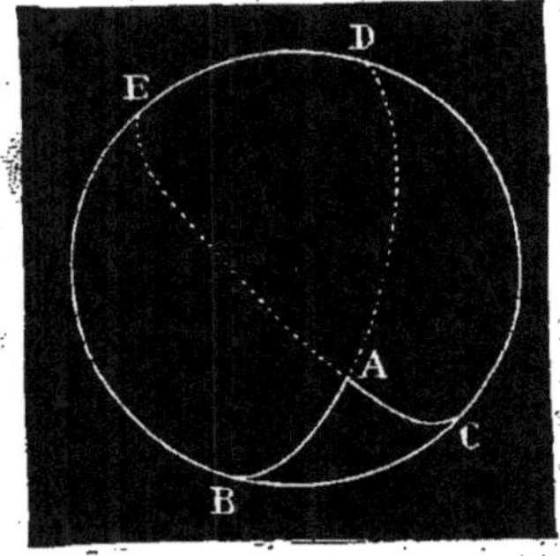

Figure 506.

Si l'on prend maintenant pour unités l'angle droit et le triangle trirectangle, on aura :

$$2\,\text{surf. ABC} + 4 = 2A + 2B + 2C,$$

D'où, surf. ABC $= A + B + C - 2.$

Or, cette quantité $A + B + C - 2$, c'est justement ce que nous avons appelé, dans le chapitre précédent, l'excès sphérique du triangle.

Donc, avec les unités adoptées, la surface d'un triangle sphérique a bien pour mesure son excès sphérique.

894. REMARQUE. — Il est facile de passer de la formule précédente au cas où d'autres unités seraient imposées. Ainsi, soit R le rayon de la sphère en mètres, s la surface d'un triangle en mètres carrés, a, b et c les valeurs en degrés de ses angles A, B et C, nous aurons, puisque la surface du triangle trirectangle est $\frac{1}{2}\pi R^2$:

$$S = \frac{S}{\frac{1}{2}\pi R^2},$$

et $\quad A = \dfrac{a}{90} \quad B = \dfrac{b}{90} \quad C = \dfrac{c}{90}.$

Donc, en vertu de la relation

$$S = A + B + C - 2,$$

il viendra : $\dfrac{s}{\frac{1}{2}\pi R^2} = \dfrac{a}{90} + \dfrac{b}{90} + \dfrac{c}{90} - 2.$

D'où $\quad s = \dfrac{a + b + c - 180}{180}\; \pi\, R^2.$

Problème n° 94.

895. *Quelle est, sur la sphère dont le rayon est* 1^m, *la surface du triangle sphérique dont les angles sont de* 48°12'; 64°33'; 97°46'.

La formule donne, en réduisant en minutes :

$$S = \frac{(48+64+97-180)\,60+12+33+46}{180.60}\pi$$

$$= 1{,}695370 \times \pi = 5^{m2}\,3272$$

à un centimètre carré près.

Théorème n° 308.

896. *Si l'on prend l'angle droit pour unité d'angle et le triangle trirectangle pour unité d'aire, l'aire d'un polygone sphérique convexe a pour mesure son excès sphérique.*

En effet, un polygone sphérique convexe de n côtés, pouvant être décomposé en $(n-2)$ triangles sphériques par des arcs de grand cercle diagonaux, sa surface est égale à la somme des aires de ces $n-2$ triangles, et, par suite, a pour mesure la somme de tous les angles de ces triangles, diminuée de $2(n-2)$ droits; ou bien, ce qui est la même chose, la somme de tous les angles du polygone, diminuée du $2(n-2)$ droits.

Or, c'est là, précisément, d'après ce que nous avons vu, l'excès sphérique du polygone. Donc, avec les unités adoptées, la surface d'un polygone sphérique convexe a pour mesure son excès sphérique.

Théorème n° 309.

897. *Étant donnés deux points* A *et* B *(fig. 507) sur une circonférence de petit cercle, si l'on joint par des arcs de grand cercle ces deux points entre eux et à un troisième* C, *situé sur cette circonférence, le triangle* ABC, *ainsi formé, est tel que la différence entre l'angle* C *et la somme des deux angles à la base est constante.*

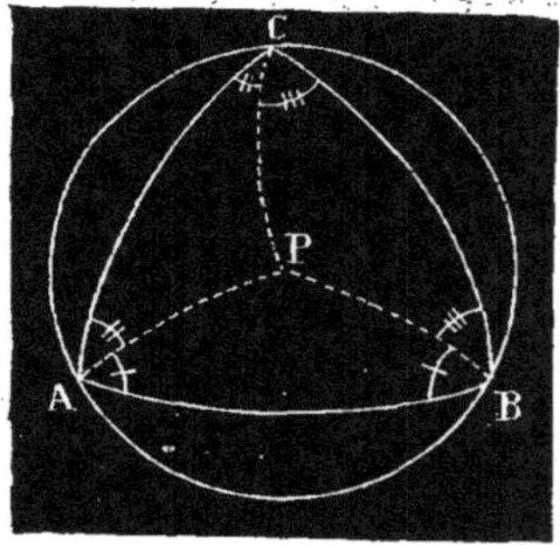

Figure 507.

En effet, soit P le pôle du petit cercle donné. En menant les arcs de grand cercle PA, PB et PC, on formera trois triangles isocèles dans lesquels les angles opposés aux côtés égaux sont égaux. La figure montrera alors immédiatement que l'on a :

angle CAB $+$ *angle* CBA $-$ *angle* ACB
$= 2\,angles\ PAB,$

et, comme l'angle PAB est constant, cette différence est aussi constante et le théorème est établi.

898. La réciproque de ce théorème

est vraie, et on la démontrerait facilement en supposant que le point C soit placé ailleurs que sur la circonférence ACB.

Théorème n° 310.

899. *Dans un quadrilatère sphérique inscriptible, les sommes des angles opposés sont égales.*

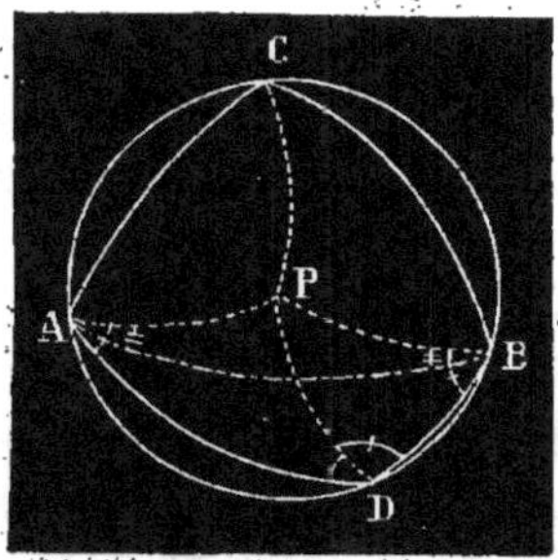

Figure 508.

Un polygone sphérique est inscriptible lorsqu'on peut faire passer, par tous ses sommets, un petit cercle de la sphère. Soit ABCD (*fig.* 508) un quadrilatère inscriptible. Si P est le pôle de la circonférence circonscrite, l'inspection de la figure donne immédiatement :

angle CAB + *angle* CBA — *angle* ACB
= 2 *angle* PAB;

angle ADB — *angle* DAB — *angle* DBA
= 2 *angles* PAB.

Donc :

angle CAB + *angle* CBA — *angle* ACB =
angle ADB — *angle* DAB — *angle* DBA.

Ce qui revient à :

$$A + B = C + D.$$

Théorème n° 311.

900. *Le lieu géométrique des sommets C des triangles qui ont même base AB (fig. 509) et même surface, est un arc de petit cercle passant par les points D et E, diamétralement opposés aux extrémités A et B de la base.*

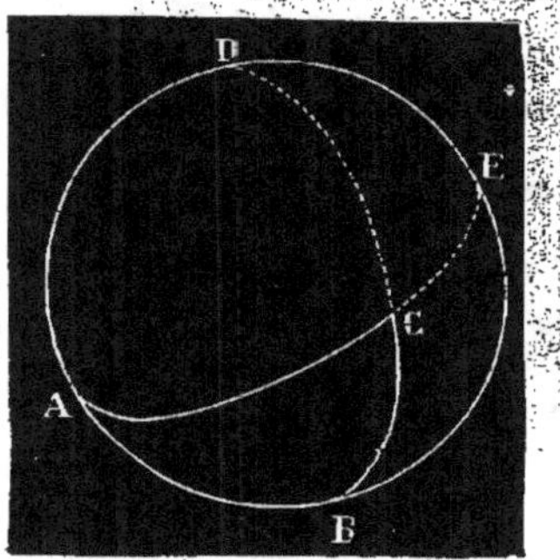

Figure 509.

En effet, si les triangles considérés doivent avoir même aire, l'expression A + B + C — 2, qui mesure cette aire, sera constante, et il en sera de même de C—D—E, car, puisqu'on a :

$$A = 2 - E \text{ et } B = 2 - D,$$

$$A + B + C - 2 = 2 + C - E - D.$$

Alors, le triangle DEC est tel que sa base DE est fixe et que la différence C — D — E de ses angles est constante. Par suite, le lieu des sommets C est une circonférence qui passe par les points D et E (898).

Ce théorème est connu sous le nom de *théorème de Lexell.*

§ III. — ONGLET SPHÉRIQUE, — VOLUME DE LA PYRAMIDE SPHÉRIQUE.

901. On appelle *onglet sphérique,* la portion du volume de la sphère comprise entre deux demi-grands cercles CAC' et CBC' (*fig* 510). Le fuseau correspondant CAC'B est la *base* de l'onglet, et son angle ACB est *l'angle de l'onglet*

Théorème n° 312.

902. *Sur une même sphère ou sur des sphères égales: 1° deux onglets de même angle sont égaux ; 2° un onglet est égal à la somme de deux autres, si son angle est* *égal à la somme des angles de ces derniers.*

En effet :

1° Si deux onglets tracés sur des sphè-es égales ont même angle, les fuseaux

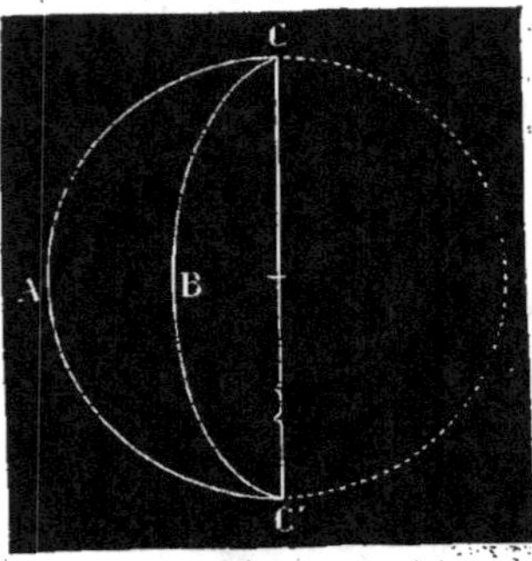

Figure 510.

qui leur servent de basés sont égaux, et, si on les superpose, les onglets don-nés seront aussi superposés. Donc, ils sont égaux.

2° Si un onglet a son angle égal à la somme des angles de deux autres, on pourra toujours le décomposer en deux nouveaux onglets, ayant séparément des angles égaux à ceux des deux onglets don-nés, auxquels, par suite, ils seront égaux. Le premier onglet sera donc bien là somme des deux autres.

903. Il résulte immédiatement de là (884), que : *deux onglets sphériques sont entre eux comme leurs angles.*

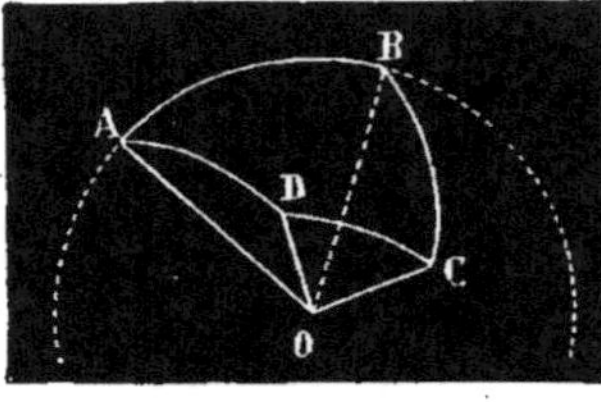

Figure 511.

On appelle *pyramide sphérique*, la por-tion du volume de la sphère comprise entre les faces d'un angle polyèdre dont le sommet est le centre de la sphère. Ainsi, le volume O. ABCD (*fig.* 511) est une py-ramide sphérique, et le polygone sphéri-que ABCD qu'elle détermine sur la surface de la sphère, est la base de la pyramide.

Théorème n° 313.

904. *Sur une même sphère ou sur des sphères égales, deux pyramides sphériques triangulaires, qui ont pour bases deux triangles sphériques, isocèles et symétri-ques, sont égales.*

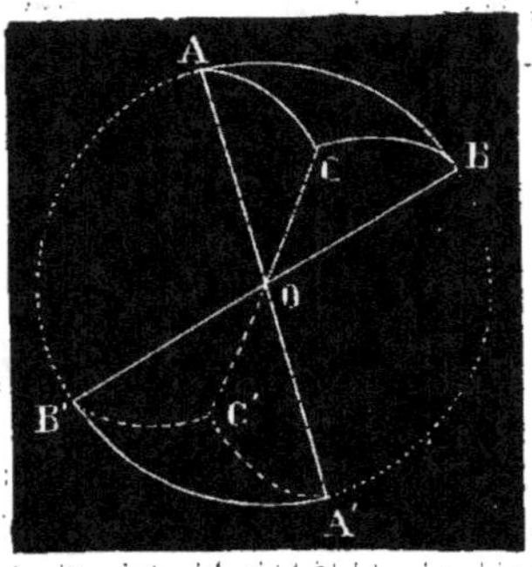

Figure 512.

En effet, les deux pyramides sphériques O. ABC et O. A'B'C' (*fig.* 512), ayant pour bases les triangles symétriques et isocèles ABC et A'B'C', nous avons vu qu'on pou-vait amener ces deux triangles à coïncider (886). Si l'on transporte donc la seconde pyramide sur la première, de manière que leurs bases coïncident, ces deux pyramides seront superposées. Donc, elles sont éga-les.

905. Il résulte de là, ce qui d'ailleurs est bien évident, que la pyramide sphéri-que trirectangle, c'est-à-dire celle qui a pour base un triangle sphérique trirectan-gle, a pour volume le $\frac{1}{8}$ du volume de la sphère. Or, le volume de la sphère dont le rayon est R étant donné par l'expression

$$V = \frac{4}{3} \pi R^3,$$

le volume de la pyramide trirectangle correspondante sera :

$$V_T = \frac{1}{6} \pi R^3.$$

Théorème n° 314.

906. *Sur une même sphère ou sur des sphères égales, deux pyramides sphériques triangulaires symétriques sont équivalentes.*

En effet, nous avons vu (890) que les bases de ces pyramides sont équivalentes et pouvaient être décomposées en un même nombre de triangles sphériques isocèles symétriques, et, par suite, égaux. En construisant les pyramides correspondantes à ces triangles isocèles, il est évident que nous décomposerons les deux pyramides symétriques données en un même nombre de pyramides isocèles symétriques, et, par suite, égales. Donc, les pyramides données ayant même volume, sont équivalentes.

Théorème n° 315.

907. *Si l'on prend pour unité d'angle l'angle droit, et pour unité de volume la pyramide trirectangle, un onglet a pour mesure le double de son angle.*

En effet, puisque deux onglets sphériques d'une même sphère sont entre eux comme leurs angles, et que la sphère entière peut être considérée comme un onglet dont l'angle est égal à 4^{dr}, en appelant V le volume de la sphère et Va le volume de l'onglet dont l'angle est A droits, on aura :

$$\frac{Va}{V} = \frac{A}{4},$$

d'où :

$$Va = V \frac{A}{4};$$

Mais puisqu'on prend pour unité le volume de la pyramide trirectangle, on a :

$$V = 8.$$

Donc : $Va = 2\,A$ Donc, etc.

Théorème n° 316.

908. *En prenant l'angle droit pour unité d'angle et la pyramide trirectangle pour unité de volume, une pyramide sphérique quelconque a pour mesure l'excès sphérique du polygone qui lui sert de base.*

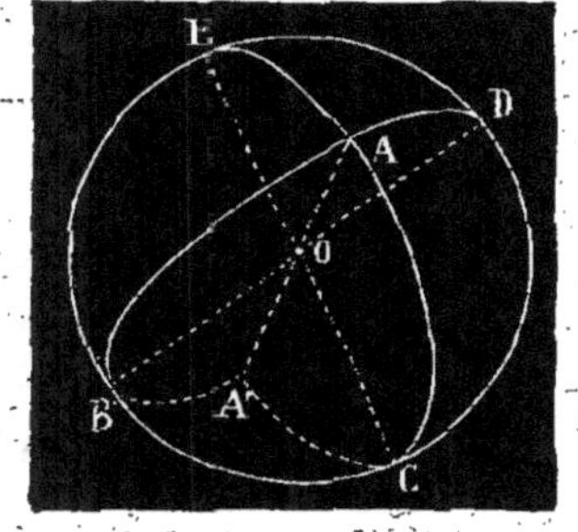

Figure 513.

1° Considérons le cas d'une pyramide triangulaire O. ABC (*fig.* 513). La pyramide O. ADE étant symétrique de la pyramide O. A'BC lui est équivalente, et on a :

$$O.ABC + O.ADE = \text{onglet A.}$$

Mais $O.ABC + O.ABE = $ onglet C

$$O.ABC + O.ACD = \text{onglet B}$$

En remarquant alors que

$$O.ABC + O.ADE + O.ABE + O.ACD = \frac{1}{2}\ \text{sphère, il vient, en additionnant :}$$

$$2.\,O.ABC + \frac{1}{2}\ \text{sphère} = \text{onglet A} +$$

onglet B + onglet C, mais en fonction des unités admises,

$$\frac{1}{2}\ \text{sphère} = 4,\quad \text{onglet A} = 2\,A,$$

$$\text{onglet B} = 2\,B,\quad \text{onglet C} = 2\,C.$$

Donc, $\quad 2.\,\mathrm{O\,ABC} + 4 = 2\mathrm{A} + 2\mathrm{B} + 2\mathrm{C},$

et $\quad \mathrm{O.ABC} = \mathrm{A} + \mathrm{B} + \mathrm{C} - 2.$

Ainsi, une pyramide triangulaire a bien pour mesure l'excès sphérique du triangle qui lui sert de base.

2° Considérons maintenant le cas d'une pyramide sphérique quelconque. Nous pourrons toujours la décomposer en pyramides triangulaires, et son volume sera la somme des volumes de ces pyramides. Il aura donc pour mesure la somme des excès sphériques des triangles composant la base, ou bien, ce qui est la même chose, l'excès sphérique du polygone de base.

909. Il résulte de là que le rapport du volume d'une pyramide sphérique quelconque à la surface du polygone qui lui sert de base est égal au rapport de la pyramide sphérique trirectangle au triangle trirectangle; ou bien encore, au rapport du volume de la sphère à sa surface. Ce rapport, c'est le tiers du rayon. Donc :

Le volume d'une pyramide sphérique est égal au produit de sa base par le tiers du rayon.

CHAPITRE XV

DES POLYÈDRES RÉGULIERS

§ Ier. — PROPRIÉTÉS GÉNÉRALES DES POLYÈDRES

Théorème n° 317.

910. *Dans tout polyèdre convexe, le nombre des arêtes augmenté de 2 est égal au nombre des faces augmenté de celui des sommets.*

Ce théorème remarquable a été découvert par *Euler*. Sa démonstration la plus simple est due à *Cauchy*.

Considérons une surface polyédrale convexe *ouverte*, terminée à une ligne brisée plane ou gauche. Si l'on appelle A le nombre de ses arêtes, F le nombre de ses faces, et S celui de ses sommets, on aura, entre ces trois nombres, la relation :

$$\mathrm{A} + 1 = \mathrm{F} + \mathrm{S}$$

Pour le démontrer, je dis que cette relation est vraie pour une surface polyédrale ouverte de F faces; elle le sera également pour une surface de F + 1 faces.

En effet, on peut obtenir une surface polyédrale quelconque de F + 1 faces en ajoutant la (F + 1)^{me} face à la surface formée par les F premières

Supposons que la (F + 1)^{me} face soit un polygone de m côtés et de m sommets. Puisque la surface doit rester ouverte, son contour ne pourra coïncider entièrement avec la ligne terminale primitive; et, si elle a avec cette ligne p arêtes communes, elle aura aussi $p + 1$ sommets communs avec elle.

Si A', F', S' sont les nombres d'arêtes, de faces et de sommets de la nouvelle surface obtenue, A, F et S étant ceux qui correspondent à l'ancienne, on aura :

$$\mathrm{A}' = \mathrm{A} + m - p, \mathrm{F}' = \mathrm{F} + 1,$$
$$\mathrm{S}' = \mathrm{S} + m - (p + 1).$$

Mais, puisque la relation est vraie pour F faces, on a :

$$\mathrm{A} + 1 = \mathrm{F} + \mathrm{S}$$

Donc :

$$A' + 1 = A + m - p - 1 = F + S + m - p$$
$$= F + 1 + S + m - (p + 1)$$
$$= F' + S'$$

Ainsi, si la relation est vraie pour le cas de F faces, elle l'est aussi pour celui de F + 1 faces. Or, elle est vraie pour le cas d'une seule face, puisqu'alors le nombre des arêtes est égal à celui des sommets. Donc elle est vraie pour 2 faces, pour 3 faces, etc.; en un mot, elle est générale.

Ceci posé, étant donné un polyèdre convexe de A arêtes, F faces et S sommets, pour en déduire une surface polyédrale convexe ouverte, il suffira de lui enlever une face. On obtiendra alors une surface ayant les mêmes arêtes et les mêmes sommets que le polyèdre donné, et qui comptera par conséquent :

A arêtes, (F—1) faces et S sommets ;
Donc, on aura :

$$A + 1 = F - 1 + S$$

ou

(1) $$A + 2 = F + S;$$

ce qui démontre le théorème d'Euler.

911. CorollAIRE. — Appelons, dans un polyèdre convexe, t le nombre des faces triangulaires, q le nombre des faces quadrangulaires, p le nombre des faces pentagonales, etc......; T le nombre des angles trièdres; Q, P, etc... les nombres des angles tétraèdres, pentaèdres, etc., on aura :

(2) $$F = t + q + p + h + \ldots\ldots$$
(3) $$S = T + Q + P + H + \ldots\ldots$$

De plus, chaque arête étant l'intersection de deux faces, si l'on compte le nombre des côtés de toutes les faces, on aura compté deux fois chaque arête du polyèdre, et on trouvera évidemment :

(4) $$2A = 3t + 4q + 5p + 6h + \ldots\ldots$$

De même, chaque arête joignant deux sommets, on aura :

(5) $$2A = 3T + 4Q + 5P + 6H + \ldots\ldots$$

et, de ces deux dernières égalités, il est facile de conclure que :

Dans tout polyèdre convexe, le nombre des faces qui ont un nombre impair de côtés est toujours pair, et le nombre des sommets où aboutissent un nombre impair d'arêtes est toujours pair.

Théorème nº 318.

912. *Dans tout polyèdre convexe, le nombre des faces triangulaires, augmenté de celui des angles trièdres, est au moins égal à 8.*

En effet, la formule d'Euler donne :

$$4F + 4S = 4A + 8,$$

et si, dans cette expression, nous remplaçons F et S par leurs valeurs (2) et (3) et 4A par la somme des valeurs (4) et (5), nous aurons :

$$4(t + T) + 4(q + Q) + 4(p + P) + 4$$
$$(h + H) + \ldots = 8 + 3(t + T) + 4(q + Q)$$
$$+ 5(p + P) + 6(h + H) + \ldots$$

ou bien :

$$t + T = 8 + (p + P) + 2(h + H) + \ldots$$

et cette égalité montre immédiatement que $t + T$ est au moins égal à 8

Il résulte de là que : *il n'existe aucun polyèdre convexe qui ne renferme à la fois ni face triangulaire, ni angle trièdre.*

Théorème n° 319.

913. — 1° *Il n'existe aucun polyèdre convexe dont toutes les faces aient plus de cinq côtés.*

2° *Il n'existe aucun polyèdre convexe dont tous les angles polyèdres aient plus de cinq arêtes.*

En effet : 1° si toutes les faces d'un polyèdre convexe avaient plus de cinq côtés, les nombres t, q et p, des formules (2) et (4) seraient nuls à la fois, et on aurait :

$$F = h + h' + 0 + \ldots$$
$$2A = 6h + 7h' + 8\,0 + \ldots$$

c'est-à-dire :

$$2A > 6F, \text{ ou } A > 3F.$$

La formule d'Euler pouvant se mettre sous la forme :

$$3A + 6 = 3F + 3S,$$

donnerait alors l'inégalité

$$3A + 6 < A + 3S,$$

ou bien

$$2A + 6 < 3 S.$$

Mais les égalités (3) et (5) donnent $3 S < 2 A$, et l'on aurait a fortiori :

$$2A + 6 < 2A,$$

ce qui est impossible. Donc il ne peut exister aucun polyèdre convexe dont toutes les faces aient plus de cinq côtés.

2° De même, si tous les angles polyèdres avaient plus de cinq arêtes, T, Q et P seraient nuls, et les formules (3) et (5) deviendraient :

$$S = H + H' + O + \dots$$

et

$$2A = 6 H + 7 H' + 8O + \dots$$

On aurait donc :

$$2A > 6S, \text{ ou } A < 3S,$$

et l'égalité :

$$3A + 6 = 3F + 3S$$

donnerait l'inégalité : $3A + 6 < 3F + A$, ou :

$$2A + 6 < 3F.$$

Mais les égalités (2) et (4) donnant $3 F < 2A$, on aurait encore :

$$2A + 6 < 2A$$

ce qui est impossible. Donc, il ne peut exister aucun polyèdre convexe dont tous les sommets soient formés par plus de 5 arêtes.

Théorème n° 320.

914. *Il ne peut exister plus de cinq espèces de polyèdres dont toutes les faces aient le même nombre de côtés et dont tous les angles polyèdres aient le même nombre d'arêtes.*

En effet, si chaque face avait n côtés et chaque sommet m arêtes, chaque arête appartenant à deux faces et joignant deux sommets, on aurait :

$$2A = n F = m S,$$

ou :

$$A = \frac{n}{2} F, \text{ et } S = \frac{n}{m} F.$$

Alors, la formule d'Euler :

$$A + 2 = F + S,$$

donnerait :

$$\frac{n}{2} F + 2 = F + \frac{n}{m} F,$$

ou :

$$2 = F \left(1 + \frac{n}{m} - \frac{n}{2} \right) = F \frac{2m + 2n - mn}{2m}$$

ou, enfin :

$$F = \frac{4 m}{2 (m + n) - mn}.$$

Mais chaque face ayant au moins 3 côtés et chaque sommet 3 arêtes, m et n ne peuvent pas être inférieurs à 3.

1° Faisons $n = 3$, nous aurons :

$$F = \frac{4 m}{6 - m},$$

et nous ne pourrons donner à m que les valeurs 3, 4 et 5 auxquelles correspondront les nombres de faces $F = 4$, $F = 8$ et $F = 20$.

Ainsi, il n'existe que 3 espèces de polyèdres dont toutes les faces sont triangulaires; ce sont le tétraèdre, l'octaèdre et l'icosaèdre.

2° Faisons $n = 4$, nous aurons :

$$F = \frac{4m}{8 - 2m} = \frac{2 m}{4 - m},$$

et nous ne pourrons donner à m que la valeur 3. Nous obtiendrons le nombre de faces $F = 6$; par suite, il n'existe qu'une espèce de polyèdres convexes dont toutes les faces soient quadrilatérales, c'est l'hexaèdre.

3° Enfin, faisons $n = 5$, nous aurons :

$$F = \frac{4 m}{10 - 3 m}$$

et nous ne pourrons encore donner à m que la valeur 3, auquel cas $F = 12$. Donc il n'existe qu'une espèce de polyèdres à faces pentagonales : c'est le dodécaèdre.

4° Évidemment, si l'on donnait à n une

valeur supérieure à 5, on n'en pourrait déduire pour m une valeur acceptable. Donc il n'existe que cinq espèces de polyè-dres ayant le même nombre de côtés pour chaque face et le même nombre d'arêtes pour chaque sommet.

§ II. — CONSTRUCTION DES POLYÈDRES RÉGULIERS

915. On appelle *polyèdre régulier*, un polyèdre dont toutes les faces sont des polygones réguliers égaux et dont tous les angles polyèdres sont égaux entre eux.

Théorème n° 321.

916. *Il n'existe que cinq polyèdres réguliers convexes.*

Ce théorème est un cas particulier du théorème n° 320 du paragraphe précédent, parce que toutes les faces d'un polyèdre régulier doivent avoir le même nombre de côtés et que tous ses angles polyèdres doivent avoir le même nombre d'arêtes.

Mais on peut démontrer directement ce théorème par les quelques considérations suivantes :

Puisque chaque angle polyèdre est formé au moins par 3 faces, et que la somme de ces faces doit être inférieure à quatre droits, si les faces du polyèdre sont des polygones réguliers, elles ne pourront être que des triangles équilatéraux, des carrés ou des pentagones réguliers, parce que l'angle d'un hexagone régulier étant égal à $\frac{4}{3}$ d'angle droit, la somme de trois de ces angles vaut 4 droits. Donc, il est impossible de construire un angle polyèdre avec trois sommets d'hexagone régulier, et, à plus forte raison, avec trois sommets des autres polygones réguliers.

1° Si les faces sont des triangles équilatéraux, on pourra les assembler autour de chaque sommet par groupe de *trois*, *quatre* ou *cinq*, parce qu'alors la somme des faces de chaque angle polyèdre sera inférieure à 4 droits. On obtiendra ainsi trois polyèdres réguliers.

Le *tétraèdre régulier*, compris sous 4 triangles équilatéraux égaux ;

L'*octaèdre régulier*, compris sous 8 triangles équilatéraux égaux ;

L'*icosaèdre régulier*, compris sous 20 triangles équilatéraux égaux.

2° Si les faces sont des carrés, on ne pourra les grouper que par *trois* autour de chaque sommet. On n'obtiendra donc ainsi qu'un polyèdre régulier.

L'*hexaèdre régulier*, compris sous 6 carrés égaux.

3° Enfin, si les faces sont des pentagones réguliers, on ne pourra encore les assembler que par *trois* autour de chaque sommet, ce qui fournira le dernier polyèdre régulier.

Le *dodécaèdre régulier*, compris sous 12 pentagones réguliers.

Il n'existe pas d'autres polyèdres réguliers, parce que nous avons vu qu'on n'en pouvait pas construire avec d'autres polygones réguliers.

Problème n° 95.

917. *Construire un polyèdre régulier connaissant son arête.*

Nous supposerons, dans ce qui suit, que l'on se propose de construire réellement les polyèdres réguliers convexes au moyen de feuilles de carton mince ou de papier épais. Dans ce cas, il suffira, pour construire un polyèdre régulier dont l'arête est connue, de découper dans la feuille de papier une figure semblable à celle qui se trouve dessinée en regard du polyèdre considéré, dans les figures suivantes, de manière que les polygones réguliers qui forment cette figure aient pour côtés l'arête donnée du polyèdre. En pliant alors cette figure suivant les différents côtés des polygones qui la composent, on construira facilement le polyèdre, dont on assurera la solidité en collant ses faces libres sur les bandes de papier extérieures réservées à cet effet.

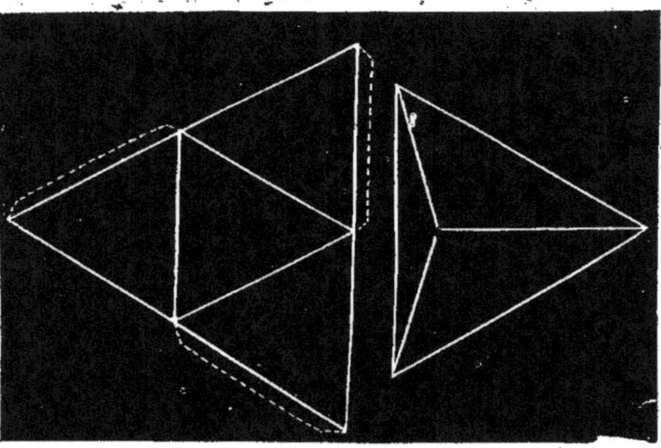

Figure 514.

1° *Tétraèdre régulier* (*fig.* 514). — Il est compris sous 4 triangles équilatéraux égaux, qui forment un angle trièdre à chaque sommet;

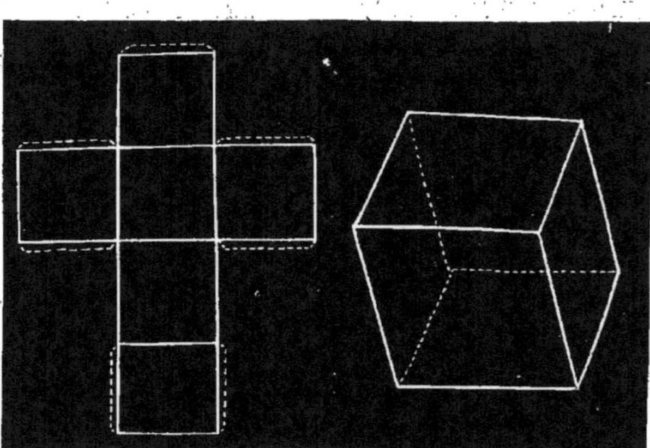

Figure 515.

2° *Hexaèdre régulier* (*fig.* 515). — Il est formé par 6 carrés égaux réunis par groupes de 3 autour de chaque sommet;

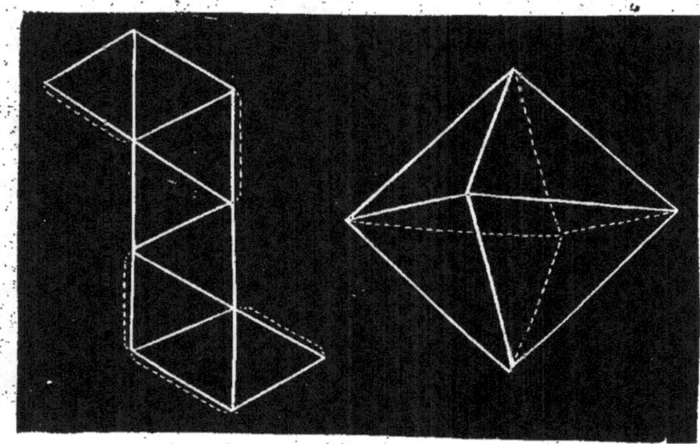

Figure 516.

3° *Octaèdre régulier* (*fig.* 516). — Il est compris sous 8 triangles équilatéraux égaux formant un angle tétraèdre autour de chaque sommet;

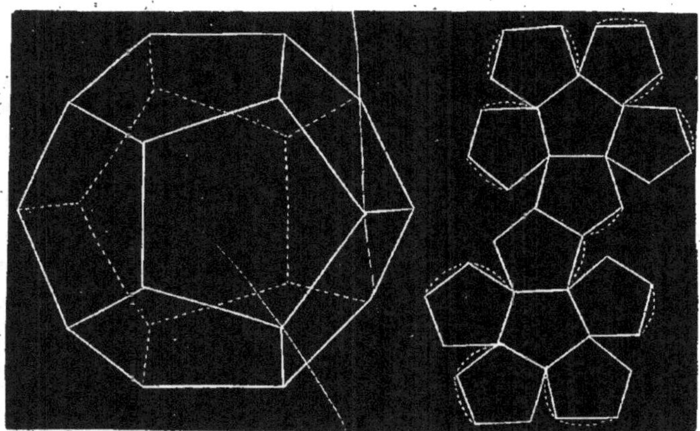

Figure 517.

4° *Dodécaèdre régulier* (*fig.* 517). — Il est compris sous 12 pentagones réguliers

égaux réunis par 3 autour de chaque sommet;

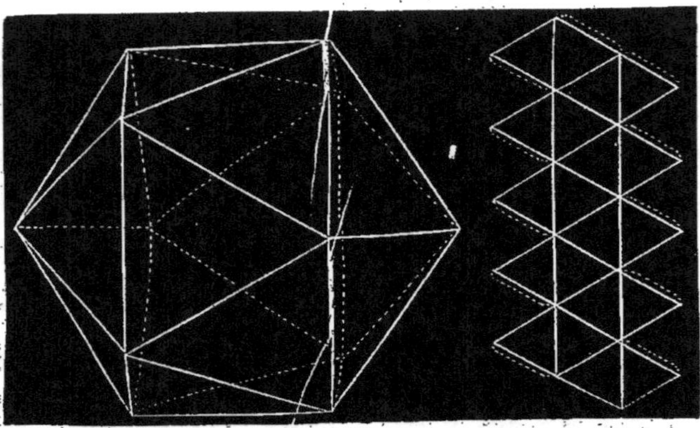

Figure 518.

5° *Icosaèdre régulier* (*fig.* 518). — Il est formé par 20 triangles équilatéraux égaux. Chaque sommet est un angle pentaèdre.

918. En appliquant les formules connues

$$S = \frac{nF}{m} \text{ et } A = \frac{nF}{2} \quad (5),$$

on peut former facilement le tableau suivant, qui renferme les nombres des éléments de chacun des cinq polyèdres réguliers convexes :

	F	n	S	m	A
Trétraèdre régulier .	4	3	4	3	6
Hexaèdre régulier . .	6	4	8	3	12
Octaèdre régulier . .	8	3	6	4	12
Dodécaèdre régulier.	12	5	20	3	30
Icosaèdre régulier . .	20	3	12	5	30

On peut remarquer, d'après ce tableau, que l'hexaèdre a autant de faces que l'octaèdre a de sommets, et que le nombre des côtés de ses faces est égal au nombre des arêtes de chaque angle polyèdre de l'octaèdre. Réciproquement, le nombre des faces de l'octaèdre et le nombre des côtés de chacune de ses faces sont respectivement égaux au nombre des sommets et au nombre des arêtes de chaque angle polyèdre de l'hexaèdre. Le dodécaèdre et l'icosaèdre jouissent des mêmes propriétés. On peut donc considérer les polyèdres réguliers comme conjugués deux à deux, car le tétraèdre est conjugué à lui-même, puisqu'il a le même nombre de faces et de sommets, et que le nombre des côtés de ses faces est égal au nombre des arêtes de ses angles polyèdres.

§ III. — PROPRIÉTÉS DES POLYÈDRES RÉGULIERS

Théorème n° 322.

919. *Tout polyèdre régulier convexe est inscriptible à la sphère.*

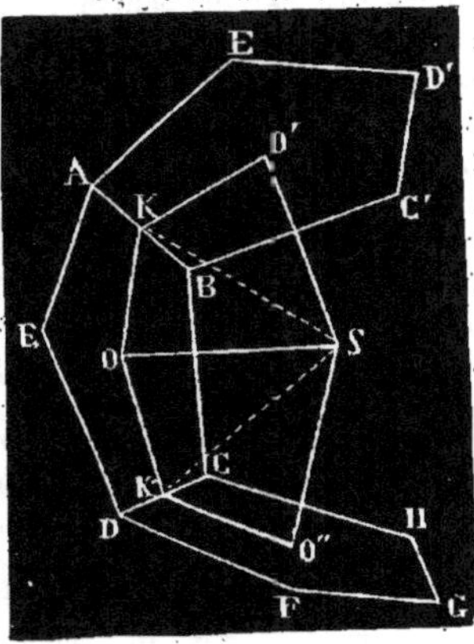

Figure 519.

En effet, considérons deux faces adjacentes ABCDE et ABC'D'E' (*fig.* 519) et, des centres O et O' de ces faces, abaissons les perpendiculaires OK et O'K sur le côté commun AB. Ces deux perpendiculaires se couperont au même point K, milieu de AB, et le plan OKO' sera perpendiculaire aux plans des deux faces considérées comme perpendiculaire à leur intersection AB. Donc, si des points O et O', nous menons des perpendiculaires aux plans des deux faces, ces droites seront dans le plan OKO' et se couperont en un certain point S également distant de tous les sommets A,B,C,D,E,C',D',E', des deux faces considérées. De plus, les triangles rectangles OKS et O'KS sont égaux, comme ayant l'hypoténuse KS commune et OK = O'K. Leurs angles en K sont donc égaux, et comme l'angle total OKO' représente l'inclinaison constante de deux faces adja-

centes du polyèdre, chacun d'eux est égal à la moitié de cette inclinaison.

Donc, le triangle rectangle OKS a un côté OK qui est constant pour toutes les faces, et un angle OKS qui est aussi constant; il sera donc toujours le même pour toutes les faces, et si l'on considère une troisième face CDFGH adjacente à ABCDE, la perpendiculaire à cette face menée par son centre O'' coupera la droite OS au point S, puisqu'on doit avoir O''K'S = OK'S = OKS; et on aura OS = O''S.

En continuant ainsi de proche en proche, on démontrera facilement que les perpendiculaires à toutes les faces du polyèdre menées par leurs centres se coupent au même point S également distant de tous les sommets et de toutes les faces.

Si l'on suppose alors une sphère de centre S et de rayon SA, elle passera par tous les sommets et sera circonscrite au polyèdre. De même, la sphère de centre S et de rayon SG sera tangente à toutes les faces, en leurs centres; elle sera inscrite dans le polyèdre.

Donc, le polyèdre régulier est circonscriptible à la sphère SO et inscriptible à la sphère SA. Le point S, centre des sphères inscrite et circonscrite, est le *centre* du polyèdre régulier, SA est son *rayon* et SO son *apothème.*

920. Corollaire. — Si l'on décompose un polyèdre régulier en pyramides ayant pour sommets le centre du polyèdre et pour bases ses différentes faces, toutes ces pyramides seront régulières et égales, et chacune d'elle aura pour volume le produit de l'aire d'une face par le tiers du rayon de la sphère inscrite au polyèdre.

Puisqu'il y a autant de ces pyramides que le polyèdre a de faces, la somme de leurs volumes sera égale à l'aire du polyèdre multiplié par le tiers du rayon de la sphère inscrite. Or, le volume du polyèdre n'est autre chose que la somme des volumes des pyramides en lesquelles il a été décomposé. Donc :

Le volume d'un polyèdre régulier a pour mesure le produit de son aire par le tiers du rayon de la sphère inscrite.

Théorème n° 323.

921. *Les centres des faces d'un polyèdre régulier sont les sommets d'un autre polyèdre régulier conjugué du premier.*

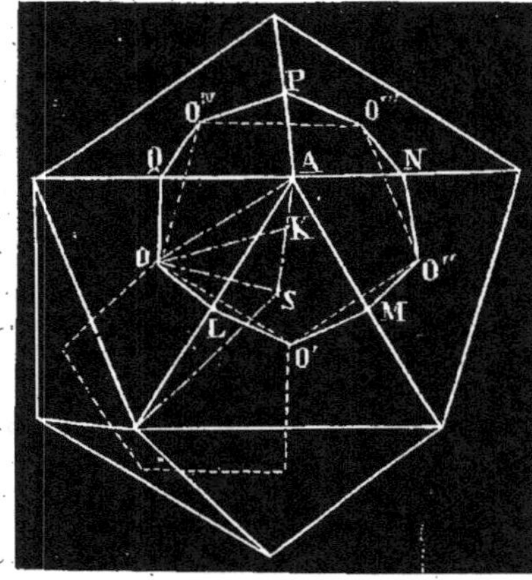

Figure 520.

Soient A l'un des sommets du polyèdre régulier; donné O, O', O'', O''' O^{IV}, les centres des faces qui y aboutissent et S le centre commun des sphères inscrite et circonscrite au polyèdre (*fig.*520). Les points O, O', O'', O''', O^{IV}, étant également distants des points A et S, sont situés dans un même plan perpendiculaire au rayon SA en un point K qui est le centre du cercle circonscrit au polygone O O'O''O'''O^{IV}. De plus, si l'on considère les triangles OLO' O'MO'', O''NO''', O'''PO^{IV}, O^{IV} QO, formés en joignant les points O, O', O'', O''', O^{IV} aux milieux L, M, N, P, Q, des arêtes qui aboutissent au sommet A, on remarque qu'ils ont leurs angles L, M, N, P, Q égaux comme mesurant l'inclinaison constante

de deux faces du polyèdre régulier donné et les côtés, OL, O'L, O'M, O''M... égaux comme apothèmes des faces égales du polyèdre donné. Ces triangles sont donc tous égaux et donnent OO' = O'O'' = O''O''' = O'''O^{IV} = OO^{IV}. Par suite, le polygone OO'O''O'''O^{IV}, inscrit dans une circonférence ayant ses côtés égaux, est régulier, et le polyèdre formé en joignant les centres des faces du polyèdre régulier donné a déjà pour faces des polygones réguliers. Pour prouver qu'il est régulier, il suffit donc de montrer que ses faces sont groupées en même nombre autour de chaque sommet. Or, en l'un quelconque O de ses sommets, aboutiront nécessairement autant de faces que le polygone régulier correspondant ABC, du polyèdre donné, a de sommets. Puisque le polyèdre donné a toutes ses faces égales, le nouveau polyèdre aura donc pour faces des polygones réguliers réunis en même nombre autour de chaque sommet; il sera régulier.

On voit facilement que le nombre des sommets et le nombre des faces du polyèdre obtenu seront respectivement égaux au nombre des sommets et au nombre des faces du polyèdre donné, et que le nombre des côtés de ses faces et le nombre des arêtes de ses angles polyèdres sont respectivement égaux au nombre des arêtes des angles polyèdres, et au nombre des côtés des faces du polyèdre donné. Par suite, si on applique la construction indiquée aux différents polyèdres réguliers, le tétraèdre régulier conduira à un nouveau tétraèdre régulier, l'hexaèdre régulier conduira à un octaèdre régulier, et réciproquemen; enfin, le dodécaèdre régulier conduira à un icosaèdre régulier, et réciproquement. On comprend alors pourquoi les polyèdres réguliers sont dits *conjugués* deux à deux.

922. COROLLAIRE. — Le point S, centre des sphères inscrite et circonscrite au polyèdre donné, est aussi le centre des sphères inscrite et circonscrite au nouvèau polyèdre obtenu, parce que la sphère circonscrite à ce dernier polyèdre, passant par les points O, O′, O″, O‴O‴ⁱⱽ... se confond avec la sphère inscrite au polyèdre donné. Appelons R et r les rayons des sphères circonscrite et inscrite au polyèdre donné, R′ et r' les rayons des sphères circonscrite et inscrite au polyèdre obtenu, nous aurons :

$$SA = R \quad SO = r = R' \quad SK = r',$$

et les deux triangles SAO et SKO étant rectangles en O et en K, et ayant l'angle S commun, seront semblables et donneront :

$$\frac{SA}{SO} = \frac{SO}{SK}, \text{ ou } \frac{R}{r} = \frac{R'}{r'}.$$

Donc : *Pour deux polyèdres conjugués, le rapport du rayon de la sphère circonscrite au rayon de la sphère inscrite est le même, et si ces deux polyèdres sont inscrits à la même sphère, ils seront aussi circonscrits à la même sphère.*

Problème n° 96.

923. *Connaissant le côté d'un polyèdre régulier, trouver les rayons des sphères inscrite et circonscrite à ce polyèdre.*

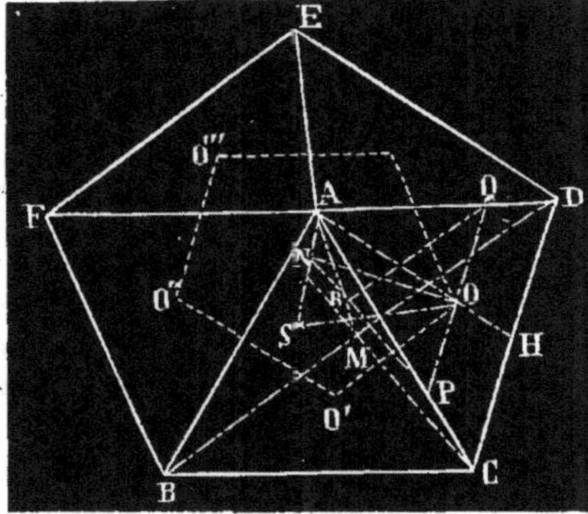

Figure 521.

Considérons toutes les arêtes qui abou-

tissent à un même sommet A (*fig.* 521) d'un polyèdre régulier dont le centre est en S; les extrémités B, C, D, E et F de ces arêtes seront à égale distance du point S, puisque ce sont autant de sommets du polyèdre et à égale distance du point A, puisque toutes les arêtes du polyèdre sont égales. Donc ces points seront dans un même plan perpendiculaire à SA, et, par suite, parallèle à la face correspondante OO′O″O‴... du polyèdre régulier déterminé par les centres des faces du polyèdre donné. De plus, ces extrémités B, C, D... déterminent un polygone régulier, parce que les triangles BAC, CAD, DAE,.... sont égaux et donnent BC = CD = DE =...... D'ailleurs, on pourra toujours déterminer par les méthodes de la géométrie plane, le côté BC de ce polygone régulier, en fonction de l'arête AB du polyèdre, puisque BC n'est autre chose qu'une droite qui joint deux sommets d'un polygone régulier ayant AB pour côté. De même, dans le polygone BCDE ainsi connu, on pourra calculer la droite BD qui joint deux sommets. Alors, le tétraèdre A.BCD sera déterminé par ses arêtes. Considérons encore le plans SAC; puisque les trois points S, A et C sont respectivement à égale distance des points B et D, ce plan est perpendiculaire au milieu de BD et coupe le plan BCD suivant la droite CM perpendiculaire au milieu de BD, qu'il est encore facile de calculer en fonction de BD et de BC, et, par suite, en fonction de l'arête AB.

Cela posé, appelons :

a les arêtes AB = AC = AD ;

b la moitié des côtés BC = CD ;

c la moitié de la droite BD ;

d la longueur CM ;

l la longueur AH, qui joint le point A au milieu de CD, et qui, à cause de AC = AD, est perpendiculaire à CD.

Le point O, centre de la face ACD... du polyèdre, sera évidemment sur la droite AH, à une distance AO = R′ du point A égale au rayon du cercle circonscrit à cette face, et le plan OO'O''O'''.... coupera les plans ACD, DAM, AMC, respectivement suivant les droites PQ, QR, PR, et le rayon SA perpendiculairement au point N.

Désignons enfin par R et r les rayons inconnus des sphères circonscrite et inscrite au polyèdre. Nous aurons :

$$SA = R \quad \text{et} \quad SO = r,$$

et le triangle SOA, rectangle en O, nous donnera : $\overline{SA}^2 = \overline{SO}^2 + \overline{AO}^2.$

(1) ou : $\quad R^2 = r^2 + R'^2.$

De plus, les triangles semblables SOA et SNO donnent :

$$\frac{SA}{AO} = \frac{SO}{NO},$$

(2) ou : $\quad \dfrac{R}{r} = \dfrac{R'}{NO},$

et ces deux équations (1) et (2), entre les inconnues R et r, permettront de les déterminer si l'on connait NO.

Or, les triangles NOP et QRP, qui sont situés dans le plan OO'O''O'''... sont rectangles en O et en R, et ils ont l'angle P commun, donc ils sont semblables et fournissent la relation $\dfrac{NO}{RQ} = \dfrac{PO}{PR}.$

Enfin, les triangles AMD, ACD, AMC fournissent la suite d'égalités :

$$\frac{RQ}{MD} = \frac{AQ}{AD} = \frac{AO}{AH} = \frac{PO}{CH} = \frac{AP}{AC} = \frac{PR}{MC},$$

d'où l'on conclut :

$$\frac{PO}{PR} = \frac{CH}{MG}, \quad \text{et} \quad RQ = \frac{AO \times MD}{AH}.$$

On a donc :

$$NO = \frac{PO}{PQ} \times RQ = AO\,\frac{CH}{MG}\frac{MD}{AH} = R'\frac{bc}{dl},$$

et, par suite, les inconnues R et r seront données par les équations :

$$R^2 = r^2 + R'^2,$$
$$\text{et} \quad \frac{R}{r} = \frac{dl}{bc},$$

qui donnent : $\quad R = r\,\dfrac{dl}{bc},$

et $\quad r'^2\,\dfrac{d^2l^2}{b^2c^2} = r^2 + R'^2,$

d'où : $\quad r^2\left(\dfrac{d^2l^2 - b^2c^2}{b^2c^2}\right) = R'^2.$

ou, enfin : $\quad r = R'\dfrac{bc}{\sqrt{d^2l^2 - b^2c^2}},$

et $\quad R = R'\dfrac{dl}{\sqrt{d^2l^2 - b^2c^2}}.$

Mais les longueurs a, b, c, d, l, sont elles-mêmes reliées entre elles par les relations $\overline{AH}^2 + \overline{CH}^2 = \overline{AC}^2$, ou $l^2 + b^2 = a^2$, et $\overline{CM}^2 + \overline{BM}^2 = \overline{BC}^2$, ou $d^2 + c^2 = 4b^2$, qui permettent d'exprimer R et r en fonction de l'arête donnée a du polyèdre et des longueurs b et c. On déduit, en effet, de là :

$$l^2 = a^2 - b^2 \quad \text{ou} \quad l = \sqrt{a^2 - b^2}$$
$$d^2 = 4b^2 - c^2 \quad \text{ou} \quad d = \sqrt{4b^2 - c^2},$$

et on a :

$$r = R'\frac{bc}{\sqrt{(4b^2c^2)\,(a^2-b^2) - b^2c^2}}$$
$$= R'\frac{bc}{\sqrt{(4b^2 - c^2)\,a^2 - 4b^4}},$$

et $\quad R = R'\dfrac{\sqrt{(4b^2 - c^2)\,a^2 - b^2}}{\sqrt{(4b^2 - c^2)\,(a^2 - b^2) - b^2c^2}}$

$$= R'\sqrt{\frac{(4b^2 - c^2)\,(a^2 - b^2)}{(4b^2 - c^2)\,a^2 - 4b^4}}.$$

924. Ainsi, en conservant à b, à c et à R' la signification que nous leur avons supposée, les rayons des sphères inscrite et circonscrite au polyèdre, dont l'arête est a, sont donnés par les formules :

$$r = R'\frac{bc}{\sqrt{(4b^2 - c^2)\,a^2 - 4b^4}}$$
$$R = R'\sqrt{\frac{(4b^2 - c^2)\,(a^2 - b^2)}{(4b^2 - c^2)\,a^2 - 4b^4}}.$$

Il nous suffit donc maintenant d'appliquer ces formules aux cinq polyèdres réguliers convexes pour résoudre le problème proposé.

1° Tétraèdre régulier (fig. 522).

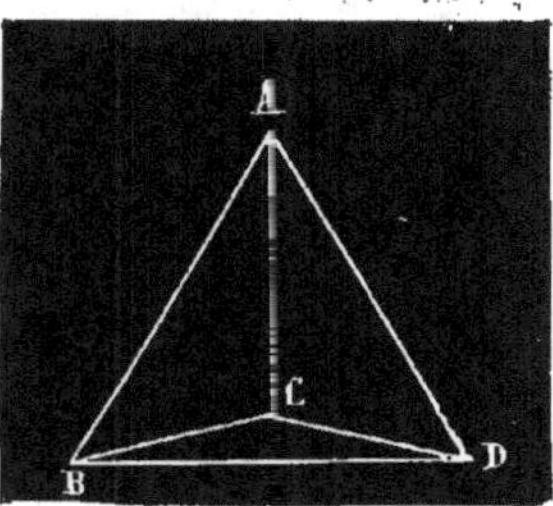

Figure 522.

Dans ce cas, le tétraèdre A. BCD du cas général n'est autre que le tétraèdre régulier donné. Sa base BCD est donc un triangle équilatéral de côté a, et on a :

$$b = c = \frac{a}{2} \text{ et } R' = a\frac{\sqrt{3}}{3}.$$

En portant ces valeurs dans les formules trouvées, il vient :

$$r = a\frac{\sqrt{6}}{12} \; ; \quad R = a\frac{\sqrt{6}}{4}.$$

2° Hexaèdre régulier (fig. 523).

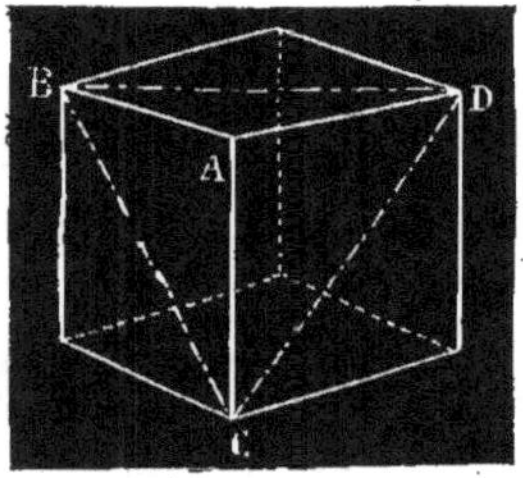

Figure 523.

Dans ce cas, chaque sommet étant un angle trièdre, le polygone régulier BCD, déterminé par les extrémités des arêtes qui aboutissent à un même sommet, est un triangle équilatéral. Donc on a :

$$b = c.$$

De plus, chaque face du polyèdre étant un

carré dont le côté est a, la droite CD est la diagonale de ce carré, et on a :

$$b = c = R' = \frac{a\sqrt{2}}{2};$$

les formules donnent alors :

$$r = \frac{a}{2} \; , \quad R = \frac{a\sqrt{3}}{2}.$$

3° Octaèdre régulier (fig. 524.)

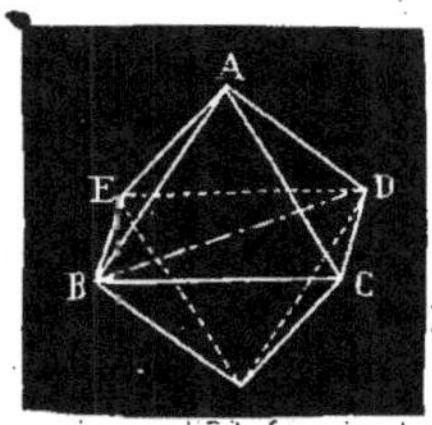

Figure 524.

Ici, chaque sommet est un angle tétraèdre; par suite, le polygone régulier BCDE est un carré dont BD est la diagonale. Donc, on a :

$$c = b\sqrt{2}.$$

Enfin, les faces du polyèdre étant des triangles équilatéraux, on a :

$$b = \frac{a}{2}, \text{ d'où } c = \frac{a\sqrt{2}}{2}, \text{ et } R' = \frac{a\sqrt{3}}{3},$$

ce qui donne :

$$r = \frac{a\sqrt{6}}{6} \; , \quad R = \frac{a\sqrt{2}}{2}.$$

4° Dodécaèdre régulier (fig. 525).

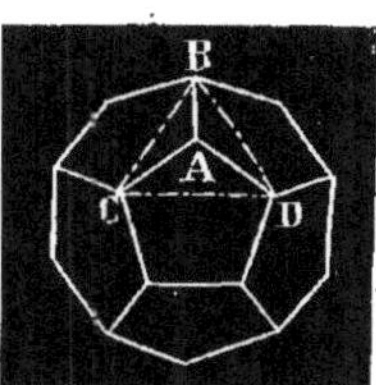

Figure 525.

Chaque sommet est encore un angle

trièdre. Donc BCD est un triangle équilatéral, et on a :

$$b = c.$$

Mais BD est la droite qui joint deux sommets non consécutifs du pentagone régulier de côté a, qui forme une des faces du dodécaèdre donné, et si l'on calcule BD en fonction de a, on trouve :

$$BD = a\,\frac{1 + \sqrt{5}}{2}.$$

De plus, le rayon du cercle circonscrit au pentagone régulier de côté a est donné par la formule :

$$R = a\,\sqrt{\frac{5 + \sqrt{5}}{10}},$$

par suite, dans le cas qui nous occupe, nous aurons :

$$b = c = a\,\frac{1 + \sqrt{5}}{4}.$$

$$R = a\,\sqrt{\frac{5 + \sqrt{5}}{10}},$$

et les formules donneront, pour le dodécaèdre

$$r = \frac{a}{2}\,\sqrt{\frac{25 + 11\sqrt{5}}{10}},$$

$$R = \frac{a\,\sqrt{3}}{4}\,(1 + \sqrt{5}).$$

5° *Icosaèdre régulier* (*fig.* 526).

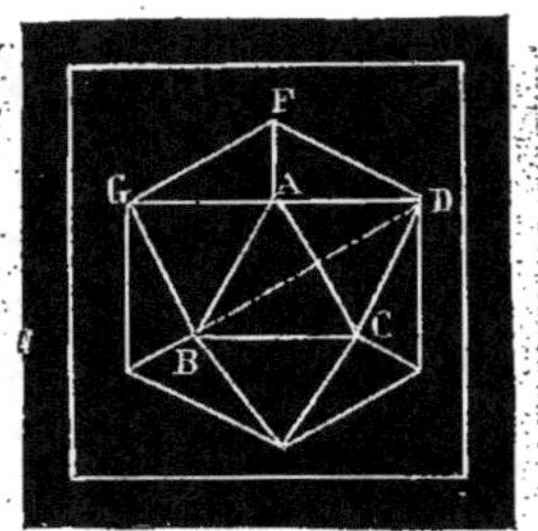

Fig. 526.

Les faces de l'icosaèdre étant des triangles équilatéraux, on a :

$$R' = \frac{a\sqrt{3}}{3}, \qquad b = \frac{a}{2};$$

ses angles polyèdres étant des angles pentaèdres, le polygone BCDFG est un pentagone régulier dont le côté est a et dont la diagonale BD est égale, d'après ce qui précède, à l'expression $a\,\dfrac{1 + \sqrt{5}}{2}$. On a :

$$c = a\,\frac{1 + \sqrt{5}}{4}.$$

En portant donc ces valeurs dans les formules, on aura :

$$r = \frac{a\,\sqrt{3}}{12}(3 + \sqrt{5}), \quad R = \frac{a}{2}\sqrt{\frac{5 + \sqrt{5}}{2}}.$$

Nous pouvons, par suite, résumer dans le tableau suivant les valeurs des rayons des sphères inscrites et circonscrites aux cinq polyèdres réguliers dont l'arête est a :

Tétraèdre régulier. . . $r = \dfrac{a\,\sqrt{6}}{12}$ $R = \dfrac{a\,\sqrt{6}}{4}$

Hexaèdre régulier. . . $r = \dfrac{a}{2}$ $R = \dfrac{a\,\sqrt{3}}{2}$

Octaèdre régulier . . . $r = \dfrac{a\,\sqrt{6}}{6}$ $R = \dfrac{a\,\sqrt{2}}{2}$

Dodécaèdre régulier. . $r = \dfrac{a}{2}\sqrt{\dfrac{25 + 11\sqrt{5}}{10}}$ $R = \dfrac{a\,\sqrt{3}\,(1 + \sqrt{5})}{4}$

Icosaèdre régulier. . . $r = \dfrac{a\,\sqrt{3}\,(3 + \sqrt{5})}{12}$ $R = \dfrac{a}{2}\sqrt{\dfrac{5 + \sqrt{5}}{2}}$

Problème n° 97.

925. *Trouver l'inclinaison de deux faces adjacentes d'un polyèdre régulier.*

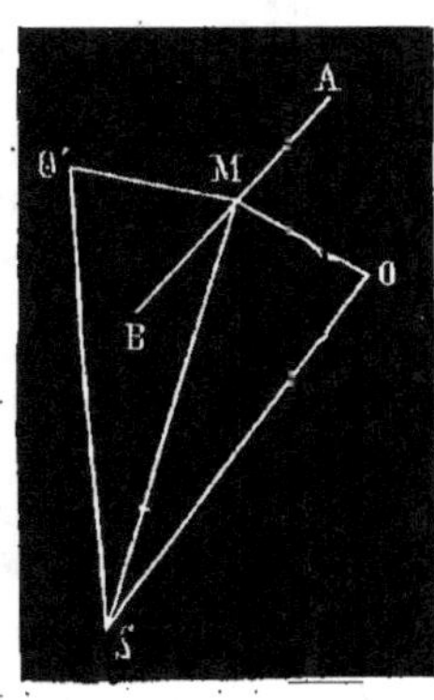

Figure 527.

Soient S (*fig.* 527) le centre du polyèdre, et AB l'arête commune aux deux faces adjacentes dont les centres sont O et O'. Nous savons que le plan SOO' est perpendiculaire au milieu M de AB, et, par suite, détermine en OMO' l'inclinaison I cherchée. Menons SM; les triangles égaux SOM et SO'M nous donneront :

$$\text{O'MS} = \text{OMS} = \frac{1}{2}\,\text{I},$$

et la construction d'un de ces triangles suffira pour déterminer I; or, le triangle SOM est rectangle en O, il a pour côtés de l'angle droit SO $= r$, l'apothème du polyèdre donné, et OM $= r'$, l'apothème du polygone régulier qui forme chacune de ses faces; il est parfaitement connu. On pourra toujours le construire à une échelle convenable, et on obtiendra graphiquement l'angle $\frac{1}{2}$ I, et, par suite, l'inclinaison cherchée I.

Si l'on veut plus d'exactitude, le calcul trigonométrique appliqué à ce triangle donnera :

$$\text{tang.}\ \frac{1}{2}\,\text{I} = \frac{r}{r'},$$

et, en appliquant cette formule aux cinq polyèdres réguliers convexes, on aura :

Tétraèdre régulier....$r = \dfrac{a\sqrt{6}}{12}$ $\qquad r' = a\,\dfrac{\sqrt{3}}{6}$ $\qquad$ d'où tang. $\dfrac{1}{2}\,\text{I} = \dfrac{\sqrt{2}}{2}$.

Hexaèdre régulier....$r = \dfrac{a}{2}$ $\qquad r' = \dfrac{a}{2}$ $\qquad$ tang. $\dfrac{1}{2}\,\text{I} = 1$.

Octaèdre régulier....$r = \dfrac{a\sqrt{6}}{6}$ $\qquad r' = \dfrac{a\sqrt{3}}{6}$ $\qquad$ tang. $\dfrac{1}{2}\,\text{I} = \sqrt{2}$.

Dodécaèdre régulier..$r = \dfrac{a}{2}\sqrt{\dfrac{25+11\sqrt{5}}{10}}$ $\quad r' = \dfrac{a}{2}\sqrt{\dfrac{5+2\sqrt{5}}{5}}$ $\quad$ tang. $\dfrac{1}{2}\text{I} = \sqrt{\dfrac{3+\sqrt{5}}{2}}$.

Icosaèdre régulier ...$r = \dfrac{a\sqrt{3}\left(3+\sqrt{5}\right)}{12}$ $\quad r' = a\dfrac{\sqrt{3}}{6}$ $\quad$ tang. $\dfrac{1}{2}\,\text{I} = \dfrac{3+\sqrt{5}}{2}$.

On déduira alors facilement, au moyen des tables trigonométriques ordinaires, le tableau suivant des inclinaisons demandées :

Tétraèdre régulier. . I $=\quad$ 70°31'43''62.
Hexaèdre régulier. . I $=$ 90°

Octaèdre régulier. . I $=$ 109°28'16''38.
Dodécaèdre régulier. I $=$ 116°33'54''20.
Icosaèdre régulier. . I $=$ 138°11'22''84.

Il est bon de remarquer, en terminant, que les inclinaisons des faces du tétraèdre et de l'octaèdre sont supplémentaires.

CHAPITRE XVI

DES POLYGONES ET DES POLIÈDRES RÉGULIERS ÉTOILÉS

§ 1er. — DES POLYGONES RÉGULIERS ÉTOILÉS

926. Considérons une circonférence divisée en m parties égales aux points A, B, C…. (*fig.* 528). Désignons l'arc AB par a et joignons les points de division de p en p à partir de A.

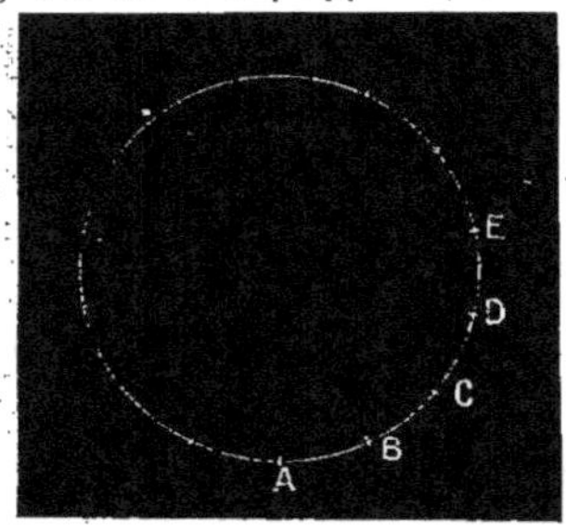

Figure 528.

Si p est premier avec m, le plus petit multiple commun de l'arc pa et de la circonférence ma sera pma, c'est-à-dire que, pour revenir au point de départ, il faudra décrire p fois la circonférence ma, ou m fois l'arc pa. On obtiendra ainsi un polygone de m côtés dont tous les angles et tous les côtés sont égaux et qu'on appelle, pour cette raison, polygone régulier étoilé.

Si p et m admettent, pour plus grand commun diviseur, un nombre θ, le plus petit multiple commun de l'arc pa et de la circonférence ma sera $\dfrac{pma}{\theta}$, et en joignant les points de division de p en p, on reviendra au point de départ après avoir parcouru $\dfrac{p}{\theta}$ fois la circonférence ma ou $\dfrac{m}{\theta}$ fois l'arc pa. On n'obtiendra donc, alors, qu'un polygone étoilé de $\dfrac{m}{\theta}$ côtés.

Donc, pour obtenir un polygone régulier étoilé de m côtés en joignant de p en p les m points de division d'une circonférence partagée en m parties égales, il faut que m et p soient premiers entre eux.

Mais, si m et p sont premiers entre eux, il en sera de même de $m-p$ et p, et comme la corde de l'arc pa est aussi celle de l'arc $(m-p)\,a$, les deux polygones qu'on obtiendra en joignant les m points de division de p en p ou de $m-p$ en $m-p$ seront identiques. Par suite, tous les nombres 1, 2, 3,….$m-1$, inférieurs à m, peuvent se classer en deux séries dont les termes correspondants, qui ont pour somme m, conduisent aux mêmes polygones, et il suffit, pour trouver tous les polygones réguliers étoilés, de rechercher ceux qui sont fournis par la première série.

927. Il résulte de là que : *il y a autant de polygones réguliers de m côtés que la suite* $1, 2, 3….. \dfrac{m-1}{2}$, *renferme d'entiers premiers avec m.*

Ainsi, il n'existe qu'un hexagone régulier, mais on peut construire deux pentagones réguliers, deux décagones réguliers, trois pentédécagones réguliers, etc.

928. Ces nouveaux polygones réguliers ont leurs sommets et leurs angles bien distincts : ce sont les sommets et les angles formés aux extrémités de leurs côtés. Les autres angles, formés à l'intersection des côtés non contigus, ne doivent pas être comptés, de même que, dans les polygones convexes, on ne compte pas les angles qui seraient formés aux points de rencontre des prolongements des côtés.

929. On appelle *ordre* d'un polygone, le nombre m qui indique combien il a de côtés ou de sommets. Son *espèce* est le nombre p de fois qu'il a fallu décrire la circonférence pour l'obtenir, ou bien le nombre de fois que les projections de ses côtés, faites du centre sur la circonférence circonscrite, recouvrent cette circonférence.

930. Les polygones réguliers étoilés, ou d'espèces supérieures, étant inscrits à la circonférence, et ayant leurs côtés égaux, peuvent aussi être circonscrits à la circonférence, et les deux circonférences inscrite et circonscrite à un même polygone régulier, ont pour centre le même point qui est appelé aussi *centre* du polygone. De plus, si l'on considère les portions des côtés d'un polygone régulier d'espèce supérieure, qui forment autour de la circonférence inscrite, un polygone convexe circonscrit à cette circonférence, il est bien facile de démontrer qu'elles sont égales et forment entre elles des angles égaux, de manière à constituer un polygone régulier convexe.

Donc, *un polygone régulier d'espèce supérieure peut être obtenu en prolongeant les côtés d'un polygone régulier convexe de même ordre que lui.*

931. Si l'on joint le centre 0 d'un polygone régulier d'ordre m et d'espèce p à tous ses sommets, on forme m triangles égaux, tels que la somme de leurs angles formés autour du point 0 est égale à $4 p$ droits et, par suite, tels que la somme de tous leurs autres angles, qui n'est autre que la somme des angles du polygone, est égale à $2 m - 4 p$ droits.

En convenant donc d'appeler *angles au centre* de ce polygone, les différents angles formés autour du point 0 par les triangles précédents, nous pourrons dire que :

La somme des angles d'un polygone d'ordre m et d'espèce p est égale à $(2m - 4 p)$ droits, et la somme de ses angles au centre vaut $4 p$ droits.

932. On voit, par tout ce qui précède, l'analogie complète qui existe entre les polygones réguliers convexes et étoilés. La seule différence qui semble subsister, c'est que, dans les premiers, il est nécessaire de prolonger les côtés non consécutifs pour qu'ils puissent se rencontrer, tandis que cela n'est pas nécessaire dans les seconds; mais, cette différence est plus apparente que réelle, parce que si l'on veut déterminer le côté d'un polygone régulier d'ordre m, en fonction du rayon de la sphère circonscrite, on obtient une équation de degré supérieur dont les racines réelles représentent les côtés de toutes les espèces de polygones réguliers d'ordre m que l'on peut construire.

Ainsi, cherchons à déterminer les côtés AB et AD (*fig.* 529), des dodécagones réguliers de première et de troisième espèce. Si l'on mène les droites AOF, BOG, et DO, on voit facilement que les angles AMB, OMD, ABO et BOD sont égaux comme ayant même mesure. Alors, les triangles AMB et OMD sont isocèles, et donnent : AM = AB, MD = OD ou AD - AB = R.

De plus, les angles AMO et AOD sont aussi égaux, et les triangles semblables AMO et AOD donnent :

$$\frac{AM}{AO} = \frac{AO}{AD} \text{ ou } \frac{AB}{AO} = \frac{AO}{AD}$$

c'est-à-dire : $AD \times AB = R^2$.

Donc, la détermination de AB et de AD.

revient à la recherche de deux quantités dont on connaît la différence R et le produit R^2. On sait que ces deux quantités sont les racines de l'équation :

$$X^2 - R\sqrt{5}\,X + R^2 = 0$$

par suite, on a :

$$AB = R\,\frac{\sqrt{5}-1}{2}.$$

et

$$AD = R\,\frac{\sqrt{5}+1}{2}.$$

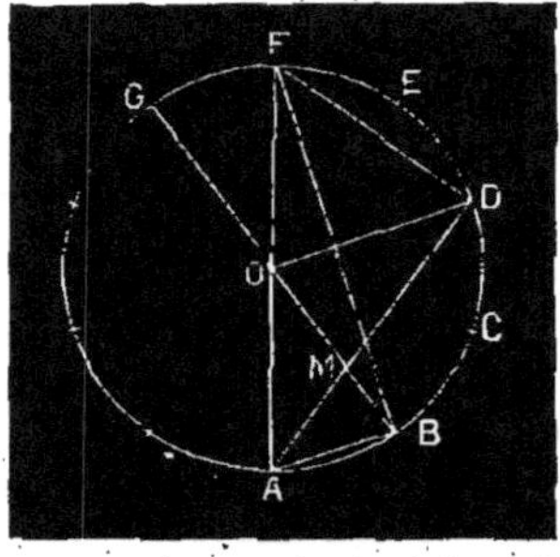

Figure 529.

Cherchons encore les côtés FD et FB (*fig.* 529) des pentagones réguliers de première et de deuxième espèce. Pour cela, il nous suffira de remarquer que ces droites forment, avec AB, AD et le diamètre FOA, deux triangles rectangles qui donnent.

$$FD = \sqrt{\overline{FA}^2 - \overline{AD}^2} \quad \text{et} \quad FB = \sqrt{\overline{FA}^2 - \overline{AB}^2}$$

ou, après calculs,

$$FD = \frac{R}{2}\sqrt{10 - 2\sqrt{5}} \quad \text{et} \quad FB = \frac{R}{2}\sqrt{10 + 2\sqrt{5}}$$

et l'on voit facilement que ces deux expressions sont encore les deux racines positives de l'équation :

$$X^2 - R\sqrt{5 + 2\sqrt{5}}\,X + R^2\sqrt{5} = 0.$$

933. Il ne faut donc, en définitive, reconnaître entre deux polygones réguliers de même ordre aucune autre différence que celle de l'espèce, et, pour arriver complétement à ce résultat, puisque si l'on joint le centre d'un polygone régulier convexe à tous ses sommets, la surface d'un polygone est égale à la somme de tous les triangles formés, nous appellerons aussi *surface d'un polygone régulier d'espèce supérieure* la somme des surfaces de tous les triangles qu'on formera en joignant son centre à tous ses sommets, bien que, en plusieurs parties, ces triangles semblent se recouvrir et faire compter, par suite, plusieurs fois la même surface.

Grâce à cette dernière convention, l'analogie entre les polygones réguliers convexes et les polygones réguliers étoilés sera complète et tous les théorèmes démontrés pour les premiers s'appliqueront aux seconds.

Ainsi, *la surface d'un polygone régulier quelconque est égale au produit de son périmètre par la moitié de son apothème.*

—

§ II. — DES POLYÈDRES RÉGULIERS D'ESPÈCES SUPÉRIEURES

934. Si, au centre d'un polygone régulier d'espèce quelconque, on élève une *perpendiculaire à son plan*, et si l'on construit la pyramide dont les faces sont déterminées par un point de cette perpendiculaire et les côtés du polygone de base, cette pyramide sera *régulière* et de même *espèce* que sa base.

L'*ordre* d'un angle polyèdre est déterminé par le nombre de ses faces. Son *espèce* est la même que celle du polygone qui résulte de sa section par un plan qui rencontre toutes ses arêtes. Ainsi, une pyramide régulière qui aurait pour base un pentagone régulier de seconde espèce serait une pyramide pentagonale de seconde espèce, et aurait, pour sommet, un angle pentaèdre de seconde espèce.

935. En appelant toujours polyèdre régulier, un polyèdre dont toutes les faces sont des polygones réguliers égaux, et dont tous les angles polyèdres sont égaux entre eux, on voit la possibilité de construire de nouveaux polyèdres réguliers, soit avec les nouveaux polygones réguliers, soit avec les polygones ordinaires, mais en groupant ces derniers autour de chaque sommet, de manière à former des angles polyèdres d'espèces supérieures.

Ce sont ces polyèdres réguliers qui ont été découverts par M. Poinsot. Comme ils pourraient sembler compris sous]des polygones différents, il faut prendre, pour leurs faces, les plans qui, en plus petit nombre, achèvent complètement le polyèdre. Les arêtes du polyèdre sont alors les côtés mêmes de ces faces, et, à chaque arête, se réunissent deux faces, de même que chaque arête joint deux sommets. Les angles dièdres du polyèdre ne sont aussi que les angles formés par deux faces adjacentes autour de l'arête qui les réunit. Les autres angles que peuvent former les faces non contigues en se coupant, ne doivent pas être comptés, de même qu'on ne compte pas les angles formés par les côtés non contigus d'un polygone d'espèce supérieure.

936. On comprend facilement que tous les angles dièdres d'un polyèdre régulier d'espèce quelconque sont égaux entre eux; car, si l'on considère deux polyèdres réguliers absolument identiques, comme ils ont toutes leurs faces égales et tous leurs angles polyèdres égaux, on pourra les superposer en faisant coïncider, d'une manière quelconque, une face déterminée du premier avec une face quelconque du second, de sorte que, un dièdre quelconque du premier venant successivement coïncider avec tous les dièdres du second, ceux-ci lui seront tous égaux et, par suite, seront égaux entre eux.

Théorème n° 324.

937. *Tout polyèdre régulier est inscrip-* *tible et circonscriptible à la sphère.*

En effet, la démonstration que nous avons donnée pour les polyèdres réguliers convexes (919) ne repose que sur l'invariabilité de l'inclinaison de deux faces adjacentes et sur l'égalité des rayons et des apothèmes de toutes les faces du polyèdre. Or, nous avons reconnu que ces éléments étaient encore constants pour les polyèdres réguliers d'espèces supérieures. Donc, la même démonstration s'applique aussi à ces derniers polyèdres, et ils sont inscriptibles et circonscriptibles à la sphère.

Le centre commun des sphères inscrite et circonscrite est le *centre* du polyèdre, et les rayons de ces sphères sont *l'apothème* et le *rayon* du polyèdre.

938. *L'ordre* d'un polyèdre régulier est indiqué par le nombre de ses faces. Son *espèce* est le nombre de fois que la projection de ses faces, faite du centre sur la sphère circonscrite, recouvre exactement cette sphère.

Théorème n° 325.

939. *Les faces d'un polyèdre régulier d'espèce supérieure sont les prolongements des faces d'un polyèdre régulier convexe qui a même centre que lui.*

En effet, puisqu'on peut inscrire une sphère à un polyèdre régulier quelconque, il existe, toujours à l'intérieur de ce polyèdre, à l'endroit où se trouve la sphère inscrite, un espace entouré de toutes parts par des plans tangents à cette sphère qui est, par conséquent, un polyèdre convexe dont les faces sont des portions de toutes les faces du polyèdre régulier donné. Ainsi, déjà, les faces d'un polyèdre régulier d'espèce supérieure sont bien les prolongements des faces d'un polyèdre convexe et, pour établir le théorème énoncé, il suffit de prouver que ce dernier polyèdre est régulier.

Pour cela, imaginons deux polyèdres P et Q absolument identiques au polyèdre donné. Puisqu'ils sont réguliers et égaux, nous savons qu'on peut les superposer dans toutes leurs parties en faisant coïncider, d'une manière quelconque, une face déterminée du polyèdre P successivement avec toutes les faces du polyèdre Q. Dans ces diverses positions, les deux polyèdres convexes, intérieurs aux polyèdres P et Q, coïncideront toujours, puisque P et Q sont superposés dans toutes leurs parties; par suite, une arête déterminée du polyèdre convexe intérieur à P, pourra coïncider successivement avec toutes les arêtes du polyèdre convexe intérieur à Q, c'est-à-dire que ce dernier polyèdre convexe aura toutes ses arêtes égales et sera formé de polygones dont tous les côtés sont égaux. De même, un angle déterminé d'une face du polyèdre convexe intérieur à P, pourra coïncider avec tous les angles de toutes les faces du polyèdre convexe intérieur à Q, et ce dernier polyèdre aura aussi tous les angles de ses faces égaux entre eux; il sera formé de polygones réguliers égaux entre eux. Enfin, un angle polyèdre déterminé du polyèdre convexe intérieur à P pourra coïncider avec tous les angles polyèdres du polyèdre convexe intérieur à Q. Donc, ce dernier polyèdre a encore ses angles polyèdres égaux; c'est un polyèdre régulier convexe.

De plus, puisque ce polyèdre régulier convexe a pour centre de sa sphère inscrite le centre même du polyèdre donné, il a même centre que lui et le théorème est démontré.

Théorème n° 326.

940. *Il n'existe que cinq polyèdres réguliers d'espèces supérieures.*

En effet, d'après le théorème précédent, pour obtenir tous les polyèdres réguliers d'espèces supérieures, il nous suffira de prolonger les faces des polyèdres réguliers convexes jusqu'à ce qu'elles se rencontrent mutuellement, suivant les côtés de polygones réguliers égaux se réunissant en même nombre autour de chaque sommet. Or :

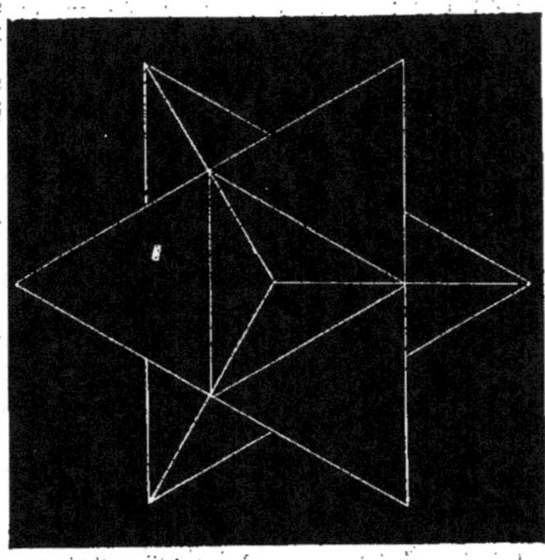

Figure 530.

1° En prolongeant les faces du tétraèdre et de l'hexaèdre, elles ne se rencontreront pas suivant d'autres droites que les arêtes de ces polyèdres et on n'obtiendra aucun nouveau polyèdre régulier.

2° Si l'on prolonge les quatre faces de l'octaèdre qui ne se touchent que par leurs sommets, on obtient un tétraèdre régulier. Les quatre autres faces déterminent de même un second tétraèdre régulier qui pénètre le premier, et cet assemblage régulier de deux tétraèdres doit être considéré comme un nouveau polyèdre, *l'octaèdre régulier de seconde espèce* (*fig.* 530), compris sous huit triangles équilatéraux égaux formant des angles trièdres autour de chaque sommet.

3° En prolongeant les arêtes du dodécaèdre, de manière que chacune de ses faces devienne un pentagone étoilé ayant pour noyau le pentagone convexe primitif, on formera, sur chaque face du polyèdre convexe donné, une pyramide pentagonale régulière dont le sommet appartiendra à un nouveau polyèdre régulier, le *dodécaèdre régulier de troisième espèce à faces étoilées* (*fig.* 531) compris sous douze pentagones étoilés égaux, formant des angles pentaèdres autour de chaque sommet.

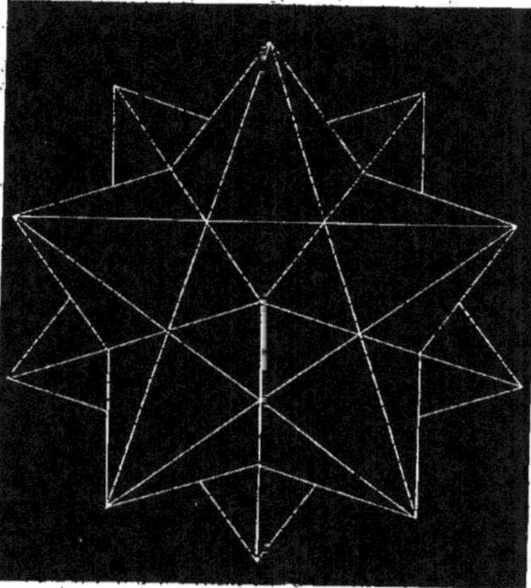

Figure 531.

4° En prolongeant encore les faces de ce polyèdre, de manière à former des penta-

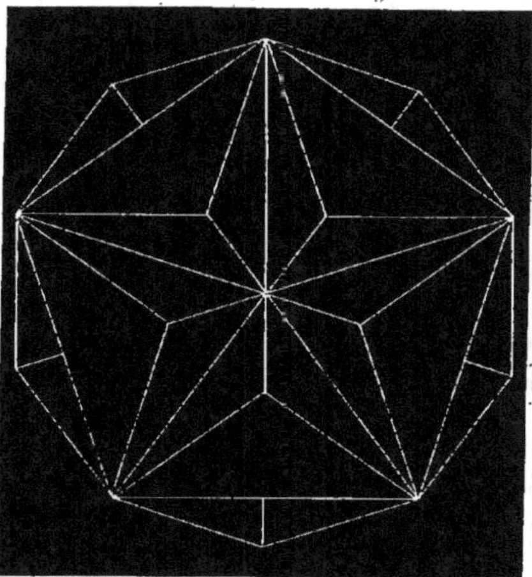

Figure 532.

gones convexes ayant mêmes sommets que les faces du polyèdre précédent, ces pentagones se réuniront deux à deux pour former une même arête et on obtiendra un troisième polyèdre régulier ayant les mêmes sommets que le précédent : c'est le *dodécaèdre régulier de troisième espèce à faces convexes* (*fig.* 532) dont les sommets sont des angles pentaèdres de seconde espèce.

Avec les faces de ce dernier polyèdre comme noyaux, formons encore des pentagones étoilés en prolongeant ses arêtes. Nous obtiendrons le *dodécaèdre régulier de septième espèce* (*fig.* 533) compris sous douze pentagones étoilés formant des angles trièdres autour de chaque sommet.

Si l'on prolongeait encore davantage les faces du dodécaèdre régulier, elles ne détermineraient aucun nouveau polyèdre puis-

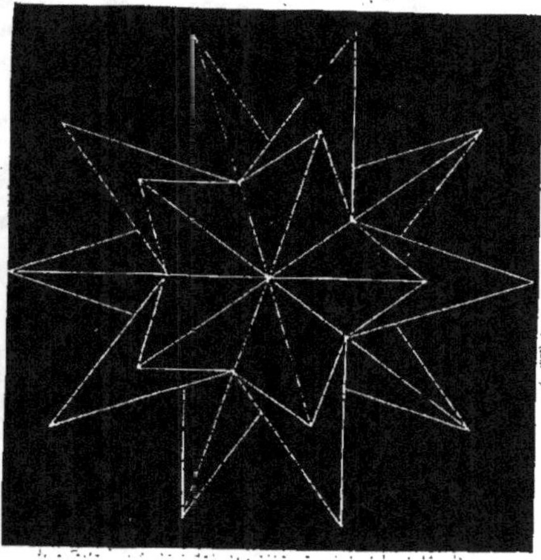

Figure 533.

que, déjà, chacune d'elle est rencontrée par dix autres et parallèle à la dernière.

5° En prolongeant chaque face de l'icosaèdre régulier jusqu'à la rencontre des six faces qui n'ont avec elle qu'un sommet commun, on obtient un hexagone irrégu-

lier qui ne saurait être une face de polyèdre régulier. Il en serait de même si l'on
prolongeait chaque face jusqu'à la rencontre des six faces qui n'ont qu'un sommet commun avec son opposée.

Mais, si l'on prolonge chaque face de l'icosaèdre jusqu'à la rencontre des trois faces
qui entourent son opposée, on obtient un
nouveau polyèdre : *l'icosaèdre de septième
espèce (fig. 534)* compris sous vingt triangles équilatéraux. En recherchant quelles
sont les faces dont les prolongements se
réunissent en un même sommet de ce
nouveau polyèdre, on voit qu'elles y formeront un angle pentaèdre de seconde espèce.

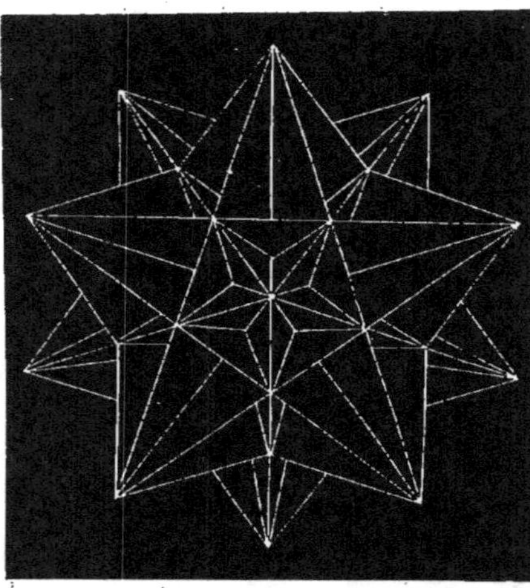

Figure 534.

Enfin, si l'on prolongeait encore les faces
de l'icosaèdre, elles ne se rencontreraient
pas davantage, puisque chacune d'elles est
déjà coupée par dix-huit autres et qu'elle
est parallèle à la vingtième.

Il n'existe donc bien que les cinq polyèdres réguliers étoilés que nous venons de
reconnaître.

Problème n° 98.

941. *Trouver l'espèce d'un polyèdre régulier.*

Nous savons que l'espèce d'un polyèdre
régulier est le nombre de fois que la projection de ses faces, faite du centre sur la
sphère circonscrite, recouvre exactement
cette sphère. Or, si le polyèdre se compose
de F faces égales, la projection de ses faces sur la sphère circonscrite sera égale
à F fois la projection d'une seule face.
Soient n le nombre des cotés de chaque face
et φ son espèce. Sa projection sur la sphère
sera un polygone sphérique d'ordre n et
d'espèce φ, et, d'après nos conventions
(933) si l'on joint à ses sommets, par des
arcs de grand cercle, son centre qui est
la projection du centre de la face projetée,
on le décomposera en n triangles sphériques isocèles et égaux, de telle sorte que
la projection de toutes les faces du polyèdre sur la sphère sera égale à Fn fois la
surface d'un de ces triangles.

Appelons a chacun des deux angles
égaux de ce triangle sphérique isocèle. Son
troisième angle est égal à $\dfrac{4\varphi}{n}$ droits,
parce que les n angles égaux, correspondant aux n triangles formés dans la projection de chaque face, recouvrent ensemble φ fois 4 angles droits. En prenant le
triangle trirectangle pour unité de surface,
sa surface sera donc mesurée par son
excès sphérique

$$2a + \frac{4\varphi}{n} - 2,$$

et la projection de tout le polyèdre aura
pour surface :

$$Fn\left(2a + \frac{4\varphi}{n} - 2\right).$$

D'autre part, la surface de la sphère
étant 8, si l'espèce du polyèdre est E, sa
projection aura pour surface 8 E. Donc, on
aura :

$$8\,E = Fn \left(2a + \frac{4\varphi}{n} - 2\right)$$

Soient maintenant m le nombre des faces qui aboutissent à chaque sommet et σ l'espèce de chaque angle polyèdre. En projetant toutes les faces qui forment un même angle polyèdre, chacune d'elles produira autour de son sommet un angle égal à $2a$, de sorte que l'angle formé sera $2am$. Mais, cet angle recouvre σ fois 4 angles droits. Donc on a :

$$2am = 4\sigma \quad \text{ou} \quad 2a = \frac{4\sigma}{m}$$

par suite

$$8E = Fn \left(\frac{4\sigma}{m} + \frac{4\varphi}{n} - 2\right)$$

ou

$$4E = Fn \left(\frac{2\sigma}{m} + \frac{2\varphi}{n} - 1\right)$$

ou enfin :

$$(1) \quad 4E = F\,\frac{2n\sigma + 2m\varphi - mn}{m}$$

942. Cette formule nous permettra de calculer E, puisque nous connaissons F, n, m, φ et σ pour les cinq nouveaux polyèdres ; mais, si l'on remarque encore que chaque arête étant l'intersection de deux faces et joignant deux sommets, on a :

$$(2) \qquad 2A = nF = mS$$

on pourra éliminer m et n entre ces égalités, ce qui conduira à la relation :

$$A + 2E = \varphi F + \sigma S.$$

qui n'est autre qu'une généralisation de la formule d'Euler, $A + 2 = F + S$, applicable seulement aux polyèdre convexes.

943. Les formules (1) et (2) nous permettent de trouver tous les éléments des cinq nouveaux polyèdres réguliers. Ainsi, on a :

1° pour l'*octaèdre de seconde espèce*,

$$F = 8,\ n = 3,\ m = 3,\ \varphi = 1,\ \sigma = 1.$$

Donc, $A = \frac{3}{2}.8 = 12,\quad S = \frac{3}{3}.8 = 8,$

et

$$E = 8.\ \frac{6 + 6 - 9}{12} = 2.$$

2° Pour le *dodécaèdre de troisième espèce à faces étoilées*,

$$F = 12,\ n = 5,\ m = 5,\ \varphi = 2,\ \sigma = 1.$$

Donc $A = \frac{5}{2}.12 = 30,\quad S = \frac{5}{5}.12 = 12$

et

$$E = 12.\ \frac{10 + 20 - 25}{20} = 3$$

3° pour le *dodécaèdre de troisième espèce à faces convexes*,

$$F = 12,\ n = 5,\ m = 5,\ \varphi = 1,\ \sigma = 2.$$

Donc $A = \frac{5}{2}.12 = 30,\quad S = \frac{5}{5}.12 = 12$

et

$$E = 12.\ \frac{20 + 10 - 25}{20} = 3$$

4° Pour le *dodécaèdre de septième espèce*

$$F = 12,\ n = 5,\ m = 3,\ \varphi = 2,\ \sigma = 1$$

Donc $A = \frac{5}{2}.12 = 30,\ S = \frac{5}{3}.12 = 20$

et

$$E = 12.\ \frac{10 + 12 - 15}{12} = 7$$

5° Pour l'*icosaèdre de septième espèce*,

$$F = 20,\ n = 3,\ m = 5,\ \varphi = 1,\ \sigma = 2$$

Donc $A = \frac{3}{2}.20 = 30,\ S = \frac{3}{5}.20 = 12$

et

$$E = 20.\ \frac{12 + 10 - 15}{20} = 7$$

Nous pouvons résumer dans le tableau suivant les éléments des nouveaux polyèdres :

	F	n	φ	S	m	σ	A	E
Octaèdre régulier de seconde espèce	8	3	1	8	3	1	12	2
Dodécaèdre régulier de troisième espèce à faces étoilées.	12	5	2	12	5	1	30	3
Dodécaèdre régulier de troisième espèce à faces convexes.	12	5	1	12	5	2	30	3
Dodécaèdre régulier de septième espèce	12	5	2	20	3	1	30	7
Icosaèdre régulier de septième espèce.	20	3	1	12	5	2	30	7

On voit que les nouveaux polyèdres sont *conjugués* deux à deux comme les polyèdres réguliers convexes. L'octaèdre régulier de seconde espéce est à lui-même son conjugué.

Problème n° 99.

944. *Étant donnée l'arète d'un polyèdre régulier quelconque, trouver :*

1° *les rayons des sphères inscrite et circonscrite au polyèdre.*

2° *l'inclinaison de deux faces adjacentes.*

La solution que nous avons donnée de ces problèmes pour les polyèdres réguliers convexes, est applicable aux nouveaux polyèdres, à la condition de considérer toujours comme consécutives, parmi les arêtes qui aboutissent à un même sommet, celles qui appartiennent à une même face.

En appliquant donc les formules auxquelles nous sommes arrivés, nous pourrons résoudre ces problèmes pour les nouveaux polyèdres.

Les calculs auxquels on est ainsi conduit ne présentant aucun intérêt, nous donnons immédiatement les résultats :

Octaèdre régulier de seconde espèce...
$$r = \frac{a\sqrt{6}}{12}, \qquad R = \frac{a\sqrt{6}}{4}, \qquad I = 70°31'43''62$$

Dodécaèdre régulier de troisième espèce, à faces étoilées...
$$r = \frac{a}{2}\sqrt{\frac{5-\sqrt{5}}{10}}, \qquad R = \frac{a}{2}\sqrt{\frac{5-\sqrt{5}}{2}}, \qquad I = 116°33'54''20$$

Dodécaèdre régulier de troisième espèce, à faces convexes...
$$r = \frac{a}{2}\sqrt{\frac{5+\sqrt{5}}{10}}, \qquad R = \frac{a}{2}\sqrt{\frac{5+\sqrt{5}}{2}}, \qquad I = 63°26'5''82$$

Dodécaèdre régulier de septième espèce...
$$r = \frac{a}{2}\sqrt{\frac{25-11\sqrt{5}}{10}}, \qquad R = \frac{a\sqrt{3}}{2}\sqrt{3-\sqrt{5}}, \qquad I = 63°26'5''82$$

Icosaèdre régulier de septième espèce...
$$r = \frac{a\sqrt{3}\left(3-\sqrt{5}\right)}{12}, \qquad R = \frac{a}{2}\sqrt{\frac{5-\sqrt{5}}{2}}, \qquad I = 41°49'48''18$$

§ 111. — CONSTRUCTION DES POLYÈDRES RÉGULIERS ÉTOILÉS

945. De même que nous avons indiqué la manière de construire, en réalité, les polyèdres convexes au moyen de feuilles de papier épais représentant les faces, nous donnerons ici une construction analogue des polyèdres réguliers étoilés. Mais, puisque les faces des nouveaux polyèdres se coupent à l'intérieur même du solide, il nous faudra permettre aux feuilles de papier de se traverser mutuellement et l'exécution deviendra plus difficile.

946. Pour que deux feuilles de papier puissent se traverser suivant une ligne droite, il suffit de les découper l'une et l'autre suivant la ligne d'intersection, de manière que les pleins de la première correspondant aux vides de la seconde, on puisse faire passer à travers ces vides les parties de la première qui lui restent attachées par ses pleins. Cela posé :

1° Pour construire *l'octaèdre régulier de seconde espèce*, on découpera ses huit faces comme l'indique la figure 535 que l'on aura d'abord tracée huit fois, à l'échelle convenable, sur le papier, puis on pliera, suivant les côtés de toutes ces faces, les bandes de papier extérieures qui doivent être, à la fin, collées sur les autres faces pour assurer la solidité du polyèdre, et on coupera toutes les lignes intérieures marquées en traits gros. Cela fait, il suffira

de réunir ces faces en plaçant, pour toutes, le côté du papier sur lequel la face a été dessinée à l'extérieur du polyèdre.

On se guidera dans cette construction en cherchant à imiter la figure 530 qui représente l'octaèdre de seconde espèce. On pourra aussi s'aider de ce que l'on sait que les faces doivent former à l'intérieur un octaèdre convexe en construisant d'abord séparément les deux moitiés du polyèdre, formées chacune par les quatre faces qui aboutissent à un même sommet de l'octaèdre convexe intérieur, puis réunissant ces deux moitiés.

2° Pour construire *le dodécaèdre régulier de troisième espèce à faces étoilées*, on découpera ses douze faces à l'échelle convenable, comme l'indique la figure 536,

Figure 536.

en opérant comme il a été expliqué ci-dessus, puis on les réunira, en plaçant toujours à l'extérieur le côté du papier sur lequel a été dessinée la face, de manière à imiter la figure 531. On construira d'abord séparément les deux moitiés du polyèdre de manière que, à l'intérieur, les faces déter-

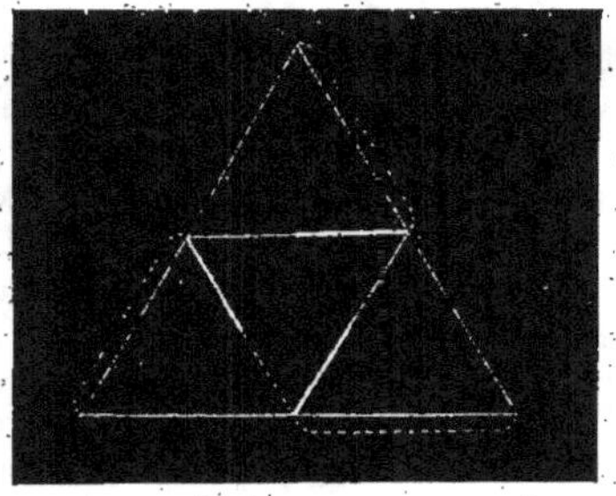

Figure 535.

minent un dodécaèdre régulier convexe, et on réunira ces deux moitiés.

3° Pour construire *le dodécaèdre régulier de troisième espèce à faces convexes*, les douze faces à découper sont représentées par la figure 537. On construira encore le polyèdre par moitiés, en formant à l'in-

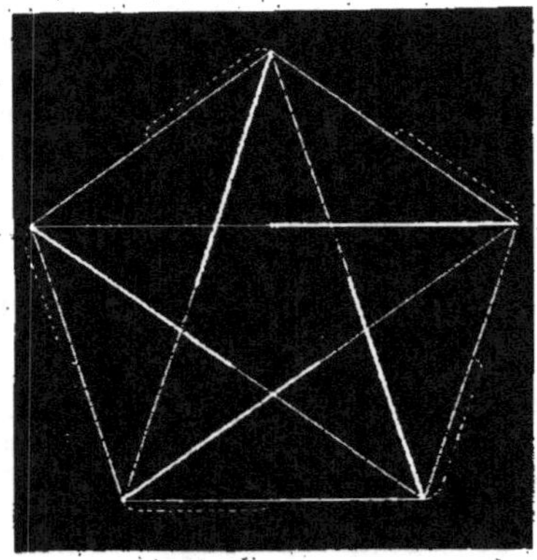

Figure 537.

térieur un dodécaèdre régulier convexe, et on se guidera aussi, pour construire chacune des moitiés comme pour les réunir ensuite, sur ce que ce nouveau polyèdre contient, à l'intérieur, le précédent.

Figure 538.

4° Pour construire *le dodécaèdre régulier de septième espèce*, on découpera douze faces comme l'indique la figure 538 et on les réunira par moitiés, en se rappelant que ce nouveau polyèdre contient, intérieurement, un dodécaèdre convexe, puis, successivement, les deux dodécaèdres de troisième espèce qui ont déjà été construits.

5° Enfin, pour construire *l'icosaèdre régulier de septième espèce*, on devra découper vingt faces identiques à celle représentée par la figure 539, et les réunir en plaçant toujours à l'extérieur le côté du papier sur lequel la face a été dessinée.

Pour construire chacune des moitiés du polyèdre, on commencera par réunir cinq faces de manière à former à l'intérieur un sommet de l'icosaèdre régulier convexe, puis, on ajoutera à leur ensemble, successivement, les cinq autres faces qui détermineront un sommet du nouveau polyèdre si on les place de manière que chacune d'elles rencontre l'une des cinq premières suivant une arête de l'icosaèdre intérieur.

947. Pour le tracé de la figure 539 on remarque que, sur chacun des côtés de la face, les points de division sont tels que, si ce côté appartenait à un pentagone régulier étoilé, ils seraient les sommets du pentagone régulier convexe intérieur.

La complication de cette figure fait comprendre que la construction de ce dernier polyèdre est assez longue et pénible. On la réussira cependant à coup sûr si l'on remarque que, à cause de la régularité, deux faces semblablement placées doivent se couper toujours de la même manière, de sorte que, par rapport à l'icosaèdre intérieur, deux faces qui ont une arête commune se coupent suivant les droites de la figure les plus voisines du centre. Deux faces qui n'ont qu'un sommet commun se coupent suivant des droites passant par les sommets de la figure et concourent par suite à former un sommet

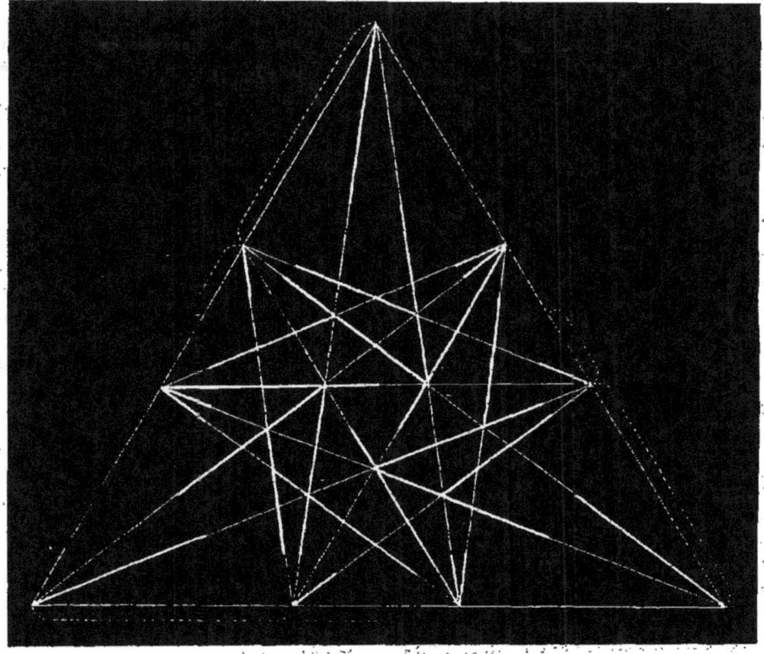

Figure 539.

du nouveau polyèdre. Deux faces qui n'ont qu'un sommet diamètralement opposé se coupent suivant les droites intérieures les plus éloignées du centre. Enfin, deux faces qui ont deux sommets diamétralement opposés déterminent une arête du nouveau polyèdre.

—

CHAPITRE XVII

THÉORIE DES TRANSVERSALES

§ I. — PRINCIPE DES SIGNES

948. Lorsqu'on se propose de trouver, sur une droite indéfinie XX' (*fig.* 540) un point A qui soit à une distance déterminée d'un point fixe O, il suffit de porter cette distance sur la droite XX', à partir du point O, pour obtenir le point cherché.

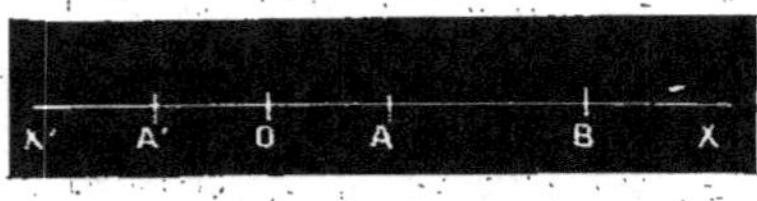

Figure 540.

Mais, en portant ainsi la distance donnée sur XX', on aurait pu aller dans un sens ou dans l'autre, de O vers X ou de O vers X', et on aurait alors obtenu les deux points A et A' qui répondent à la question.

Si l'on veut maintenant, de plus, choisir parmi les points A et A' l'un deux, A par exemple, il faudra indiquer le sens dans lequel la distance donnée a été portée pour conduire au point A. On convient, pour cela, de faire précéder du signe + les nombres qui mesurent les longueurs comptées dans un sens convenu, OX par exemple, et du signe — ceux qui mesurent les longueurs comptées dans l'autre sens OX'.

949. D'après cette convention, si deux points A et B sont situés sur la droite indéfinie XX', le nombre qui mesurera la longueur du segment compris entre ces deux points sera *positif* ou *négatif*, suivant que l'on considèrera ce segment comme ayant pour origine le point A ou le point B. Si nous convenons encore de désigner, *géométriquement*, un segment de droite

en écrivant en premier lieu la lettre qui correspond à son origine et si nous supposons que la distance des points A et B vaut 5 unités, nous aurons :

$$AB = + 5 \qquad BA = — 5$$

Et, par suite :

$$AB = — BA \quad \text{ou} \quad AB + BA = 0$$

950. Il résulte immédiatement de ces deux conventions que, *quelles que soient les positions des trois points* O, A, B, *sur la droite indéfinie* X'X, *on a toujours en grandeur et en signe, la relation* :

$$AB = OB — OA, \text{ car :}$$

1° Si le point O est situé entre A et B, on a :

$$AB = AO + OB \quad \text{ou} \quad AB = OB — OA$$

2° Si le point O, extérieur à AB, est situé du côté de A, on a :

$$OB = OA + AB \quad \text{ou} \quad AB = OB — OA$$

3° Si le point O, extérieur à AB, est situé du côté de B, on a :

$$AO = AB + BO \quad \text{ou} \quad AB = OB — OA$$

951. On voit donc comment, à l'aide des signes, on peut réduire à une formule unique les formules qui répondent aux divers cas d'une même question, et raisonner ensuite d'une manière générale, en se débarrassant de certaines conditions de situation qui rendent les démonstrations pénibles et les énoncés obscurs.

§ II. — PROPRIÉTÉS DES TRANSVERSALES

Théorème n° 327.

952. *Quand un triangle* ABC, *dont les côtés sont supposés prolongés indéfiniment, est coupé par une transversale a b c (fig 541 et 542), il existe, entre les segments que cette droite détermine sur les côtés, la relation* :

$$\frac{aB}{aC} \cdot \frac{bC}{bA} \cdot \frac{cA}{cB} = + 1.$$

En effet, si nous menons par le point C une parallèle à AB.

1° Les triangles semblables αCD et aBc donnent :

$$\frac{aB}{aC} = \frac{cB}{CD} ;$$

2° Les triangles semblables bCD et b A c donnent :

$$\frac{bC}{bA} = \frac{CD}{cA}.$$

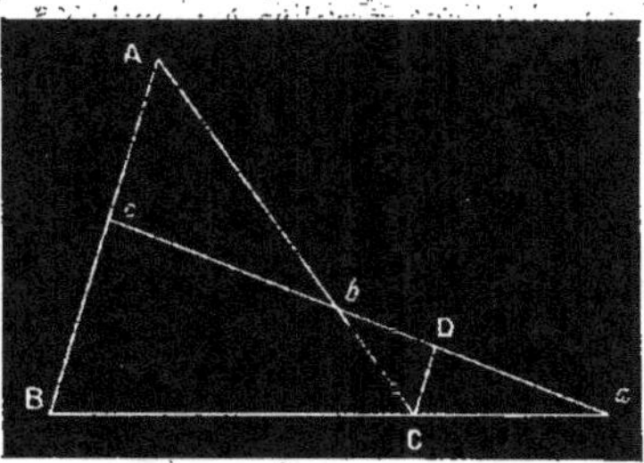

Figure 541.

En multipliant ces deux relations l'une par l'autre, on a, en valeur absolue :

$$\frac{aB}{aC} \cdot \frac{bC}{bA} = \frac{cB}{cA} \quad \text{ou} \quad \frac{aB}{aC} \cdot \frac{bC}{bA} \cdot \frac{cA}{cB} = 1.$$

Reste à résoudre la question du signe. Or, il ne peut se présenter que deux cas : ou bien la transversale coupe deux côtés du triangle et le prolongement du troisième (*fig* 541), ou bien elle ne rencontre que les prolongements des trois côtés (*fig* 542).

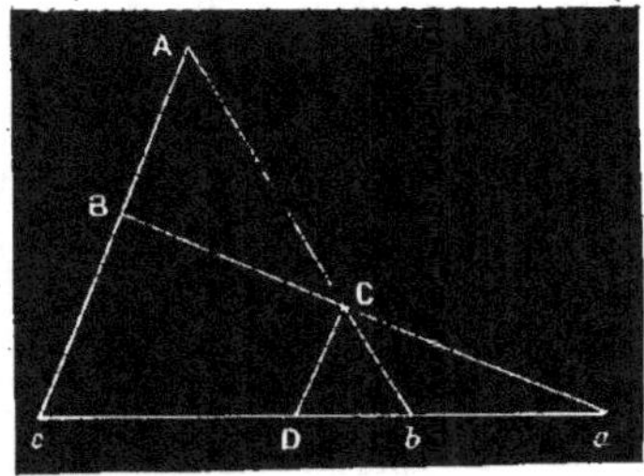

Figure 542.

Puisque l'origine de chaque segment est l'intersection de la transversale avec le côté correspondant, si un côté quelconque est rencontré par la transversale, les deux segments déterminés sur ce côté sont de signes contraires et leur rapport est négatif. Si la transversale ne rencontre que le pro-

longement d'un côté, les deux segments déterminés sur ce côté sont de même sens et, par suite, de même signe et leur rapport est positif. Donc :

Dans le premier cas, sur les trois rapports qui figurent dans le premier membre de la relation trouvée, il y en a deux négatifs et un positif; leur produit est donc positif.

Dans le second cas, les trois rapports sont positifs et il en est de même de leur produit.

Donc, c'est bien le signe + qui convient toujours au second membre de la relation.

Théorème n° 328.

953. RÉCIPROQUEMENT. — *Si, sur les trois côtés d'un triangle* ABC *considérés comme indéfinis, on prend trois points, a, b, c, tels que la relation*

$$\frac{aB}{aC} \cdot \frac{bC}{bA} \cdot \frac{cA}{cB} = + 1$$

soit satisfaite, ces trois points seront en ligne droite.

En effet, si la droite ab rencontre le côté AB en un point c', on a, d'après le théorème direct,

$$\frac{aB}{aC} \cdot \frac{bC}{bA} \cdot \frac{c'A}{c'B} = + 1.$$

Si l'on compare donc cette relation avec la précédente, qui est satisfaite par hypothèse, on aura :

$$\frac{c'A}{c'B} = \frac{cA}{cB} \quad \text{ou} \quad \frac{c'A - c'B}{c'B} = \frac{cA - cB}{cB}.$$

Or, (950).

$$c'A - c'B = BA \quad , \quad cA - cB = BA,$$

il vient donc :

$$\frac{BA}{c'B} = \frac{BA}{cB} \quad \text{ou} \quad c'B = cB.$$

Donc le point c' se confond avec le point c et les trois points a, b, c sont en ligne droite.

954. REMARQUE. — Il est important de

remarquer que, dans la relation que nous venons de considérer, les trois numérateurs sont des segments sans extrémités communes, ainsi que les trois dénominateurs.

Théorème n° 329.

955. *Les droites menées d'un même point O (fig. 543 et 544) aux trois sommets d'un triangle ABC, rencontrent les côtés opposés considérés comme indéfinis, en trois points, a, b, c, qui satisfont à la relation.*

$$\frac{a\mathrm{B}}{a\mathrm{C}} \cdot \frac{b\mathrm{C}}{b\mathrm{A}} \cdot \frac{c\mathrm{A}}{c\mathrm{B}} = -1.$$

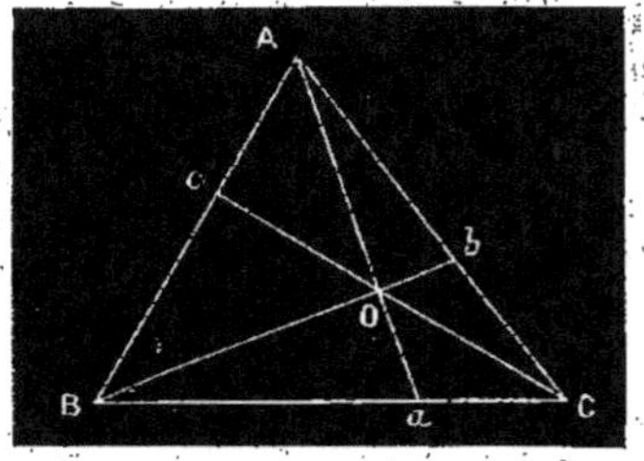

Figure 543.

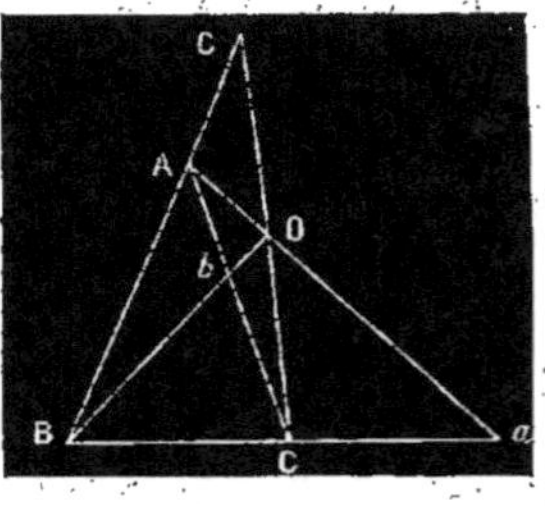

Figure 544.

En effet, le triangle ACa, coupé par la transversale Bb, donne :

$$\frac{\mathrm{B}a}{\mathrm{B}\mathrm{C}} \cdot \frac{\mathrm{O}\mathrm{A}}{\mathrm{O}a} \cdot \frac{b\mathrm{C}}{b\mathrm{A}} = 1.$$

Le triangle ABa, coupé par la transversale Cc, donne :

$$\frac{\mathrm{CB}}{\mathrm{C}a} \cdot \frac{\mathrm{O}a}{\mathrm{O}\mathrm{A}} \cdot \frac{c\mathrm{A}}{c\mathrm{B}} = 1.$$

En multipliant membre à membre, ces deux égalités, il vient :

$$\frac{\mathrm{CB}}{\mathrm{B}\mathrm{C}} \cdot \frac{\mathrm{B}a}{\mathrm{C}a} \cdot \frac{b\mathrm{C}}{b\mathrm{A}} \cdot \frac{c\mathrm{A}}{c\mathrm{B}} = 1,$$

ou, puisque $\dfrac{\mathrm{CB}}{\mathrm{B}\mathrm{C}} = -1,$

et que $\dfrac{\mathrm{B}a}{\mathrm{C}a} = \dfrac{a\mathrm{B}}{a\mathrm{C}}$

$$\frac{a\mathrm{B}}{a\mathrm{C}} \cdot \frac{b\mathrm{C}}{b\mathrm{A}} \cdot \frac{c\mathrm{A}}{c\mathrm{B}} = -1.$$

Donc, etc.

Théorème n° 330.

956. Réciproquement. — *Si, sur les trois côtés d'un triangle ABC considérés comme indéfinis, on prend trois points a, b, c, tels que la relation*

$$\frac{a\mathrm{B}}{a\mathrm{C}} \cdot \frac{b\mathrm{C}}{b\mathrm{A}} \cdot \frac{c\mathrm{A}}{c\mathrm{B}} = -1,$$

soit satisfaite, les trois droites Aa, Bb, Cc, concourent en un même point.

En effet, si les droites Aa et Bb se rencontrent en O et si la droite CO coupe le côté AB au point c' on a, d'après le théorème direct,

$$\frac{a\mathrm{B}}{a\mathrm{C}} \cdot \frac{b\mathrm{C}}{b\mathrm{A}} \cdot \frac{c'\mathrm{A}}{c'\mathrm{B}} = -1.$$

En comparant alors cette relation avec la précédente qui est satisfaite par hypothèse, on voit qu'on aura :

$$\frac{c\mathrm{A}}{c\mathrm{B}} = \frac{c'\mathrm{A}}{c'\mathrm{B}}$$

c'est-à-dire, comme précédemment, que le point c' se confond avec le point c, et que, par suite, les trois droites Aa, Bb, Cc, passent par le même point O.

957. Les deux théorèmes que nous venons de démontrer servent à prouver, le premier que trois points sont en ligne droite, le second que trois droites concourent au même point. En voici quelques applications :

958. COROLLAIRE I. — *Les trois média-nes d'un triangle concourent au même point.*

En effet, si Aa, Bb, Cc (*fig.* 545) sont les médianes du triangle ABC; on a;

$$aB = -aC, \quad bA = -bC, \quad cA = -cB,$$

donc $\dfrac{aB}{aC} = -1$, $\dfrac{bC}{bA} = -1$, $\dfrac{cA}{cB} = -1$

et, par suite,

$$\frac{aB}{aC} \cdot \frac{bC}{bA} \cdot \frac{cA}{cB} = -1$$

ce qui établit la proposition énoncée.

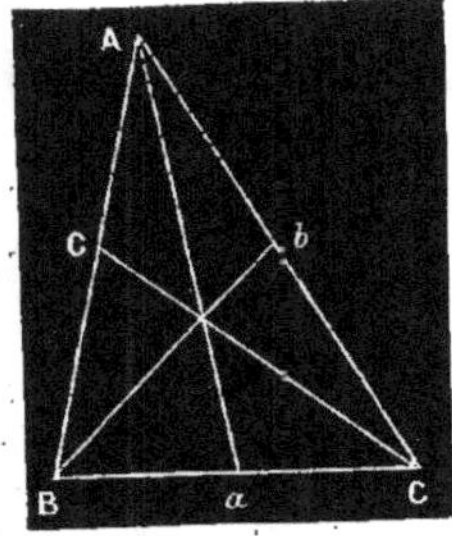

Figure 545.

959. COROLLAIRE II. — *Les trois bis-sectrices d'un triangle concourent au même point.*

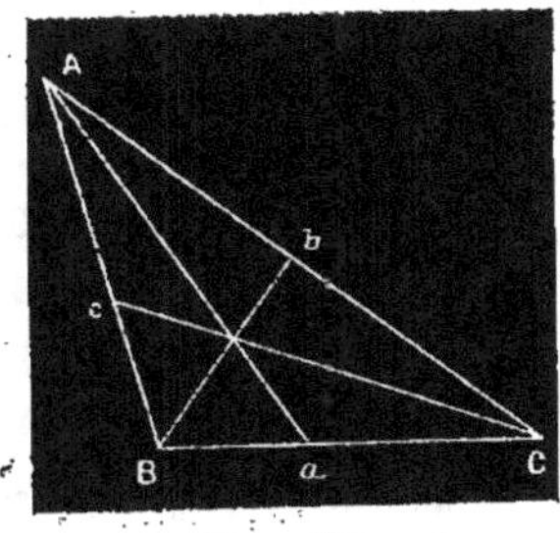

Figure 546.

En effet, chaque bissectrice partageant le côté opposée en parties proportionnelles aux deux autres côtés, on a (*fig.* 546.)

$$\frac{aB}{aC} = -\frac{AB}{CA} \cdot \frac{bC}{bA} = -\frac{BC}{AB} \cdot \frac{cA}{cB} = -\frac{CA}{BC}$$

donc,

$$\frac{aB}{aC} \cdot \frac{bC}{bA} \cdot \frac{cA}{cB} = -\frac{AB}{CA} \cdot \frac{BC}{AB} \cdot \frac{CA}{BC} = -1.$$

Donc, etc.

960. COROLLAIRE III. — *Les trois hau-teurs d'un triangle concourent au même point.*

En effet, les triangles rectangles ABa et CBc (*fig.* 547), ayant l'angle B commun sont semblables et donnent, en valeur ab-salue,

$$\frac{aB}{cB} = \frac{AB}{BC}$$

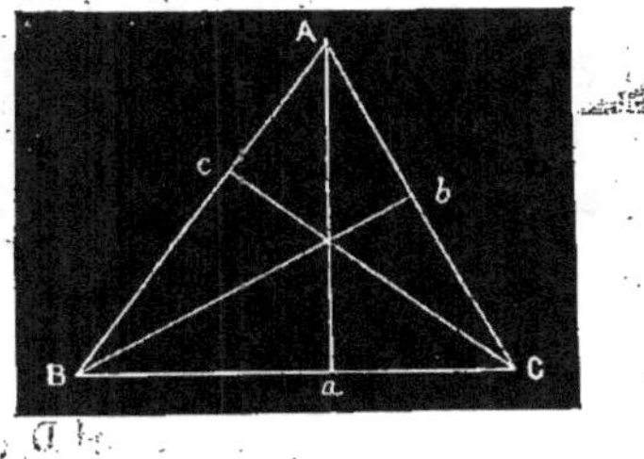

Figure 547.

On aurait de même :

$$\frac{bC}{aC} = \frac{BC}{cA} \quad \text{et} \quad \frac{cA}{bA} = \frac{CA}{AB}$$

On a donc, en valeur absolue

$$\frac{aB}{aC} \cdot \frac{bC}{bA} \cdot \frac{cA}{cB} = 1$$

et, comme chacun des trois rapports qui forment le premier membre est négatif, leur produit est en réalité égal à -1. Donc etc.

Théorème n° 331.

961. *Dans tout quadrilatère complet, les milieux des trois diagonales sont en ligne droite.*

On appelle *quadrilatère complet*, la figure formée par quatre droites quelconques indéfinies. Un quadrilatère complet ABCDEF, (*fig.* 548) a six sommets, A, B, C, D, E, F, qui sont les points d'intersection, deux à deux, des quatre côtés, et trois diagonales, AC, BD, EF qui joignent les trois couples de sommets opposés.

Soient L, M, N, les milieux des trois diagonales. Si l'on considère le triangle GHK dont les sommets sont les milieux

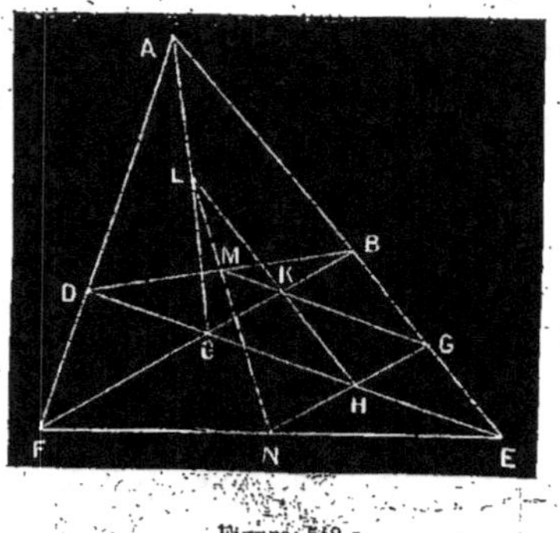

Figure 548.

des côtés BE, EC, CB du triangle BEC formé par trois quelconques des côtés du quadrilatère complet, on voit facilement que ses côtés passent respectivement par les points L, M, N. Tout revient donc à démontrer qu'on a la relation :

$$\frac{LK}{LH} \cdot \frac{MG}{MK} \cdot \frac{NH}{NG} = +1$$

ou ce qui est la même chose,

$$\frac{2.LK}{2.LH} \cdot \frac{2.MG}{2.MK} \cdot \frac{2.NH}{2.NG} = +1.$$

Mais,

AB = 2. LK, DE = 2. MG, FC = 2. NH

AE = 2. LH, DC = 2. MK, FB = 2. NG

on doit donc avoir,

$$\frac{AB}{AE} \cdot \frac{DE}{DC} \cdot \frac{FC}{FB} = +1.$$

Or le triangle BCE coupé par la transversale ADF donne précisément cette relation, ce qui établit le théorème.

§ III. — PROPORTION HARMONIQUE

962. On dit que deux points C et D (fig. 549.) *divisent harmoniquement* une droite AB lorsqu'il existe entre les distances de ces points aux points A et B la relation.

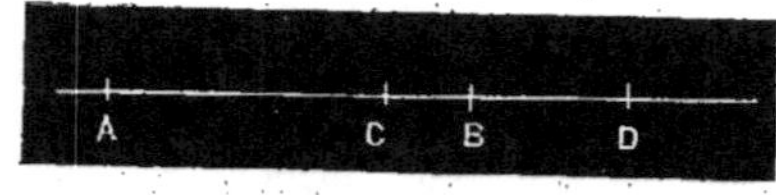

Figure 549.

$$\frac{CA}{CB} : \frac{DA}{DB} = -1.$$

On dit alors que les points C et D sont *conjugués harmoniques* par rapport aux points A et B, et la relation précédente prend le nom de *proportion harmonique.*

D'ailleurs, cette proportion pouvant s'écrire sous la forme

$$\frac{AC}{AD} : \frac{BC}{BD} = -1.$$

on voit que les points A et B divisent harmoniquement la droite CD et, par suite, sont conjugués harmoniques par rapport aux points C et D.

963. Soit I le point milieu de la droite AB.

1° Si le point C est compris entre I et B, on a, en valeur absolue, AC > CB, donc on doit avoir aussi, en valeur absolue DA > DB, c'est-à-dire que *les deux points C et D, qui divisent harmoniquement AB, sont toujours situés du même côté, par rapport au milieu I de ce segment.*

2° Si le point C se confond avec le point I, on aura AC = CB, et on devra avoir aussi DA = DB, ce qui ne se peut que si le point D est transporté à l'infini sur la droite AB. Donc, *le conjugué harmonique du milieu I d'un segment AB est à l'infini, et, inversement, le conjugué harmonique du point situé à l'infini est le milieu I du segment.*

3° Si le point C vient se confondre avec le point B, on a CB = 0. Donc on doit avoir aussi DB = 0. Ainsi, *l'extrémité d'un segment AB est à elle-même son conjugué harmonique par rapport à ce segment.*

Théorème n° 332.

964. *Dans tout quadrilatère complet, chaque diagonale est divisée harmoniquement par les deux autres.*

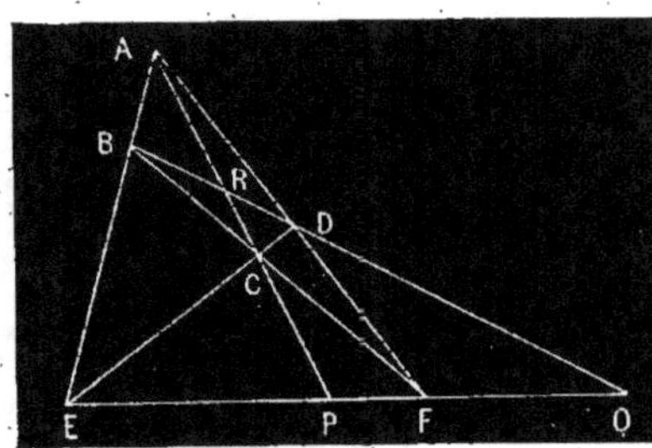

Fig. 550.

Soit le quadrilatère complet ABCDEF (fig. 550). Je dis que la diagonale EF, par exemple, est divisée harmoniquement aux points P et Q, c'est-à-dire que l'on a :

$$\frac{PE}{PF} : \frac{QE}{QF} = -1.$$

En effet, dans le triangle AEF, les trois droites BF, DE et AP concourant au même point C, on a :

$$\frac{PE}{PF} \cdot \frac{DF}{DA} \cdot \frac{BA}{BF} = -1.$$

Ce même triangle AEF étant coupé par la transversale BDQ, on a aussi :

$$\frac{QE}{QF} \cdot \frac{DF}{DA} \cdot \frac{BA}{BE} = +1$$

En divisant maintenant la première relation par la seconde, on a

$$\frac{PE}{PF} : \frac{QE}{QF} = -1,$$

Donc, etc.

Ce théorème permet de résoudre, avec la règle seule, le problème important suivant.

Problème n° 100.

965. *Construire le point Q, conjugué harmonique d'un point donné P, par rapport au segment donné EF (fig. 550).*

Par le point P, menons une droite quelconque PA et joignons deux points quelconques A et C de cette droite aux points E et F. La droite BD, qui joint les points de rencontre deux à deux de ces quatre droites, ira couper la droite EF au point Q demandé. En effet, la figure ABCDEF sera alors un quadrilatère complet, et sa diagonale EF sera divisée harmoniquement par les deux autres, AC et BD, aux points P et Q.

Théorème n° 333.

966. *La moitié OA d'une droite AB (fig. 551) est moyenne proportionnelle entre les distances OC et OD de son milieu O à deux points C et D qui la divisent harmoniquement.*

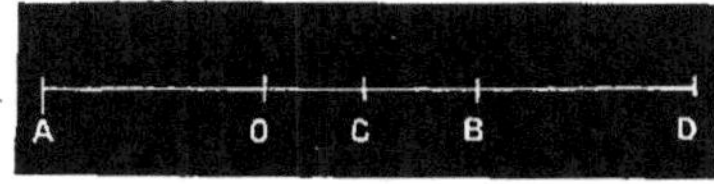

Fig. 551.

En effet, si l'on a la relation

$$\frac{CA}{CB} : \frac{DA}{DB} = -1,$$

on aura aussi

$$\frac{CA}{CB} = -\frac{DA}{DB} \text{ ou } \frac{CA}{CB} = \frac{DA}{BD} ;$$

et, par suite,

$$\frac{CA - CB}{CA + CB} = \frac{DA - BD}{DA + BD}$$

mais, en tenant compte des signes,

$$CA = CO + OA, \quad DA = DO + OA$$
$$CB = OB - OC = CO - OA,$$
$$BD = OD - OB = OA - DO.$$

Il vient donc $\quad \dfrac{2OA}{2CO} = \dfrac{2DO}{2OA}$

c'est-à-dire, $\quad\quad \dfrac{OA}{OC} = \dfrac{OD}{OA}$

u $\quad\quad\quad \overline{OA}^2 = OC.OD.$

Donc etc.

Théorème n° 334.

967. RÉCIPROQUEMENT. — *Une droite AB (fig. 551) est divisée harmoniquement aux points C et D si sa moitié OA est moyenne proportionnelle entre les distances OC et OD de son milieu O aux points C et D.*

En effet, de la relation $\overline{OA}^2 = OC.OD$

on déduit $\quad\quad \dfrac{OA}{CO} = \dfrac{DO}{OA}$

D'où $\quad \dfrac{CO + OA}{CO - OA} = \dfrac{DO + OA}{OA - DO}$

c'est-à-dire $\quad \dfrac{CA}{CB} = \dfrac{DA}{BD}$

ou $\quad\quad \dfrac{CA}{CB} : \dfrac{DA}{DB} = -1$

Donc, etc.

Théorème n° 335.

968. *Lorsqu'un segment AB est divisé*

harmoniquement par deux points C et D (fig. 551), la valeur inverse de ce segment est moyenne arithmétique entre les inverses des distances de son origine A aux deux points conjugués C et D, et réciproquement.

C'est-à-dire que les deux relations

$$\frac{CA}{CB} : \frac{DA}{DB} = -1 \text{ et } \frac{2}{AB} = \frac{1}{AC} + \frac{1}{AD}$$

sont équivalentes. En effet, puisque

$$CB = AB - AC, \quad DB = AB - AD.$$

1° On peut passer de la première à la seconde par la série des transformations suivantes :

Si $\quad\quad \dfrac{CA}{CB} : \dfrac{DA}{DB} = -1$

on a aussi

$$\frac{CA}{CB} = -\frac{DA}{DB}, \text{ ou } \frac{CB}{CA} = \frac{DB}{AD} ;$$

Il vient donc en remplaçant :

$$\frac{AB-AC}{CA} = \frac{AB-AD}{AD} \text{ ou } \frac{AB}{CA} + 1 = \frac{AB}{AD} - 1,$$

ce qui donne, en divisant par AB et simplifiant, en faisant attention aux signes des segments :

$$\frac{2}{AB} = \frac{1}{AC} + \frac{1}{AD}$$

2° On passerait réciproquement de la seconde à la première par les transformations inverses

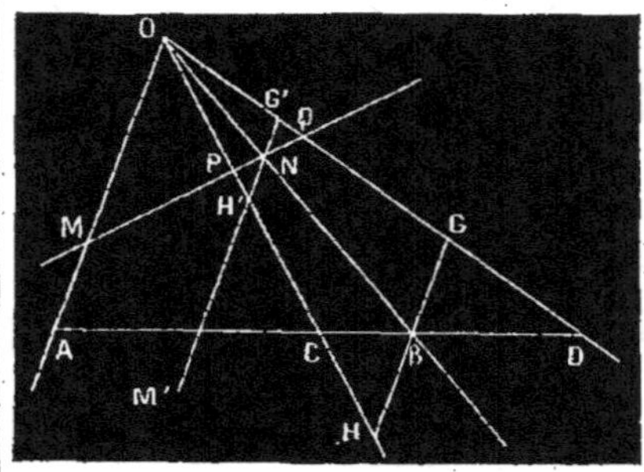

Fig. 552.

969. On donne le nom de *faisceau harmonique* à tout système de quatre droites OA, OB, OC, OD (*fig.* 552), qui joignent un point quelconque O aux quatre points A, B, C, D formant une division harmonique. Les droites OA, OB, OC, OD, sont appelées les *rayons* du faisceau dont le point O est le *centre*.

Théorème n° 336.

970. *Toute droite MPNQ* (*fig.* 552) *qui rencontre les quatre rayons d'un faisceau harmonique* O. ABCD *est divisée harmoniquement par ce faisceau.*

Je dis que si $\dfrac{CA}{CB} : \dfrac{DA}{DB} = -1$

on a aussi $\dfrac{PM}{PN} : \dfrac{QM}{QN} = -1$

Pour le démontrer, par les points B et N, menons les parallèles GH et G'H' au rayon OA. Les triangles semblables ACO et BCH donneront :

$$\frac{CA}{CB} = \frac{OA}{BH}.$$

De même, les triangles DAO et DBG donneront :

$$\frac{DA}{DB} = \frac{OA}{GB}.$$

On aura donc :

$$\frac{CA}{CB} : \frac{DA}{DB} = \frac{BG}{BH} = -1$$

Enfin, les triangles semblables PMO et PNH'; QMO et QNG' donneront de même :

$$\frac{PM}{PN} = \frac{OM}{NH}, \quad \frac{QM}{QN} = \frac{OM}{MG'}.$$

Donc $\dfrac{PM}{PN} : \dfrac{QM}{QN} = \dfrac{NG'}{NH'}$

Mais les parallèles GH et G'H' étant coupées par trois droites issues d'un même point, on a, entre les segments déterminés sur ces parallèles, la relation

$$\frac{BG}{BH} = \frac{NG'}{NH'}.$$

Puisque $\dfrac{BG}{BH} = -1, \dfrac{NG'}{NH'} = -1$

et, par suite, $\dfrac{PM}{PN} : \dfrac{QM}{QN} = -1,$

Donc etc.,

971. On voit que les points situés sur les rayons OC et OD sont toujours conjugués par rapport aux points situés sur les rayons OA et OB. Aussi, on dit que *les rayons OC et OD sont conjugués harmoniques par rapport aux rayons OA et OB et qu'ils divisent harmoniquement l'angle* AOB. De même, les rayons OA et OB sont conjugués harmoniques par rapport aux rayons OC et OD, et ils divisent harmoniquement l'angle COD.

Théorème n° 337.

972. *Dans un faisceau harmonique, toute transversale parallèle à l'un des rayons est coupée en parties égales par les trois autres.*

En effet, nous avons trouvé dans la démonstration précédente $\dfrac{NG'}{NH'} = -1$.

Donc NG' = H'N.

D'ailleurs, appelons M' le point où G'H' rencontre le rayon OA. Ce point M' est à l'infini, puisque OA et G'H' sont parallèles. Mais le système G'NH'M' est harmonique d'après le théorème précédent, et le point N, conjugué harmonique du point M' à l'infini, est le milieu du segment G'H'.

Théorème n° 338.

973. Réciproquement. — *Tout faisceau de quatre droites* OA, OB, OC, OD (*fig.* 553), *est harmonique, si une parallèle* A'B'C'D' *à l'un des rayons est divisée en parties égales par les trois autres.*

En effet, si le point C' est le milieu du segment A'B', c'est le conjugué harmonique du point D' situé à l'infini sur A'B'. Or, D' est aussi le point de rencontre des parallèles A'C'B'D' et OD. Donc les quatre rayons OA, OB, OC, OD joignent le point O aux quatre points A', C', B', D', qui

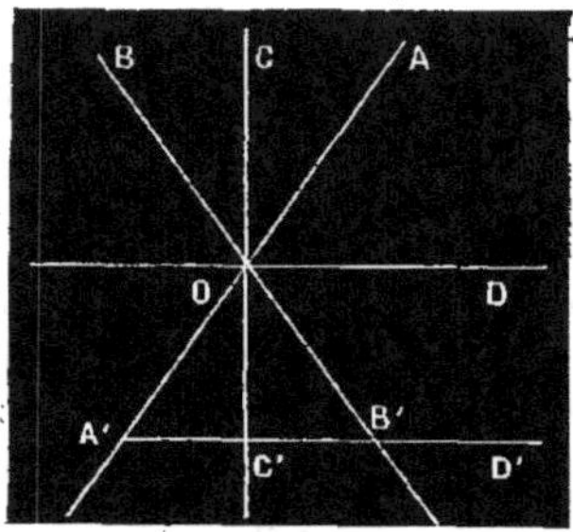

Fig. 553.

forment une division harmonique ; ils forment un faisceau harmonique.

Théorème n° 339.

974. *Lorsque deux droites OA et OB se coupent, les bissectrices OC et OD de leurs angles forment avec elles un faisceau harmonique (fig. 553).*

En effet, si l'on mène une parallèle quelconque A'C'B', à OD, cette droite étant perpendiculaire à OC les triangles A'OC' et B'OC' sont égaux et donnent A'C' = C'B'. Donc le faisceau est harmonique.

Théorème n° 340.

975. RÉCIPROQUEMENT. — *Si deux droites rectangulaires sont les rayons conjugués d'un faisceau harmonique, elles sont les bissectrices des angles formés par les deux autres.*

En effet, puisque le faisceau est harmonique, si l'on mène A'C'B' (*fig.* 553) parallèle à OD, on aura A'C' = C'B'. Mais A'C'B' étant perpendiculaire à OC, les triangles A'OC' et B'OC' seront égaux et donneront :

Angle A'OC' = angle B'OC'.

Donc, etc.

Théorème n° 341

976. *Si, par un point D, pris dans le plan d'un angle AOB, on mène plusieurs sécantes DA, DA', DA''... et qu'on détermine les points C, C', C'',... conjugués harmoniques du point D sur chacun d'elles, tous ces points seront en ligne droite (fig. 554).*

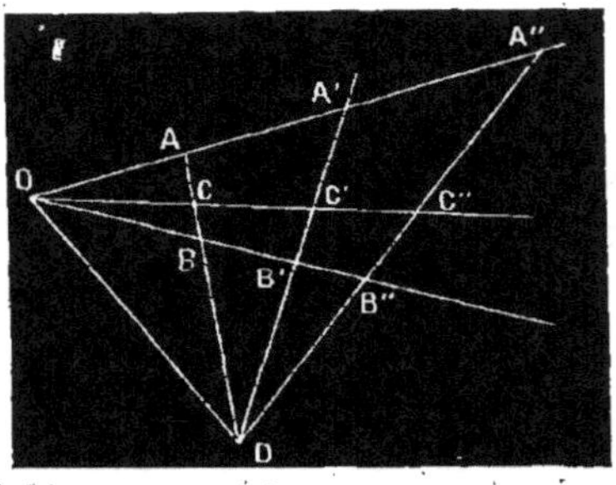

Fig. 554.

En effet, si l'on mène les rayons OC et OD, puisque les points A, B, C et D forment une division harmonique, le faisceau O, ABCD sera harmonique. Toutes les sécantes DA', DA'',..... seront donc coupées harmoniquement par ce faisceau et le rayon OC passera par tous les points C', C'',..... Tous ces points sont donc en ligne droite.

977. Ainsi, lorsque la sécante DA tourne autour du point fixe D, le conjugué harmonique C de ce point décrit la droite fixe OC. On donne à la droite OC le nom de *polaire* du point D *par rapport à l'angle* AOB, et on dit que le point D est le *pôle* de la droite OC, *par rapport à l'angle* AOB.

Théoreme n° 342.

978. *Si, par un point D, pris dans le plan d'un angle AOB (fig.* 555 *et* 556), *on mène diverses sécantes DA, DA', DA'',..... les points de concours C, C', C''..... des diagonales des quadrilatères ABB'A', A'B'B''A'',..... sont sur la polaire du point D par rapport à l'angle AOB.*

En effet, les figures DBCB'AA', DB'C'B″ A'A″,...... sont autant de quadrilatères complets dont les diagonales DC, DC', DC″,..... seraient divisées harmoniquement

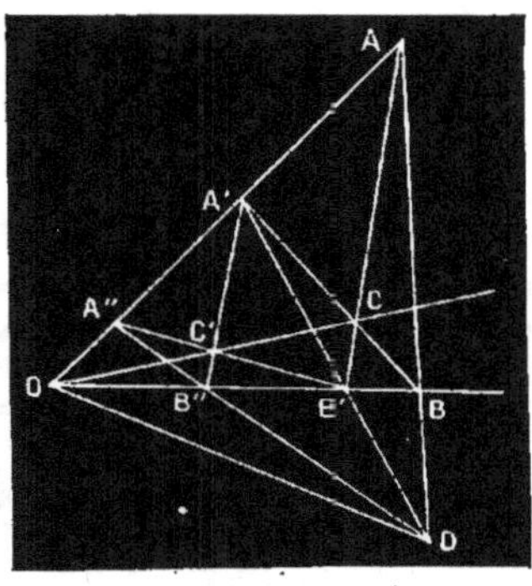

Fig. 555.

par les droites OA et OB. Donc les points C, C', C″....., conjugués harmoniques du point D, se trouvent sur la polaire de ce point par rapport à l'angle AOB.

Problème n° 101.

979. *Joindre un point quelconque* C *au point de rencontre de deux droites* AA' *et* BB' *qu'on ne peut prolonger (fig. 555 et 556).*

Le théorème précédent permet de ré-

soudre ce problème avec la règle seule.

En effet, si, par le point C, on mène les droites quelconques ACB' et BCA', les droites AB et A'B' iront se couper au pôle D de la droite cherchée par rapport à l'angle AOB. En menant alors par le point D une troisième sécante DB″A″, les droites A'B″ et B'A″ se couperont en un second

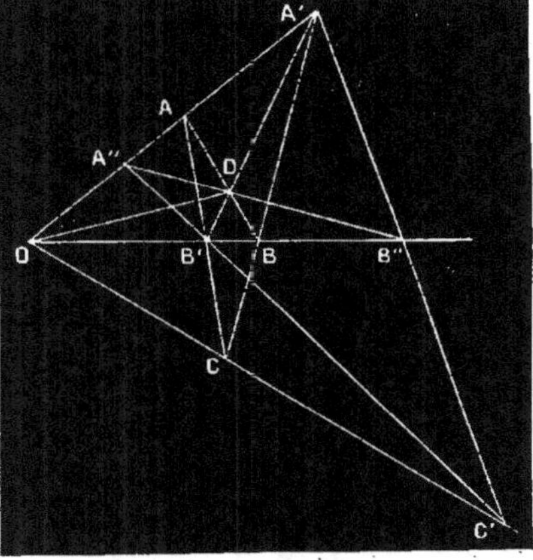

Fig 556.

point C' de la polaire du point D. La droite CC' sera donc la polaire du point D, par rapport à l'angle AOB, et elle ira nécessairement passer par le point O. Conséquemment, CC' est donc la droite demandée.

CHAPITRE XVIII

THÉORIE DES POLES ET POLAIRES RÉCIPROQUES

§ Iᵉʳ. — POLES ET POLAIRES DANS LE CERCLE.

Théorème n° 343.

980. *Si, par un point O pris dans le plan d'un cercle C, on mène une sécante quelconque OFE, et qu'on détermine le conjugué harmonique I du point O par rapport à EF, le lieu géométrique du point I, lorsque la sécante tourne autour du point O, est une ligne droite perpendiculaire au diamètre AB qui passe par le point O (fig. 557 et 558).*

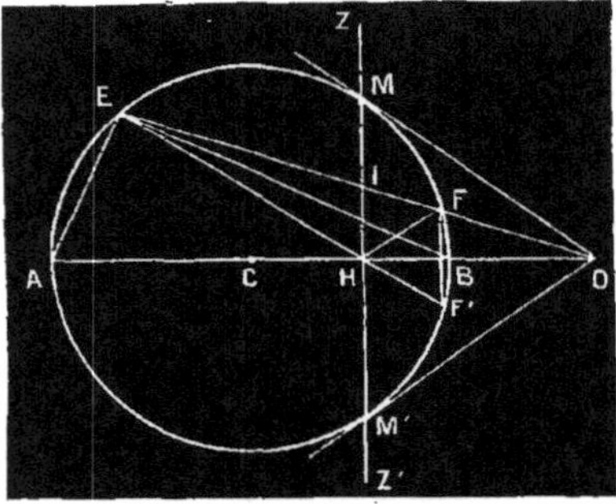

Fig. 557.

En effet, déterminons le point F' symétrique de F par rapport au diamètre AB. Le faisceau E. AF'BF ayant ses rayons EA et EB perpendiculaires entre eux, et EB étant la bissectrice de l'angle FEF', est un faisceau harmonique. Les quatre points A. H, B, O, forment donc une division harmonique et le point H est le point du lieu qui se trouve sur le diamètre AB.

Alors, HZ étant perpendiculaire à ABO, le faisceau H. ZFOF' ayant deux rayons rectangulaires et HO étant bissectrice de l'angle FHF', est un faisceau harmonique. Ses rayons divisent donc harmoniquement la sécante OFE, et, par suite, la droite HZ passe par le point I. Donc, le lieu géométrique du point I est la droite HZ perpendiculaire au diamètre AB et qui passe par le point H conjugué harmonique du point O par rapport à AB.

981. On dit que le point O est le *pôle* de la droite HZ qui est la *polaire* du point O par rapport au cercle C.

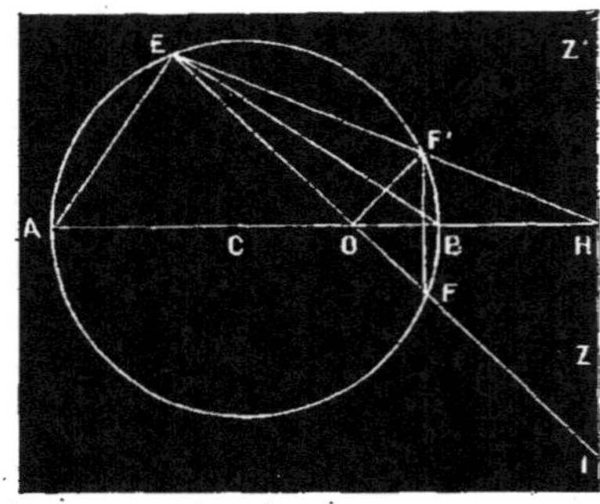

Fig. 558.

982. Les points O et H étant conjugués harmoniques par rapport au diamètre AB, si l'on appelle R le rayon du cercle C. on a, entre cette droite et les distances CH et CO du centre au pôle et à la polaire, la relation

CH. $\overline{CO} = R^2$

c'est-à-dire que *le rayon du cercle est moyen proportionel entre les distances du centre au pôle et à la polaire.*

983. Il résulte encore de là : (963)

1° Que *le pôle et la polaire sont toujours situés d'un même côté du centre C.*

2° Que *si le pôle est intérieur au cercle, la polaire lui est extérieure. Si le pôle est extérieur au cercle, la polaire coupe le cercle, et, dans ce cas, elle se confond avec la corde des contacts MM' des deux tangentes issues du point O.*

En effet, la corde OFE tournant autour du point O, si les points E et F viennent se confondre en M ou en M', le point I, qui est toujours compris entre eux, viendra aussi en M ou en M : Donc M et M' sont deux points de la polaire du point O.

3° Que *la polaire du centre est à l'infini et le pôle d'une droite à l'infini est le centre.*

4° Que *la polaire d'un point à l'infini est un diamètre et le pôle d'un diamètre est à l'infini.*

5° Que *la polaire d'un point du cercle est la tangente en ce point, et le pôle d'une tangente est son point de contact.*

Théorème n° 344.

984. *Si, par un point pris dans le plan d'un cercle, on mène deux transversales OAB, OA'B', si l'on tire les droites AA', BB', qui se coupent en M, et les droites AB', BA' qui se coupent en N, le lieu géométrique des points M et N, lorsqu'on fait varier les sécantes OAB, OA'B', est la polaire du point O* (fig. 559 et 560).

En effet, si l'on mène les droites MN et MO, MN sera la polaire du point O par rapport à l'angle BMA (978), c'est-à-dire que le faisceau M.OANB sera harmonique. Ce faisceau divisera donc harmoniquement les sécantes OAB et OA'B'.

Les systèmes OAIB et OA'I'B' sont donc harmoniques et les points I et I' sont deux points de la polaire du point O par

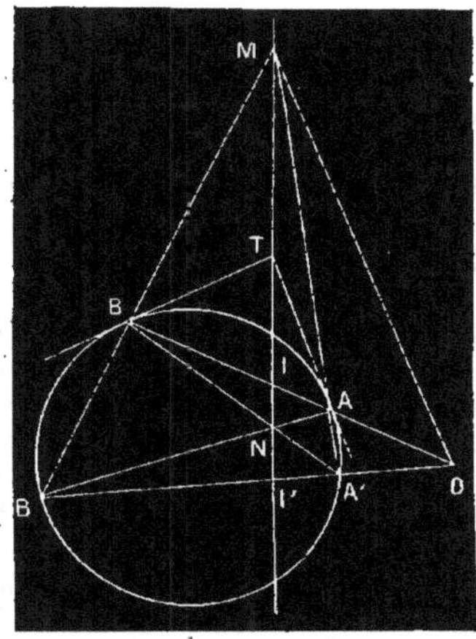

Fig. 559.

rapport au cercle. Donc la droite MN se confond avec cette polaire qui est, par suite, le lieu des points M et N

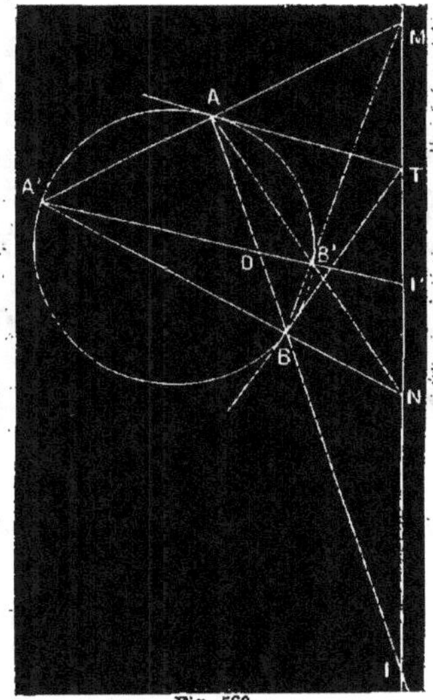

Fig. 560

Problème n° 102.

985. *Construire la polaire d'un point par rapport à un cercle.*

Le théorème précédent permet de résoudre ce problème avec la règle seule. Il suffit, en effet, de déterminer les points M et N.

986. COROLLAIRE. — Si les deux sécantes OAB et OA'B' se rapprochent indéfiniment l'une de l'autre, les droites AA' et BB' deviennent les tangentes au cercle en A et B.

Donc, *si par un point O, pris dans le plan d'un cercle, on mène une sécante* OAB *et les tangentes* AT *et* BT, *aux points* A *et* B *où elle coupe le cercle, le lieu géométrique du point de concours* T *de ces tangentes, lorsque la transversale tourne autour du point* O, *est la polaire du point* O.

Théorème n° 345.

987. — *Les pôles de toutes les droites tirées par un même point* O *sont sur la*

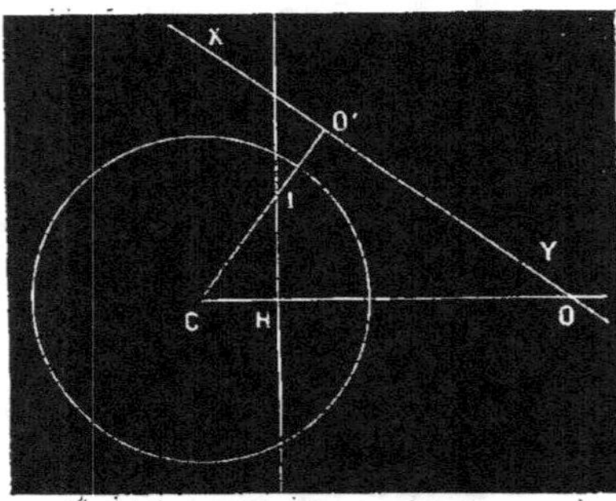

Fig. 561.

polaire HI *de ce point, et, réciproque-* ment, *les polaires de tous les points d'une droite* HI *passent par le pôle* O *de cette droite* (*fig.* 561).

En effet :

1° Soit XY une droite quelconque passant par le point O. Abaissons CO' perpendiculaire à XY. Le pôle de XY sera sur CO'. Les triangles rectangles CHI et CO'O sont semblables et donnent :

$$CH.CO = CI.CO'.$$

Mais HI étant la polaire du point O on a :

$$CH.CO = R^2.$$

Donc aussi

$$CI.CO' = R^2$$

Donc le point I est le pôle de la droite XY.

2° Soit I un point quelconque de la droite HI. Sa polaire sera la droite XY perpendiculaire à CIO' et telle que CI.CO' $= R^2$. Abaissons CHO perpendiculaire sur HI. Les triangles rectangles CHI et CO'O sont semblables et donnent :

$$CI.CO' = CH.CO;$$

Donc aussi

$$CH.CO = R^2$$

et le point O est le pôle de la droite HI. Donc, etc.

988. COROLLAIRE I. — *Toute droite a pour pôle l'intersection des polaires de deux de ses points.*

989. COROLLAIRE II. — *Tout point a pour polaire la ligne qui joint les pôles de deux droites menées par ce point.*

§ II. — MÉTHODE DES POLAIRES RÉCIPROQUES.

Théorème n° 346.

990. *Si deux polygones* ABCDE *et* A'B'C'D'E' *sont tels que les sommets* A, B, C, D, E, *du premier soient les pôles respectifs des côtés* A'A', B'E', C'D', D'C', E'B', *du second, réciproquement les sommets* A', B', C', D', E', *du second, seront les pôles des côtés* EA, AB, BC, CD, DE, *du premier* (*fig.* 562).

En effet, le point A' a pour polaire la droite EA qui joint les pôles E et A des deux droites A'E' et A'B' passant par ce point. Le point B' a pour polaire la droite AB qui joint les pôles des deux droites A'B' et B'C' passant par B' etc.

991. Ces deux polygones sont dits *polaires réciproques* par rapport au cercle O qui est appelé *cercle directeur*.

D'ailleurs, cette définition ne tient aucun compte de la longueur et du nombre des côtés des deux polygones, de sorte qu'elle est applicable lorsqu'ils dégénèrent en deux courbes correspondantes. Chaque point de l'une des courbes pouvant alors être considéré comme un sommet, et les côtés qui y passent devenant

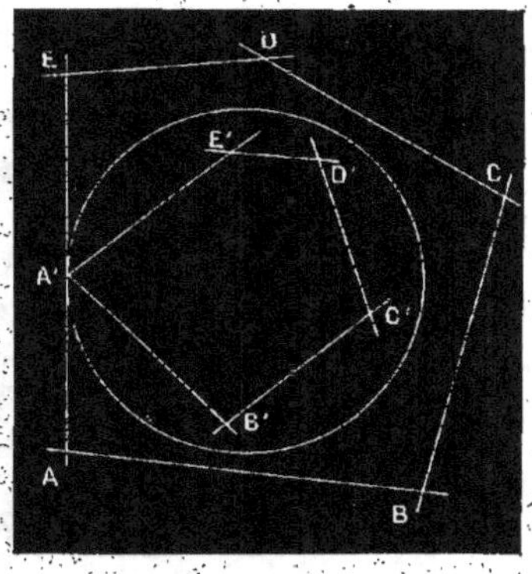

Fig. 562.

la tangente en ce point, deux courbes quelconques seront *polaires réciproques*, lorsque tous les points de l'une d'elles seront les pôles des tangentes de l'autre.

992. Cela posé, deux figures polaires réciproques étant données, à tout point de l'une d'elles correspondra une droite ou une tangente de l'autre et réciproquement. A toute série rectiligne de points dans l'une d'elles correspondra, dans l'autre, une série de lignes ou de tangentes concourantes en un même point; et, en général, à toute propriété de l'une d'elles ne dépendant que de la situation relative de ses points ou lignes, sans

aucune considération de grandeur, correspondra une propriété corrélative entre les lignes ou les points de la seconde qui se trouvera par là même démontrée. D'ailleurs, il suffira, pour énoncer la seconde propriété, de changer, dans l'énoncé de la première, les mots *points* et *lignes* en *lignes* et *points*.

993. Cette méthode, excessivement féconde pour la recherche des propriétés géométriques des figures, trouve surtout de nombreuses applications dans l'étude des courbes, mais elle permet aussi de découvrir de nouvelles propriétés des figures polygonales. Nous en donnerons l'exemple important suivant :

Théorème n° 347.

994. *Dans tout hexagone ABCDEF inscrit à une circonférence, les points de concours* L,M,N *des trois couples de côtés opposés sont situés en ligne droite* (*fig.* 563 *et* 564).

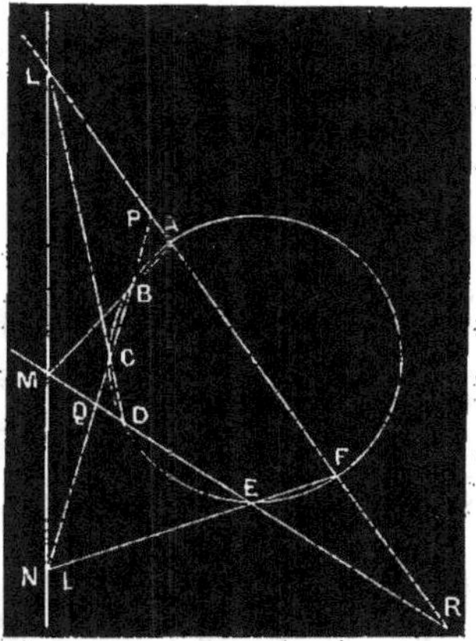

Fig 563.

En effet, si l'on considère le triangle PQR formé par les trois côtés non consécutifs BC, DE, FA, coupé par les trois autres côtés, on a :

1° pour la transversale ABM

$$\frac{AR.BP.MQ}{AP.BQ.MR} = 1$$

2° pour la transversale DCL

$$\frac{DQ.CP.LR}{DR.CQ.LP} = 1$$

3° pour la transversale FEN

$$\frac{FR.ER.NP}{FP.EQ.NQ} = 1$$

En multipliant ces trois égalités membre à membre, il vient :

$$\frac{AR.BP.MQ.DQ.CP.LR.FR.EQ.NP}{AP.BQ.MR.DR.CQ.LP.FP.ER.NQ} = 1$$

Mais,

$$AR \times FR = DR \times ER,$$
$$BP \times CP = AP \times FP,$$
$$DQ \times EQ = BQ \times CQ,$$

L'expression trouvée se réduit donc à :

$$\frac{MQ}{MR} \cdot \frac{LR}{LP} \cdot \frac{NP}{NQ} = 1$$

et, sous cette forme, elle montre que les trois points, L, M, N sont situés en ligne droite sur les côtés du triangle PQR. (953).

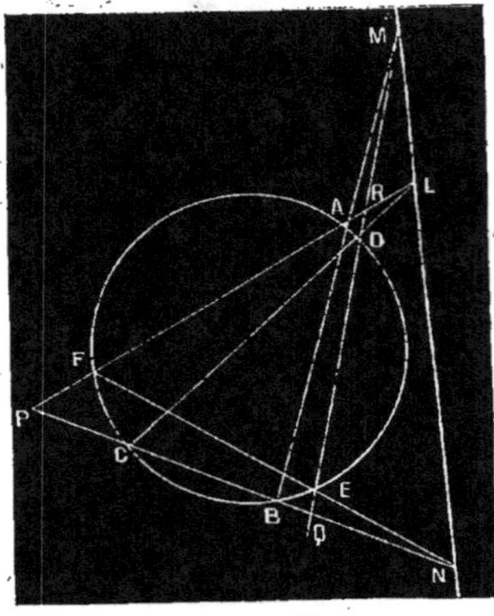

Fig. 564.

995. Ce théorème important, connu sous le nom de *théorème de Pascal*, subsiste encore, ainsi que la démonstration que nous en avons donnée, lorsque l'hexagone inscrit est tout à fait quelconque, comme on peut s'en rendre compte sur la figure 564. Nous allons en déduire, par la méthode des polaires réciproques, le théorème suivant également important connu sous le nom de *théorème de Brianchon.*

Théorème n° 348.

996. *Dans tout hexagone circonscrit* ABCDEF, *les trois diagonales* AD, EB, CF, *concourent au même point (fig. 565).*

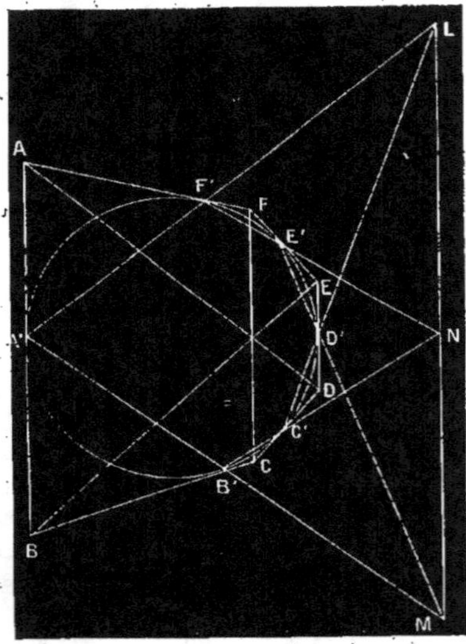

Fig. 565.

En effet, si l'on construit l'hexagone inscrit A'B'C'D'E'F', qui a pour sommets les points de tangence des côtés de l'hexagone donné, ce polygone aura pour sommets les pôles des côtés de l'autre, puisque le pôle d'une tangente est son point de contact. Les deux hexagones ABCDEF et A'B'C'D'E'F' seront donc polaires réciproques, et les points A et D ayant pour polaires les droites F'A' et C'D', le point L, où ces deux droites se coupent, est le pôle de la droite AD. De même, le point M où se rencontrent les droites A'B' et D'E' est le pôle de la droite BE et le point N est le pôle de la droite CF.

Mais les trois points L, M, N, sont en ligne droite, d'après le théorème de Pascal. Donc leurs polaires passent par un même point qui est le pôle de la droite LMN.

Ainsi, les trois droites AC, BE, CF, concourent bien au même point.

997. D'ailleurs, le théorème de *Pascal* ne tient aucun compte de la longueur des côtés et il subsisterait encore si deux sommets consécutifs se rapprochant indéfiniment, l'un des côtés venait à disparaître pendant que sa direction tendrait vers la tangente au cercle au point de réunion des deux sommets. De même, le théorème de *Brianchon* subsisterait encore si l'un des angles augmentant jusqu'à deux droits, deux côtés consécutifs venaient se confon-

dre pendant que le sommet correspondant deviendrait le point de contact de la tangente unique ainsi obtenue.

998. Ces deux théorèmes permettront donc d'énoncer immédiatement divers corollaires relatifs aux polygones inscrits ou circonscrits de moins de six côtés. Tels sont, par exemple, les suivants :

1° Dans tout triangle inscrit, les points d'intersection des trois côtés avec les tangentes menées par les sommets opposés sont en ligne droite.

2° Dans tout triangle circonscrit, les droites qui joignent un sommet au point de contact du côté opposé passent par un même point.

3° Dans tout quadrilatère inscrit, les points de concours des côtés opposés et les points de concours des tangentes menées par deux sommets opposés sont en ligne droite.

4° Dans tout quadrilatère circonscrit, les deux diagonales intérieures et les droites qui joignent les points de contact des côtés opposés concourent en un même point.

CHAPITRE XIX

COURBES USUELLES.

§ Ier. — NOTIONS GÉNÉRALES SUR LES COURBES

Définitions.

999. Toute droite ABC (*fig.* 556) qui rencontre une courbe AMBM'C est dite *sécante* à la courbe.

1000. On appelle *tangente* en un point A de la courbe AMBM'C la position limite AT vers laquelle tend une sécante AB, passant par le point A, lorsque l'un quelconque B de ses autres points d'intersection avec la courbe s'approche indéfiniment du point A jusqu'à se confondre avec

lui. Le point A est alors appelé *point de contact* de la tangente. Si, par ce point A, on élève une perpendiculaire AN à la tangente AT, on obtient la *normale* à la courbe au point A.

1001. Généralement, on rapporte une courbe à deux droites rectangulaires OX et OY (*fig.* 557), situées dans son plan et convenablement choisies, qu'on appelle *axes des coordonnées.*

Pour fixer alors la position d'un point quelconque M de la courbe, on indique les longueurs :

$$OP = x \qquad \text{et} \qquad MP = y$$

que l'on obtient en abaissant du point M

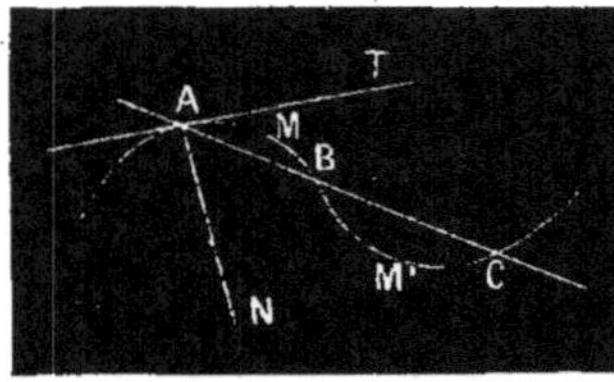

Fig. 566.

la perpendiculaire MP sur l'axe OX. Dans ce cas, la droite OP s'appelle l'*abscisse* du point M et l'axe OX est l'*axe des abscisses*. La droite MP s'appelle l'*ordonnée* du point M et l'axe OY est dit l'*axe des ordonnées*.

Soient MT et MN la tangente et la normale à la courbe au point M, qui coupent l'axe des abscisses OX aux points T et N.

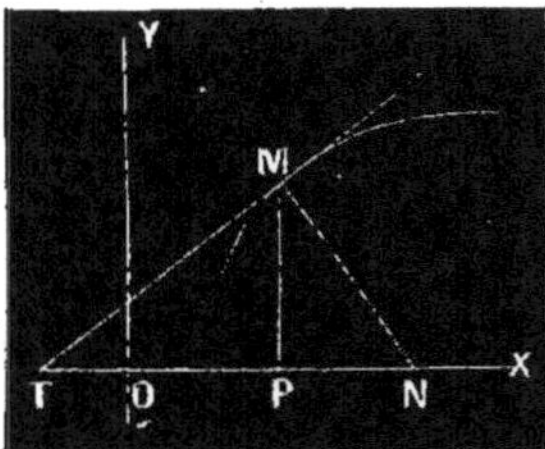

Fig. 567.

La distance PT prend le nom de *sous-tangente* et la distance PN celui de *sous-normale*. L'existence du triangle rectangle TMN, dans lequel l'ordonnée MP est la perpendiculaire abaissée du sommet de l'angle droit sur l'hypoténuse, montre que si l'on connaît l'ordonnée MP, en même temps que l'une des droites PT et PN, on pourra construire ou calculer l'autre, et, par suite, obtenir la tangente et la normale à la courbe au point M considéré.

1002. Une courbe peut avoir tous ses points situés à une distance finie dans son plan; elle est alors généralement formée par une ou plusieurs *branches fermées*. Au contraire, une courbe peut être à *branches infinies*, c'est-à-dire comprendre une ou plusieurs parties illimitées sur lesquelles se trouvent par conséquent des points situés à l'infini dans le plan de la courbe.

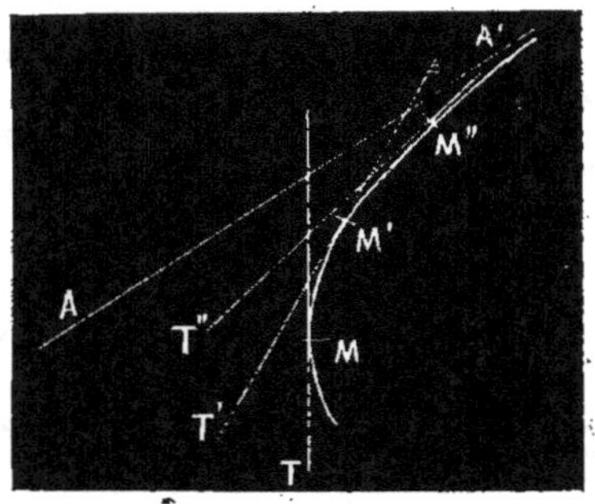

Fig. 568.

1003. Si l'on considère une branche infinie AMM' (*fig.* 568) d'une courbe donnée, et si on lui mène des tangentes par les points M, M', M",..... de plus en plus éloignés, ces tangentes s'approcheront en général d'une certaine droite fixe AA' qui serait tangente à la courbe au point situé à l'infini sur la branche considérée, et dont, par conséquent, la courbe s'approche indéfiniment sans pouvoir jamais l'atteindre. Cette droite AA' est dite *asymptote* à la courbe. Quelquefois, l'asymptote a elle-même tous ses points situés à l'infini dans le plan de la courbe, et on dit qu'elle est *transportée à l'infini*.

1004. On dit qu'une courbe est *convexe*, lorsqu'aucune de ses tangentes ne la rencontre en un autre point que son point de contact.

Théorème n° 349.

1005. *Une courbe convexe ne peut être rencontrée en plus de deux points par une droite quelconque.*

Soit une droite AB (*fig.* 569) qui rencontre une courbe en trois points A, B et C. Si deux points au moins, B et C de ces trois points, sont sur une même branche de courbe, on pourra toujours faire tourner

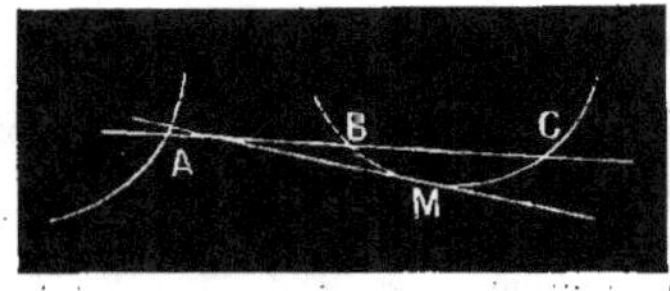

Fig. 569.

la sécante AB autour du troisième point A, de manière que les points B et C se rapprochant indéfiniment sur la branche de courbe qui les contient, cette sécante vienne occuper la position AM d'une tangente qui rencontre la courbe au point A, autre que son point de contact.

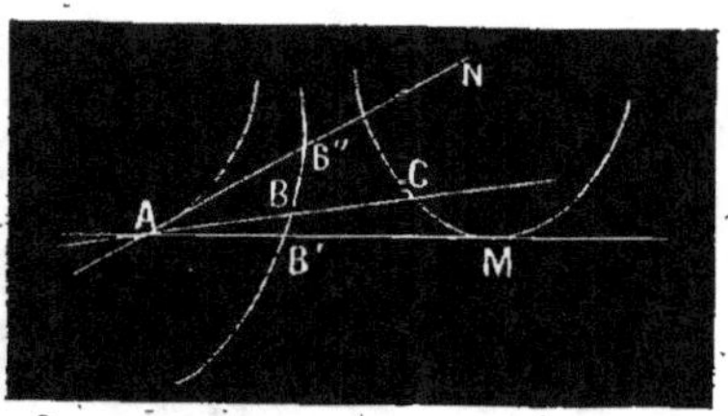

Fig. 570.

Le théorème est bien plus évident encore si les trois points A, B et C (*fig.* 570) sont sur des branches distinctes, car, en faisant tourner la sécante autour de l'un quelconque A de ces points, elle ne pourra cesser de couper l'une des trois branches qu'après lui être devenue tangente ou asymptote, ce qui n'est qu'un cas particulier de la tangente, et dès qu'elle occupera une position telle que AB'M ou AB''N, tangente à

l'une des branches, elle ne cessera pas de couper les deux autres.

1006. On appelle *axe* d'une courbe toute droite par rapport à laquelle elle est symétrique. Si l'axe coupe la courbe, il est dit *transverse*. S'il ne la rencontre pas, il est *non transverse*.

1007. On appelle *sommets* d'une courbe, les points où cette courbe rencontre ses axes transverses.

1008. On dit qu'un point est *centre* d'une courbe, lorsque tous les points de cette courbe sont deux à deux symétriques par rapport à ce point.

Théorème n° 350.

1009. *Quand une courbe possède deux axes rectangulaires, leur intersection est un centre de la courbe.*

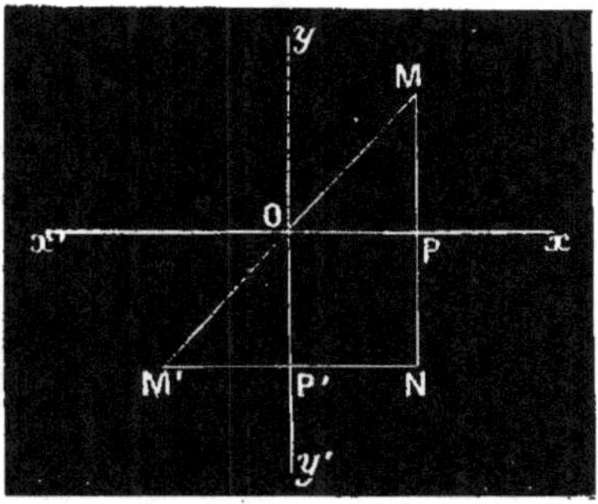

Fig 571.

Soient $x\,x'$ et $y\,y'$ (*fig.* 571), les deux axes rectangulaires de la courbe. A tout point M de la courbe, correspond un point N symétrique de M par rapport à $x\,x'$ et un point M' symétrique de N par rapport à $y\,y'$. Les triangles rectangles M'OP' et OMP ont :

$$M'P' = P'N = OP, \quad P'O = NP = PM,$$

Donc ils sont égaux et donnent

$$M'O = OM \text{ et } M'OP' = OMP = MO\,y.$$

Par suite, M'OM' est une ligne droite et les points M et M' de la courbe sont symétriques par rapport au point O qui est un centre.

Théorème n° 351.

1010. *Les tangentes menées à une courbe par les extrémités d'une droite qui passe par le centre sont parallèles.*

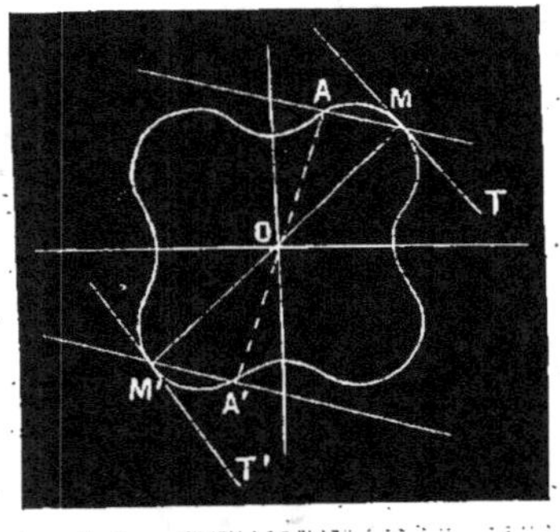

Fig. 572.

En effet, soit MOM' une droite qui passe par le centre O d'une courbe (*fig.* 572). Si l'on considère une sécante quelconque MA, passant par le point M et la sécante M'A' passant par les points M' et A', symétriques de M et de A, ces deux droites, symétriques par rapport au point O, seront parallèles. Il en sera de même quels que soient les points A et A', pourvu qu'ils restent symétriques par rapport au point O sur la courbe donnée. Par conséquent, cela existera encore à la limite, lorsque ces points s'approcheront simultanément de M et de M', et les tangentes MT et M'T' à la courbe sont parallèles.

1011. Si, dans une courbe quelconque, on mène des cordes parallèles entre elles, le lieu des milieux de toutes ces cordes s'appelle un *diamètre* de la courbe, et l'on dit que ce diamètre e t *conjugué* des cordes qu'il divise en deux parties égales. Ainsi, les axes des courbes sont des diamètres conjugués des cordes qui leur sont perpendiculaires.

§ II. — DE L'ELLIPSE.

1012. On appelle *ellipse*, une courbe plane telle que la somme des distances de chacun de ses points à deux points fixes situés dans son plan, est constante.

1013. Il résulte immédiatement de cette définition la méthode suivante pour tracer la courbe d'un mouvement continu.

Soient F et F' (*fig.* 573) les deux points fixes donnés et AA' la somme constante fixée. Si, aux points F et F', on fixe deux épingles et qu'on les fasse entourer par un fil continu dont la longueur totale soit égale à AA' + FF'; si, enfin, on tend ce fil avec la pointe d'un crayon dans une position quelconque, le point M, où se trouvera le crayon, appartiendra à l'ellipse car on aura :

$$MF + FF' + F'M = AA' + FF'$$

ou
$$MF + MF' = AA'.$$

Par conséquent, en faisant glisser le crayon sur le fil constamment tendu, on

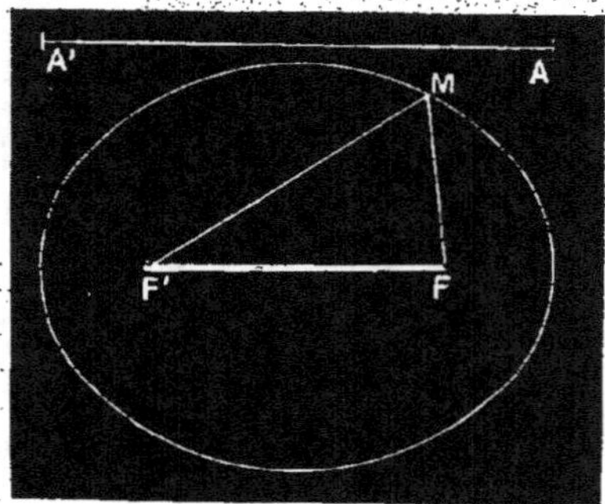

Fig. 573.

décrira la courbe d'un mouvement continu. Ce procédé est surtout employé sur le terrain, à l'aide d'une corde suffisam-ment longue.

1014. Les points fixes F et F' s'appellent les *foyers* de l'ellipse, et la droite FF' qui les joint est la *distance focale*. On la désigne habituellement par $2c$.

Les droites MF et MF', qui joignent un point quelconque M de la courbe aux deux foyers, sont les *rayons vecteurs* du point M. Leur somme constante

$$MF + MF' = AA'$$

se représente par $2a$.

L'existence du triangle MFF' prouve que l'on a

$$MF + MF' > FF'.$$

Donc on a aussi, $2a > 2c$ ou $a > c$,

c'est-à-dire $\quad \dfrac{c}{a} < 1.$

Ce rapport $\dfrac{c}{a}$ s'appelle l'*excentricité* de la courbe. Il est toujours positif, et, comme nous venons de voir qu'il est plus petit que 1, il est compris entre O et 1. Cherchons ce que devient la courbe pour ces deux valeurs limites.

1° Si $\dfrac{c}{a} = $ O, c'est que $c =$ O. Les deux points F et F' sont confondus et la courbe est un cercle de rayon a.

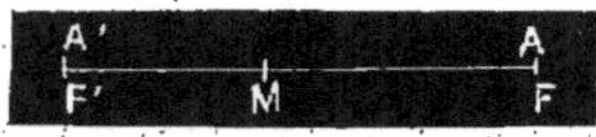

Fig. 374

2° Si $\dfrac{c}{a} = 1$, $c = a$ et, par suite, $2c = 2a$, c'est-à-dire que FF' $=$ AA' (*fig.* 574). Alors, tout point M du segment de droite FF' appartient à la courbe, car on a

$$MF' + MF = FF' = AA',$$

et aucun autre point du plan n'en fait

partie. La courbe se réduit donc à la portion de droite FF'.

Lorsque l'excentricité $\dfrac{c}{a}$ a une valeur comprise entre O et 1, la courbe est d'autant plus aplatie, s'approche d'autant plus d'une droite que cette valeur est plus grande.

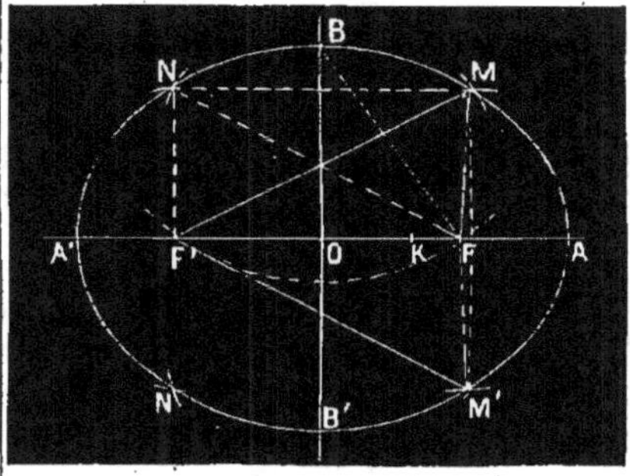

Fig. 575.

1015. On peut aussi tracer l'ellipse par points. Prenons le milieu O (*fig.* 575) de la droite FF' et portons, sur cette droite, de chaque côté du point O, les longueurs OA $=$ OA' $= a$. Nous aurons,

$$AA' = 2a.$$

Puisque a est plus grand que c, les points A et A' sont extérieurs à FF' et on a :

$$AF = A'F' = a - c.$$

par suite,

$$AF + AF' = A'F' + AF' = AA'$$
$$A'F + A'F' = A'F + AF = AA'$$

c'est-à-dire que les points A et A' appartiennent à l'ellipse.

Soit maintenant un point K pris sur FF'. Du point F, comme centre, avec AK pour rayon, décrivons une circonférence. Du point F', comme centre, avec A'K pour rayon, décrivons une seconde circonférence qui coupe la première aux points M et M'. On aura :

$$MF = M'F = AK$$
$$MF' = M'F' = A'K$$

Donc $MF + MF' = M'F + M'F' = AA'$

C'est-à-dire que les points M et M' appartiennent à l'ellipse.

D'ailleurs, on aurait pu échanger les foyers F et F', c'est-à-dire décrire du point F', comme centre, avec AK pour rayon, une première circonférence et du point F, comme centre, avec A'K pour rayon, une seconde circonférence, ce qui aurait donné deux nouveaux points N et N' de la courbe. Ainsi, tout point K convenablement choisi sur FF' permettra d'obtenir quatre points de la courbe. Mais, pour qu'il en soit ainsi, il faut que les deux circonférences qui ont donné les points M et M' se coupent, c'est-à-dire que la distance des centres FF' soit plus petite que la somme et plus grande que la différence des rayons AK et A'K. La première de ces conditions est toujours satisfaite, car on a :

$$AK + A'K = AA' > FF';$$

Il suffira donc que l'on ait encore

$$A'K - AK < FF'$$

ou $\quad (A'K + AK) - 2AK < FF'$

c'est-à-dire $\quad AA' - 2\,AK < FF'$

ou $\quad 2AK > AA' - FF' = 2a - 2c$

ou, enfin, $\quad AK > a - c = AF.$

Par suite, il faudra prendre le point K entre O et F et en prenant suffisamment de points K sur OF, on obtiendra autant de points de l'ellipse que l'on voudra, ce qui permettra de tracer la courbe en réunissant ces points par un trait continu.

Théorème n° 352.

1016. *L'ellipse a :*

1° *Pour axes la droite qui joint les foyers et la perpendiculaire élevée au milieu de cette droite;*

2° *Pour centre l'intersection de ces deux axes.*

En effet :

1° Soient M (*fig.* 575), un point quelconque de l'ellipse et M' son symétrique par rapport à la droite FF' qui joint les foyers, on aura :

$$MF = M'F,$$
$$MF' = M'F',$$

Donc $MF + MF' = M'F + M'F' = 2a$,

c'est-à-dire que le point M' appartient à l'ellipse;

2° Soient M un point quelconque de l'ellipse et N son symétrique par rapport à la perpendiculaire OB élevée au milieu de FF'. Les points F et F' étant symétriques par rapport à cette perpendiculaire, il en sera de même des droites MF et NF', MF' et NF, et l'on aura :

$$MF = NF',$$
$$MF' = NF,$$

donc $\quad MF + MF' = NF + NF' = 2a.$

c'est-à-dire que le point N appartient à l'ellipse. Tout point de l'ellipse a donc, sur la courbe, un symétrique par rapport à la droite FF' et un symétrique par rapport à la droite BOB'. Ces deux droites sont des axes de la courbe (1004).

La seconde partie du théorème est la conséquence d'un théorème plus général que nous avons démontré (1007), mais elle est facile à établir directement, car, soient M (fig. 576) un point quelconque de l'ellipse et M' son symétrique par rapport au point O, milieu de FF'. Le quadrilatère MFM'F' ayant ses diagonales qui se coupent en parties égales est un parallélogramme et donne :

$$MF = M'F'.$$
$$MF' = M'F$$

Donc $MF + MF' = M'F + M'F' = 2a$ c'est-à-dire que le point M' appartient à l'ellipse. Tout point de l'ellipse a donc, sur la courbe, son symétrique par rapport au point O qui est un centre.

1017. L'ellipse a pour *sommets* les points A et A', B et B' où elle rencontre ses axes (1004).

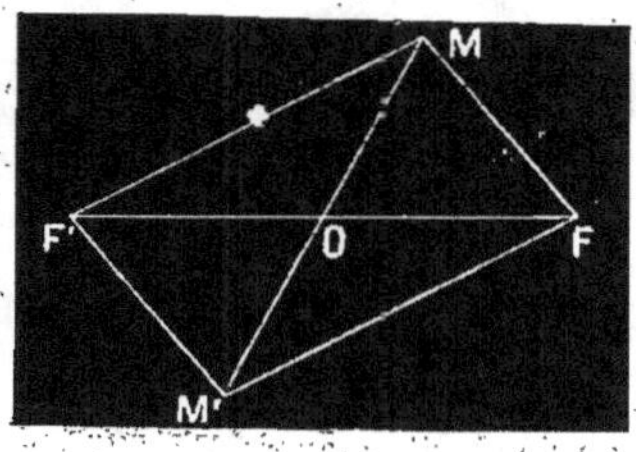

Fig. 576.

1018. On appelle *longueurs des axes* de l'ellipse, les portions des axes intérieures à l'ellipse. De plus, AA' (*fig.* 575) s'appelle le *grand axe* de l'ellipse, il est égal à $2a$; BB' s'appelle le *petit axe* de l'ellipse, il est représenté par $2b$. Le point B appartenant à l'ellipse, on a

$$BF + BF' = 2a,$$

mais, $BF = BF'$,

Donc $BF = a.$

Le triangle rectangle BOF a donc pour côtés, $BF = a$, $OF = c$, $OB = b$, et il donne, entre ces trois quantités, la relation

$$a^2 = b^2 + c^2$$

qui permet de calculer ou de construire l'une d'elles connaissant les deux autres. Par suite, il sera facile de construire une ellipse dont on donnera les deux axes, car il suffira, pour obtenir ses foyers F et F', de décrire de l'un des sommets B du petit axe, comme centre, un arc de cercle ayant pour rayon la moitié du grand axe.

Théorème n° 353.

1019. *Selon qu'un point est intérieur*

ou *extérieur à l'ellipse, la somme de ses distances aux deux foyers est plus petite ou plus grande que $2a$.*

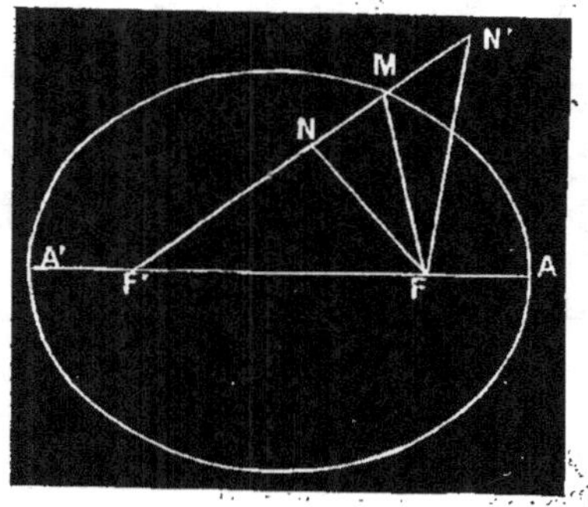

Fig. 577.

Soit N (*fig.* 577) un point intérieur à l'ellipse. La droite F'N rencontrera forcément l'ellipse en un certain point M, et le triangle MFN donnera

$$NF < NM + MF$$

ou

$$NF + NF' > NF' + NM + MF =$$
$$MF' + MF = 2a.$$

Soit un point N' extérieur à l'ellipse. La droite F'N' rencontrera forcément l'ellipse en un certain point M et le triangle MFN' donnera

$$MN' + N'F > MF$$

ou

$$MF' + MN' + N'F = N'F +$$
$$N'F' > MF + MF' = 2a$$

1020. Il résulte de ce théorème que *l'ellipse est le lieu géométrique des points dont la somme des distances aux deux foyers est égale à $2a$,* car cette condition est satisfaite par tous les points de l'ellipse et ne l'est par aucun autre.

Théorème n° 354.

1021. *La tangente à l'ellipse fait des*

angles égaux avec les rayons vecteurs du point de contact, extérieurement à leur angle.

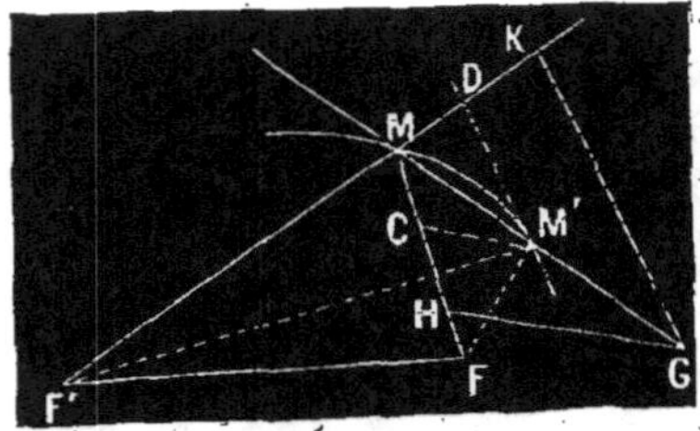

Fig. 578.

Soient F et F' les deux foyers de l'ellipse. Considérons une sécante quelconque MM' (*fig.* 578) à la courbe. Nous aurons :

$$MF + MF' = M'F + M'F',$$

D'où MF — M'F = M'F' — MF'. Prenons sur MF une longueur FC = M'F et sur MF' une longueur F'D = F'M. Il viendra :

$$MC = FM — FC = MF — M'F,$$
$$MD = F'D — F'M = M'F' — MF',$$

Donc MC = MD.

Par un point quelconque G de MM', menons maintenant les droites GH et GK parallèles à M'C et M'D. Le quadrilatère MHGK étant semblable au quadrilatère MCM'D, on aura MH = MK. Mais, les triangles FM'C et F'M'D étant isocèles, les droites M'C et M'D, et, par suite, leurs parallèles GH et GK sont perpendiculaires aux bissectrices des angles MFM' et MF'M'. Toutes ces propriétés subsisteront, quelle que soit la sécante MM'. Or, si nous supposons que le point M' se rapproche indéfiniment du point M jusqu'à ce que cette sécante soit devenue la tangente MT (*fig.* 579), les bissectrices des angles MFM' et MF'M' deviendront les rayons vecteurs MF et MF' eux-mêmes. Par conséquent, si, par un point quelconque G de la tangente, on mène des perpendiculaires GH et GK aux rayons vecteurs du point

de contact, on aura MH = MK. Alors, les triangles rectangles MHG et MKG ayant l'hypoténuse commune et un côté de l'angle droit égal sont égaux et montrent que

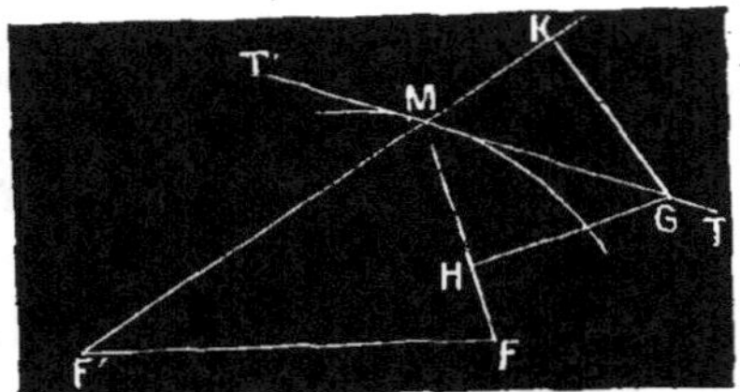

Fig. 579.

les angles KMG et HMG sont égaux. Donc aussi

$$\text{angle FMT} = \text{angle F'MT'},$$

Donc, etc.

1022. COROLLAIRES.

I. *La normale en un point de l'ellipse est bissectrice de l'angle des rayons vecteurs de ce point.*

II. *La tangente et la normale au même point de l'ellipse coupent le grand axe en deux points conjugués harmoniques par rapport aux foyers.* Car nous avons vu que le faisceau M. F'NFT (*fig.* 15) formé par les droites MF et MF' et les bissectrices de leurs angles est harmonique.

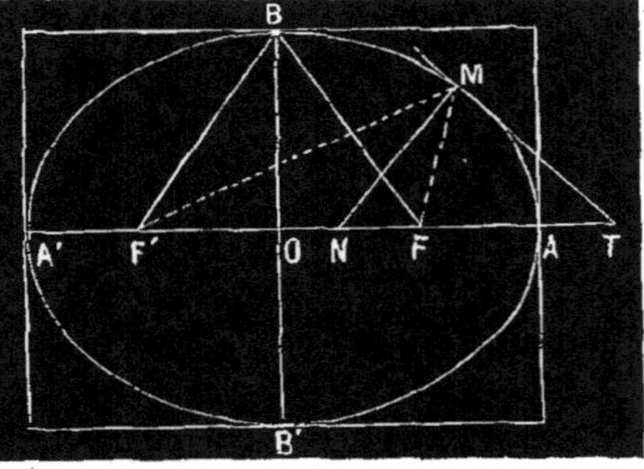

Fig. 580.

III. *Les tangentes aux quatre sommets de l'ellipse sont perpendiculaires aux axes et* forment un rectangle circonscrit à la courbe. En effet, aux sommets A et A' (*fig.* 580) les rayons vecteurs se confondent avec l'axe, et, par suite, les bissectrices de leurs angles, ou les normales à la courbe, se confondent aussi avec l'axe. Donc les tangentes en ces points sont perpendiculaires au grand axe. Au sommet B, nous avons vu que les rayons vecteurs FB et F'B sont égaux. La bissectrice de leur angle, ou la normale à l'ellipse, est donc perpendiculaire au milieu de FF' et se confond avec le petit axe. Il en est de même au point B', et les tangentes en ces deux points sont perpendiculaires au petit axe.

Théorème n° 355.

1023. *La tangente à l'ellipse n'a qu'un point de commun avec la courbe.*

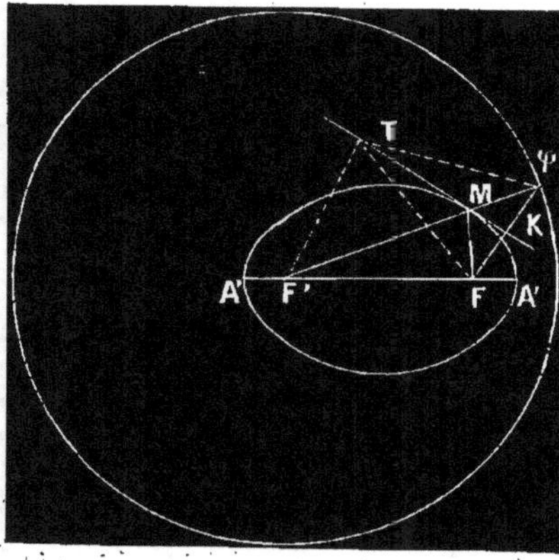

Fig. 581.

Soient F et F' (*fig.* 581) les deux foyers et MT une tangente dont le point de contact est M. Si l'on prolonge l'un des rayons vecteurs F'M d'une quantité $M\varphi = MF$, de telle sorte que $F'\varphi = 2a$, le triangle $FM\varphi$ sera isocèle et la tangente MT, bissectrice de l'angle au sommet $FM\varphi$, sera perpendiculaire au milieu de $F\varphi$. On aura

donc $FK = K\varphi$, c'est-à-dire que le point φ est le symétrique du foyer F par rapport à la tangente considérée. Soit T un point quelconque de cette tangente. La somme de ses distances aux deux foyers est :

$$F'T + TF = F'T + T\varphi > F'\varphi,$$

On a donc :

$$TF + TF' > 2a,$$

et le point T est extérieur à l'ellipse (1017). Donc, etc.

1024. COROLLAIRES. —

I. *L'ellipse est une courbe convexe* (1002).

II. *Une droite quelconque ne peut rencontrer l'ellipse en plus de deux points* (1003).

Théorème n° 356.

1025. *Le lieu des points symétriques de l'un des foyers d'une ellipse par rapport à toutes les tangentes est un cercle qui a pour centre l'autre foyer et pour rayon 2a.*

En effet, nous avons vu (*fig.* 581) que le point φ, symétrique du foyer F par rapport à la tangente MT, est à une distance de l'autre foyer $F'\varphi = 2a$. Or, cette propriété ne dépend pas de la position de la tangente MT ; elle est générale, et le lieu des points est un cercle de centre F' et de rayon $2a$.

Ce cercle s'appelle *cercle directeur relatif au foyer* F'. L'ellipse a, de même, un second cercle directeur de centre F et de rayon $2a$.

1026. COROLLAIRE. — *Le lieu des points également distants d'un cercle de centre* F' *et d'un point intérieur* F *est une ellipse dont les foyers sont* F *et* F' (*fig.* 581). En effet, pour tout point M du lieu, la distance à la circonférence devant être comptée suivant le rayon $F'M\varphi$, si l'on a $MF = M\varphi$, on aura aussi :

$$MF + MF' = M\varphi + MF' = F'\varphi = 2a.$$

Donc, etc.

1027. Ces propriétés nous permettent

encore de construire l'ellipse par points. En effet, si l'on donne les deux foyers F et F' et la somme constante $2a$, en traçant le cercle directeur relatif au foyer F', dont on connaît le rayon $2a$, si l'on mène du point F une droite quelconque Fφ, le point φ sera symétrique de F par rapport à l'une des tangentes, et en menant, par conséquent, la perpendiculaire MK au milieu de Fφ on aura une tangente à la courbe. De plus, le point de contact de cette tangente sera en M, à son intersection avec la droite F'φ, car ce point appartient à l'ellipse.

Ce nouveau procédé ne donne chaque fois qu'un point de l'ellipse, mais il fournit la tangente en même temps, ce qui facilite beaucoup le tracé de la courbe dans le voisinage de ce point.

Théorème n° 357.

1028. *Le lieu des pieds des perpendiculaires abaissées des foyers sur les tangentes à l'ellipse est un cercle concentrique à l'ellipse et ayant pour diamètre le grand axe.*

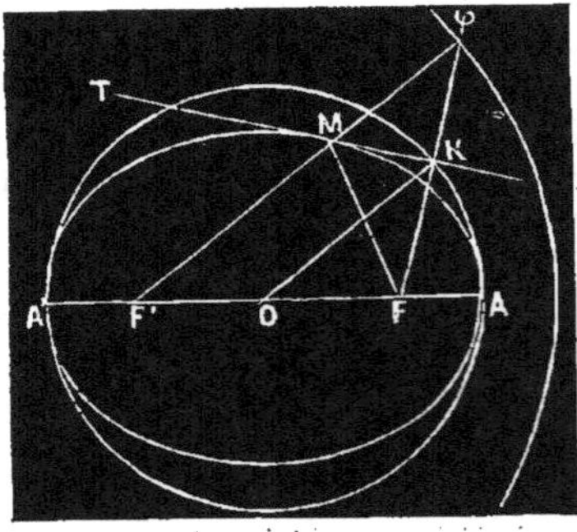

Fig. 582.

En effet, si l'on joint le point O au pied K de la perpendiculaire abaissée du foyer F sur la tangente MT (*fig.* 582), la droite OK joint les milieux de deux côtés du triangle F'Fφ. Elle est donc parallèle au troisième côté et égale à sa moitié. Ainsi,

$$OK = \frac{F\varphi}{2} = \frac{2a}{2} = a.$$

Par suite, la longueur OK est constante, quelle que soit la tangente MT considérée, et le lieu des points K est une circonférence de centre O et de rayon a.

Ce cercle s'appelle le *cercle principal* de l'ellipse.

Problème n° 103.

1029. *Mener une tangente à l'ellipse par un point donné sur la courbe.*

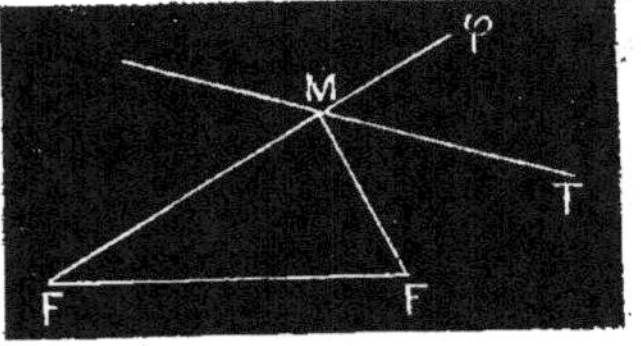

Fig. 583.

Soit M (*fig.* 583) un point de la courbe. On a MF + MF' = $2a$. Comme on sait que la tangente en M fait des angles égaux avec les rayons vecteurs FM et F'M, extérieurement à leur angle, il suffira, pour l'obtenir, de prolonger l'un de ces rayons F'M et de mener la bissectrice de l'angle FMφ formé.

On voit que cette construction de la tangente ne suppose pas que la courbe est tracée, mais, seulement, qu'on est assuré que le point M en fait partie. Toutes les constructions que nous donnerons dans la suite ne supposeront jamais non plus que la courbe est construite, parce que son tracé pourrait être inexact. De plus, les résultats que nous obtiendrons étant exacts, parce qu'ils ne s'appuieront que sur les propriétés de la courbe, pourront faciliter dans la suite son tracé exact.

Problème n° 104.

1030. *Mener une tangente à l'ellipse par un point extérieur.*

Soient F et F' (*fig.* 584) les deux foyers et P le point extérieur donné. Supposons le problème résolu et soit PM la tangente cherchée dont M est le point de contact.

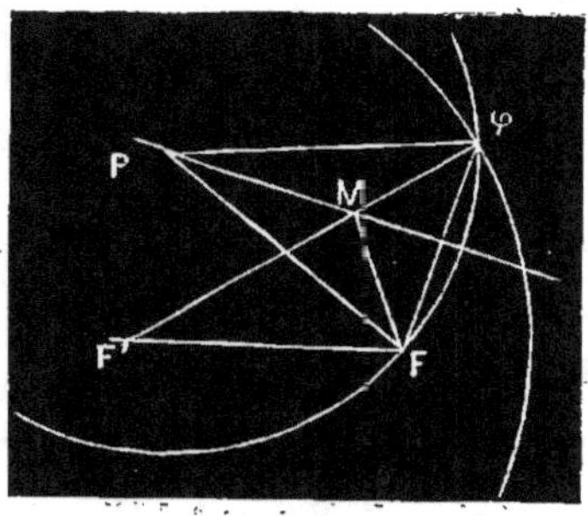

Fig. 584.

Nous savons que si l'on prolonge F'M d'une quantité $M\varphi = MF$ le point φ est le symétrique de F par rapport à la tangente. Donc, si l'on pouvait connaître le point φ, on aurait facilement la tangente demandée qui est perpendiculaire au milieu de $F\varphi$.

Or, le point φ est d'abord sur le cercle directeur de la courbe qui a pour centre F' et pour rayon $2a$ (1023) et qu'il est facile de construire. De plus, puisque φ est le symétrique de F par rapport à PM, on a $P\varphi = PF$, et le point φ est encore sur un cercle de centre P et de rayon PF. Par suite, il est à l'intersection de ces deux cercles, et, *pour mener une tangente à l'ellipse par un point P extérieur, il suffit de décrire de ce point P, comme centre, avec sa distance PF à l'un des foyers pour rayon, une première circonférence; puis, du second foyer F', comme centre, avec le grand axe pour rayon, une seconde circonférence qui coupe la première. En joignant alors le foyer F à l'un des points φ où se coupent ces circonférences, et élevant une perpendiculaire au milieu de $F\varphi$ on aura la tangente demandée dont le point de contact M se trouve à son intersection avec F'.*

1031. D'ailleurs, il est évident qu'on obtiendra deux points et, par suite, deux tangentes, si les deux cercles qui servent à les déterminer se coupent; un seul point φ et une seule tangente, si ces cercles sont tangents, aucun point φ et, par suite, pas de tangente, s'ils ne se rencontrent pas. Or, ces deux cercles ont pour distances des centres PF' et pour rayons PF et $2a$, et l'existence du triangle PFF' prouve qu'ils ne peuvent pas être extérieurs en donnant

$$PF' < PF + FF'$$

et, à fortiori,

$$PF' < PF + 2a$$

1° Pour qu'ils se coupent, c'est-à-dire pour qu'il y ait deux solutions, il suffira donc que l'on ait :

$$PF' > PF - 2a$$

$$\text{ou } PF' > 2a - PF$$

selon que PF sera plus grand ou plus petit que $2a$. Si PF est plus grand que $2a$, le point P est évidemment extérieur à l'ellipse et le triangle PFF' donne

$$PF' > PF - FF'$$

et, à fortiori,

$$PF' > PF - 2a.$$

Si PF est plus petit que $2a$, la condition $PF' > 2a - PF$ revient à $PF' + PF > 2a$ et exige que le point P soit extérieur à l'ellipse. Par conséquent, tant que le point P restera extérieur à l'ellipse, il y aura deux solutions.

2° Pour que les cercles qui ont fourni le point soient tangents, il faut avoir :

$$PF' = 2a - PF$$

c'est-à-dire

$$PF' + PF = 2a$$

Il faut donc que le point P appartienne à l'ellipse.

3° Enfin, pour que ces mêmes cercles soient intérieurs, il faut avoir :

$$PF' < 2a - PF$$

ou
$$PF' + PF < 2a,$$

ce qui exige que le point P soit nitérieur à l'ellipse.

Il résulte de cette discussion que :

Par tout point intérieur à l'ellipse, on ne peut lui mener aucune tangente.

Par tout point pris sur l'ellipse, on ne peut lui mener qu'une tangente.

Par tout point extérieur à l'ellipse, on peut toujours lui mener deux tangentes.

Théorème n° 358.

1032. *Les tangentes menées à l'ellipse par un point extérieur P font des angles égaux avec les droites PF et PF' qui joignent ce point P aux deux foyers. En outre, la droite qui joint le point P à l'un quelconque des deux foyers est bissectrice de l'angle formé par les rayons vecteurs allant de ce foyer aux deux points de contact.*

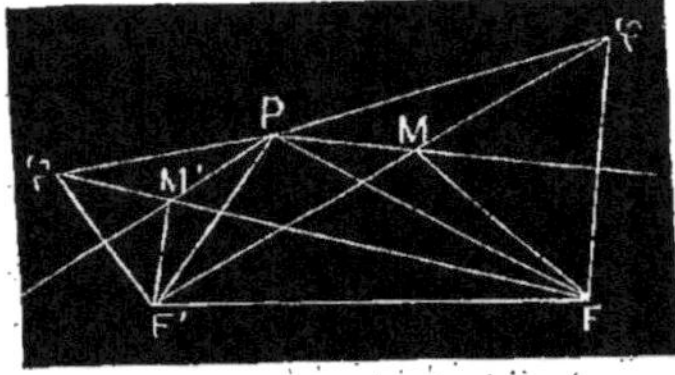

Fig. 585.

Soient F et F' (*fig.* 585) les deux foyers, PM et PM' les deux tangentes à l'ellipse ssues du point P. Déterminons le symétrique du foyer F par rapport à PM et le symétrique du foyer F' par rapport à PM'. Nous avons vu (1027) que l'on a :
$$F'\varphi = F\varphi' = 2a, \quad PF = P\varphi, \quad PF' = P\varphi',$$

Les deux triangles $P\varphi F$ et $PF'\varphi$ ont donc leurs trois côtés égaux chacun à chacun. Ils sont égaux et donnent :

$$\varphi'P\overset{\smile}{F} = F'P\varphi,$$

En retranchant aux deux membres l'angle F'PF, on a

$$\varphi'PF' = FP\varphi,$$

Mais, $M'PF' = \dfrac{\varphi'PF'}{2}$, $FPM = \dfrac{FP\varphi}{2}$

Donc aussi $M'PF' = FPM.$

Les mêmes triangles donnent :
$$PF\varphi' = P\varphi F',$$

mais, $PF\varphi' = PFM'$, $P\varphi F' = P\varphi F - F\varphi M = PF\varphi - \varphi FM = PFM,$

Donc encore $PFM' = PFM.$

Donc etc.

Problème n° 105.

1033. *Mener une tangente à l'ellipse parallèlement à une direction donnée.*

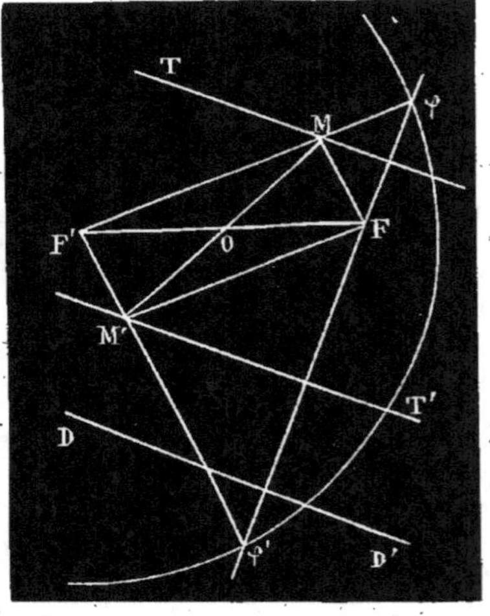

Fig. 586.

Supposons le problème résolu et soient F et F' (*fig.* 586) les deux foyers et MT la tangente cherchée, parallèle à la direction donnée DD'. Si l'on détermine le point φ symétrique de F par rapport à la tangente

MT, on sait que FMφ = **2a**, le grand axe de la courbe qui est connu, et que MT est perpendiculaire au milieu de Fφ. Or, le point φ peut être obtenu directement, car il se trouve à la fois sur le cercle directeur relatif au foyer F' et sur la perpendiculaire abaissée du foyer F sur la tangente et, par suite, sur sa parallèle DD'. Donc, *pour mener à l'ellipse une tangente parallèle à une direction donnée DD', il faut décrire le cercle directeur correspondant à l'un des foyers F', abaisser une perpendiculaire du second foyer F sur la direction donnée et élever une perpendiculaire au milieu de la portion Fφ de cette droite comprise entre ce second foyer et le cercle directeur précédent. Le point de contact M de cette tangente se trouvera alors à son intersection avec F'φ.*

1034. D'ailleurs, on obtiendra toujours deux solutions, car le foyer F se trouvant intérieur au cercle directeur relatif au foyer F', la perpendiculaire abaissée du point F sur DD' rencontrera toujours ce cercle en deux points φ et φ'.

Théorème n° 359.

1035. *Les points de contact des deux tangentes menées à l'ellipse, parallèlement à une direction donnée sont symétriques par rapport au centre de la courbe.*

En effet, les triangles F'φ'φ et M'φ'F (*fig.* 586) étant isocèles et ayant l'angle φ' commun sont semblables, et, par suite, M'F et F'φ sont parallèles. De même, les triangles F'φ'φ et MFφ étant isocèles et ayant l'angle φ commun sont semblables et les droites MF et F'φ' sont parallèles. Par suite, la figure FMF'M' est un parallélogramme et ses diagonales se coupent en parties égales. Donc MM' passe par le point O centre de l'ellipse et on a MO = M'O. Donc etc.

La réciproque de ce théorème est vraie. C'est la conséquence d'un théorème plus général que nous avons démontré précé-

demment. Il serait d'ailleurs facile de l'établir directement.

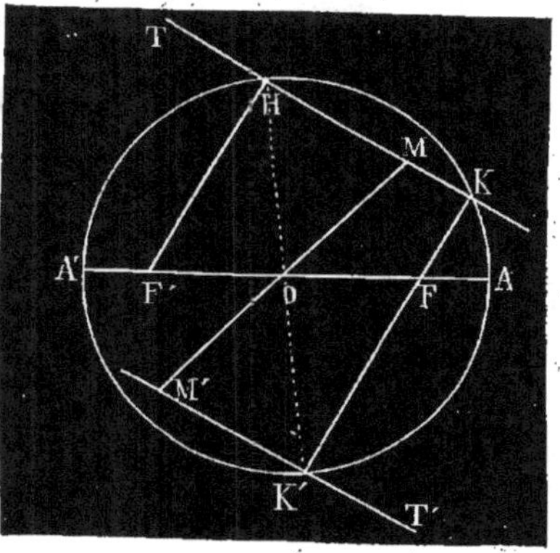

Fig. 587.

Théorème n° 360.

1036. *Le produit des distances d'un foyer de l'ellipse à deux tangentes parallèles est constant.*

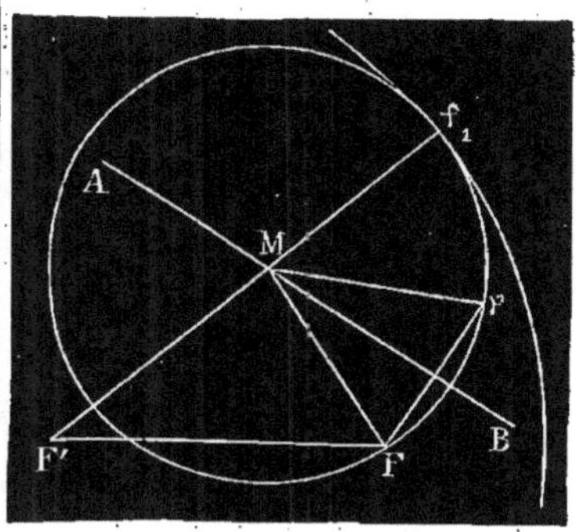

Fig. 588

En effet, nous savons (1028) que les pieds K et K' des perpendiculaires abaissées du foyer F sur les tangentes MT et M'T' (*fig.* 587) sont sur le cercle principal de l'ellipse. De plus, ces tangentes étant parallèles, KK' est une corde du cercle principal qui passe par le point F. Il en est ainsi, quelles que soient les tangentes parallèles MT et M'T', et puisque le produit des segments de toutes les cordes d'un cercle qui passent par un même point intérieur est constant, le produit des distances FK et FK' du foyer F aux deux tangentes parallèles MT et M'T' est constant.

Pour trouver la valeur de ce produit constant, on peut prendre les tangentes parallèles dans une position quelconque. Prenons par exemple les tangentes aux extrémités du petit axe. Elles sont parallèles au grand axe et chaque foyer est à une distance de chacune d'elles égale a b. Donc, le produit constant cherché est :

$$b^2 = a^2 - c^2.$$

Théorème n° 361.

1037. *Le produit des distances des deux foyers à une tangente quelconque est constant et égal à b^2.*

En effet, quelles que soient les tangentes parallèles MT et M'T' (*fig.* 587), la distance F'H du foyer F' à la tangente MT est toujours symétrique par rapport au centre O de la distance FK' de l'autre foyer à l'autre tangente. On a donc

$$F'H = FK',$$

et, par suite,

$$F'H \times FK = FK' \times FK = b^2$$

Problème n° 106.

1038. *Trouver les points d'intersection d'une droite et d'une ellipse.*

Supposons le problème résolu. Soit M un point commun à la droite donnée AB (*fig.* 588) et à l'ellipse. On aura

$$MF + MF' = 2a$$

Déterminons le point φ, symétrique de F par rapport à AB, nous aurons

$M\varphi = MF$. Enfin, prolongeons F'M jusqu'en φ_1 sur le cercle directeur relatif au foyer F'. Nous aurons

$$F'M + M\varphi_1 = 2a.$$

Donc $M\varphi_1 = MF = M\varphi,$

c'est-à-dire que les trois points φ, F et φ_1 sont sur un même cercle qui a le point M pour centre. De plus, ce cercle et le cercle directeur relatif au foyer F' ayant le point φ_1 de commun sur la ligne des centres F'M sont tangents en ce point. Pour trouver le point M, il nous suffit donc de chercher le centre du cercle qui, passant par les points connus F et φ, est tangent au cercle directeur F', et nous sommes ramenés à ce problème de géométrie plane : *Construire un cercle passant par deux points donnés et tangent à un cercle donné.*

On sait que ce problème admet deux solutions lorsque les deux points donnés sont tous deux intérieurs ou tous deux extérieurs au cercle donné, une seule solution lorsque l'un des points donnés se trouve sur le cercle et, enfin, aucune solution si les deux points donnés sont l'un intérieur, l'autre extérieur au cercle. Dans le cas qui nous occupe, le point F étant toujours intérieur au cercle directeur F', si son symétrique φ est intérieur à ce même cercle, on trouvera deux cercles remplissant les conditions voulues, et, par suite, deux points M et M' d'intersection de la droite et de l'ellipse. Si son symétrique φ est sur le cercle directeur F', on ne trouvera qu'un point M et la droite AB donnée sera une tangente à l'ellipse. Enfin, si son symétrique φ est extérieur au cercle directeur F', il n'y aura plus de solution, c'est-à-dire que la droite donnée AB sera tout entière extérieure à l'ellipse.

§ III. — DE L'ELLIPSE CONSIDÉRÉE COMME PROJECTION ORTHOGONALE DU CERCLE.

Théorème n° 362.

1039. *La projection orthogonale d'un cercle sur un plan oblique à ce cercle est une ellipse.*

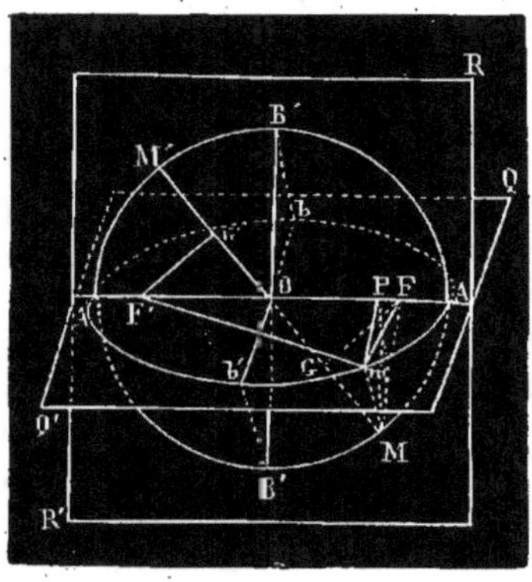

Fig. 589.

Les projections d'une même figure sur deux plans parallèles étant égales, nous pouvons toujours supposer que le plan de projection coupe le plan du cercle donné suivant un diamètre. Soit donc QQ' (*fig.* 589) le plan de projection qui fait un angle φ avec le plan RR' du cercle donné, et le coupe suivant le diamètre AA'. Les points A et A' seront évidemment deux points de la projection. Soit bb' la projection du diamètre BB' du cercle qui est perpendiculaire à AA'. D'après la réciproque du théorème des trois perpendiculaires, bb' est aussi perpendiculaire à AA'. Puisque le milieu de la projection d'une droite est la projection du milieu de cette droite, toutes les cordes du cercle qui sont parallèles à BB', ayant leurs milieux sur AA', se projetteront parallèlement à bb', c'est-à-dire perpendiculairement à AA', et leurs milieux seront sur AA', de telle sorte que AA' sera un axe de la projection. Pour la même raison, toutes les cordes du cercle parallèles à AA' se projetteront perpendiculairement à bb' et auront leurs milieux sur cette droite; bb' sera un second axe de la courbe projection.

Si donc cette projection est une ellipse, elle aura pour grand axe AA' et pour petit axe bb' et l'on obtiendra facilement ses foyers F et F' en portant, de chaque côté du point O, une distance OF = OF' = Bb. Déterminons donc ainsi les points F et F' et démontrons que pour tout point m de la courbe, on a

$$Fm + F'm = AA'.$$

Soit M le point du cercle donné qui a pour projection m. Menons MP perpendiculaire à OA; mP sera aussi perpendiculaire à OA et les triangles rectangles BOb et MPm seront semblables et donneront :

$$\frac{Mm}{B b} = \frac{MP}{BO}$$

Menons encore le diamètre MOM' du cercle donné et abaissons des points F et F' les perpendiculaires FG et F'G' sur ce diamètre. Nous aurons :

$$FG = F'G', \quad OG = OG',$$

et, par suite,

$$MG = M'G'.$$

Mais les triangles rectangles FOG et MOP étant semblables donnent

$$\frac{FG}{OF} = \frac{MP}{OM} = \frac{MP}{OB}$$

On déduit de là :

$$\frac{FG}{OF} = \frac{Mm}{B b}$$

et comme $OF = Bb$,
on a aussi $FG = Mm$.

Les triangles rectangles MmF et MGF sont alors égaux et donnent $Fm = MG$; de même, les triangles rectangles MmF' et $MG'F'$ sont aussi égaux et donnent :

$$F'm = MG'$$

Donc

$$Fm + F'm = MG + MG' =$$
$$M'G' + MG' = AA',$$

La courbe projection est bien une ellipse.

1040. La démonstration précédente, purement géométrique, est un peu longue. Si l'on veut démontrer le même théorème algébriquement, il suffit de faire le raisonnement suivant.

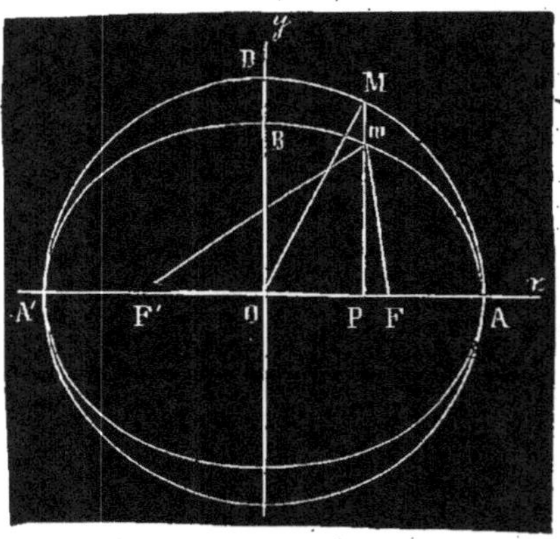

Fig. 590.

Considérons une ellipse ayant pour foyers F et F' (*fig.* 590) et pour grand axe AA'.

Nous aurons

$$OF = OF' = c \text{ et } OA = a.$$

Considérons aussi son cercle principal qui a pour rayon a et rapportons les aux deux axes de l'ellipse pour axe des coordonnées. Appelons X et Y l'abscisse et l'ordonnée d'un point quelconque du cercle et x et y l'abscisse et l'ordon-née d'un point quelconque de l'ellipse. Pour tout point M du cercle, l'existence du triangle rectangle MOP donne la relation

$$X^2 + Y^2 = a^2.$$

qui est appelée l'*équation du cercle*.

Pour tout point de l'ellipse, le triangle mPF' donne

$$\overline{mF'}^2 = y^2 + (c + x)^2,$$

et le triangle mPF donne

$$\overline{mF}^2 = y^2 + (c - x)^2$$

Donc

$$\overline{mF'}^2 - \overline{mF}^2 = (mF' + mF)(mF' - mF)$$
$$= 4cx$$

et, puisque $\quad mF' + mF = 2a,$

on a $\quad mF' - mF = \dfrac{2cx}{a}$

On déduit de là

$$mF' = a + \frac{cx}{a} = \frac{a^2 + cx}{a}$$

et $\quad mF = a - \dfrac{cx}{a} = \dfrac{a^2 - cx}{a}.$

Portons l'une ou l'autre de ces valeurs dans les premières relations trouvées et il viendra, pour la première, par exemple

$$\frac{a^4 + 2a^2cx + c^2x^2}{a^2} = y^2 + c^2 + 2cx + x$$

ou, en simplifiant,

$$a^4 + c^2x^2 = a^2y^2 + a^2c^2 + a^2x^2$$

ou $\quad a^2y^2 + (a^2 - c^2)x^2 = a^2(a^2 - c^2)$

ou, enfin, $\quad a^2y^2 + b^2x^2 = a^2b^2$

qui est l'*équation de l'ellipse*.

On déduit de l'équation du cercle $Y^2 = a^2 - X^2$ et de l'équation de l'ellipse

$$y^2 = \frac{b^2}{a^2}(a^2 - x^2)$$

Donc
$$\frac{y^2}{Y^2} = \frac{b^2}{a^2} \cdot \frac{a^2 - x^2}{a^2 - X^2}$$

d'où
$$\frac{y}{Y} = \frac{b}{a} \sqrt{\frac{a^2 - x^2}{a^2 - X^2}}.$$

Si l'on considère alors deux points, l'un du cercle, l'autre de l'ellipse, ayant même abscisse, c'est-à-dire si l'on fait $x = X$, on aura

$$\frac{y}{Y} = \frac{b}{a}.$$

Ainsi, *pour une même abscisse, l'ordonnée de l'ellipse et celle de son cercle principal sont dans un rapport constant,* et, si l'on suppose que le cercle principal tourne autour du grand axe AA' de l'ellipse jusqu'à ce que, son plan faisant un angle suffisant avec celui de l'ellipse, son rayon $OD = a$, qui est perpendiculaire à AA', se projette sur le petit axe $OB = b$ de l'ellipse, toutes les ordonnées de ce cercle étant parallèles à OD se réduiront, en projection, dans le même rapport $\frac{b}{a}$. De sorte que chacune d'elles aura pour projection l'ordonnée correspondante de l'ellipse, et que par suite, l'ellipse sera la projection orthogonale de ce cercle.

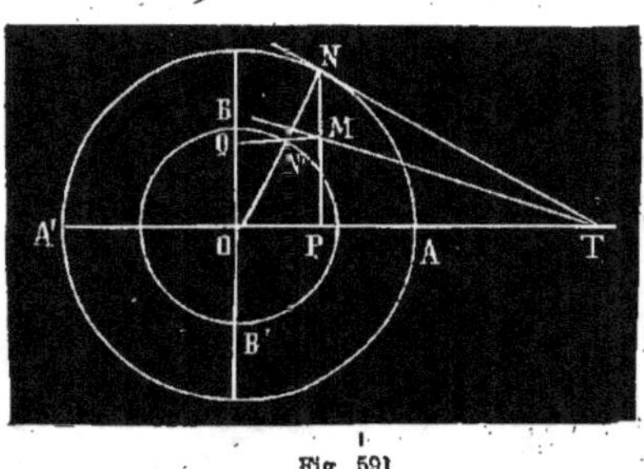

Fig. 591

1041. Cette propriété nous fournit un nouveau moyen de construire l'ellipse par points, connaissant ses deux axes AA' et BB' (*fig.* 591). En effet, construisons deux cercles sur ces deux axes comme diamètres. Pour tout point M de l'ellipse, on aura

$$\frac{MP}{NP} = \frac{b}{a}.$$

Or, menons le rayon ON et par le point N', menons N'Q parallèle à OA. Les triangles rectangles semblables NOP et N'OQ nous donneront :

$$\frac{OQ}{NP} = \frac{ON'}{ON} = \frac{b}{a}.$$

Donc $OQ = MP$, et la droite QN' prolongée passe par le point M.

Pour trouver un point de l'ellipse, il suffira donc de mener un rayon quelconque ON'N et d'abaisser, du point N, une perpendiculaire sur OA et du point N' une perpendiculaire sur OB. L'intersection M de ces deux droites sera un point de l'ellipse.

Les deux triangles semblables NOP et N'OQ nous donnent encore :

$$\frac{OP}{N'Q} = \frac{ON}{ON'} = \frac{a}{b}.$$

Mais OP est l'abscisse du point M et N'Q est celle du point N'. Donc, *pour une même ordonnée, l'abscisse de l'ellipse et celle du cercle décrit sur son petit axe, comme diamètre, sont dans le rapport constant* $\frac{a}{b}$. Si l'on suppose donc que l'ellipse tourne autour de son petit axe jusqu'à ce que OA ait pour projection orthogonale OD, toutes ses abscisses étant réduites en projection dans le même rapport $\frac{b}{a}$ deviendront les abscisses correspondantes du cercle OB. Donc, *la projection orthogonale d'une ellipse peut être un cercle.*

1042. Ces propriétés nous permettent encore de résoudre, d'une manière beaucoup plus simple, les problèmes relatifs à la tangente à l'ellipse que nous avons déjà traités (1029 à 1033). Nous ne supposerons pas, dans tout ce qui va suivre, que l'ellipse est tracée, mais, simplement, qu'on connaît ses deux axes.

Problème n° 107.

1043. *Mener une tangente à l'ellipse par un point donné sur la courbe.*

Soient AA' le grand axe et M (*fig.* 591) un point connu de la courbe duquel on veut mener une tangente à l'ellipse. Traçons le cercle principal de l'ellipse et prolongeons l'ordonnée MP jusqu'en N. Enfin, menons de ce point la tangente NT au cercle principal. Si nous supposons alors qu'on fasse tourner le cercle principal et la tangente NT autour de AA' comme axe jusqu'à ce que ce cercle ait pour projection, sur le plan de la figure, l'ellipse considérée, puisque la tangente à la projection d'une courbe est la projecti n de la tangente à cette courbe qui lui correspond, la projection de NT sera une tangente à l'ellipse. Or, cette tangente passe par le point M, projection de N, é par le point T qui est à lui-même sa projection. C'est là la droite MT et c'est la tangente demandée, car son point de contact est M, puisque ce point appartient à la courbe.

Problème n° 108.

1044. *Mener une tangente à l'ellipse par un point extérieur.*

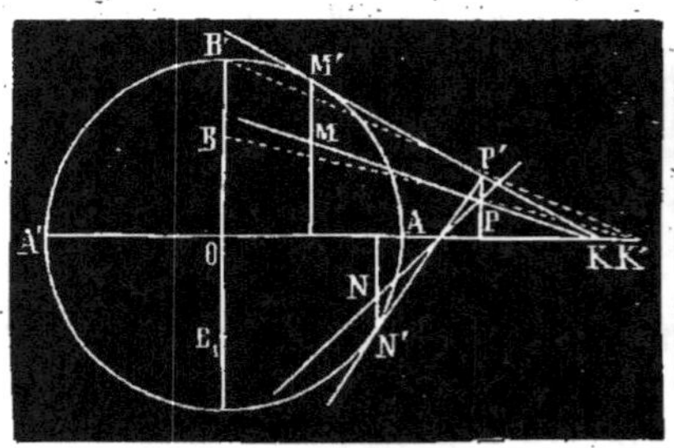

Fig. 592.

Supposons le problème résolu. Soient AA' et BB₁ (*fig.* 592) les axes de l'ellipse, P le point extérieur donné et PM la

tangen e cherchee. Si l'on dilate toutes les ordonnées de la figure dans le rapport $\frac{a}{b}$, les ordonnées de l'ellipse deviendront celles de son cercle principal. Les ordonnées de la tangente MPK deviendront celles de la tangente M'P'K au cercle principal et l'ordonnée du point P deviendra celle du point P' de cette tangente. Or, ce point P' peut être obtenu directement, car il est sur l'ordonnée Pp et sur la droite B'P'K' qui représente ce qu'est devenue la droite BPK' après la dilatation. On pourra donc mener, de ce point, la tangente P'M' au cercle principal. Elle coupera l'axe en K et en joignant PK on aura la tangente demandée. Son point de contact M s'obtiendra d'ailleurs facilement, car il est sur l'ordonnée M'p du point M' qu'il a fallu déterminer. D'ailleurs, puisque du point P', extérieur, on peut mener deux tangentes M'P' et N'P' au cercle principal, on pourra aussi, du point P, mener deux tangentes MP et NP à l'ellipse.

Problème n° 109.

1045. *Mener une tangente à l'ellipse parallèlement à une direction donnée.*

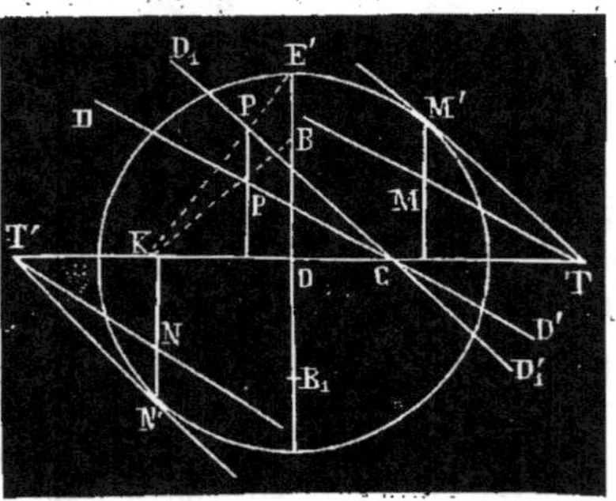

Fig. 593

Soit DD' (*fig.* 593) la direction donnée. Si l'on fait dilater toutes les ordonnées dé la figure dans le rapport $\frac{a}{b}$, cette direction deviendra la direction D_1D_1' qu'il est facile d'obtenir en remarquant que le point C ne bouge pas de place et qu'un autre point quelconque P de DD' vient sur la droite B'KP'. De plus, les tangentes à l'ellipse parallèles à DD' deviendront les tangentes au cercle principal parallèles à D_1D_1' et il sera facile de les obtenir. Soient donc M'T et N'T ces tangentes au cercle principal. Les tangentes correspondantes de l'ellipse passeront par les points T et T' et comme elles sont parallèles à DD', ce sont les droites MT et NT. Leurs points de contact M et N sont d'ailleurs sur les ordonnées des points M' et N' qu'il a fallu déterminer.

Problème n° 110.

1046. *Déterminer les points d'intersection d'une droite et d'une ellipse.*

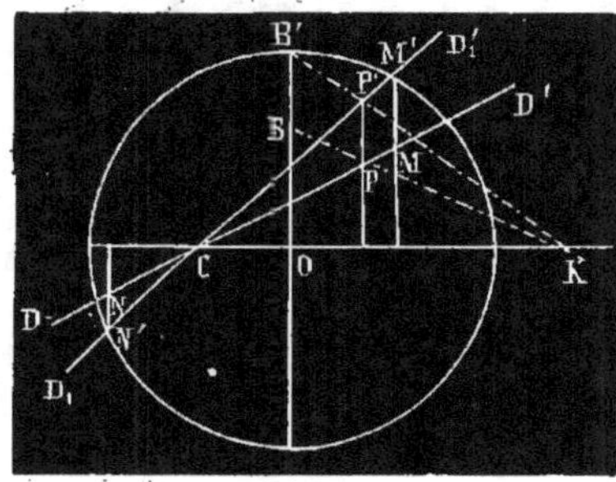

Fig. 594.

Faisons encore dilater les ordonnées dans le rapport $\frac{a}{b}$. La droite donnée DD' (*fig.* 594) deviendra D_1D_1' et l'ellipse deviendra le cercle principal. Soient M' et N' les points communs au cercle principal et à D_1D_1'. Les points communs à l'ellipse, et à DD' seront évidemment les points M et N, de DD' qui se trouvent sur les ordonnées des points M' et N'; car, pour

que les ordonnées de la droite et de la courbe soient égales après la dilatation, il fallait qu'elles le fussent avant.

Problème n° 111.

1047. *Mener une normale à l'ellipse par un point connu de la courbe.*

Ce problème est facile à résoudre, parce que nous savons mener la tangente en un

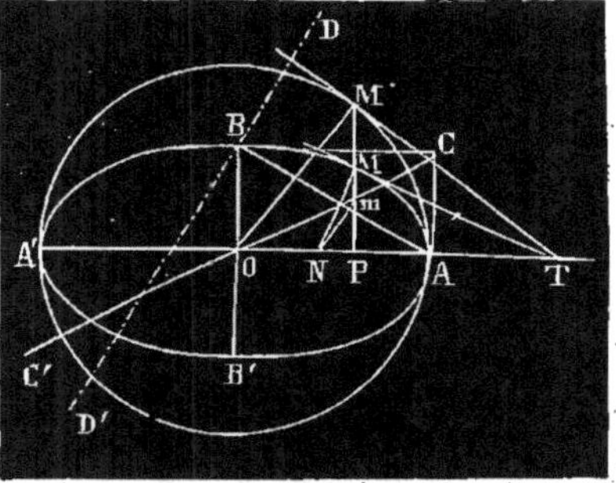

Fig. 595.

point de l'ellipse (1029 et 1043) et que la normale est perpendiculaire à la tangente, mais si l'on avait à le résoudre à la fois, pour plusieurs points de la courbe, on serait conduit à des constructions assez longues. Pour trouver un procédé plus rapide, calculons la sous-normale NP (*fig.* 595) qui correspond à un point M de l'ellipse et cherchons à la construire. Désignons OP par x et considérons l'ellipse et son cercle principal. Soit MT la tangente à l'ellipse en M; M'T sera la tangente au cercle principal, menée par le point M' correspondant de M, et les triangles rectangles NMT et OM'T donneront :

$$\mathrm{NP} \times \mathrm{PT} = \overline{\mathrm{MP}}^2,$$

$$\mathrm{OP} \times \mathrm{PT} = \overline{\mathrm{M'P}}^2,$$

Donc :
$$\frac{\mathrm{NP}}{\mathrm{OP}} = \frac{\overline{\mathrm{MP}}^2}{\overline{\mathrm{M'P}}^2}, \text{ ou } \frac{\mathrm{NP}}{x} = \frac{\overline{\mathrm{MP}}^2}{\overline{\mathrm{M'P}}^2}$$

mais
$$\frac{MP}{M'P} = \frac{b}{a},$$

Donc
$$\frac{\overline{MP}^2}{\overline{M'P}^2} = \frac{b^2}{a^2}$$

et
$$\frac{NP}{x} = \frac{b^2}{a^2},$$

D'où
$$NP = \frac{b^2}{a^2}\, x.$$

Pour construire cette expression, formons le rectangle OACB sur les deux demi-axes et menons ses diagonales OC et BA.

Les triangles semblables ΘmP et OCA donnent :
$$\frac{mP}{OP} = \frac{CA}{OA} \ \text{ou} \ \frac{mP}{x} = \frac{b}{a},$$

Donc
$$mP = \frac{b}{a}\, x.$$

Abaissons du point m une perpendiculaire sur BA qui coupera l'axe AA' en un certain point N'. Les triangles semblables N'mP et BOA donneront :
$$\frac{N'P}{mP} = \frac{OB}{OA} = \frac{b}{a}$$

Donc
$$N'P = \frac{b}{a}.\,\overline{mP} = \frac{b^2}{a^2}x$$

Ainsi
$$N'P = NP,$$

le point N' se confond avec le point N, et on obtiendra ce dernier par la construction ci-dessus.

Remarquons d'ailleurs que le raisonnement précédent s'applique aussi bien au point M_1 de l'ellipse, symétrique de M par rapport au grand axe AA', qu'au point M lui-même. Par conséquent, *pour construire les normales à l'ellipse en plusieurs points connus M, M', M",...... de la courbe, il suffit de construire, une fois pour toutes, la droite C'OC et la direction DD' perpendiculaire à BA, de mener les ordonnées MP, M'P', M"P",..., de tous ces points, qui couperont la droite C'OC aux points m, m'. m",....., et, enfin, de mener*

par ces derniers points des parallèles mN, m'N', m"N",.... à DD'. Les points N, N', N",.... où le grand axe rencontrera toutes ces parallèles seront les pieds des normales MN, M'N', M"N",..... demandées.

Théorème n° 363.

1048. *La surface de l'ellipse est égale à π multiplié par le produit de ses deux demi-axes.*

En effet, considérons l'ellipse et son

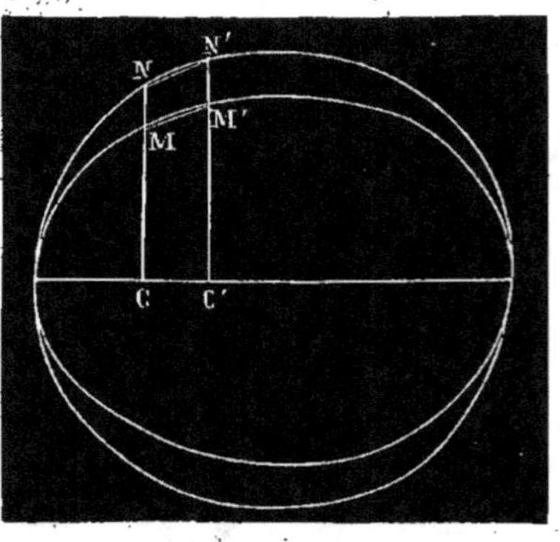

Fiö 59ï.

cercle principal et comparons les trapèzes CC'M'M et CC'N'N (*fig.* 596) qui correspondent à une même portion CC' du grand axe. Ils ont pour surfaces :

le premier
$$\overline{CC'}.\ \frac{\overline{MC} + \overline{M'C'}}{2}$$

et le second
$$\overline{CC'}.\ \frac{\overline{NC} + \overline{N'C'}}{2}$$

Le rapport de leurs surfaces est donc
$$\frac{MC + M'C'}{NC + N'C'}$$

Mais, puisque
$$\frac{MC}{NC} = \frac{M'C}{N'C} = \frac{b}{a},$$

on a aussi
$$\frac{MC + M'C'}{NC + N'C'} = \frac{b}{a},$$

et, par suite,

$$\frac{\text{trapèze CC'M'M}}{\text{trapèze CC'N'N}} = \frac{b}{a}.$$

Supposons maintenant que l'ellipse et son cercle principal soient décomposés en un même nombre infiniment grand de trapèzes analogues se correspondant deux à deux, la relation précédente existera entre deux quelconques des trapèzes qui se correspondent, et, par suite, entre les sommes de tous ceux qui sont compris dans la même courbe, c'est-à-dire entre l'ellipse et le cercle, puisque nous avons supposé chaque trapèze infiniment petit et leur nombre infiniment grand. On aura donc :

$$\frac{\text{ellipse}}{\text{Cercle principal}} = \frac{b}{a}$$

D'où

Ellipse $= \dfrac{b}{a}$ Cercle principal, et, comme la surface du cercle principal est $\pi\, a^2$, il vient :

$$\text{Ellipse} = \frac{b}{a}\, \pi\, a^2 = \pi\, ab.$$

Théorème n° 364.

1049. *Les diamètres de l'ellipse sont des droites qui passent par le centre.*

En effet, si l'on projette un cercle sur un plan, la projection sera une ellipse. Les cordes du cercle parallèles à une direction donnée se projetteront suivant des cordes parallèles de l'ellipse, et, comme les milieux de toutes ces cordes du cercle sont sur le diamètre qui leur est perpendiculaire, les milieux des cordes projetées seront sur la projection de ce diamètre du cercle, projection qui est une droite passant par le centre. Les diamètres de l'ellipse sont donc des droites qui passent par le centre.

1050. COROLLAIRE. — *Les tangentes menées à l'ellipse par les extrémités d'un diamètre sont parallèles aux cordes que ce diamètre divise en deux parties égales.*

Théorème n° 365

1051. RÉCIPROQUEMENT. — *Toute droite passant par le centre de l'ellipse est un diamètre.*

En effet, toute droite qui passe par le centre d'une ellipse est la projection d'un diamètre du cercle qui a cette ellipse pour projection, mais ce diamètre du cercle contient les milieux de toutes les cordes qui lui sont perpendiculaires. Donc aussi, la droite considérée contient les milieux de toutes les cordes de l'ellipse qui sont les projections de ces cordes du cercle.

1052. COROLLAIRE. — *La droite qui joint le centre d'une ellipse au point de concours de deux tangentes est le diamètre conjugué des cordes parallèles à la corde des contacts, (à démontrer).*

1053. Il résulte de là que, à tout diamètre de l'ellipse en correspond un second qui est parallèle aux cordes que le premier divise en parties égales et qui divise lui-même en parties égales les cordes parallèles au premier.

En effet, si l'on mène, par le centre, une parallèle aux cordes que le premier diamètre divise en deux parties égales, ce sera un second diamètre de l'ellipse. De plus, le premier diamètre étant la projection d'un certain diamètre du cercle qui a cette ellipse pour projection, les cordes qu'il divise en deux parties égales sont les projections des cordes du cercle perpendiculaires à ce diamètre du cercle. Le second diamètre de l'ellipse est donc la projection d'un second diamètre du cercle qui est perpendiculaire au premier et qui, par suite, divise en parties égales les cordes parallèles au premier. Donc aussi, le second diamètre de l'ellipse divise en deux parties égales les cordes parallèles au premier.

Ces deux diamètres sont dits des *diamètres conjugués* de l'ellipse et nous avons vu, dans ce qui précède, que : *deux diamètres conjugués d'une ellipse sont toujours les projections de deux diamètres rec-*

tangulaires du cercle qui a cette ellipse pour projection.

Théorème n° 366.

1054. *La somme des carrés de deux diamètres conjugués de l'ellipse est constante.*

En effet, soient COC' et DOD' (*fig.* 597)

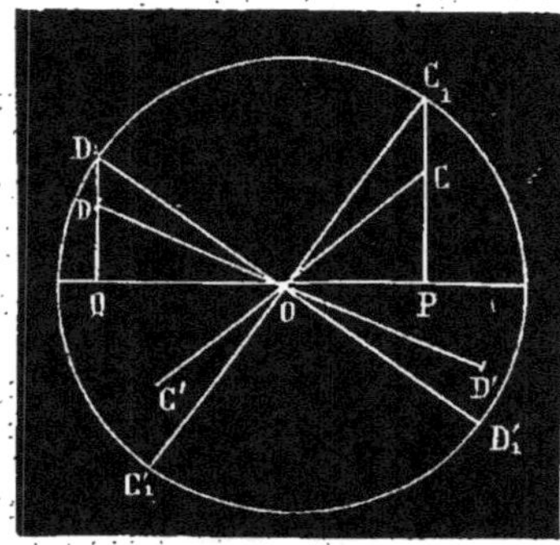

F.g. 597.

deux diamètres conjugués de l'ellipse. I!s peuvent être regardés comme les projections des deux diamètres re:tangulaires $C_1OC'_1$ et $D_1OD'_1$ du cercle principal et on a :

$$\frac{CP}{C_1P} = \frac{DQ}{D_1Q} = \frac{b}{a}$$

De plus, l'angle $C_1 OD_1$ étant droit, les triangles OPC_1 et OQD_1 sont égaux comme ayant leurs côtés perpendiculaires entre eux et leurs hypoténuses égales. On a donc encore :

$$OQ = C_1P \qquad \text{et} \qquad OP = D_1 Q.$$

Le triangle rectangle C_1OP donne alors :

$$\overline{C_1O}^2 = \overline{OP}^2 + \overline{C_1P}^2$$

ou bien

$$a^2 = \overline{PO}^2 + \overline{OQ}^2$$

ou bien encore

$$a^2 = \overline{D_1Q}^2 + \overline{C_1P}^2 = \frac{a^2}{b^2}\,\overline{QD}^2$$

$$+ \frac{a^2}{b^2}\overline{CP}^2 = \frac{a^2}{b^2}\left(\overline{DQ}^2 + \overline{CP}^2\right)$$

c'est-à-dire.

$$b^2 = \overline{DQ}^2 + \overline{CP}^2$$

Alors, les triangles rectangles OCP et ODQ donnent :

le premier,

$$\overline{OC}^2 = \overline{OP}^2 + \overline{CP}^2$$

le second,

$$\overline{OD}^2 = \overline{OQ}^2 + \overline{DQ}^2$$

Donc

$$\overline{OC}^2 + \overline{OD}^2 = \overline{OP}^2 + \overline{OQ}^2 + \overline{CP}^2 + \overline{DQ}^2$$

ou bien

$$\overline{OC}^2 + \overline{OD}^2 = a^2 + b^2$$

Donc, etc.

Théorème n° 367.

1055. *L'aire du parallélogramme construit sur deux diamètres conjugués de l'ellipse est constante.*

En effet, les deux diamètres conjugués CC' DD' (*fig.* 598) étant les projections des diamètres rectangulaires $C_1 C_1'$ et $D_1 D_1'$ du cercle principal, le parallélogramme PQRS construit sur ces diamètres conjugués sera la projection du carré P'Q'R'S' circonscrit au cercle et l'on pourra toujours décomposer ces deux figures en triangles ou trapèzes analogues, pTP et pTP', TQq et $TQ'q$, qQR et $qQ'R'r$,..... dont les surfaces sont dans le rapport $\frac{b}{a}$ (1045). On aura donc aussi :

$$\frac{T''q + qPSs - sST' +.....}{TP'q + qP'S's - sS'T' +.....} = \frac{b}{a}$$

c'est-à-dire :

$$\frac{PQRS}{P'Q'R'S'} = \frac{b}{a},$$

et, parce que P'Q'R'S' est constant quelle que soit sa position, PQRS sera aussi constant.

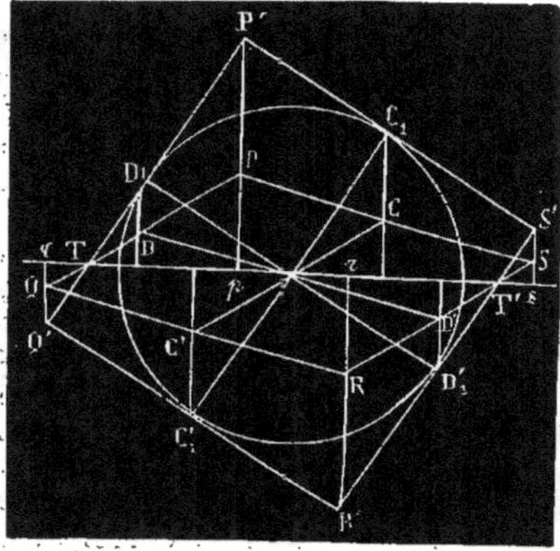

Fig. 598.

Ces deux derniers théorèmes sont dus *Appollonius*.

Théorème n° 368.

1056. *Lorsqu'une droite de longueur constante glisse entre deux axes rectangulaires, un point quelconque de cette droite décrit une ellipse dont les axes sont dirigés suivant les deux axes rectangulaires fixes et ont pour demi-longueurs les distances de ce point aux extrémités de la droite.*

Soient Ox et Oy (*fig.* 599) les deux axes rectangulaires sur lesquels glisse la droite de longueur constante AB et soit M un point quelconque de cette droite. Prenons les axes Ox et Oy pour axes des coordonnées et considérons une position quelconque de la droite AB. Si, par le point O, nous menons une droite ON égale et parallèle à AM, la figure OAMN est un parallélogramme, et, par suite NMP est perpendiculaire à Ox; NP est donc l'ordonnée du

point N et MP celle du point M. Les triangles semblables ONP et BMP donnent alors

$$\frac{MP}{NP} = \frac{BM}{ON} = \frac{BM}{AM} = \frac{b}{a}$$

en posant

$$BM = b \text{ et } AM = a$$

Si, maintenant, la droite AB se déplace en glissant sur les deux axes rectangulaires, cette même relation existera toujours

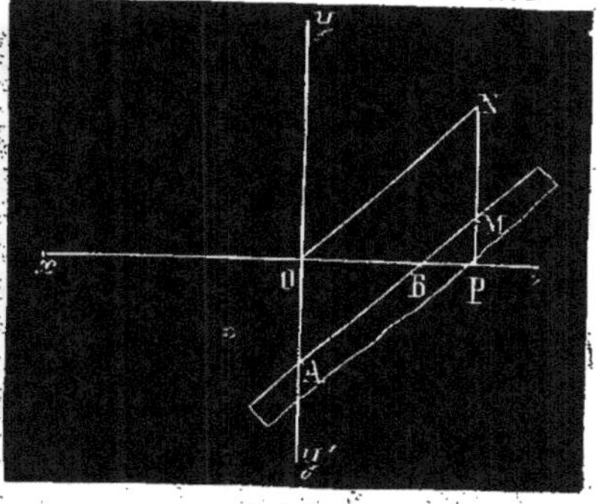

Fig. 599.

entre les ordonnées des points M et N, et comme le point N, étant toujours à égale distance du point O, décrira alors un cercle, le point M décrira une courbe dont les ordonnées sont dans un rapport constant avec celles de ce cercle, c'est-à-dire une ellipse (1040) ayant pour axes les droites Ox et Oy et pour demi-longueurs d'axes a et b.

Cette propriété fournit un nouveau moyen de construire l'ellipse par points au moyen d'une bande de papier sur laquelle on porte en AM le demi-grand axe et en MB le demi-petit axe et dont on fait glisser les points A et B sur les deux axes rectangulaires. Dans toutes les positions de cette bande de papier, le point M indique un point de l'ellipse. On peut donc marquer autant de points de la courbe que l'on désire et tracer ensuite l'ellipse

GÉOMÉTRIE.

en réunissant ces points par un trait continu. Il existe d'ailleurs un *compas elliptique* fondé sur la même propriété.

1057. COROLLAIRE. — *La normale en un point* M *de l'ellipse passe par le point d'intersection* I *des perpendiculaires aux axes menés par les extrémités* A *et* B *de la droite* AB *dans la position correspondante au point* M; *et la distance* MI *est égale au demi-diamètre de l'ellipse qui est conjugué de* OM (*fig.* 601).

Considérons deux positions voisines AB

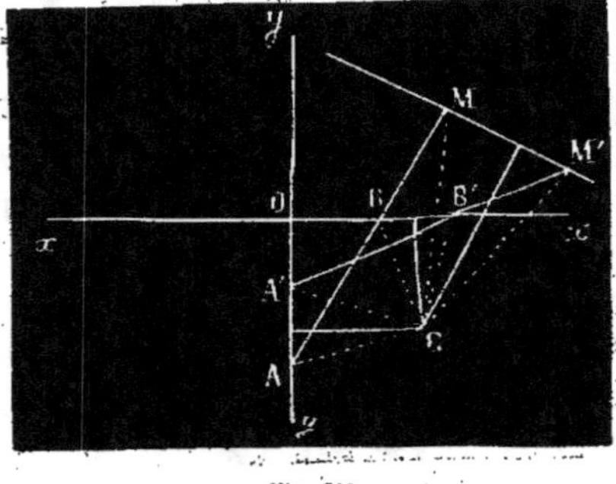

Fig. 600

et A'B' (*fig.* 600) de la droite mobile. Les positions correspondantes M et M' appartenant à l'ellipse, la droite MM' est une sécante. Par le milieu de AA' et par le milieu de BB', élevons des perpendiculaires aux axes qui se couperont en C, nous aurons

$$AC = A'C, \quad BC = B'C$$

et les triangles ACB et A'CB' seront égaux comme ayant leurs trois côtés égaux, puisque AB = A'B'.

On aura donc :

$$ABC = A'B'C$$

et, par suite,

$$CBM = CB'M'.$$

Les triangles CBM et CB'M' seront donc égaux puisqu'on a aussi BM = B'M'; ils donneront :

$$CM = CM';$$

et, si l'on élève une perpendiculaire au milieu de MM', elle passera par le point C.

Supposons maintenant que A'B' s'approche indéfiniment de AB, le point M' s'approchera, sur l'ellipse, indéfiniment du point M et la sécante MM' deviendra la tangente en M (*fig.* 601). En même temps, le point C deviendra le point d'intersection I des perpendiculaires à l'axe, menées par les points A et B. Donc la normale en M passe par le point I.

De plus, soit OM' le diamètre conjugué de OM. On sait qu'ils correspondent aux rayons ON et ON' du cercle principal, qui sont parallèles respectivement à AB et à A'B' et perpendiculaires entre eux. Donc, AB et A'B' sont perpendiculaires entre eux. D'un autre côté, la tangente à l'ellipse, en M, est parallèle aux cordes que le diamètre OM divise en parties égales (1050), et, par suite, à son diamètre conjugué OM'. Donc, MI est perpendiculaire à OM'. Les triangles MBI et M'B'O ont alors leurs côtés respectivement perpendiculaires. Ils sont semblables et comme BM = B'M', ils sont égaux ;

Donc $$MI = M'O$$

Donc, etc.

Problème n° 112.

1058. *Étant donnés deux diamètres conjugués de l'ellipse, trouver ses axes.*

Supposons le problème résolu et soient OM et OM' (*fig.* 602) les deux diamètres conjugués donnés, Ox et Oy les directions les axes cherchés. Figurons la position AB, correspondante au point M, de la droite de longueur constante qui ferait décrire, à ce point, l'ellipse considérée et soit I l'intersection des perpendiculaires aux axes AI et BI. La figure OAIB étant un rectangle, les quatre points O, A, I, B, sont sur une même circonférence dont OI est un diamètre ainsi que AB. Mais, puisque MI est perpendiculaire et égal à M'O, nous pouvons obtenir le point I en menant du point M une perpendiculaire à M'O et en prenant sur cette droite MI égal à M'O. Sur OI, comme diamètre, si nous décrivons alors une circonférence, ce sera la circonférence OAIB et, puisque le diamètre AB doit passer par le point M, nous obtiendrons les points A et B en joignant le point

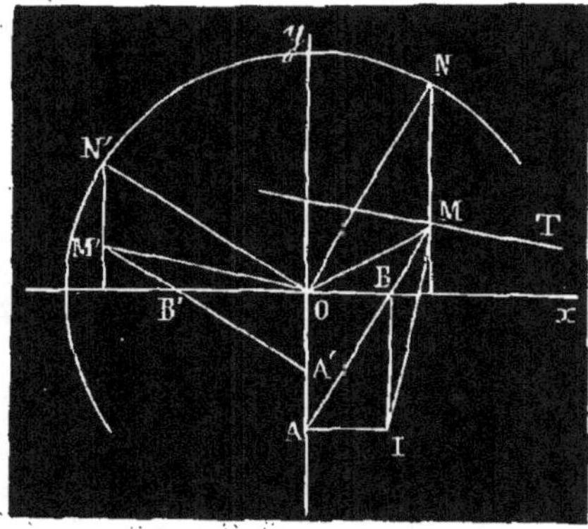

Fig. 601.

M au centre C de cette circonférence. Les droites Ox et Oy seront alors les directions des axes qui auront pour demi-longueurs MB et MA.

Théorème n° 369.

1059. *Quand une droite de longueur constante glisse entre deux axes fixes quel-*

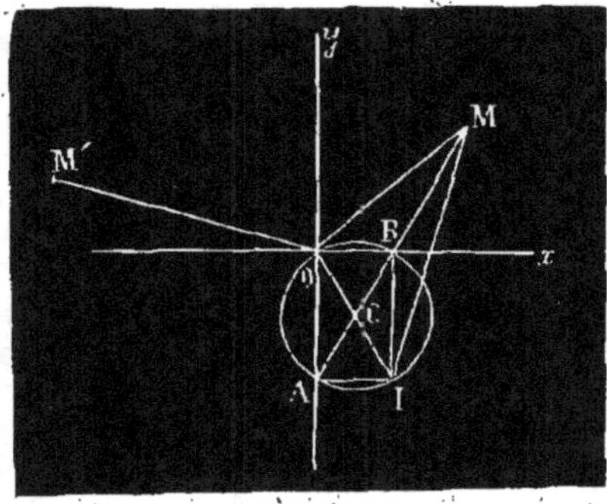

Fig. 602.

conques, tout point de la figure, qui est in-

variablement lié à cette droite, décrit une ellipse.

Soient Ox et Oy les deux axes quelconques donnés et AB (*fig.* 603) l'une des positions de la droite mobile. Considérons le cercle circonscrit au triangle AOB et supposons le invariablement lié au mouvement de la droite AB. Il ne cessera pas de passer par le point O, car l'angle AOB étant constant sera toujours inscrit, dans le même segment. Soit maintenant un point quelconque D fixe sur ce cercle. L'angle AOD sera toujours inscrit, puisque O est toujours un point du cercle, et, puisqu'il est constant comme ayant pour mesure $\frac{AD}{2}$, le point D se trouvera toujours sur la droite OD. Tout point de ce cercle décrira donc une droite passant par le point O. Soient alors M le point dont nous voulons étudier le mouvement et C le centre du cercle pour la position de la figure. Traçons la droite MC et supposons-la invariablement liée au mouvement du cercle et, par suite, à celui de la droite AB. Les points D et E de cette droite, qui ap-

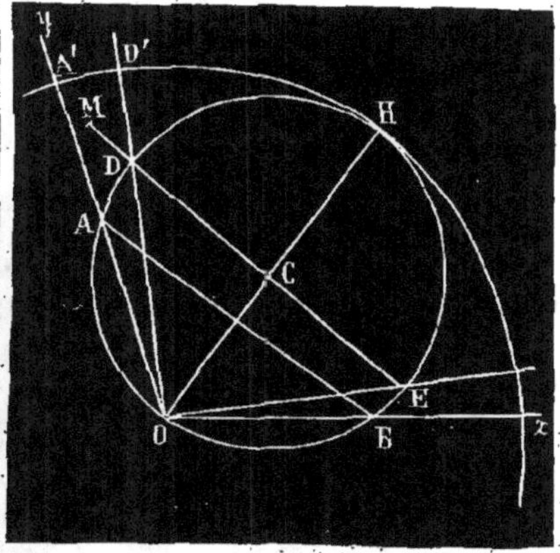

Fig. 603.

partiennent au cercle, décriront les axes OD et OE rectangulaires, puisque l'angle DOE est inscrit dans une demi-circonférence et, puisque DE est constant comme diamètre d'un cercle, tous les points de la droite DE décriront une ellipse (1056). Donc le point M décrira une ellipse.

1060. Cherchons, pour chaque position du cercle mobile, le point H diamétralement opposé au point O (*fig.* 603.) Ce point sera variable sur le cercle OAB, puisque le point O coïncide lui-même successivement avec tous les points de ce cercle, mais il sera toujours à une distance du point O égale au diamètre et il se trouvera par conséquent sur un cercle fixe de centre O, de rayon OH = 2. OC et constamment tangent au cercle mobile. Lorsqu'il se trouvera au point D' de ce cercle fixe, c'est le point D du cercle mobile qui coïncidera avec lui, puisque c'est ce seul point qui se déplace sur la droite OD: Lorsqu'il se trouvera en A' sur ce cercle fixe, ce sera le point A du cercle mobile qui coïncidera avec lui pour la même raison. Or, la longueur de l'arc AD est égale à celle de l'arc A'D', puisque l'angle AOD ayant pour mesure $\dfrac{\text{arc AD}}{2}$ et arc A'D' donne

$$\frac{\text{arc AD}}{2} = \text{arc A'D'},$$

et, par suite,

$$\frac{\text{longueur de l'arc AD}}{2.\,OC} = \frac{\text{longueur de l'arc A'D'}}{2.\,OC}$$

c'est-à-dire : longueur de l'arc AD = longueur de l'arc A'D'. Par conséquent, dans son mouvement, le cercle mobile restant toujours tangent intérieurement au cercle fixe, roulera sur lui de manière que les arcs qui se superposeront seront égaux, c'est-à-dire sans glissement. On peut donc conclure de ce qui précède le principe suivant :

Lorsqu'un cercle mobile roule sans glissement à l'intérieur d'un cercle fixe de rayon double, tous les points de ce cercle mobile décrivent des diamètres du cercle fixe et tous les points du plan invariablement liés au mouvement du cercle mobile décrivent des ellipses.

§ IV. — DE L'HYPERBOLE.

1061. L'*hyperbole* est une courbe plane telle que la différence des distances de chacun de ses points à deux points fixes, situés dans son plan, est constante.

1062. Il résulte immédiatement de cette définition le procédé suivant pour construire la courbe d'un mouvement continu.

Soient F et F' (*fig.* 604) les deux points fixes donnés. Imaginons qu'une règle de longueur constante soit fixée par l'une de ses extrémités au point F' et ne puisse que tourner autour de ce point et fixons, à l'autre extrémité A, un fil de longueur constante égale à la longueur de la règle diminuée de la différence AA' donnée. Enfin, fixons l'autre extrémité du fil au point F et tendons-le avec une pointe de crayon en l'appliquant autant que possible sur la règle. Le point M où se trouvera alors le crayon appartiendra à la courbe, car on aura :

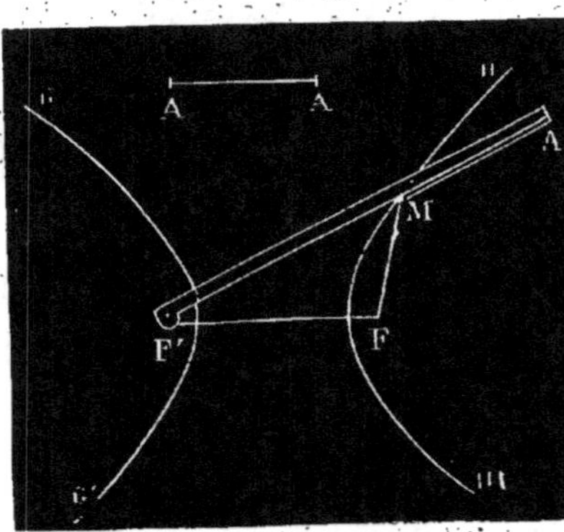

Fig. 604.

$$MF' - MF = MF' + MA -$$
$$(MF + MA) = AA'.$$

En faisant donc tourner la règle d'un mouvement continu autour de F', la pointe du crayon, qui tend constamment le fil, décrira un arc d'hyperbole HH'. Si l'on avait fixé la règle au point F et la seconde extrémité du fil en F', on aurait obtenu un second arc GG' de la courbe. On aurait pu aussi, pour obtenir ce second arc, laisser la règle fixée au point F' et donner au fil une longueur égale à celle de la règle, augmentée de AA'.

En résumé, pour tout point M de la courbe on a :

$$MF' - MF = \pm AA'$$

1063. Les points F et F' sont les *foyers* de la courbe et la droite FF', qui les joint, est la *distance focale*. On la désigne habituellement par $2c$.

Les droites MF, MF', qui joignent un point quelconque M de la courbe aux deux foyers, sont les *rayons vecteurs* de ce point. Leur différence constante AA' se représente par $2a$.

L'existence du triangle MFF' prouve que l'on a :

$$FF' > MF' - MF \text{ ou } 2c > 2a;$$

On doit donc avoir aussi

$$c > a \text{ ou } \frac{c}{a} > 1.$$

Comme pour l'ellipse, ce rapport $\frac{c}{a}$ s'appelle l'*excentricité* de la courbe ; il est toujours positif et plus grand que 1. Si, comme cas particulier, il était égal à 1 on aurait $c = a$ et la courbe se composerait des deux portions de la droite FF' extérieure à ces points comme il est facile de s'en assurer. Si l'on avait de même

$$\frac{c}{a} = \infty$$ c'est que a serait nul. On aurait donc AA' $= 0$, ou MF $=$ MF'. L'hyperbole deviendrait la perpendiculaire

élevée au milieu de FF'. Pour toutes les valeurs intermédiaires de l'excentricité, l'hyperbole se compose de deux branches courbes distinctes qui s'étendent à l'infini.

1064. On peut également construire la courbe par points. Soient F et F' (*fig.* 605) les deux foyers donnés. Prenons le milieu O de FF' et portons sur

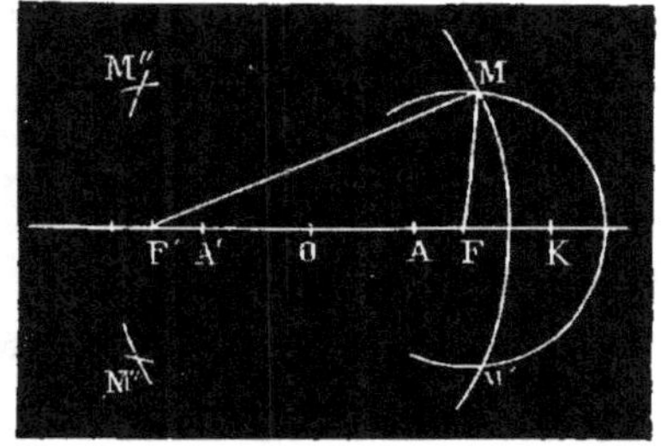

Fig. 605.

cette droite, de chaque côté du point O, des longueurs OA $=$ OA' $= a$.

Puisqu'on a $c > a$, les points A et A' seront intérieurs à FF', et on aura :

$$AF = c - a = A'F',$$

par suite,

$$AF' - AF = AF' - A'F' = AA',$$
$$A'F - A'F' = A'F - AF = AA',$$

c'est-à-dire que les points A et A' sont deux points de la courbe. Prenons maintenant un point K quelconque sur la droite FF' prolongée et des foyers F et F', comme centres, avec AK pour rayon, décrivons des arcs de cercle. De même, des points F' et F, comme centres, avec A'K pour rayon, décrivons d'autres arcs de cercle qui couperont les premiers aux points M, M', M'', M'''. Ces quatre points appartiendront à l'hyperbole, car, pour le premier par exemple, on a :

$$MF' - MF = A'K - AK = AA';$$

et il en est même pour les trois autres. Chaque point K de la droite FF' permettra donc d'obtenir quatre points de la courbe, pourvu que les arcs de cercle tracés se coupent, c'est-à-dire pourvu que le triangle MFF' existe. Or, cela exige qu'on ait :

$$EF' < MF' + MF \text{ et } FF' > MF' - MF.$$

La seconde condition est toujours satisfaite, car

$$MF' - MF = AA' < FF',$$

et la première revient à :

$$FF' < A'K + AK,$$

ou $FF' < AA' + AK + AK,$

ou $2a < 2c + 2 AK$

c'est-à-dire, $AK > a-c,$

ce qui aura toujours lieu si le point K est à droite du point F.

On pourra donc toujours choisir suffisamment de points K pour obtenir autant de points de l'hyperbole que l'on voudra, et il sera facile, ensuite, de tracer la courbe en réunissant ces points par un trait continu.

Théorème n° 370.

1065. *L'hyperbole a :*

1° Pour axes, la droite qui joint les foyers et la perpendiculaire élevée au milieu de cette droite;

2° Pour centre, l'intersection de ces deux axes.

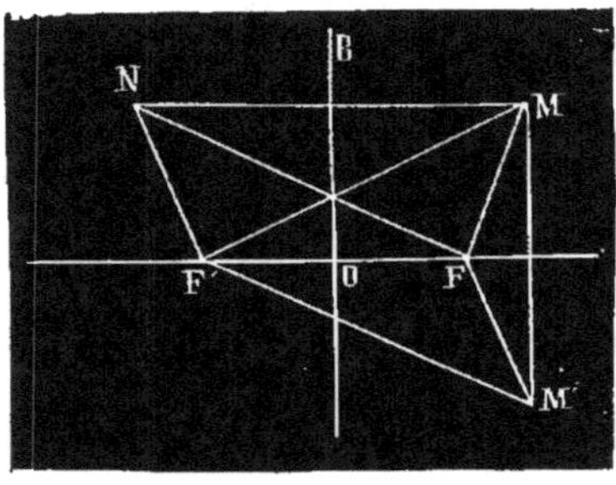

Fig. 606.

En effet :

1° Soient M (*fig.* 606) un point de l'hyperbole et M' son symétrique par rapport à la droite FF' qui joint les foyers. On a:

$$MF = M'F,$$
$$MF' = M'F',$$

donc :

$$MF' - MF = M'F' - M'F = 2a,$$

c'est-à-dire que le point M' appartient à la courbe.

2° Soient M un point quelconque de l'hyperbole et N son symétrique par rapport à la perpendiculaire OB élevée au milieu de FF'. Les points F et F' étant aussi symétriques l'un de l'autre, par rapport à cette perpendiculaire, il en sera de même des droites MF et NF', MF' et NF et l'on aura :

$$MF = NF',$$
$$MF' = NF,$$

d'où

$$MF' - MF = NF - NF',$$

c'est-à-dire que le point N appartient à la courbe.

Tout point M de l'hyperbole a donc, sur la courbe, un symétrique par rapport à la droite FF' et un symétrique par rapport à la perpendiculaire BOB', élevée au milieu de FF'. L'hyperbole a ces deux droites pour axes (1006).

Il résulte de là que le point O est centre de la courbe comme intersection de ses axes rectangulaires (1009). On le montrerait d'ailleurs directement comme pour l'ellipse.

1066. Des deux axes de l'hyperbole, il n'y en a donc qu'un seul qui rencontre la courbe : c'est la droite qui joint les foyers. Pour cette raison, il reçoit le nom d'*axe transverse*. Les points A et A', où il rencontre la courbe, sont les *sommets* de l'hyperbole qui n'a, par suite, que deux sommets. L'autre axe est dit *axe non transverse*.

Théorème n° 371.

1067. *Selon qu'un point est intérieur ou extérieur à l'hyperbole, la différence de ses distances aux deux foyers est plus grande ou plus petite que 2a.*

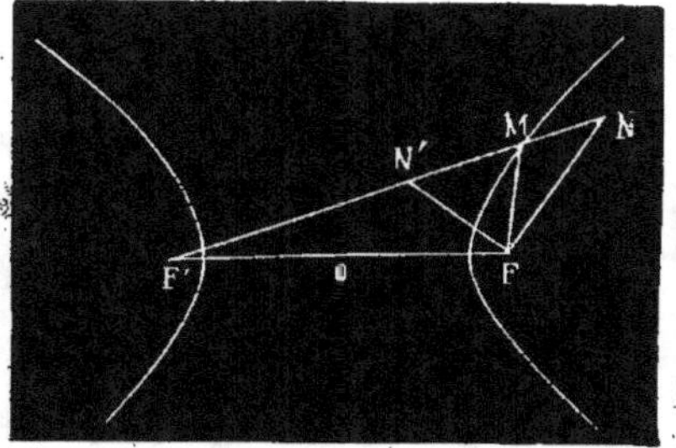

Fig. 607.

On dit qu'un point est intérieur à l'hyperbole, lorsqu'il est situé dans la région de son plan qui ne contient pas le centre.

Soit N (*fig.* 607) un point intérieur à l'hyperbole. La droite F'N rencontre forcément la courbe en un certain point M et le triangle FMN donne :

$$NF < MN + MF,$$

et comme

$$NF' = F'M + MN,$$

il vient :

$$NF' - NF > F'M - MF = 2a$$

Soit N' un point extérieur ; F'N' rencontrant la courbe en M, le triangle FMN' donne :

$$MF < FN' + N'M,$$

et, comme

$$MF' = F'N' + N'M,$$

il vient :

$$2a = MF' - MF > F'N' - FN'.$$

On déduit de là que *l'hyperbole est le lieu géométrique des points dont la différence des distances aux deux foyers est*

égale à 2a, parce que cette condition n'est satisfaite que par les points qui appartiennent à la courbe.

Théorème n° 372.

1068. *La tangente à l'hyperbole est bissectrice de l'angle des rayons vecteurs du point de contact.*

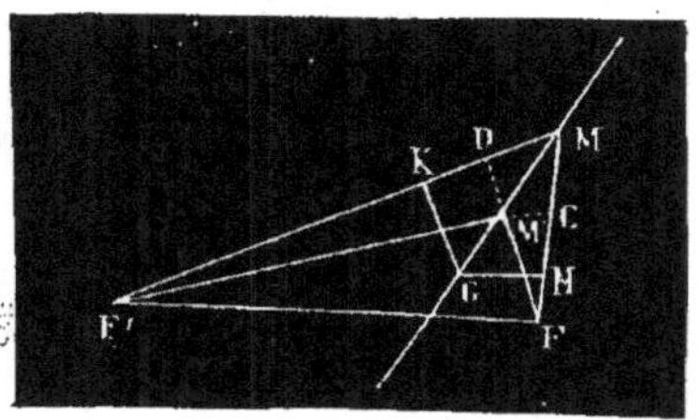

Fig. 608.

Soit MM' une sécante quelconque de la courbe (*fig.* 608).

Nous aurons :

$$MF' - MF = M'F' - M'F = 2a,$$

Donc,

$$MF' - M'F', = MF - M'F.$$

Prenons sur MF la longueur FC = FM' et sur MF' la longueur F'D = F'M'. Nous aurons :

$$MC = MF - M'F, \quad MD = MF' - M'F',$$

Donc, $\quad MC = MD.$

Par un point quelconque G de la sécante, menons les droites GH et GK parallèles à M'C et M'D. Le quadrilatère MHGK étant semblable au quadrilatère MCM'D, on aura aussi

$$MH = MD.$$

Mais, les bases M'C et M'D des triangles isocèles CFM' et DF'M', et, par suite, leurs parallèles GH et GK sont perpendiculaires aux bissectrices des angles aux sommets CF'M' et DFM' et cela est vrai, quelle que soit la sécante MM'. Supposons donc que le point M' s'approche indéfiniment du point M; la sécante MM' deviendra la tangente MT (*fig.* 609) au point M de la courbe. Les bissectrices des angles en F et en F" deviendront les rayons vecteurs FM et F'M eux-mêmes et, par suite, si, d'un point quelconque G de la tangente, on abaisse des perpendiculaires GH et GK sur les rayons vecteurs F'M et FM, on aura MH = MK. Les triangles rectangles MHG et MKG, ayant alors l'hypoténuse commune et un côté égal, seront égaux et donneront :

$$\text{HMG} = \text{KMG, ou F'MT} = \text{FMT.}$$

La tangente à l'hyperbole est donc bissectrice de l'angle des rayons vecteurs du point de contact.

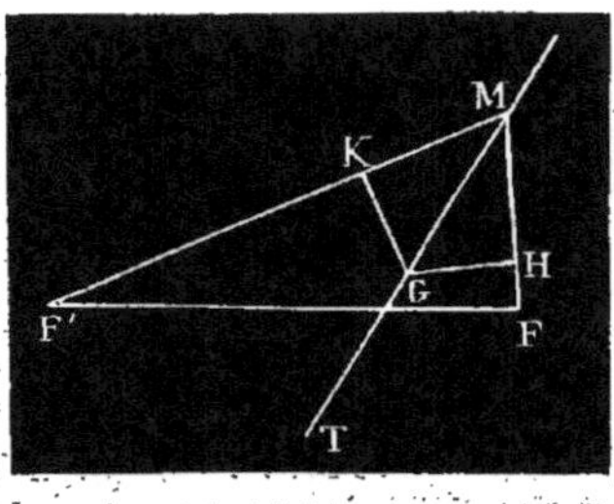

Fig. 609.

1069. COROLLAIRES :

I. *La normale en un point de l'hyperbole fait des angles égaux avec les rayons vecteurs de ce point, extérieurement à leur angle.*

II. *Si une ellipse et une hyperbole ont les mêmes foyers, c'est-à-dire sont homofocales, elles se coupent orthogonalement, c'est-à-dire à angle droit,* parce que, en l'un quelconque de leurs quatre points d'intersection, la tangente de l'une est la normale de l'autre et réciproquement.

III. *La tangente et la normale en un même point de l'hyperbole coupent le grand axe en deux points conjugués harmoniques par rapport aux foyers* (974).

IV. *Les tangentes aux deux sommets de l'hyperbole sont perpendiculaires à l'axe transverse,* parce que, en ces points, les rayons vecteurs étant sur le prolongement l'un de l'autre, leur angle est devenu égal à deux droits.

Théorème n° 373.

1070. *La tangente à l'hyperbole n'a qu'un point de commun avec la courbe.*

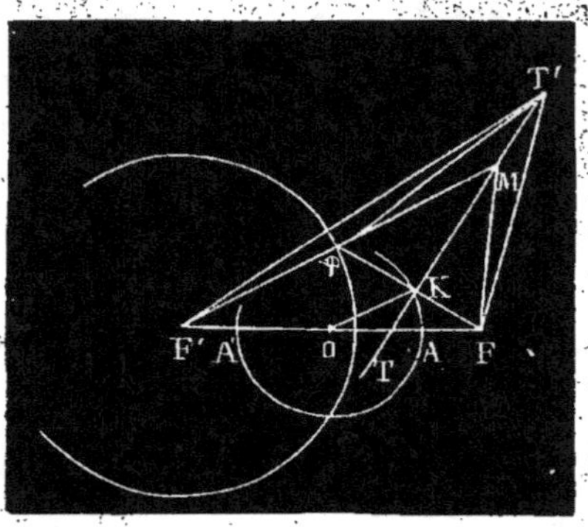

Fig. 610.

En effet, soient F et F" (*fig.* 610) les deux foyers et MT la tangente à la courbe au point M. Prenons sur F'M un point φ tel que $\text{F'}\varphi = 2a$. Nous aurons :

$$\text{F'}\varphi = \text{F'M} - \text{M}\varphi = \text{F'M} - \text{MF} = 2a,$$

Donc aussi, $\quad \text{M}\varphi = \text{MF}.$

Le triangle $\text{MF}\varphi$ est donc isocèle et la bissectrice MT de l'angle au sommet est perpendiculaire au milieu K de la base F φ, c'est-à-dire que le point φ est symétrique de F par rapport à la tangente MT.

Dès lors, soit T' un point quelconque de la tangente. On a : $\text{T'}\varphi = \text{T'F}$ et le triangle $\text{T'F'}\varphi$ donne $\text{F'}\varphi > \text{F'T'} - \text{T'}\varphi$ ou $\text{F'}\varphi > \text{T'}\varphi - \text{F'T'}$, selon que le point T' est choisi sur la tangente, de manière que F'T'

soit plus grand ou plus petit que T'φ. On
a donc

$$F'\varphi > F''T' - T'F \quad \text{ou} \quad F'\varphi > T'F - T'F',$$

c'est-à-dire que, puisque $F'\varphi = 2a$, le
point T' est extérieur à la courbe.

Donc, etc.

1071. Corollaires :

I. *L'hyperbole est une courbe convexe* (1004).

II. *Une droite quelconque ne peut rencontrer l'hyperbole en plus de deux points* (1005).

Théorème n° 374.

1072. *Le lieu des points symétriques de l'un des foyers de l'hyperbole, par rapport à toutes les tangentes, est un cercle qui a pour centre l'autre foyer et pour rayon* $2a$.

En effet, nous avons vu (*fig.* 610) que le point φ symétrique du foyer F, par rapport à la tangente MT, est à une distance $F'\varphi = 2a$ de l'autre foyer, et cette propriété ne dépend pas de la position de la tangente MT ; elle est générale. Donc le lieu des points φ est un cercle de centre F' et de rayon $2a$.

Ce cercle s'appelle *cercle directeur relatif au foyer* F'. L'hyperbole a, comme l'ellipse, deux cercles directeurs.

1073. Corollaire. — *Le lieu des points également distants d'un cercle de centre* F' *et d'un point* F *extérieur est une branche d'hyperbole ayant pour foyers les points* F *et* F' *et pour axe transverse le rayon du cercle.*

En effet, si pour tout point M (*fig.* 610) du lieu on a :

$$MF = M\varphi,$$

on aura aussi :

$$MF' - MF = F'\varphi.$$

Donc, etc.

Ces propriétés nous permettent de construire l'hyperbole par ses tangentes et leurs points de contact. Pour cela, il suffit d'opérer comme pour l'ellipse (1027).

Théorème n° 375.

1074. *Le lieu des pieds des perpendiculaires abaissées des foyers sur les tangentes à l'hyperbole est un cercle concentrique à la courbe et ayant pour diamètre* $2a$.

En effet, si l'on joint le centre O de la courbe au pied K de la perpendiculaire abaissée du foyer F sur la tangente MT (*fig.* 610), la droite OK joindra les milieux de deux côtés du triangle FF'φ et on aura :

$$OK = \frac{F'\varphi}{2} = \frac{2a}{2} = a \; ;$$

Par suite, le lieu des points K est un cercle de centre O et de rayon a.

Ce cercle prend le nom de *cercle principal* de l'hyperbole.

1075. Considérons le cercle principal d'une hyperbole et le cercle directeur correspondant au foyer F' (*fig.* 611).

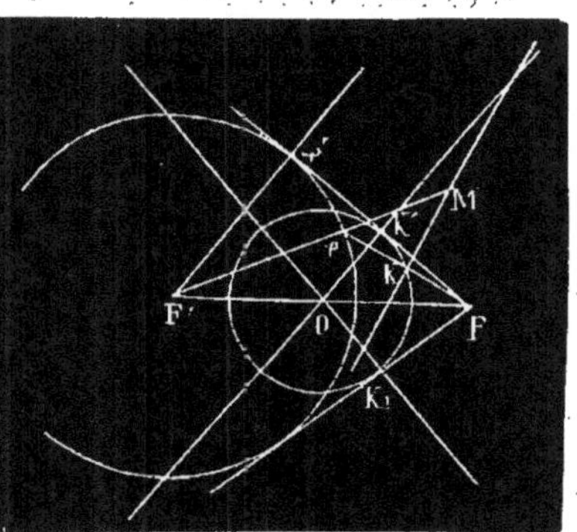

Fig. 611.

Nous savons que le point de contact M de la tangente MK, qui est perpendiculaire au milieu K de la droite Fφ, se trouve sur le prolongement du rayon F'φ ; mais, de plus, F'φ et OK sont parallèles, car la droite OK joint les milieux de deux côtés du triangle FF'φ dont la droite F'φ est le troisième côté. Si l'on suppose donc que le point φ se déplace sur le cercle directeur de manière que le rayon F'φ tourne autour du point F', le rayon OK tournera autour du point O en restant toujours parallèle à F'φ pendant que la droite FKφ tournera autour du point F et que le point de contact M variera sur la courbe. Dans ce mouvement, il arrivera certainement un moment où la droite FKφ deviendra tangente à la fois au cercle principal et au cercle directeur dans la position FK'φ'. Alors, OK' sera perpendiculaire à Fφ' et comme le point K' est le milieu de Fφ', OK' sera la tangente à la courbe qui passe par le centre. Son point de contact se trouvera à sa rencontre avec Fφ' qui lui est parallèle, c'est-à-dire à l'infini. La droite OK' est donc une tangente à la courbe dont le point de contact est à l'infini, c'est-à-dire, une *asymptote à la courbe* (1003).

1076. L'hyperbole a deux asymptotes, car, du point F, on peut mener deux tangentes communes au cercle directeur et au cercle principal. De plus, ces deux tangentes communes étant également inclinées de part et d'autre de l'axe transverse, il en est de même des deux asymptotes qui sont, par suite, symétrique par rapport aux deux axes de la courbe. Enfin, il est facile de s'assurer que chaque branche de la courbe s'approche indéfiniment des deux asymptotes, car cela doit exister au moins une fois pour chaque asymptote, et si l'on suppose seulement que la partie supérieure de la branche de droite, par exemple, s'approche indéfiniment de l'asymptote correspondante, à cause de la symétrie complète par rapport à l'axe transverse, la partie inférieure de cette branche de droite s'approchera également de l'asymptote qui lui correspond. Cette branche de droite s'approchera donc indéfiniment des deux asymptotes et il en sera de même de la branche de gauche à cause de la symétrie par rapport à l'axe non transverse.

1077. Soient $x x'$ et $y y'$ (*fig.* 612) les asymptotes d'une hyperbole dont les foyers sont F et F'. Du sommet A, élevons AC perpendiculaire à l'axe transverse jusqu'à sa rencontre avec l'asymptote $x x'$, et du point F, abaissons FK perpendiculaire sur cette asymptote. Nous savons qu'alors OK = a = OA.

Les triangles OAC et OKF formés ayant

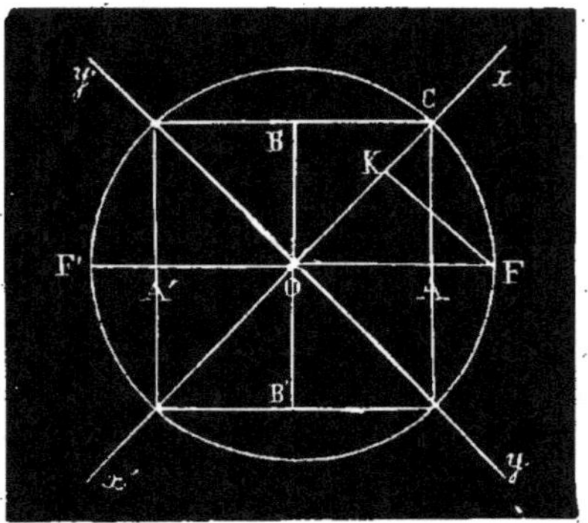

Fig. 612.

donc l'angle O commun et leurs angles droits égaux, ainsi que les côtés OA et OK, sont égaux et donnent :

$$OC = OF = c \text{ et } AC = FK.$$

Portons maintenant, sur l'axe non transverse, les longueurs OB = OB' = AC. Par analogie avec l'ellipse, la distance AA' = $2a$ s'appelle la *longueur de l'axe transverse*. La distance BB' s'appelle la *longueur de l'axe non transverse* et on la représente généralement par $2b$. Le triangle OAC donne alors :

$$c^2 = a^2 + b^2,$$

et cette relation permet de construire ou de calculer l'une de ces trois quantités, connaissant les deux autres. On pourra donc trouver, par exemple, l'axe non transverse $2b$ connaissant a et c, car il suffira de construire le triangle rectangle OAC dont deux côtés sont connus. Si l'on remarque alors que les deux asymptotes de la courbe sont les diagonales du rectangle construit sur les deux axes; il sera facile de les obtenir exactement. Inversement, si l'on donne les longueurs des deux axes, on obtiendra les asymptotes en traçant les diagonales du rectangle construit sur ces axes, et les foyers, en portant de chaque côté du centre O, sur l'axe transverse, des longueurs OF et OF' égales à la moitié OC de l'une de ces diagonales.

Quand les deux axes d'une hyperbole ont la même longueur, on dit que l'hyperbole est *équilatère*. Alors, le rectangle construit sur les deux axes devient un carré et les asymptotes de la courbe sont rectangulaires comme diagonales de ce carré.

Problème n° 113.

1078. *Tracer une tangente à l'hyperbole par un point donné sur la courbe.*

F et F' (*fig.* 613) étant les foyers de la

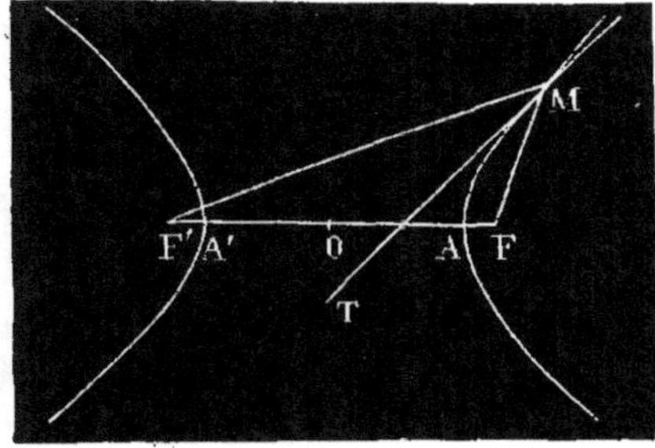

Fig. 613.

courbe et M le point donné, il suffit de mener les rayons vecteurs FM et F'M de ce point et de chercher la bissectrice MT de leur angle. Ce sera la tangente demandée (1068).

Problème n° 114.

1079. *Tracer une tangente à l'hyperbole par un point extérieur.*

Soient F et F' (*fig.* 614) les foyers de la courbe et P le point extérieur donné. Le point φ, symétrique du foyer F par

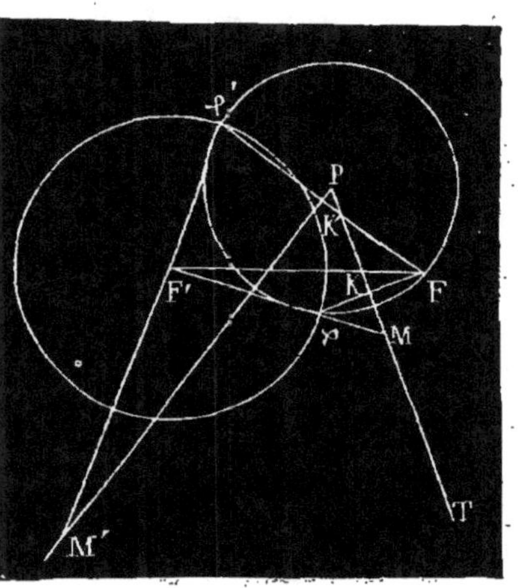

Fig. 614.

rapport à la tangente cherchée, se trouvera sur le cercle directeur relatif au foyer F' (1072) et sur un cercle de rayon PF ayant pour centre le point P. On pourra donc l'obtenir directement et la tangente demandée sera la perpendiculaire KM élevée au milieu de la droite Fφ. De plus, son point de contact M sera à son intersection avec la droite F'φ.

En discutant le problème comme pour l'ellipse (28), on trouverait que :

1° Si le point P est extérieur à la courbe, il y a toujours deux solutions;

2° Si le point P appartient à la courbe, il n'y a qu'une solution;

3° Enfin, si le point P est intérieur à la courbe il n'y a plus de solution.

Théorème n° 376.

1080. *Les tangentes menées à l'hyperbole par un point extérieur P font des angles égaux avec les droites qui vont du point P aux deux foyers, et la droite qui va du point P à l'un des foyers est bissec-*

trice de l'angle intérieur ou de l'angle extérieur des rayons vecteurs qui vont de ce foyer aux deux points de contact, selon que les tangentes touchent la même branche ou deux branches différentes de la courbe.

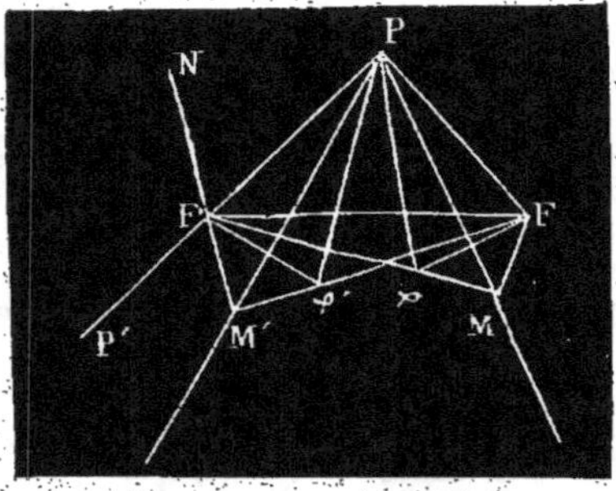

Fig. 615.

- Si l'on abaisse du point F (*fig.* 616) une perpendiculaire à la direction DD' donnée, le point φ où elle rencontrera le cercle directeur relatif au foyer F' sera le symétrique de F, par rapport à la tangente

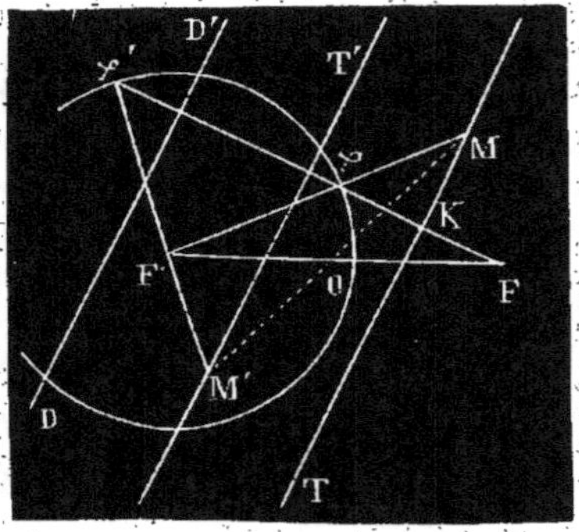

Fig. 616.

En effet, φ (*fig.* 615) étant le symétrique de F par rapport à la tangente MP et φ' le symétrique de F' par rapport à la tangente M'P, les triangles FPφ' et F'Pφ ont : PF = Pφ, Pφ' = PF' et Fφ' = F'φ = 2a. Ils sont égaux et, par suite, il en est de même des angles F'Pφ et FPφ'. En retranchant de chacun d'eux l'angle φPφ' on aura :

$$\text{F'Pφ} = \text{FPφ}$$

ou $\qquad$ **2. F'PM' = 2. FPM,**

Donc, aussi, $\quad$ FPM = F'PM'.

De plus, les mêmes triangles donnent encore :

$$\text{PF'M} = \text{PF'φ} = \text{Pφ'F}$$

Mais,

$$\text{Pφ'F} = \text{F'φF} - \text{F'φ'P} = \text{φ'F'N} - \text{φ'F'P} = \text{PF'N} ;$$

Donc, encore

$$\text{PF'M} = \text{P'F'M'}.$$

Donc, etc.

Problème n° 115.

1081. *Tracer une tangente à l'hyperbole, parallèlement à une direction donnée.*

cherchée. On aura donc cette tangente en menant MT perpendiculaire au milieu de Fφ, et son point de contact M sera à son intersection avec F'φ.

Pour que le problème soit possible, il faudra que Fφ rencontre le cercle directeur F'φ ;

1° Si cette rencontre se fait en deux points, c'est-à-dire si la direction donnée DD', supposée passant par le centre, est comprise dans l'angle des asymptotes qui ne contient pas la courbe, il y aura deux solutions ;

2° Si la droite Fφ est tangente au cercle directeur, c'est-à-dire si DD' est parallèle à une asymptote, il n'y aura qu'une solution et ce sera cette asymptote ;

3° Enfin, si Fφ ne rencontre pas le cercle directeur ou si DD' est compris dans le même angle des asymptotes que la courbe, il n'y aura plus de solution.

Problème n° 116.

1082. *Déterminer les points de rencontre d'une droite et d'une hyperbole.*

Soient F et F' (*fig.* 617) les deux foyers

et φ le symétrique de F, par rapport à la droite donnée DD'. Si M est un des points

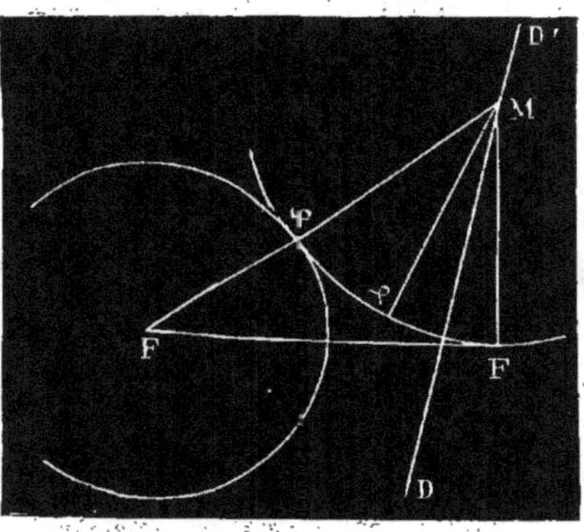

Fig. 617.

cherchés, puisqu'il appartient à la courbe on a :

$$MF = M\varphi = M\varphi'$$

c'est-à-dire que le point M est le centre d'un cercle tangent au cercle directeur de centre F' et qui passe par les points connus F et φ. On est donc ramené à résoudre le même problème connu que pour l'ellipse (1038), et la discussion qui a été faite dans ce cas montre qu'ici, on aura deux solutions si le point φ est extérieur au cercle directeur F', une seule solution si le point φ se trouve sur ce cercle, auquel cas la droite donnée sera une tangente à la courbe, et, enfin, aucune solution si le point φ est intérieur au même cercle directeur F'.

1083. *Remarque.* — Aucune des constructions précédentes ne suppose que la courbe est tracée, mais, simplement, qu'on connaît ses foyers et son axe transverse.

§ V. — DE LA PARABOLE.

1084. On appelle *parabole*, une courbe plane telle que chacun de ses points est également distant d'un point fixe appelé *foyer* et d'une droite fixe appelée *directrice*, situés dans son plan.

1085. Il résulte immédiatement de cette définition le procédé suivant pour construire la courbe d'un mouvement continu.

Appliquons une règle sur la directrice DD' (*fig.* 618) donnée, et le petit côté de l'angle droit d'une équerre sur cette règle. Prenons ensuite un fil dont la longueur soit égale à l'autre côté GH de l'angle droit de cette équerre et, en fixant une de ses extrémités en G, assujettissons l'autre au point F. Si nous tendons alors ce fil avec la pointe d'un crayon de manière qu'il s'applique le plus possible sur l'équerre, pour toute position M de ce crayon, on aura

$$FM + MG = HM + MG \text{ ou } FM = HM;$$

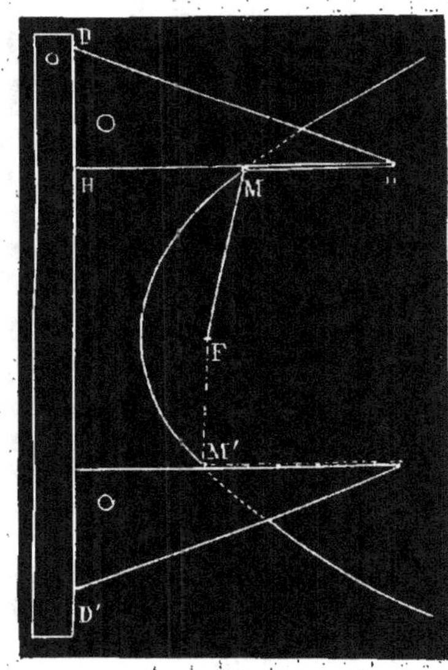

Fig. 618.

Or, HM est la distance du point M à la directrice et MF sa distance au foyer. Donc le point M appartient à la courbe.

Si nous donnons alors différentes positions à l'équerre en la faisant glisser contre la règle, la pointe du crayon restera toujours sur la courbe et tracera, par suite, un arc de la parabole. De plus, on voit facilement que la longueur de l'équerre employée limitera seule, à la partie supérieure comme à la partie inférieure, cet arc que l'on a tracé, et, par suite, que la parabole s'étend indéfiniment en haut et en bas.

1086. Il résulte encore, évidemment, de la définition, que tous les points de la parabole se trouvent du même côté de la directrice que le foyer ; car, si ce foyer est à droite de la directrice, par exemple, tout point situé à gauche sera plus près de la directrice que du foyer.

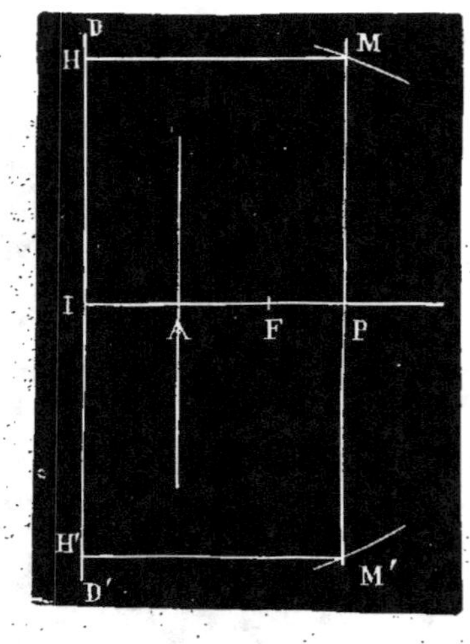

Fig. 619.

1087. On peut également construire la courbe par points. Pour cela, du foyer F (*fig.* 619), abaissons FI perpendiculaire sur la directrice DD' et prenons le milieu A de FI. Ce sera un premier point du

lieu. Par un point P quelconque de FI, menons une perpendiculaire à cette droite et du point F, comme centre, avec IP pour rayon, décrivons une circonférence qui coupera cette perpendiculaire aux points M et M'. Ces deux points appartiendront à la courbe, car on a :

Pour le premier FM = IP = MH ;

Et, pour le second FM' = IP = M'H'. On pourra donc, en choisissant suffisamment de points P sur la droite FI, obtenir autant de points de la courbe que l'on voudra et tracer la parabole en réunissant tous ces points par un trait continu.

1088. Mais, pour que les points M et M' existent, il faut que la circonférence tracée du point F, comme centre, rencontre la perpendiculaire MP, et, pour cela, on doit avoir :

$$FP < FM \text{ ou } FP < IP.$$

Cette condition sera toujours vérifiée, si le point P reste à droite du foyer F. Mais s'il passe entre les points F et I, comme on aura alors FP + IP = FI, pour que la condition soit satisfaite, il faudra que l'on ait :

$$2\,FP < FI$$

ou

$$FP < \frac{F}{2},$$

c'est-à-dire, FP < FA.

Ainsi, le point P devra toujours être choisi à droite de A et, non seulement la parabole ne possède aucun point à gauche de la directrice, mais elle n'en possède non plus aucun à gauche de la parallèle à la directrice menée par le point A.

1089. La distance PI du foyer à la directrice s'appelle le *paramètre* de la courbe et la droite FM, qui joint le foyer à un point quelconque M de la courbe, s'appelle le *rayon vecteur de ce point.*

Théorème n° 377.

1090. *La parabole a pour axe la*

perpendiculaire FI *abaissée du foyer sur la directrice.*

En effet, la construction de la courbe par points que nous venons d'exposer donne chaque fois deux points de la courbe symétrique par rapport à cette droite. Donc, tout point de la parabole pouvant être obtenu par cette construction a, sur la courbe, son symétrique par rapport à la droite FI. Cette droite est un axe.

Le point A où cet axe rencontre la courbe est le *sommet* de la parabole.

Théorème n° 378.

1091. *Selon qu'un point est intérieur ou extérieur à la parabole, sa distance au foyer est plus petite ou plus grande que sa distance à la directrice.*

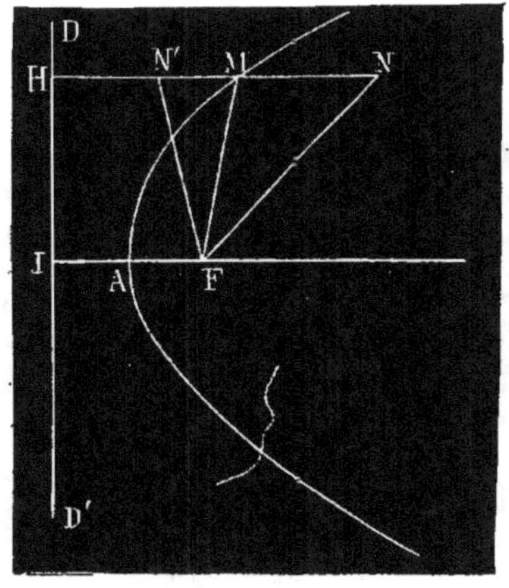

Fig. 620.

En effet, soit N (*fig.* 620) un point intérieur. Il est évident que la perpendiculaire à la directrice qui passe par ce point rencontre la courbe en un point M, compris entre N et H, et pour lequel on a : FM = MH. Le triangle FNM donne alors :

$$FN < FM + MN, \text{ ou } FN < HN.$$

Soit maintenant N' un point extérieur et N'H sa distance à la directrice. La droite N'H rencontre la courbe en un certain point M, extérieur au segment N'H et pour lequel on a :

$$FM = MH.$$

Le triangle FN'M donne alors,

$$FN' > FM - MN'$$

ou $\quad FN' > N'H$

Donc, etc.

1092. Il résulte de ce théorème que *la parabole est le lieu géométrique des points du plan, également éloignés du foyer et de la directrice.*

Théorème n° 379.

1093. *La tangente à la parabole est bissectrice de l'angle du rayon vecteur avec la perpendiculaire à la directrice qui passe par le point de contact.*

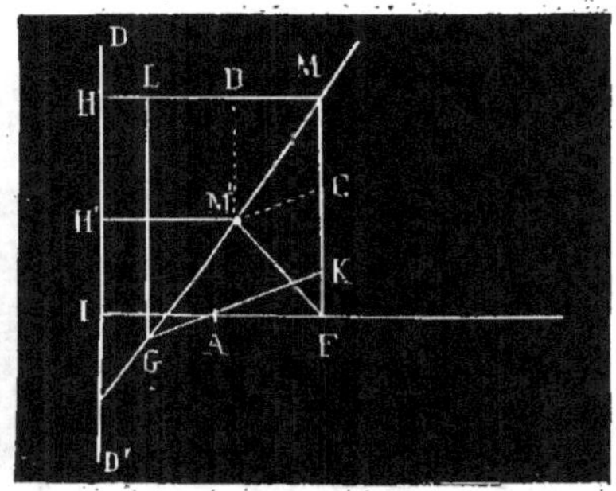

Fig. 621.

Pour le démontrer, considérons une sécante quelconque MM' (*fig.* 621) de la courbe. On aura :

$$MF = MH \text{ et } M'F = M'H',$$

Donc aussi

$$MF - M'F = MH - M'H';$$

Portons sur FM une longueur FC = FM' et sur H'M une longueur HD = H'M'. Nous aurons MC = MD, car MC = MF — M'F' et MD = MH — M'H'. Par un point quelconque G de la sécante, menons alors GK et GL parallèles à M'C et M'D. Les quadrilatères MKGL et MCM'D seront semblables, et comme, dans le second, on a MC = MD, on aura de même, dans le premier MK = ML. Mais, la droite GL parallèle à M'D est aussi parallèle à la directrice. De plus, le triangle FM'C étant isocèle, la droite GK parallèle à M'C est perpendiculaire à la bissectrice de l'angle M'FM. Par conséquent, toutes ces propriétés se conservant quelle que soit la position de la sécante MM', lorsque le point M' s'approchera indéfiniment du point M et que la sécante MM' deviendra la tangente en M, elles existeront encore. Alors, la bissectrice de l'angle M'FM sera devenue le rayon vecteur FM lui-même, et si, d'un point quelconque G (*fig.* 622) de la tangente, on mène une parallèle GL à la directrice et une perpendiculaire GK au rayon vecteur FM, on aura :

$$MK = ML.$$

Les triangles rectangles GMK et GML ayant alors un côté égal et l'hypoténuse

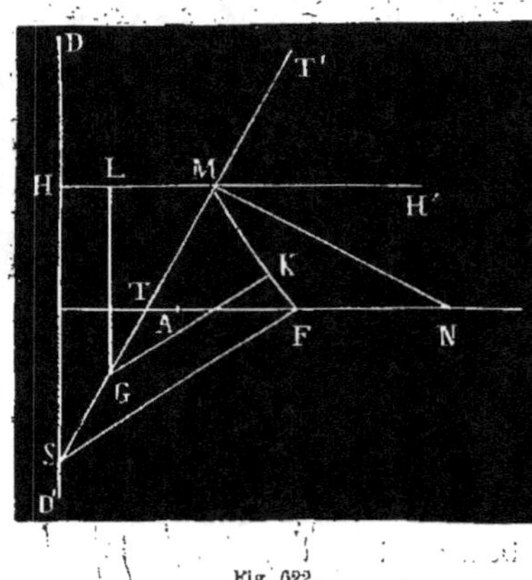

Fig. 622.

commune sont égaux et prouvent l'égalité des angles GMF et GMH. Donc la

tangente MT est bissectrice de l'angle FMH formé par les distances du point de contact M au foyer et à la directrice.

1094. Si l'on prolonge la droite HM en MH', l'angle T'MH' est égal à l'angle TMH comme opposé par le sommet. Donc, *la tangente à la parabole fait des angles égaux avec le rayon vecteur du point de contact et la parallèle à l'axe qui passe par ce point, extérieurement à leur angle.*

1095. COROLLAIRES :

I. *La normale à la parabole est bissectrice de l'angle formé par le rayon vecteur du point de contact et la parallèle à l'axe qui passe par ce point,* car les angles FMN et NMH' (*fig.* 622) sont égaux comme compléments des angles égaux TMF et H'MT'.

II. *La tangente au sommet de la parabole est perpendiculaire à l'axe,* car là normale en ce point coïncide avec l'axe.

Théorème n° 380.

1096. *La droite qui joint le foyer au point d'intersection d'une tangente avec la directrice est perpendiculaire au rayon vecteur du point de contact.*

En effet, les triangles HMS et FMS (*fig.* 622) ayant les angles en M égaux, le côté MS commun et MH = MF sont égaux et, puisque le premier est rectangle en H, le second est aussi rectangle en F.

Théorème n° 381.

1097. *La tangente à la parabole n'a qu'un point de commun avec la courbe.*

En effet, soit MT, (*fig.* 623) la tangente au point M de la parabole. Si nous menons HF, le triangle HMF étant isocèle, la tangente MT, qui est bissectrice de l'angle au sommet, est perpendiculaire au milieu de la base HF. Donc, le point H est le symétrique du foyer par rapport à la tangente MT.

Soit maintenant un point quelconque T' de la tangente. Si l'on joint T'F et

T'H, ces deux droites seront égales. Or, la perpendiculaire T'H' est plus petite que l'oblique T'H et, par suite, que la droite T'F. Donc le point T étant plus éloigné du foyer que de la directrice est

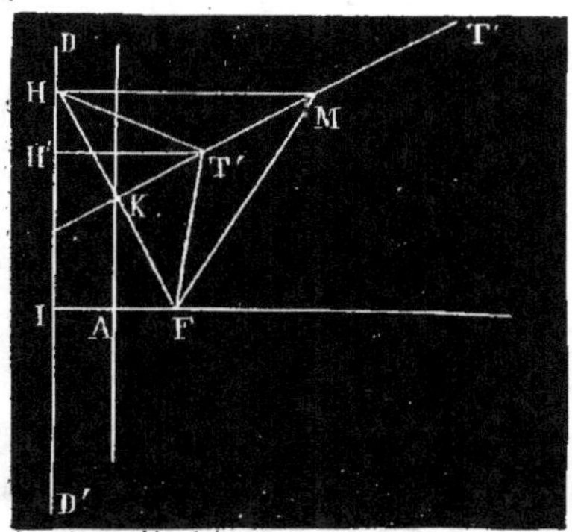

Fig. 623.

extérieur à la courbe. Il en est de même pour tous les autres points de la tangente qui n'a donc que son point de contact M de commun avec la courbe.

1098. COROLLAIRE. — *La parabole est une courbe convexe et ne saurait être rencontrée en plus de deux points par une ligne droite (1004 et 1005).*

Théorème n° 382.

1099. *Le lieu des points symétriques du foyer par rapport aux tangentes à la parabole est la directrice de la courbe.*

En effet, la démonstration précédente nous a montré que le point H de la directrice est le symétrique du foyer, par rapport à la tangente MT. Il en serait de même pour tout autre point de la directrice par rapport à la tangente correspondante et le théorème est démontré.

Théorème n° 383.

1100. *Le lieu des pieds des perpendiculaires abaissées du foyer sur toutes les* *tangentes à la parabole est la tangente au sommet de la courbe.*

En effet, le point A étant le milieu de IF (*fig.* 623) et le pied K de la perpendiculaire FKH abaissée du foyer sur la tangente MT étant le milieu de la droite FH, la droite AK est parallèle à la directrice et n'est autre que la tangente au sommet de la courbe. Donc, le lieu des points K est la tangente au sommet.

Théorème n° 384.

1101. *La tangente et la normale en un même point de la parabole rencontre l'axe à égale distance du foyer.*

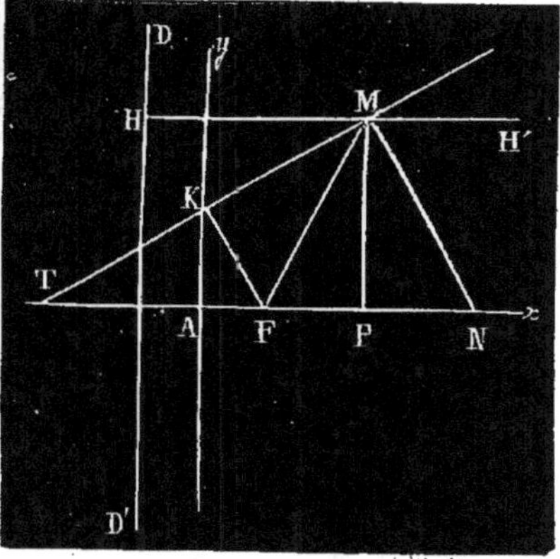

Fig. 624.

En effet, la tangente MT (*fig.* 624) étant bissectrice de l'angle FMH et l'angle MTF étant égal à l'angle TMH comme alternes-internes, le triangle TMF a ses angles en T et en M égaux; il est isocèle et donne

$$TF = FM.$$

De même, le triangle FMN est isocèle, car ses angles en M et en N sont tous deux égaux à l'angle NMH', et il donne

$$FN = FM.$$

Donc, on a aussi

$$TF = FN$$

Donc, etc.

Théorème n° 385.

1102. *Dans la parabole, la sous-tangente est double de l'abscisse du point de contact.*

On rapporte généralement la parabole à son axe pris pour axe des abcisses et à sa tangente au sommet pour axe des ordonnées. Alors, l'abscisse d'un point quelconque M (*fig.* 624) de la courbe est la distance AP du sommet A au pied P de l'ordonnée de ce point. Soient alors MT la tangente au point M et FK la perpendiculaire abaissée du foyer sur cette tangente. Nous savons que le point K est sur l'axe des ordonnées. Mais, le triangle TFM est isocèle, comme nous l'avons vu dans la démonstration du théorème précédent, et la perpendiculaire FK à la base MT passe par le milieu K de cette base. Par suite, dans le triangle TMP, la droite KA, parallèle au côté MP et passant par le milieu du côté MT, passe aussi par le milieu du côté TP.

Donc, $$TA = AP,$$

et $$TP = 2.AP.$$

Donc, etc.

Théorème n° 386.

1103. *Dans la parabole, la sous-normale est constante et égale au paramètre de la courbe.*

En effet, nous avons trouvé (*fig.* 624)

$$TF = FN$$

et $$TA = AP$$

Donc, $$TF - TA = FN - AP$$

ou $$AF = FN - AP$$

ou $$AF = FN - (AF + FP)$$

c'est-à-dire, $$AF = PN - AF$$

d'où $$PN = 2.AF$$

Or, AF est constant et égal à la moitié du paramètre de la courbe. Donc, la sous-normale PN est constante et égale au paramètre.

1104. COROLLAIRE. — *Dans la parabole, le carré d'une corde perpendiculaire à l'axe est proportionnel à sa distance au sommet.*

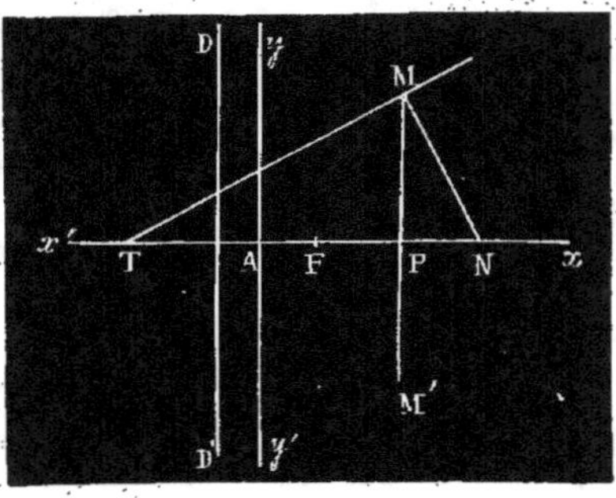

Fig. 625.

En effet, désignons par y l'ordonnée MP (*fig.* 625) d'un point quelconque M de la courbe; par x, son abscisse AP et par p, le paramètre constant de la courbe. Dans le triangle rectangle TMN, la droite MP étant perpendiculaire à l'hypoténuse on a :

$$\overline{MP}^2 = TP \times PN$$

mais,

$$MP = y, \quad TP = 2.AP = 2x, \quad PN = p$$

La relation précédente devient donc

$$y^2 = 2px,$$

et, comme elle est vérifiée pour tous les points de la courbe, c'est l'*équation de la parabole.*

Soit maintenant MM' une corde perpendiculaire à l'axe. On aura

$$MM' = 2.MP = 2y;$$

Donc

$$\overline{MM'}^2 = 4y^2 = 8px = 8p.\,AP$$

Donc, etc.

Problème nᵒ 117.

1105. *Tracer une tangente à la parabole par un point donné sur la courbe.*

Soient F (*fig.* 626) le foyer, DD' la direc-

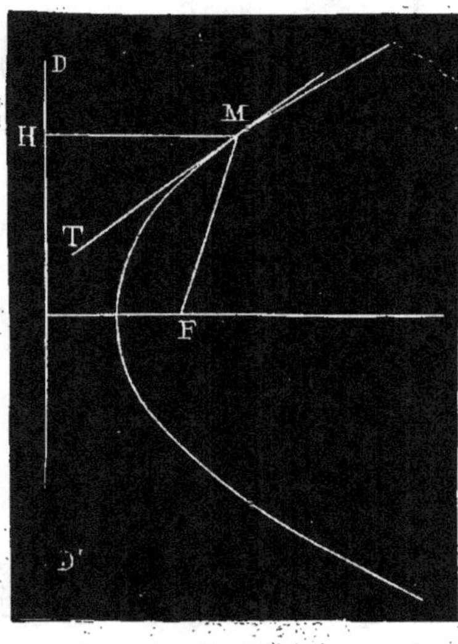

Fig. 626.

trice de la courbe et M le point connu de la parabole; FM sera le rayon vecteur de ce point et MH sa distance à la directrice et la bissectrice MT de l'angle FMH sera la tangente demandée.

Problème nᵒ 118.

1106. *Tracer une tangente à la parabole par un point extérieur.*

Supposons le problème résolu. Soit F le foyer, DD' (*fig.* 627) la directrice, P le point extérieur donné et MP la tangente demandée. Déterminons le symétrique H du foyer F par rapport à cette tangente. Ce point sera sur la directrice DD' (1099) et

sur un cercle décrit du point P, comme centre, avec PF pour rayon car PH = PF. On pourra donc l'obtenir directement en traçant ce cercle, et la tangente demandée sera la perpendiculaire élevée au milieu

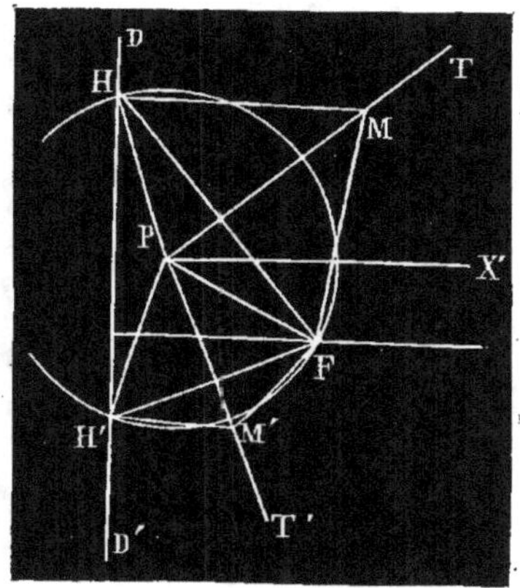

Fig. 627.

de FH. Pour obtenir son point de contact M, il suffira de mener du point H une perpendiculaire HM à la directrice.

Pour que le problème soit possible, il faut que le cercle décrit du point P, comme centre, avec PF pour rayon, rencontre la directrice et cela aura lieu si son rayon PF est plus grand que la distance de son centre à la directrice. Si donc le point P est plus éloigné du foyer que de la directrice, c'est-à-dire s'il est extérieur à la courbe, il y aura deux points H et, par suite, deux solutions. Si le point P est sur la courbe, il n'y aura plus qu'une solution, parce que le cercle considéré et la directrice seront tangents. Enfin, si le point P est à l'intérieur de la courbe, comme il sera plus près du foyer que de la directrice, il n'y aura plus de solution.

Théorème nᵒ 387.

1107. *Les deux tangentes à la parabole, issues d'un même point* P, *font des* *angles égaux avec la droite PF et la parallèle à l'axe, menée par le point P, et la droite PF est bissectrice de l'angle formé par les rayons vecteurs MF et M'F des points de contact.*

En effet, H (*fig.* 627) étant le symétrique de F par rapport à la tangente PM, et H' son symétrique par rapport à la tangente PM', si nous menons PX' parallèle à l'axe, c'est-à-dire perpendiculaire à la directrice DD', les angles X'PM et FH'H ayant leurs côtés respectivement perpendiculaires seront égaux. Mais l'angle FH'H, inscrit dans une circonférence, vaut la moitié de l'angle au centre FPH qui intercepte le même arc entre ses côtés, et, par suite, est égal à l'angle FPM qui est la moitié de FPH.

Donc aussi, $\qquad$ X'PM $=$ FPM'.

De plus, les angles PFM et PFM' sont aussi égaux, parce que

$$\text{PFM} = \text{PHM} = 1^{\underline{dr}} - \text{PHH'}$$
$$\text{PFM'} = \text{PH'M'} = 1^{\underline{dr}} - \text{PH'H}$$

et parce que le triangle PHH', étant isocèle donne PHH' $=$ PH'H.

La droite PF est donc bissectrice de l'angle MFM'.

Problème n° 119.

1108. *Tracer une tangente à la parabole, parallèlement à une direction donnée.*

Si l'on mène par le foyer F (*fig.* 628) une perpendiculaire à la direction donnée CC', le symétrique du foyer, par rapport à la tangente cherchée, sera évidemment sur cette droite. Comme il est aussi sur la directrice DD', c'est le point H où se rencontrent ces deux droites. Donc la tangente demandée est la perpendiculaire MT élevée au milieu de FH. Son point de contact M est à son intersection avec la parallèle à l'axe HM qui passe par le point H.

Il résulte de là que le problème admet toujours une solution et *une seule*. Mais,

en particulier, si l'on veut mener à la courbe une tangente parallèle à l'axe, les droites DD' et FH étant parallèles,

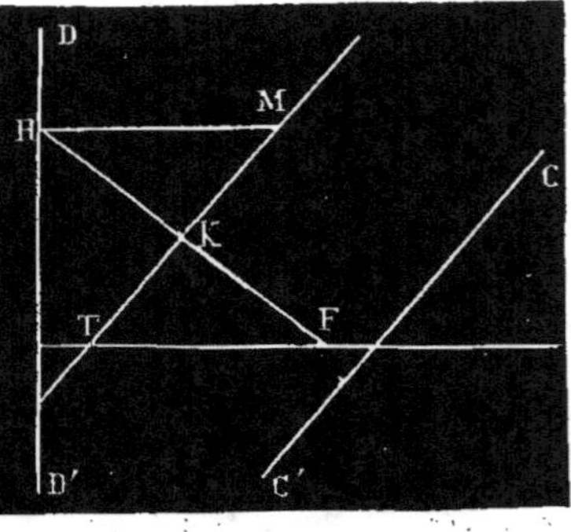

F.g. 628.

leur intersection est transportée à l'infini et il en est de même de la tangente.

Problème n° 120.

1109. *Trouver les points de rencontre d'une parabole avec une droite donnée.*

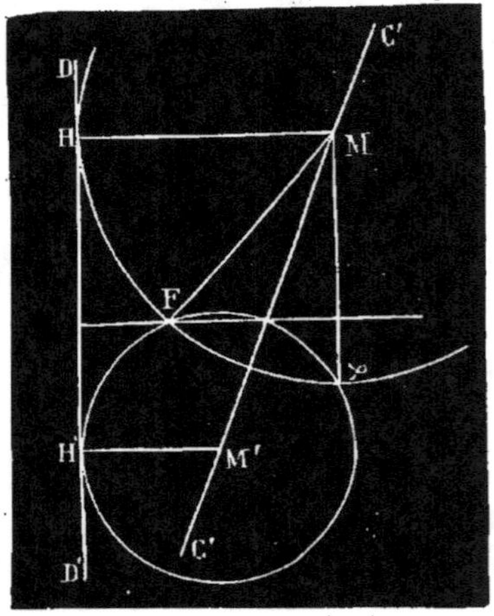

Fig. 629.

Supposons le problème résolu et soient

F (*fig.* 629) le foyer ; DD' la directrice de la courbe ; CC' la droite donnée et M l'un des points d'intersection cherchés. Si l'on détermine le symétrique φ du foyer par rapport à la droite CC' donnée, le point M appartenant à cette droite et à la courbe, on aura :

$$MF = M\varphi = MH.$$

Les trois points F, φ et H seront donc sur un même cercle décrit du point M, comme centre, passant par les points connus F et φ et tangent à la directrice DD'. Nous sommes donc conduits, pour trouver le point M, à résoudre le problème de géométrie plane suivant :

Trouver le centre d'un cercle passant par deux points fixes donnés F et φ et tangent à une droite donnée DD', ce qu'on sait faire.

On voit que le problème admettra deux solutions, si les points F et φ se trouvent d'un même côté par rapport à la directrice DD' ; une seule solution, si le point φ tombe sur la directrice DD', et, dans ce cas, la droite donnée est une tangente à la courbe ; enfin, aucune solution, la droite donnée étant tout entière extérieure à la courbe, si le point φ tombe de l'autre côté de la directrice, par rapport au foyer.

§ VI. — DE LA PARABOLE.

CONSIDÉRÉE COMME LIMITE D'UNE ELLIPSE OU D'UNE HYPERBOLE.

Théorème n° 388.

1110. *La limite d'une ellipse dont un foyer et le sommet voisin restent fixes pendant que le centre et, par suite, le second foyer et le second sommet s'éloignent à l'infini sur le grand axe, est une parabole ayant, pour foyer et pour sommet, le foyer et le sommet fixe de l'ellipse considérée.*

Soit une ellipse dont nous supposerons le foyer F et le sommet A (*fig.* 630) fixes pendant que le centre et, par suite, le second foyer et le second sommet s'éloignent à l'infini. Si nous traçons le cercle directeur relatif au foyer F' de cette ellipse, il passera toujours par le point D tel que AD = A'F' = AF, et sera tangent en ce point à la perpendiculaire DD' à l'axe. Si le point F' s'éloigne maintenant à l'infini, il en sera toujours ainsi. Mais, le rayon de ce cercle augmentant indéfiniment, il s'approchera de plus en plus de la droite DD' avec laquelle il coïncidera à la limite. Or, nous savons que tout point M de l'ellipse est toujours également éloigné du foyer F et de ce cercle directeur, c'est-à-dire que l'on a :

$$MF = M\varphi.$$

Cette propriété se conservant toujours subsistera à la limite, de sorte que si M' est la nouvelle position du point M, M'F devenant la limite de MF et M'H devenant la limite de Mφ, on aura :

$$M'F = M'H.$$

Tout point de la courbe limite est donc à égale distance du foyer F et de la droite DD'. Cette courbe est une parabole qui a pour foyer le point F, pour directrice DD' et, par suite, pour sommet, le point fixe A.

En réalité, c'est simplement la demi-ellipse BAB' qui a pour limite la parabole, parce que les points B et B' s'éloignent à l'infini. On démontrerait de la même manière ce théorème pour l'une des branches d'une hyperbole.

1111. Ce théorème nous permet de prévoir et de démontrer les propriétés de la parabole en les considérant comme les propriétés limites d'une ellipse ou d'une hyperbole. Ainsi, nous savons que la tangente à l'ellipse fait des angles égaux avec les rayons vecteurs du point de contact, extérieurement à leur angle.. Si nous supposons donc qu'une ellipse se déforme en tendant vers la parabole, la tangente à cette courbe tendra vers une tangente à la parabole ; mais, alors, le rayon vecteur

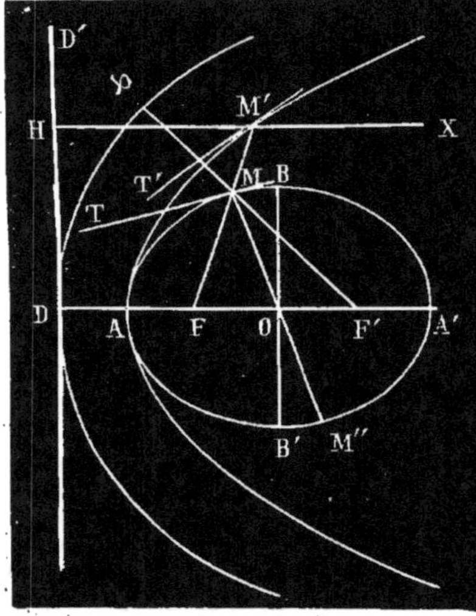

FIG. 630.

correspondant au foyer fixe deviendra le rayon vecteur de la parabole ; le rayon vecteur correspondant au foyer mobile deviendra parallèle à l'axe, puisque ce foyer se transporte à l'infini. Donc, la tangente à la parabole fait des angles égaux avec le rayon vecteur du point de contact et la parallèle à l'axe qui passe par ce point, extérieurement à leur angle. De même, nous avons vu que, dans l'ellipse, le lieu des points symétriques du foyer F, par rapport à toutes les tangentes, est le cercle directeur relatif au foyer F'. Or, si l'ellipse se déforme en devenant une parabole, ses tangentes deviennent les tangentes à la parabole et le cercle directeur relatif au foyer F' devient la directrice DD'. Donc, le lieu des points symétriques du foyer, par rapport aux tangentes d'une parabole, est la directrice de cette courbe. Enfin, nous savons encore que, dans l'ellipse, le lieu des pieds des perpendiculaires abaissées des foyers sur les tangentes est le cercle principal de la courbe. Si nous supposons donc que l'ellipse se déforme en devenant une parabole, comme le cercle principal de l'ellipse deviendra la tangente au sommet de la parabole, nous en déduirons ce théorème connu : *le lieu des pieds des perpendiculaires abaissées du foyer sur les tangentes à une parabole est la tangente au sommet de cette courbe.*

Théorème n° 389.

1112. *Les diamètres de la parabole sont des droites parallèles à l'axe et chacun d'eux est conjugué des cordes parallèles à la tangente à la courbe menée par le point où il la rencontre.*

En effet, nous avons vu que, dans l'ellipse, les diamètres sont des droites passant par le centre, et que chacun d'eux est conjugué des cordes parallèles à la tangente à la courbe qui passe par le point où il la rencontre (1050). Soit donc MOM' (*fig.* 630), un diamètre de l'ellipse qui est conjugué des cordes parallèles à MT. Pendant que l'ellipse se déformera en tendant vers une parabole, les diamètres des différentes ellipses qui passeront par les positions correspondantes du point M resteront toujours conjugués des directions correspondantes de la tangente MT, et cette propriété subsistera, par suite, à la limite. Soit donc M' la position limite du point M. La tangente M'T' de la parabole sera la limite des positions de la tangente MT et la parallèle à l'axe M'X sera la limite de la droite MOM'', puisque le point O s'est éloigné à l'infini. Alors, la droite MOM'' ayant passé dans toutes ses positions par les milieux des cordes parallèles aux positions correspondantes de

MT, sa limite M'X passe aussi par les milieux de toutes les cordes de la parabole parallèles à M'T. Donc, MX est un diamètre de la courbe et il est conjugué des cordes parallèles à M'T.

1113. COROLLAIRE. — *La parallèle à l'axe, menée par le point de concours de deux tangentes à la parabole, est le diamètre conjugué des cordes parallèles à la corde des contacts.*

Cette propriété de la parabole n'est que la limite de la propriété analogue de l'ellipse que nous avons énoncée (1052) et on la démontrerait comme les précédentes.

Théorème n° 390.

1114. *Si l'on considère la tangente en un point donné de la parabole et le diamètre qui passe par ce point, et si l'on rapporte la courbe à cette tangente et à ce diamètre, la sous-tangente est encore le double de l'abscisse du point de contact.*

Lorsqu'on rapporte une courbe à deux

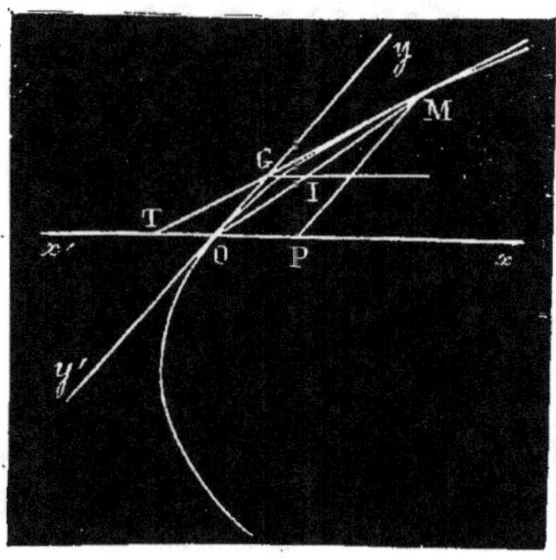

Fig. 331

axes Ox et Oy (*fig.* 631) qui ne sont pas rectangulaires, en prenant le premier pour axe des abscisses et l'autre pour axe des ordonnées, on fixe la position d'un point M de la courbe en menant, par ce point, une parallèle MP à l'axe des ordonnées et en indiquant son abscisse

OP et son ordonnée MP. Dans ce cas, la sous-tangente est encore la portion TP de l'axe des abscisses comprises entre le point T, où il est rencontré par la tangente, et le pied P de l'ordonnée du point de contact.

Soient donc Ox un diamètre de la parabole et Oy la tangente menée par son extrémité et, considérant ces deux droites comme axe des coordonnées, traçons une tangente quelconque MT à la courbe. Si, par le point G où cette tangente rencontre Oy, nous menons une parallèle à l'axe, et, par suite, au diamètre Ox, ce sera le diamètre de la parabole qui est conjugué des cordes parallèles à MO (1113), et elle rencontrera, par suite, la corde MO au point I milieu de MO. Alors, les droites OT et IG étant parallèles, le point G sera aussi le milieu de MT et, enfin, les droites GO et MP étant également parallèles, le point O sera encore le milieu de PT. Donc on aura :

$$PO = OT \text{ ou } PT = 2.OP. \quad \text{Donc, etc.}$$

Théorème n° 391.

1115. *L'aire d'un segment de parabole compris entre la courbe et une corde quelconque est égale aux deux tiers de la surface du parallélogramme construit sur la corde et la flèche du segment, cette flèche étant comptée sur le diamètre de la courbe qui passe par le milieu de la corde de ce segment.*

Soit P (*fig.* 632) le milieu de la corde MM' du segment donné et, par suite, PA la flèche de ce segment. Si nous divisons l'arc AM de la courbe en plusieurs parties et si nous menons, par chaque point de division, les ordonnées et les tangentes, nous aurons divisé le segment parabolique en trapèzes analogues à NQQ'N' dont la somme tendra vers la surface AMP du segment quand le nombre des divisions deviendra infiniment grand, chacune d'elles étant infiniment petite. Mais, le théorème précédent nous donne :

$$AT = AQ,$$
$$AT' = AQ',$$

et par suite,

$$TT' = QQ',$$

De plus, si G est le point de rencontre des tangentes NT et N'T', nous savons que la parallèle GI à l'axe passe par le milieu I de NN'. Par conséquent le

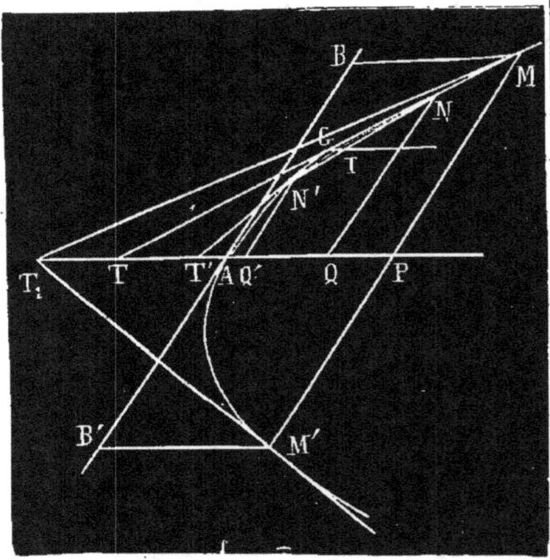

Fig. 632.

triangle GTT' ayant pour surface la moitié du produit de TT' par la distance des droites GI et AP et le trapèze NQQ'N' ayant pour surface le produit de QQ' par cette même distance, ce trapèze NQQ'N' est double du triangle GTT'. De même, tous les trapèzes formés sont respectivement doubles des triangles correspondants et, par suite, leur somme est double de la somme de tous ces triangles. Or, lorsque le nombre des divisions augmente indéfiniment, la somme des trapèzes tend vers la portion de surface AMP du segment et la somme de tous les triangles tend vers la surface extérieure AMT_i limitée à la tangente extrême MT_i. Par conséquent on a :

$$\text{Surf. AMP} = 2 \text{ Surf. } AMT_i$$

ou $\quad \text{Surf. AMP} = \dfrac{2}{3} \text{ Surf. } T_iMP$

On aurait de la même manière

$$\text{Surf. AM'P} = \frac{2}{3} \text{ Surf. } T_iM'P,$$

Donc,

$$\text{Surf. MAM'} = \frac{2}{3} \text{ Surf. } MT_iM'.$$

Menons maintenant la tangente à la parabole au point A. Elle est, comme on sait, parallèle à la corde MM' et, si l'on considère le parallélogramme MBB'M'

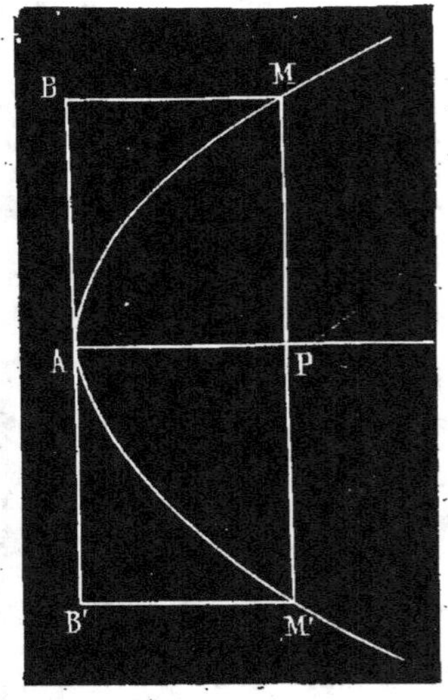

Fig. 633.

ainsi que le triangle MT_iM', on voit qu'ils ont même base MM' et que la hauteur du parallélogramme est la moitié de celle du triangle, parce que PA est la moitié de PT_i.

Leurs surfaces sont par suite égales, et on a :

$$\text{Surf. } MT_iM' = \text{Surf. MBB'M'}$$

Donc aussi,

$$\text{Surf. MAM'} = \frac{2}{3} \text{ Surf. MBB'M'.}$$

Donc, etc.

1116. Ce théorème s'applique évidemment au cas où la corde MM' est perpendiculaire à l'axe et où le point A (*fig.* 633) est par conséquent le sommet de la courbe. Dans ce cas, si l'on appelle x la distance du sommet à la corde MM' et y la moitié MP de cette corde, la surface du parallélogramme MBB'M' est donnée par l'expression

$$x \times 2\,y = 2\,xy$$

Donc, dans ce cas, on a :

$$\text{Surf. MAM'} = \frac{4}{3}\,xy$$

§ VII. — DE L'ELLIPSE, DE L'HYBERPOLE ET DE LA PARABOLE

CONSIDÉRÉES COMME SECTIONS PLANES DU CONE CIRCULAIRE DROIT.

Théorème n° 392.

1117. *La section d'un cône circulaire droit par un plan qui coupe toutes les génératrices d'un même côté du sommet, est une ellipse.*

Prenons, pour plan de la figure, le plan qui passe par l'axe du cône et qui est perpendiculaire au plan sécant et soient SC (*fig.* 634) et SC' les génératrices du cône qui sont contenues dans ce plan et AA' la trace du plan sécant sur le plan de la figure. Traçons sur le plan de la figure, dans l'angle CSC', une circonférence inscrite et une circonférence ex-inscrite au triangle ASA' et soient B et B', C et C' leurs points de contact avec SC et SC', F et F' leurs points de contact avec AA'. On aura :

$$SB = SB' \text{ et } SC = SC',$$
$$AF = AB \text{ et } AF' = AC,$$
$$A'F = A'B' \text{ et } A'F' = A'C'$$

et, enfin, $\quad BC = B'C'$

Par conséquent,

$$AF + AF' = AB + AC = BC,$$
$$A'F + A'F' = A'B' + A'C' = B'C'$$

Donc, $\quad AF + AF' = A'F + A'F'$

c'est-à-dire que

$$2\,AF + FF' = FF' + 2\,AF',$$

ou, enfin

$$2AF = 2\,A'F', \qquad AF = A'F',$$

Par suite,

$$AF + A'F = A'F' + A'F = B'C' = BC.$$

Supposons maintenant qu'on fasse tourner la figure autour de l'axe SX du cône. Les génératrices SC et SC' décriront le cône lui-même et les deux cercles tracés décriront deux sphères inscrites dans ce cône qu'elles toucheront suivant les cercles BB' et CC' et qui, de plus, seront tangentes au plan sécant aux points F et F' Soit M un point quelconque de la section du cône par le plan sécant. Si nous traçons la génératrice SGMH qui passe par ce point, elle sera tangente aux deux sphères en G et en H sur les cercles de contact BB' et CC'. De même, si nous menons, dans le plan sécant, les droites MF et MF', elles seront tangentes aux deux sphères en F et F'. Alors les droites MF et MG issues d'un même point M et tangentes à la même sphère sont égales. Pour la même raison les droites MF' et MH issues du même point M et tangentes à la même sphère sont égales. On a donc :

$$MF + MF' = MG + MH = GH = CB = AA'.$$

Par suite, la somme des distances d'un point quelconque de la section aux deux points fixes F et F' est constante et égale à AA'. Donc, la section est une ellipse qui a ces points F et F' pour foyers et AA' pour grand axe.

Remarquons en terminant que si, du point A' on mène une perpendiculaire à l'axe jusqu'à sa rencontre avec SC, on aura AK = FF', parce que

$$AK = AC - CK = AC - A'C' = AF' - A'F' = AF' - AF = FF',$$

De sorte que, étant données les droites SC, S'C' et AA', on pourra obtenir les points F et F' d'une manière plus rapide que par le tracé des deux circonférences précédentes.

1118. COROLLAIRE. — *Les sections planes d'un cylindre circulaire droit sont des ellipses,* parce qu'on peut considérer un cylindre circulaire droit comme un cône de révolution dont le sommet est éloigné à l'infini.

Problème n° 121.

1119. *Poser une ellipse donnée sur un cône de révolution donné.*

Supposons le problème résolu et soit AA' (*fig.* 634) le grand axe de l'ellipse. Dans le triangle AA'K, on connaît AA' = 2 *a*, AK = 2 *c* et l'angle en K qui est le complément du demi angle au sommet ASX du cône donné. On pourra donc construire ce triangle, et, le posant sur l'un des plans méridiens du cône, faire glisser son côté AK sur la génératrice correspondante SA, jusqu'à ce que son sommet A' soit sur la génératrice opposée SA'. Les points A et A' indiqueront alors les position qu'il faut faire occuper aux extrémités du grand axe de l'ellipse donnée pour qu'elle repose sur le cône et la position qu'occupera alors cette ellipse sera donnée par l'intersection du cône avec le plan passant par AA' et perpendiculaire au méridien considéré.

Théorème n° 393.

1120. *La section d'un cône circulaire*

droit, par un plan parallèle à deux génératrices quelconques, est une hyperbole.

Si l'on prolonge toutes les génératrices d'un cône circulaire droit au delà du sommet, elles forment un nouveau cône opposé au premier, et on considère alors l'ensemble de ces deux cônes comme un seul cône séparé en deux parties, ou *nappes,* par le sommet. Si un plan est pa-

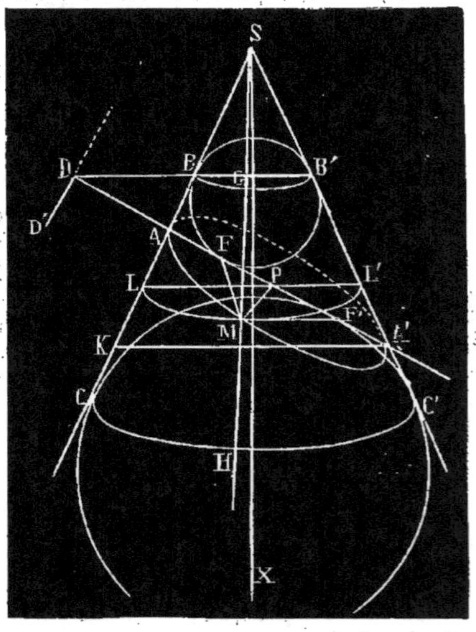

Fig. 634

rallèle à deux génératrices d'un cône ces deux génératrices se coupant au sommet déterminent un plan qui est parallèle au premier, et le plan considéré ne peut rencontrer, sur une même nappe, que les génératrices du cône qui sont situées du même côté que lui, par rapport au second plan. Les autres génératrices ne seront rencontrées que sur la seconde nappe du cône et la courbe de section se composera, par suite, de deux branches placées sur les deux nappes du cône.

Prenons encore, pour plan de la figure, le plan qui passe par l'axe du cône et qui est perpendiculaire au plan sécant, et soient SC et SC' (*fig* 635) les génératrices du cône qui sont contenues dans ce plan et AA' la trace du plan sécant sur le plan

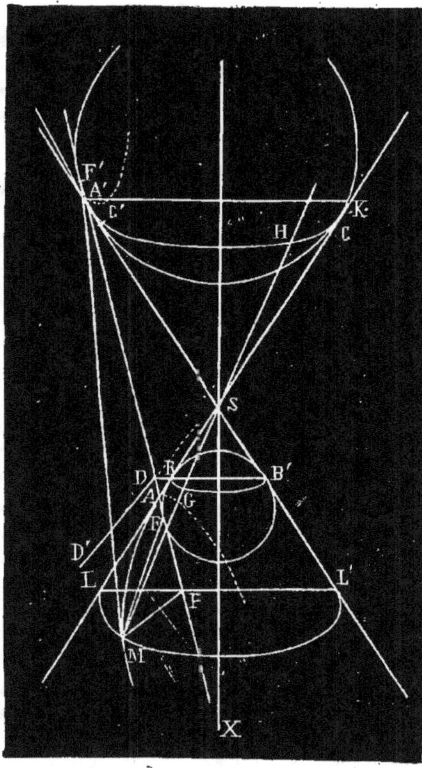

Fig. 635.

de la figure. Dans l'angle CSC', traçons les deux circonférences ex-inscrites au triangle A A' et soient B et B', C et C', leurs points de contact avec SC, et SC'; F et F', leurs points de contact avec AA'. On aura :

$$SB = SB' \qquad SC = SC'$$
$$AF = AB \qquad A'F' = A'C'$$
$$AF' = AC \qquad A'F = A'B'$$

$$BC = BS + SC = B'S + SC' = B'C'$$

et, par suite,

$$AF' - AF = AC - AB = BC$$
$$A'F - A'F' = A'B' - A'C' = B'C'$$

Donc aussi :

$$AF' - AF = A'F - A'F'.$$

et

$$FF' - 2AF = FF' - 2A'F'$$

c'est-à-dire que

$$AF = A'F'.$$

Dès lors,

$$AA' = AF' - A'F' = AF' - AF =$$
$$AC - AB = BC.$$

Supposons maintenant qu'on fasse tourner la figure autour de l'axe SX du cône. Les génératrices SC et SC' décriront le cône lui-même et les deux cercles inscrits dans l'angle CSC' décriront deux sphères intérieures à ce cône auquel elles seront tangentes tout le long des cercles BB' et CC' décrits par les points B et C, et qui seront tangentes en même temps aux points F et F' du plan sécant. Soit dès lors un point quelconque M de l'intersection du cône par le plan sécant. Si nous menons la génératrice MGSH qui y passe, elle sera tangente en G et en H aux deux sphères considérées, et les droites MF et MF', contenues dans le plan sécant, seront aussi respectivement tangentes à chacune de ces sphères en F et F'. Par conséquent, puisque toutes les tangentes à une même sphère, qui sont issues d'un même point sont égales, on aura :

$$MF = MG \qquad MF' = MH.$$

Donc :

$$MF' - MF = MH - MG = GH = BC = AA'.$$

Il résulte de là que la différence des distances d'un point quelconque de la section aux deux points F et F' de son plan, étant constante et égale à AA', la section est une hyperbole ayant, pour foyers, les points F et F' et pour axe transverse, AA'.

Remarquons, comme dans le cas précédent, que si, du point A' on mène une perpendiculaire A'K à l'axe du cône SX jusqu'à sa rencontre avec SC, on aura AK = FF', puisque

$$AK = AC + CK = AC + A'C'$$
$$= AF'' + A'F'' = AF'' + AF = FF''.$$

Problème n° 122.

1121. *Poser une hyperbole donnée sur un cône de révolution donné.*

Nous venons de voir que si une hyperbole, ayant les point F et F' pour foyers (*fig.* 635) et AA' pour axe transverse, est posée sur le cône S, lorsque du point A' on mènera la perpendiculaire A'K à l'axe SX du cône, on aura AK = FF''.

Par conséquent, si l'hyperbole qu'on doit poser sur le cône S est donnée, on connaîtra le triangle AA'K qui a pour côtés AA', ou l'axe transverse de l'hyperbole donnée, et AK, ou sa distance focale, et dont l'angle en K est complémentaire du demi-angle au sommet du cône donné. Dès lors, on pourra construire ce triangle, et en le posant sur l'un quelconque des plans méridiens du cône, de manière que son côté AK coïncide avec l'une des génératrices qu'il contient, on le fera glisser dans ce plan jusqu'à ce que son sommet A' vienne se poser sur l'autre génératrice. A cet instant, le côté AA' indiquera la position que doit occuper l'axe transverse de l'hyperbole donnée et la position de cette hyperbole sera elle-même fournie par l'intersection du cône avec le plan mené par AA', perpendiculairement au plan du triangle AA'K.

Les conditions imposées pour la construction du triangle AA'K permettraient cependant d'obtenir deux solutions différentes, mais il est facile de s'assurer que ces deux solutions correspondent à deux positions diverses que peut prendre l'hyperbole donnée sur le cône donné, lorsque son axe transverse reste sur le méridien choisi.

Théorème n° 394.

1122. *La section d'un cône circulaire droit par un plan parallèle à une seule génératrice est une parabole.*

Si l'on mène par le sommet du cône un plan parallèle au plan donné, il ne pourra contenir qu'une seule génératrice, celle qui lui est parallèle. Par suite, il sera tangent au cône tout le long de cette génératrice, et le plan méridien, conduit par l'axe du cône et la génératrice considérée, lui sera perpendiculaire, ainsi qu'au plan donné.

Prenons ce plan méridien pour plan de la figure, et soient SA et SA' (*fig.* 635) les deux génératrices qu'il contient, et AP la trace du plan sécant sur ce plan méridien ; AP sera parallèle à SA'.

Dans l'angle ASA', traçons le cercle O qui est tangent à la fois en B et en B' aux génératrices SA et SA' et en F à la droite AP, et faisons tourner la figure autour de l'axe SX du cône donné. Les génératrices SA et SA' décriront le cône lui-même et le cercle O décrira une sphère tangente à ce cône tout le long du cercle BB' décrit par le point B, et tangente en F au plan sécant. Enfin, prolongeons le plan du cercle BB' qui coupera le plan sécant suivant une droite DD' telle que, le triangle DAB étant isocèle, on aura AD = AB.

Soit maintenant M un point quelconque de l'intersection. Traçons la génératrice MGS et le parallèle LL' qui y passent. Les droites MF et MG, issues du même point et tangentes à la même sphère, étant égales, on a :

$$MF = MG = LB.$$

De plus, les plans BGB' et LML' étant parallèles, sont coupés par le plan sécant suivant deux droites parallèles DD' et MP et la distance du point M à la droite DD' est égale à PD. Enfin, puisque le triangle LAP est isocèle, on a AL = AP, et, par conséquent :

$$PD = PA + AD = LA + AB = LB.$$

Ainsi, le point M est également distant de la droite DD' et du point F. Il en serait de même pour tous les autres points de l'intersection. Donc, cette intersection est une parabole ayant F pour foyer et DD' pour directrice.

Problème n° 123.

1123. *Poser une parabole donnée sur un cône de révolution donné.*

Supposons le problème résolu. La para-

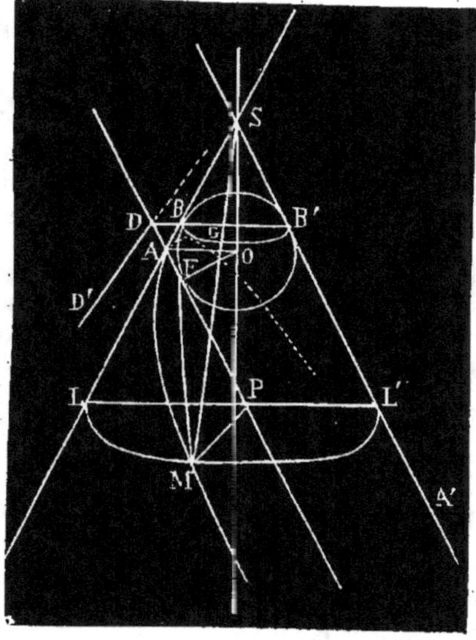

Fig. 636.

bole qui a F pour foyer (*fig.* 636) et DD' pour directrice étant posée sur le cône S, menons AO et OF. Le triangle AOF sera rectangle en F; il aura pour côté AF, ou le demi-paramètre de la parabole et, pour angle en A, le complément du demi-angle au sommet du cône S. Ce triangle pourra donc facilement être construit, si l'on connait la parabole et le cône sur lequel on doit la poser et, en l'appliquant

sur l'un quelconque des plans méridiens de ce cône, de manière que son sommet O soit sur l'axe SX et que son côté AO reste perpendiculaire à SX, on pourra le faire glisser sur ce plan jusqu'à ce que son sommet A se trouve sur la génératrice SA, Alors, les points F et A indiqueront les positions que doivent occuper le foyer et le sommet de la parabole et la position de la parabole entière sera l'intersection du cône S avec le plan mené par AF, perpendiculairement au plan méridien choisi.

1124. Les trois théorèmes précédents nous montrent que l'intersection d'un cône par un plan qui ne passe pas par son sommet est toujours une ellipse, une hyperbole ou une parabole. C'est pourquoi ces trois courbes ont reçu le nom de *sections coniques*.

Théorème n° 395.

1125. *L'ellipse, l'hyperbole et la parabole sont des courbes telles que le rapport des distances de chacun de leurs points à un point intérieur, appelé foyer, et à une droite extérieure, appelée directrice, est constant. Pour l'ellipse, ce rapport constant est plus petit que l'unité; pour l'hyperbole, il est plus grand que l'unité; et, enfin, pour la parabole, il est égal à l'unité.*

En effet:

1° Reprenons le cas de l'ellispe (*fig.* 634).

Menons le parallèle LL' qui passe par un point quelconque M de la section et prolongeons le plan du parallèle BB'. Ces deux plans étant parallèles entre eux, seront coupés par le plan sécant suivant deux droites parallèles DD' et MP, et la distance du point M à DD' sera égale à PD. Mais les triangles semblables APL, ADB, AA'K donnent :

$$\frac{AL}{AP} = \frac{AB}{AD} = \frac{AK}{AA'};$$

ou

$$\frac{AL + AB}{AP + AE} = \frac{LB}{PD} = \frac{AK}{AA'};$$

Or, nous savons que :

$$LB = MG = MF, \quad AK = FF' = 2c,$$
$$AA' = 2a,$$

Donc, on a : $\dfrac{MF}{PD} = \dfrac{c}{a}$.

Par suite, le rapport des distances d'un point quelconque de l'ellipse au point F et à la droite DD' est constant et égal à $\dfrac{c}{a}$, c'est-à-dire qu'il est plus petit que 1. DD' est une directrice de l'ellipse.

Si l'on prolongeait le plan du parallèle CC' jusqu'à la rencontre du plan sécant, il le couperait suivant une seconde droite parallèle à DD', et on montrerait, comme précédemment, que le rapport des distances d'un point quelconque de la courbe au foyer F' et à cette seconde droite est encore égal à $\dfrac{c}{a}$. Donc, cette seconde droite est une seconde directrice de l'ellipse. *L'ellipse a deux foyers et deux directrices*,

2° Considérons de même le cas de l'hyperbole (*fig.* 635). Menons le parallèle LL' qui passe par un point quelconque M de la courbe et prolongeons le parallèle BB'. Le plan sécant coupera ces deux plans suivant deux droites parallèles DD' et MP et la distance du point M à la droite DD' sera égale à PD. Les triangles semblables APL, ADB et AA'K donnent alors :

$$\frac{AL}{AP} = \frac{AB}{AD} = \frac{AK}{AA'}$$

ou $\dfrac{AL + AB}{AP + AD} = \dfrac{LB}{PD} = \dfrac{AK}{AA'}$

Mais LB $=$ MG $=$ MF,

AK $=$ FF' $= 2c$, AA' $= 2a$

Donc, il vient $\dfrac{MF}{PD} = \dfrac{c}{a} > 1$.

c'est-à-dire que le rapport des distances d'un point quelconque M de l'hyperbole au foyer F et à la droite DD' est constant et plus grand que l'unité. La droite DD' est une directrice de l'hyperbole.

En prolongeant le plan du parallèle CC' jusqu'à sa rencontre avec le plan sécant, on obtiendrait de même la seconde directrice de la courbe qui correspond au foyer F'. *L'hyperbole a deux foyers et deux directrices*.

3° Enfin, pour la parabole, la proposition qu'il s'agit de démontrer est précisément celle qui nous a servi à définir la courbe et nous avons vu (*fig.* 636) qu'on obtient encore la directrice DD' de la courbe en déterminant l'intersection du plan sécant avec le parallèle BB'.

La parabole n'a qu'un foyer et qu'une directrice.

§ VIII. — COURBES ENVELOPPES.

DÉVELOPPÉES ET DÉVELOPPANTES. — DÉVELOPPANTE DE CERCLE.

1126. Une courbe quelconque, mobile dans un plan, ne peut passer d'une première de ses positions à une seconde, qu'en occupant successivement une infinité de positions intermédiaires infiniment voisines l'une de l'autre et qui se coupent généralement.

On appelle courbe *enveloppe* d'une courbe mobile, le lieu des intersections des positions successives de cette courbe qui prend le nom d'*enveloppée mobile*.

Théorème n° 396.

1127. *L'enveloppe d'une courbe est tangente aux différentes positions de l'en-*

veloppée mobile, aux points où deux consécutives de ces positions viennent se rencontrer.

On dit que deux courbes sont tangentes en un point, lorsqu'elles ont, en ce point, un élément rectiligne commun et, par suite, une tangente commune.

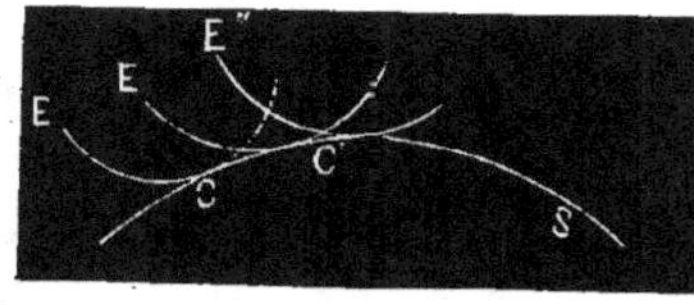

Fig. 637.

Soient E, E', E" (*fig.* 637) trois positions successives de l'enveloppée mobile, qui se coupent en C et C' sur E'. Les points C et C' appartiennent, d'après la définition, à l'enveloppe S et, par conséquent, cette enveloppe S et l'enveloppée E' ont l'élément rectiligne CC' commun; elles sont tangentes en C.

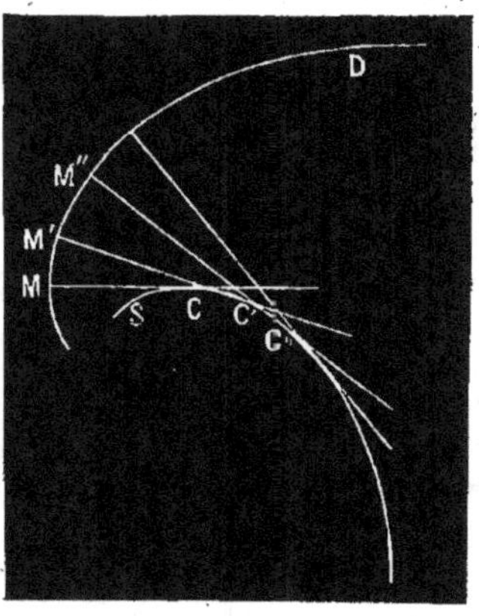

Fig. 638.

1128. Si l'on considère une courbe quelconque D (*fig.* 638), et qu'on trace toutes ses normales; les normales succes-sives MC et M'C, M'C', et M"C",..... se rencontreront nécessairement en des points infiniment voisins C,C',C",..... ; et, si l'on imagine qu'une droite mobile dans le plan de la courbe soit assujettie à coïncider successivement avec toutes les normales MC, M'C, M"C",....., son enveloppe S contiendra les poi ts C, C', C", ... intersections de ses positions successives. Cette enveloppe S sera donc *l'enveloppe des normales* de la courbe D.

1129. L'enveloppe des normales d'une courbe D s'appelle encore la *développée* de cette courbe.

Dans ce cas, la courbe D prend elle-même le nom de *développante*.

Théorème n° 397.

1130. *Les normales à la développante sont les tangentes à la développée.*

En effet, les normales à la développante sont les diverses positions de l'enveloppée mobile qui a la développée pour enveloppe et nous savons (**1127**) que l'enveloppe et l'enveloppée sont toujours tangentes.

1131. RÉCIPROQUEMENT. — *Les tangentes à la développée sont normales à la développante,* car on peut considérer une tangente à la développée comme une position de l'enveloppée rectiligne qu'elle enveloppe, laquelle est constamment normale à la développante, d'après la définition.

1132. Il résulte de là qu'*on peut regarder la développante comme engendrée par l'extrémité d'un fil inextensible qu'on aurait enroulé sur la développée et qu'on déroulerait en le tendant, de manière qu'il reste constamment tangent à la développée,* car, si l'on supposait d'abord que la développée fût un polygone CC'C"..... (*fig.* 639) d'un grand nombre de côtés, lorsqu'on enroulerait sur elle un fil inextensible et qu'on le déroulerait ensuite, son mouvement reviendrait à une suite de rotations

successives autour des points C,C'C''.....,
et son extrémité décrirait une suite de petits arcs MM', M'M'', M''M''',....., ayant
pour centres C,C'C'',....., et dont les normales passeraient, par conséquent, par les
sommets du polygone développé. Or,

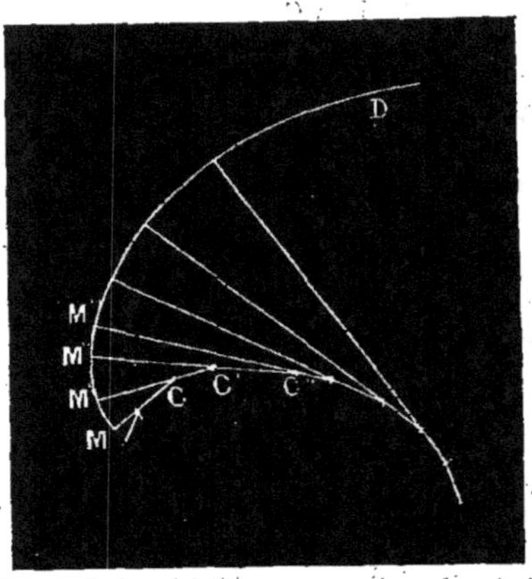

Fig. 639.

cette propriété ne dépend pas de la
longueur des côtés du polygone CC'C''.....,
et elle sera encore vraie si, ces côtés, devenant infiniment petits, le polygone devient lui-même la courbe S (*fig.* 638). Par
conséquent, si l'on enroule un fil inextensible sur la développée S et qu'on le déroule ensuite, son mouvement reviendra
à une suite de rotations infiniment petites
autour de chacun des points de la développée, et son extrémité décrira une suite
de petits arcs ayant ces points pour centres et dont les normales passeront par
conséquent par chacun d'eux. Alors, pour
une position quelconque MC de ce fil, par
exemple, la normale à la courbe décrite
par le point M sera MC qui est tangente
à la courbe S par hypothèse, et il en sera
de même pour toutes ses autres positions.
Par conséquent, toutes les normales à la
courbe 'D que décrit le point M sont
tangentes à la courbe S qui est la dévelop-

pée de D. Donc, D est la développante de S.

1133. Il résulte encore de là que *la
longueur d'un arc de la développée est
égale à la différence des longueurs des
normales à la développante qui sont tangentes aux extrémités de cet arc de la développée*, car, si l'on convient d'appeler
longueur d'une normale de la développante
la portion de cette droite qui est comprise
entre la développante et la développée,
la normale M'' C'' représente la nouvelle
position du fil inextensible qui était pri-
mitivement enroulé sur l'arc C'' C de la
développée et se prolongeait suivant C M.
Donc, la longueur de l'arc C'' C de la développée est égale à la différence des longueurs M'' C'' et M C des normales à la
développante qui sont tangentes aux extrémités C'' et C de cet arc.

Développante de cercle.

1134. On appelle *développante de cercle*, la courbe qui serait décrite par l'extrémité d'un fil qu'on aurait primitive-
ment enroulé sur un cercle donné et qu'on
déroulerait ensuite en le tendant de manière qu'il reste constamment tangent à ce
cercle.

1135. On voit, par cette définition,
que la développante de cercle D (*fig.* 640)
est telle que toutes ses normales, comme
MC par exemple, sont tangentes au cercle développé, et réciproquement.

1136. Le point A où la développante
touche le cercle est *l'origine* de la développante. En ce point, la circonférence et
la développante de cercle sont orthogo-
nales, puisque la tangente de la première
est la normale de la seconde.

Il en résulte que la *tangente à l'origine
de la développante de cercle passe par le
centre du cercle développé.*

1137. La longueur MC de la normale
à la développante de cercle, comprise
entre cette courbe et la circonférence
développée, est égale à l'arc de cercle AC

compris entre l'origine de la développante et le pied C de cette normale, parce que, à l'origine, la longueur de la normale à la développante de cercle était nulle (1129).

1138. La définition de la développante

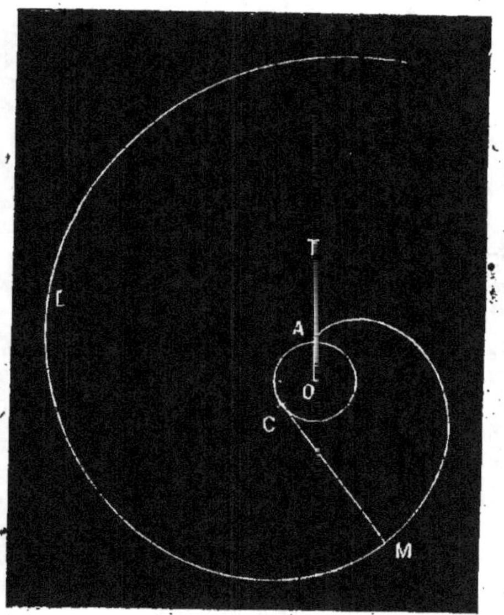

Fig. 640.

de cercle fait connaître immédiatement un moyen de tracer la courbe d'un mouvement continu, mais la propriété précédente nous permet aussi de tracer la courbe par points.

En effet, soit O (*fig.* 641) le cercle donné et A l'origine de la développante. Sur la tangente AB, qui passe par l'origine, rectifions la circonférence O, c'est-à-dire, portons une longueur AB égale à la longueur de la circonférence. Cela peut se faire en calculant cette longueur AB par la formule $C = 2\pi R$ qui donne la longueur d'une circonférence dont on connaît le rayon, ou, mieux, géométriquement, en portant un nombre égal de fois, à la suite l'une de l'autre, avec une très-petite ouverture de compas, sur la droite AB et sur la circonférence, une longueur

quelconque suffisamment petite, $Am = mn = np = ... = Am' = m'n' = n'p'...$, et enfin, une longueur $rA = rB$, destinée à achever exactement le tour de la circonférence.

Cela terminé, si l'on partage la circonférence O et la droite AB, à partir du point A, en un même nombre de parties

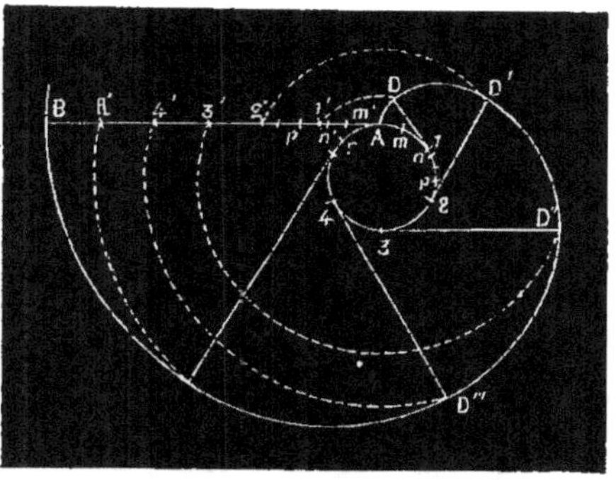

Fig. 641.

égales, aux points 1, 2, 3, 4,.... 1', 2', 3' 4', ces parties auront même longueur et l'on aura :

$$\text{Arc A1} = \text{A 1'}$$
$$\text{Arc A2} = \text{A 2'}$$
$$\text{Arc A3} = \text{A3', etc.}$$

De sorte que, si l'on mène, par les points 1, 2, 3, 4,....., des tangentes à la circonférence et qu'on y porte les longueurs $1\,D = A\,1'$, $2\,D' = A\,2'$, $3\,D'' = A\,3'$,..... on aura aussi $1\,D = \text{arc A1}$, $2D' = \text{arc A2}$, $3D'' = \text{arc A3}$,....., c'est-à-dire que les points D, D', D'',..... appartiendront à la courbe. On pourra donc obtenir ainsi autant de points de la développante que l'on voudra, et, par suite, tracer la courbe en réunissant tous ces points par un trait continu.

1139. La développante de cercle présente une infinité de circonvolutions autour du cercle développé, car on peut imaginer qu'en enroulant préalablement le fil sur ce cercle, on lui ait fait faire une infinité de tours que l'on a déroulés successivement ensuite. On voit facilement d'ailleurs que toutes ces circonvolutions sont des courbes *parallèles* entre elles et dont la distance est égale à la circonférence rectifiée, car, lorsque le fil s'est déroulé d'un tour entier, la circonférence s'est rectifiée sur la tangente au cercle qui passe par l'origine de la courbe, et le nouveau point de contact du fil se met à décrire la première circonvolution de la développante pendant que son extrémité décrit la seconde en restant toujours à égale distance de ce nouveau point, et ainsi de suite pour les autres circonvolutions.

§ IX. — CYCLOÏDES ET ÉPICYCLOÏDES.

1140. On dit qu'une courbe S (*fig.* 642) *roule sans glissement* sur une autre courbe S', lorsque les éléments consécutifs de cette

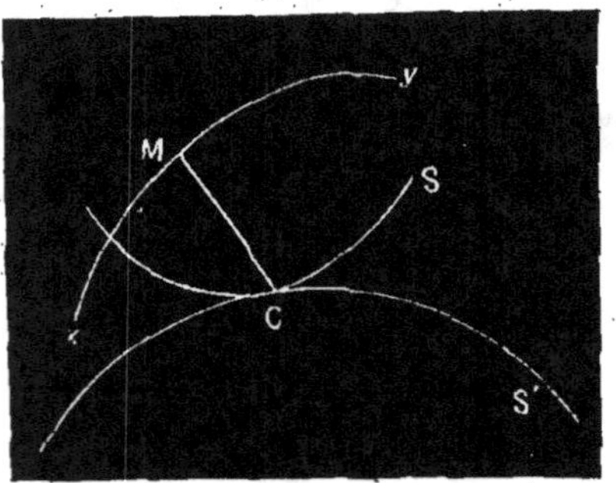

Fig. 642.

première courbe viennent se superposer successivement à des éléments consécutifs égaux de la seconde.

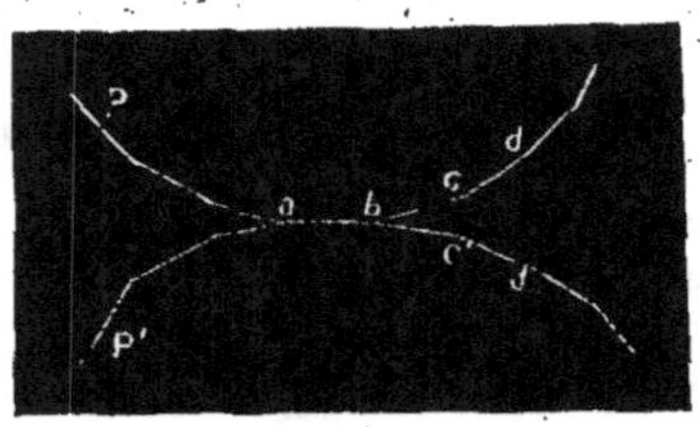

Fig. 643.

1141. Supposons d'abord que les courbes soient remplacées par des polygones $abcd\ldots abc', d',\ldots$ (*fig.* 643) d'un grand nombre de côtés suffisamment petits et tels que $bc = b'c'$, $cd = c'd',\ldots$ Si l'on fait mouvoir le polygone P de manière que ses côtés successifs $ab, bc, cd,\ldots$, viennent se superposer à leurs égaux $ab, bc', c'd',\ldots$, le polygone P roulera sur le polygone P', et l'on voit facilement que son mouvement se composera d'une suite de petites rotations successives autour des sommets $b, c'd',\ldots$, du polygone P', ces rotations s'effectuant autour de chacun de ces sommets, lorsque le sommet correspondant du polygone P est venu en contact avec lui.

D'ailleurs, cette propriété ne dépend aucunement de la longueur des côtés des deux polygones P et P', et elle est encore vraie lorsque ces côtés, étant infiniment petits, les deux polygones deviennent deux courbes.

Par conséquent, *lorsque la courbe S* (*fig.* 642) *roule sans glissement sur la courbe fixe S', son mouvement revient à chaque instant à une rotation infiniment petite, s'effectuant autour du point de contact* C qu'on appelle, pour cette raison, *centre instantané de rotation.*

Théorème n° 398.

1142. *Lorsqu'une courbe mobile roule sans glissement sur une courbe fixe, tout point qui lui est invariablement lié décrit* *une courbe dont la normale passe par le centre instantané de rotation.*

En effet, si la courbe S (*fig.* 642) roule sans glissement sur la courbe S', tout point M qui lui sera invariablement lié, décrira une certaine courbe *xy*, et si M indique sa position au moment où le point de contact des deux courbes est C, puisque, à cet instant, le mouvement de la courbe S revient à une rotation infiniment petite autour du point C, le point M décrira un petit élément circulaire de la courbe *xy* dont le centre sera en C et qui sera perpendiculaire à MC. Dès lors, réciproquement, si l'on joint le centre instantané de rotation C au point décrivant M, la droite MC sera normale à la courbe *xy* au point M.

1143. On appelle *cycloïde*, la courbe engendrée par un point d'une circonférence mobile qui roule, sans glissement, sur une droite fixe, appelée *directrice*.

1144. La définition de la cycloïde permettrait immédiatement de tracer la courbe d'un mouvement continu. On construit, en effet, des compas fondés sur cette seule définition, mais on peut aussi construire la courbe par points.

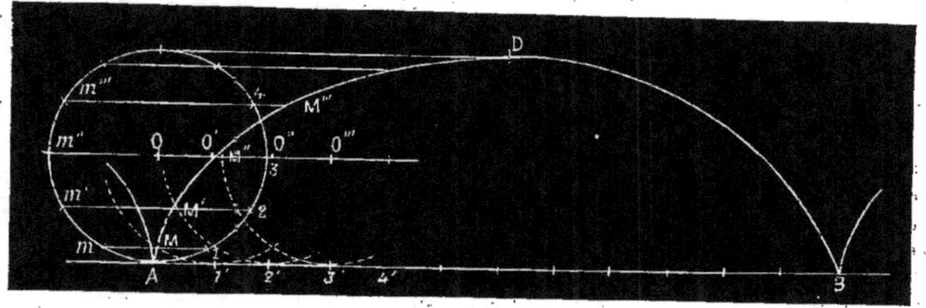

Fig. 644.

A cet effet, soit AB (*fig.* 644) la directrice donnée et O le centre de la circonférence mobile lorsque le point décrivant est en A. Rectifions la circonférence O en AB sur la droite AB et partageons cette circonférence et la droite AB, à partir du point A, en un même nombre de parties égales. Si 1, 2, 3, ..., 1', 2', 3', sont les points de division, nous aurons :

Arc A 1 = arc 1.2 = arc 2.3 = ... = A1' = 1'2' = 2'3' = ...,

et, lorsque la circonférence O roulera sur la droite AB, les points 1, 2, 3, ... viendront successivement coïncider avec les points 1', 2', 3', ... A ces différents instants, le centre O occupera les diverses positions O', O'',. O''', ..., et il est facile de représenter les positions correspondantes de la circonférence mobile en traçant, de ces points comme centres, avec OA pour rayon, des circonférences tangentes à la droite AB. Si, maintenant, des points 1', 2', 3', ..., comme centres, successivement avec des rayons égaux aux cordes des arcs A1, A2, A3, ..., nous décrivons des arcs de cercle qui coupent ces diverses circonférences en M, M', M'', ..., ces différents points appartiendront à la cycloïde, puisque les arcs A1 et 1'M étant égaux, ainsi que les arcs A2 et 2'M', A3 et 3'M'', ... lorsque les points 1, 2, 3, ..., coïncideront avec les points 1', 2', 3', ..., le point décrivant occupera les positions M, M', M'', ...

On pourra donc obtenir ainsi autant de points de la cycloïde que l'on voudra et, par suite, tracer la courbe en les réunissant par un trait continu.

Cette construction peut encore se simplifier si l'on a soin que le nombre des divisions, sur la circonférence O et sur la droite AB, soit un nombre pair. En effet, dans ce cas, les points 1, 2, 3, ..., et m, m', m'', ..., sont deux à deux sur des parallèles à la directrice AB et l'on voit facilement que les points M, M', M'', ... , de la courbe sont aussi sur ces parallèles, et que l'on a, de plus :

$$mM = A1', \quad m'M' = A2',$$
$$m''M'' = A3', ...$$

On pourra donc obtenir, plus simplement, les différents points M, M' M'', ... de la cycloïde en portant sur les parallèles à AB qui passent par les points de division m, m', m'', ..., les longueurs $mM = A1'$, $m'M' = A2' = 2. A1'$, $m''M'' = A3' = 3. A1'$, ...

1145. La cycloïde n'est pas limitée aux points A et B, car on peut supposer que le cercle générateur roulait sur la directrice AB avant d'arriver à la position O et qu'il continue à rouler après que le point décrivant est venu coïncider avec le point B ; mais, il est facile de voir que, à partir de ce dernier instant, son mouvement redevient absolument ce qu'il était en partant du point A et que, par conséquent, le point décrivant va parcourir une nouvelle courbe issue du point B et égale à la courbe AMDB. Il en est de même pendant tout le mouvement du cercle mobile et, en définitive, la cycloïde se compose d'une infinité de courbes égales à la courbe AMDB, de sorte que, pour connaître les propriétés de la cycloïde, il nous suffira d'étudier celles de la courbe AMDB.

On dit que la portion AB de la directrice est la *base* de la cycloïde AMDB.

Théorème n° 399.

1146. *La cycloïde a, pour axe, la perpendiculaire élevée au milieu de sa base.*

En effet, soient M (*fig.* 645) un point de la cycloïde AMDB et O la position corres-

pondante du cercle générateur. On aura AK = arc MK Mais, CD étant la perpendiculaire élevée au milieu de AB, AC vaudra une demi-circonférence et on aura : AC = BC = arc MKN.

Par suite,   KC = arc KN.

Figurons la position O' du cercle géné-

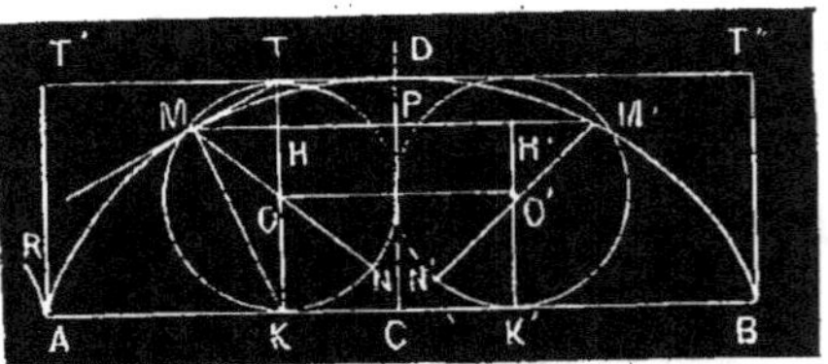

Fig. 645.

rateur pour laquelle on a K'C = KC et soit M' la position correspondante du point décrivant. On aura :

$$BK' = \text{arc } M'K',$$

et, par suite,

$$CK' = \text{arc } K'N',$$

Il vient donc, arc KN = arc K'N', et, par suite, KON = K'O'N'.

Les deux triangles rectangles MOH et M'O'H' ont donc leurs hypoténuses égales et un angle aigu égal ; ils sont égaux et donnent :

$$OH = O'H', \quad HM = H'M'.$$

Par conséquent, la droite MM', est parallèle à OO' et perpendiculaire à CD, et l'on a :

$$MP = MH + HP = PH' + H'M' = PM',$$

c'est-à-dire que les deux points M et M' sont symétriques par rapport à CD. Tous les points de la cycloïde sont donc deux à deux symétriques par rapport à la droite CD qui est un axe.

Le point D où l'axe rencontre la courbe est le *sommet* de la cycloïde.

Théorème n° 400.

1147. *La normale à la cycloïde passe*

à chaque instant par le point de contact du cercle générateur avec la directrice.

En effet, lorsque le cercle mobile vient occuper la position O (*fig.* 645) et que le point décrivant est en M, le point de contact K du cercle mobile et de la directrice est le centre instantané de rotation du cercle mobile. Par conséquent, la droite MK est normale à la courbe (1142).

Théorème n° 401.

1148. *La tangente à la cycloïde passe à chaque instant par le point du cercle générateur, qui est diamétralement opposé à son point de contact avec la directrice.*

En effet, la tangente et la normale étant perpendiculaires entre elles, l'angle droit KMT (*fig.* 645) doit être inscrit dans une demi-circonférence. Par conséquent, KT est un diamètre et passe par le point O. Donc, etc.

1149. COROLLAIRES.

1° *La tangente au sommet de la cycloïde est parallèle à sa directrice,* car, en ce point, la normale est DC.

2° *Les tangentes aux points A et B sont perpendiculaires à la directrice.*

En effet, elles doivent passer par les points T' et T″, diamétralement opposés à A et B pour les positions correspondantes du cercle générateur.

1150. Il résulte de cette dernière remarque que, au point A, la droite AT', perpendiculaire à AB, est tangente à la fois aux deux portions AMDB et.... RA de la cycloïde. Il en est de même au point B et à tous les autres points analogues et on dit, pour cette raison, que ces points sont des *points de rebroussement* de la courbe.

Théorème n° 402.

1151. *La développée d'une cycloïde est une cycloïde égale.*

Soient AMDB (*fig.* 646) la cycloïde donnée et C le milieu de sa base AB. Repré-

sentons en O la position du cercle générateur, lorsque le point décrivant est en M. Si F est alors le point de contact de ce cercle générateur, la droite MF sera la

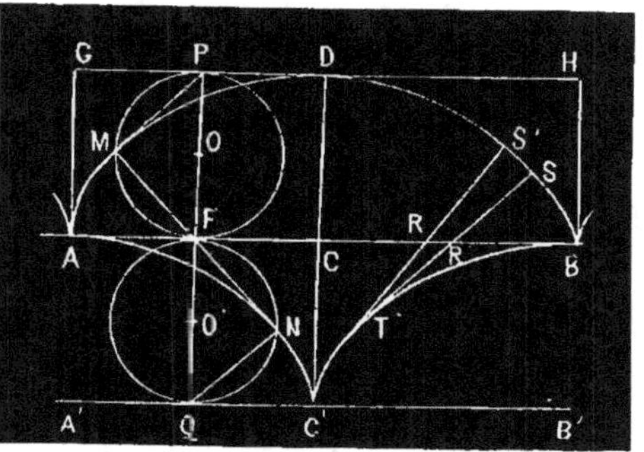

Fig. 646.

normale à la cycloïde au point M et l'on aura :

$$AF = \text{arc } MF.$$

Mais AC représente la moitié de la circonférence rectifiée et est, par suite, égal à l'arc FMP.

Donc, $AC - AF = \text{arc } FMP - \text{arc } FM.$

ou $\qquad CF = \text{arc } MP.$

Prolongeons le diamètre FP, qui est perpendiculaire à AB, d'une longueur FQ = FP. Décrivons, sur FQ comme diamètre, une circonférence qui coupe en N la droite MF et, par le point Q, menons une parallèle à AB. Les triangles rectangles FMP et FNQ ayant leurs hypoténuses égales et les angles en F égaux, sont égaux et l'on a : $\qquad MP = NQ.$

Donc, $\qquad \text{arc } FP = \text{arc } NQ.$

Mais $\qquad CF = C'Q$

Donc aussi, $\qquad C'Q = \text{arc } NQ,$

et si l'on fait rouler le cercle O' sur la droite A'B', le point N décrira une cycloïde ANC'B égale à la cycloïde donnée et passant par le point N de la droite MF. De plus, le point O' étant la position du cercle générateur de cette nouvelle cycloïde, lorsque le point décrivant est en N, la droite NFM coupe le cercle O' en un point F diamétralement opposé à son point de contact Q. Elle est tangente à cette nouvelle cycloïde en N.

Ainsi, toute normale MFN à la cycloïde AMDB est tangente à la cycloïde ANC'B. La cycloïde ANC'B est l'enveloppe des normales, ou la développée de la cycloïde AMDB. Donc, etc.

Théorème n° 403.

1152. *La longueur de la cycloïde rectifiée est égale à quatre fois le diamètre du cercle générateur.*

En effet, la cycloïde ANC'B étant la développée de AMDB (*fig.* 646), inversement AMDB est la développante de ANC'B et si l'on enroule un fil sur l'arc C'AA de cette dernière cycloïde, lorsqu'on le déroulera, son extrémité A décrira la cycloïde AND et s'arrêtera en D, quand le fil sera complètement déroulé.

Donc, l'arc ANC' est égal à C'D.

Mais ANC' est la moitié d'une cycloïde égale à la cycloïde donnée AMDB. Donc, la cycloïde donnée a pour longueur deux fois C'D ou quatre fois le diamètre CD de son cercle générateur.

Théorème n° 404.

1153. *L'aire de la cycloïde vaut trois fois celle de son cercle générateur.*

Soient la cycloïde AMDSB donnée et sa développée ANC'TB (*fig.* 646). Le rectangle ABHG a pour surface AB × BH, ou, si l'on appelle R le rayon du cercle générateur.

$$2 \pi R \times 2 R = 4 \pi R^2,$$

c'est-à-dire, quatre fois la surface du cercle générateur.

La cycloïde ANC'TB étant égale à la cycloïde AMDSB, la surface AMDG est égale à C'TBC et la surface BHDS est égale à C'CAN. Donc, la surface curviligne AMDSBTC'N est égale à la surface du rec-

tangle ABHG ou à quatre fois celle du cercle générateur.

Mais, nous avons vu que les triangles rectangles MPF et NFQ sont égaux. Donc, MF = NF, et la portion de normale MN à la première cycloïde, qui est comprise entre cette cycloïde et la seconde, se trouve divisée en deux parties égales par la droite AB.

Cela posé, soient SR et S'R' deux normales infiniment voisines de la cycloïde AMDB qui déterminent, par leur rencontre, un point T de leur enveloppe ou de la cycloïde ANC'B. Nous aurons :

$$TS = 2.TR \text{ et } TS' = 2.TR',$$

et puisque SS' étant infiniment petit, peut être considéré comme une ligne droite, les deux triangles TRR' et TSS', qui ont même angle au sommet T, seront entre eux comme les produits des côtés qui comprennent cet angle, ou comme TR × TR' est à TS × TS' ou à 2.TR × 2.TR' = 4.TR × TR'. Donc, le triangle TSS' vaut quatre fois le triangle TRR'.

Supposons maintenant qu'on mène toutes les normales de la cycloïde AMDB. La relation précédente existera entre les surfaces de tous les triangles formés entre deux normales successives quelconques et, par conséquent, elle sera vraie aussi pour les sommes de tous les triangles analogues. Mais, la somme de tous les triangles analogues à TSS' est précisément la surface curviligne AMDBTC'N et la somme des triangles analogues à TRR' est la surface ACBTC'N. Donc, la première surface vaut quatre fois la seconde. La surface ACBTC'N est donc le quart de AMDBTC'N et vaut, par conséquent, la surface du cercle générateur. Par suite, la surface de la cycloïde AMDB qui vaut AMDBTC'N — ACBTC'N est égale à trois fois la surface du cercle générateur. Donc, etc.

1154. La courbe dont nous venons d'étudier les propriétés est la cycloïde ordinaire. On donne encore le nom de *cycloïde* à la courbe que décrirait un point quelconque du plan d'un cercle mobile, si ce cercle roulait, sans glissement, sur une droite fixe ou *directrice*.

Dans ce cas, la cycloïde est dite *allongée*, si le point décrivant est pris à l'intérieur du cercle générateur, et *raccourcie*, si le point décrivant lui est extérieur.

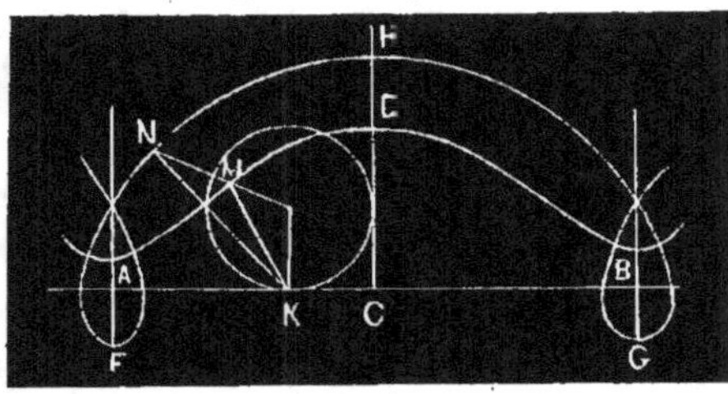

Fig. 617.

1155. On construirait la cycloïde allongée AMDB (*fig.* 647) et la cycloïde rac-

courcie FNHG (*fig.* 647) par des procédés analogues à ceux qui ont été employés pour la cycloïde ordinaire et, en appliquant à ces courbes le raisonnement du n° 1147, on montrerait facilement que les normales en chacun de leurs points passent à chaque instant par le point de contact correspondant du cercle générateur et de la directrice.

1156. On appelle *épicycloïde,* la courbe décrite par un point quelconque du plan d'un cercle mobile qui roule, sans glissement, sur un cercle fixe, appelé *cercle directeur.*

Lorsque le point décrivant est pris sur la circonférence du cercle mobile, on dit que l'épicycloïde est *ordinaire*. Elle est *allongée* ou *raccourcie,* suivant que le point décrivant est à l'intérieur ou à l'extérieur du cercle générateur.

1157. Pour construire l'épicycloïde ordinaire, d'après cette définition, soient C

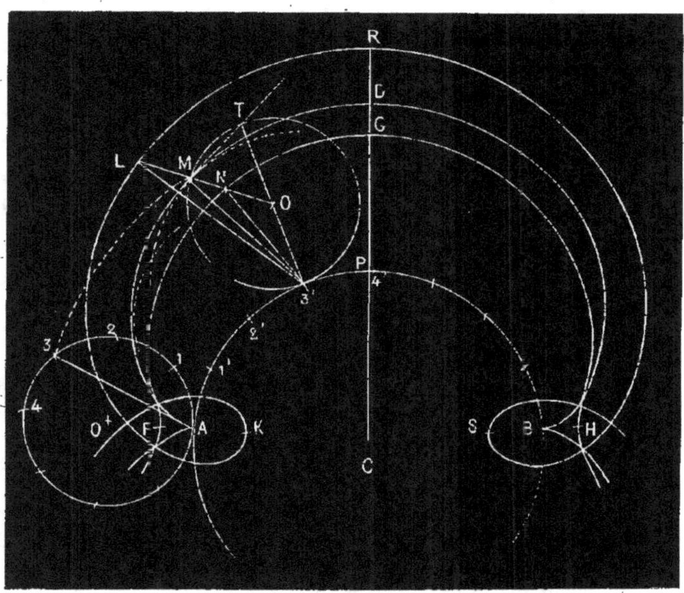

Fig. 648.

le cercle fixe donné et O la position du cercle mobile, lorsque le point décrivant est A (*fig*. 648). Portons, sur la circonférence du cercle fixe, une longueur APB égale à la circonférence mobile et partageons cette circonférence, et l'arc APB en un même nombre de parties égales aux points 1, 2, 3,........ 1', 2', 3',.....

Lorsque la circonférence O roulera sans glissement sur la circonférence C, les points 1, 2, 3,.... viendront successivement coïncider avec les points 1'2', 3',.... et il serait facile de représenter, pour chacun de ces cas, la position correspondante du cercle mobile. Soit O' la position de ce cercle mobile, lorsque le point 3 est venu coïncider avec 3'. Si M est alors la position du point décrivant, on aura :

Arc M3' = arc A3' = arc A3,

et, par suite,

Corde M3' = corde A3.

Par conséquent, le point M se trouvera sur un arc de cercle décrit du point 3', comme centre, avec A3 pour rayon. De plus, on voit facilement que les points 3 et M sont également distants du centre C du cercle fixe, de sorte que le point M se trouve encore sur un arc de cercle décrit du point C, comme centre, avec C3 pour rayon.

Il résulte de là que, pour obtenir différents points de l'épicycloïde ordinaire, on devra décrire des arcs de cercle ayant pour centres 1', 2', 3',..... et pour rayons A1, A2, A3,...... et enfin, du point C, comme centre, d'autres arcs de cercle ayant pour rayons C1, C2, C3,........ Les points où ces derniers arcs de cercle rencontreront les premiers seront autant de points de l'épicycloïde ordinaire AMDB qu'on obtiendra, par suite, en réunissant ces points par un trait continu.

On construirait d'une manière analogue l'épicycloïde allongée FNGH et l'épicycloïde raccourcie KLRS.

1158. Les épicycloïdes ordinaire, allongée et raccourcie, ne se terminent pas aux points A et B, F et H, K et S, entre lesquels nous venons de les construire. Elles se continuent de chaque côté, mais il est facile de voir, comme pour la cycloïde, que, à partir de ces points, leurs propriétés sont absolument les mêmes que celles des branches AMDB, FNGH, KLRS considérées.

Mais, ici, il est une question importante à étudier. Les diverses branches de ces courbes entourent le cercle directeur C, et on peut se demander si le cercle générateur, après avoir tourné un certain nombre de fois autour du cercle directeur, ne viendra pas reprendre forcément la position première O qu'il occupait, les points décrivants M, N, L, étant aussi revenus à leurs points de départ A, F, K. Dans ce cas, à partir de l'instant considéré, ces points se mettront à décrire absolument les mêmes courbes qu'ils ont déjà parcourues à l'origine du mouvement pour revenir encore à leur point de départ, et les épicycloïdes se composeront, en définitive, d'un nombre fini de branches; mais, dans le cas contraire, les épicycloïdes se composeraient d'un nombre infini de branches distinctes.

Pour traiter cette question, il est évident qu'il suffit de s'occuper de l'une des trois courbes, l'épicycloïde ordinaire par exemple, parce que si le point qui la décrit revient exactement à sa position première, les deux autres points décrivant, qui lui sont invariablement liés, reviendront en même temps à leurs positions premières.

Or, pour que le point M, qui décrit l'épicycloïde ordinaire, puisse revenir à son origine A, il faut qu'un nombre entier m de fois la circonférence génératrice puisse coïncider exactement avec un nombre entier n de fois la circonférence directrice. En un mot, si l'on appelle r et R les rayons du cercle générateur et du cercle directeur, il faut que l'on ait :

$$m \cdot 2\pi r = n \, 2\pi R$$

ou bien

$$\frac{r}{R} = \frac{n}{m}$$

c'est-à-dire que le rapport des rayons de ces deux cercles doit pouvoir se mettre sous la forme d'une fraction ordinaire.

Cela revient à dire que :

1° *Si les rayons du cercle générateur et du cercle directeur sont deux droites commensurables entre elles, les épicycloïdes se composent d'un nombre fini de branches et sont des courbes fermées.*

2° *Si les rayons du cercle générateur et du cercle directeur sont incommensurables entre eux, les épicycloïdes se composent d'un nombre infini de branches successives.*

1159. La portion ABP du cercle directeur s'appelle la *base* des épicycloïdes, ordinaire, allongée et raccourcie, AMDB, FNGH, KLRS.

1160. On démontrerait d'une manière analogue à celle qui a été employée pour la cycloïde (1146) que les trois épicycloïdes ci-dessus ont, pour *axe*, le rayon CP du cercle directeur, qui aboutit au milieu de leur base APB. Par conséquent, les points D, G et R sont les *sommets* respectifs de ces trois courbes.

Théorème n° 405.

1161. *La normale en un point quelconque d'une épicycloïde passe par le point de contact correspondant du cercle générateur et du cercle directeur.*

En effet, ce point de contact est le centre instantané de rotation à l'instant où le point décrivant vient coïncider avec le point considéré sur la courbe (1142).

Théorème n° 406.

1162. *La tangente en un point quelconque de l'épicycloïde ordinaire passe par le point du cercle générateur, qui est diamétralement opposé à son point de contact avec le cercle directeur.*

En effet, l'angle droit 3'MT (*fig.* 648) doit être inscrit dans une demi-circonférence. Donc 3'T est un diamètre.

1163. COROLLAIRE. — *Tous les points tels que A et B (*fig.* 648) où l'épicycloïde ordinaire touche son cercle directeur, sont des points de rebroussement de la courbe.*

1164. Lorsque le cercle générateur d'une épicycloïde ordinaire, allongée ou raccourcie, roule à l'intérieur du cercle directeur au lieu de se trouver à l'extérieur, comme nous l'avons supposé jusqu'ici, la courbe obtenue prend, plus spécialement, le nom de *hypocycloïde*, ordinaire, allongée ou raccourcie.

Théorème n° 407.

1165. *Quand un cercle mobile roule, sans glissement, à l'intérieur d'un cercle fixe de rayon double, les hypocycloïdes ordinaires sont des diamètres du cercle fixe et les hypocycloïdes, allongées ou raccourcies, sont des ellipses.*

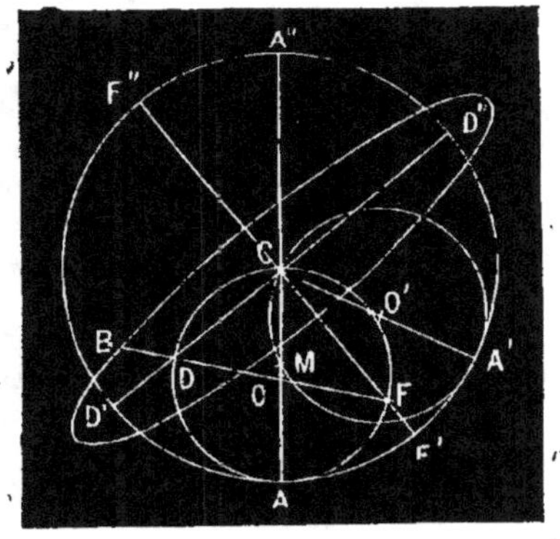

Fig. 649.

Soient O et O' (*fig.* 649) deux positions du cercle mobile à l'intérieur du cercle fixe C. Je dis que si AC = 2 AO, on a aussi arc MA' = arc AA', c'est-à-dire que le point A du cercle mobile décrit le diamètre AMCA″ du cercle fixe. En effet, l'angle au centre ACA' du cercle fixe a pour mesure la mesure de l'arc AA', où $\dfrac{AA'}{AC}$. Ce même angle ACA' étant inscrit dans le cercle mobile a pour mesure la moitié de la mesure de l'arc MA' ou $\dfrac{MA'}{2.\ AO}$. On doit donc avoir :

$$\frac{AA'}{AC} = \frac{MA'}{2.\ AO}.$$

Puisque $AA = 2\ AO,$
on a aussi AA' = MA'. Donc etc.

Ainsi, le point A décrit un diamètre du cercle fixe et il en est de même de tous les autres points du cercle mobile.

Soit maintenant B la position d'un point quelconque invariablement lié au mouvement du cercle mobile, lorsque celui-ci se trouve en O. Si nous menons la droite BO qui coupe le cercle mobile en D et F, lorsque ce cercle se déplacera, les points F et D décriront les deux diamètres rectangulaires F'F" et D'D" du cercle fixe, et la droite FD, de longueur constante, se déplacera de manière que ses extrémités glissent sur les deux axes rectangulaires fixes, F' F" et D' D". Donc, le point B de cette droite décrira une ellipse (1056).

D'ailleurs, ce théorème n'est qu'un énoncé différent de la conclusion à laquelle nous sommes arrivés en terminant l'étude de l'ellipse (1060).

§ X. — SPIRALE D'ARCHIMEDE ET SPIRALE HYPERBOLIQUE.

1166. La *Spirale d'Archimède* est le lieu des points dont les distances à un point fixe, nommé *pôle*, sont proportionnelles aux angles qu'elles forment avec une droite fixe donnée.

1167. Pour construire la spirale d'Archimède, soient P (*fig.* 650) le pôle et PA la droite fixe donnés. Du point P, comme centre, avec un rayon PA quelconque, décrivons un cercle, que nous appellerons *cercle paramétrique* de la courbe, et portons sur la droite fixe une longueur PA' égale à la circonférence rectifiée. Enfin, divisons la droite PA' et la circonférence du cercle paramétrique en un même nombre de parties égales aux points 1, 2, 3,....., 1', 2', 3',.....

Nous aurons :

P1 = arc A1', P2 = arc A2', P3 = arc A3',..... et, par conséquent, les longueurs P1, P2, P3,... seront proportionnelles aux angles au centre AP1', AP2', AP3', ... Donc, si nous portons, sur les rayons P1', P'2, P3'....., des longueurs PM, PM', PM"..... égales à P1, P2, P3....., les points M, M', M"..... appartiendront à

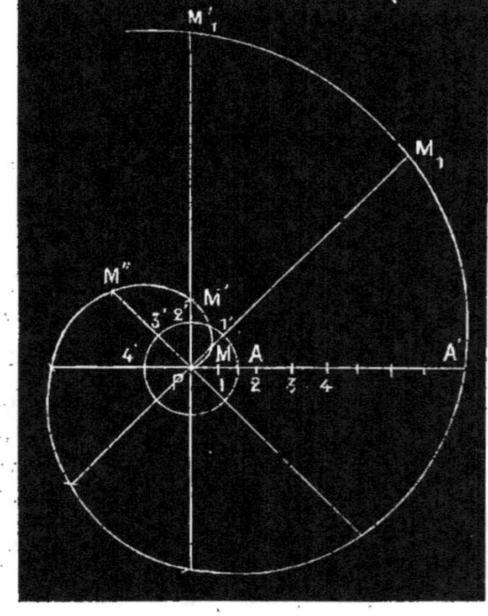

Fig. 650.

la courbe, puisque leurs distances au point P sont proportionnelles aux angles qu'elles forment avec la droite PA. Nous pourrons donc obtenir ainsi autant de points de la courbe que nous voudrons.

Il faut remarquer que la définition de la spirale d'Archimède suppose que les angles formés par les distances de chaque point au pôle peuvent acquérir toutes les valeurs possibles, de sorte que, après qu'on aura obtenu le point A' pour lequel on a PA' = circ PA, on obtiendra de nouveaux points de la courbe en portant sur les rayons P1', P2' P3,...... les longueurs MM, = M'M', = M''M'', = ... = PA', et que, par conséquent, la spirale se compose d'une infinité de circonvolutions autour du pôle P.

1168. Le rayon du cercle paramétrique s'appelle le *paramètre* de la spirale et toute droite qui joint le pôle à un point quelconque de la courbe est le *rayon vecteur* de ce point.

Théorème n° 408.

1169. *La normale en un point quelconque de la spirale d'Archimède passe par l'extrémité du rayon du cercle paramétrique qui est perpendiculaire au rayon vecteur de ce point.*

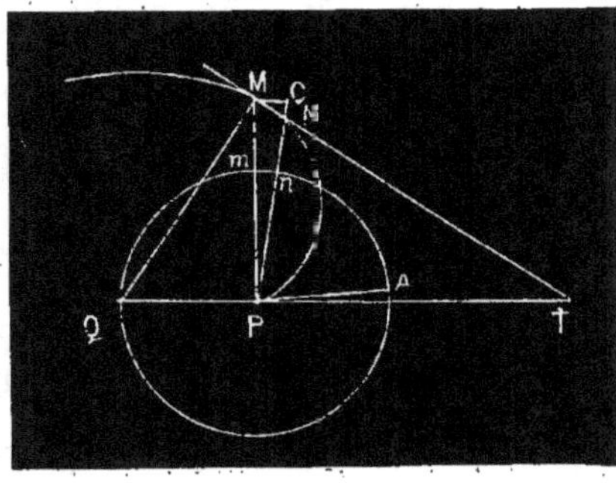

Fig. 651.

Soit MN (*fig.* 651) un élément infiniment petit de la spirale dont le prolongement est la tangente MT au point M

le la courbe. Abaissons, des points M et P, des perpendiculaires aux droites MT et MP qui se rencontreront en Q. Je dis qu'on a PQ = PA.

En effet, les points M et N appartenant à la courbe, on a :

$$MP = \text{arc } Am, \quad NP = \text{arc } An,$$

Donc $MP - NP = \text{arc } Am - \text{arc } An = \text{arc } mn.$

Du point P, comme centre, avec MP pour rayon, décrivons un petit arc de cercle MC, de manière que l'on ait :

$$CN = MP - NP = \text{arc } mn,$$

L'arc MC étant infiniment petit, les angles PMC et MCN sont droits et les deux triangles rectangles QMP et NMC ont leurs angles en M, égaux comme compléments du même angle PMT. Ces triangles sont donc semblables et donnent :

$$\frac{PQ}{MP} = \frac{NC}{MP} = \frac{\text{arc } mn}{MC}$$

Mais les arcs mn et MC ayant même mesure sont entre eux comme leurs rayons et on a aussi :

$$\frac{\text{arc } mn}{MC} = \frac{Pm}{MC} = \frac{PA}{MP}$$

Donc $\dfrac{PQ}{MP} = \dfrac{PA}{MP}$ et $PQ = PA$

Donc etc.

1170. Il résulte de là que, pour construire la tangente en un point de la spirale d'Archimède, il faut tracer la normale en joignant ce point à l'extrémité du rayon du cercle paramétrique, qui est perpendiculaire au rayon vecteur y aboutissant, et mener une perpendiculaire à cette normale.

1171. On appelle *spirale hyperbolique*, la courbe dont les distances de chaque point à un point fixe, appelé *pôle*, sont inversement proportionnelles aux angles qu'elles forment avec une droite fixe.

1172. Pour construire la spirale hyperbolique, soient Px (*fig.* 652) la droite fixe et P le pôle donnés. Traçons une circonférence de centre P et de rayon quelconque PK, que nous appellerons *circonférence paramétrique*, et, sur d'autres circonférences de centre P et de rayons quelconques, prenons, à partir de Px, des arcs

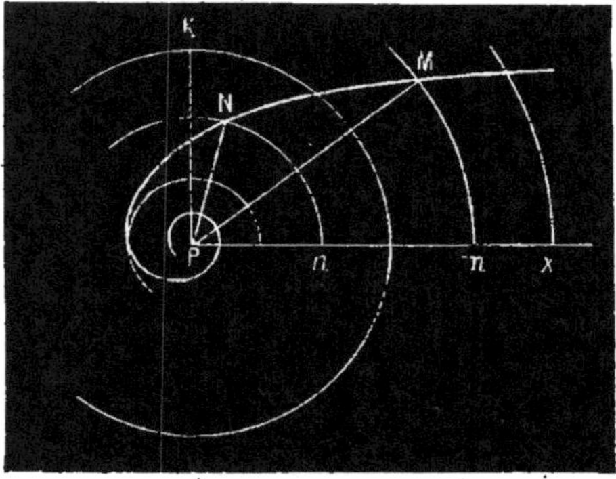

Fig. 652.

Mm, Nn,... égaux en longueur au rayon PK de la circonférence paramétrique. Leurs extrémités appartiendront à la courbe parce que, pour deux quelconques d'entre elles, M et N par exemple, on a :

$$\text{Ang. } \mathrm{MP}x = \frac{\text{arc } \mathrm{M}m}{\mathrm{PM}}$$

$$\text{Ang. } \mathrm{NP}x = \frac{\text{arc } \mathrm{N}n}{\mathrm{PN}}$$

Et, par suite :

$$\frac{\text{Ang. } \mathrm{MP}x}{\text{Ang. } \mathrm{NP}x} = \frac{\text{arc } \mathrm{M}m}{\text{arc } \mathrm{N}n} \cdot \frac{\mathrm{PN}}{\mathrm{PM}} = \frac{\mathrm{PN}}{\mathrm{PM}},$$

puisque, par hypothèse :

$$\text{Arc } \mathrm{M}m = \text{arc } \mathrm{N}n.$$

1173. On comprend facilement, d'après ce qui précède, que, d'une part, la spirale hyperbolique s'étend à l'infini, puisque si l'angle formé avec Px était infiniment petit, la distance du point correspondant de la courbe au pôle P serait infinie. On voit aussi que, d'autre part, la courbe

fait un nombre infini de circonvolutions autour du pôle sans pouvoir jamais l'atteindre, puisque, si la distance d'un point au pôle est infiniment petite, l'angle qu'elle forme avec Px est infiniment grand, ce qui correspond à un nombre infini de tours.

1174. Le rayon PK de la circonférence paramétrique est le *paramètre* de la courbe et la droite qui joint l'un de ses points quelconques au pôle est le *rayon vecteur* de ce point.

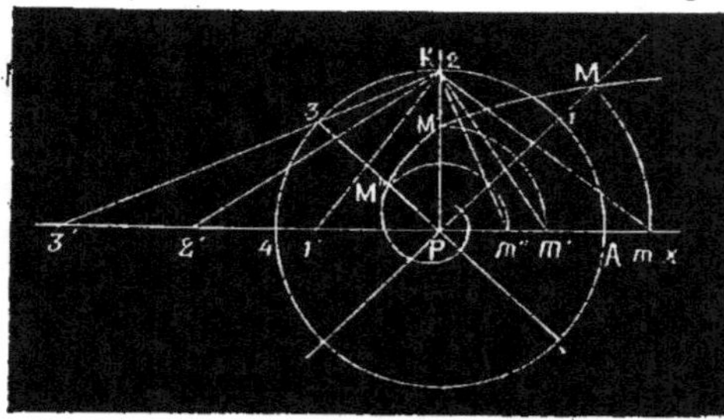

Fig. 653.

1175. On peut encore construire la spirale hyperbolique de la manière suivante.

Traçons le cercle paramétrique et son rayon PK (*fig.* 653) qui est perpendiculaire à Px, et divisons sa circonférence en un certain nombre de parties égales aux points 1, 2, 3,....; puis, sur le prolongement de Px portons les longueurs P1' = 1'2' = 2'3' = ... = arc A1 = arc 1.2 = ... Enfin, joignons les points 1',2',3',... au point K et menons des perpendiculaires Km, Km', Km'' à ces droites.

En portant alors, sur les rayons A1, A2, A3...., les longueurs PM, PM', PM''... égales à Pm, Pm', Pm''...., les points obtenus appartiendront à la courbe, car, pour l'un d'eux, M, par exemple, on a :

$$\mathrm{PM} = \mathrm{P}m = \frac{\overline{\mathrm{PK}}^2}{\overline{\mathrm{P1'}}} = \frac{\overline{\mathrm{PK}}^2}{\overline{\mathrm{A1}}} =$$

$$\frac{\overline{PK}^2}{PK \times ang.\ API} = \frac{PK}{ang.\ API} \ ;$$

ce qui montre que PM est inversement proportionnel à l'angle qu'il forme avec Px.

D'ailleurs, dans les conditions où nous nous sommes placés, PK est bien le paramètre de la courbe, puisqu'on a :

$$Arc.\ Mn = arc\ A1.\ \frac{PM}{PK}$$

ou, d'après l'expression précédente de PM,

$$Arc\ Mn = \frac{arc\ A1}{ang.\ API} = PK.$$

Théorème n° 409.

1176. *La tangente en un point quelconque de la spirale hyperbolique passe par l'extrémité du rayon du cercle paramétrique qui est perpendiculaire au rayon vecteur de ce point.*

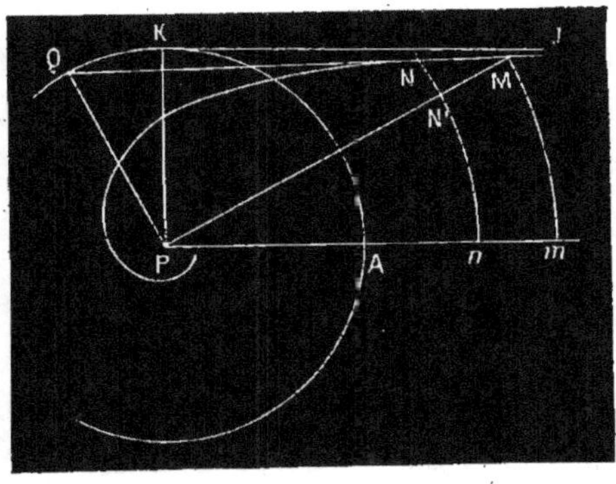

Fig. 654.

En effet, soit MN (*fig.* 654) un élément de la courbe dont le prolongement est la tangente en M. Du point P, menons PQ perpendiculaire à MP. Les arcs de cer-

cle Mm et N'n correspondant au même angle au centre, sont entre eux comme leurs rayons et on a :

$$\frac{Mm}{N'n} = \frac{PM}{PN'}$$

ou

$$\frac{Mm - N'n}{Mm} = \frac{PM - PN'}{PM}$$

Mais les points M et N étant sur la courbe, on a :

$$PK = Mm = Nn,$$

Donc, il vient :

$$\frac{NN'}{Mm} = \frac{MN'}{PM}$$

ou

$$\frac{NN'}{MN'} = \frac{Mm}{PM} = \frac{PK}{PM}$$

De plus, NN' étant infiniment petit peut être considéré comme une droite perpendiculaire à MP et les triangles semblables MNN' et MQP donnent :

$$\frac{NN'}{MN'} = \frac{PQ}{PM}.$$

Donc, on doit avoir :

$$\frac{PK}{PM} = \frac{PQ}{PM}, \quad ou\ PK = PQ$$

c'est-à-dire que le point Q se trouve sur la circonférence paramétrique. Donc etc.

Ce théorème fournit un moyen de construire la tangente en un point quelconque de la spirale hyperbolique.

1177. COROLLAIRE. Si l'on suppose que le point M s'éloigne sur la courbe, le rayon vecteur PM s'approchera constamment de Px, et, à la limite, quand le point M sera à l'infini, son rayon vecteur sera Px. Par conséquent, la tangente à la courbe en ce point à l'infini passe par le point K, extrémité du rayon du cercle paramétrique qui est perpendiculaire à Px. De plus, cette tangente joignant le point K au point à l'infini de la droite Px est la parallèle Ky à Px. Donc la droite K y est l'*asymptote* de la courbe.

§ XI. — HÉLICE

1178. On appelle *hélice*, la courbe obtenue lorsqu'on enroule le plan d'un angle sur une surface cylindrique quelconque, de manière que l'un des côtés de cet angle coïncide constamment avec la section droite du cylindre.

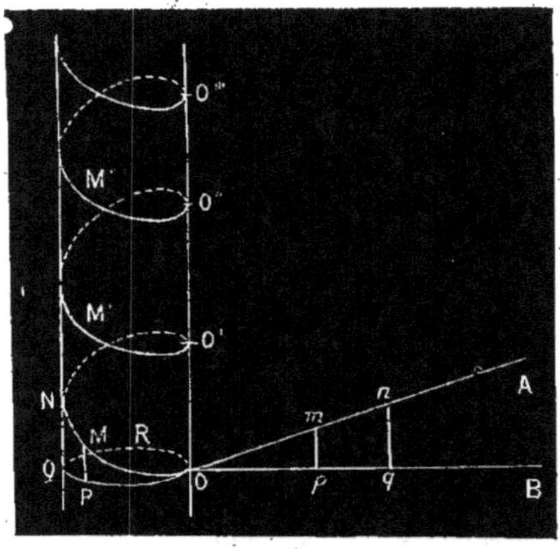

Fig. 655.

1179. Soit AOB (*fig.* 655) l'angle que l'on enroule sur le cylindre de section droite OPQR, de manière que son côté OB se superpose constamment à OPQR: l'autre côté OA deviendra l'hélice OMNO'M'. Pour fixer la position d'un point quelconque M de la courbe, en menant la génératrice MP qui passe par ce point, il nous suffira de connaître les longueurs OP et PM que nous pouvons prendre, par conséquent, pour coordonnées du point M. On dit que la section droite OPQR est la *base* de la courbe, que O est l'origine de l'hélice, OP l'*abscisse curviligne* du point M, et MP son *ordonnée*.

Soient *m* et *n* les deux points de OA qui,

après l'enroulement, sont devenus les deux points M et N de la courbe. Si de ces points, nous abaissons *m p* et *n q* perpendiculaires à OB, ces droites deviendront évidemment les ordonnées MP et NQ des points M et N, et on aura:

$$OP = Oa,\ OQ = oq,\ PM = pm,\ QN = qn,$$
$$OM = Om,\ ON = On.$$

Mais les triangles semblables, O*mp* et O*nq*, donnent:

$$\frac{Op}{Oq} = \frac{pm}{qn},\quad \frac{Op}{Oq} = \frac{Om}{On},$$

Donc aussi:

$$\frac{OP}{OQ} = \frac{PM}{QN},\quad \frac{OP}{OQ} = \frac{QN}{ON},$$

c'est-à-dire que :

1° *Les ordonnées des différents points de l'hélice sont proportionnelles à leurs abscisses curvilignes;*

2° *Les longueurs des arcs d'hélice compris entre l'origine et les différents points de la courbe sont proportionnelles aux abscisses curvilignes de ces points.*

1180. Les côtés OB et OA de l'angle que nous avons enroulé sur le cylindre donné étant infinis, l'abscisse curviligne peut prendre toutes les valeurs possibles et l'hélice peut faire une infinité de circonvolutions autour du cylindre. Considérons les différents points O, O' O''..... où la courbe rencontre la génératrice qui passe par l'origine, et soit *p* le périmètre de la section droite OPQR. Les points O', O'', O'''...... ayant pour abscisses curvilignes *p*, **2** *p*, **3** *p*...., leurs ordonnées seront *k*, 2*k*, 3*k*...... si l'on appelle *k* l'ordonnée du point O', et les longueurs des arcs OMO', OMO'O'', OMO'O''O''' de la courbe seront *l*, 2*l*, 3*l*....., si l'on appelle *l* la longueur de l'arc OMO'. Par conséquent, on aura OO' = O'O'' = O''O''' = ... et OMO' = O'M'O'' = O''M''O''' =.....

Il résulte de là que l'hélice partage en parties égales la génératrice OO', et que, inversement, cette génératrice décompose la courbe en arcs égaux. On montrerait facilement qu'il en est de même pour toute autre génératrice.

La portion constante d'une génératrice quelconque, OO' par exemple, qui est comprise entre deux points de l'hélice, s'appelle le *pas* de l'hélice, et les portions égales OMO', O'M'O″.... de la courbe sont les *spires* de l'hélice.

Théorème n° 410.

1181. *La sous-tangente en un point de l'hélice est égale à l'abscisse curviligne de ce point.*

On appelle *sous-tangente* en un point de l'hélice, la projection sur le plan de la base de la portion de la tangente en ce point, qui est comprise entre son point de contact et les plans de la base.

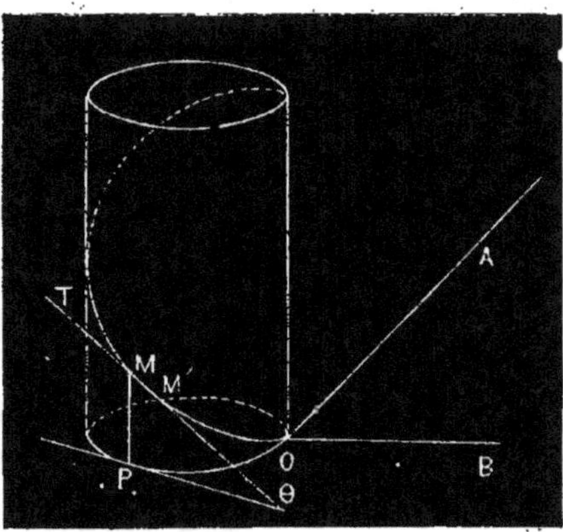

Fig. 656.

Soit MT (*fig.* 656) la tangente en un point M de l'hélice. Elle est le prolongement de l'élément rectiligne infiniment petit MM' de la courbe. Or, cet élément MM' étant tracé sur la surface du cylindre

se trouve dans le plan tangent au cylindre tout le long de la génératrice MP, c'est-à-dire dans le plan de la génératrice MP et de la tangente Pθ au point P de la base. Donc, la tangente MT se trouve aussi dans ce plan. Supposons maintenant qu'on déroule sur ce plan, sans déplacer la droite MP qu'il contient, l'angle BOA qui nous a fourni l'hélice. Son côté BO qui coïncide avec la section droite OPQ viendra se développer sur Pθ, et son sommet O viendra en θ à une distance Pθ = arc PO du point P, et son autre côté AO, où l'hélice viendra se développer sur la droite Mθ, puisqu'il doit passer par les points M et θ. La direction de MM' est alors la direction Mθ et comme cet élément, se trouvant dans le plan de développement, n'a pas bougé, sa direction première était aussi Mθ. Donc, la tangente MT est la droite Mθ qui rencontre le plan de la base en θ, et dont la projection sur ce plan est Pθ; Pθ est par conséquent la sous-tangente de l'hélice au point M, et, puisque nous avons vu de Pθ = arc PO, le théorème est démontré.

1182. COROLLAIRES :

I. — *La portion de la tangente en un point quelconque de l'hélice, qui est comprise entre son point de contact et le plan de la base, est égale à l'arc d'hélice compris entre ce point et l'origine de la courbe.*

En effet, nous avons vu, dans la démonstration précédente, que l'arc d'hélice MO compris entre le point M et l'origine de la courbe se développait sur la portion Mθ de la tangente en M compris entre ce point et la base. Donc, arc MO = Mθ.

II. — *Le lieu des traces de toutes les tangentes à l'hélice sur le plan de la base est une développante de la section droite de base, qui a pour origine, l'origine de l'hélice,* parce que, si l'on enroulait un fil inextensible sur la section droite de base, de manière que son extrémité fût à l'origine de l'hélice, lorsqu'on le déroulerait ensuite, la portion déroulée représenterait à chaque instant la sous-tangente en un point de la courbe.

III. — *Les tangentes à l'hélice font des angles constants avec le plan de la base et avec les génératrices du cylindre.*

En effet, toutes les tangentes à l'hélice font avec le plan de la base un angle tel que MθP, égal à l'angle AOB qui a fourni la courbe, et avec les génératrices du cylindre, un angle complémentaire du premier.

IV. — *L'hélice est une courbe gauche.*

En effet, si trois éléments rectilignes successifs étaient dans un même plan, les tangentes qui sont leurs prolongements seraient aussi dans un même plan, et, en les transportant parallèlement à elles-mêmes en un même point de l'espace, elles seraient encore dans un même plan, ce qui est impossible, puisqu'elles forment des angles égaux avec la parallèle aux génératrices menées par ce point.

1183. On ne considère ordinairement dans la pratique, que l'hélice tracée sur un cylindre circulaire droit. Cette courbe jouit évidemment de toutes les propriétés démontrées ci-dessus, mais, de plus en plus, *elle est en tous ses points identique à elle-même*, propriété qu'elle ne partage qu'avec la ligne droite et le cercle.

QUESTIONS A RÉSOUDRE.

I. Le lieu des points d'où l'on peut mener à l'ellipse deux tangentes perpendiculaires entre elles est un cercle concentrique à la courbe et ayant pour rayon $\sqrt{a^2 + b^2}$.

II. Le lieu des points d'où l'on peut mener à l'hyperbole deux tangentes perpendiculaires entre elles est un cercle concentrique à la courbe et ayant pour rayon $\sqrt{a^2 - b^2}$. — Discussion. —

III. Le lieu des points d'où l'on peut mener à la parabole deux tangentes perpendiculaires entre elles est la directrice de la courbe.

IV. En considérant l'ellipse comme projection du cercle, démontrer que :

1° Dans tout hexagone inscrit à une ellipse les points de concours des côtés opposés sont en ligne droite. (*Théorème de Pascal.*)

2° Dans tout hexagone circonscrit à une ellipse, les trois diagonales qui joignent les sommets opposés concourent au même point (*Théorème de Brianchon.*)

V. Déduire des théorèmes précédents toutes les conséquences relatives au quadrilatère et aux triangles inscrits ou circonscrits dans une ellipse.

VI. On appelle *ellipsoïde de révolution,* le volume engendré par la surface d'une ellipse qui tourne autour de l'un de ces axes ; l'ellipsoïde est *allongé* si l'axe de révolution est le grand axe de la courbe et *aplati,* si c'est le petit axe. Démontrer que le volume de l'ellipsoïde de révolution allongé est $\dfrac{4}{3}\,\pi\,ab^2$ et que le volume de l'ellipsoïde de révolution aplati est $\dfrac{4}{3}\,\pi\,a^2b.$

VII. On appelle *paraboloïde de révolution* le volume engendré par une parabole qui tourne autour de son axe. Démontrer que le volume d'un segment de paraboloïde de révolution, limité à un plan perpendiculaire à l'axe, est égal à la moitié du volume d'un cylindre ayant même base et même hauteur.

VIII. Le cercle déterminé par les points d'intersection de trois tangentes à la parabole passe par le foyer.

FIN

SUPPLÉMENT

Note sur l'établissement des formules de la sommation des piles de boulets par la seule connaissance de la mesure de la surface d'un rectangle.

Par M. Edmond GŒSSIER, Ingénieur des arts et manufactures.

En algèbre, les formules relatives à la sommation des piles de boulets résultent des propriétés du triangle arithmétique ou triangle de Pascal, qui est un tableau renfermant les coefficients des puissances successives du binôme.

La présente note a pour but d'établir ces formules en se basant seulement sur la connaissance de la mesure de la surface d'un rectangle.

§ I.

Considérons un triangle équilatéral formé de boulets disposés comme l'indique la figure 1. La première ligne contient

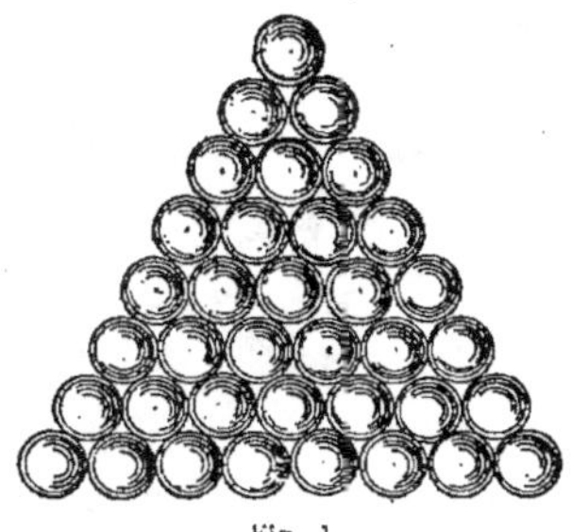

Fig 1.

1 boulet, la deuxième 2, la troisième 3... la dernière m.

Quel est le nombre total des boulets contenus dans ce triangle ?

Au lieu de disposer les boulets comme l'indique la figure 1, nous pouvons les disposer comme l'indique la figure 2. Le nombre des boulets de chaque ligne horizontale restera le même et, par suite aussi, le nombre total de ces boulets.

En remplaçant chaque cercle représen-

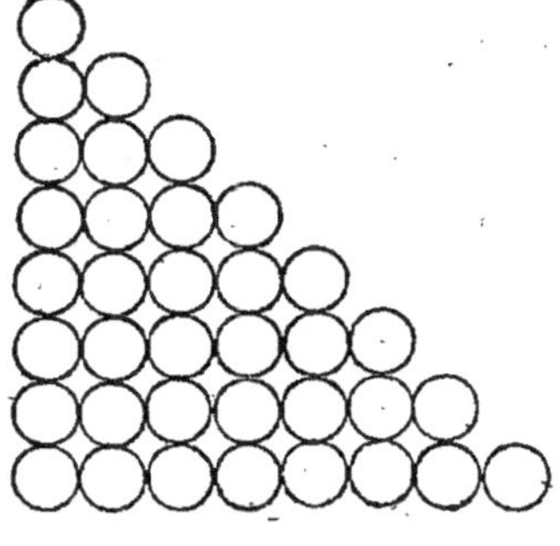

F . 2.

tant les boulets par le carré circonscrit, la figure 2 se transforme et devient la figure 3, qui est un triangle rectangle dont l'hypoténuse est formée par une ligne brisée.

Le nombre des carrés contenus dans la

figure 3 est égal au nombre des boulets de la figure 1.

En prenant deux triangles égaux à

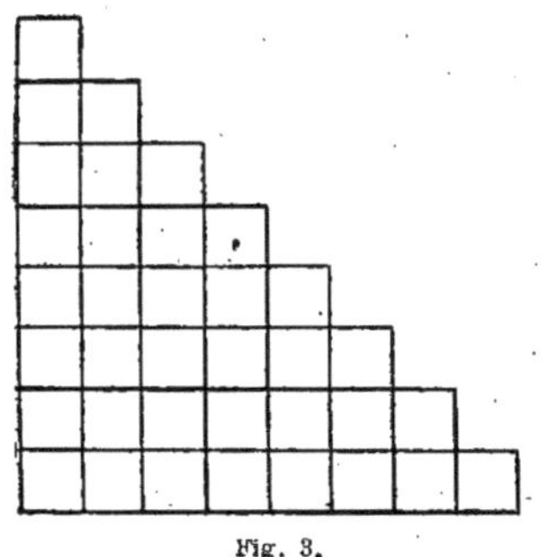

Fig. 3.

celui de la figure 3 et en les plaçant l'un contre l'autre, comme l'indique la figure 4, on obtient un rectangle dont l'un des

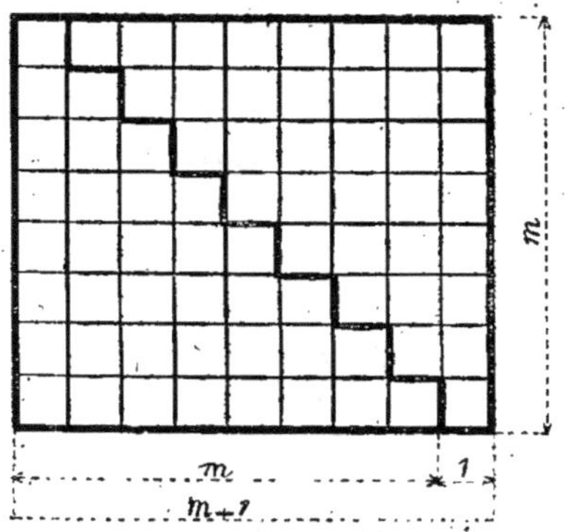

Fig 4.

côtés contient m fois le côté d'un carré et l'autre $(m + 1)$ fois.

Si l'on prend le côté d'un carré pour unité de longueur et, par suite, le carré pour unité de surface, la surface du rectangle, qui a pour mesure le produit de sa base par sa hauteur, est exprimée par $m (m + 1)$. Le nombre des carrés contenus dans le rectangle est donc $m (m + 1)$, mais le nombre de ces carrés est le double de celui des boulets de la figure 1. Donc le nombre total des boulets de la fig. 1 est $\dfrac{m (m + 1)}{2}$

Cette expression est aussi celle de la somme des nombres consécutifs depuis 1 jusqu'à m.

En faisant successivement $m = 1. 2. 3. 4. 5. 6. 7. 8. 9. 10,$

l'expression $\dfrac{m (m + 1)}{2}$ devient

1. 3. 6. 10. 15. 21. 28. 36. 45. 55.

Ces derniers nombres sont ceux dits *triangulaires*, c'est-à-dire les nombres

Fig. 5.

des boulets contenus dans des triangles équilatéraux ayant 1. 2. 3.....10 boulets de côté.

§ II. — PILE TRIANGULAIRE.

Une pile triangulaire de boulets (*fig.* 5) a pour base un triangle équilatéral ayant m boulets de côté. Sur la base, est placé un autre triangle ayant $(m — 1)$ boulets de côté ; sur celui-ci, un triangle ayant $(m — 2)$ boulets de côté et ainsi de suite jusqu'au sommet qui est formé d'un seul boulet.

Si l'on descend du sommet à la base, on

voit que la pile se compose d'une série de boulets disposés en tranches horizontales et chacune de ces tranches contient successivement 1, puis 3, puis 6. 10. 15. 21. 28..... $\dfrac{m\,(m+1)}{2}$ boulets.

Le nombre total des boulets contenus dans la pile est donc la somme des m premiers nombres triangulaires. Quel est ce nombre total?

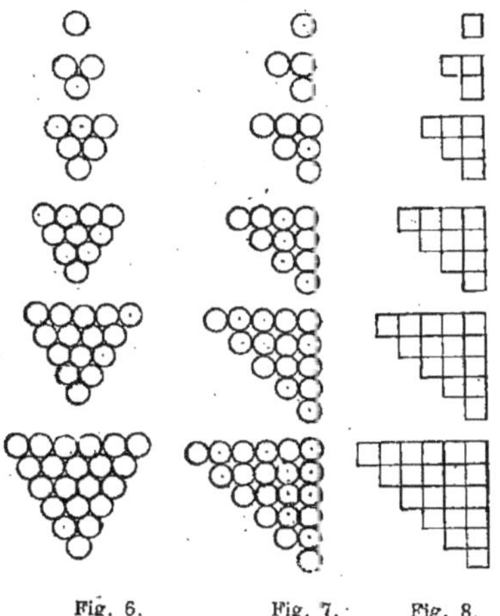

Fig. 6.   Fig. 7.   Fig. 8.

Les boulets de chaque tranche représentée à part donnent les figures 6 et peuvent être disposés comme l'indiquent les figures 7, et en remplaçant encore les cercles représentant les boulets par les carrés circonscrits, on obtient les figures 8, dans chacune desquelles le nombre des carrés est égal au nombre des boulets de chaque tranche des figures 6.

En prenant trois fois chacune des figures 8 et en disposant chaque groupe de trois comme dans les figures 9, on obtient des figures telles que le groupe 1 placé contre le groupe 2 forme avec lui un rectangle qui, placé contre le groupe 3, forme avec lui un autre rectangle, lequel, placé contre le groupe 4, forme avec lui un autre rectangle et ainsi de suite, de

telle sorte que le rectangle final est celui de la figure 10, dont le grand côté contient

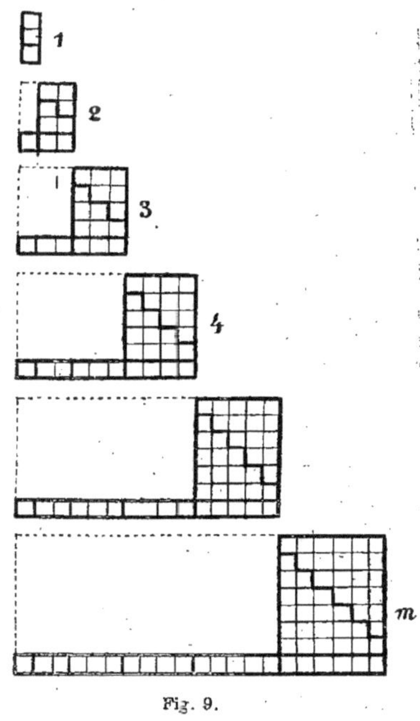

Fig. 9.

$$(1 + 2 + 3 + 4\ldots - m)\ \text{ou}\ \frac{m\,(m+1)}{2}$$

fois le côté d'un carré et le petit côté contient $(m + 2)$ fois le côté d'un carré.

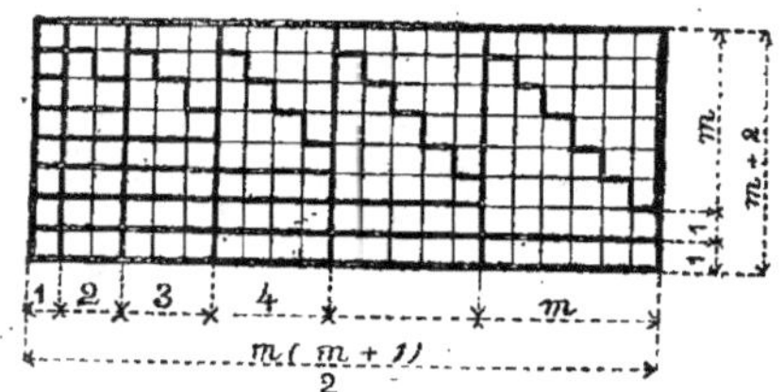

Fig. 10.

Si l'on prend le côté d'un carré pour unité de longueur et, par suite, le carré pour unité de surface, la surface du rectangle qui a pour mesure le produit de sa base par sa hauteur, est exprimée par $\dfrac{m\,(m+1)}{2} \times (m+2)$. Le nombre des carrés contenus dans le rectangle est donc $\dfrac{m\,(m+1)}{2} \times (m+2)$; mais le nombre de ces carrés est le triple de celui des boulets contenus dans la pile triangulaire,

donc le nombre total des boulets contenus dans la pile triangulaire est

$$\frac{m\,(m+1)\,(m+2)}{2 \times 3}.$$

En faisant successivement $m = 1.\ 2.\ 3.\ 4.\ 5.\ 6.\ 7.\ 8.\ 9.\ 10$, l'expression $\dfrac{m\,(m+1)\,(m+2)}{2 \times 3}$ devient 1. 4. 10. 20. 35. 56. 84. 120. 165. 220.

§ III. — PILE A BASE CARRÉE.

Une pile de boulets à base carrée (*fig.* 11) a pour base un carré ayant m boulets de

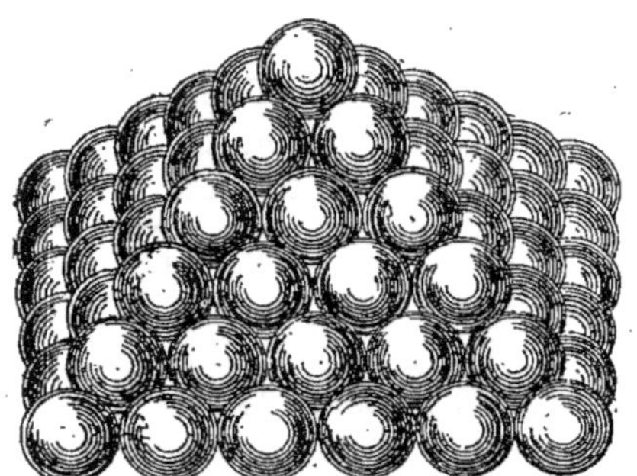

Fig. 11

côté. Sur la base est placé un autre carré ayant $(m - 1)$ boulets de côté; sur celui-ci, un carré ayant $(m - 2)$ boulets de côté et ainsi de suite jusqu'au sommet qui est formé d'un seul boulet. Si l'on descend du sommet à la base, on voit que la pile se compose d'une série de boulets disposés en tranches horizontales et chacune de ces tranches contient successivement 1, puis 4, puis 9. 16. 25. .... m^2 boulets.

Le nombre total des boulets contenus dans la pile est donc la somme des carrés des m premiers nombres entiers. Quel est ce nombre total?

Les boulets de chaque tranche représentée à part donnent les figures 12 et en remplaçant encore les cercles représentant les boulets par les carrés circonscrits, on obtient les figures 13 dans chacune desquelles le nombre des carrés est égal au nombre des boulets de chaque tranche des figures 12.

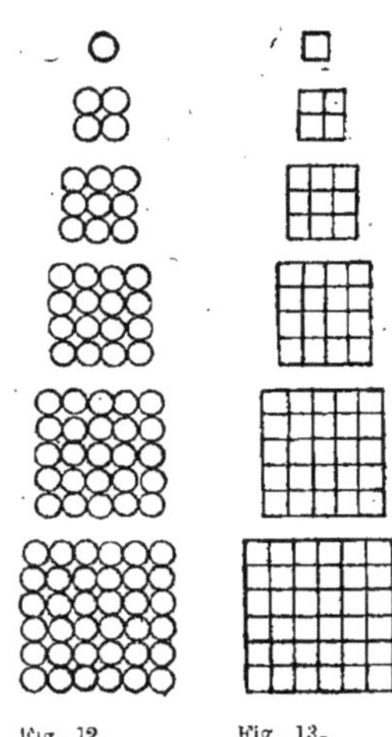

Fig. 12.   Fig. 13.

En prenant trois fois chacune des figures 13 et en disposant chaque groupe de trois comme dans les figures 14, on obtient des figures telles que le groupe 1 placé contre le groupe 2 forme avec lui un rectangle, qui, placé contre le groupe 3, forme avec lui un autre rectangle, lequel placé contre le groupe 4 forme avec lui un autre rectangle et ainsi de suite; de telle sorte que le rectangle final est celui de la figure 15 dont le grand côté contient

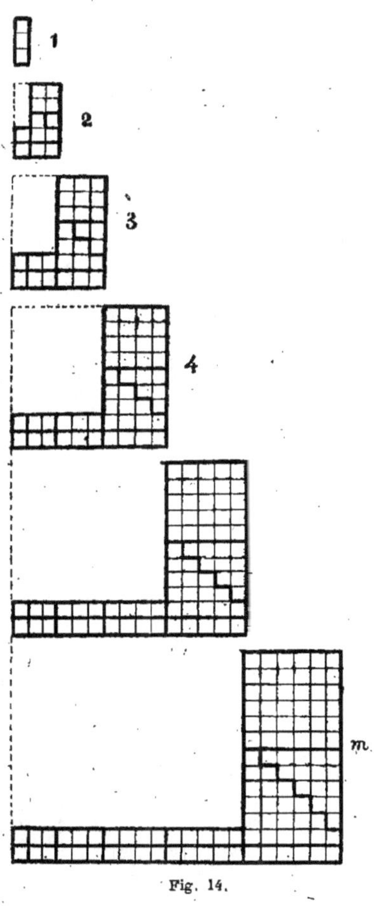

Fig. 14.

$(1 + 2 + 3 + 4 + \ldots\ldots + m)$ ou $\dfrac{m\,(m + 1)}{2}$ fois le côté d'un carré et le petit côté contient $(2\,m + 1)$ fois le côté d'un carré.

Dans les figures 14, l'un des deux carrés juxtaposés a été divisé en deux parties formant des triangles à échelons pour mieux faire voir comment chacun de ces triangles et, par suite, le troisième carré, pouvait se décomposer pour former la partie étroite et horizontale de chaque figure.

Dans la figure 15, si l'on prend le côté

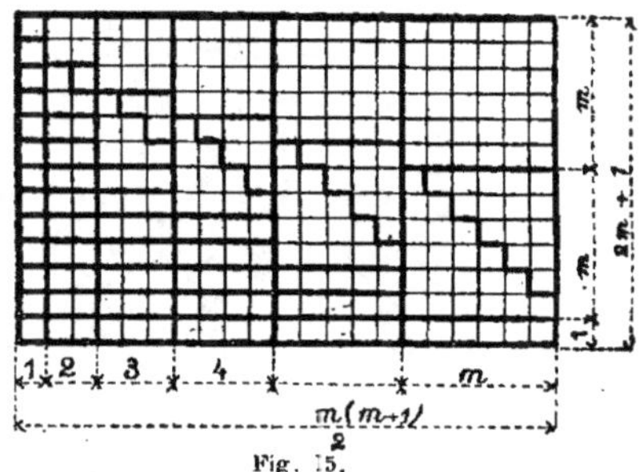

Fig. 15.

d'un carré pour unité de longueur et, par suite, le carré pour unité de surface, la surface du rectangle, qui a pour mesure le produit de sa base par sa hauteur, est exprimée par $\dfrac{m\,(m - 1)}{2} \times (2\,m + 1).$

Le nombre des carrés contenus dans le rectangle est donc

$$\frac{m\,(m + 1)}{2} \times (2\,m + 1);$$

mais le nombre de ces carrés est le triple de celui des boulets contenus dans la pile à base carrée, donc le nombre total des boulets contenus dans la pile à base carrée est $\dfrac{m\,(m + 1)\,(2\,m + 1)}{2 \times 3}.$

En faisant successivement $m = 1.\ 2.\ 3.\ 4.\ 5.\ 6.\ 7.\ 8.\ 9.\ 10,$ l'expression $\dfrac{m\,(m + 1)\,(2\,m + 1)}{2 \times 3}$ devient $1.\ 5.\ 14.$ $30.\ 55.\ 91.\ 140.\ 204.\ 285.\ 385.$

§ IV. — PILE A BASE RECTANGULAIRE.

Une pile de boulets à base rectangulaire a pour base un rectangle ayant m boulets sur son grand côté et n boulets sur son petit. Sur la base, est placé un autre rectangle ayant $(m-1)$ boulets sur son grand côté et $(n-1)$ boulets sur son petit, et ainsi de suite jusqu'au sommet qui est formé, non plus d'un boulet isolé, mais

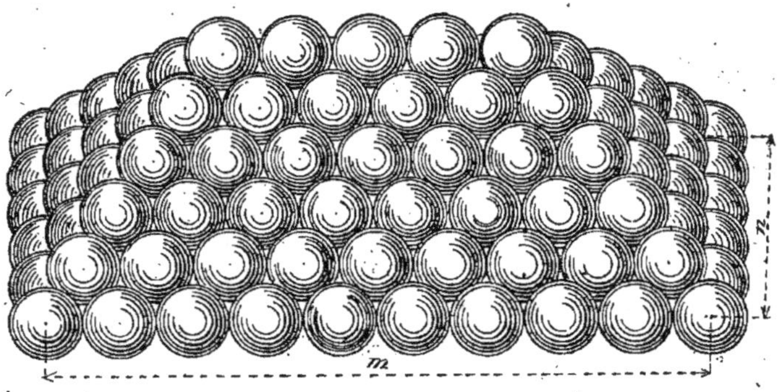

Fig. 16.

par une ligne ou arête de $(m-n+1)$ boulets. Quel est le nombre total des boulets contenus dans la pile représentée dans la figure 16 ?

Cette pile peut se décomposer par la pensée en deux autres, *fig.* 17 et *fig.* 18. La pile de la figure 17 est une pile à base carrée qui a pour base un carré de n boulets de côté. Le nombre des boulets contenus dans cette pile est par suite de

$$\frac{n\,(n+1)\,(2\,n+1)}{2 \times 3}.$$

La pile de la figure 18 se compose de plusieurs files horizontales de boulets, comprenant chacune $(m-n)$ boulets et disposées par tranches horizontales. La

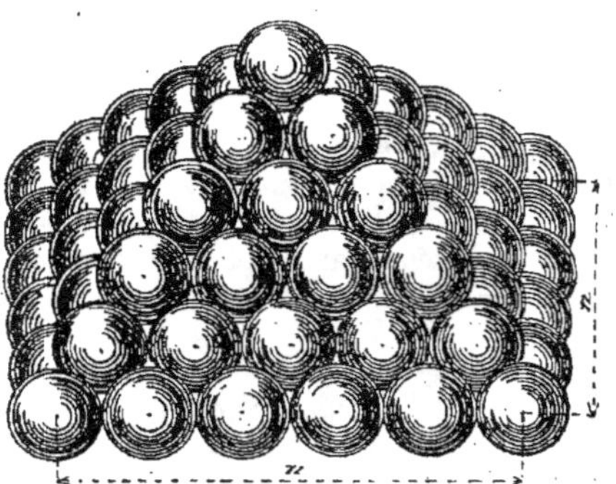

Fig. 17.

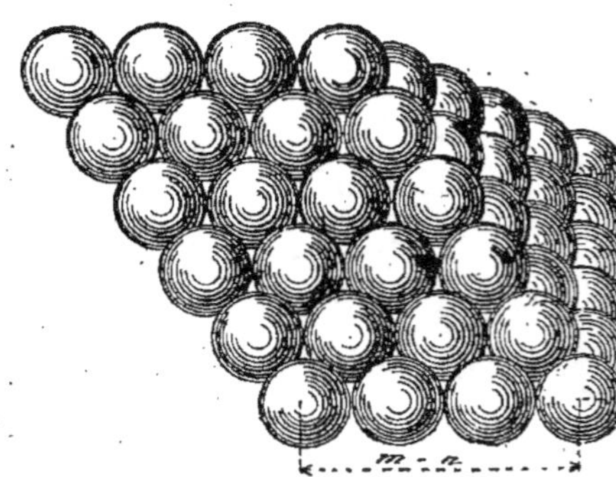

Fig. 18.

première tranche n'a qu'une seule file de boulets, la deuxième tranche en a deux, la troisième tranche en a trois, et ainsi de suite jusqu'à la dernière tranche de la base, qui est formée de n files de boulets. Le nombre des boulets contenus dans la pile de la figure 18 est donc égal à celui des boulets d'une file, multiplié par le nombre des files, c'est-à-dire à

$(m - n) (1 + 2 + 3 \ldots\ldots + n)$ ou

$(m - n) \times \dfrac{n (n + 1)}{2}.$

Le nombre total des boulets contenus dans la pile de la *fig.* 16 étant la somme de ceux des piles de la fig. 17 et de la fig. 18 est donc de $\dfrac{n (n + 1) (2 n + 1)}{2 \times 3}$

$+ \dfrac{n (n + 1) (m - n)}{2}.$

Cette expression peut se simplifier et devient

$$\dfrac{n (n + 1)}{2} \times \left(\dfrac{2 n + 1}{3} + (m - n) \right)$$

ou

$$\dfrac{n (n + 1)}{2} \times \left(\dfrac{2 n + 1 + 3 m - 3 n}{3} \right)$$

ou $\dfrac{n (n + 1) (3 m - n + 1)}{2 \times 3}$

§ V. — SOMME DES CUBES DES m PREMIERS NOMBRES.

Sachant qu'un parallélipipède rectangle a pour mesure le produit de sa base par sa hauteur ou le produit des trois arêtes qui viennent aboutir au sommet de l'un de ses angles, on peut établir la formule donnant la somme des cubes des m premiers nombres.

Représentons les cubes de ces nombres par les figures 19, 20, 21... m.

Le cube de 1 est représenté par la

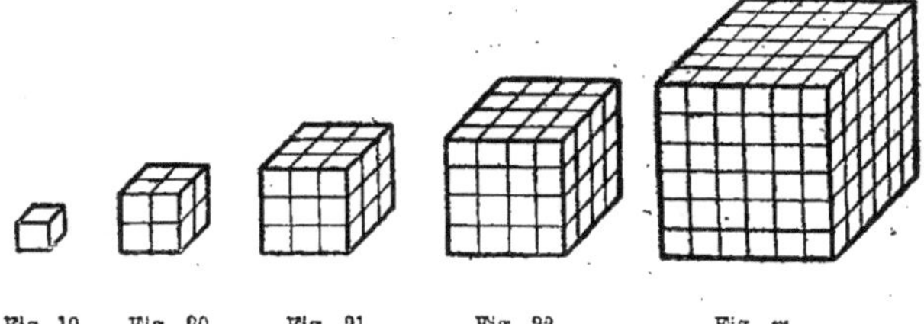

Fig. 19.   Fig. 20.   Fig. 21.   Fig. 22.   Fig. m.

figure 19, le cube de 2 est représenté par la figure 20, et contient $2 \times 2 \times 2 = 8$ cubes égaux à celui de la figure 19, le cube de 3 est représenté par la figure 21 et contient $3 \times 3 \times 3 = 27$ cubes égaux à celui de la figure 16, et ainsi de suite, le cube du nombre m étant représenté par la figure m et contenant $m \times m \times m = m^3$ cubes égaux à celui de la figure 19.

Quel est le nombre total des cubes égaux à celui de la fig. 19, contenus dans toutes les figures 19, 20, 21... m ?

Considérons la figure N représentant le cube d'un nombre quelconque n. Nous pouvons décomposer ce cube en n tranches horizontales contenant chacune $(n \times n)$ petits cubes, et chacune de ces tranches peut ensuite être décomposée en files de n cubes de la façon suivante : (*fig.* 23 et 24)

La première tranche en 1 file et en $(n - 1)$ files.

La deuxième tranche en 2 files et en $(n - 2)$ files.

La troisième tranche en 3 files et en $(n - 3)$ files.

. . . .

La $(n-1)^{\text{mo}}$ tranche en $(n-1)$ files et en 1 file.

La n^{me} ou dernière tranche resterait formée de n files de n cubes chacune. Les tranches a, b, c, d, e…. peuvent ensuite être placées les unes contre les autres dans un même plan horizontal, en a', b', c', d', e', ….. et les tranches a_1, b_1, c_1,

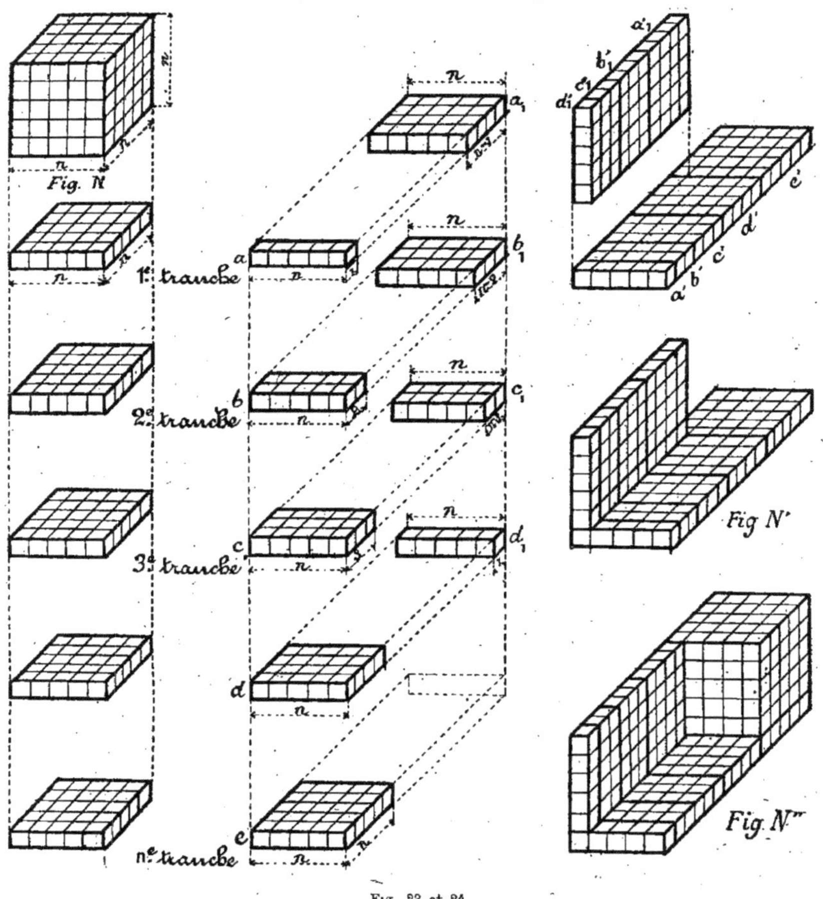

Fig. 23 et 24.

d_1…….. dans un même plan vertical, en a'_1, $b_1{}'$, c'_1, d'_1, ,…. En posant ces dernières sur celles qui sont dans un plan horizontal, ainsi que l'indique la figure N', la dernière tranche e' restera découverte, et, en plaçant sur elle un cube égal à celui de la figure N, ce cube la recouvrira entièrement, en affleurant les tranches qui sont verticales. On obtient ainsi une figure N″ dans laquelle il y a le double des petits cubes de la figure N.

En prenant 2 fois chacune des figures 19, 20, 21, …. m, et en disposant chaque groupe de deux, comme il vient de l'être indiqué pour la figure N″, on obtient des figures 25 telles que le groupe 1 placé dans le groupe 2, forme avec lui un parallélipipède rectangle, qui, placé dans le groupe 3, forme avec lui un autre parallélipipède rectangle, lequel placé dans le groupe 4 forme avec lui un autre parallélipipède rectangle et ainsi de suite, de telle sorte que le parallélipipède rectangle final est celui de la figure 26, dont le petit côté de la base con-

tient m fois le côté du cube de la figure 19 dont le grand côté de la base contient $(1 + 2 + 3 + \dots m)$ ou $\dfrac{m\,(m+1)}{2}$ fois le côté du cube de la figure 19 et dont la hauteur contient $(m+1)$, fois le côté du cube de la figure 19.

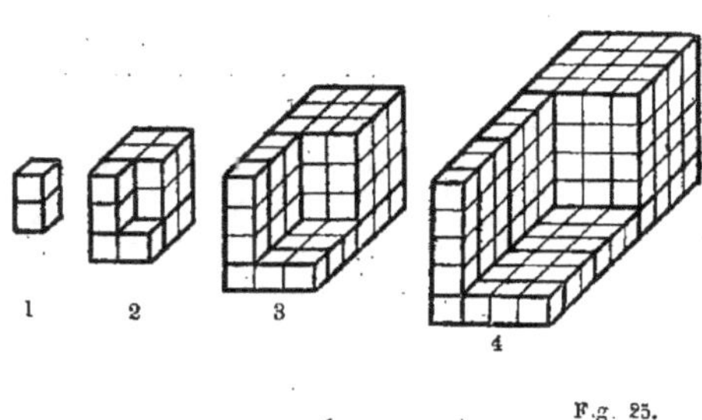

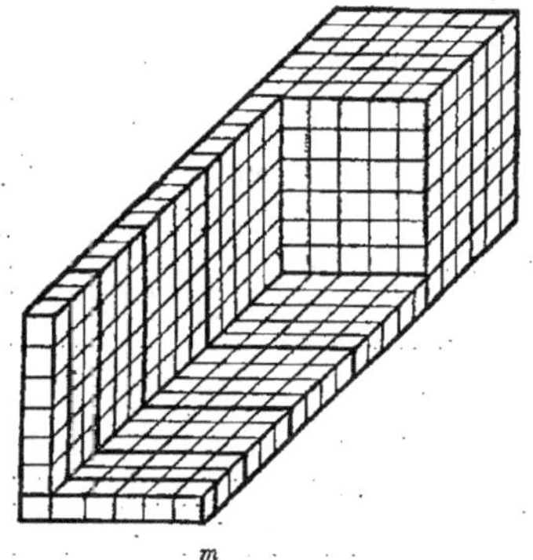

Fig. 25.

Si l'on prend le côté du cube de la figure 19 pour unité de longueur et ce cube pour unité de volume, le volume du parallélipipède rectangle qui a pour mesure le produit de sa base par sa hauteur ou le produit des trois arêtes qui viennent aboutir au sommet de l'un de ses angles, est exprimé par

$$\dot{m} \times \frac{m\,(m+1)}{2} \times (m+1)$$

Le nombre des cubes contenus dans le parallélipipède rectangle est donc

$$m \times \frac{m\,(m+1)}{2} \times (m+1)$$

ou $m \times (m+1) \times \dfrac{m\,(m+1)}{2}.$

Mais le nombre de ces cubes est le double de celui de tous les cubes contenus dans les figures 19, 20, 21 …… m, donc la somme des cubes des m premiers nombres est

$$\frac{m\,(m+1)}{2} \times \frac{m\,(m+1)}{2} =$$
$$\frac{m^2\,(m+1)^2}{4} = \left(\frac{m\,(m+1)}{2}\right)^2$$

Il est à remarquer que $\dfrac{m\,(m+1)}{2}$ est la somme des m premiers nombres, il en

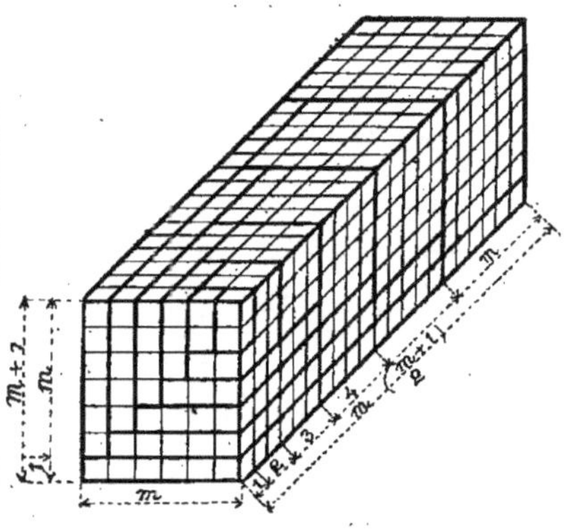

Fig. 26.

résulte donc que la somme des cubes des m premiers nombres égale le carré de la somme de ces m premiers nombres.

TABLE DES MATIÈRES

TAKITECHNIE

PAR

ÉDOUARD LAGOUT

Ingénieur en chef des Ponts et Chaussées.

ENCYCLOPÉDIE DES MATHÉMATIQUES

rapidement assimilées par les diagrammes de la Takimétrie

DIAGRAMMES DES PREMIERS PRINCIPES

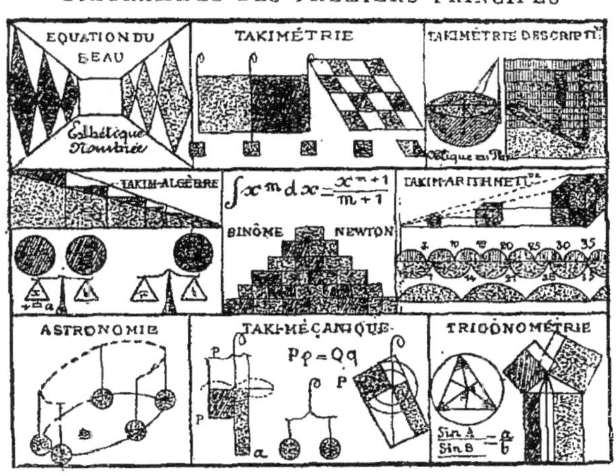

Fig. 0.

Nécessité d'un enseignement nouveau.

Comment réaliser l'éducation intégrale réclamée avec tant d'insistance dans les congrès populaires et promise par les pouvoirs publics ? Il ne suffit pas de surcharger les programmes. Voilà celui des connaissances exigées des instituteurs. On y trouve : *Arithmétique, Algèbre, Géométrie, Physique, Chimie, Sciences Naturelles,* avec application aux usages de la vie.

Eh bien ! le seul moyen de réaliser la promesse consiste à enseigner, avant tout, les mathématiques. Elles donnent à l'esprit des clartés, une précision, un besoin d'évidence qui sont le nerf des progrès rapides.

Or, il faut une immense révolution dans la manière d'enseigner pour faire entrer les mathématiques dans la tête des instituteurs, dont le rôle avait été borné à apprendre aux enfants à lire, écrire et compter. Il n'y avait donc pas de science, pas d'éducation de l'esprit, car le calcul sans théorie n'est que de l'empirisme. Cette révolution pédagogique, c'est la *takimétrie (tachos,* prompt). Elle a été signalée dans un rapport au Ministre des Travaux publics en date du 8 septembre 1876, après une sévère expérimentation, par un des hommes les plus compétents du globe terrestre, par M. Linder, ingénieur en chef des Mines, alors directeur de l'École technique d'Alais, puis directeur scientifique de l'École polytechnique.

En quoi consiste la takimétrie ? En une vieille maxime et un nouveau procédé.

1° La vieille maxime, on la recommande dans tous les discours scolaires, mais on ne l'introduit pas dans les actes. La voici : *Avancer du simple au composé, du concret à l'abstrait.*

2° Le procédé nouveau est un fruit de l'impérieuse nécessité qui s'est produite spontanément aux Expositions universelles, c'est LE DIAGRAMME, une image qui renseigne mieux, en un simple coup d'œil, que de fastidieuses descriptions. Eh bien ! le *diagramme, en takitechnie, c'est la preuve instantanée d'une vérité par l'aspect d'une figure raisonnante.*

PLAN DE LA TAKIMÉTRIE

DOCTRINE. — GÉOMÉTRIE PURE. — GÉOMÉTRIE APPLIQUÉE.

DOCTRINE

GEOMÉTRIE NATURELLE
Groupes uniformes, Fenêtre ou Pile de pavés, — mesurable d'emblée.
Masse informe, Tas de sable, — mesurable après uniformation.
Métaphysique : **Uniformité, Uniformisation.**

AXIOMES
Deux seuls : l'Axiome des Causes, — l'Axiome du Moule.

LE QUARRÉ
Est engendré par l'Axiome des Causes. — Il engendre les formes et les vérités de l'Étendue par l'axiome du moule. — Son essence est l'Uniformité. — Sa décomposition procure l'Uniformisation.

LES TROIS VÉRITÉS MÈRES
I. — **Équivalence** des figures ayant bases et hauteurs égales.
II. — **Les trois angles** d'un triangle valent 2 angles droits.
III. — **Les trois quarrés** de l'équerre ou triangle rectangle.
Grand quarré = Moyen quarré + Petit quarré.

LES TROIS SOURCES
Objets reconnus égaux par identité, **Le Moule.**
Objets reconnus équivalents, uniformité constante, **Le Quadrillage.**
Objets ressemblants, reconnus égaux par grossissement uniforme, uniformité croissante, **demi-Quadrillage.**

GÉOMÉTRIE PURE

L'ACCESSIBLE
Formes élémentaires : **Équarris, — Pointus, — Ronds** (Incalculable). — **Équarris** : Rectangles et parallélogrammes (uniformes), — **Pointus** : Triangles et Pyramides (leur uniformisation).

L'INACCESSIBLE
Distances inaccessibles, par l'Uniformité croissante.
Mesure d'un objet lointain par son image ressemblante. } demi-
Images ressemblantes qui deviennent égales par grossissement uniforme. } Quadrillage

L'INCALCULABLE (FORMES RONDES)
Tous les corps ronds sont uniformisables d'emblée, et leurs règles ne dépendent que de Pi, demi-tour du cercle de rayon égal à l'unité.
Pi = 3,1416, ou encore Pi = 3 + 3/20.
Uniformisation du *cercle, cylindre, cône.* Volume de la *sphère.*

GÉOMÉTRIE APPLIQUÉE

RÈGLES OUVRIÈRES

TRONQUÉS
Trapèze-Trapèzoèdre ; deux fausses règles des moyennes rectifiées. — *Règle universelle* des **Trois niveaux.**

CERCLE
Règle du sou par franc, — Règle du dixième du tour, — Règle des 8/9 du diamètre, — Règles gravement fausses du commerce, de 22 à 50 pour 100.

QUANTITÉ D'ARITHMÉTIQUE

NÉCESSAIRE POUR COMPRENDRE LA GÉOMÉTRIE

Puissance de la Numération.

La numération est la plus merveilleuse conception de l'esprit humain. L'idée tient dans un mot, le *rythme*. L'outillage se réduit à dix chiffres, autant que de doigts dans les deux mains.

Avec cela, on peut écrire en une seule ligne le nombre des gouttes d'eau de la mer calculé sur les données ci-après :

1° Une goutte d'eau, c'est un millimètre cube.

2° La mer est assimilée à une couche d'eau de 2,000 mètres enveloppant la terre.

3° Le tour de la terre est de 40 millions de mètres.

Cela admis, voici le nombre arrondi des gouttes de la mer écrit dans le rythme décimal :

1,000,000,000,000,000,000,000,000,000.

Il comprend 27 ordres subdivisés en dix classes de trois ordres : unités, dizaines, centaines.

Numération en paroles, chiffres et dessin.

Le mécanisme de la représentation des nombres repose sur une série de *quantités*.

1 2 3 4 5 6 7 8 9 10

et sur une seule série *d'espèces*.

1 10 100 1,000 10,000 100,000

(*Fig.* 1). Le diagramme fait voir d'emblée que les espèces représentées par des cubes rythmés, c'est-à-dire de 10 en 10 fois plus grands, sont, chacune, la reproduction grossie du CUBE UNITAIRE projeté à des *distances rythmées* entre

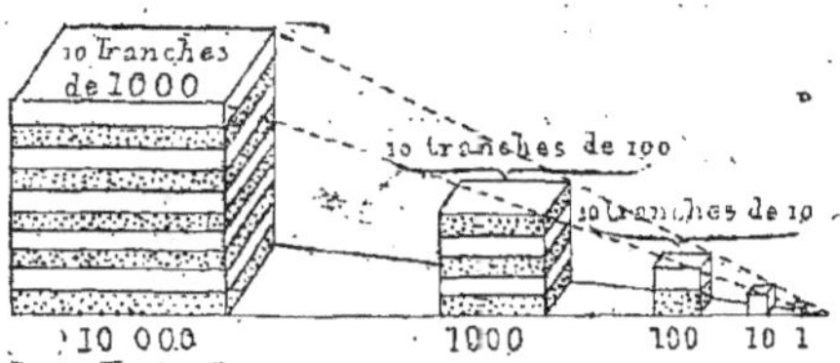

Fig. 1.

les mêmes rayons générateurs. Ces cubes ne doivent jamais être remplis. Le nombre des tranches, moindre que 10, indique le chiffre de l'espèce.

Les dix tranches d'un cube forment la *monnaie* d'une seule tranche du cube voisin supérieur.

Addition et Soustraction.

La mise en action du diagramme de la numération graphique fait deviner les deux règles. Pour cela :

1° Prendre en mains deux poignées de pièces mélangées de décimes et de centimes ;

2° Réunir ensemble les pièces de même grosseur selon le principe naturel d'*homogénéité ;*

3° Former des rouleaux de 10 pièces selon le rythme décimal ;

4° Composer les quantités moindres que 10 à mettre dans chaque rang, selon le diagramme de la numération graphique.

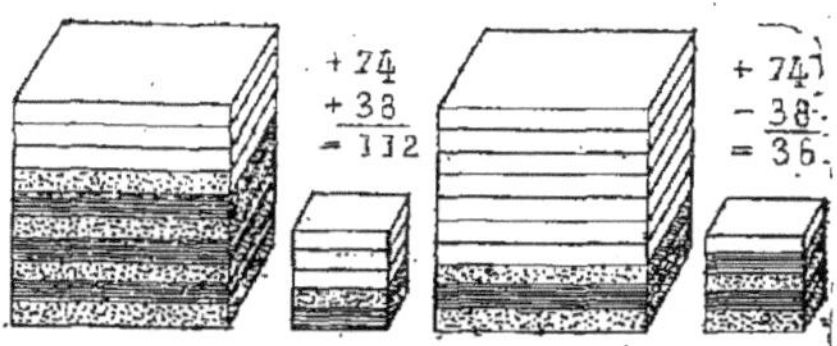

Fig. 2.

Quand les nombres sont ainsi composés, on les ajoute, espèce par espèce, et si le total dépasse 10, on fait un rouleau de la dizaine que l'on considère comme une *monnaie à changer en une pièce* que l'on reporte au rang supérieur dont l'espèce est décuple en grosseur. Inversement, pour la soustraction, on *change une pièce en monnaie* de l'ordre inférieur quand le chiffre du grand nombre est moindre que le chiffre, de même espèce, du petit nombre.

Remarque. — Les opérations sur les nombres occasionnent un changement continuel de monnaie en pièces ou de pièces en monnaie.

Multiplication.

Elle n'exige d'autre effort que de lire le produit de deux chiffres sur la *Table de multiplication*, dite de Pythagore, que l'on possède de mémoire après un certain temps d'exercice.

Pour cela, il faut voir au tableau suivant que

$$30 \text{ fois } 7 = (3 \text{ fois } 7) \times 10$$
$$7 + 7 + 7 + \ldots\ldots + 7 = 7 \times 10$$
$$7 + 7 + 7 + \ldots\ldots + 7 = 7 \times 10$$
$$7 + 7 + 7 + \ldots\ldots + 7 = 7 \times 10$$
$$7 \times 3 \quad 7 \times 3 \quad 7 \times 3 \quad \ldots\ldots = (7 \times 3) \times 10$$

Par extension, si l'on avait à faire le produit de 7 par 300, il suffirait de lire 3 fois 7 = 21 sur la table, puis d'ajouter deux zéros.

$$300 \times 7 = 2,100.$$

Application. — Soit 6,472 × 835. — On doit répéter chacun des chiffres du multiplicande, sans mélanger les espèces, 5 fois, puis 30 fois, puis 800 fois. Or, pour le produit par 5, la table de Pythagore y pourvoit. — Le produit par 30 est égal au produit par 3 auquel on ajoute un zéro. — Enfin, le produit par 800 est égal au produit par 8 suivi de deux zéros.

Règle. — La théorie de la multiplication des nombres entiers aboutit :

1° A ce qu'on lise le produit de deux chiffres sur la table ;

2° A ce qu'on inscrive les zéros nécessaires à droite des produits partiels ;

3° A ce qu'on fasse l'addition de ces produits en *observant bien la loi d'homogénéité.*

Division.

Théorie. — La distribution d'un *boisseau de noisettes* à des enfants est la première expérimentation à tenter pour découvrir la règle scientifique.

Naturellement, on les donnera d'abord une à une jusqu'à épuisement du sac, et la part de chacun sera égale à autant de noisettes qu'on aura fait de distributions.

Avec de petits nombres, cela va bien.

Exemple. — Si une poignée de noisettes est partagée, sans reste, entre 4 enfants, après 3 distributions, c'est que la poignée en contenait exactement 12. — Mais un boisseau de 12 cents noisettes, données une par une, aurait exigé 3 cents distributions, ce qui est *excessif et porte à inventer les distributions par poignées* ou par groupes les plus forts possibles pour avoir moins de distributions à faire.

De ce fait expérimental médité par la raison, on arrive à la prescription de distribuer, d'abord les plus *fortes espèces* d'un nombre, avec la seule condition évidente que la quantité soit supérieure au nombre des partageurs, sans quoi on ne pourrait même pas faire une première distribution par unité.

Exemple :

1er	dividende absolu	13 70	4	diviseur
1er	dividende exact	12 00	342	quotient
2e	id. absolu	1 70		
2e	dividende exact	1 60		
3e	id. absolu	10		

La plus forte *espèce* du dividende est

mille, en *quantité* 1 ; distribution impossible. — L'*espèce* inférieure est *cent,* en *quantité* 13. On peut faire plusieurs distributions et il y en aura 3 ; soit 3 cents distribués à chacun des 4 partageurs ce qui fait 3 fois 4 = 12 cents *sortis du dividende* 13, lequel, ainsi dépouillé, restera avec 1 cent à distribuer. plus 70 ; soit 170. C'est un nouveau dividende à traiter comme le précédent.

Agissements. La théorie est complète ; c'est le *Pourquoi* de la règle de la division qui détermine, d'emblée, l'*espèce* du chiffre du quotient ; mais Comment découvrir son chiffre ou quantité ?

Réponse : par un simple coup d'œil sur la table de Pythagore prolongée, au besoin, jusqu'au diviseur plus grand que 10.

Extrait de la table de Pythagore

1.....	4........	45	13700	45
2.....	8........	90	135	304
3.....	12........	135	200	
4.....	16........	180	180	
5.....	20........	235	20 Reste.	

Si le diviseur n'a qu'un chiffre tel que 4, on voit d'emblée, dans la quatrième colonne, que le dividende 13 est compris entre 12 et 16 et qu'alors on pourrait faire 3 distributions complètes, mais non pas 4.

Si le diviseur est 45, le dividende étant 13.700, la 1re *espèce* à distribuer appartient aux centaines et la *quantité* se lit d'emblée sur la Table. C'est le chiffre 3 correspondant à 135, le plus grand nombre de la 45e colonne de la table, moindre que le dividende partiel 137.

Vue d'ensemble sur les 4 opérations.

La numération est le pivot de la science des nombres.

L'addition et la soustraction se réduisent à savoir ajouter deux chiffres et à recourir au change de la monnaie en pièces ou des pièces en monnaie.

La multiplication consiste à lire le Produit de deux chiffres sur la Table de Pythagore.

La division trouve d'emblée, un à un, chaque chiffre du quotient en *espèce,* à vue sur le dividende, et en *quantité* à vue sur la table de Pythagore prolongée jusqu'au diviseur.

Nombres décimaux et Fractions

Les quatre opérations sont gouvernées par la théorie des nombres entiers, sous les conditions suivantes.

Addition et Soustraction.

Les *nombres décimaux* étant composés d'espèces homogènes, il n'y a pas de différence avec les nombres entiers.

Les *fractions* ordinaires doivent, avant tout, être ramenées à l'homogénéité.

Soient les fractions 3/7 et 2/5. Il faut les convertir en deux autres qui soient de même espèce. COMMENT ?

En multipliant chaque terme haut et bas, d'une fraction par le dénominateur de l'autre.

— POURQUOI ?

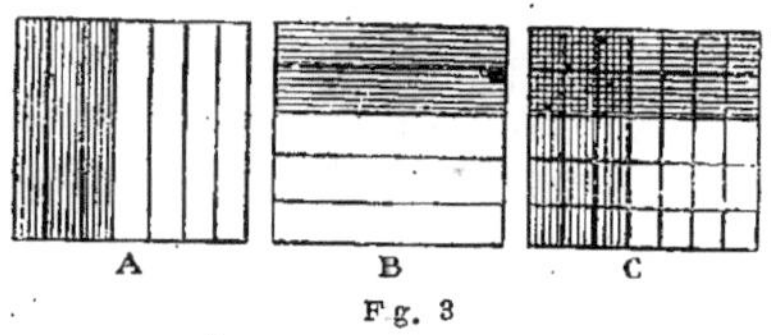

F g. 3

Les diagrammes le montrent d'emblée. L'unité, c'est le carré ; 3/7, ce sont les 3 bandes ombrées du 1ᵉʳ carré ; 2/5, les 2 bandes horizontales du 2ᵉ carré.

Croisons les bandes. Il s'est formé un quadrillage à mailles identiques où les deux fractions deviennent deux nombres entiers.

3/7 vaut 15 mailles, soit 3 fois 5.

2/5 vaut 14 mailles, soit 2 fois 7.

Le quadrillage vaut $7 \times 5 = 35$ mailles. Une maille, nouvelle unité provisoire, vaut 1/35 de l'unité primitive.

$$\frac{3}{7} + \frac{2}{5} = \left(\frac{3 \times 5}{7 \times 5} + \frac{2 \times 7}{5 \times 7} \right) \text{mailles} = \frac{29}{35}$$

$$\frac{3}{7} - \frac{2}{5} = \left(\frac{3 \times 5}{7 \times 5} - \frac{2 \times 7}{5 \times 7} \right) \text{mailles} = \frac{1}{35}$$

Multiplication et division.

MULTIPLICATEURS ET QUOTIENTS ENTIERS.

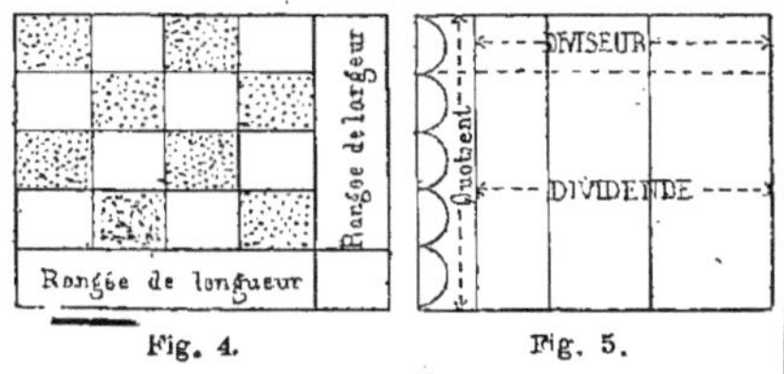

Fig. 4.

Fig. 5.

Tout est ramené aux nombres entiers sous les conditions d'*équivalence*, c'est-à-dire de ramener les multiplicateurs à être entiers, ainsi que les diviseurs, sans altérer les résultats ; car alors, la Multiplication restera *une*

addition de plusieurs quantités égales, et la Division restera une addition de quantités égales au diviseur jusqu'à épuisement du dividende.

Équivalence de produits (*Fig.* 4). Je dis que

$$\text{Multiplicande } M^{de} \times \frac{3}{4} = \frac{M^{de}}{4} \times 3$$

Voici un quadrillage à mailles identiques. Les 4 mailles d'une rangée de longueur valent les 4 mailles d'une rangée de largeur ; mais comparons les mêmes dimensions de ces deux bandes.

La rangée de largeur est 4 fois plus large que la rangée de longueur et, par compensation, elle est 4 fois moins longue. Ce qui justifie la formule de l'équivalence des produits.

Équivalence des quotients (*Fig.* 5). Je dis que

$$\frac{\text{Dividende } D^{de}}{2/5} = \frac{D^{de} \times 5}{2}$$

Puisque le quotient est égal au nombre de fois que l'on peut appliquer le diviseur sur le dividende, ce nombre de fois restera constant quand on doublera, triplera ensemble le dividende et le diviseur.

Telle est en théorie la quantité d'arithmétique nécessaire pour comprendre les raisonnements de la Géométrie.

Réflexions sur l'Arithmétique.

Cette science des nombres est à créer pour l'enseignement. *Elle n'est même pas définie* avec précision. Où finit-elle ? Où commence l'Algèbre ? Les auteurs, ainsi que les programmes officiels, sont en contradiction. Je dis formellement qu'elle finit après les quatre opérations sur les nombres entiers, lesquelles suffisent aux fractions.

La *Numération, son point d'appui*, est bien connue des mathématiciens philosophes, qui sont rares, mais les étudiants ignorent son importance, faute d'un diagramme pour implanter ce PREMIER PRINCIPE dans le sens mathématique, lequel gît dans la poitrine et non dans la tête. (Voir le Diagramme, fig. 1.)

La *théorie de la Division* est encore à trouver, puisque l'Université mettait dernièrement au concours, entre des candidats professeurs, le choix d'une meilleure théorie de la Division.

Eh bien ! je dis qu'elle est dans le *boisseau de noisettes*, expliqué dans cette livraison. Il n'y a *pas de boussole* pour la résolution des problèmes. Exemple de 17 candidates institutrices de l'Ariège, qui viennent d'échouer ensemble pour n'avoir pas résolu une question d'arithmétique, faute d'un mince savoir que la *takim-algèbre* enseigne en trois heures à un enfant de dix ans.

QUANTITÉ D'ALGÈBRE

NÉCESSAIRE POUR COMPRENDRE LA GÉOMÉTRIE

PREMIERS PRINCIPES DE L'ALGÈBRE

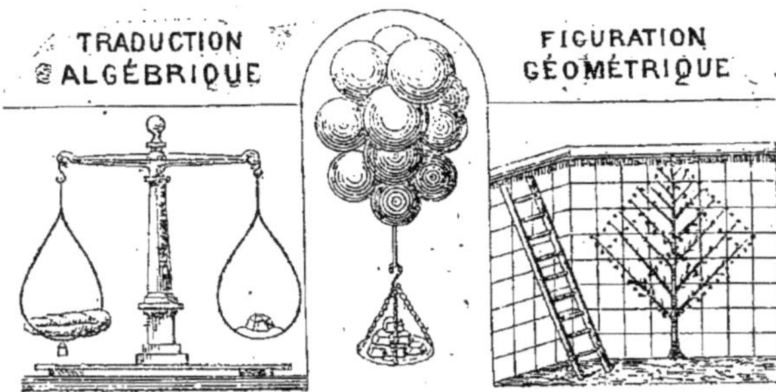

Fig. 6.

L'Algèbre procure un moyen prompt (*tachus* vite) de savoir quelles sont les opérations à faire sur les nombres connus pour trouver un nombre inconnu. L'Arithmétique réalise les opérations indiquées.

Langage concis. Dans les problèmes courants, l'Algèbre a recours à six lettres et à autant de signes :

a, b, c nombres connus; x, y, z, inconnus. $+ - \times$: signifient *ajouter, retrancher, multiplier par, diviser par*. $=$ *égal*. $\sqrt{}$ *racine*.

But. Voici la nature des secours que rend l'Algèbre à la géométrie élémentaire : prendre une formule établie par le raisonnement remontant à l'évidence, tel que le volume d'une pyramide, au moyen de sa base et de sa hauteur, et en extraire une autre formule donnant la base de la pyramide, quand on connaît le volume et la hauteur.

Moyen. Cela s'obtient par le procédé qui a le nom de *double change*. On l'explique par une balance en équilibre sous l'action de poids et de ballons qui actionnent les plateaux.

Simplification. La condition pour qu'une formule ait le caractère scientifique est qu'elle soit réduite à son maximum de simplicité. Pour cela, il faut connaître deux principes nécessaires :

1° **Principe d'ordre**. *Le produit de plusieurs nombres n'est pas altéré quand on change l'ordre des opérations.*

2° **Principe de groupement**. *Quand on doit multiplier successivement plusieurs nombres composant un produit, le résultat n'est pas altéré, si l'on groupe deux ou plusieurs facteurs.*

$$8 \times 3 \times 4 = 8 \times 12$$

La preuve de ces deux principes est en vue dans une pile régulière de pavés (*Fig.* 8). — On compte le nombre des pavés d'une rangée de longueur, puis d'une rangée de largeur, puis d'une rangée de hauteur, et l'on multiplie ces trois nombres dans tel ordre qu'on voudra (1er principe).

On peut aussi multiplier le nombre des pavés de la hauteur par le nombre des pavés d'une tranche horizontale (2e principe).

La *résolution des équations du* 1er *degré* consiste à isoler l'inconnue. Pour cela, il faut opérer un *triage* par lequel tous les *termes* contenant l'inconnue sont mis dans le 1er *membre* de l'équation, les autres termes dans le 2e membre.

Ces transpositions sont légitimées par l'AXIOME *des mêmes causes produisant les mêmes effets*. — Diagramme (*fig.* 7).

Le fonctionnement de l'axiome se voit dans le diagramme représentant une balance en équilibre sous l'action des poids x et a dans un plateau et b dans l'autre. C'est l'équation à résoudre : $x + a = b$.

Il est évident que l'équilibre n'est pas troublé, si l'on attache deux ballons de puissance $- a$ aux extrémités du fléau.

Il est encore évident que l'équilibre sera maintenu, si l'on coupe en même temps le fil qui soutient le poids $+ a$ et le fil qui retient *son inverse*, le ballon $- a$, du même côté.

Que reste-t-il? x isolé dans le plateau de gauche et, dans celui de droite, le poids b avec le ballon $- a$.

L'*artifice* des inverses est présenté algébriquement dans le tableau ci-après, mais il est expliqué par le diagramme (*Fig.* 7).

CLÉ DE L'ALGÈBRE

POUR RÉSOUDRE LES QUESTIONS COURANTES DE L'INDUSTRIE

DES INVERSES.

	ADDITION	SOUSTRACTION	MULTIPLICATION	DIVISION
Départ.	$zéro$	$zéro$	1	1
Opération directe.	$+a$	$-a$	$1 \times a$	$1 : a$
Opération inverse.	$-a$	$+a$	$1 : a$	$1 \times a$
Combinaison.	$+a-a$	$-a+a$	$(1 \times a)\left(\dfrac{1}{a}\right)$	$\left(\dfrac{1}{a}\right) \times a$
Arrivée.	$zéro$	$zéro$	1	1

ÉQUATION DU 1ᵉʳ DEGRÉ. — ISOLEMENT DE L'INCONNUE.

	ADDITION	SOUSTRACTION	MULTIPLICATION	DIVISION
Équation à résoudre . . .	$x+a=b$	$x-a=b$	$x \times a=b$	$x : a=b$
Les inverses de a.	$-a=-a$	$+a=+a$	$\dfrac{1}{a}=\dfrac{1}{a}$	$1 \times a=1 \times a$
Combinaison.	$x+a-a$ $=$ $b-a$	$x-a+a$ $=$ $b+a$	$x \times a : a$ $=$ $b : a$	$x : a \times a$ $=$ $b \times a$
Valeurs de l'inconnue.	$x=b-a$	$x=b+a$	$x=b : a$	$x=b \times a$

REMARQUE.	La quantité a disparaît dans le 1ᵉʳ membre et reparaît en inverse dans le 2ᵉ.

RÈGLE DU DOUBLE CHANGE.	L'inconnue x est isolée dans le 1ᵉʳ membre en transportant les valeurs connues dans le 2ᵉ membre (1ᵉʳ change) avec signe inverse (2ᵉ change).

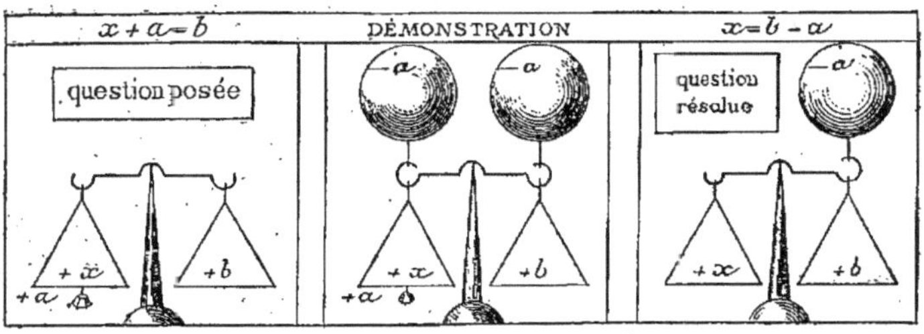

Fig. 7.

TAKITECHNIE [1]

TAKIMÉTRIE, *science des formes;* TAKIM-ALGÈBRE, *science des nombres,*
TAKI-MÉCANIQUE, *science des forces.*

Les grands traits de l'enseignement technique moderne.

RÉFORME PÉDAGOGIQUE. — Elle rend les mathématiques assimilables et transmissibles en peu de temps (*tachus,* prompt).

BUT RÉALISÉ.

1° Accroître la valeur intellectuelle et productive (cantonnier devenu sous-ingénieur);

2° Extirper les règles fausses en usage (procès entre deux géomètres de Reims en divergence de 300 mètres cubes sur un compte d'environ 1,200 mètres cubes).

Procéder du simple au composé, du cube au polyèdre, du connu à l'inconnu, de la règle particulière à la règle générale, du concret à l'abstrait (DESCARTES).

DOCTRINE.

« Proscrire les fausses méthodes qui, au rebours même de la contexture du cerveau humain, commencent par l'abstrait pour arriver au concret. » (2 avril 1880, M. JULES FERRY, Ministre de l'Instruction publique, Président du Conseil des Ministres. Discours au Congrès pédagogique.)

MOYENS.

Diagrammes ou images démonstratives réunies en tableaux où l'on voit d'emblée les premiers principes et les vérités substantielles qui en découlent. lesquelles font une impression durable acquise au savoir mental. Ces tableaux sont conçus en conformité des facultés de l'intelligence. (MONTESQUIEU, *Plaisirs de l'âme.* Grande Encyclopédie, article *Goût.*)

Diagrammes.

Éclos des Expositions universelles pour fournir des renseignements prompts et précis sur les faits économiques; élevés par la takitechnie de l'art de renseigner à l'art d'enseigner, en faisant voir le mouvement de la Raison dans le chemin droit de la Vérité.

MÉTHODE.

En takitechnie, c'est le chemin le plus court de la Raison à la Vérité. En scholastique, c'est le plus long pour surmener l'esprit.

PRINCIPES.

Rigueur et clartés solidaires. — Plus les vérités mathématiques sont générales, plus elles sont nécessaires, fécondes, plus elles sont simples, et dès lors à la portée de tous. (*D'Alembert,* Encyclopédie. Éléments des sciences.)

MARCHE DU PROGRÈS SCOLAIRE.

1° Aspiration philosophique de *Descartes* pour aller du concret à l'abstrait;

2° Plan d'exécution de *d'Alembert,* à lire dans l'Encyclopédie. Pour le réaliser, il demande des mathématiciens de premier ordre : « Newton, Leibnitz ne seraient pas de trop » — Lire le mot *géométrie;*

3° Noble ambition de culture intégrale des électeurs de 1881 pour s'élever à l'égalité intellectuelle.

CONCLUSION.

Exécuter le plan de d'Alembert pour construire une mathématique élémentaire ou des arts à la portée de tous La *takitechnie* est la première tentative faite avec le concours actif des mathématiciens de premier ordre parmi les Professeurs de l'Université et les Ingénieurs de l'éminent Corps national des Mines : l'illustre Leverrier, M. Linder, M. L. de Fourcy.

---

(1) La TAKITECHNIE est une encyclopédie complète dont le livre se nomme *Baccalauréat ès sciences à livre ouvert;* prix, 12 francs. — La *boîte de modèles démonstratifs,* 28 francs. — *Trois grands tableaux d'algèbre,* entoilés, 60 francs. — *Quatre grands tableaux de géométrie,* 80 francs.

DOCTRINE TAKIMÉTRIQUE

GÉOMÉTRIE NATURELLE

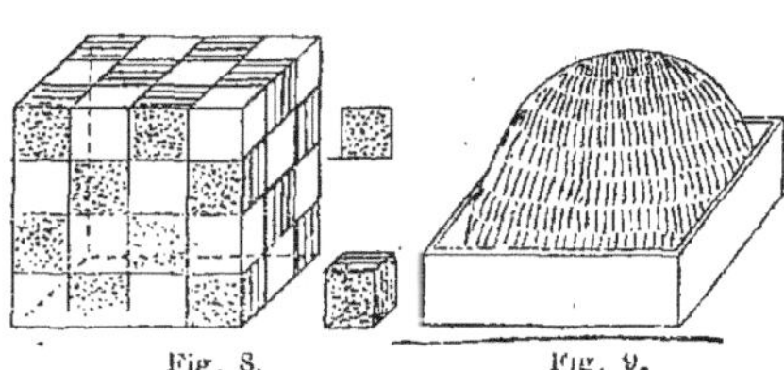

Fig. 8.   Fig. 9.

Il existe une géométrie d'instinct, commune à tous les hommes. Elle se borne à l'art des toisés. Sa règle s'exprime en trois mots : *ramener au* QUARRE.

1er EXEMPLE (*fig.* 8). Voyons cette règle en action. Soit à faire le comptage d'un amas informe de pavés tous égaux. On le dresse naturellement en une pile régulière de rangées égales dans chacune des directions : longueur, largeur, hauteur. On en déduit une règle.

Toisé naturel d'une pile de pavés

Nombre (= Nombre en longueur $\times$ nombre
de pavés (en largeur $\times$ nombre en hauteur

2e EXEMPLE (*fig.* 9). Voici un tas de sable livré en tas informe. Le moyen naturel de le ramener au quarré consiste à le disposer en couche d'épaisseur uniforme dans une boîte équarrie, c'est-à-dire bien régulière.

Pour compter les decimètres cubes de la couche, on l'imagine quadrillée par fils à plomb et niveaux équidistants de 1 decimètre. On *compte alors le nombre des décimètres en longueur, en largeur, en hauteur, et l'on fait le produit de ces trois nombres dans tel ordre que l'on voudra.*

DEUX IDÉES DOMINANTES

Ces exemples ont pour but de faire pressentir la géométrie savante où l'on est toujours en quête, soit de l'uniformité, soit de l'uniformisation, pour obtenir des mesurages exacts. La pile de pavés, c'est le symbole de l'*uniformité*. Le tas de sable, c'est le symbole de l'*uniformisation*.

Deux axiomes nécessaires et suffisants.

Axiomes (*Axioma*, autorité). Propositions évidentes qui forment les seuls points d'appui d'une science de raisonnement. La takimétrie repose sur deux axiomes :

1° L'axiome des causes et des effets ;
2° L'axiome du moule.

1° **L'axiome des causes et des effets** signifie que les mêmes causes produisent les mêmes effets, ce qui permet d'affirmer qu'un fil à plomb tombe d'équerre (1) sur un niveau. Ce fait nécessaire engendre le QUARRÉ qui est la souche de la géométrie.

2° **Axiome du moule**. *Deux objets qui ont rempli le même moule sont égaux ainsi que leurs moitiés, leurs tiers, leurs quarts... ou leurs doubles, leurs triples, leurs quadruples.*

C'est à cette vérité que doivent remonter les propositions de géométrie pour être d'une absolue rigueur.

QUARRÉ ET UNIFORMITÉ

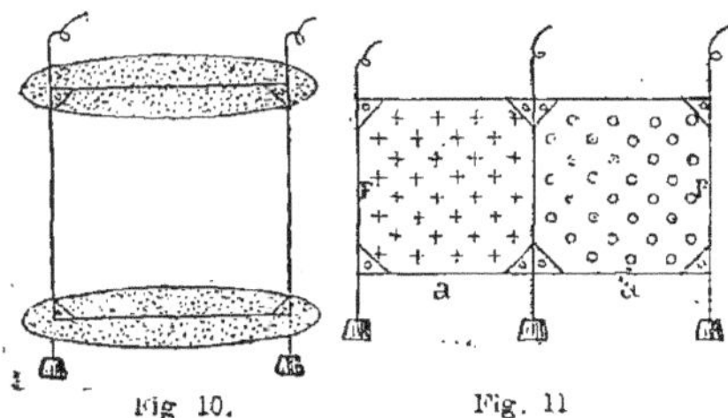

Fig 10.   Fig. 11

Le QUARRÉ *est engendré par le croisement de deux fils à plomb avec deux niveaux dans un univers fictif plat.*

(*Fig.* 10). C'est un fait nécessaire (Axiome des causes) de la gravitation universelle qu'un fil à plomb tombe d'équerre sur un plan liquide indéfini qui est en repos. La figure

(1) (*Equare*, rendre égal). Tous les angles d'un fil à plomb, avec les lignes qui se croisent à son pied, sont égaux. On les nomme angles d'équerre ou angles droits.

comprise entre les fils à plomb et les deux droites qui joignent leurs traces sur les deux niveaux a ses quatre côtés en lignes droites se croisant d'équerre. Telle est la définition du rectangle ou long-quarré.

Uniformité.

Dans un rectangle, les côtés opposés sont égaux. (*Fig.* 9). Le diagramme le prouve d'emblée. Un fil à plomb est mené par le milieu de la base, a = a'. Puis on replie une partie de la figure sur l'autre autour de ce fil à plomb, et l'on voit s'opérer la superposition dans le même moule. Donc, F = F'.

Lignes et plans parallèles.

Deux lignes perpendiculaires à un plan sont équidistantes.

Deux plans perpendiculaires à une droite sont équidistants, car tous les fils à plomb F' entre deux lignes ou entre deux plans horizontaux engendrent, avec le fil à plomb F, autant de rectangles dont les côtés F' sont égaux au seul côté F. Donc, tous les fils à plomb F' sont égaux entre eux.

Telle est la définition des parallèles.

UNIFORMITÉ CONSTANTE ET CROISSANTE

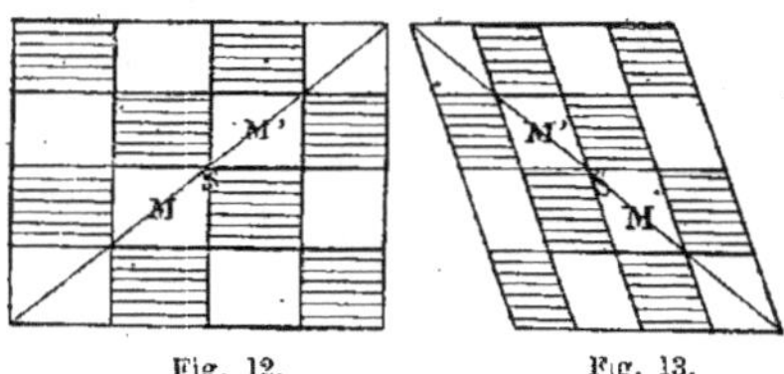

Fig. 12.   Fig. 13.

(*Fig.* 12 et 13). *Dans un réseau quadrillé à mailles identiques, les diagonales jointives sont en ligne droite.*

La maille M peut recouvrir la maille M' par *demi-tour* dans son plan en prenant comme pivot le sommet commun S. Ce qui prouve que ces diagonales étaient déjà en prolongement.

Solidarité. Entre les mailles, il y a trois éléments solidaires :

1° Largeurs égales ;

2° Hauteurs égales ;

3° Diagonales en ligne droite. Deux de ces conditions assurent la troisième. C'est la clef de l'ÉQUIVALENCE.

Utilité. Ces diagonales jointives se confondent avec une *sécante* rencontrant les parallèles du réseau.

Les fig. 12 et 13 représentent ainsi deux qua-drillages et demi-quadrillages qui donnent d'emblée, *à vue,* les démonstrations de tous les théorèmes sur les parallèles, les parallélogrammes et les triangles semblables. Voici les trois grandes vérités conquises :

Uniformité constante.

LIGNES. *Deux parallèles sont partout à une égale distance isogone* (mesurée sur des lignes de même pente (*isos* égal, *gónia* angle).

ANGLES. *Plusieurs parallèles coupées par une sécante font avec elle des angles homologues égaux.*

Uniformité croissante.

Les fils à plomb vus sous le même angle grandissent en raison de la distance au point visuel.

LES TROIS VÉRITÉS MÈRES

1re Vérité mère. — L'équivalence.

Les figures à talus, de même base et de même hauteur, sont équivalentes.

(*Fig.* 14). Ce solide à talus, plans compris entre deux bases horizontales, est nommé *trapézoèdre.* On l'imagine décomposé en minces lames uniformes et d'égale épaisseur, comme serait un jeu de cartes rogné dans cette forme :

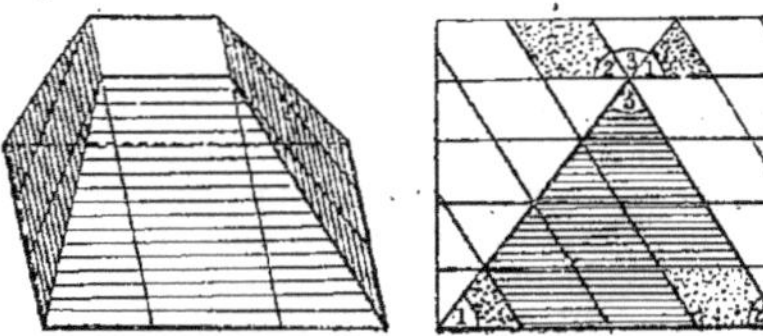

Fig. 14.   Fig. 15.

Les talus présenteraient alors le profil d'un escalier droit dont la rampe serait en ligne droite, les hauteurs de marches égales. Donc, les largeurs de marches seraient égales en vertu de la solidarité (Diagrammes 12 et 13).

Maintenant, que l'on vienne à pencher ce tas dans tous les sens par glissement des lames, au moyen d'une règle pressée contre les talus, le tas conservera ses talus plans ; il restera trapézoèdre. D'ailleurs, ses bases ne changent pas, ni sa hauteur égale à la somme des épaisseurs uniformes des lames.

Donc, lorsque deux trapézoèdres ont mêmes bases et même hauteur, on est certain qu'ils ont été engendrés dans le même MOULE. Donc, ils sont égaux.

IIᵉ Vérité mère. — Les trois angles.

La somme des trois angles d'un triangle vaut deux angles d'équerre.

(*Fig.* 15). Le quadrillage montre et démontre cette vérité féconde. Les trois angles (1) (2) (3) du triangle sont reproduits au dessus du sommet (uniformité constante) où ils forment ensemble deux angles droits.

Conséquence. — *Les deux angles aigus d'une équerre valent un angle droit.*

IIIᵉ Vérité mère. — Les trois quarrés.

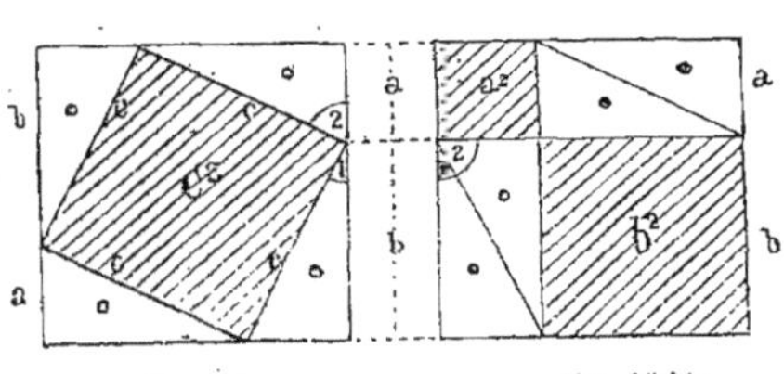

Fig. 16. Fig. 16 *bis.*

Trois quarrés étant faits sur les trois côtés de l'équerre : grand quarré = moyen + petit.

(*Fig.* 16 et 16 *bis*). Soient a, b, c, les trois côtés de l'équerre. Il faut prouver que $a^2 + b^2 = c^2$. Pour cela, on construit deux cadres égaux, en forme de quarré parfait, ayant $a + b$ pour côté.

Dans le 1ᵉʳ cadre (*fig.* 16), je place l'équerre donnée à chacun des angles. Elles laissent un vide c^2 qui est un quarré parfait, attendu que les quatre côtés sont visiblement égaux, et que les quatre angles valent chacun un angle droit.

En effet, les deux angles (1) et (2), qui lui sont adjacents, valent un angle droit. Cela est rendu visible (*fig.* 16 *bis*) par les angles (1) et (2) de même indice. Donc, l'angle restant vaut un droit.

Dans le 2ᵉ cadre (*fig.* 16 *bis*), on a formé un quadrillage par lignes parallèles aux bords du cadre, à la distance a, ce qui met en évidence deux quarrés parfaits, a^2, b^2 et deux rectangles $a \times b$ valant ensemble quatre équerres. (Uniformité constante.)

Comparant les deux cadres égaux et supprimant les quatre équerres égales de part et d'autre, il reste

$$a^2 + b^2 = c^2$$

L'ACCESSIBLE

Définitions.

Les figures sont déterminées par la grandeur, la forme, la position. — *Équivalentes*, sont de formes différentes, mais en égale quantité d'éléments. — *Semblables*, même forme, égale quantité d'éléments qui sont plus petits. — *Symétriques*, éléments égaux disposés en sens inverse.

Classification des formes.

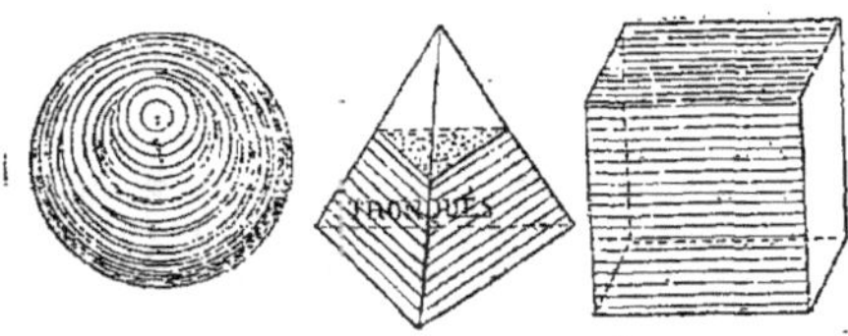

Fig. 17.

Voici trois groupes de formes élémentaires :

Les Équarris et leurs dérivés uniformes.

Les Pointus, triangles et pyramides.

Les Ronds, cercles, cylindres, sphères. Ajoutons le principal groupe de la géométrie vivante dans les arts :

Les Tronqués, c'est-à-dire le trapèze et le trapézoèdre dont le type vulgaire est le tas de cailloux.

ÉQUARRIS ET FIGURES UNIFORMES

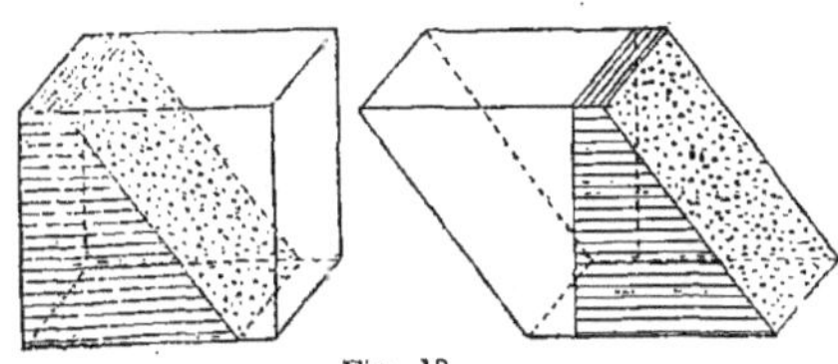

Fig. 18.

Règles des équarris droits.

Long-quar.	$=1$ millim. quarré $\times$ long $\times$ larg
ou	
rectangle.	$=$ long. de la base $\times$ haut^r $=$ B $\times$ H
Long-cube	$=1$ millim. cube $\times$ long $\times$ larg.
ou	$\times$ haut.
parallpd.	
rectangle.	$=$ aire de la base $\times$ haut^r $=$ B $\times$ H

Règles des équarris penchés.

$$\begin{array}{l} \text{Long-quar.} \\ \text{penché} \\ \text{ou} \\ \text{Parallèlo-} \\ \text{gramme.} \end{array} \left\{ \begin{array}{l} = 1 \text{ millim. quar.} \times \text{long} \times \text{haut} \\[4pt] = \text{long de la base} \times \text{haut} = B \times H \end{array} \right.$$

$$\begin{array}{l} \text{Long-cube} \\ \text{penché} \\ \text{ou} \\ \text{Parallpd.} \\ \text{oblique.} \end{array} \left\{ \begin{array}{l} = 1\text{mm-cube} \times \text{long} \times \text{larg} \times \text{haut} \\[4pt] = \text{aire de la base} \times \text{haut} = B \times H \end{array} \right.$$

Règle unique de mesure des objets.

Un objet a pour mesure le produit de ses dimensions prises d'équerre, après qu'elles ont été uniformisées en longueur, largeur, hauteur.

Cette règle est évidente pour les équarris et elle le devient pour les pointus, après qu'on les a uniformisés.

Atomes ou éléments irréductibles.

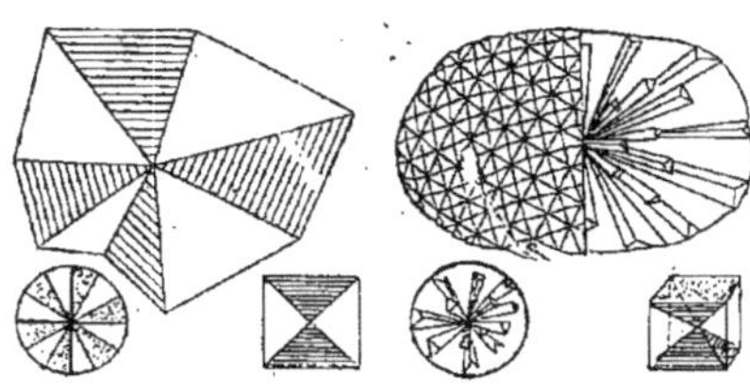

Fig. 19.

PLANS. — *Tout plan simple ou compliqué est décomposable en triangles (Fig. 19).*

VOLUMES. — *Tout volume est décomposable en pyramides triangulaires (Fig. 19).*

Ainsi, le Triangle et la Pyramide ; c'est à ces formes irréductibles qu'est ramenée la mesure de l'étendue. La méthode consiste :

1° A uniformiser le triangle et la pyramide, dans le cas le plus simple, conformément à la maxime pédagogique ;

2° A formuler les règles qui s'en dégagent ;

3° A les généraliser ensuite par la seconde *vérité mère* de L'ÉQUIVALENCE.

Le quarré et le cube sont les calibres d'uniformisation choisis pour la recherche des règles de cette classe de figures nommées pointues.

LES POINTUS.

Triangle dans le cas le plus simple.

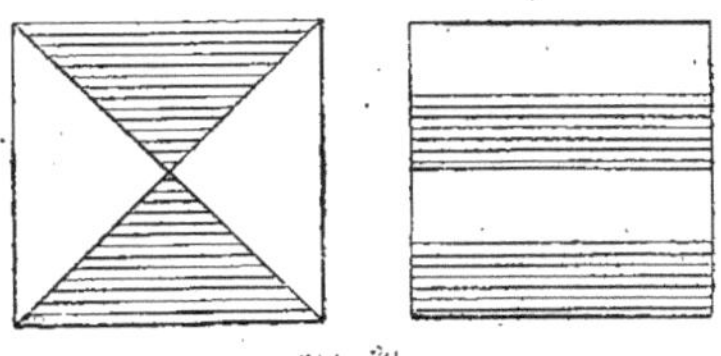

Fig. 20.

(*Fig.* 20). Un quarré parfait peut être décomposé, soit en quatre triangles égaux, soit en quatre bandes uniformes. On a donc :

4 triangles = 4 bandes uniformes,
1 triangle = 1 bande uniforme.

On voit d'emblée que la longueur de la bande égale la base du triangle, et que la largeur de la bande égale la demi-hauteur du triangle.

Triangle surface = 1/2 hauteur $\times$ base.

Pyramide dans le cas le plus simple.

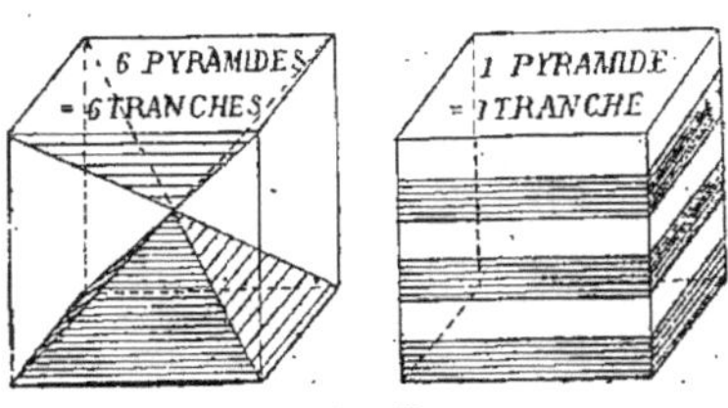

Fig. 21.

(*Fig.* 21). Par étroite analogie avec le triangle, on voit que l'on peut décomposer le cube en six pyramides égales ou en six tranches uniformes :

6 pyramides = 6 tranches,
1 pyramide = 1 tranche.

Or, le vol. de la tranche = H $\times$ surf. de la base.

Pyramide vol. = 1/3 H $\times$ surf. de la base.

Généralisation par l'équivalence.

Le triangle et la pyramide étant décomposés en une infinité de bandes ou de tranches uniformes parallèles aux bases, on pourra faire varier, à volonté, l'inclinaison des talus sur les bases, sans altérer la hauteur du type. Donc, toutes ces variétés équivalentes se mesurent par les mêmes facteurs.

L'INACCESSIBLE BASÉ SUR LA RESSEMBLANCE

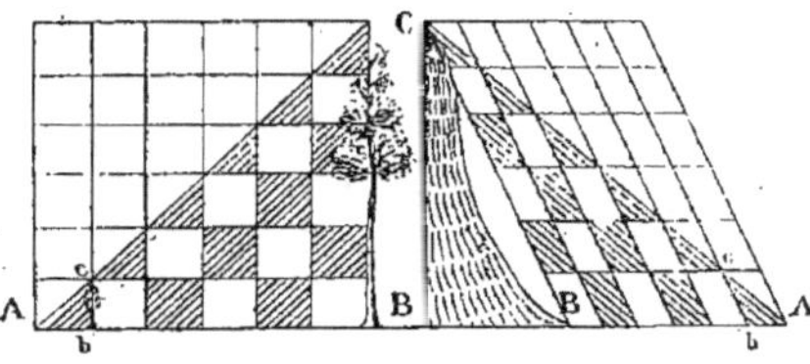

Fig. 22.　　　　　Fig. 23.

1° Mesurer la hauteur B C d'un arbre accessible.

(*Fig*. 22). Imaginer un escalier droit à 100 marches, construit sur une base A B accessible. L'arbre aura 100 hauteurs de marche. Donc, le problème se réduit à relever la hauteur de la 1re marche.

Or, on en connaît la largeur A b = A B/100. La hauteur demandée est égale à la longueur du fil à plomb, comprise entre la direction A C, rampe de l'escalier, et le niveau A B de la base. Donc, B C = $b c$ × 100.

2° Mesurer la hauteur d'une montagne.

(*Fig*. 23). Le demi-quadrillage ici est oblique, mais le raisonnement est le même et conduit au résultat, à la condition de remplacer le fil à plomb $b c$ par une tige droite $b c$ de même pente que B C.

3° Mesurer la hauteur d'une tour inaccessible.

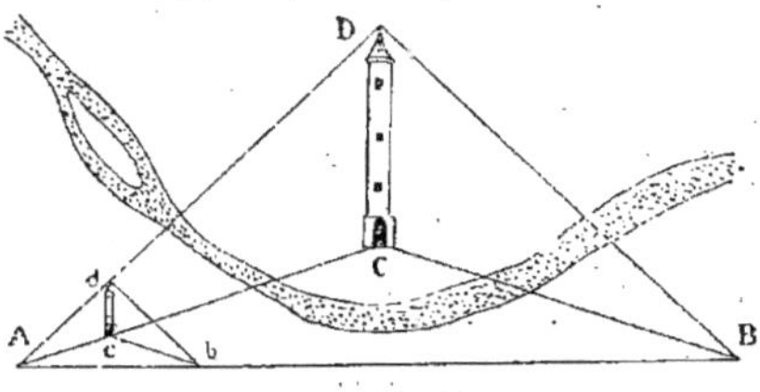

Fig. 24.

(*Fig*. 24). Imaginer un demi-quadrillage oblique A B C de 100 mailles de côté, construit sur le sol, avec la base accessible A B prise pour diagonale. Cette figure remplit les fonctions de l'escalier à 100 marches des problèmes précédents.

On prend A b = A B/100. On mène $b c$ parrallèle à B C, ce qui détermine A c tel que A C inaccessible = 100 A c. Enfin, imaginons un nouvel escalier à 100 marches A C D dont la 1re marche est A $d c$. La hauteur $c d$ se relèvera, au fil à plomb, et l'on aboutit enfin à la hauteur inaccessible C D = 100 $c d$.

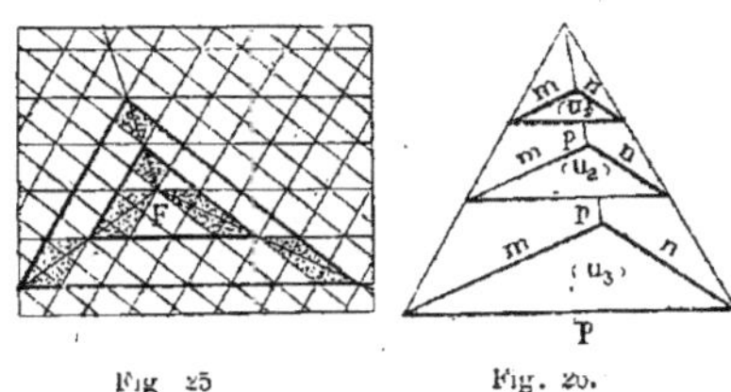

Fig. 25.　　　　　Fig. 26.

Grossissement uniforme. — Ces problèmes de l'Inaccessible reposent tous sur le Principe de l'Uniformité croissante. Ils sont résolus avec les demi-quadrillages engendrés par des parallèles équidistantes.

Mais il est visible que ces réseaux peuvent aussi être créés par la génération polaire, c'est-à-dire par l'allongement uniforme des rayons partant d'un foyer.

Ressemblance (*fig*. 25 et 26). Les triangles de chaque réseau ont la propriété visible de se recouvrir *par l'opération du grossissement uniforme*. Tels sont les triangles semblables.

Notations démonstratives.

Voici une merveilleuse conséquence de la loi de la ressemblance. Dans les figures semblables, les *côtés homologues sont en nombres égaux*, d'où la propriété remarquable :

$$A D^2 = B D \times D C \text{ ou } mu_1 \times nu_2 = mu.$$

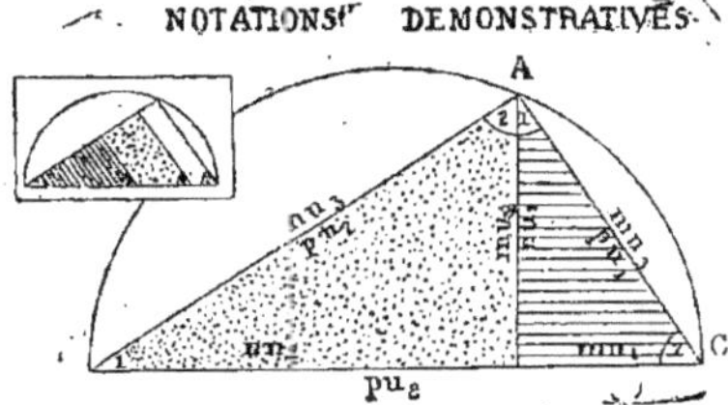

Cette vérité, dont on ne soupçonnait pas l'immense portée en géométrie, est pourtant d'une pratique familière en géographie. Sur deux cartes d'échelles différentes, les routes sont dessinées en angles égaux et en nombres égaux. De Paris à Lyon, distance kilom = 507.

Doctrine des nombres égaux (*fig*. 25). Deux triangles dans le même moule sont bien en angles et nombres égaux. Qu'on en soumette un au grossissement uniforme, il conservera ses angles, ainsi que le nombre de ses unités uniformément grossies.

Notations démonstratives. Les côtés, qui sont en nombres égaux, sont opposés aux angles égaux, d'où le moyen sûr de les reconnaître d'emblée. On les appelle *côtés homologues*.

(*Fig. 27.*) Voici une grande équerre, seule espèce de triangle douée de la propriété d'être divisible en deux équerres semblables. On le montre sur la petite figure à gauche où les trois côtés de l'équerre sont emboîtés dans un de leurs angles communs.

Eh bien ! Inscrivons, sur les trois côtés de la petite équerre, les notations de leur grandeur mu_1 nu_1 pu_1 et ainsi des autres équerres. Par ce fait, on a inscrit tout ce qu'il faut pour faire le drainage de toutes les propriétés du triangle rectangle.

(*Fig. 28.*) Un cercle est rencontré par deux sécantes issues d'un point. *Les deux longueurs de chaque sécante comprise entre les deux rencontres du cercle et le point d'émergence, forment deux quantités dont le produit est constant.*

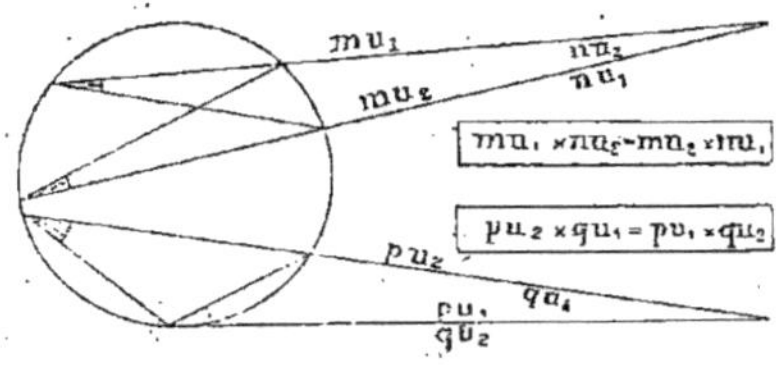

Fig. 28.

Voir que les deux triangles sont semblables comme ayant deux angles visiblement égaux. Ils sont équiangles, en vertu de la II° vérité mère. L'angle extérieur est commun et les angles opposés s'appuient sur la même corde.

Inscrire les *notations* et la propriété sera mise à jour.

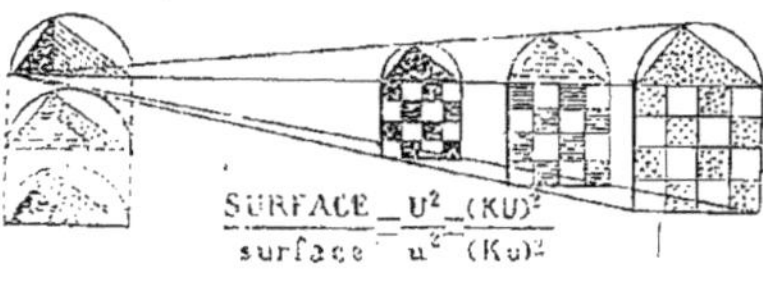

Fig. 29.

(*Fig. 29.*) *Les aires des triangles semblables sont entre elles comme les quarrés construits sur les côtés homologues*, mis en évidence par le diagramme.

Par un diagramme analogue, on verrait d'emblée que *les volumes des pyramides semblables sont entre eux comme les cubes des côtés homologues*.

(Baccalauréat ès sciences à livre ouvert.)

LES RONDS

Pour établir les règles de mesure de tous les objets ronds, il suffit de connaître la formule du demi-tour du cercle Pi × R = 3,1416 × R en fonction du rayon R et de ses parties. Après quoi, l'uniformisation des surfaces et des volumes des ronds se fait d'emblée.

Recherche du tour du cercle. Le moyen consiste à calculer le périmètre des polygones réguliers inscrits dans le cercle. Le 1er à 6 pans et les autres 12, 24, 48 pans qui s'approchent de plus en plus du tour, jusqu'à se confondre presque avec lui.

Polygone régulier à 6 pans, dit Hexagone, (*Fig. 30*). Tel est le 1er polygone d'approche du cercle ; les autres en dérivent. *Son périmètre est égale à 6 rayons.* Cela se voit d'emblée sur le quadrillage à mailles identiques,

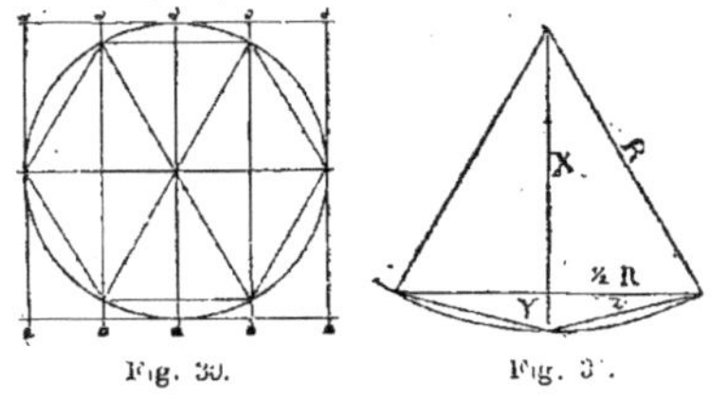

Fig. 30.   Fig. 31.

mailles dont les diagonales sont le double de la largeur.

Polygone régulier à 12 pans (*Fig. 31*). Voici l'un des triangles agrandis de l'hexagone. Les trois côtés sont égaux au rayon R. Comment calculer le côté Z du nouveau polygone ? — En découpant le triangle en 2 équerres dont les trois côtés sont R, 1/2 R, X. — *Au dessous*, on voit une autre équerre dont les trois côtés Y, 1/2 R, Z.

Appliquons aux équerres la III° *vérité mère*.

$R^2 = (1/2\ R)^2 + X^2$ .... donnera X

$R = \quad\quad X + Y$ .... donnera Y

$Z^2 = (1/2)\ R^2 + Y^2$ .... donnera Z

On calculera de même les côtés Z', Z,'' z''', des autres polygones d'approche. On s'est arrêté, pour les problèmes classiques, au polygone dont le demi-périmètre Pi × R = 3,1416 × R.

Cercle (*Fig. 32*). Pour mesurer l'aire du cercle, il faut l'*uniformiser* en un rectangle en le décomposant en triangles égaux que l'on engrène.

Aire du cercle

1/2 tour × R = Pi R × R = Pi R².

Le cylindre est un cercle doué d'une épaisseur uniforme H. L'uniformisation produit un parallélipipède (long cube).

Cylindre volume $= \text{Pi} \times \text{H R}^2$

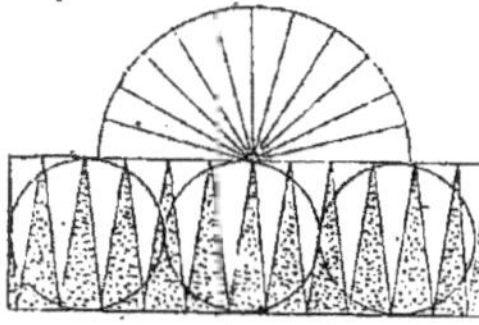

Fig. 32.

Cône (Fig. 33). La base étant un cercle, on sait l'uniformiser en un rectangle qui sert de base à une pyramide équivalente au cône, en vertu de la 1ʳᵉ *vérité mère* de l'*équiva'ence*. D'où la règle :

Cône, volume $= 1/3 \text{ H} \times \text{Pi R}^2$

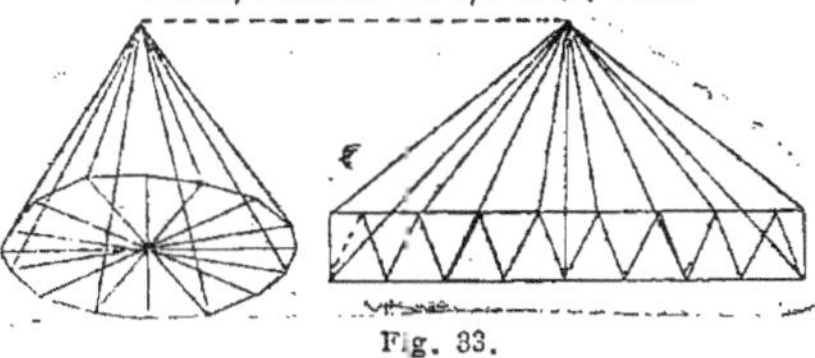

Fig. 33.

Sphère (Fig. 34). Un quarré OABK pivotant autour de OK engendre trois corps ronds avec les trois génératrices AB, OB et le quart de cercle, savoir :

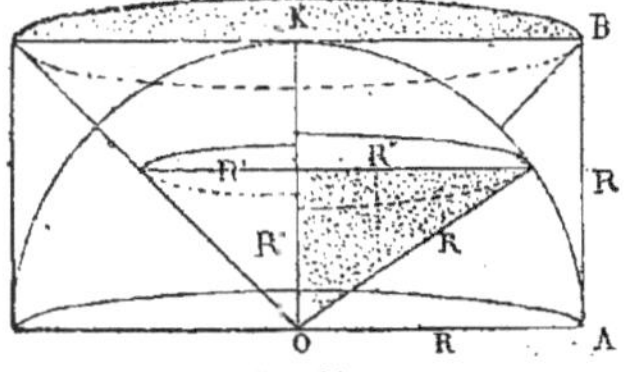

Fig. 34.

Un cylindre dont le volume.... $= \text{Pi. R}^3$
Un cône renversé............. $= 1/3 \text{ Pi R}^3$
Une 1/2 sphère vol. inconnu $X = 2/3 \text{ Pi R}^3$

Prouver que cylindre $=$ cône $+$ 1/2 sphère. — Cela existe dans chacune des coupes MN qui sont trois cercles.

Pi R² (cylindre), Pi $\overline{\text{R}''}^2$ (cône), Pi $\overline{\text{R}'}^2$ (sphère). Cela est visible par l'équerre sablée dont la hauteur R' $=$ le rayon R' du cône.

La IIIᵉ vérité mère donne $\overline{\text{R}}^2 = \overline{\text{R}'}^2 + \overline{\text{R}''}^2$

Coupe cylindre $=$ coupe cône $+$ coupe sphère. Faisant la somme des coupes considérées comme des rondelles cylindriques de

même épaisseur, on a enfin :

$$\tfrac{1}{2}\text{ Sphère} = \text{cylindre} - \text{cône}$$
$$= \text{Pi R}^3 \left(1 - \frac{1}{3}\right) = 2/3 \text{ Pi R}^3$$

TRONQUÉS

Définition.

Le caractère dominant des tronqués est d'avoir deux bases parallèles et des flancs inclinés. Les deux types sont le *trapèze* (*Fig.* 33) et le *trapézoèdre* rappelé par le TAS DE CAILLOUX qui est un tronc de toiture à longs pans, terminée par une faîtière. Le cas particulier d'une toiture en pointe, comme un clocher, donne la pyramide tronquée.

Uniformisation par doublement.

Trapèze (Fig. 35). Ce diagramme fait voir

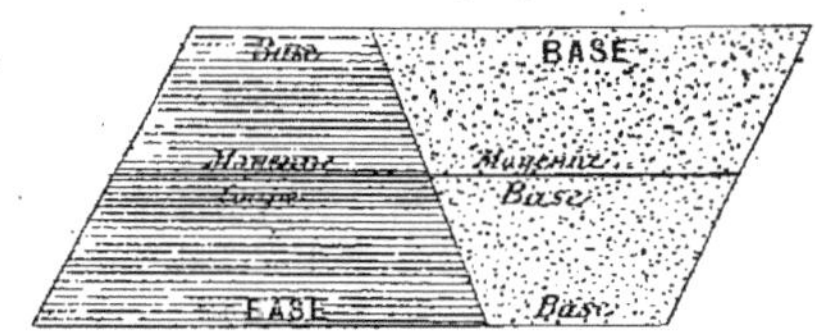

Fig. 35.

comment un trapèze s'uniformise par doublement. D'où ces deux règles vraies :

Trapèze. $\begin{cases} = \text{Hauteur} \times \text{moyenne coupe} \\ \text{(à 1/2 H}^r\text{).} \end{cases}$

Surface. $\begin{cases} = \text{Hauteur} \times \text{moyenne base} \\ \text{(1/2 somme).} \end{cases}$

La propriété d'uniformisation par doublement, constatée pour le trapèze, est visiblement acquise au *triangle* et, par extension, au prisme ayant pour section transversale un triangle ou un trapèze.

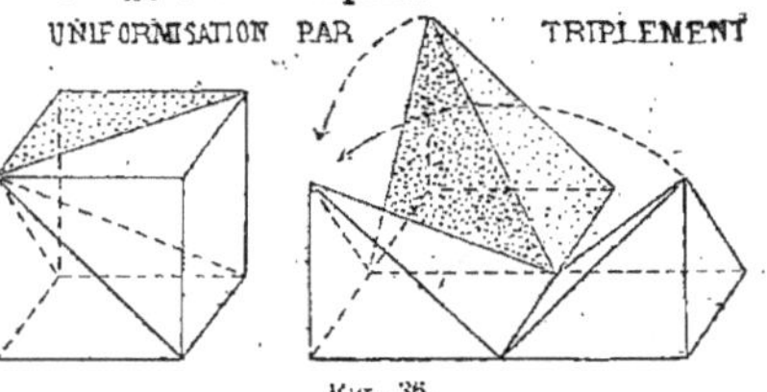

Fig. 36.

Pyramide (Fig. 36). Prendre en mains, dans le guidon métrique (1), trois des quatre pyramides d'angle du tas de cailloux et composer un cube parfait. Donc, il existe une pyramide particulière qui s'uniformise par triplement.

(1) *Guidon métrique*, petite boîte de modèles nécessaires pour l'intelligence facile des décompositions et recompositions des figures.—Prix, 4 francs.

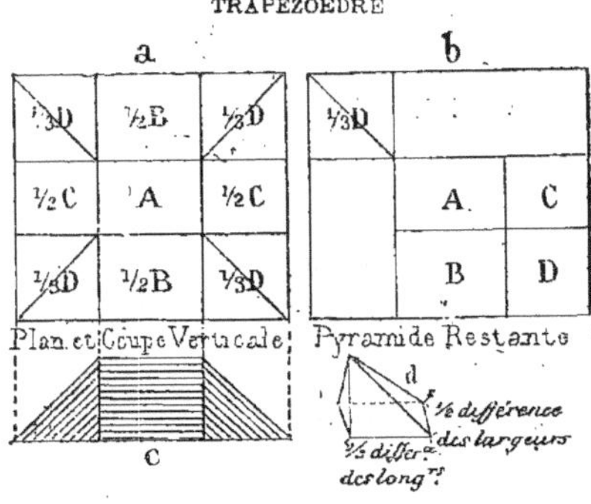

TRAPÉZOÈDRE

(*Fig.* 37). On a choisi le cas particulier le plus simple, celui dont les talus sont à demi-angle droit. Les règles qui en surgissent sont généralisées par l'ÉQUIVALENCE.

Uniformisation sur la moyenne coupe.

Le tas est décomposé en neuf parties de trois espèces différentes (*Fig.* 35 *a*) et recomposé en deux parties (*Fig.* 37 *b*) dont l'une est un équarri dressé sur la moyenne coupe et dont l'autre est une pyramide. Donc, volume du Trapézoèdre, $=$ H^r $\times$ moy. coupe $+$ 1 pyram.

Le diagramme explique :

1° La moyenne coupe,

2° L'uniformisation *par doublement* des talus de longueur 1/2 B et de largeur 1/2 C;

3° L'uniformisation par *triplement*, c'est-à-dire par accouplement de 3 pyramides 1/3 D;

4° Qu'une quatrième pyramide n'a pu dès lors entrer dans le calibre d'uniformisation de la moyenne coupe.

Uniformisation sur la moyenne base.

En faisant l'inventaire des deux bases (*Fig.* 37 *a*), on trouve qu'elle se compose de 2 A au-dessus et au-dessous du tas, puis de 2 B, 2 C, 4 D. Donc, la moyenne base

$$= A + B + C + 2 D$$

multipliant par H pour avoir le volume.

$$\text{Vol.} \begin{cases} = \text{H (A} + \text{B} + \text{C} + \text{D)} + \text{H. D} \quad (1). \\ = \text{Équarri de la moy. coupe} + 3 \text{ pyram.} \end{cases}$$

Mais, en réalité, le trapézoèdre ne contient, en dehors de la moyenne coupe, qu'une seule pyramide et *non pas trois*. L'expression (1) est donc fausse de deux pyramides en trop.

D'où la règle rectifiée du volume :

Trapézoèdre, $=$ H $\times$ moy. base $-$ 2 pyram.

Règle universelle des trois niveaux.

Voici une découverte bien inattendue et bien précise. C'est une règle qui, à elle seule, pourrait remplacer toutes les règles de mesure si elles venaient à être oubliées. C'est la règle du Trapézoèdre, dite des trois niveaux, affranchie des pyramides d'angle.

On vient d'établir les deux formules :

$$\begin{matrix} \text{Trapézoèdre} \\ \text{Volume} \end{matrix} \begin{cases} \text{H} \times \text{moy. coupe} + 1 \text{ pyramide} \\ \text{H} \times \text{moy. base} - 2 \text{ pyramides} \end{cases}$$

On se trouve sollicité à éliminer les pyramides d'angle pour avoir une seule *formule des moyennes*. Pour cela, doubler la 1re équation et ajouter le résultat à la 2e équation.

2 vol. $=$ H $\times$ 2 moy. coupes $+$ 2 pyramides
1 vol. $=$ H $\times$ moy. base. $-$ 2 pyramides

$$3 \text{ vol.} \begin{cases} = \text{H} \{ 2 \text{ moy. coupes} + \text{ moy. base} \} \\ = \text{H} \{ 2 \text{ moy. coupes} + 1/2 (\text{BASE} + base) \} \end{cases}$$

Faire disparaître le dénominateur.

$$6 \text{ vol.} = \text{H} \{ 4 \text{ moy. coupes} + \text{BASE} + base \}$$

$$\text{Vol.} = \frac{\text{H}}{6} \{ \text{BASE} + base + 4 \text{ moy. coupes} \}$$

Tronqués. — Cas particuliers.

Prisme triangulaire tronqué (*Fig.* 38). Composer le tronc avec un prisme complet dont les trois arêtes égales sont l, puis prolonger en une de ses arêtes et en l' une autre arête. Cela détermine un prisme et 2 pyramides ayant pour volume total *le produit de la section droite S du prisme par la moyenne des arêtes.*

$$\text{Vol.} = \text{S} \times \left\{ \frac{\text{L} + \text{L} + \text{L}}{3} + \frac{l}{3} + \frac{l'}{3} \right\}$$

$$= \text{S} \times \left\{ \frac{\text{L} + (\text{L} + l) + (\text{L} + l')}{3} \right\}$$

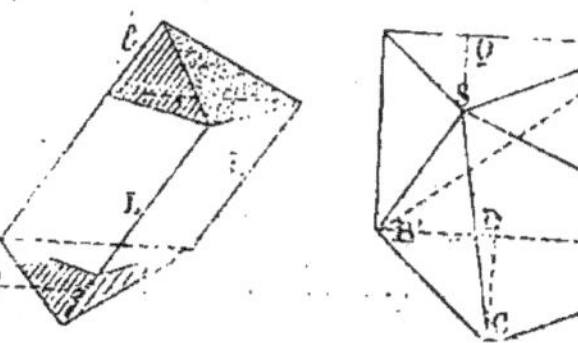

Fig. 38. Fig. 39.

Pyramide triangulaire tronquée (*Fig* 39). Amener par équivalence le tronc à avoir une arête perpendiculaire sur ses bases. Voir qu'il est décomposé en 2 pyramides d'axe et une 3e PYRAMIDE DE FLANC dont le sommet est en S, la hauteur Sa; et la base un triangle

$$\text{AB}'\text{B} = 1/2 (\text{H} \times \text{B}'\text{B}).$$

$$\begin{matrix} \text{Tronc} \\ \text{de Pyr.} \end{matrix} = \frac{\text{H}}{3} \left(\text{BASE} + base + \frac{\text{B}'\text{B} \times \text{SQ}}{2} \right)$$

FIN.